Halwart Schrader

OLDTIMER-LEXIKON

S139·249
77
AG·4122

Halwart Schrader

Oldtimer-Lexikon

Geschichte, Marken, Technik

Motor buch Verlag

Einbandgestaltung: Luis Dos Santos unter Verwendung von Vorlagen aus dem Archiv des Verfassers.

ISBN 978-3-613-02734-3

1. Auflage 2007

Ein Unternehmen der Paul Pietsch-Verlage GmbH & Co.

Sie finden uns im Internet unter www.motorbuch-verlag.de

Redaktion: Holwart Schrader
Technisches Lektorat: Ulrich Knaack
Innengestaltung: Jürgen Knopf, Printprodukte, 74321 Bietigheim +
Sonar Kommunikationsdesign 82194 Gröbenzell
Druck und Bindung: Graspo, CZ-76302 Zlin
Printed in Czech Republic

EINFÜHRUNG

Wie funktioniert die Magnetzündung? Was verstand man einst unter einem Innenlenker? Wer stellte den ersten Achtzylindermotor her? Woher kommt das Wort Phaëton? Welche Marken gehörten 1929 zu General Motors? Was ist ein Hebmüller-VW? Sind die Marken Frazer und Frazer Nash miteinander verwandt? Worin liegt der Unterschied zwischen einer Voiturette und einer Voiturelle? Was meinen die Engländer, wenn sie ein Auto mit »lhd« bezeichnen? Welche Autos schufen die Konstrukteure Giacosa, Issigonis oder Slevogt? Seit wann spricht man überhaupt von einem »Automobil«?
Wer die Antworten auf diese Fragen kennt, mag das Buch schon jetzt zuklappen und weglegen. Bleiben Sie jedoch auch nur eine Antwort schuldig, könnte es sich lohnen, es mal durchzublättern – um am Ende vielleicht festzustellen: Da steht ja noch mehr drin, was ich bisher nicht wusste. Man lernt eben nie aus...

Sinn und Zweck dieses Buches

Dieses Lexikon ist entstanden, um dem Oldtimer-Liebhaber bestimmte Fachbegriffe zu erklären, um die Herkunft einer Anzahl bedeutender Markenennamen aufzuzeigen und in Stichworten über die Verdienste großer Automobil-Pioniere Auskunft zu geben. Ich bin mir im Klaren darüber, dass die Thematik, wollte man sie umfassend abhandeln, ein mehrbändiges Werk mit sehr viel ausführlicheren Beschreibungen, Tausenden von Abbildungen und einer Menge von technischen Zeichnungen füllen könnte. Aber dies ist kein automobiltechnisches Wörterbuch, keine allumfassende Marken-Enzyklopädie der ganzen Welt (die 10.000 Eintragungen aufweisen würde), kein von Leonardo da Vinci bis Ross Brawn reichendes Geschichtswerk. Der Sinn dieses Buches ist ein anderer: Es soll in kompakter, übersichtlicher und leicht verständlicher Art und Weise vor allem dem interessierten Laien ein nützlicher Leitfaden sein. Und jene, die schon (fast) alles zu wissen meinen, finden vielleicht hier und da ebenfalls noch etwas, wonach sie woanders vergebens geblättert haben. Auch sind einige häufig verwendete Fachbegriffe aus dem Englischen und aus dem Französischen aufgeführt, die in den deutschen Oldtimer-Sprachschatz Eingang gefunden haben, und denen man in Artikeln und Kleinanzeigen der ausländischen Motorpresse begegnet oder die man im Gespräch mit ausländischen Autoliebhabern aufschnappt. Und einige Themen habe ich, wo es mir sinnvoll erschien, herausgegriffen und etwas ausführlicher abgehandelt als andere.
Die meisten Bücher und auch Fachmagazine, die sich mit der Automobilgeschichte und dem Oldtimer-Hobby in all seinen Facetten beschäftigen, setzen beim Leser allerlei Basiswissen voraus. Viele Begriffe aus der Autowelt von einst haben sich aber aus dem Vokabular unserer heutigen EPS-, HPE-, GTi-, ASR- und EDS-Epoche längst verabschiedet. Oder sie werden, wenn sie von einer jungen Generation einfallsreicher Marketingleute eine Wiederbelebung erfahren, neu belegt – siehe »Phaeton«. Als man bei Volkswagen im Jahre 2002 einen Namen für die große neue Limousine suchte, gebaut in der Gläsernen Manufaktur zu Dresden, verfiel man ausgerechnet auf eine Bezeichnung, die seit jeher für einen offenen, keineswegs für einen geschlossenen Wagen verwendet wurde. Vor allem im angelsächsischen Sprachraum kam einige Verwirrung auf...
Das erste Automobil-Fachbuch in deutscher Sprache erschien nicht vor 1900; immerhin war der Motorwagen damals schon 14 Jahre alt. Wer sich heute über die Geschichte des Automobils, über seine Pioniere, über seine Technik, über den Motorsport und sämtliche damit in Zusammenhang stehenden Gebiete umfassend orientieren möchte, müsste sich durch Tausende von Büchern und Internetseiten durcharbeiten, durch Zehntausende von Fachaufsätzen sowie in einer Vielzahl von Museen, Archiven stöbern, Informationsschriften zahlreicher Clubs, Verbände und Firmen studieren. Kein Spezialgebiet, für das es inzwischen nicht Experten gäbe, deren Wissen auf die eine oder andere Art zugänglich ist. In diesem Buch finden Sie Kompakt-Informationen, die es Ihnen ermöglichen, auf weitere Spurensuche zu gehen und Ihr Wissen zu vertiefen.

Traditionspflege

Zahlreiche Automobilhersteller fühlen sich heute mehr denn je ihrer Geschichte verpflichtet. Sie entfalten bemerkenswerte Aktivitäten und instrumentalisieren sie zur Markenpflege, und das griffige Motto «Zukunft muss Herkunft haben« bestätigt sich auf zahlreichen Oldtimer-Veranstaltungen, bei denen die Automobilindustrie als Sponsor mit von der Partie ist. Sei es beim Concours

Links: Alltagstauglicher Sammlerwagen: BMW 502 von 1960 in perfekt restauriertem Zustand. Ein ideales Reisefahrzeug

Gegenüberliegende Seite: Citroën 11 CV von 1939, Liebhaberstück aus Frankreich

d'Elegance in Villa d'Este am Comer See, sei es auf der jährlichen Techno Classica in Essen, bei der Silvretta-Rallye im Montafon oder beim Grand Prix für historische Fahrzeuge auf dem Nürburgring.

Der internationale Oldtimer-Jahrskalender führt von Jahr zu Jahr eine zunehmende Zahl von Veranstaltungen sportlichen Zuschnitts, Ausstellungen, Rallyes, Ersatzteilbörsen, Clubausfahrten, Schönheits-, Geschicklichkeits- und anderen Wettbewerben auf. Die enorme Auswahl macht es dem Fahrzeugbesitzer ebenso schwer wie dem interessierten Schlachtenbummler, sich zu entscheiden: Wo können, möchten, sollten wir dabei sein?

Dem am an der Automobilgeschichte, vor allem aber dem an der praktischen Ausübung des Oldtimer-Hobbys Interessierten eine Portion Basiswissen in handlicher Form zur Verfügung zu stellen, war die Grundüberlegung bei der Zusammenstellung seines Inhalts. Doch erhebt dieses Oldtimer-Lexikon an keiner Stelle einen Anspruch auf Vollständigkeit (es hätte den Rahmen der Thematik zum Beispiel auch gesprengt, wäre der Inhalt auf die Geschichte des Motorrades ausgedehnt worden), beantwortet aber sicher eine Vielzahl von immer wieder auftauchenden Fragen. Dies um so mehr, als sich die Dachgruppierung der deutschen Oldtimer- und Veteranenclubs, der DEUVET, mit einem umfassenden Teil zu aktuellen Tagesthemen rund um die Alt-Auto-Liebhaberei eingebracht hat, wofür ich dem Verband und seinen Repräsentanten sehr verbunden bin.

Viel Vergnügen also bei Ihrer nächsten Rallye, ob als Teilnehmer oder als Zuschauer, bei Ihrem nächsten Besuch einer Oldtimer-Fachmesse oder im Automuseum. Und falls Sie zu denen gehören, die vor der Erstanschaffung eines Oldtimers stehen: Ich wünsche Ihnen viel Mut zu diesem Entschluss, der Ihr Leben entscheidend beeinflussen wird. Gehen Sie die Sache mit Zuversicht und Freude an, vor allem auch mit Grundkenntnissen über TÜV- und Zulassungsformalitäten. Und damit Sie ein Wörtchen mitreden können, wenn die Fachsimpelei beginnt, vermittelt dieses Oldtimer-Lexikon Ihnen das notwendige Rüstzeug.

Halwart Schrader

WAS IST EIN OLDTIMER?

Versuch einer Definition

Das Wort »Oldtimer« ist delikat. Es ist, so englisch es klingt, deutschen Ursprungs. So, wie man in Frankreich nicht zum »Friseur« geht (sondern zum Coiffeur), um sich die Haartracht verschönern zu lassen, spricht man auch in England oder Amerika nicht von einem »Oldtimer«, wenn die Rede von einem älteren Auto ist. Mit diesem Wort bezeichnet man dort eher einen älteren Herrn, der die so genannte gute alte Zeit verkörpert.
Auch der seit vielen Jahren bei uns verwendete Begriff »Youngtimer«, der einen noch nicht zum Oldtimer herangereiften Liebhaberwagen – sozusagen in Anwartschaft – bezeichnet, ist ein im deutschen Sprachraum herangereiftes Kunstwort. Aber es hat sich nun einmal durchgesetzt, und man weiß auch halbwegs, was man sch unter einem Youngtimer vorzustellen hat: Ein etwa 20 bis 35 Jahre altes Fahrzeug, das erfolgreich seine Phase als »Gebrauchtwagen« überlebte und zum Liebhaberstück mutiert ist... aber es gibt da jede Menge Ausnahmen, und sie alle unterliegen letztenendes einer ganz persönlichen Wertbeimessung. Sammler- oder Liebhaberfahrzeuge sind sie alle irgendwann einmal. Vielleicht nicht für jeden...

Wenn jeder etwas anderes meint...

Der landläufig verwendete Terminus »Oldtimer« ist eigentlich ein inoffizieller. Wobei wir bei Thema wären. Denn »offiziell« hat man sich – und zwar international – längst auf ganz bestimmte Definitionen geeinigt, die das Auto-Veteranen-Wesen und deren Objekte betreffen. Das ist gut so, denn wenn jeder etwas anderes meint, wenn er von »alten« Autos spricht, redet man leicht aneinander vorbei.
Wer ist »man«? Das sind nicht nur die Hunderttausende von Besitzern älterer Sammlerfahrzeuge in aller Welt, sondern in erster Linie die großen Verbände, die sich in zahlreichen Ländern schon vor Jahrzehnten gebildet haben und deren Mitglieder – nämlich Interessenvereinigungen und Clubs – dem in den 1970er und 1980er Jahren sich phänomenal entwickelnden Hobby einen Status verliehen. Sehr zum Vorteil und im Interesse aller Liebhaber historischer Fahrzeuge. Und die nationalen Verbände ha-

Opel Lutzmann 1899, ältester erhalten gebliebener Motorwagen aus Rüsselsheimer Produktion mit Petroleumlampen und Hebellenkung

Gegenüberliegende Seite: Ford 1906 mit geneigter Lenksäule und Azetylenscheinwerfern

ben auch einen internationalen Dachverband – das ist die FIVA, die Fédération Internationale des Véhiculs Anciens).
Diese FIVA prägte den Begriff vom »Historischen Fahrzeug« und definiert es wie folgt: »Ein in historischer, originaler Form erhaltenes Fahrzeug, welches mechanisch angetrieben ist und vor mehr als 20 Jahren hergestellt wurde, erhalten und gepflegt und im Besitz einer Person oder Organisation, die dieses Fahrzeug aus historischen oder technischem Interesse pflegt und unterhält und es nicht zum täglichen Gebrauch einsetzt.«
Ferner heißt es: Für ein solches Fahrzeug kann auf Antrag ein FIVA-Fahrzeugpass ausgestellt werden. Wozu der gut ist und wie man ihn erhält – dazu mehr im Anhang dieses Buches.
Zweierlei sei angemerkt: Bei der FIVA ist nicht ausdrücklich vom Auto die Rede, sondern vom »Fahrzeug«, wobei Straßen-Motorfahrzeuge im weitesten Sinne gemeint sind, also auch Traktoren, Lastwagen, Omnibusse und selbstverständlich Motorzweiräder. Und: Die FIVA hatte sich einst auf ein Oldtimer-Mindestalter von 20 Jahren festgelegt. Vielen war ein zwanzigjähriges Vehikel jedoch nicht alt genug, um als es Oldtimer einstufen zu lassen. Hier fährt also der »Youngtimer« vor, und die Puristen möchten ihn gern auch erst einmal mindestens 25 Jahre alt werden lassen, bevor der zu den »post-war Classics« aufrückt. Man hat sich bei der FIVA daher für eine gleitende Regelung entschieden.
Sowohl Englisch als auch Französisch sind bei der Oldtimerei die weltweit angewendeten Amtssprachen. Wenn die FIVA tagt, wird in beiden Sprachen parliert und alles schön gemixt. Daher also »vehiculs anciens«, aber nicht »après-guerre«, sondern »post-war«. Damit kann man leben. Es bedeutet »Nachkrieg«, und da wären wir schon bei einer weiteren Frage: Welcher Krieg ist gemeint? Da es durchwegs ältere Herren waren, die (selbst längst echte Oldtimer!) solche Definitionen formulierten, kann man verstehen, dass sie den Zweiten Weltkrieg 1939-1945 und nicht den in Vietnam meinten. Wie überhaupt der Terminus »Nachkriegswagen« sich im Allgemeinen stets auf Fahrzeuge nach 1945 bezieht.

Das rostigste Hobby der Welt

Wer gern Fußball spielt, muss nicht einem Fußballclub angehören, um mit seinen Freunden am Wochenende herumzukicken. Wer Briefmarken sammelt, muss nicht unbedingt einem Philatelistenverein beitreten. Doch wer sich mit alten Autos beschäftigt (das »rostigste Hobby der Welt«, wie es Winfried Seidel, Gründer des Mercedes-Benz Veteranen-Clubs, so treffend formuliert hat),

Oben: Bentley Tourer von 1929, einer der ganz großen Klassiker der Vintage-Ära

Gegenüberliegende Seite: Auch alte Lastwagen wie dieser betagte Büssing-NAG sind längst zu Sammlerstücken avanciert

Rechts: De Soto Business Coupé von 1938. Amerikaner der dreißiger Jahre erfreuen sich auch in Europa zunehmender Beliebtheit

sollte sich einem Oldtimer-Club anschließen. Dafür gibt es mehrere und sehr einleuchtende Gründe: Man erhält Hilfe bei der Recherche zur Fahrzeuggeschichte sowie materiellen Beistand bei Restaurierungs-. Ersatzteil- und anderen Fragen, man kommt mit Gleichgesinnten und Besitzern vergleichbarer Fahrzeuge (mit vergleichbaren Sorgen...) zusammen, man lernt die Oldtimer-Szene kennen und bekommt durch sie so manchen wertvollen Impuls fürs Hobby – das sich schnell zu einer Leidenschaft entwickeln kann.
Wenn es um historische Kraftfahrzeuge geht, in wissenschaftlicher Hinsicht ebenso wie bei der motorsportlichen Betätigung mit ihnen – so haben die von dieser Passion »Befallenen« schon vor Jahrzehnten festgestellt – müssen für sie Kriterien aufgestellt werden, die auf breitester, also internationaler Ebene anwendbar sind. Spielregeln für das »rostigste Hobby« sozusagen. Denn die normalen Regeln, die für ebenso normale Autos gelten oder für solche, die man zumindest dafür halten könnte –- diese Regeln auf Oldtimer anzuwenden, würde uns den Spaß an ihnen schnell verleiden.

Nützlicher DEUVET

In Deutschland ist es der Bundesverband Deutscher Veteranenclubs e.V., kurz DEUVET, der 1976 gegründet wurde und die Interessen aller in den ihm angeschlossenen Clubs organisierten Oldtimer-Besitzer vertritt. In zäher, langjähriger Arbeit hat er dafür gesorgt, dass sie Vergünstigungen bei der Ausübung ihrer Liebhaberei in Anspruch nehmen können, die kein Einzelner allein durchzufechten imstande wäre. Und in der Mühle der großen Verwaltungsbürokratie, wie sie nun einmal in allen

Oben: Jaguar XK 140 Coupé von 1955, Traumwagen aller Sportwagenliebhaber

Links: Vertreter der großen Kompressor-Ära – Mercedes-Benz S von 1928

Gegenüberliegende Seite: Rolls-Royce Wraith 1939, gepflegte Rarität aus Derby

zivilisierten Staaten herrscht, gibt es eine Menge grausamer Extramahlgänge für Besitzer alter Autos – Torturen, die es sorgsam zu meiden gilt! Mehr über den DEUVET und seine für alle Oldtimer-Liebhaber so nützlichen Aktivitäten finden Sie auf den Seiten 306 bis 333.

Womit sich Europa-Parlamentarier beschäftigen

Die FIVA vereint die Dachverbände aus 50 Ländern der gesamten Welt mit rund 750.000 Oldtimerbesitzern. Gegründet wurde die FIVA 1966 in Paris; in ihr sind sämtliche westeuropäischen Länder vertreten. Für die Belange der Oldtimerbesitzer und deren Verbände in der Europäischen Union hat die FIVA eine »Parliamentary on European Affaires Commission« (natürlich gibt es dafür auch eine französische Bezeichnung) ins Leben gerufen. Auch beim Europäischen Parlament in Straßburg ist die FIVA durch einen Lobbyisten vertreten, der monatliche Berichte über Oldtimer-relevante Gesetzentwürfe verfasst und dort die Interessen der Oldtimerbesitzer und deren Verbände vertritt. Gesetzentwürfe auf europäischer Ebene gelangen über die FIVA umgehend an den DEUVET, der dann wiederum bei deutschen Europa-Parlamentariern um Gespräche ersucht und die Weichen im Sinne der deutschen Oldtimerbesitzer stellt. Und die Themenfülle reicht von der Altauto-Entsorgungsverordnung über das Verbot bleihaltigen Benzins und der Fahreinschränkung bei Ozonbelastungen bis hin zur Steuerbefreiung für historische Fahrzeuge – Themen, mit denen sich die Europa-Abgeordneten beschäftigen. Ziel der FIVA ist es ferner, eine europaweite Vereinheitlichung der Anerkennung von historischen Fahrzeugen für Zulassungs- und TÜV-Behörden zu erreichen. Derzeit ist in fast jedem europäischen Land der Oldtimer nämlich anders definiert. Frankreich und die Niederlande gelten übrigens geradezu als Oldtimer-Paradiese, in anderen Ländern existieren noch beträchtliche Hürden.

Antik oder nicht antik?

Weltweite Einigkeit herrscht bei der Klasseneinteilung, wenn sportliche Veranstaltungen (Rallyes) ausgeschrieben werden; hierfür hat die FIVA die Nomenklatur genau definiert und einen nach Epochen gegliederten Katalog der Bezeichnungen erstellt. Sie lauten heute international gleich:

- **Antique Cars** sind die »Ahnen« aller Motorwagen bis einschließlich Baujahr 1904.
- **Veteran Cars / Veteranen** sind Fahrzeuge der Baujahre 1905 bis einschließlich 1918.
- **Vintage Cars** sind die Fahrzeuge der Baujahre 1919 bis einschließlich 1930.
- **Classic Cars** sind Fahrzeuge von Baujahr 1931 bis einschließlich 1945.
- **Post-war Classics** sind Fahrzeuge ab 1946 bis zu einem Zeitpunkt, der gleitend ist und bis 2003 von 20 Jahren Mindestalter ausging, um sich Jahr für Jahr auf schlussendlich minimal 25 Jahre zu erhöhen.

Aber es geht bei der Oldtimerei ja nicht nur um die Teilnahme an Rallyes nach dem FIVA-Reglement. Sondern um den Spaß an alter Mechanik schlechthin. Ob ein Oldtimer also nun mindestens zwanzig oder fünfunddreißig Jahre alt zu sein hat, um im Sinne eines Clubs oder Verbands als »historisch« gelten zu dürfen, muss hier eigentlich nicht weiter diskutiert werden. Erwähnt werden soll aber noch, dass man in einigen Ländern weitere Zuordnungen kennt, die epochenübergreifend Anwendung finden. Jedem nach seiner Façon...

So ist in den USA landläufig von einem Antique Car die Rede, wenn es sich um ein Auto vor 1939 handelt. Das ist so zusagen ein Sammelbegriff, der unserem «Oldtimer« gleichzusetzen wäre. Einigen elitären Modellen bis einschließlich 1949 erkennt der Antique Car Club of America (und der hat viel zu sagen) diese Bezeichnung ebenfalls zu. Der nicht minder berühmte Horseless Carriage Club of America bezeichnet nur Fahrzeuge vor Baujahr 1916 als Antiques. Die Briten verwenden gern den Terminus Edwardian Car für Autos, die in der Regierungsepoche König Edward VII. (1901 bis 1910) gebaut wurden, und für bestimmte Klassiker der dreißiger Jahre prägten sie den Begriff der Post Vintage Thoroughbreds (abgekürzt p.v.t.). Thoroughbreds – das sind die ganz Reinrassigen, die edlen, klassischen Vollblüter.

Apropos Klassiker

»Klassisch« als gleichbedeutend mit wertvoll, alt und sammelnswert ist ebenfalls ein Gemeinplatz, der für alles

Oben: DKW F12 Cabriolet von 1963, ein vielbestauntes Liebhaberstück schon damals!

Unten: Auch das Sammeln und Restaurieren alter Schlepper kann eine Leidenschaft sein

NI
DP 37

BUGATTI
1924 INTERNATIONAL

herhalten muss. Als klassisch sollte gelten, was in technischer und ästhetischer Hinsicht als vorbildlich und mustergültig zu verstehen ist, und in diesem Sinne ist ein Classic Car, ob alt oder nicht ganz so alt, ein Liebhaberwagen wie das Classic Bike ein Motorrad, auf das die gleichen Kriterien zutreffen. Der amerikanische Classic Car Club zum Beispiel hat Listen erstellt, die genau verzeichnen, welcher Modelljahrgang eines bestimmen Fabrikats in den USA als Classic Car anzusehen ist... Aber dann gibt es natürlich noch die Superclassics, und die Collector's Cars gleich Sammlerwagen, Milestone Cars gleich Meilensteine – andernorts kursieren viel mehr Begriffe für Sammlerfahrzeug-Kategorien als bei uns.

Fahrtüchtig und verkehrssicher

Für den, der ein altes Motorfahrzeug auf der Straße bewegen und damit seiner Mitwelt kund tun möchte, was er (sie) unter dem einzig wahren Freizeitvergnügen versteht, ist letzten Endes die Frage viel wichtiger, ob ein Oldtimer – unabhängig von seinem Klassiker-Status und seinem Baujahr – einen guten Erhaltungszustand aufweist, fahrtüchtig und verkehrssicher ist, ob seine eventuell erfolgte Restaurierung nach optimalen Gesichtspunkten durchgeführt wurde und ob die Gesamterscheinung des Fahrzeugs diesem einen Liebhaberstatus zuerkennen lässt.

War's ein Laubfrosch oder ein Trèfle?

Klassiker oder Youngtimer, Milestone oder rollender Methusalem: Das interessiert auch jene nicht, für die ein für sie zweifelhaftes Fahrvergnügen im Oldtimer ganz und gar nicht an erster Stelle steht, sondern die sich aus anderen Gründen mit der Automobilgeschichte beschäftigen und denen mehr daran liegt, historisches Fahrgerät als mit viel unverfälschter Patina versehene Zeitzeugen vergangener Epochen in Sammlungen und Museen zu studieren. Die erfahren möchten, was einen Brougham kennzeichnet, welchen Ursprung das Wort Chassis hat und was man unter einem Avant Train versteht. Oder die gelegentlich in Großvaters Fotoalbum auf Entdeckungsreise gehen – und sich dabei mit so kniffligen Fragen konfrontiert sehen wie: Sitzt die Oma nun am Lenkrad eines Citroën Trèfle oder eines Opel Laubfrosch? War Onkel Heinrichs erster Volkswagen noch eine »Brezel« oder schon ein »Ovali«...?
Auf eine Menge solcher Fragen versucht dieses Buch Antworten zu geben. Kurz und knapp und ohne Schnörkel, mit ein paar erklärenden Bildern hier und dort und Querverweisen, gekennzeichnet durch einen kleinen Pfeil vor dem entsprechenden Begriff, der sich auch auf die Seiten 274-304 beziehen kann. Und hin und wieder mit einer kleinen Story am Rande, über die New York Motor Show oder warum die französische Marke Bugatti einst ein deutsches Fabrikat war. Gewiss, das wiederum ist nicht gerade Lexikon-typisch – aber die Lektüre dieses Buches soll ganz nebenbei ja auch erbaulich sein. Der vorgegebene Umfang des Buches schloss dabei aus, dass viele Begriffe nicht mit wissenschaftlicher Akribie behandelt werden konnten.

Opel Kadett 1967

Bentley 1927

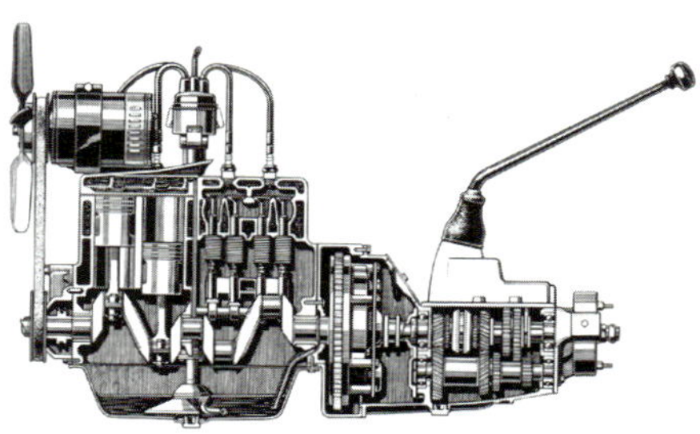

Abarth
Der in Italien lebende Österreicher Karl (Carlo) Abarth (1908-1979) baute von 1947 bis 1955 in Turin Rennwagen in Einzelanfertigung sowie Auspuffanlagen. Als der →Fiat 600 auf den Markt kam, erstreckte sich Abarths Tuningarbeit speziell auf diesen Wagen und alle seine Nachfolger, die er in großen Stückzahlen absetzte. Im Rennsport stand der Name Abarth bzw. Fiat-Abarth mehr als für die Dauer einer Generation stets ganz oben in den Siegerlisten. Es gab auch Zusammenarbeit mit →Simca und →Porsche. 1971 erfolgte die Übernahme durch Fiat, wodurch Abarth als Markenname verschwand.

Abarth 1000 TCR 1961

Abbott
Karosseriefirma in England (Farnham, Surrey, 1929-1972). Aufbauten u.a. für →Lagonda, →Daimler, →Lanchester, →M.G., →Talbot, →Bristol. Ab 1947 Anfertigung von Cabriolets für →Healey.

Abgasreinigung
→Katalysator.

abnehmbare Räder
Bis etwa 1905 waren die Räder eines Autos fest mit den Achsen verbunden. Bei einem Reifenwechsel mussten Schlauch und Decke auf der Felge am Wagen ab- und aufgezogen werden. Erstmals mit abnehmbaren Rädern waren →Renault-Rennwagen beim Großen Preis von Frankreich 1906 ausgestattet, was bei der Häufigkeit der Reifenpannen in jenen Jahren einen strategischen Vorteil bedeutete. In Deutschland kam 1906 die Firma Kronprinz (»KPZ«) erstmals mit abnehmbaren Rädern auf den Markt.

abnehmbarer Zylinderkopf
Erst gegen 1920 hatten sich Motoren mit abnehmbaren Zylinderköpfen durchgesetzt, vorher bildeten Zylinder und Kopf meist ein gemeinsames Gussteil. Den ersten abnehmbaren Zylinderkopf gab es 1905 bei →Delahaye; in der Großserie ab 1908 beim T-Modell von →Ford.

Abreisskerze
Niederspannungs-Zündeinrichtung (Lichtbogen), die es bis ca. 1914 an einigen Motoren gab. In das Kerzenloch wurde ein kleiner Elektromagnet geschraubt, dessen Anker in den Verbrennungsraum ragte und an seinem Ende gegen einen isolierten Elektrodenstift anlag. Erhielt der Elektromagnet Strom, hob der Anker ab; der sich bildende Lichtbogen besorgte die Zündung des Gemischs (→Magnetzündung).

Abreisszündung
→Abreisskerze, →Magnetzündung.

Abschmierdienst
Bis sich in den 1970er Jahren wartungsfreie Autos durchzusetzen begannen, war es selbstverständlich, dass ein Fahrzeug im Rahmen des Kundendienstes nach bestimmten Laufintervallen an einer Vielzahl von Chassis- und Fahrwerk-Schmierstellen »abgeschmiert«, also mit Fett versorgt wurde. Den Abschmierdienst nahmen häufig auch Tankstellen vor. Zu jedem Fahrzeug gab es einen Schmierplan, der über die Lage der →Schmiernippel Auskunft gab (→Schmierung, →Zentralschmierung).

A.C.
Englische Automarke (London, Thames Ditton;1908 bis heute). Die Abkürzung steht für »Auto Carrier«. Erst Bau von Kleinwagen, nach 1919 auch Produktion von Sport- und Gebrauchsfahrzeugen. Ab 1962 Herstellung von Hochleistungs- und Rennsportwagen in Zusammenarbeit mit dem Amerikaner Carrol Shelby (in den USA →Shelby-Cobra, in Europa A.C. Cobra).

A.C. Cobra 427 1962

A.C. Cobra
→A.C.

Accelerateur
In Frankreich, aber vor 1912 auch in Deutschland übliche Bezeichnung für das Gas-Fußpedal bzw. den Gashebel am Lenkrad (accelerer: frz. für Beschleunigen). Viele Fachbegriffe aus dem Französischen fanden in Deutschland Eingang, zumal die Entwicklung der Automobiltechnik in Frankreich damals besonders intensiv erfolgte.

Accumulator, Accumulatorzündung

Andere Ausdrücke für Batterie bzw. →Batteriezündung.

Achsschenkel

Bei einem vierrädrigen Wagen sitzen die lenkbaren Vorderräder an einem um einen begrenzten Winkelbereich in der Vertikalen schwenkbaren Achsteil, das sich in Kugelgelenken oder um einen →Achsschenkelbolzen dreht, um den Radeinschlag zu bewirken.

Achsschenkellenkung

Heute im Automobilbau allgemein übliche Fahrzeuglenkung (→Lankensperger, Georg).

Achtzylindermotor

Die ersten Achtzylindermotoren in Reihenbauart wurden 1902 von →Clement, Ader und →Charron gebaut, 1903 folgte →Winton. In einem Rennwagen kam ein Achtzylinder erstmals 1904 zum Einsatz (Bellamy). Weitere Pioniere des Reihenachtzylinders: →Adams (ab 1906); →Cadillac (ab 1914), →Apollo (ab 1921), Hansa-Lloyd (ab 1923), →Horch (ab 1926). Der erste Achtzylinder in V-Bauweise (»V8«) gab in einem Rennwagen (→Darracq 1905, 22,5 Liter Hubraum) sein Debüt. Serienfahrzeuge mit V8-Motor erstmals bei →De Dion-Bouton 1910.

Ackermann-Lenkung

→Lankensperger, Georg.

Adams

Bedeutende englische Automarke (Bedford, 1905-1914). Zunächst Zwei- und Vierzylinder, 1906 ein V8. Die Fahrzeuge hatten →Planetengetriebe mit zwei Untersetzungen. Es gab eine weitere Automarke in England gleichen Namens (Tunbridge Wells, 1903-1906) sowie zwei in den USA (New York, 1899; Findlay/Ohio,1910-1911).

Adler Torpedo 1910

Aero 500 1929

Adler

Der erste von Heinrich →Kleyer, Frankfurt gebaute Adler-Motorwagen erschien 1900. Bis 1939 gehörte die als Fahrradfabrik gegründete Firma Adler zu den großen und erfolgreichen Autoherstellern in Deutschland. Zahlreiche Sporterfolge bereits vor dem I. Weltkrieg. 1932 wurde der von Ing. Gustav Röhr konstruierte Adler Trumpf mit →Vorderradantrieb vorgestellt. In →Stromform karossierte Adler fuhren 1935/36 Internationale Rekorde. Nach dem II. Weltkrieg keine Wiederaufnahme der Autoproduktion.

Aero

Tschechische Fabrik für Sportflugzeuge, die 1925 bis 1947 in Prag auch Kleinwagen produzierte. Bis 1931 nur Einzylindertypen, danach Zweizylinder und von 1936 bis 1941 auch Vierzylinder, durchweg Zweitakter.

Aero screens

Englische Bezeichnung für kleine, durch Scharniere umlegbare Rennscheiben, wie man sie in den 1920er und 1930er Jahren anstelle von größeren Windschutzscheiben an Sport-, Renn- und Tourenwagen benutzte.

AFM

Nach der Firma seines Konstrukteurs Alex v. Falkenhausen, München, benannte Sportwagen, die 1949 bis 1952 gebaut wurden. Zunächst Basis →BMW 328, aber auch mit Komponenten anderer Herkunft (→Fiat). AFM Sportwagen konkurrierten u.a. erfolgreich in der Formel 2.

AGA

Automobilfabrik in Berlin (1919-1928), die zeitweilig sehr erfolgreich war (Taxis). AGA stand zunächst für Autogen-Gas-Akkumulator AG, dann für Aktiengesellschaft für Automobilbau. Ab 1922 mit den Autofirmen →Dinos und

AGA 1921

→Rabag (Lizenz Bugatti) zum einflussreichen Hugo-Stinnes-Industriekonzern gehörend.

Akkumulator, Accumulator

Anderer Ausdruck für die Fahrzeugbatterie (»Sammler«).

Alfa Romeo

Die 1910 in Mailand gegründete Automobilfabrik ging aus einer Vertretung der französischen Marke →Darracq hervor und nannte sich anfänglich Anonima Lombardo Fabbrica Automobili (A.L.F.A.); sie wurde 1914 von Nicola Romeo geleitet. Markenname Alfa Romeo ab 1919. Seit Anbeginn vorwiegend Bau von Sport- und sportlichen Tourenwagen. Berühmteste Modelle: RLSS 3 Liter (1925-1927), 6C1750 Kompressor (1929-1933), 8C2300 (1931-1934). Starkes Engagement in allen Motorsport-Kategorien. Die Scuderia →Ferrari organisierte bis 1940 die Renneinsätze für Alfa Romeo. Serienproduktion von Personenwagen erst ab 1950 mit dem Modell 1900, gefolgt von der Giulietta (1954) und der Giulia (1962). Sportliche Charakteristik kennzeichnet alle Alfa Romeo bis in die Gegenwart.

Alfa Romeo P2 1932

Alkohol-Motor

Hoch verdichtete Rennsportmotoren fuhr man in den 1920/30er Jahren mit Methylalkohol (Methanol CH_3OH) oder Äthylalkohol (Äthanol, C_2H_5OH), beide Brennstoffe galten als sehr klopffest, aber ihr Verbrauch war entsprechend groß. Hoch drehende Motoren profitierten von einer hohen Verdampfungswärme (dreimal so hoch wie beim Benzin): guter Kühleffekt.

All-weather

Englische Bezeichnung (ca. 1890-1920) für einen Regenmantel, die man im Karosseriebau bis in die 1930er Jahre hinein auch für ein →Cabriolet mit wintertauglichem Verdeck (»geeignet für jedes Wetter«) verwendete (→Allwetterverdeck).

Allard

Britische Sportwagenmarke (London, 1937-1960). Auf einem Allard gewann Firmenchef Sydney Allard 1952 die Rallye →Monte-Carlo. Einige seiner Fahrzeuge hatten große V8-Motoren von →Ford oder →Mercury.

Allgemeiner Schnauferl Club (ASC)

Im Jahre 1900 gegründeter Automobilclub, der noch heute existiert und sich vorrangig der Pflege des historischen Automobilwesens annimmt.

Allradantrieb

Der niederländische Hersteller →Spyker baute 1903 das erste Auto mit Allradantrieb, fast zeitgleich entstand bei →Lohner in Wien ein von Ferdinand →Porsche entwickelter →Misch-Wagen (benzin-elektrischer Antrieb) mit Elektromotoren in den Naben aller vier Räder. Walter →Christie schuf 1905 einen Rennwagen mit zwei Motoren, von denen einer die Vorder-, der andere die Hinterräder antrieb; nach dem gleichen Prinzip funktionierte der Allradantrieb des 2 CV Sahara (1959) von →Citroën. Ettore →Bugatti konstruierte 1930-32 einen Allradwagen für den Einsatz bei Bergrennen, und ebenfalls als Rennwagen entstand 1947 unter Mitarbeit Ferry Porsches ein Grand-Prix-Wagen bei →Cisitalia. Für militärische Einsätze vorgesehen waren die in den 1930er Jahren u.a. bei →Tempo, →Daimler-Benz, →Stoewer und →BMW gebauten Allradwagen; größte Verbreitung auf diesem Gebiet fand der ab 1941 von →Willys-Overland hergestellte →Jeep.

Allwetterverdeck

Bezeichnung für das Verdeck bei einem →Cabriolet oder →Tourenwagen, das auch im Winter ausreichenden Schutz bot (mehrschichtig gefüttert, durch →Steckscheiben zu ergänzen).

Alpenwagen

Bezeichnung für Tourenwagenmodelle vor dem I. Weltkrieg, die in der Art gebaut waren, wie sie in alpinen Wettbewerben (Alpenfahrten) erfolgreich waren (→Horch, →Puch, →Audi, →Austro-Daimler). Sie hatten viersitzige

Alpenwagen Audi 1914

Allard 1939

ALLRADANTRIEB: RENAULT SINPAR RODEO

1963 von Renault in Zusammenarbeit mit der Firma Sinpar entstandener Allradwagen für Freizeit, Sport und Arbeit in unwegsamem Gelände. In den Handel kam der Renault »Rodeo« 1970.

Einer der Welterfolge Renaults war der berühmte R4. Und es gab auch eine Vielzahl von Varianten dieses Erfolgskonzepts. So wurde Ende 1963 der R4 in einer ganz speziellen Version präsentiert. Das Auto stellte eine Modifikation durch die Firma Sinpar dar und hatte Allradantrieb. Der Basis-R4 war ein Fronttriebler mit 845-ccm-Motor (34 PS), Vierganggetriebe und Einzelradaufhängung. Es dauerte aber bis 1970, bis dieses Auto – inzwischen weiterentwickelt und im Detail verbessert – im Renault-Serienprogramm erschien. Es trug den Namen »Rodeo« und war in vier Varianten zu bekommen: Beim Typ Evasion handelte es sich um eine offene Pritsche ohne Verdeck; das Modell Chantier wies eine Fahrerkabine auf; der Coursière war ein geschlossener Lieferwagen, und der Quatre Saisons hatte ein abnehmbares Verdeck aus schwarzem Kunststoffgewebe.

Es gab durchaus Märkte für diese Fahrzeugkategorie. Im Unterschied zu den Buggies auf VW-Käfer-Plattform waren solche Autos allerdings mehr Nutzfahrzeuge als Freizeitmobile; man sah sie auf zahlreichen Baustellen, auf Bauernhöfen und sogar beim Militär, weniger hingegen am Ferienstrand oder auf den Hafenpromenaden an der Côte d'Azur. Renaults vielseitig einsetzbares Allradauto fand guten Anklang, so dass die Firma 1971 auch den drei Jahre zuvor eingeführten Renault 6 (mit 45-PS-Motor) als Typ Rodeo auf den Markt brachte. Dieser als Transport- und Spaßauto bezeichnete Wagen war allerdings nur mit Vorderrad-, nicht mit Allradantrieb versehen. Kennzeichnend waren bei dem offenen Viersitzer die besonders langen Federwege, die robuste Plastik-Karosserie (hergestellt aus dem BASF-Material Palatal) und eine sehr spartanische Ausstattung. Wie beim ähnlich konzipierten Citroën Méhari (auf der Grundlage des 2 CV) oder BMC Mini Moke, konnte man die Fahrzeugwanne mit einem Gartenschlauch ausspülen, wie überhaupt der Wagen derbe Behandlung nicht im Geringsten übelnahm und durch eine weitgehende Verwendung von Kunststoffteilen jenem Schicksal entging, dem so viele andere französische Autos jener Epoche zum Opfer fielen: Dem Rostfraß, bedingt durch mangelhafte Blechqualitäten, die der damaligen Autogeneration allgemein kurze Lebenserwartungen zugestanden.

Aufbauten in der damals beliebten →Tulpenform. Auch die britischen Bezeichnungen »Alpine Eagle« bei →Rolls-Royce oder »Alpine« bei →Sunbeam-Talbot bezogen sich auf Erfolge in den Internationalen Alpenfahrten, die später zur Tradition wurden, durch Frankreich, Österreich, Jugoslawien, Deutschland und die Schweiz führten und stets einen hohen motorsportlichen und gesellschaftlichen Stellenwert genossen.

Alta

Britische Sportwagenmarke (Surbiton, Surrey, 1931-1954), unter der in den letzten beiden Jahren auch Formel-2-Fahrzeuge entstanden.

Alvis

Prominenter britischer Fahrzeughersteller (Coventry, 1920-1967). Besonders bekannt wurde der 12/50 HP von 1923. Ein frontgetriebenes Modell kam 1928 heraus. In den 1930er Jahren waren es die schnellen, eleganten Modelle Speed 20 mit vorderer Einzelradaufhängung und vollsynchronisiertem Getriebe sowie der Speed 25 (1936, 4,3 Liter), die Berühmtheit erlangten (→Graber). 1967 Fusion mit →Rover, seither nur Bau von Militärfahrzeugen.

Ambi-Budd

1926 auf dem Areal der ehemaligen Firma →Rumpler in Johannisthal bei Berlin errichtete Karosseriefabrik, die bis 1945 Pressteile sowie komplette Aufbauten in Ganzstahlausführung herstellte. Der Amerikaner Edward G. →Budd verfügte bis 1938 über die alleinigen Patentrechte für die Herstellung solcher Karosserien. Abnehmer waren u.a. →Adler, →BMW, →Brennabor, →Hanomag. Ambi stand für den deutschen Teilhaber Arthur Müller, Bauten und Industriewerke.

Amerikanisches Verdeck

Bezeichnung für ein leicht zu betätigendes Textilverdeck auf Holz- oder Stahlrohrgestell bei einem →Tourenwagen, früher vor allem in den USA gebräuchlich.

Amilcar

Von den Franzosen Joseph Lamy und Emile Akar in St. Denis gegründete und aus ihren Nachnamen gebildete Automarke. (1931-1939). Hier entstanden sehr schnelle Sport- und Rennwagen für die populären 1100- und 2000-ccm-Klassen; 1924 kamen 1,4- und 1,7-Liter-Tourenwagen hinzu. 1934 bis 1937 Verwendung auch von Motoren der Firma →Delahaye. Die letzten Amilcar wurden 1939 bei →Hotchkiss angefertigt; sie hatten Frontantrieb und Einzelradaufhängung (Modellbezeichnung: Compound).

Amphicar

Deutscher Amphibienwagen (Lübeck, Berlin, 1961-1968) erst von den Deutschen Industrie-Werken, dann von den Deutschen Waggon- und Maschinenfabriken gebaut, Konstruktion Hanns →Trippel. Als Motor diente ein 1,2-Liter-Vierzylinder vom →Triumph Herald. Im Wasser übertrug sich die Motorkraft auf zwei Propeller. Von den ca. 800 gebauten zweitürigen Schwimmwagen-Cabriolets

Alvis 1923

Amerikanisches Verdeck (Lincoln)

BMW 1929 mit Ambi-Budd-Aufbau

Amilcar CS8 1929

AMERICAN MOTORS CORPORATION

Durch die Fusion der Hudson Motor Car Company in Detroit und der Nash Motor Company in Kenosha, Wisconsin, entstand 1954 die American Motors Corporation (AMC), der sich 1970 die Kaiser-Jeep Corporation anschloss. Es entstand eine Marken- und Modellvielfalt, bei der die Bezeichnungen Rambler und Ambassador (später kamen Rebel, Eagle, Javelin, Spirit, Concord, Pacer hinzu) am stärksten gepflegt wurden.
Der Name Ambassador, den das abgebildete viersitzige Coupé von 1971 trägt, war von Nash bereits in den 1940er Jahren verwendet worden. Er war stets den Topmodellen vorbehalten gewesen, und so galt auch der 1971er Ambassador als Spitzenfahrzeug von AMC.
Im Gegensatz zu der damals sehr populären Kompaktklasse, in der AMC durch andere Baureihen bestens vertreten war, stellte der Ambassador ein »full size car« dar, also einen Straßenkreuzer in bester US-Tradition. AMC war stolz darauf, dieses Auto als »das einzige mit serienmäßiger Klimaanlage« präsentieren zu können. Die ebenfalls herausgestellte Getriebeautomatik, bei AMC »Torque Command« genannt, hatten alle anderen full size cars der Konkurrenz jedoch ebenfalls. Vorn wies der Ambassador Scheiben-, hinten Trommelbremsen auf. Die hintere Starrachse war schraubengefedert und konnte auf Wunsch mit einem Kurvenstabilisator und Niveauregulierung geliefert werden, die Aufpreise hierfür waren relativ gering.
Das zweitürige Hardtop-Coupé trug die Zusatzbezeichnung Brougham. Elf verschiedene Lackierungen und neun Interieurvarianten standen zur Wahl. Der V8-Vergasermotor hatte 4979 ccm Hubraum und leistete 152 PS. Auf Wunsch gab es einen 5,9-Liter-Motor mit 177 PS.
Außer dem Hardtop-Coupé Brougham bot AMC eine viertürige Limousine und einen großen Kombiwagen an. Die Fahrzeuge hatten selbsttragende Karosserien, waren an die 5,40 Meter lang und hatten einen Radstand von 3,10 Meter.
Im Jahre 1980 beteiligte sich Renault nach mehr als zwölfmonatigen Verhandlungen mit 46 Prozent am Kapital der American Motors Corporation, damals viertgrößter Autoproduzent in den Vereinigten Staaten. Renault war es vor allem darum gegangen, in den USA den Vertrieb der eigenen Fahrzeuge auszuweiten und in den Staaten produzieren zu können. Renault wurde damit anteiliger Jeep-Hersteller und vertrieb die Allradfahrzeuge – der Cherokee war jetzt mit einem Renault-Motor bestückt – mit guten Erfolg in Europa. Der in den USA seit 1982 hergestellte Renault 19 Alliance und der ihm folgende Renault 9 vermochten sich dort nicht durchzusetzen.
1987 verkaufte die Régie Renault ihre AMC-Anteile an Chrysler, damit begann eine Verschmelzung der drittgrößten Gruppe mit der vierten. De jure gehören die Markenrechte sämtlicher ehemaligen AMC-Produkte deshalb seit 1999 zu DaimlerChrysler.

American Motors (AMC) Ambassador Brougham Coupé, Modelljahrgang 1971

Andrehkurbel Ford 1912

Rolls-Royce 1921

Amphicar 1963

(im Wasser etwa 11 km/h schnell, auf der Straße ca. 110 km/h) wurden 600 in die Vereinigten Staaten verkauft.

Andrehkurbel

Vor der Einführung des →elektrischen Anlassers wurde jeder Motor mit einer Handkurbel zum Laufen gebracht. Die Andrehkurbel griff in eine Schneckennut auf der axial verlängerten Kurbelwelle ein. Handräder, die man vom Sitz aus betätigen konnte, wiesen der →Decauville und der →Wartburg auf, deren Motoren sich unter der Sitzbank befanden. Zu den per Andrehkurbel alternativ (bei zu schwach geladener Batterie) zu startenden Autos zählte das →Citroën D-Modell noch bis 1975, und der Citroën 2 CV hatte sogar bis zu seinem Produktionsende 1990 serienmäßig eine Andrehkurbel im Bordwerkzeug.

Anlasshilfen

Um großvolumige Motoren leichter starten zu können, stattete man sie in der Zeit vor 1920 häufig mit Anlasshilfen aus. Dies waren entweder Ventile auf den Zylindern, »Zischhahn« genannt, die man zur Verringerung der Kompression während des Vorgangs des Ankurbelns (→Andrehkurbel) öffnete, oder es handelte sich um eine verschiebbare Nockenwelle für die Auslassventile: Nokken von geringerer Höhe sorgten für eine geringere Kompression. War der Motor angesprungen, rückte man die Nockenwelle in ihre eigentliche Betriebslage.

Ansaldo

Italienische Sportwagenmarke (Turin, 1919-1936). Aufwändig gebaute Sechs- und Achtzylinder. Ansaldo war vor dem I. Weltkrieg eine Waffenfabrik.

Antiflatterblock

Erstmals bei →Adler und bei →Wanderer in den frühen 1930er Jahren verwendetes Gummi/Metall-Element zur Eliminierung von Flattern (Schütteln in der Horizontalen) in der Lenkung durch Stöße, die sich von der Fahrbahn auf die Vorderräder übertrugen.

Antique Car

Vom Antique Car Club of America eingeführte Bezeichnung für Fahrzeuge aller Baujahre bis einschließlich 1939; einigen elitären Modellen bis einschließlich 1949 erkennt der ACCA diese Bezeichnung ebenfalls zu. Der Horseless Carriage Club of America bezeichnet nur Fahrzeuge vor Baujahr 1916 als Antiques. Die →FIVA beschränkt die Bezeichnung Antique Car auf solche Wagen, die nachweislich vor dem 31.12.1904 gebaut wurden.

Anzani

Motorenfabrikat (1923-1935) aus Levallois-Perret, Frankreich. Mit Anzani-Motoren wurden in Frankreich, England und Italien diverse Motorräder sowie Autos versehen (z.B. →Morgan, →Frazer Nash).

Aphongetriebe

lat./griechisch: a-phon = tonlos. Getriebe mit schräg verzahnten Rädern, das in den 1930er Jahren bei einigen Personenwagen zum Einbau kam, bevor das Synchrongetriebe sich durchsetzte. Es erlaubte ein leichteres und leiseres Schalten.

Apollo

Nach der Umfirmierung der Automobilwerke Ruppe & Sohn (→Piccolo), Apolda, in Apollo Werke AG im Jahre 1912 entstanden dort unter Chefingenieur Karl →Slevogt Sportwagen mit der Markenbezeichnung Apollo. 1921 Stromlinienwagen nach Entwürfen von →Jaray. Die Firma existierte bis 1926.

Apollo 1912

Argyll

Automobilfabrikat aus Glasgow (1899-1928). Zunächst Fahrzeuge nach Renault-Vorbild. Es folgten schwere, starke Tourenwagen, ab 1911 auch mit Vierradbremsen, ab 1912 mit →Schieberventilmotoren System Knight. Nach 1919 nur mehr geringe Produktion.

Ariès
Französische Automobilmarke (Villeneuve-La-Garenne, 1903-1938). Bereits ab 1908 gab es Sechszylinder. 1925-1927 Einsätze bei den 24 Stunden von Le Mans und anderen Rennsportveranstaltungen.

Armaturenbrett
Im Cockpit vor der →Spritzwand befindliche Tafel aus Holz oder Stahlblech als Instrumententräger und zur Platzierung von Schaltern, Kontrollleuchten und anderen Bedienungselementen.

Armaturentafel
Andere Bezeichnung für →Armaturenbrett.

Armstrong-Siddeley
Für ihre hochwertige Verarbeitung renommierte Automobile (Coventry, 1919 –1960). Ab 1933 serienmäßig Vorwählgetriebe von →Wilson. Die Firma entstand durch Fusion der Armstrong-Whitworth Development Co. mit der Siddeley-Deasy Motor Car Co. (→Siddeley).

Armstrong-Siddeley Sapphire

Arnold, William
Britischer Ingenieur, der 1896 die Vertretung für →Benz übernahm und vier Fahrzeuge importierte, sie aber mit Motoren eigener Fertigung ausstattete. Elf Fahrzeuge entstanden bei Arnold anschließend als Lizenzbauten.

Arrol-Johnston
In Glasgow beheimatete Automobilfabrik (1895-1931), die vor 1914 große Popularität genoss. Ab 1914 elektrischer Starter. 1927 Fusion mit →Aster (GB).

Artillerieräder
Bezeichnung für Stahlfelgen, die Holz- oder (ab ca. 1928) Pressstahlblechspeichen aufwiesen.

Artillerieräder

Armaturenbretter: 1 Bentley 1933; 2 Lancia Lambda 1922; 3 Mercedes-Benz 170 S 1951; 4 Rolls-Royce Silver Ghost 1921; 5 Daimler 1949; 6 Volkswagen K70 1976

Aster (F)
1900-1910 In St. Denis, Frankreich, ansässige Motorenfabrik, die zahlreiche Kleinwagenproduzenten in Frankreich und England mit Aggregaten belieferte (z.B. Ariès, Dennis, Manon, Rochet, →Singer). Aster stellte auch komplette Wagen her.

Aster (GB)
1922 bis 1930 existierende britische Automarke; Tochterunternehmen der französischen Firma gleichen Namens (→Aster F). 1927 Fusion mit →Arrol-Johnston.

Aston Martin Grand-Prix-Wagen 1922

Aston Martin
Von Lionel →Martin und Robert Bamford 1921 in London gegründetes Unternehmen zur Herstellung von Sport- und Rennwagen. Die 1,5- und 2,0-Liter-Roadster waren in den 1920er und 1930er Jahren sehr erfolgreich. 1926 Umzug nach Feltham, 1957 nach Newport Pagnell. 1946

Aston Martin DB3 S 1955

erwarb der Traktorenfabrikant David Brown das Unternehmen, der auch →Lagonda hinzukaufte. Hochkarätige, schnelle Sportwagen vom DB2 bis zum 600 PS starken Vantage 1999 sicherten Aston Martin eine Reputation als Premiummarke, die von wirtschaftlichen Schwierigkeiten dennoch nicht verschont blieb und 1981 bis 1986 mehrmals ihre Eigentümer wechselte, bevor →Ford 1987 die Mehrheit an Aston Martin erwarb (→Detailwissen).

Auburn

Amerikanische Marke (Auburn, Indiana, 1900-1937), deren Sport- und Tourenwagen vor allem in den 1930er Jahren als Trendsetter galten. 1924 Übernahme durch Errett Lobban →Cord. 1932 erschien ein Zwölfzylinder, 1935 ein Wagen mit Kompressormotor. Besonders reizvoll waren die Speedster mit →Bootsheck-Karosserie. In einem Teil der ehemaligen Fabrik wurde ein Auburn-Cord-Duesenberg-Museum eingerichtet.

Audi

August Horch etablierte nach seinem Ausscheiden aus dem von ihm gegründeten gleichnamigen Unternehmen →Horch in Zwickau die Audi-Werke. Audi = lat. höre = horch! Audi Automobile konkurrierten mit denen von Horch nicht zuletzt in motorsportlichen Wettbewerben. 1932 Übernahme in die →Auto Union, gemeinsam mit den Marken →DKW, →Horch und →Wanderer. 1933 erster Audi mit Frontantrieb. Wiederbelebung der Marke nach 25-jähriger Unterbrechung erst wieder 1965 (Audi 72) in Ingolstadt als Nachfolger des DKW. Seitdem kontinuierliche Entwicklung von Fronantriebswagen und ab 1977 auch von Allradfahrzeugen (quattro). 1969 erfolgte die Eingliederung in den Volkswagen-Konzern gemeinsam mit →NSU (Audi NSU Auto Union AG).

Auslegefeder

Auch als Cantileverfeder bezeichnet. Viertel- oder Halbelliptik-Stahlfeder (→Blattfedern), deren unterstes, längstes Blatt am äußeren Ende (Federauge) mit der Hinterachse oder mit einer weiteren, angelenkten Feder verbunden ist. Meist in den frühen 1920er Jahren verwendet, vereinzelt auch noch später.

Auspuffklappe

Bis in die 1920er Jahre gab es an vielen Fahrzeugen eine Vorrichtung am Auspuffrohr, die verbrannte Abgase aus den Zylindern nicht in den Schalldämpfer, sondern vor diesem ins Freie leitete. Die dafür vorgesehene Klappe wurde durch einen Hand- oder Fußhebel geöffnet und schloss sich per Federdruck.

Auburn 1929

Audi Typ K 1924

Audi Typ UW 1933

Audi 100 197[illegible]

ASTON MARTIN DBS

Aston Martin DBS 4 Liter Coupé 1968

So gut wie jeder Aston Martin hat seinen Klassiker-Status. Ein Beispiel sei herausgegriffen. Im Frühjahr 1968 brachte Aston Martin ein neues Hochleistungscoupé auf den Markt, den DBS. Dieser viersitzige Sportwagen unterschied sich von dem klassischen DB6 und dem offenen Typ Volante durch ein strengeres Design – kühle Vornehmheit hatte die vom einstigen Firmenchef David Brown so geschätzte barocke Rundlichkeit abgelöst. Die niedrige Motorhaube wies zwar nach wie vor einen flachen Lufteinlass auf, schloss aber gegen eine kantige, etwas nach innen geneigte Kühlerfront ab, die mit den Doppelscheinwerfern und Blinkern eine architektonische Einheit bildete. Größer geworden waren das Kofferraumvolumen und die Fensterflächen; durch eine niedrigere Gürtellinie hatte auch die Windschutzscheibe eine erhebliche Vergrößerung erfahren. Beibehalten hatte man in etwa die Form der Seitenfenster und natürlich die verchromten Drahtspeichenräder mit Zentralverschluss, auf die kein Aston-Martin-Kunde verzichten mochte.
Der 230 bis 240 km/h schnelle DBS hatte wie der DB6 und der Volante einen Sechszylindermotor von 3995 ccm (96 x 92 mm) Hubraum, 286 PS bei 5500 U/min leistend. Der dohc-Motor wies einen Zylinderkopf aus Leichtmetall und sieben Kurbelwellenlager auf. Auf Wunsch gab es den stärkeren Vantage-Motor mit höherer Verdichtung, drei Weber- statt SU-Horizontalvergasern und einer Leistung von 330 PS bei 5750 Touren.

Der im Herbst 1967 erstmals gezeigte, ein halbes Jahr später in die Fertigung genommene DBS war anfangs für einen V8-Motor ausgelegt gewesen. Der von Tadek Marek konstruierte 4-Liter-Sechszylinder hatte sich zwar seit 1962 bestens bewährt, doch eine Ablösung war fällig. Es dauerte jedoch bis zum September 1969, ehe der neue Viernockenwellen-Motor zur Verfügung stand. Der mit diesem 5340-ccm-Aggregat (100 x 85 mm) bestückte DBS V8 bekam zugleich eine De-Dion-Hinterachse, ein Fünfganggetriebe oder wahlweise eine Automatik, die Aston Martin von Chrysler bezog. Der 345 PS starke DBS V8 war 270 km/h schnell.
Mit der Einführung des V8-Motors wurde der Sechszylinder aber keineswegs abgelöst. Aston Martin bot ihn noch bis 1973 – inzwischen mit elektronischer Einspritzung versehen, um den Abgas-Emissionsgesetzen in den USA zu entsprechen, – in der Vantage-Version an. Doch die Stückzahlen wurden von Jahr zu Jahr geringer, und auch der verhältnismäßig teure DBS V8 ließ sich längst nicht so gut verkaufen wie gedacht. Aston Martin bewegte sich über längere Zeit am Rande der Insolvenz und wurde 1971 schließlich verkauft. Noch zwei Mal wechselte die Firma in Newport Pagnell ihren Besitzer, ehe sie 1987 zum Ford-Konzern kam. Der 5,4-Liter-Motor des DBS V8 wurde noch im Jahr 2000 gebaut – damit gehört er zu den langlebigsten Konstruktionen der britischen Automobilgeschichte.

Auspuffpfeife
Zubehör vieler Wagen der Zeit vor ca. 1925 als Signaleinrichtung am Auspufftopf, die eine Tonfolge im Stakkato von sich gab (dem Auspufftakt der Zylinder entsprechend). Betätigung über Knopf- oder Hebeldruck.

Außenbandbremse
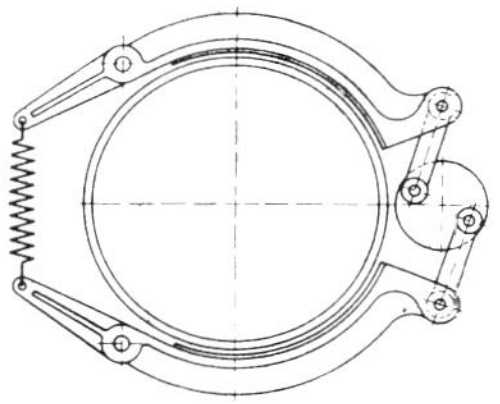

Auf den äußeren Umfang einer Bremstrommel wirkende Band- oder Backenbremse. Fand vor ca. 1925 hauptsächlich als →Getriebebremse oder →Kardanwellenbremse Verwendung.

Außenkoffer
Noch in den 1930er Jahren war ein in den Wagenkörper integrierter, abgeschlossener Gepäckraum keine Selbstverständlichkeit. Die Regel waren vielmehr Außenkoffer, die ein eigenes Bauteil darstellten und den Heckabschluss des Fahrzeugs bildeten, teils nach Lösen von Klammern oder Knebeln abnehmbar waren. Der mit dem Fahrzeug fest verbundene Kofferraum, der von außen durch eine Klappe zugänglich war, setzte sich erst gegen 1938-39 durch. Die Unterbringung von →Reserverädern steht mit der Gestaltung des Kofferraums in Zusammenhang (→Gepäckmitnahme).

Außenkoffer: 1 Mercedes-Benz Vertreterwagen 1926; 2 Horch 1935; 3 Mercedes-Benz Cabriolet 1927

Außenlenker
Im Vergleich zum →Innenlenker war im Sprachgebrauch noch in den 1930er Jahren (als man auch aus ideologischen Gründen das Verwenden von Fremdwörtern zu vermeiden trachtete) ein Außenlenker ein Auto, bei welchem der angestellte Fahrer (Lenker) nicht mit seinen Fahrgästen (den »Herrschaften«) unter einem gemeinsamen Dach, sondern im Freien saß. Er sollte dadurch die Verkehrssituation besser wahrnehmen können (→Sedanca de Ville, →Town Car).

Austin Tourer 12HP 1924

Austin
Schon früh entstanden bei Austin (Longbridge/Birmingham, 1906-1989) große Vier- und Sechszylinder. Die wirtschaftlich schwierige Zeit der frühen 1920er Jahre meisterte Austin durch die Einführung eines billigen Kleinwagens, der »Seven« hieß und als Welterfolg anzusehen war; Lizenzkonstruktionen gab es in Frankreich (→Rosengart), Deutschland (→Dixi) und USA (→Bantam). Austin fusionierte 1952 mit seinem bisherigen Konkurrenten →Morris (→British Motor Corporation). 1960 erschien der erste Austin Mini. Austin produzierte auch in Australien (1949-1974) und in Südafrika (1971-1978).

Austin, Sir Herbert

Sir Herbert Austin

Einer der großen Autopioniere Englands (1866-1941), der nicht zu jenen gehörte, die während des I. Weltkriegs vom Rüstungsgeschäft profitiert hatten, sondern sich 1920 in einer tiefen Krise befand. Ehe Austin 1905 in Birmingham seine eigene Automobilfabrik gründete, arbeitete er für →Wolseley. Die aus der Not geborene Idee, einen besonders einfachen, preisgünstigen Kleinwagen zu schaffen, rettete ihm die Existenz. Sein »Baby Austin« Typ Seven beendete in England das Dasein der primitiven →Cyclecars und war eine Alternative zum Motorrad. 1931 meldete Austin ein Patent auf ein Stahlschiebedach an. 1934 hatte er seine Firma zur größten Autofabrik Englands gemacht. Austin pflegte 12 Stunden an sieben Tagen in der Woche zu arbeiten, ein Pensum, das er sich schon als junger Mann während seines Aufenthalts in Australien angewöhnt hatte. 1936 wurde Herbert Austin in den Adelsstand erhoben (Knight of the British Empire, Lord of Longbridge).

Austin-Healey
Die 1946 von Donald →Healey in Warwick gegründete Sportwagen-Manufaktur stellte zunächst Zweisitzer mit →Riley- oder Austin-Vierzylindermotor her, bevor es 1954 zu einer Übernahme durch →Austin kam und vor allem im Hinblick auf die Exportmöglichkeiten in die USA größere

WAS IST EIN AUTLER?

Stolz posieren Nicht-Autofahrer für einen Fotografen als »Autler«, wie man in Deutschland vor dem I. Weltkrieg zu sagen pflegte.

Diese Fotografie stammt aus dem Jahre 1906, einer Zeit also, in der das Automobil – obwohl bereits zwanzig Jahr alt – noch weitgehend den Status einer Kuriosität hatte. Mit dem Kraftwagen unterwegs zu sein, galt als ein ganz Besonderes, und wer einen solchen besaß, wurde beneidet. Sich als »Autler« bezeichnen zu dürfen war ein Privileg. Natürlich verbanden sich mit dem Autofahren in früher Zeit auch weniger angenehme Erlebnisse. Selbst der bekannte Automobilkonstrukteur und Firmengründer Walter Owen Bentley empfand seine erste Begegnung mit einem Automobil als Sechzehnjähriger eher kritisch und notierte im Jahre 1904: »Es scheint mir doch eine höchst überflüssige Zeiterscheinung zu sein. Das Fahrzeug, dem ich mich zum ersten Mal in meinem Leben anvertraut hatte, sollte mich von London nach Inverness bringen. Ich empfand es als sehr langsam, äußerst zugig, unzulänglich in seiner Leistung und unsozial, denn wenn es eine Pfütze durchfuhr, wurden die Fußgänger mit Schmutzwasser bespritzt. Pferde scheuten vor ihm, Hunde liefen kläffend hinterher. Wir vernahmen nichts als Verwünschungen, wurden von Passanten, Kutschern und Radfahrern beschimpft – oder bestenfalls verspottet. Und da ich aber nun einmal zu jenen gehörte, die sich an Bord dieses öffentlichen Ärgernisses befanden, trafen die Feindseligkeiten und der Hohn auch mich, und sie gingen mir verdammt nahe. Wir Passagiere saßen vollkommen ungeschützt auf Holzbänken hinter dem Chauffeur; ein Verdeck gab es nicht. Es war mehr als ungemütlich. Der Wagen hatte Vollgummireifen und war knochenhart gefedert, und da sich die Straßen in einem fürchterlichen Zustand befanden, erreichten wir unser Ziel in elender Verfassung...«

Zehn Jahre später war Bentley Rennfahrer, Motorenkonstrukteur, Automobilhändler – und von einer goldenen Zukunft des Motorwagens felsenfest überzeugt.

Wer in den Kinderjahren des Automobils ein solches nicht besaß, weil er es sich nicht leisten konnte, weil er ihm kein Vertrauen entgegenbrachte oder es schlichtweg für entbehrlich hielt, vermochte sich dennoch der automobilen Faszination nicht zu entziehen, und so fanden Ereignisse wie Rennen oder Ausstellungen mit Motorwagen doch ein allmählich zunehmendes Interesse. Häufig stellten Autos die Attraktion auf Volksfesten dar; es wurden Rennen auf einer mit Holzbohlen belegten Arena ausgetragen (wie auch mit Fahrrädern und Motorrädern), und die Autler als »Helden am Steuer« trugen verwegene Bärte, große Staubbrillen und Stulpenhandschuhe. Und wie auf unserem Foto hatte das Publikum die Gelegenheit, sich gegen Entgelt in dem einen oder anderen Motorwagen fotografieren zu lassen, wie an der Seite eines ausgestopften wilden Tieres oder mit einem grimmig dreinblickenden Indianer im Federkostüm.

und stärkere Sportwagen entstanden, die unter der Marke Austin-Healey vermarktet wurden. Ab 1957 Produktion in den →M.G.-Werken in Abingdon. 1959 Einführung des Austin-Healey 3000 mit 3-Liter-Motor, blieb bis 1968 in Produktion. 1956 entstand der kleine Sprite (»Froschauge«) mit dem 1-Liter-Motor des Austin A35. Zugunsten des M.G. Midget wurde die Austin-Healey-Sprite-Fertigung 1971 eingestellt.

Austin-Healey 3000 MK3 1967

Austro-Daimler

Die 1899 in Wiener Neustadt gegründete Österreichische Daimler-Motoren-Gesellschaft baute →Daimler-Wagen in Lizenz und entwickelte mit dem Eintritt Ferdinand →Porsches als Chefkonstrukteur (1905) Fahrzeuge in eigener Regie. Eine Zeitlang war auch Paul →Daimler Technischer Leiter bei Austro-Daimler. Zahlreiche Erfolge in internationalen Wettbewerben. Die sportlichen, auch in den 1920er Jahren sehr aufwändig hergestellten Autos mit Sechs- und Achtzylindermotor (Modelle ADM, ADV, ADR) galten als Meisterwerke des Automobilbaus. 1928 Fusion mit →Puch. Die Produktion endete 1934 mit Gründung der Steyr-Daimler-Puch AG, die zunächst nur der traditionsreichen Marke →Steyr einen Fortbestand sicherte.

Austro-Fiat 1913

Austro-Fiat

Seit 1907 Fiat-Vertriebsgesellschaft in Österreich; ab 1912 auch Anfertigung kompletter Fahrzeuge in Lizenz →Fiat. Ab 1921 eigene Konstruktionen. 1925 Verbindung mit →Austro-Daimler. Nachfolgefirma ist die →ÖAF.

Austro-Grade

1923 als Tochtergesellschaft der 1920 von Hans →Grade gegründeten Automobilfabrik in Klosterneuburg bei Wien eingetragen. Das Austro-Grade →Cyclecar mit zweisitziger, selbsttragender Karosserie und Reibradantrieb gab es bis 1926.

Autenrieth

1921 in Darmstadt gegründetes Karosseriebau-Unternehmen, das vor allem qualitätvolle Cabrioaufbauten anfertigte (z.B. für →Audi, →BMW, →NSU, →Röhr). Die Firma bestand bis 1964 und hat zuletzt Spezialaufbauten für BMW und →Opel hergestellt. Besonders die großen BMW 501 und 502 der 1950er Jahre mit Autenrieth-Aufbau galten als exklusive Luxuswagen.

Autenrieth BMW V8 1954

Autler

Schon vor dem I. Weltkrieg suchte man in Deutschland nach einem kurzen, griffigen Wort für den Automobil fahrenden Menschen. Mit →Chauffeur wurde nur der professionelle, in bezahlten Diensten stehende Fahrer bezeichnet. Man kam auf Autler, Selbstfahrer und Herrenfahrer. Der →Herrenfahrer hielt sich im Sprachschatz etwas länger als Autler oder Selbstfahrer (→Detailwissen).

Auto Union 16-Zylinder 1934

Auto Union

1932 aus wirtschaftlichen Erwägungen vollzogener Zusammenschluss der sächsischen Fabrikate →Audi, →DKW, →Horch und →Wanderer. Markenzeichen: vier verschlungene Ringe. Unter der Bezeichnung Auto Union starteten auch die 12- und 16-Zyl.-Grand-Prix-Wagen als Konkurrenten der »Silberpfeile« von →Daimler-Benz mit Fahrern wie Bernd Rosemeyer, Hans Stuck, Tazio Nuvolari, H.P. Müller und anderen. Nach 1945 Reaktivierung des Namens als Unternehmensbezeichnung (Produktionsstätten in Düsseldorf und Ingolstadt). Einige DKW-Personenwagenmodelle wie der AU 1000 bzw. AU 1000 SP (1958-1965) wurden unter der Markenbezeichnung Auto Union verkauft.

Auto-Radar

Bezeichnung für ein Bordstein-Signalgerät, das in den 1950er Jahren zuerst in den USA aufkam und aus einem starken, federnden Stahldraht mit einigen Windungen am oberen Teil bestand und in einem leichten Winkel auswärts gebogen war. Man befestigte es an der rechten Fahrzeugkante (am Schweller vor dem hinteren Rad). Beim Einparken ließ sich durch ein vernehmliches, metallisches Kratzen des federnden Stahldrahtes, wenn er den Bordstein berührte, die Distanz zu ihm abschätzen; bei einem intensiverem Berühren hätten die damals üblichen Weißwandreifen Spuren davongetragen.

Auto-Safe

Bezeichnung für ein nachträglich zu montierendes Sicherheitsschloss als Diebstahlsicherung, um 1953 aufgekommen. Dieses Zubehör kam aus England und blokkierte die Bremshydraulik. Es handelte sich um einen Unterbrecher, den man in den Kreislauf der Hydraulikflüssigkeit montierte; ein Schloss verhinderte den Rücklauf der Flüssigkeit nach durchgetretenem Bremspedal bei gleichzeitigem Sperren durch den Schlüssel. Auto-Safe hatte dadurch eine zusätzliche Wirkung als Feststellbremse.

Autobahngang

Andere Bezeichnung für →Schnellgang (-getriebe).

Autobianchi

→Bianchi.

automatisches Einlassventil

Bevor das →zwangsgesteuerte Einlassventil (durch Nokkenwelle betätigt) aufkam, wiesen Verbrennungsmotoren im Allgemeinen durch Unterdruck (automatisch) öffnende Einlassventile auf; sie öffneten sich mit dem herabgehenden Kolben im Zylinder durch das entstehende Vakuum gegen den Druck einer Ventilfeder.

automatisches Verdeck

Bezeichnung für ein elektromechanisch betätigtes Verdeck (seltener: Hardtop), das Ende der 1930er Jahre in Frankreich und in den USA aufkam. Über Scharnierstangen ließ sich das Verdeck einschließlich Gestänge hinter den Fondsitzen versenken.

Automobil

Bezeichnung für ein motorisiertes, vierrädriges Straßenfahrzeug, die erstmals im April 1891 von →Peugeot verwendet wurde (l'automobile) und sich international durchsetzte. Nicht vor Beginn des 20. Jahrhunderts auch in Deutschland üblich (Kurzform: Auto), wurde aber bald von »Kraftwagen« und »Kraftfahrzeug« zumindest im offiziellen Sprachgebrauch verdrängt.

Automobil-Vorspannwagen

→Avant-Train.

Autopaletot

Eingetragene Wortmarke für einen Schutzüberzug aus Baumwollgewebe für Fahrzeuge.

Autopaletot (S&W)

Autoradio

Als Zubehör wurden die ersten Autoradios Anfang der 1930er Jahre angeboten. Probleme: Empfangsstörungen durch Bordelektrik (Zündung) und unzulängliche Antennen, Unterbringung des damals noch sehr großen Gerätes. Ein 1922 in Rochester, New York, gebauter →Cunningham war der erste Personenwagen, in welchem man ein mobiles Radiogerät eingebaut hatte.

Autovac

Kraftstoff-Fördergerät, das erst Anfang der 1930er Jahre durch die elektrische Benzinpumpe abgelöst wurde. Das von ➔Pallas entwickelte »Auto-Vacuum« ist ein zylindrischer Behälter aus Metall an der Spritzwand des Wagens, in welchem ein zweiter, luftdicht abgeschlossener Förderbehälter sitzt. Das Unterteil des Außenbehälters dient als Kraftstoffreservoir und ist mit dem Vergaser verbunden, während der innere Förderbehälter durch eine Unterdruckleitung mit dem Ansaugrohr zum Motor verbunden ist. Im Förderbehälter reguliert ein Schwimmer die Brennstoffzufuhr vom Tank sowie den Überlauf vom Förderbehälter zum Außenbehälter. Je nach Tourenzahl des Motors entsteht ein geringerer oder höherer Unterdruck und damit entsprechender Kraftstoffnachschub; es findet also eine dem Bedarf angemessene Förderung statt.

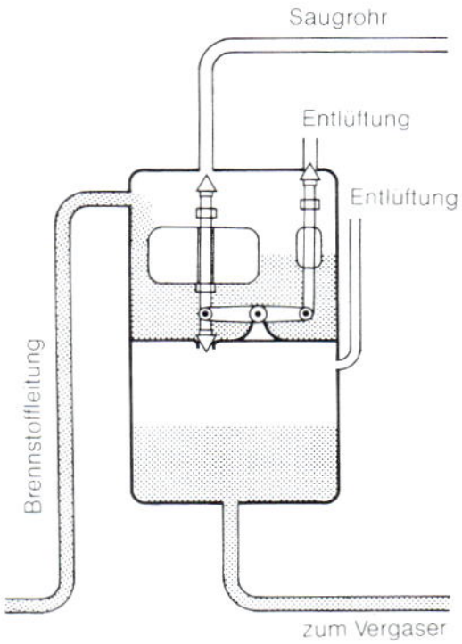

Avant-Train

1897 durch den Ingenieur Joseph ➔Vollmer erfundene Motor/Antriebseinheit, zunächst mit Elektro-, ab 1898 auch mit 4-PS-Benzinmotor. Die mit den Vorderrädern fest verbundene, in der vorderen Fahrzeugmitte als Drehschemel ausgeführte Einheit ließ sich im Tausch gegen die Vorderachse unter eine Pferdekutsche am Deichseldrehpunkt montieren, wodurch sie zu einem Motorwagen mit Frontantrieb wurde. In Paris übernahm ➔Kriéger die Herstellung solcher »Vorspannwagen« mit Elektroantrieb (1902 folgten viele andere, u. a. Siemens).

Avanti

Eines der letzten von ➔Studebaker 1963-1965 hergestellten Modelle, das nach Schließung des Werkes in privater Initiative zweier ehemaliger Studebaker-Händler bis 1985 (und danach von Nachfolgefirmen) weitergebaut wurde. Kunststoffkarosserie (Coupés, Cabriolets); Motoren von ➔Chevrolet Corvette.

AVUS

Abkürzung von Automobil-Verkehrs- und Übungsstraße. Eine Schnellstraße im Berliner Grunewald, seit 1921 bestehend, zeitweilig als Rennstrecke genutzt.

Azetylenscheinwerfer

Azetylenlampe (Renault 1908)

Vor Einführung des elektrischen ➔Scheinwerfers beim Automobil verwendete man Azetylen- (seltener ➔Petroleum-) Lampen. Es gab sie in unterschiedlichen Größen und Formen; sie waren mit auswechselbaren Reflektoren und einem schwenkbaren Scheibenhalter versehen. Das brennfähige Medium gewann man in einem separaten Entwickler, in welchem Karbid durch die Hinzugabe von Wasser Azetylengas erzeugte; es gelangte durch Kupferrohre zu den Brennern (Speckstein) im Scheinwerfer. Jeder Scheinwerfer wurde separat versorgt und auch separat angezündet. Der Entwickler war in der Regel ein Gefäß aus hochglanzpoliertem Messing, auf einem der Trittbretter montiert. Es gab auch Modelle mit integriertem Karbid/Wasserbehälter unterhalb des Scheinwerfers. Bei Minustemperaturen bestand die Gefahr der Eisbildung, d.h. Funktionsausfall. Noch 1920 wiesen ca. 20 % aller Personen- und 50 % aller Lastwagen in Deutschland Azetylenscheinwerfer auf.

Avant-Train um 1900

Avanti 1964

Badewanne
Scherzhafte Bezeichnung für den Ford Taunus 17 M 1960-1964 (Baureihe P3) mit neuer, weitgehend glattflächiger Pontonkarosserie.

Baggerschmierung
→Schmierung.

Baker
Amerikanisches Elektromobil (Cleveland, Ohio, 1899-1916). Durch Walt Disney als Auto der »Oma Duck« weltberühmt geworden.

Ballhupe

Signalhorn der Frühzeit des Automobilwesens, bei welchem ein Gummiball zusammengedrückt wurde, um Luft über ein dünnes Stahlfederblatt zu drücken und dieses zum Schwingen zu bringen, was einen bellenden Ton hervorbrachte. Ballhupen gab es in den unterschiedlichsten Ausführungen.

Ballonreifen
Anderer Ausdruck für →Niederdruckreifen.

Ballot
Französische Automobilmarke (Paris, 1910-1932) großer sportlicher Reputation. Wiederholte Einsätze in bedeutenden Rennen (Grand Prix, Indianapolis). 1930 Übernahme des Ballot-Werks durch →Hispano-Suiza.

Ballot 1925

Bandtachometer
In dem 1950er Jahren wurde es zuerst in den USA modern, Anzeigeinstrumente, vor allem Tachometer, nicht mehr rund zu gestalten und mit Zeigern auzustatten, sondern als waagerechte Skalen mit z. T. farbigen Bändern.

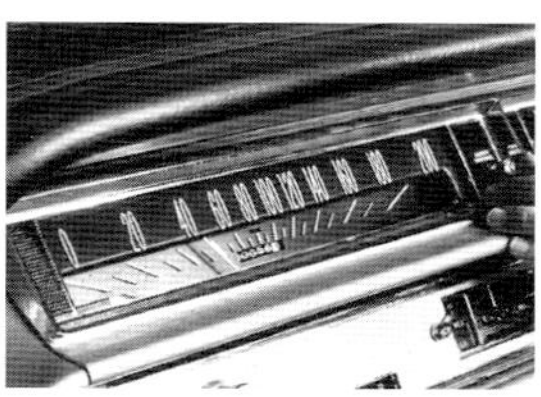

Bandspeichenrad

Felge aus Stahl oder Leichtmetall (z.B bei →Bugatti, s. Abb.) mit breiten, bandförmigen Speichen (→Pilote-Felgen).

Banjo-Achse
Hinterachse, deren Gehäuse das Differenzial umschließt, mehrteilig ist und aus gepresstem Stahlblech besteht. Die wegen ihres Aussehens an ein Banjo erinnernde Konstruktion kam gegen 1914 auf.

Bantam
Amerikanischer Kleinwagen, auch als American Austin vermarktet (Butler, Pennsylvania, 1930-1940). Lizenzherstellung des →Austin Seven für den amerikanischen Markt. Bei Bantam entstand 1940 der Prototyp des ersten →Jeep, der anschließend bei →Willys-Overland und →Ford in Serie gebaut wurde.

Barkas
Aus →Framo hervorgegangene Nutzfahrzeugmarke in der DDR (Hainichen, 1957-1990), Eintonner mit Dreizylinder-Zweitaktmotor.

Barker
Der Karosseriehersteller Barker & Co., London (1900-1954) wurde vor allem durch seine eleganten Aufbauten für →Rolls-Royce bekannt. 1938 von →Hooper übernommen und anschließend hauptsächlich für →Daimler in Coventry tätig. 1940 erfolgte die Verlegung des Betriebes nach →Coventry.

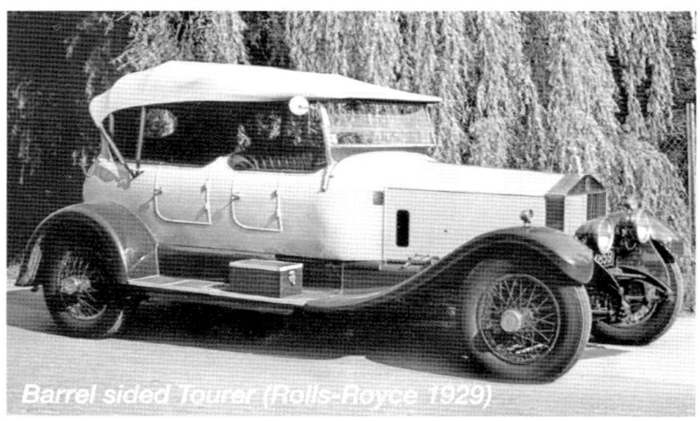
Barrel sided Tourer (Rolls-Royce 1929)

Barrel sided Tourer
In den 1920er Jahren gebaute →Tourenwagen-Karosserie mit auffälligen Einwölbungen an den oberen Kanten, die an die Rundungen eines Fasses (engl. barrel) erinnern.

Batteriezündung
Bevor Anfang des 20. Jahrh. die →Magnetzündung aufkam, wiesen die frühen Verbrennungsmotoren Batteriezündung (auch Induktionszündung oder Spulenzündung genannt) auf, die aber mangels Lichtmaschine zu einer raschen Entladung der mitgeführten Batterie (meist 6 Volt) führte. Bei der Batteriezündung werden die Zünd-

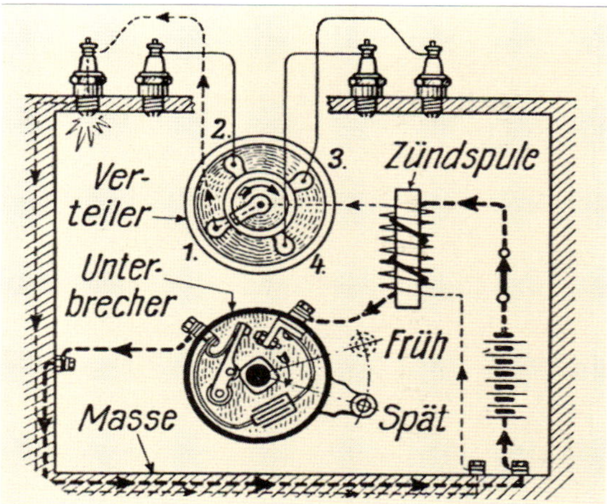

Batteriezündung

Beckmann 1925

kerzen mit hochgespanntem Batteriestrom durch eine Zündspule versorgt. Von den späten 1920er Jahren an wurde die Batteriezündung wieder aktuell, da leistungsfähige Lichtmaschinen mit Spannungsregler (→Regler) für einen konstanten Stromhaushalt sorgten.

Baur

1912 in Stuttgart gegründete Karosseriefabrik großer Reputation. Enge Zusammenarbeit mit →BMW (Cabriolets 700, 2002) und mit der →Auto Union (DKW AU 1000 SP, DKW F12 Roadster). Bei Baur enstanden auch viele Prototypen späteter Serienmodelle.

Bayard

→Clément, Clément-Bayard.

Bean

Britische Automobilmarke (Dudley, 1919-1929), in Großbritannien einst sehr populär. Die Harper Sons & Bean Ltd. war zugleich eine Metallgießerei und belieferte etwa 50% der britischen Autoindustrie mit Gussteilen. Ab 1926 erhielten Bean-Automobile Vierrad-Unterdruckbremsen System →Dewandre.

Beckmann

Fahrradfabrik in Breslau, die ab 1909 auch Automobile herstellte (→Voituretten mit →De-Dion-Bouton-Motor, ab 1923 Motoren von →Selve). Die überwiegend in Schlesien verbreiteten Beckmann Automobile gab es bis 1927, als das Werk von →Opel übernommen wurde.

Bédélia

Französische Marke (Asnières, Levallois-Perret, 1910-1925) origineller Kleinwagen (→Cyclecars) mit Motorrad-Zweizylinder-V-Motor und Riemenantrieb. Bis 1912 Tandem-Sitzanordnung; gelenkt wurde das Fahrzeug vom hinteren Sitz aus.

Begrenzungsleuchten

Positionslampen auf den Kotflügeln oder an den Außenkanten der Karosserie, um den Fahrzeugumriss erkennbar werden zu lassen (in der Regel, wenn die Außenkante der Hauptscheinwerfer mehr als 400 mm von der Außenkante des Fahrzeugs entfernt ist).

Bendix-Anlasser

→Bendix-Bremse.

Bendix-Bremse

Nach ihrem Erfinder Vincent Bendix (1881-1945) benannte mechanische Bremse. Der gebürtige Schwede besaß eine Fabrik in Chicago und war einer der bedeutendsten Zulieferer der amerikanischen Automobilindustrie, baute auch Autos eigener Konstruktion (1907-1910) und erhielt u.a. ein Patent auf einen elektrischen Anlasser (Bendix-Starter), bei welchem das Antriebsritzel nach Anspringen des Motors automatisch zurückschnellte. 1923 Partnerschaft mit →Perrot, um auch in Europa Bremsen zu fabrizieren. Gemeinsam mit →General Motors erfolgte 1927 Gründung einer Fluggesellschaft, 1929 Übernahme der Vergaserfirma Stromberg, ab 1941 auch Herstellung von Hubschraubern. Vincent Bendix hat sich über 150 Erfindungen patentieren lassen.

Benjamin

1921 bis 1931 in Asnières, Frankreich, hergestellter Kleinwagen, ab 1927 auch unter dem Namen Benova vermarktet.

Bentley

Der zuvor als Importeur für die französische Marke D.F.P. in Großbritannien tätig gewesene Walter Owen →Bentley begann 1919 in Cricklewood, London, mit dem Bau von sportlichen Tourenwagen eigener Konzeption, die erfolgreich im Motorsport eingesetzt wurden (fünf Siege bei den 24 Stunden von Le Mans) und eine Reputation für ihre außerordentlich hohe Qualität hatten. Die Herstellung der 3-, 4,5-, 6,5- und 8-Liter-Wagen (→Blower-Bentley) wurde in der Weltwirtschaftskrise unrentabel, was zu einer Übernahme der Firma 1931 durch →Rolls-Royce

Bentley 3 Litre 1927

Bentley 4.25 Litre 1938

führte. Verlegung des Werks nach Derby und 1946 nach Crewe. In Technik und Bauform (bis 1951 Karosserien nur von fremden Herstellern) waren Bentley und Rolls-Royce bis in die späten 1980er Jahre weitgehend identisch, bis man bei Bentley den Turbomotor einführte, den es für Rolls-Royce nicht gab. 2003 erfolgte die Trennung von Rolls-Royce und erneute Verselbständigung, jetzt als Tochter im Volkswagen-Konzern.

Bentley, Walter Owen

Der von seinen Freunden nur W.O. genannte, als Eisenbahntechniker ausgebildete Engländer (1888-1971) war vom gleichen Präzisions- und Perfektionsdrang beseelt wie sein Zeitgenosse →Royce. Seine mit einem kleinen Team ab 1919 in Cricklewood, London, angefertigten Fahrzeuge zeichneten sich durch hohe Zuverlässigkeit und extreme Belastungsfähigkeit aus. Nach der Übernahme der Bentley Motors Ltd. durch →Rolls-Royce wurde W.O. Chefkonstrukteur bei →Lagonda und entwickelte dort u.a. einen V12-Motor (1937), später auch einen 3-Liter-Sechszylinder für →Armstrong-Siddeley. Als Lagonda und →Aston Martin von der David-Brown-Gruppe übernommen wurden, konstruierte W.O. für Aston Martin einen 2-Liter-Sechszylinder mit zwei obenliegenden Nockenwellen, Basis aller nachfolgenden Aston-Martin-Sechszylinder. W.O. Bentley war drei Mal verheiratet, blieb aber ohne Nachkommen.

Benz

Am 3. Juli 1886 absolvierte der erste Benz in Mannheim seine öffentliche Ausfahrt. Doch die Produktion von Motorwagen hielt sich anfangs in engen Grenzen; bis 1893 waren nicht mehr als 15 Exemplare des Benz Patent-Motorwagens (drei Räder, liegender Motor im Heck) entstanden. 1894 Typ Velo mit vier Rädern, 1896 Zweizylinder-Boxermotor (»Kontramotor«), Ab 1903 großvolumige Vierzylinder. Es folgten immer größere und schnellere Fahrzeuge, die auch im Motorsport eingesetzt wurden (Grand Prix 1908), auch als Rekordfahrzeuge (→Blitzen-Benz). 1910 Eingliederung der Süddeutschen Automobilfabrik (→SAF) in Gaggenau. Nach dem I. Weltkrieg zunehmende wirtschaftliche Probleme, die sich auch durch Einführung ausgereifter Konstruktionen nicht zum Positi-

Benz 1886

ven wenden ließen. Eine enge Zusammenarbeit mit der Firma Benz mit →Daimler in Stuttgart führte 1926 zur Fusion und Bildung der →Daimler-Benz AG.

Benz (Maßeinheit)

In den 1930er Jahren wurde in Deutschland eine neue Bezeichnung für »Kilometer pro Stunde« (km/h, km/std) gesucht, und man verfiel auf die Bezeichnung »Benz«. Sie wurde verschiedentlich in Presseberichten benutzt, vermochte sich aber nicht durchzusetzen.

Benz, Carl

Carl Benz

Der in Karlsruhe geborene Automobil-Pionier (1844-1929) baute 1878 seinen ersten Motor, mit Rücksicht auf die Patente Nikolaus August →Ottos einen Zweitakter. 1883 gründete Benz in Mannheim die Rheinische Gasmotoren-Fabrik Benz & Cie. und konstruierte dort 1885/86 auch seinen ersten Motorwagen. Carl Benz, Inhaber zahlreicher Patente, schied 1903 aus seiner Firma aus und gründete mit seinen Söhnen Richard und Eugen in Ladenburg die Firma →C. Benz Söhne. In vielen Publikationen und selbst in persönlichen, von Benz signierten Dokumenten findet sich sowohl die Schreibweise Karl als auch Carl.

Benzin

Aus Erdöl gewonnener Vergaserkraftstoff. Der Name hat seinen Ursprung im Arabischen und hat mit →Benz nichts zu tun.

Benzol

Aus Steinkohle bzw. Steinkohlenteer durch Destillation gewonnener Kohlewasserstoff mit relativ hoher Klopffestigkeit. Benzin-Benzol-Gemische wurden an Tankstellen bis Ende der 1930er Jahre verkauft.

Benzol-Verband (B.V.)

Vereinigung der Benzolfabrikanten mit Sitz in Bochum, aus welcher der Mineralölkonzern Aral hervorging.

Bergmann (I)

➔Liliput, ➔Orient-Express, ➔Gaggenau.

Bergmann (II), Bergmann-Métallurgique

Die Bergmann Elektrizitätswerke AG in Berlin stellte 1907-1922 Motorfahrzeuge der belgischen Firma ➔Métallurgique in Lizenz her. Breites Programm von Motoren (1,6 bis 7,3 l). Rege Beteiligung an motorsportlichen Veranstaltungen. Ab 1919 hießen die Fahrzeuge nur noch Bergmann; in Zusammenarbeit mit ➔Siemens-Schuckert wurden auch Nutzfahrzeuge mit Elektroantrieb gebaut, die als Bergmann Elektrowagen z.B. für die Reichspost noch bis 1939 hergestellt wurden.

Bergstütze

Wie bei Pferdewagen, so gab es auch bei den ersten Motorfahrzeugen eine eiserne Klaue an einem Scharnier, die beim Anhalten an einer Gefällstrecke unter dem Fahrzeugboden herabgelassen wurde und verhinderte, dass der Wagen ins Rollen kam. Unter Bergstütze verstand man früher auch eine Ratsche, die auf die Getriebe-Bremstrommel (➔Getriebebremse) als Feststellbremse wirkt.

Berliet

1895 von Marius Berliet in Lyon, Frankreich, gegründetes Unternehmen zum Bau von Personen- und Nutzfahrzeugen. Ab 1906 Lizenzfertigung auch bei Alco (American Locomotive Company) in den USA. 1930 erster Lkw mit Dieselmotor. 1939 Einstellung der Pkw-Produktion und Konzentration auf den Nutzfahrzeugbau. 1967 Übernahme durch ➔Citroën, Nach Fusionen mehrerer Nutzfahrzeugfirmen wurde Berliet in Lyon später Hauptsitz der ➔RVI, der Nutzfahrzeugsparte von ➔Renault.

Berlina, Berlinetta

Italienisches Wort für ➔Limousine. bzw. »kleine Limousine«, wobei meist ein geräumiges ➔Coupé gemeint ist (häufig von ➔Ferrari benutzte Bezeichnung). ➔Opel bezeichnete eine Ausstattungsvariante des Manta ebenfalls als Berlinetta, eine des Ascona als Berlina.

Berline

Französisches, aus der Kutschenzeit übernommenes Wort für einen geschlossenen Wagen, also ➔Limousine (auch: Berline de Voyage = Reiselimousine).

Berna

Automobilhersteller in der Schweiz (Bern, Olten), 1904-1911 Bau von Personenwagen, anschließend bis 1972 nur Nutzfahrzeuge. 1928 wurde ➔Saurer bei Berna Mehrheitspartner.

Bergmann Metallurgique 1908

Berliet 1910

Berline (Renault) 1913

Berna 1912

BERGRENNEN

Nach den ersten Stadt-zu-Stadt-Rennen, die Ende der 1890er Jahre den Beginn des Motorsports darstellten, folgten schon bald Rennen, bei denen die Leistungsfähigkeit eines Automobils an einer steil aufwärts führenden Strecke unter Beweis gestellt werden sollte. Hier wurde im Abstand von einer halben oder ganzen Minute jeweils ein Fahrzeug gestartet und die Zeit für das Bewältigen der Bergstrecke gemessen. Gefahren wurde in verschiedenen Kategorien (Tourenwagen, Sportwagen, Rennwagen usw.) und Hubraumklassen.
Gebirgs- bzw. Passstraßen erwiesen sich als ideale Bergrennstrecken; für den übrigen Verkehr mussten sie dabei gesperrt werden. Ob Katschberg in Österreich oder La Turbie in Frankreich, Klausen in der Schweiz oder Trentino-Bondone in Italien, Schauinsland in Deutschland oder Königsaal-Jilowicze in der Tschechoslowakei – in jedem Land gab es solche Bergrennstrecken. Und sie waren bei Zuschauern wie bei Teilnehmern gleichermaßen beliebt, auch waren sie anfangs weniger gefährlich als Rundstreckenrennen. Aber gefährlich genug wurden sie, als die Fahrzeuge immer stärker und schneller wurden und wenn sich Zuschauer an ungesicherten Stellen zu nahe an der Fahrbahn aufhielten.
Beispiel Klausenpass-Rennen. - Der Klausenpass gehört seit Urzeiten zu den bedeutendsten Alpenübergängen in der Zentralschweiz, dort, wo die Kantone Glarus und Uri aneinander grenzen. Zur Fernstraße wurde der Übergang am Klausen aber erst im Jahre 1899 – natürlich für Postkutschen; andere Verkehrsmittel pflegten die Bergstrecken der Schweiz nicht zu befahren. Und die Vierspänner taten sich schwer... Der höchste Punkt der Passstraße liegt bei 1860 Meter über dem Meeresspiegel. Insgesamt ist die Straße 21,5 Kilometer lang und weist eine mittlere Steigung von 6,2 Prozent auf. 1237 Höhenmeter sind zu überwinden.
Dass eine solche landschaftlich reizvoll gelegene und schwierig zu befahrene Bergstrecke mit ihren vielen Serpentinen eine Herausforderung für ambitionierte Sportfahrer darstellen würde, lag auf der Hand. Am 27. August 1922 fand dort das erste Rennen statt – die erste einer Reihe großartiger Veranstaltungen am Klausen. Startort war der Ortsausgang von Linthal auf 622 m Höhe. Die Fahrzeuge am Start hatte man ihrer Bauart und Motorisierung entsprechend in Touren- und Rennwagen unterteilt; als Favoriten galten Talbot, Benz, Bugatti und Hispano-Suiza. Der schnellste Fahrer bewältigte die grob geschotterte Strecke in 23 Minuten und 16 Sekunden, es war ein gewisser Herr Muhl auf einem Benz.
Das Sportereignis hatte Tausende von Zuschauer angelockt; entsprechend verstopft waren sämtliche Zufahrtsstraßen zum Klausen. Besonders beliebt waren Plätze am ebenen Vollgasabschnitt bei Umerboden. Und da das Bergrennen ein überaus positives Echo gefunden hatte, schrieb der Automobil Club der Schweiz das Klausenrennen im Jahre 1923 international aus; jetzt durften auch

Shelsley Walsh Bergrennen 1936: Der deutsche Fahrer Bobby Kohlrausch beeindruckt mit seinem M.G. Midget mit Stromlinienkarosserie ein fachkundiges Publikum

ausländische Piloten starten. Vor allem Italiener und Franzosen interessierten sich für die Teilnahme, aber auch Österreicher, Ungarn und Deutsche. Wieder wurden die Fahrzeuge in Abständen von jeweils drei Minuten auf die Strecke geschickt, die von mehr als 30.000 Zuschauern gesäumt war. Diesmal stellte der Deutsche Otto Merz auf einem Hispano-Suiza mit 20 Minuten und 34,6 Sekunden den Rekord auf.
1928, 1931 und 1933 gab es kein Rennen am Klausenpass. Und das von 1934 sollte für eine Dauer von 54 Jahren das vorerst letzte sein, Ein Revival für historische Fahrzeuge wurde nach langwierigen Bemühungen engagierter Freunde des Motorsports erst im Sommer des Jahres 1988 möglich.

Lancia Stratos Karosserie Bertone, 1973

Bertone
Der italienische Karosseriedesigner und -hersteller Nuccio Bertone, Turin, übernahm die Kutschenbaufirma 1921 von seinem Vater Giovanni Bertone und machte die Firma zu einem der bedeutendsten Betriebe der Branche. 1954 kam Giorgetto →Giugiaro als Designer zu Bertone. Zahlreiche Aufträge u.a. von →Alfa Romeo, →Maserati, →Ferrari, →ISO. →BMW ließ den 3200 CS bei Bertone karossieren, auch der →NSU Sportprinz war eine Bertone-Kreation. Weitere berühmte Werke der Carrozzeria Bertone: Alfa Romeo Montreal, Fiat X1/9, Lamborghini Countach, Lancia Stratos, Volvo 262C, Opel Cabriolet.

b.h.p.
Im Englischen übliche Abkürzung für brake horse-power (Brems-PS) als Leistungsangabe. Im Unterschied zu den britischen Steuer-PS (tax h.p.), die nur fiskalische Bedeutung haben, entspricht 1 b.h.p = 1,0139 PS oder 0,746 kW.

Bianchi, Autobianchi
Um 1899 stieg der Mailänder Fahrradhersteller Bianchi ins Automobilgeschäft ein und betätigte sich auf diesem Sektor bis 1939 mit guten Erfolgen. Anschließend wurden nur Nutzfahrzeuge produziert, bis Bianchi 1955 dem →Fiat-Konzern angegliedert wurde und unter der Marke Autobianchi Klein- und Mittelklassewagen herzustellen begann (1957: Bianchina; 1964: Autobianchi Primula). 1968-72 wurden Autobianchi-Fahrzeuge im Zuge einer geplanten Fusion in Ländern außerhalb Italiens durch →Citroën vermarktet. Ab 1980 Teil der →Lancia-Gruppe im Fiat-Konzern.

Bienenkorbkühler
Variante des Waben- bzw. →Bienenwabenkühlers, an der Frontseite jedoch in konvexer Ausformung.

Bienenwabenkühler
Der bei wassergekühlten Motoren ursprünglich verwendete →Schlangenrohrkühler wurde um 1900 allmählich von einem →Kühler in Blockform abgelöst, dessen durchlaufende Röhren an den Außenwänden mit noch feineren Blättchen zur Wärmeabfuhr versehen waren. Die Angriffsfläche des Fahrtwinds glich einem Bienenwabengeflecht (Stahl-, Kupfer-, Messing- oder Alublech).

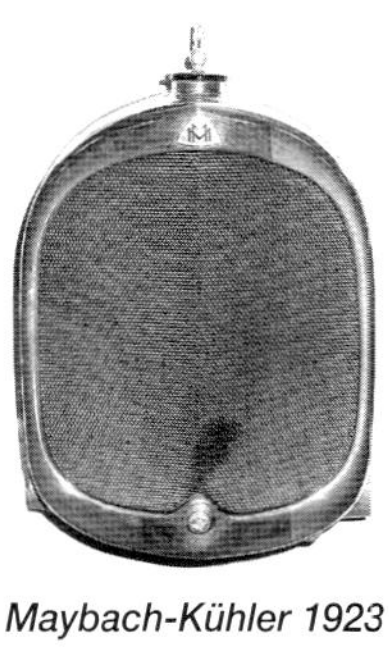
Maybach-Kühler 1923

Bignan
Französisches Automobilfabrikat (Courbevoie, 1918-1931), teils bei →Grégoire gebaut und mit Motoren von →SCAP versehen.

Binder
Karosseriehersteller (Paris, 1902-1938), der vorzugsweise die Fahrgestelle großer Autos einkleidete (→Hispano-Suiza, →Lorraine-Dietrich, →Panhard-Levassor, →Rolls-Royce). Besondere Aufmerksamkeit erfuhr ein →Coupé de Ville, das Henri Binder 1938 für das Chassis einer 1930er Royale von →Bugatti baute.

BL
Kurzform für →British Leyland.

Blackburne
Englischer Motorenhersteller, der überwiegend Einbaumotoren für Motorradfirmen produzierte, aber auch für Autofirmen wie →Frazer Nash.

Blattfedern
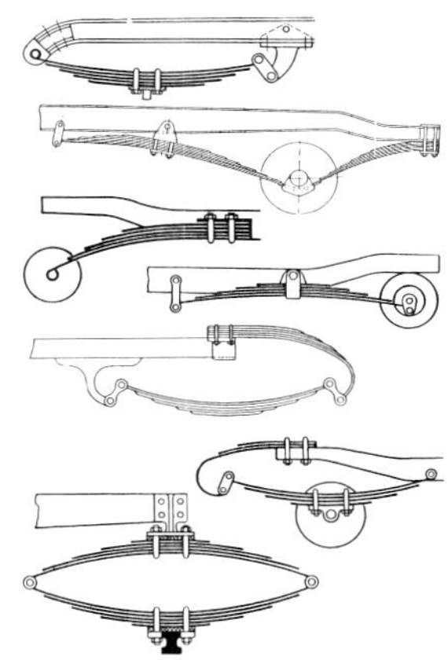

In mehreren Lagen gebündelt übereinander liegende, Stahlblätter bzw. -bänder als federndes Element zwischen Fahrwerk (Achsen) und Chassis, längs oder quer zur Fahrtrichtung eingebaut. Diese bereits im Kutschenbau des 18. Jahrhunderts (und später auch im Eisenbahn-Waggonbau) übliche Art der Federung, um Fahrbahnstöße abzufangen, kann in unterschiedlichen Bauformen ausgeführt und angeordnet sein. Man unterscheidet je nach Aufhängungsgeometrie Viertel-, Halb-, Dreiviertel- und Vollelliptikfedern; letztere bestehen aus zwei Halbfeder-Einheiten, die zusammen eine Ellipse bilden.

Blinker
Als Richtungsanzeiger, den →Winker ersetzend, erstmals 1949 beim →Borgward 1500. Nachträglich angebrachte Blinker beim Oldtimer, um den Bestimmungen der Straßenverkehrs-Zulassungsordnung (StVZO) zu entsprechen, sind oft stilistisch unbefriedigende Kompromisslösungen.

Blitzen-Benz
1908 bis 1911 in verschiedenen Motor- und Karosserieversionen von →Benz gebauter Renn- und Rekordwagen, Das größte Exemplar hatte einen 22-Liter-Vierzylinder-Flugzeugmotor. Die am 23.4.1911 von Bob Burman in Daytona, Florida, gefahrene Bestleistung von 228,1 km/h blieb bis 1924 Weltrekord.

KLASSISCHER BMW 507

Kenner sind sich einig: Der BMW 507 gehört zu den schönsten Wagen der 1950er Jahre

Viele Modelle der Marke BMW genießen Klassikerstatus. Neben dem legendären Roadster 328 (1936-1939) ist es vor allem der 507, der von Liebhabern hoch geschätzt wird. Er gab auf der IAA des Jahres 1955 sein Debüt. Fünf neue Fahrzeuge waren seinerzeit auf dem Stand der Bayerischen Motoren Werke zu bewundern.
Die von den ISO-Werken in Italien übernommene Lizenz zum Bau der Isetta, deren erstes von BMW gebautes Exemplar 1955 ebenfalls in Frankfurt präsentiert wurde, avancierte zwar gleichermaßen zu einem Klassiker, interessiert in diesem Zusammenhang aber zunächst weniger. Auch der neue BMW 3,2 Liter V8 sei hier nur am Rande erwähnt. Die große Limousine entsprach äußerlich dem bisherigen 502, hatte aber eine von 2580 auf 3168 ccm aufgebohrte Maschine und übertrumpfte in Hubraum und Höchstgeschwindigkeit den Mercedes-Benz 300 – und nicht nur darin. An Komfort und Eleganz hatte er entscheidend mehr zu bieten als der Konkurrent aus dem Schwäbischen. Auch der als Einzelstück angefertigte Superlativ-Viertürer 505, gedacht als Staatslimousine, soll hier unberücksichtigt blieben, ebenso der luxuriöse 503. Bleibt die fünfte BMW-Novität – und sie war die mit dem größten Aufmerksamkeitserfolg. Dieses Auto war der zweisitzige Roadster 507.
Wie der BMW 503 war der 507 in seiner Erscheinungsform eine hundertprozentige Kreation des deutschen, in den USA lebenden Designers Albrecht Graf Goertz. Der Kastenrahmen mit seinen Rohrtraversen entsprach dem der Limousine. Vorn hatte der 507 doppelte Querlenker, Torsionsstäbe und einen Kurvenstabilisator, die Aufhängung der Hinterräder erfolgte an einer Kombination aus Zug- und Schubstreben, geführt an Längsfederstäben und einem quer zur Fahrtrichtung angeordneten Ausgleichsstab (Panhardstab). Es gab hydraulische Servobremsen (Trommeln) und ein axial verstellbares Lenkrad. Mit einem Radstand von nur 2480 mm war der 507 kompakter als der 503 und mit 4830 mm Länge über alles auch ein Stück kürzer.

Im Wettbewerb tauchte der 507 nur selten auf – als Rennwagen war er nicht konzipiert

Der als »Touring Sport Roadster« bezeichnete BMW 507 war eines der aufregendsten Fahrzeuge seiner Ära. Mit einer niedrigen Gürtellinie, seinen Sport-Radkappen, die Zentralverschlüsse imitierten, seinem auf 150 PS getunten 3,2-Liter-Leichtmetallmotor und einer Beschleunigung von 11,5 Sekunden von Null auf 100 km/h war der BMW 507 ein reizvolles Spielzeug für die Playboys in aller Welt. Sehr gut stand dem Wagen auch das aufsetzbare Hardtop. Die meisten Fahrzeuge fanden (wie erwartet) Abnehmer in den USA; die Amerika-Ausführung hatte einen etwas höher verdichteten Motor und eine Leistung von 165 SAE-PS.
Der 507 erlebte in seiner Bauzeit von November 1956 bis März 1959 nur geringe Änderungen. So verringerte man Ende 1957 den Kraftstofftank von anfänglich 110 auf 65 Liter Fassungsvermögen, um im Kofferraum mehr Platz für Gepäck zu erhalten, und die letzten, 1959 angefertigten Wagen stattete man mit Scheibenbremsen an den Vorderrädern aus (wie es sie ab September 1959 auch bei der 3,2 V8 Limousine gab).
Nur 254 Exemplare des BMW 507 wurden gebaut – eine Zahl, die weitaus geringer war als anfänglich vorgesehen.

Blitzen Benz 1912

Blockkonstruktion

Bezeichnung für die konstruktive Zusammenlegung von Motor und Getriebe unter Einbeziehung der Kupplung.

Blockmotor

In der Frühzeit des Motorenbaus waren die Zylinder eines Reihenmotors einzeln auf das Kurbelgehäuse geschraubt, mit einem Wassermantel oder Kühlrippen (bei Luftkühlung) versehen. Später fasste man je zwei Zylinder zu einem Block zusammen (→paarweise gegossene Zylinder). Blockmotoren, bei denen alle Zylinder mit dem oberen Teil des Kurbelgehäuses eine Bau- bzw. Gusseinheit bilden, begannen sich allmählich ab 1904 durchzusetzen.

Blower

Englische Bezeichnung für →Kompressor (Verdichter, Gebläse). Auch: Supercharger, Turbocharger.

Blower-Bentley

Bezeichnung für das 4,5-Liter-Modell von →Bentley, das es von 1928 bis 1931 mit →Kompressor gab, Der aufgeladene und dadurch von 110 auf 240 PS leistungsgesteigerte Vierzylindermotor blieb im Rennsport zwar ohne nennenswerte direkte Erfolge, war dennoch das Prestigemodell der Marke und wurde z.B. bei den 24-Stunden von Le Mans 1929 und 1930 zum »Zermürben« der Konkurrenz eingesetzt. Der Bau des Blower-Bentley mit →Roots-Gebläse (produziert von Amherst Villiers) erfolgte auf private Initiative des Bentley-Rennfahrers Tim Birkin und gegen die Überzeugung des Firmenchefs W.O. →Bentley; es entstanden 55 Fahrzeuge, meist mit Tourenwagenkarosserien von →Vanden Plas.

BLMC

Kurzform für British Leyland Motor Corporation (→British Leyland).

BMC

Kurzform für →British Motor Corporation.

BMW

Die 1916 in München gegründeten Bayerischen Motoren Werke (BMW) stellten zunächst Flugmotoren (in Nachfolge der Münchner Firmen Karl Rapp und Gustav Otto), ab 1923 auch Motorräder her; Aufnahme des Automobilbaus 1929 in Eisenach nach Übernahme der Fabrikationsstätte des →Dixi. Erster Sechszylinder 1933 (BMW 303), der die Grundlage aller nachfolgenden Sechszylinder war, auch des legendären Sportwagens BMW 328. Erste viertürige Limousine 1936: BMW 326 mit Ganzstahlkarosserie. Nach 1945 wurde in Eisenach der BMW 321 weitergebaut, als Weiterentwicklung 1952 als →EMW angeboten. In München erst 1952 Aufnahme der Autoproduktion mit dem BMW 501, gefolgt von der →Isetta (1955), dem 700 (1959) und dem 1500 »Neue Klasse« 1962. Weitere bedeutende Meilensteine: Sportzweisitzer BMW 507 (1956), zweitürige Kompakt-Limousinenreihe 02 (1966), erster Serien-BMW mit Abgas-Turbolader 2002 turbo (1973). 1967 Übernahme der Firma →Glas, 1987 erster Zwölfzylinder (BMW 750i). 1994 vorüber-

Blower Bentley

BMW 320 1939

BMW 503 1958

gehendes Engagement bei →Rover (Bildung der BMW Group), Übernahme von →Mini; seit 2003 Markeninhaber und Produzent von →Rolls-Royce.

B.N.C.

Französische Sportwagen der →Voiturette-Kategorie (Bollack, Netter & Cie. in Rueil-Malmaison, später Levallois-Perret, 1924-1931), hervorgegangen aus einer Konstruktion des Ingenieurs Jacques Muller. Meist mit Motoren von →SCAP oder →Ruby. Einige Fahrzeuge hatten auch Kompressoren.

Boa Constrictor

Hupe mit langem, flexiblem Rohr und einem Schalltrichter in Gestalt eines Schlangenkopfes, der auf einem der Vorderkotflügel montiert wurde (→Ballhupe).

Boat tail

Englische Bezeichnung für eine Karosserie mit →Bootsheck (→Speedster; →Detailwissen).

Boat-decked

Bezeichnung aus dem Englischen für Karosserien mit einer Eindeckung (Edelholz) nach Bootsbauart (→Bootsheck). Als »boat-decked« bezeichnete man u.a. einige der in den USA populären →Speedster.

Bollée

Maschinenfabrik in Le Mans (Frankreich), die ab 1873 Dampfwagen herstellte und 1896 mit dem Bau von Benzinmotorfahrzeugen begann. Zunächst Zweizylinder, dann größere Vierzylinder bis 1914. Einer der Bollée-Söhne nahm 1895 die Herstellung von drei- und vierrädrigen Voituretten auf (→Léon Bollée).

Bond 1948

Bootsheck (Mercedes-Benz 1929)

Bond

1948 gegründetes britisches Kleinwagenfabrikat (Dreiräder) der Sharps Commercial Ltd., aus dem 1949 die Marke →Reliant hervorging.

Bootsheck, Bootsform

Aus dem →Spitzheck der →Tulpenform-Karosserie entwikkelte Aufbauform bei sportlichen Zwei- oder Viersitzern, die um 1910 aufkam und vor allem in den 1920er Jahren sehr beliebt war. Häufig wurden Teile der Bootsheck-Karosserie wie bei einer Yacht in Edelholz ausgeführt, es kamen sogar Beschläge aus dem Yachtsport zur Verwendung. Der maritime Stil hielt sich bis Anfang der 1930er Jahre (in den USA noch länger, →Speedster) und wurde von einigen Herstellern wie →Schebera sehr gepflegt.

Borgward

1939 trug erstmals ein in Bremen hergestellter 2,3 Liter →Hansa den Namen Borgward als Modellbezeichnung. Firmengründer Carl F. W. Borgward (1890-1963), seit den 1920er Jahren mit →Goliath und →Hansa auf dem Markt, etablierte sich 1945 zuerst wieder als Nutzfahrzeughersteller, ab 1949 auch als einer der ersten nach dem Kriege, der innovative Konstruktions- und Designideen (→Pontonkarosserie) realisierte und mit der Borgward Isabella (1954-1961) ein besonders erfolgreiches Modell auf den Markt brachte. 1960 Vorstellung des 2,3 Liter P100, der nach Schließung der Firma 1961, die in Deutschland kontroverse Diskussionen wegen versäumter Sanierungsmaßnahmen auslöste, in Mexiko (1967-1970) weitergebaut wurde.

Bosch

Robert Bosch (1861-1942) entwickelte einen 1904 patentierten Hochspannungs-Magnetzünder für Verbrennungsmotoren und setzte damit den Anfang einer neuen Ära in der Motorentechnik. Die Stuttgarter Firma Robert Bosch GmbH gehört seit frühester Zeit zu den bedeutendsten Herstellern auch auf anderen Gebieten der Kfz.-Technik (Anlasser, Licht- und Signalanlagen, Bremssysteme, Kraftstoffeinspritzung, Elektronik).

Boschhorn

Eines der am meisten verbreiteten elektrischen Signalhörner mit gebogenem Schalltrichter, dessen Großserienherstellung Mitte des Jahres 1921 begann.

Borgward 2400 Pullmann 1958

DER AMERIKANISCHE BOAT TAIL SPEEDSTER

Auburn 8-125 Speedster Baujahr 1930
(acht Zylinder, 4,7 Liter, 125 PS, 145 km/h)

Die Automobilkarosserie in Bootsform war eine Modeerscheinung, die kurz vor dem Ersten Weltkrieg aufgekommen war und sich bis Mitte der 1930er Jahre hielt. Zunächst glaubte man, mit einem spitz zulaufenden Fahrzeugheck höhere Geschwindigkeiten erzielen zu können, was aber auf einem Trugschluss beruhte. Sport- und Rennwagen mit »Stromlinien-Bootsheck« hatten keinerlei aerodynamische Vorteile. Fast alle großen und kleinen Automobilhersteller machten eine Zeit lang die Spitzheck-Mode mit, vor allem bestanden die Kunden auf solcher Karosserieform, die ja auch zweifelsohne sehr gut aussah – gleichviel, ob sie den Wagen schneller machte oder nicht.

In den USA entstanden in den 1920er und frühen 1930er Jahren die wohl attraktivsten »Boattail Speedster«. Sie stellten keine Spitzheck-Sportwagen europäischer Stromformdiktion dar, sondern waren luxuriöse Boulevard-Spielzeuge der Reichen und Schönen. Besonders die Käufer eines exklusiven Wagens etwa der Marken Duesenberg, Auburn oder Packard bevorzugten zwei- oder auch viersitzige Versionen dieser extravaganten Bauart. Karosseriehersteller wie Bohman & Schwartz oder Murphy brachten es im Speedsterbau zur höchsten Vollendung; die elegant fließenden Linien ihrer Fahrzeuge begeisterten gut betuchte Kunden in Florida, Texas, Arizona und Kalifornien. Denn gerade in den mit viel Sonnenschein gesegneten Bundesstaaten machte das Fahren eines solchen Wagens (der mit Verdeck allerdings keine so gute Figur abgab) durchaus Sinn.

Der abgebildete Speedster ist ein Auburn 8-125 von 1930, versehen mit einem kräftigen Achtzylinder-Reihenmotor von 4,7 Liter Hubraum. Bei 3600 Touren leistete er 125 PS. Das Aggregat kam von der Firma Lycoming, Hauslieferant der Firma Auburn. 1931 konnte man den Speedster sogar mit einem 160 PS starken V12-Motor bekommen, er lief gut 165 km/h..

Toprestaurierte Original-Speedster jener Epoche erzielen unter Liebhabern seit langem Höchstpreise. Zahlreiche Vertreter dieser nicht nur in Amerika so beliebten Fahrzeugkategorie erhielten eine früheren Vorbildern nachempfundene Karosserie jedoch erst in einem zweiten Leben. So entstanden solche Spitzheck-Tourer nachträglich auch auf Rolls-Royce-, Bentley-, Panhard-Levassor- oder Bugatti-Fahrgestellen, die vorher gänzlich andere Aufbauten getragen hatten. In einigen Ausnahmefällen hat es einst zwar auch in der amerikanischen Art karossierte Luxuswagen europäischer Herkunft gegeben; deren Geschichte ist Insidern ebenso bekannt wie die der vielen – zugegebenermaßen ausgezeichnet nachempfundenen – Replikate aus jüngerer Zeit.

Bougierohr
Biegsames Rohr aus künstlichem Kautschuk zur Verlegung von Licht- und Zündkabeln. Das Wort kommt von Bougie (frz. für Zündkerze) und bezeichnete ursprünglich nur die Umhüllung eines Zündkabels.

Boulangère
Im Französischen einst gebräuchliche Bezeichnung für einen Lieferwagen einer Bäckerei mit zu öffnenden Seitenteilen (Boulangerie = Bäckerei), der auf dem Lande die Haushalte belieferte.

Boxermotor
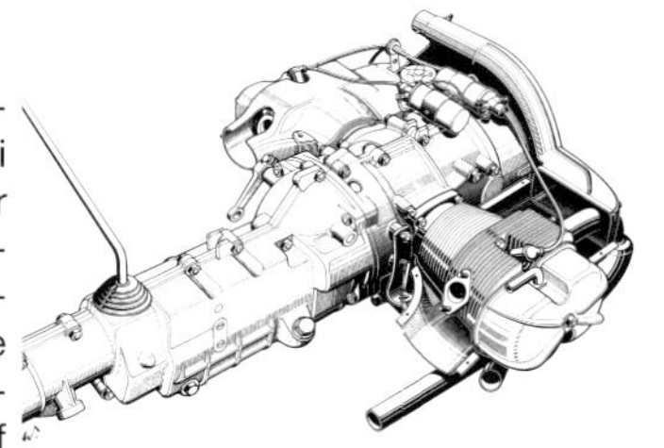
Bauart eines Mehrzylinder-Flachmotors, bei welchem die Zylinder in einer Ebene einander gegenüber angeordnet sind und die sich gegenüberliegenden Pleuel jeweils auf einer gemeinsamen Kurbelwange sitzen. Berühmtester Wagen mit Boxermotor ist der →Volkswagen Käfer.

Bozier
Im Pariser Industrievorort Puteaux von 1901 bis 1914 hergestellte Klein- und Mittelklassewagen der Ets. Voiturettes Bozier.

Brasier
Henri Charles Brasier (1864-1941) war ein bedeutender französischer Techniker und begann seine Karriere als Rennfahrer auf →Mors, ehe er 1901 mit seinem Partrner Georges →Richard in Ivry-Port die Firma Automobiles Richard-Brasier gründete (1905-1926). Das Unternehmen, das 1930 liquidiert und anschließend von →Delahaye übernommen wurde, stellte Personen- und Nutzfahrzeuge sowohl unter dem Namen Brasier als auch unter Richard-Brasier und zuletzt unter Chaigneau-Brasier her. Bereits 1904 hatte sich Richard von Brasier wieder getrennt, um Autos unter dem Markennamen →Unic zu bauen.

Brass age
Englische Bezeichnung für die Epoche der Verwendung von reichlich →Messing (brass) im Automobilbau, also ca. 1904-1920.

Bravo
1914 bis 1923 von den Union Kleinwagenwerken in Mannheim gebaute Zwei- und Vierzylinder-Automobile.

Break
Französische Bezeichnung für einen offenen Jagdwagen, ursprünglich als omnibusartiges Fahrzeug mit längs angeordneten Sitzbänken gebaut. Später Gattungsbegriff für alle geschlossenen Kombiwagen. Im Englischen als »Shooting Break« übernommen.

Bremsen
Die ersten Bremsen am Motorwagen waren →Außenbandbremsen an der Kardanwelle und →Klotzbremsen an den Radfelgen. Für Bremsen als vorgeschriebenes Bauteil am Kraftfahrzeug gab es nicht vor Dezember 1925 eine gesetzliche Verankerung, als eine Verordnung vorschrieb, dass Personenwagen »zwei in ihrer Wirkung voneinander unabhängige Bremsen aufweisen« mussten. Auf wie viele Räder sie zu wirken hatten, blieb freigestellt. Nicht vor 1919 kamen →Vierradbremsen auf, bis auf wenige Ausnahmen hatte man sich bis dahin auf gebremste Hinterräder in Verbindung mit →Kardan- und →Getriebebremsen beschränkt. Überbremste Vorderräder, so wurde lange befürchtet, würden ein Überschlagen des Fahrzeugs zur Folge haben. Auch verstand sich die Handbremse nicht immer als Feststellbremse, sondern diente mitunter als Betriebsbremse.

Bremsleuchte
Seit 1925 in Deutschland an Motorfahrzeugen gesetzlich vorgeschrieben. Zwei symmetrisch zur Fahrzeuglängsachse und in gleicher Höhe angebrachte Bremsleuchten wurden bei mehrspurigen Fahrzeugen erst vom 01. 07. 1961 an Vorschrift; Oldtimer mit Erstzulassung vor diesem Datum müssen nicht umgerüstet werden.

Brennabor
Die Brennabor-Fahrrad- und Kinderwagenwerke der Brüder Reichstein in Brandenburg a.d. Havel stellten von 1908 bis 1934 Automobile der unterschiedlichsten Baukonzepte her, so 1930 auch einen Sechszylinder mit Vorderradantrieb.

Brasier 1906

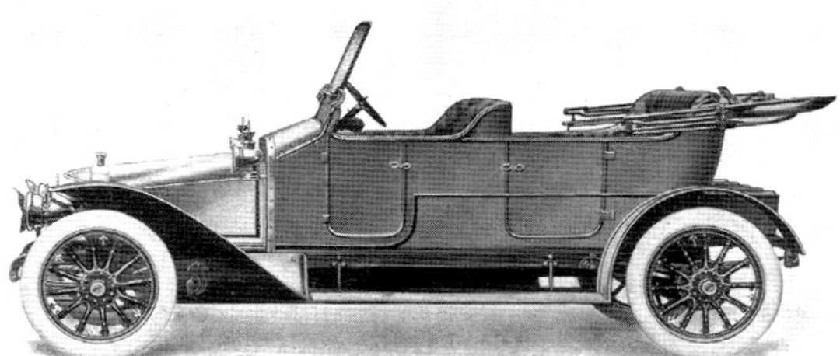
Brennabor D3 1911

Rolls-Royce mit Brewster-Aufbau 1926

Bristol 403 1953

Brennstoff
Bis ca. 1935 üblicher Ausdruck für den Begriff Kraftstoff, durch den er abgelöst wurde.

Brewster
Amerikanischer Automobil- und Karosseriehersteller (New York, 1905-1938), der Fahrzeuge z.T. mit →Knight-Motoren und anspruchsvollen Aufbauten herstellte. 1926 Übernahme durch die Firma →Rolls-Royce, die bei Brewster ihre für den amerikanischen Markt bestimmten Fahrzeuge karossieren ließ. 1934-1936 Bau von Luxuswagen auf Basis →Buick und →Ford.

Brezelfenster
Scherzhafte Bezeichnung für den bis März 1953 gebauten →Volkswagen mit einer Heckscheibe, deren ovale Form mit einem Mittelsteg entfernt einer Brezel glich.

BRG
Abkürzung für British Racing Green = Britisches Renn-Grün, die dunkelgrüne Kennfarbe, die erstmals 1903 an britischen →Napier-Rennwagen zu sehen war. Die Ausrichter des →Gordon-Bennett-Rennens in Irland hatten auf der farbigen Kennzeichnung aller teilnehmenden Fahrzeuge nach ihrer Nationalität bestanden, die bereits ab 1900 galt, sich aber erst 1903 durchzusetzen begann (→Rennfarben).

Brillié
Eugène Brillié baute 1904-1908 in Le Havre, Frankreich, schwere Personen- und Nutzfahrzeuge, nachdem er sich von seinem Partner Gustave Gobron (→Gobron-Brillié) getrennt hatte.

Bristol
Britischer Flugzeughersteller, der 1946 /47 in der Stadt Bristol den Bau von Autos nach Baumuster →BMW aufnahm (mit Sechszylindermotor vom BMW 326/328). Mit Bristol-BMW-Motoren wurden auch andere Hersteller beliefert (→Frazer Nash, →A.C.). Ab 1958 Bau eigener, größerer Motoren; 1960 Fusion mit Hawker-Siddeley und Übernahme der Automarke →Armstrong-Siddeley.

British Leyland (BL)
Bezeichnung der Staatsholding BLMC (→British Leyland Motor Corporation) ab 1975. Die Auflösung der Gruppe erfolgte schrittweise ab 1978 und fand mit der Übernahme der Marken →Rover mit →Austin (Austin-Rover Group) und →M.G. 1994 durch →BMW ihren Abschluss, nachdem →Jaguar und →Daimler bereits 1985 herausgelöst und reprivatisiert worden waren.

British Leyland Motor Corporation (BLMC)
Holding britischer Pkw-Fahrzeugfabrikate, die sich 1968 aus den Herstellern der Austin- und der Morris-Gruppe (BMC) einerseits und den Marken →Rover und Standard-Triumph (seit 1963 bei Leyland) sowie →Jaguar und →Daimler und der Leyland-Nutzfahrzeugproduktion andererseits bildete. Die British Leyland Motor Corporation (BLMC) wurde 1975 verstaatlicht und hieß danach →British Leyland (BL).

British Motor Corporation (BMC)
1952 gegründete Holding durch den Zusammenschluss der Hersteller →Austin und →Austin-Healey mit der →Morris-Gruppe.

British Salmson
Die französischen Flugmotorenfabrik →Salmson, die auch sportliche Automobile fabrizierte, hatte 1930 in London eine Vertriebsgesellschaft gegründet, die 1934-1939 ebenfalls Autos baute, die sich von den französischen jedoch unterschieden. Nach 1945 Herstellung von Fahrrad-Hilfsmotoren.

Brooklands
Erste Rennstrecke, die in Europa als geschlossener Rundkurs gebaut wurde. Sie befand sich in der Nähe Londons (Grafschaft Surrey), wurde 1907 eröffnet und avancierte zum Schauplatz berühmter Rennen und Rekordfahrten. Während des II. Weltkrieges als Militärbasis umgebaut und seither für motorsportliche Zwecke nicht mehr nutzbar. Die Bezeichnung »Brooklands« wählten einige englische Hersteller (z. B. →Riley) als Modellnamen für bestimmte Sportwagen.

BRM V16 (BRITISH RACING MOTORS)

BRM Formel-1-Rennwagen 1954

British Racing Motors, kurz BRM, war aus der Automobile Development Ltd. hervorgegangen, ein von Raymond Mays und Peter Berthon gegründetes und vom British Motor Racing Trust unterstütztes Unternehmen zur Entwicklung, zum Bau und Einsatz von Formelfahrzeugen. Im Dezember 1949 drehte der erste BRM seine Proberunden. Er hatte einen von Berthon konstruierten 1,5-Liter-Motor mit einem Zweistufen-Rolls-Royce-Kompressor und einem Fünfganggetriebe der deutschen Firma ZF. Das Ungewöhnliche an der Motorenkonstruktion war die Bauweise als V16.

An den ersten Fahrzeugen war noch viel nachzubessern. Nicht vor 1951 ließen sich die ersten Rennerfolge verzeichnen. Und es gab zahlreiche weitere technische Probleme, die zu lösen viel zu viel Geld gekostet hätte; so wurde die Firma 1952 verkauft.

Der neue Besitzer des BRM-Rennstalls war Alfred Owen, einer der bisherigen Sponsoren. Er übernahm Mays als Konstrukteur, investierte hohe Summen in die Weiterentwicklung, und in den Jahren 1954 und 1955 gab es in elf mitgefahrenen Rennen der Freien Formel (»formula libre«) immerhin sechs Siege.

Als 1954 die 1,5-Liter-GP-Rennformel geändert und auf 2,5 Liter Hubraum angehoben wurde, entstand bei BRM ein Vierzylinder, mit dem sich prominente Fahrer wie Tony Brooks, Peter Collins, Ron Flockhart, Mike Hawthorn, Roy Salvadori und Maurice Trintignant an zahlreiche Starts begaben, doch sollte es bis 1959 dauern, ehe Joakim Bonnier der Marke das erste Championat bescherte.

1961 galt wieder eine Anderthalbliter-Formel, und diesmal kam BRM mit einem V8-Motor an den Start. Graham Hill errang 1962 die Marken- und die Fahrerweltmeisterschaft, und eine Reihe von Siegen in den Jahren 1963, 1964 und 1965 sicherte BRM mit Graham Hill jeweils den zweiten Platz in der Konstrukteurswertung.

Als 1966 abermals eine neue Grand-Prix-Formel in Kraft trat, diesmal auf 3 Liter ausgelegt, bohrte man bei BRM zunächst die Motoren auf, ehe Chefkonstrukteur Tony Rudd auf die Idee kam, zwei V8-Aggregate zusammenzufügen, wodurch der berühmte H16 entstand, ein nicht ganz unkompliziertes Aggregat. Und erst 1968 gab es wieder nennenswerte BRM-Erfolge, als Mike Spence und Ricardo Rodriguez im Großen Preis von Südafrika auf die ersten beiden Plätze kamen.

1969 präsentierte BRM einen Wagen mit V12-Motor, mit dem John Surtees und Jackie Oliver bis einschließlich 1971 antraten, auch Rodriguez, der kurzzeitig zur Konkurrenz gegangen war, schloss sich wieder dem Team an. Es gab zwar einige gute Platzierungen, aber die besten Jahren waren vorüber.

Die Marke BRM war noch lange nicht tot; sie blieb bis Ende 1975 auf den Rennpisten präsent. Zwei Jahre lang gehörte der Stall Tony Southgate, der auch einige Fahrzeuge mit 7,5-Liter-Chevrolet-Motoren für die amerikanische CanAm-Serie baute. Ende 1972 gab er BRM an Mike Pilbeam weiter, der die Formelwagen mit Fahrern wie Jean-Pierre Beltoise und Henri Pescarolo noch bis 1975 ins Rennen schickte. Doch außer einem vielversprechenden Start zum Saisonanfang 1974 war nichts mehr drin – BRM blieb chancenlos. Ende 1975 zog Mike Pilbeam die Konsequenzen, drehte den Geldhahn zu und stellte seine Rennsportaktivitäten ein.

Brooklands screens
Anderer Ausdruck für →Aero screens.

Brough Superior
Brischer Motorradhersteller in Nottingham, der 1936-1939 auch Sportwagen mit dem 3,5-Liter-Sechszylindermotor von →Hudson sowie einige Luxusautos mit dem V12-Motor des →Lincoln herstellte.

Brougham, Brougham de Ville
In den USA übliche alternative Bezeichnung für ein →Sedanca de Ville oder →Town Car. Der Name stammt aus der Kutschenzeit und wurde von einigen Karosserieherstellern für kantige Aufbauten mit flachem Dach und glatten Seitenflächen benutzt.

Brütsch
Egon Brütsch konstruierte und baute in Stuttgart 1951-1958 verschiedene Kleinstwagen, teils mit drei Rädern und Mopedmotor.

B.S.A.
Die Abkürzung steht für Birmingham Small Arms. Die im frühen 18. Jahrh. gegründete Waffenfabrik stellte auch viele andere Produkte (Fahrräder, Motorräder, Lieferwagen, Militärfahrzeuge) und von 1907 bis 1940 Personenwagen verschiedener Konfiguration her. 1910 Übernahme der →Daimler Motor Company (Coventry). Nach 1945 nur mehr Fortführung der 1906 begonnenen Motorradproduktion.

Bucciali
Französische Automarke, (Courbevoie, Neuilly, 1928-1933), gegründet von den Brüdern Bucciali, die 1923-1927 bereits Autos unter der Marke BUC hergestellt hatten. Die Marke Bucciali wurde durch Fahrzeuge teils sehr ungewöhnlicher Konstruktion bekannt (Zwölf- und Sechzehnzylinder, Vorderradantrieb), von denen die meisten jedoch Prototypen blieben.

Buchet
Französischer Hersteller (Levallois-Perret, Boulogne) von elektrischen Bogenlampen und ab 1898 von Motoren für Automobile und Flugzeuge. Nach dem Bau von Motordreirädern mit modifizierten Motoren von →De Dion 1910 Aufnahme der Automobilproduktion, die bis 1930 währte.

Buckeltaunus
Scherzhafte Bezeichnung für den →Ford Taunus 1939 bzw. 1948-1952 mit »buckliger« Stromformkarosserie, Vorgänger des Taunus 12M.

Buckelvolvo
Scherzhafte Bezeichnung für die →Volvo-Modelle 444 (1945-1958) und 544 (1958-1965) mit »Katzenbuckel«-Karosserie.

Budd
Die Edward G. Budd Manufacturing Co. in Philadelphia besaß ein bis 1938 gültiges Patent auf die Herstellung von Ganzstahlkarosserien, mit der sie in der Zeit der auf-

Bucciali 1930

Brütsch 1953

BSA 1934/35

Buckelvolvo 1958

kommenden Großserienfertigung eine Monopolstellung besaß (deutsche Repräsentanz durch →Ambi-Budd).

Bürste
→Kohlebürste.

Bürstenvergaser
Primitive Form sehr früher Vergaserkonstruktionen, bei welchen eine Bürste in einem Benzinbad rotiert und die Kraftstoffpartikel ins Ansaugrohr des Zylinders spritzt.

Büssing
Heinrich Büssing gründete 1903 in Braunschweig eine Nutzfahrzeugfabrik, die bald zu einer der bedeutendsten in Deutschland wurde. Büssing stellte Lastwagen sowie Omnibusse her und betrieb den weltweit ersten Überlandlinienverkehr. 1909 erste Sechszylinder, 1914 erster Allrad-Lkw, ab 1931 Dieselmotoren (Büssing-NAG). 1971 Übernahme durch →MAN.

Büssing 1902

Bugatti Royale Coupé de Ville 1932

Bugatti Typ 40 1927

Bugatti
In der 1909 von Ettore Bugatti in Molsheim/Elsass gegründeten Automobilfabrik entstanden bis 1956 eine große Zahl qualitativ hochwertiger Renn-, Sport- und Tourenwagen, ausschließlich mit Vier- und (ab 1921) Achtzylinder-Reihenmotor. Bugattis hatten stets obenliegende Nockenwellen (größtenteils Königswellenantrieb), einige Motoren drei Ventile pro Zylinder und zwischen Motorblock und Zylinderkopf keine Dichtung. Weitere Besonderheiten waren die geschmiedete Vorderachse mit Durchführungen für die Blattfederpakete, die Verwendung von Viertelelliptikfedern, der Kühler in Hufeisenform (ab 1924) und Aluminium-Bandspeichen- oder Turboräder mit integrierter Bremstrommel bei Rennfahrzeugen, an denen man auch erstmals schlauchlose Reifen testete. Unzählige Sporterfolge wurden auf Bugatti errungen. Größter Bugatti war die in nur sechs Exemplaren gebaute Royale mit 12,8-Liter-Motor und 4,3 m Radstand (1928-1932). Die Bugatti-Werke wurden 1963 von →Hispano-Suiza übernommen; die Markenrechte erwarb 1999 der Volkswagenkonzern.

Bugatti, Ettore
Der in Mailand geborene Italiener Ettore Bugatti (1881-1947) leistete bedeutende Beiträge zur Automobilentwicklung bei den Firmen →De Dietrich, →Mathis und →Deutz, ehe er sich 1909 in Molsheim/Elsass als Automobilhersteller selbständig machte und Fahrzeuge unter eigenem Namen zu produzieren begann. Seine oft eigenwilligen technischen Lösungen, die stets auch eine starke ästhetische Komponente aufwiesen, waren nicht unumstritten, und seine patriarchische Persönlichkeit war Teil des Firmenauftritts. Ettore Bugatti hatte vier Kinder, von denen sein Sohn Jean, der 1939 bei einer Testfahrt ums Leben kam, das vom Vater geerbte künstlerische Talent am stärksten erkennen ließ, was sich in einer Reihe hervorragender Karosseriedesigns widerspiegelte.

Buggy
Aus dem Amerikanischen stammende Bezeichnung für einen leichten Pferdewagen, der zu Anfang des 20. Jahrhunderts auch für Motorwagen mit hohen Speichenrädern (→Highwheeler) angewendet wurde. In den 1970er Jahren auch Bezeichnung für Freizeit- und Strandfahrzeuge auf VW-Käfer-Basis.

Buhne
Karosseriehersteller in Berlin (1919-1939), der sowohl Aufbauten in Einzelanfertigung herstellte als auch in größerer Zahl für Taxigesellschaften auf Basis →Ford und →Chevrolet. Buhne setzte nach dem Krieg die Arbeit als als Instandsetzungsbetrieb fort.

Buick 1924

Buick Limited 1940

Buick 1953

Buick

Von David Dunbar Buick 1903 in Detroit gegründete Automobilfabrik, die eine der berühmtesten in den USA wurde. 1908 von William Crapo →Durant übernommen, als dieser den →General Motors-Konzern gründete, dem Buick seither angehört. Bis 1924 gab es bei Buick-Motoren keine abnehmbaren Zylinderköpfe, und noch bis 1954 baute man Reihen-Achtzylinder. 1929 Einführung hydraulischer Stoßdämpfer, ab 1932 serienmäßig Synchrongetriebe. Buick-Wagen insbesondere der 1950er Jahre avancierten nicht zuletzt wegen ihrer barocken Karosserieformen unter Verwendung von viel Chromornamentik schon früh zu Sammlerfahrzeugen.

Bullnose

Vokstümliche Bezeichnung für den →Morris Cowley wegen seines runden Kühlers, der 1913 eingeführt wurde und der Wagenfront ein markantes Aussehen verlieh.

Bullnose Morris 1913

Bully

Von der Bully Fahrzeugbau AG in Berlin 1933-1934 hergestellter kleiner Dreiradwagen mit 200-ccm-Zweitaktmotor und Kettenantrieb. Als Prototyp existierte auch ein etwas größeres Modell. Fabrikation in nur sehr geringem Umfang.

Burney

Von 1930 bis 1933 in Maidenhead, England gebaute Limousine in →Stromlinienform. Es entstanden nur zwölf Stück (teils mit 3- und 4,4-Liter-Motoren von →Lycoming); weitere 25 Wagen stellte die Firma →Crossley mit eigenem 2-Liter-Motor in Lizenz her.

»Junge Dame,
repräsentationsfähig,
Französisch und Englisch geläufig
in Sprache und Korrespondenz,
gewandt im Verkehr
mit dem Publikum,
sucht Anstellung
im Automobilgeschäft.«

Inserat in der
»Allgemeinen Automobil-Zeitung« Nr. 46, 1905

C. Benz Söhne 1918

C. Benz Söhne

Automobilfabrikat aus Ladenburg (1903-1926), von Carl →Benz nach dessen Ausscheiden aus der Rheinischen Gasmotorenfabrik Benz & Cie., Mannheim, gemeinsam mit seinen Söhnen Richard und Eugen Benz gegründet. Der Bau der soliden, aber nur in kleiner Stückzahl hergestellten Vierzylinder endete mit der Bildung der →Daimler-Benz AG, an der Carl Benz nicht beteiligt war. Die Firma C. Benz Söhne wurde jedoch ein Zulieferbetrieb für Daimler-Benz.

Cabi

In der Schweiz gebräuchliche Kurzbezeichnung für ein →Cabriolet.

Cabrio-Limousine

Ähnlich wie →Cabriolet, jedoch hat diese Karosserieausführung feststehende Seitenrahmen (Türen, Fenster); nur das Dachteil ist zu öffnen (auch →Rolldach-Limousine). Cabrio-Limousinen waren eine beliebte Alternative zum Voll-Cabriolet. Genau genommen sind auch der →Fiat 500A/B/C »Topolino« (1936-1955) und der →Citroën 2 CV (1948-1990) Cabrio-Limousinen.

Cabriolet

Das in deutscher Schreibweise zu Kabriolett verformte Wort stammt aus dem Französischen und bezeichnet ein Automobil, dessen Aufbau sich durch ein →Verdeck öffnen lässt. Es kann ein Zwei- oder Viertürer sein, und im Unterschied zum →Roadster oder →Tourenwagen gibt es versenkbare Seitenscheiben. Cabriolet-Karosserien in den unterschiedlichsten Ausführungen wurden von den frühen 1920er Jahren an von allen bedeutenden Karosserieherstellern angeboten; viele besaßen Patente oder Gebrauchsmusterschutz auf bestimmte Verdeckmechanismen. Wie manche Roadster von ihren Herstellern (fälschlich) als Cabriolets bezeichnet werden, so muss die Bezeichnung Roadster immer wieder auch für echte Cabriolets herhalten. Mit Coupé-Cabriolet bezeichnete man in den 1920er Jahren zweitürige Cabriolets, mit →Faux-Cabriolet solche, die ein festes Dach hatten und nur durch applizierte Schmuckbeschläge den Eindruck erweckten, als könne man dieses öffnen.

Cabriolets: 1 Mercedes-Benz D Cabriolet 1926; 2 und 4 Steyr 1934; 3 Fiat Dino Spyder 1972; 5 Mercedes-Benz Nürburg Viersitzer-Cabriolet 1931 mit Neuss-Karosserie; 6 Mercedes-Benz Mannheim C Cabriolet 1930

Cabriolet A, B, C, D, F

Eine von →Daimler-Benz in den 1930er Jahren eingeführte Nomenklatur für bestimmte →Cabriolet-Bauformen. Mit Cabriolet A bezeichnete man ein zwei- bis dreisitziges, zweitüriges Fahrzeug; mit Cabriolet B einen zweitürigen Vier- bis Fünfsitzer (vierfenstrig); mit Cabriolet C einen viersitzigen Zweitürer (zweifenstrig); mit Cabriolet D einen Viertürer (vierfenstrig); mit Cabriolet F ein Pullman-Cabriolet mit vier Türen (sechsfenstrig) und →Klappsitzen im Fond.

Cadillac

Die Cadillac Automobile Company wurde 1903 in Detroit von Henry M. →Leland gegründet und avancierte bald zu einer der führenden Autofirmen der Welt. Bis 1914 waren bereits 80.000 Wagen hergestellt. 1909 wurde Cadillac

Cabrio-Limousinen: 1 Mercedes-Benz 1929; 2 Opel Rekord 1954; 3 BMW 319 1935; 4 Mercedes-Benz 1936

ein Mitglied der von →Durant gegründeten →General Motors-Gruppe. 1912 Einführung elektrischer Anlasser, 1915 erster V8-Motor, 1929 vollsynchronisierte Getriebe sowie verchromte statt vernickelter Blankteile. Von 1930 bis 1937 besonders aufwändig gebaute Zwölf- und Sechzehnzylinder. Als Luxusmarke hat Cadillac die meisten seiner amerikanischen Rivalen wie →Duesenberg, →Pierce-Arrow oder →Marmon überleben können.

Calthorpe

Britische Automarke (Birmingham, 1905-1926), unter der Vier- und Sechszylinder gebaut wurden. 1917 Übernahme der Karosseriefabrik →Mulliners. Die einstige Fahrrad- und Motorradfabrik, die schon vor dem I. Weltkrieg bemerkenswerte Motorsporterfolge erringen konnte, war dem starken Konkurrenzdruck auf Dauer nicht gewachsen und musste 1926 schließen.

Cantileverfeder

Andere Bezeichnung für →Auslegefeder (→Blattfeder).

Carburator

Andere Bezeichnung für →Vergaser.

Carlton

1926 bis 1929 existierende britische Karosseriefabrik, die auch zahlreiche ausländische Fahrzeuge einkleidete.

Carrozzeria Bertone

→Bertone.

Carte grise

Französische Kombination (»graue Karte«) des Fahrzeugbriefes mit dem Fahrzeugschein, enthält Basisdaten des Fahrzeugs, Tag der Erstzulassung sowie Namen und Adresse des Halters.

Castagna

Italienischer Karosseriehersteller (Mailand, 1906-1953), gegründet von Carlo Castagna. Aufwändig gebaute, elegante Luxuskarosserien u.a. auf Basis →Isotta-Fraschini, →Mercedes-Benz, →Alfa Romeo.

Ceirano

Italienische Automobilfirma (Turin, 1901-1931), deren Fahrzeuge ab 1906 auch unter der Marke →SCAT verkauft wurden. Die Brüder Ceirano kamen aus dem Fahrradgeschäft; ihre kleinen Sportwagen hatten Motoren von →Aster oder →De Dion. Größere Fahrzeuge folgten in den 1920er Jahren. Ab 1926 nur noch Nutzfahrzeuge, die über das →Fiat-Vertriebsnetz verkauft wurden.

Chadwick

Amerikanische Automarke (Philadelphia, 1904-1916). Vierzylinder mit Kettenantrieb in geringer Stückzahl, ab 1906 auch ohv-Sechszylinder. 1908 Bau des ersten Motors mit Aufladung für einen Rennwagen (→Kompressor).

Cadillac 1938

Cadillac 75 Fleetwood 1939

Castagna (Mercedes) 1928

Chadwick 1910

Chalmers; Chalmers-Detroit

Amerikanische Automarke (Detroit, 1908-1923), wurde 1922 von →Maxwell übernommen.

Chambers

Von 1904 bis 1925 in Belfast, Irland, hergestellter Personenwagen mit Zwei- bzw. Vierzylindermotor.

Champion

Deutsche Kleinwagenmarke (1947 - 1964), unter der Fahrzeuge erst in Herrlingen, dann in Paderborn und zuletzt in Ludwigshafen gefertigt wurden. Die von Dr.-Ing.

Hermann Holbein entwickelten Autos waren typische Vertreter der Nachkriegszeit; das kleinste war ein offener Zweisitzer mit 200-ccm-Motorradmotor (→Maico).

Chandler
Amerikanische Automarke (Cleveland, Ohio, 1913-1929), wurde von Hupp (→Hupmobile) übernommen.

Chapron
Französisches Karosseriefabrikat (Levallois-Perret, 1920-1985). Henri Chapron zählte zu den berühmtesten Herstellern von eleganten Aufbauten (→Delage, →Delahaye, →Talbot). Neben teuren Unikaten entstanden bei Chapron auch serienmäßige Cabriolets und Coupés auf der Basis von Standardmodellen, so z.B. alle offenen D-Modelle und Präsidentenwagen von →Citroën, ferner viele →Hotchkiss und →Salmson.

Charabanc
Vor etwa 1925 verwendete Bezeichnung für eine Art Omnibus in offener Bauweise, meist als Fahrzeug für Besichtigungsfahrten gebaut.

Chassis
Andere Bezeichnung für →Fahrgestell. Das Wort kommt aus dem Französischen und bezeichnete ursprünglich den Rahmen einer Geschützlafette.

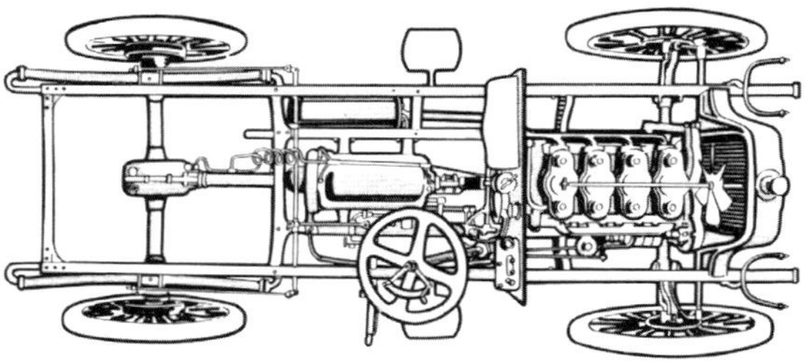

Chauffeur
Das französische Wort bedeutet eigentlich »Heizer« (chauffer = heizen) und bezeichnete den Führer eines Dampfwagens. Den Begriff Chauffeur verwendete man ab etwa 1900 für einen Berufskraftfahrer im Unterschied zum »Herrenfahrer«, der selbst am Lenkrad saß. In vielen Städten gab es Chauffeur-Schulen; sie waren nicht nur Fahrschulen im heutigen Sinne, ihr Lehrprogramm umfasste auch Wagenpflege und Reparaturarbeiten.

Checker
Amerikanischer Hersteller (Kalamazoo, Michigan, 1922-1982) speziell von Taxifahrzeugen. Das meist gelb lackierte »Checker Cab« war das berühmteste Taxi in den USA.

Chenard, Chenard-Walcker
Bekanntes französisches Automobilfabrikat (erste Motor-

Chenard Walcker 1938

Charabanc Renault 1920

dreiräder 1898) und besonders bekannt geworden durch einen Tourenwagen, der 1923 das erste 24-Stunden-Rennen von Le Mans gewann. In den 1930er Jahren Einführung von Einzelradaufhängung, Drehstabfederung und V8-Motoren von →Matford. 1951 wurde die Firma von →Peugeot übernommen.

Chevrolet Corvair 1964

Chevrolet
Amerikanische Automarke, 1911 von William C. →Durant in Detroit gegründet. Sie erhielt ihren Namen nach dem Schweizer Einwanderer Louis Chevrolet (1878-1941), ein damals in den USA berühmter Rennfahrer, den Durant als Cheftechniker einsetzte. Die Chevrolet Motor Car Co. brachte zunächst große Sechszylinder auf den Markt (ab 1913 mit →Druckluftanlasser), ab 1916 den Vierzylinder Typ 490 – eine Modellbezeichnung, die den Verkaufspreis in Dollars ausdrückte. Chevrolet war von Anfang eine Marke des von Durant 1908 gegründeten →General-Motors-Konzerns und stand stets für preiswerte Großserienwagen, in etlichen Fällen aber auch für extravagante Modellreihen (Corvette Sportwagen ab 1953, Corvair mit luftgekühltem Heckmotor ab 1959, Camaro ab 1967 als Rivale zum →Ford Mustang). Chevrolet und Ford kämpften stets um die Führungsposition in der US-Verkaufssta-

tistik; Chevrolet vermochte Ford erstmals im Jahre 1931 zu schlagen. Nur in den Jahren 1935, 1945, 1959 und 1970 lag Ford noch einmal vorn. Bereits 1934 verließ der 10millionste Chevrolet das Werk.
Chevrolet-Motoren haben auch Fahrzeuge vieler anderer Hersteller angetrieben, so den →Opel Diplomat 5,4 Liter, den →Gordon Keeble, den →Excalibur von Brooks Stevens und einige Bizzarrini.

Chiribiri
Von Antonio Chiribiri gegründete Sport- und Rennwagenmarke (Turin, 1913-1927). Die Stückzahlen blieben gering.

Choke
Andere Bezeichnung für →Starterklappe.

Christie
Der vielseitig begabte amerikanische Ingenieur Walter Christie baute zwischen 1904 und 1911 eine Anzahl ungewöhnlicher Fahrzeuge, die vor allem im Motorsport Aufsehen erregten. Christie konstruierte 1905 einen Wagen mit Frontantrieb (quer eingebauter Motor, 20 Liter Hubraum), später auch Feuerwehrautos, Traktoren und Tanks. Christies Direct Action Motor Car Company hatte ihren Sitz in New York.

Chrom
Gegen Ende der 1920er Jahre begann man bei →Cadillac und →Oldsmobile die Kühlermaske, Scheinwerfer und andere Bauteile am Auto zu verchromen. Verchromte Oberflächen benötigten geringeren Pflegeaufwand als das bisher verwendete →Nickel und waren zudem preiswerter. Die Verchromung von Blankteilen setzte sich sehr schnell durch und fand schon 1928 auch bei vielen in Europa herrgestellten Serienwagen Anwendung.

Chrysler
Ende 1923 in Detroit von Walter P. Chrysler gegründete Automarke. Als Besonderheit wiesen alle Chrysler von Anbeginn Vierradbremsen auf. Die für ihre hochwertige Verarbeitung berühmt gewordenen, dennoch sehr preisgünstigen Qualitätswagen konkurrierten gegen →Cadillac und →Lincoln. Zur Chrysler Corporation gehörten auch →DeSoto, →Dodge und →Plymouth. Chrysler übernahm 1970 →Simca (Chrysler-France) und die Marken der britischen →Rootes Group. Mit Chrysler-Motoren wurden etliche europäische Fahrzeuge bestückt (z.B. →Jensen ab 1962, →Monteverdi ab 1967).

Chrysler, Walter Percy
Der Amerikaner Walter P. Chrysler (1875-1940) absolvierte eine Ausbildung als Maschinenschlosser bei der Eisenbahn, ehe er sich der Automobilbranche zuwendete und 1912 bei →Buick eine Anstellung bekam, wo er zum Betriebsleiter und anschließend zum Werksdirektor aufstieg. 1919 wechselte Chrysler zu →General Motors, 1923 machte er sich als Unternehmer selbständig. Schon 1926 rangierte die Marke Chrysler auf dem 5. Platz in der US-Autoindustrie. Der erfolgreiche Manager war zugleich ein progressiv denkender Techniker (1934 Einführung der selbsttragenden Ganzstahlkarosserie beim Modell Airflow mit vorderer Einzelradaufhängung). Bereits 1920 war Walter P. Chrysler durch die Sanierung von →Willys-Overland, →Maxwell und →Chalmers zum Multimillionär geworden; mit Henry →Ford und William Crapo →Durant verkörperte er das Big Business in der Autobranche.

Cisitalia
1946 von dem Italiener Piero Dusio in Turin gegründete Sport- und Rennwagenmarke. In Zusammenarbeit mit Ferry Porsche und Carlo Abarth entstanden in geringer Stückzahl Rennfahrzeuge wie der D.46 Monoposto mit →Fiat-1100-Motor und ein allradgetriebener Grand-Prix-Prototyp. Ein Exemplar des 170mal gebauten GT-Coupés vom Typ 202 (1947-1952) steht als vorbildliches Designmuster im Museum of Modern Art in New York. 1965 wurde die Firma Cisitalia SpA geschlossen.

Christie 1906

Chrysler CI 1932

Cisitalia 1948

CHRYSLER UND DAIMLER

Die erste Liaison Daimlers mit einem amerikanischen Unternehmen geht auf das Jahr 1876 zurück. Daimlers Mitarbeiter Wilhelm Maybach besuchte damals als Vertreter der Gasmotorenfabrik Deutz die USA und traf dort William Steinway, einen deutschstämmigen Pianofabrikanten in New York. Auch Gottlieb Daimler war damals bei den Deutzern tätig, ehe er sich 1882 selbständig machte. Die Geschäftsverbindung zu Steinway wurde sorgsam gepflegt, und so avancierte der vielseitig ambitionierte Klavierhersteller noch vor der Jahrhundertwende zum ersten Daimler-Automobilimporteur in den Vereinigten Staaten.

Die Steinway-Geschäftsverbindung ging 1907 zu Ende, und auch die Mercedes Import Company schloß wenig später ihren Showroom.

Nicht vor 1967 versuchte Daimler-Benz ein eigenes Standbein auf amerikanischen Boden zu bringen. Die Firma hatte seit 1951 einen Vertrag mit dem Allround-Importeur Max Hoffman, jenem agilen Austro-Amerikaner, der an New Yorks Park Avenue elegante Ausstellungsräume besaß. Hoffman gründete eigens eine Mercedes-Benz Distributors Inc. und verkaufte in den 1950er Jahren vor allem zwei Modelle mit Erfolg: den 300 SL und den 190 SL. Angesichts zunehmender Umsätze durch den Multi-Marken-Importeur bekamen die Stuttgarter indes Appetit auf eine exklusive Vertretung ihrer Fahrzeuge – und eine solche Chance versprachen ihnen die Bosse der Curtiss-Wright-Flugmotorenfirma. Sie besaßen die Aktienmajorität an den 1954 fusionierten Firmen Packard und Studebaker. Hoffman wurde 1957 abgefunden, Studebaker zum neuen Importeur ernannt. Als auch diese Connection aufgelöst wurde, musste Daimler-Benz 18 Millionen Dollar zahlen, um aus dem Studebaker-Vertrag herauszukommen.

Auch Chryslers Partnerschaften verliefen nicht alle glücklich, wie etwa der mehr verlust- als lustbringende Dauerflirt mit Maserati (dem Fiat 1993 ein Ende bereitete) – vom Simca-Deal mit allen Chrysler-France-Folgen ganz zu schweigen. Nur die Verheiratung mit American Motors und das Verhältnis zu Mitsubishi (ab 1969) erwiesen sich als ebenso beständig wie die 1926 zwischen Benz und Daimler eingegangene Verbindung. Mitsubishi war zu einem Drittel an Chrysler Australia beteiligt, und 1984 beschlossen die beiden, gemeinsam mit Daimler-Benz auf dem fünften Kontinent Nutzfahrzeuge zu bauen. Zur gleichen Zeit brachte Chrysler unter seinem vorauschauenden Chefdynamiker Lee Iacocca einen Personenwagen mit der Typenbezeichnung »E Class« auf den (US-)Markt. Wenn das kein Omen war...

1999 taten sich die Konzerne Daimler-Benz und Chrysler zusammen, und im Jahr 2000 übernahm Daimler-Chrysler den japanischen Autohersteller Mitsubishi Motors.

Chrysler Model 62 von 1928, vergleichbar mit dem Mercedes-Benz 460 jener Zeit. Noch waren beide Fabrkate aber keine Konkurrenten, geschweige Partner

1 Citroën 7 CV Traction Avant 1935; 2 Citroën 5 HP 1924; 3 Citroën DS19 1962. Sie alle waren auf ihre Art Meilensteine der Automobilgeschichte

Citroën

1918 in Paris von André Citroën gegründetes Unternehmen, das in Frankreich 1919 die Großserienherstellung nach amerikanischem Vorbild einführte und Ganzstahlkarosserien nach dem System →Budd baute. Schon vom kleinen Citroën Typ C3 (5 HP) entstanden von 1921 bis 1926 mehr as 80.000 Stück, vom C4 1928 bis 1931 sogar 223.700. 1934 Vorstellung des legendären Tracion Avant mit Frontantrieb und selbsttragender Karosserie (Vierzylinder 7 CV und 11 CV, ab 1938 auch Sechszylinder 15-six). Ab 1949 Fabrikation des bereits vor dem Kriege entwickelten 2 CV (»Regenschirm mit vier Rädern«), ab 1955 die D-Modellreihe (ID, DS) mit hydropneumatischer Federung, einspeichigem Lenkrad und vielen weiteren Innovationen. Meilensteine wurden auch der 1970 vorgestellte SM mit Maserati-Motor, der erfolgreiche GS (1970-1984), der GS-Birotor mit Wankelmotor (1973-1974) sowie die CX-Reihe (1974-1991).

Citroën, André

André Citroën (1878-1935) gründete 1905 eine Fabrik zur Herstellung von Winkelzahnrädern und Untersetzungsgetrieben (stellte z.B. Steuereinheit der »Titanic« her) und wurde 1908 Betriebsleiter bei →Mors. Bevor er 1919 am südwestlichen Rand der Stadt Paris den Automobilbau aufnahm, war die Firma seit 1915 eine Munitionsfabrik.
Citroën beschäftigte stets die besten verfügbaren Ingenieure und war für seine progressiven Konzepte bekannt, die er in der Fabrikation wie auch im Marketing anwendete. Den Transatlantikflug des Amerikaners Charles Lindbergh wusste er für seine Kampagnen ebenso zu nutzen wie die Flanken des Eiffelturms, die er als Werbeträger für Leuchtreklame mietete. André Citroën finanzierte gewagte Expeditionen in Afrika, Asien und Kanada, baute ein weltweites Vertriebsnetz auf – und verkalkulierte sich hinsichtlich des Erfolges seines später berühmt gewordenen Traction Avant so sehr, dass sein Unternehmen 1934 zahlungsunfähig und vom Hauptgläubiger Michelin übernommen wurde. Den erst in den Jahren 1936-39 einsetzenden Markterfolg des ingeniösen Traction Avant erlebte André Citroën nicht mehr.

Clément-Bayard 1911

Classic Cars

Im Englischen übliche Sammelbezeichnung für klassische Wagen ohne exakte Eingrenzung der Bauart oder Bauzeit, was nur einige »Classic Car Clubs« in den USA praktizieren.

Clément, Clément-Bayard

1898 von Adolphe Clément in Levallois-Perret gegründete Automobilmarke. Die ersten Fahrzeuge trugen die Bezeichnung →Gladiator (Clément kam aus der Zweiradbranche und hatte unter diesem Markennamen erfolgreich Fahrräder und Motorräder sowie Baulizenzen dafür verkauft). Bayard ist der Name des Schutzpatrons der Stadt Mézières, wo die Firma ab 1903 residierte. Die unter den Marken Gladiator, dann Clément, Bayard oder auch Clément-Bayard verkauften Fahrzeuge gab es bis 1921, als →Citroën die Fabrik in Levallois-Perret übernahm (dort wurde u.a. das →Trèfle produziert, später auch der 2 CV). Aus der britischen Vertretung der Firma, die der Earl of Shrewsbury and Talbot führte, entstand als Nachfolgefirma →Talbot.

Close-coupled

Im Englischen eine Bezeichnung für eine Limousine mit verhältnismäßig kurzem Radstand, die keine Separation zum Fond aufweist (close-coupled saloon).

Cloverleaf

Im Englischen eine Bezeichnung (»Kleeblatt«) für den dreisitzigen →Citroën 5 HP (→Trefle).

Clyno

Automobilfabrikat aus England (Wolverhampton, 1922-1930); erst Zweizylinder-Zweitakter, ab 1924 auch größere Vierzylinder mit Motoren von →Coventry-Climax. Insgesamt sind ca. 40.000 Fahrzeuge hergestellt worden. Viele von ihnen gingen in den Export in die Länder des britischen Commonwealth.

CITROËN 2 CV

Andrang auf der Pariser Automobilausstellung im September 1948. Der neue Citroën 2 CV wird als Sensation gefeiert

Wenn es ein Modell der Marke Citroën gibt, das in der Nachkriegszeit den Weltruhm der Marke begründete, dann ist dies wohl der 2 CV. Mit ihm begann im September 1948 für die Franzosen die Nachkriegs-Automobilära. Noch lag eine Serienfertigung allerdings in ferner Zukunft; das hierfür vorgesehene neue Werk im Pariser Stadtteil Levallois war mangels Material und Maschinen noch nicht produktionsbereit.

Generaldirektor Pierre Boulanger stellte das urige Vehikel Regierungsvertretern und der Presse vor. An allen Tagen der Ausstellung war der Stand, auf dem drei der neuen Kleinwagen zu sehen waren, dicht umlagert. Natürlich hatte auch der nebenan gezeigte Renault 4 CV, ebenfalls ein kleiner Viertürer, seine Bewunderer, doch durch gezielte Indiskretionen hatten die Citroën-Werbeleute der Presse vorab so viele angebliche Konstruktionsgeheimnisse zugespielt, dass die Medien über die Präsentation des 2 CV schon im Vorfeld ihre Citroën-Schlagzeilen formulieren konnten. Der Staatskonzern Renault wollte und konnte sich diese Art der Publicity nicht erlauben.

Neben dem im Vordergrund des Fotos erkennbaren Wagen mit geöffnetem Rollverdeck steht Boulanger mit seinen Vorstandskollegen und erläutert dem Staatspräsidenten Vincent Auriol Einzelheiten des Autos. Dass der unorthodoxe, bereits kurz vor dem Zweiten Weltkrieg konzipierte »Regenschirm auf Rädern« – Boulangers Vorgaben: 60 km/h schnell, Platz für vier Personen und einen Zentner Kartoffeln – geradezu eine Revolution bewirken sollte, ließ sich noch nicht erkennen.

Noch monatelang nach dem Pariser Salon stand die Berichterstattung über den 2 CV im Vordergrund. Aber nicht vor September 1949 konnten die ersten Tests mit Serienfahrzeugen veröffentlicht werden, und die Auslieferung an (bevorzugte) Kunden begann im November des gleichen Jahres. Priorität genossen Ärzte, Handelsreisende, Handwerker und Landwirte. Nur ganze 876 Fahrzeuge wurden im Kalenderjahr 1949 gebaut. Wer hätte voraussehen können, dass sich die Produktion der »Ente« über 42 Jahre – nämlich bis 1990 – erstrecken und eine Stückzahl von fünf Millionen erreichen würde?

Coatalen, Louis Hervé

Französischer Konstrukteur (1879-1962), der für die britischen Firmen →Humber, →Hillman und →Sunbeam arbeitete und speziell für letztere erfolgreiche Rennwagen schuf. 1932 bekam Coatalen ein Patent auf eine hydraulische Zweikreisbremse.

Cockpit

Aus dem Yachtsport übernommene und auch für Sport- und später auch Verkehrsflugzeuge verwendete Bezeichnung für den Sitzraum in einem Renn- oder auch Sportwagen (engl. = »Hahnengrube«).

Cockshoot

Britische Karosseriefirma (Manchester, 1903-1939), hauptsächlich für →Rolls-Royce, →Bentley und →Daimler tätig. Bis 1939 war die Firma auch →Armstrong-Siddeley- und →Morris-Repräsentant, nach dem II. Weltkrieg bis 1968 vertrat sie in Manchester Rolls-Royce.

Collectors' cars

Englische Bezeichnung für Sammlerfahrzeuge (to collect: Sammeln).

Coloniale

Im Französischen und im Italienischen verwendete Bezeichnung für einen Wagen, den man in den Tropen (Kolonien) einsetzte, meist einen sehr großen Tourer.

Bentley Continental 1961

Trans-Continental Tour 1927, USA

Coloniale Renault 1924

Concours d'Elégance

Schönheitswettbewerb. Der aus dem Französischen stammende Begriff umfasste in der Frühzeit des Automobils auch den üppigen Blumenschmuck, mit dem man die bei einem Concours vorgeführten Fahrzeuge zu dekorieren pflegte. Auch wurde die elegante Kleidung und der Auftritt der vorführenden Personen bewertet. Der erste deutsche Schönheitswettbewerb für Autos fand 1905 im Hamburger Polo-Club statt (die Sieger waren →Mercedes und →Opel).

Conduite intérieure

Französische Bezeichnung für den →Innenlenker, also für eine Limousine in geschlossener Bauform ohne herausnehmbares Dachteil über den vorderen Sitzen.

Continental

Im Englischen von einigen Herstellern (→Rolls-Royce, →Bentley) verwendete Bezeichnung für bestimmte Modelle von Langstrecken-Reisewagen (→Detailwissen). Als »Trans-Continental« bezeichnete man in den 1920er Jahren Touren, bei denen Fahrzeuge nach Zeit von einer Küste des amerilanischen Kontinents zur anderen unterwegs waren.

Continental Motors

Amerikanische Motorenfirma in Grand Rapids, Michigan. Sie belieferte zahlreiche Autohersteller, die keine eigenen Motoren bauten (z.B. →Checker, →Jordan, →Moon, →Ruxton und Hansa). Die Continental Motors Corp. baute 1933-1934 unter dieser Marke auch Automobile mit Vier- und Sechszylindermotor.

Convertible

Im Amerikanischen gebräuchlicher Ausdruck für →Cabriolet. Auch: Convertible Sedan, Convertible Coupé.

Cooper

In England gab es mehrere Automobilhersteller dieses Namens; die größte Bedeutung erlangte die Cooper Car Co. in Surbiton, 1947 von John Cooper und seinem Sohn John gegründet. Die Firma stellte Formel-Rennwagen der unterschiedlichsten Kategorien her, baute bis 1951 auch Sportwagen und konzentrierte sich anschließend auf den Motorenbau und Motoren-Modifikation.

BENTLEY CONTINENTAL

Bei einigen amerikanischen, vor allem aber britischen Autoherstellern erfreute sich die Bezeichnung »Continental« schon immer einer gewissen Beliebtheit. Bei den Engländern deshalb, weil der Name zum Ausdruck bringen sollte, dass es sich bei den damit bezeichneten Automobilen um schnelle Langstreckenfahrzeuge handelte, geeignet für ausgedehnte Reisen auf den europäischen Kontinent – auf den langen, geraden Fernstraßen, wie es sie in Großbritannien früher nicht gab.

Bei Bentley zum Beispiel bezeichnete man einen ganz bestimmten Wagentyp als Continental, nämlich Coupés, deren Leistung deutlich höher lag als bei den Limousinen. Mit ihnen gemeinsam hatten sie die luxuriöse Ausstattung, die jeden Bentley auszeichnete. Der erste offiziell Continental genannte Bentley erschien 1952, und er galt als der schnellste Viersitzer auf dem Markt. Der kraftvolle Motor, der dynamische Kühler, die Eleganz der Fließheckkarosserie mit ihrer aerodynamisch und ästhetisch perfekten Linienführung ließen den Wagen zu einem Klassiker werden. Viele wurden nicht gebaut, und sie wechselten nur selten den Besitzer, die von den Fahrqualitäten und der Schönheit des Continental fasziniert waren. Die traditionsreiche Karosseriefirma H. J. Mulliner & Co. in London – sie gehört heute zu Bentley Motors – stellte 193 dieser leichtgewichtigen Continental-Karosserien her und setzte sie auf die genau 208 R-Type-Fahrgestelle, die von 1952 bis 1955 entstanden. Die Verbindung der Karosserieifrma zu der Marke mit dem geflügelten ‚B' hatte eine lange und vornehme Tradition, aber es gab auch Continental-Aufbauten von der ebenso bekannten Firma Park Ward, mit der Mulliner später fusionierte.

Dem Sechszylinder R-Type Continental folgte 1955 der S-Type, der ab 1959 mit einem V8-Motor zu bekommen war, als andere Hersteller Bentley die Spitzenposition streitig machen wollten. Ab 1971 gab es auch eine Cabrioletversion, Corniche genannt; diese Bentleys zeichneten sich ebenfalls durch ein besonders vornehmes Erscheinungsbild aus.

Erst im Juli 1984 sollte es wieder einen Bentley mit dem Namen Continental geben. Er war der Nachfolger des zweitürigen Corniche mit Park Ward-Mulliner-Korosserie. Auf dem Genfer Salon 1991 debütierte der Continental mit dem kraftvollen Motor des Turbo R, und 1994 stellte Bentley den Continental S als neues Coupé vor – der erste Bentley seit dem R-Type, dessen Karosserie exklusiv nur diesem Modell vorbehalten war. Das 2002 präsentierte Bentley Continental GT Coupé bildete den Höhepunkt dieser Entwicklung.

Continental – ein magischer Begriff für anspruchsvolle Liebhaber gepflegten Reisens (Bentley S-Type Continental 1959)

Cord 1929

Cottin-Desgouttes 1912

Cord
Der Amerikaner Errett Lobban Cord brachte 1929 seinen ersten Wagen eigener Marke heraus, einen L-29 genannten Achtzylinder mit Vorderradantrieb. Ein weiteres Modell war der Typ 810 von 1935 mit avantgardistischer Karosserie (»Schlafaugen«) vom Designer Gordon Buehrig. 1937 Typ 812 mit Kompressormotor. E. L. Cord gehörten auch die Firmen →Auburn und →Duesenberg.

Cordreifen
In den 1920er Jahren eingeführte Reifen, bei denen in der Laufschicht (Gummi) kordelartig, aus mehreren Fäden gedrehte Gewebefäden in gleicher Richtung eingelegt waren. Vorteile: erhöhte Festigkeit und mehr Elastizität als bei einem Reifen in Vollgewebe-Bauart.

Corre, Corre-La Licorne
Französisches Automobilfabrikat (Levallois-Perret und Neuilly, 1901-1914, sowie in Courbevoie 1908-1939). Von 1908 bis1914 baute Jacques Corre Motorfahrzeuge unter der Bezeichnung Corre, danach unter Corre-La Licorne und →La Licorne.

Cornet, Cornett
Bezeichnung inder Zeit vor dem I. Weltkrieg für eine besonders lautstarke Autohupe.

Corsica
1920 in London gegründete Karosseriefirma, die elegante Aufbauten u.a. für →Bentley, →Daimler, →Bugatti anfertigte. Nachfolgefirma wurde die FLM Panelcraft Ltd.

Cotal-Getriebe
Nach seinem Erfinder Jean Cotal benanntes Planetengetriebe mit kombinierter elektromagnetisch aktivierter Kupplung; der Gangwechsel erfolgte durch einen kleinen Schalter am Lenkrad. Mittels eines Hebels am Wagenboden ließen sich das Getriebe auf Vorwärts oder Rückwärts stellen, so dass man ebenso viele Rückwärts- wie Vorwärtsgänge zur Verfügung hatte.

Cottereau
Französische Automobilfirma, die von 1898 bis 1910 in Dijon Zwei-, Drei- und Vierzylinderwagen baute. Einige Modelle hatten Motoren mit →Schieberventilen.

Cottin-Desgouttes
Französischer Automobilhersteller (Lyon, 1905-1931). Große Vier- und Sechszylinder, die teils auch im Motorsport sehr erfolgreich waren.

Coupé
Aus dem Kutschenbau stammende französische Bezeichnung für eine »abgeschnittene« Limousine, also für einen Wagen mit verkürztem Aufbau, zwei- oder viersitzig, häufig in sportlicher Auslegung. Nicht immer wird der Begriff Coupé in seiner ursprünglichen Bedeutung verwendet; die Engländer bezeichnen ein zweisitziges Cabriolet häufig als Drophead Coupé (in den USA: Convertible Coupé), das eigentliche Coupé als Fixed-head Coupé, und bei Rover gab es auch eine viertürige Limousine (P5, 1958-1967) als »Coupé«.

Coupé de Ville
Großer Wagen, dessen Dachpartie über den vorderen Sitzen zu öffnen ist, währen das Fondabteil wie ein →Coupé geschlossen ist (ähnlich: →Brougham de Ville, →Sedanca de Ville).

Coupé-Cabriolet
Als Coupé-Cabriolet bezeichnete man in den 1920er Jahren zweitürige →Cabriolets.

Coventry-Climax
In Coventry, England, ansässiger Hersteller von Motoren, nach dem II. Weltkrieg hauptsächlich Rennmotoren, die

Coupés: 1 Jaguar XK 140 1954; 2 Mercedes-Benz 250C 1972; 3 Renault 20 CV 1924; 4 Skoda 650 1933.

DETAILWISSEN

AUTOSTADT COVENTRY

Oben: Fahrzeugbau bei Daimler in Coventry um 1938.
Unten: Coventry im Jahre 1925

In kaum einer anderen Stadt in Europa konzentrierte sich die Automobilindustrie in einem so großen Ausmaß wie in einst Coventry, jener Metropole in den englischen Midlands, deren Bedeutung sich mit dem industriellen Potenzial an der Peripherie von Paris messen konnte. In London gab es zwar ebenfalls viele Autofirmen, und natürlich waren auch in Birmingham prominente Hersteller ansässig, wie etwa Austin und BSA. Doch Coventry galt als Zentrum der Branche, deshalb bildete diese Stadt während des Zweiten Weltkrieges auch ein Hauptziel deutscher Luftangriffe und wurde erheblich zerstört. Auch nach 1945 behielt Coventry seinen Status als die britische Autostadt schlechthin, vergleichbar mit Detroit in den USA oder Turin in Italien.

Zu den bekanntesten Autofabrikaten aus Coventry zählten Alvis, Daimler, Healey, Hillman, Humber, Jaguar, Riley, Siddeley, Singer, Sunbeam, Standard und Triumph. Auch Coventry-Climax-Motoren wurden hier gebaut. In unmittelbarer Umgebung waren Firmen wie Invicta, Rover, Kieft, Clyno und Marcos angesiedelt. Auch der Lea Francis, der Lanchester und der Maudslay wurden in Coventry hergestellt, ebenso hatten die für ihre Motorräder bekannten Firmen wie Rudge, Royal Enfield oder AJS und zahlreiche Zulieferer ihren Sitz in dieser Stadt.

Die Namen Armstrong-Siddeley, Crouch, Deasy, Godiva (so benannt nach der Schutzpatronin der Stadt), Progress, Star, Stoneleigh, Turner, Velox oder Viking sagen heute nur mehr Historikern etwas, und Lotis, Wigan-Barlow, Glover oder Cluley gehören schon zu den völlig vergessenen Marken. 81 von 710 britischen Fabrikaten waren im Verlauf von 75 Jahren in Coventry beheimatet. Von all diesen Unternehmen überlebten lediglich Daimler und Jaguar; und in den ehemaligen Sunbeam-Werken montiert die britische Peugeot-Talbot-Tochter Personenwagen für den englischen Markt. Rover hat sich im Zuge seiner wechselvollen Firmengeschichte nach Solihull und nach Longbridge bei Birmingham (einst Sitz der Firma Austin) verlagert, wenngleich der offizielle Firmensitz der Rover Group nach wie vor Warwick bei Coventry war.

Neben der expandierenden und in die Außenbezirke Coventrys vordringenden Firma Jaguar (deren Stammwerk in einem Wohngebiet liegt und deshalb kaum ausbaufähig ist) sind es heute vor allem die Betriebe der Zulieferindustrie, die in der Region Coventry aktiv sind und nicht nur die Automobilbranche zu ihren Kunden zählen.

Coupé de Ville 1922

u.a. in der Formel 1 zum Einsatz kamen. 1960 wurde die Coventry-Climax Ltd. von →Jaguar übernommen.

Cowl
Englische Bezeichnung, die auch anstatt →Cockpit verwendet wird (wörtlich: Kuhle). Ein Fahrzeug mit zwei getrennten Cockpits nannte man in den USA z.B. →Dual Cowl Phaeton.

Cozette
Nach dem Hersteller René Cozette benanntes französisches →Kompressor- und Vergaser-Fabrikat (→Salmson, →Tracta). Die Firma bestand von 1916 bis 1939 (→Zoller-Kompressor).

Craig-Dörwald
Britische Schiffsmotorenfabrik, die von 1902 bis 1912 auch Automobile mit Zwei- bzw- Vierzylindermotor herstellte. 1904 entstand bei Craig-Dörwald der erste Zwölfzylindermotor der Welt, allerdings nicht für ein Automobil, sondern für ein Schiff bestimmt.

Crosley
Eines der wenigen erfolgreichen Kleinwagenfabrikate in den USA (Cincinnati, 1939-1952). Vierzylinder mit moderner Karosserie, ab 1949 Vierrad-Scheibenbremsen. Der Industrielle Powel Crosley war Jurist und arbeitete anfänglich in der Werbebranche, fabrizierte später auch Kühlschränke und betrieb eine eigene Radiostation.

Crossley
Die britische Firma Crossley (Manchester, 1904-1937) baute sowohl Motoren für andere Hersteller als auch komplette Personenwagen, Nutz- und Militärfahrzeuge.

Crouch
Britische, in Coventry ansässige Automarke, unter der von 1912 bis 1928 Drei- und Vierradfahrzeuge in teils sehr eigenwilliger Ausführung entstanden. John Crouch hatte vorher bei →Daimler gearbeitet und kehrte nach Schließung seiner Firma auch dorthin wieder zurück.

Csonka
János Csonka gilt als einer der Pioniere der ungarischen Automobilindustrie und baute 1896 seinen ersten Motor-

Csonka 1909

wagen mit →Glührohrzündung an der Technischen Universität von Budapest. In seiner anschließend gegründeten Firma entstanden bis 1914 etwa 150 Fahrzeuge, meist mit Motoren von →De Dion. Einige Fahrzeuge wurden auch bei der Firma Ganz in Budapest gebaut, wo man seit 1888 Dampfmaschinen, seit 1897 Motorzweiräder und ab 1902 Kleinwagen herstellte.

Cudell
Von Max Cudell gegründete Firma (Aachen, 1897-1908), die zunächst Motorfahrzeuge mit →De-Dion-Motoren, später auch mit eigenen Motorkonstruktionen herstellte. In Berlin gab es eine Tochterfirma, die hauptsächlich Bootsmotoren und später auch den Cudell-Vergaser fabrizierte.

Cugnot
Der Belgier Nicolas-Joseph Cugnot konstruierte und baute 1769/70 in Paris im Auftrag der Armee einen dreirädrigen Dampfwagen, gedacht als Zugmaschine für schwere Artilleriegeschütze. Diesem ersten selbstfahrenden Motorwagen der Welt, der bei einem Fahrversuch an einer Mauer im Kasernenareal zerschellte, folgte 1771 ein zweites Exemplar, das heute im Musée des Arts et Métiers, Paris, ausgestellt ist. Cugnots erstes Fahrzeug wird von der Fachwelt als der Urahn des Automobils bezeichnet.

Cugnot Dampfwagen 1769

Cunningham
Der Amerikaner Briggs Cunningham, Konstrukteur, Rennfahrer und Autosammler, baute 1951-1955 eine Reihe von Rennsportwagen mit Achtzylindermotoren von →Cadillac und →Chrysler, die erfolgreich bei den 24-Stunden-Rennen in →Le Mans eingesetzt wurden. Die Cunningham-Sammlung in Costa Mesa, Kalifornien, umfasste in wechselnder Folge einige der seltensten und wertvollsten Automobile der Welt.

Curved Dash

Das von Ransom E. Olds von 1900 bis 1905 gebaute und »Curved Dash« genannte →Oldsmobile – so bezeichnet wegen seiner gewölbten Spritzwand (= dash board) – stellte zugleich das erste Großserienfahrzeug der USA dar. In seiner Fabrik in Lansing, Michigan, produzierte Olds jährlich mehr als 5000 Stück.

Custom

Vorwiegend in den USA gebräuchliche Bezeichnung oder Addiktion für einen Wagen bzw. eine Karosserie, der bzw. die im Auftrag eines Kunden (customer) speziell angefertigt wurde. Bei einer Verwendung als Modellbezeichnung bei Serienfahrzeugen (»Custom Sedan«) sollte der Eindruck erweckt werden, als sei das Fahrzeug auf Bestellung gebaut worden, was die ursprüngliche Bedeutung des Begriffs allmählich entwertete.

CV

Abkürzung für cheval vapeur, die französische Bezeichnung für →Steuer-PS, erstmals 1912 verwendet. Die Formel war zunächst hubraumbezogen und errechnete sich aus 0,4 x Zylinderzahl x Bohrung zum Quadrat (mm) x Kolbenhub (m). 1 CV = 261,8 ccm (in der Schweiz wurde ebenfalls nach CV gerechnet, dort 1 CV = 196,34 ccm). Den fiskalischen Größenordnungen entsprechend trugen fast alle in Frankreich hergestellten Autos eine CV-Bezeichnung, aus der die Motorgröße und damit die Steuerbemessungsgrundlage hervorging (z.B. Citroën 11 CV, Renault 4 CV). Nach dem II. Weltkrieg kamen ständig neue und komplizierte Berechnungsarameter (z.B. Getriebeübersetzungen) hinzu. Der CV-Wert ist heute nur noch versicherungsrelevant.

Cyclecar, Cycle Car

Sowohl im Englischen als auch im Französischen verwendete Bezeichnung für kleine Autos (»Fahrradwagen«), meist zweisitzig, in leichter Bauweise und mit geringster Ausstattung. Im Motorsport rangierten diese Autos 1921-1925 als →Voiturettes, sofern sie nicht mehr as 350 kg wogen und maximal 1100 ccm Hubraum hatten.

Cycle wings

Im Englischen übliche Bezeichnung für schmale, dem Lenkeinschlag folgende Kotflügel über den vorderen Rädern. Waren sie am unteren hinteren Ende geschweift, hießen sie »helmet wings«.

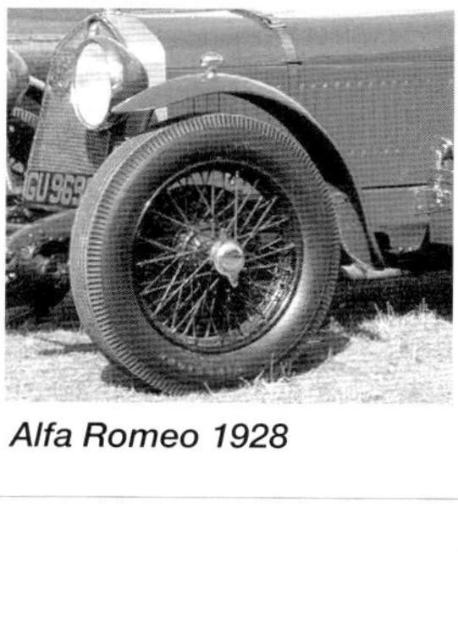

Cycle wings: Singer 1934 (l); Alfa Romeo 1928

Cyklon

Deutsches Autofabrikat (Berlin, 1902-1929); Vier- und Sechszylinder verschiedener Spezifikation. In Mylau, Vogtland, stellte Cyklon in der gleichen Zeit auch Dreiradfahrzeuge her: Motor über dem Vorderrad, Kettenantrieb. Ab 1922 gehörte Cyklon zum Schapiro-Konzern, der ab 1924 auch →Dixi und andere Unternehmen der Autobranche kontrollierte. Nachdem Jakob Schapiro 1928 die Marken Cyklon und Dixi zusammengelegt hatte, wurde das letzte Modell als 9/40 PS Dixi verkauft.

Cyklonette

Bezeichnung für den Dreiradwagen von →Cyklon, der von 1905 bis 1923 zuerst in Mylau, später in Berlin als Lieferfahrzeug, als Taxi oder Privatauto hergestellt wurde.

Curved Dash Oldsmobile 1902

Cyclecar NEC 1912

Cyklon 1926

DAF

Niederländisches Fabrikat, 1928 von den Brüdern van Doorne in Eindhoven gegründet. Zunächst Bau von Lkw-Anhängern, 1959 Aufnahme der Personenwagenherstellung. Technische Besonderheit: ein stufenloses Getriebe (Variomatic, Keilriemen auf konischen Trommeln). 1968 DAF 55 mit Renault-Motor. 1975 Übernahme durch →Volvo und kurz darauf Einstellung der eigenen Pkw-Fertigung, Konzentration auf den Nutzfahrzeugbau.

DAF Daffodil 1963

Daimler (D)

Nur die vor 1901 von der →Daimler Motoren-Gesellschaft gebauten Fahrzeuge – Stahlradwagen, Vis-à-vis, Victoria; alle mit Motor im Heck – trugen die Herstellerbezeichnung Daimler, danach wurden sie sämtlich als →Mercedes auf den Markt gebracht. Nicht vor 1896 gab es Daimler-Wagen mit Frontmotor (Typ Phoenix) nach dem Prinzip →Panhard-Levassor. Ab 1898 Luftbereifung und erster Vierzylinder.

Daimler Zweizylinder 1889

Daimler (GB)

Die britischen Geschäftsleute Frederick R. Simms (seit 1891 Vertreter für Daimler-Motoren in Großbritannien) und Harry Lawson erwarben 1893 von Gottlieb →Daimler eine Lizenz zum Bau und Vertrieb (1895) von Motorfahrzeugen Bauart Daimler sowie das Recht, diese Erzeugnisse und auch eigene Weiterentwicklungen unter der Markenbezeichnung »Daimler« verkaufen zu dürfen. Schon Ende 1896 brachte die von ihnen gegründete Daimler Motor Company, Coventry, eigene Konstruktionen heraus, u.a. einen Wagen mit liegendem Zweizylindermotor. Neue Modelle erschienen in rascher Folge, der Name Daimler indessen blieb – und Verwechselungen mit dem deutschen Original-Daimler sind seither an der Tagesordnung.

Daimler avancierte zu einer der prominentesten englischen Personen- und auch Nutzfahrzeugmarken und zum bevorzugten Fabrikat der britischen Krone. 1909 Fusion mit →BSA, 1927 Vorstellung eines V12 (»Double Six«), 1930 Übernahme von →Lanchester. 1960 erfolgte die Anfügung an die →Jaguar Cars Ltd. Jaguar verwendete den Markennamen Daimler hinkünftig als Bezeichnung bestimmter Luxusmodelle.

Daimler Motorwagen 1889

Daimler Sp 250 V8 1959

Daimler, Gottlieb

Deutscher Ingenieur (1834-1900), der wie →Benz zu den Pionieren des Automobils zählt. Bis 1882 war Daimler Leiter der Gasmotorenfabrik Deutz. 1883 erhielt er auf seinen ersten Viertakt-Verbrennungsmotor mit →Glührohrzündung ein Kaiserliches Patent, 1889 für den ersten Zweizylinder-V-Motor. Daimler konstruierte gemeinsam mit seinem Partner Wilhelm →Maybach in Bad Cannstatt (Stuttgart) 1885 ein Motorzweirad, den so genannten »Reitwagen«, bevor beide ein Jahr später den ersten vierrädrigen Motorwagen auf die Räder stellten. 1892-1895 hatte sich Daimler vom Werk in Cannstatt getrennt, weil es Differenzen über Bauprinzipien gab, danach war er in den Aufsichtsrat gewählt worden.

Daimler, Paul

In der von Gottlieb Daimler gegründeten Daimler Motoren-Gesellschaft war sein Sohn Paul (1869-1945) als Konstrukteur tätig; er schuf vor dem I. Weltkrieg u.a. Grand-Prix-Wagen und konstruierte später Kompressormotoren. 1928 entwickelte er für →Horch den ersten Serienwagen mit Achtzylinder-Reihenmotor.

JEAN DANINOS

Jean Daninos und eine seiner letzten großen Kreationen: Facel 6 Cabriolet

Am 14. Oktober 2001 meldete die Presse den Tod des Automobilkonstrukteurs Jean Daninos. Er war 94 Jahre alt geworden und lebte zuletzt in Cannes. Der im Jahre 1906 geborene Franzose war der Gründer des Unternehmens FACEL, der »Forges et Ateliers de Constructions d'Eure et Loir«.

Bevor er sich 1939 selbständig machte, arbeitete er in der Flugindustrie und auch bei der Firma Citroën, wo er in den frühen 1930er Jahren an der Entstehung des Traction Avant beteiligt war. Schon damals träumte er davon, eines Tages Autos nach eigenen Vorstellungen zu bauen – ein Traum, der erst sehr viel später in Erfüllung gehen sollte, mit dem großartigen Facel Vega. Autos dieser Marke entstanden zwischen 1954 und 1964.

Nicht nur komplette Autos produzierte Daninos, sondern auch Karosserien für andere Auftraggeber, so für Panhard oder Ford; auch an deren Design war er maßgeblich beteiligt. Jean Daninos verstand sich als ein Künstler und war in dieser Beziehung ebenso kreativ wie sein Bruder, der ein bekannter Schriftsteller war: Pierre Daninos hat viele Romane geschrieben.

Für die von Daninos entworfenen und bei Facel in Pont-à-Mousson gebauten Autos mit Spezialkarosserien gab es prominente Kunden, von Stirling Moss bis Tony Curtis. Und seine schnellen, eleganten und kräftig motorisierten Facel Vega, von denen in zehn Jahren etwa 3000 Stück das Werk verließen (drei Viertel davon in Richtung USA), waren jahrelang die einzigen Luxusfahrzeuge aus französischer Produktion.

Jean Daninos, in Frankreich und England zum Ingenieur ausgebildet, war bis zum Schluss ein kreativer Mann, sehr lange auch ein aktiver Sportler – schon 1928 hatte er an den Olympischen Spielen teilgenommen – und kämpfte um den Fortbestand der von ihm ebenfalls gegründeten Werke in Colombes und in Dreux. Sein bedeutendstes Lebenswerk aber bleiben die großartigen Facel Vega Luxuswagen, ein bedeutender Beitrag zu Frankreichs Automobilgeschichte.

Daimler-Benz

Die Daimler-Benz AG in Stuttgart entstand 1926 durch die Fusion der Daimler Motoren-Gesellschaft und der →Benz & Cie. in Mannheim. Dadurch erhielten die Produkte beider Herstellerwerke die neue Markenbezeichnung →Mercedes-Benz. Den guten Ruf, den beide Fabrikate genossen, übertrug sich auf alle nachfolgenden Produkte, zumal hervorragende Konstrukteure wie Hans Nibel (Nutzfahrzeuge, Mannheim) und Ferdinand →Porsche (Personen- und Rennwagen, Stuttgart) für Daimler-Benz arbeiteten. Daimler-Benz etablierte sich als eines der erfolgreichsten Unternehmen nicht nur in der Automobilindustrie, sondern auch in vielen anderen Industrie- und Technologiesparten. 1961 Übernahme der →Maybach Motorenbau GmbH, 1964 Angliederung des Düsseldorfer Werkes der →Auto Union, 1968 Übernahme des Lkw-Vertriebs von →Krupp sowie der zur Rheinstahl-Union gehörenden Lkw-Fertigung von →Hanomag-Henschel, 1969 Gründung der Motoren- und Turbinien-Union (MTU) mit →MAN. Im Mai 1999 Fusion mit der →Chrysler Corporation, USA, aus der das Unternehmen DaimlerChrysler entstand – unter Verzicht auf Benz im Firmennamen.

Dampfwagen

Einzelne von einer Dampfmaschine angetriebene Straßenfahrzeuge (→Cugnot, Hancock, Guerney, →Trevithick) wurden in Frankreich und England bereits im späten 18. und frühen 19. Jahrhundert gebaut, zumeist Lastwagen und Omnibusse, auch Motorpflüge. Bevor sich im ersten Jahrzehnt des 20. Jahrh. Automobile mit Benzinmotoren durchsetzten, versuchten zahlreiche Firmen, kleinere oder größere in Serie gebaute Dampf-Personenwagen zu vermarkten, vornehmlich in den USA. Mit Dampfwagen wurden auch Rennen bestritten und Rekorde gefahren. Zu den Dampfautoherstellern, die sich am längsten am Markt halten konnten, gehörten →Doble (bis 1931) und →Stanley (bis 1923). Dampf-Lastwagen (z.B. →Sentinel) gab es noch bis die 1930er Jahre, bei Henschel bis 1936/37 (→nachfolgende Aufstellung).

Dampfwagen Doble 1923

Dampfwagen Skoda Sentinel 1902

Darmont

Nach Vorbild des →Morgan gebautes französisches Dreiradfahrzeug (Courbevoie, 1924-1939), das es sowohl mit luft- als auch mit wassergekühltem Motor gab. Die Brüder Darmont waren 1921-1923 Importeure für →Morgan gewesen. Ab 1937 entstanden auch vierrädrige Roadster.

Darracq

Der Franzose Alexandre Darracq (Produzent der →Gladiator-Fahrräder) begann 1895 in Suresnes bei Paris Elektrofahrzeuge herzustellen, bevor er 1901 seine ersten Wagen mit Benzinmotor baute und damit sehr erfolgreich war. 1902 Vergabe einer Konstruktionslizenz an →Opel, 1910 an A.L.F.A. (→Alfa Romeo) in Turin. Darracq schloss sich 1919 mit →Sunbeam-Talbot (Clément-Talbot) zusammen; die in Suresnes gebauten Fahrzeuge hießen fortan →Talbot in Frankreich und wurden nur in England bis 1923 weiterhin unter der Bezeichnung Darracq verkauft (→STD).

Dashboard

Englische Bezeichnung für →Spritzwand oder auch →Armaturenbrett.

Datsun

Als DAT (Partner: Den, Ayoama, Takeuchi) 1914 in Tokio gegründetes und 1931 in Datson (Sohn des DAT), 1933 in Datsun umbenanntes Unternehmen, dem einige weitere Firmen (Gorham, Lila) zugeordnet wurden und das zu den ersten zählte, das in Japan Autos baute. 1933 gliederte sich die Firma Jidosha Seizo an, die den →Nissan fabrizierte; bis 1983 wurden Fahrzeuge sowohl unter dem Markennamen Datsun als auch unter Nissan vermarktet, anschließend nur mehr als Nissan verkauft.

Datsun 1932

Automobile, Lastwagen und Zugmaschinen mit Dampfantrieb

Abenaque	USA	1900
Albany-Lamplugh	GB	1903-1905
Altmann	D	1905-1907
Amédée Bollée	F	1873-1896
American Steamer	USA	1922-1924
American Waltham	USA	1900
Artzberger	USA	1902-1904
Aultman	USA	1901-1902
l'Autovapeur	F	1905-1905
Baker	USA	1917-1924
Baldwin	USA	1896-1900
Ball	USA	1902
Barlow	USA	1922
Belhaven	GB	1906
Belliss & Morcom	GB	1907
BHL	F	1901-1905
Bliss	USA	1901
Bolsover	GB	1902
Boncar	GB	1905-1907
Boss	USA	1903-1905
Brecht	USA	1901-1903
Bristol	USA	1902-1903
Brooks	CDN	1923-1926
Bryan	USA	1918-1923
Buard	F	1896-1914
Buffard	F	1909-1902
Burrell	GB	1856-1932
California	USA	1903-1905
Campbell	USA	1901
Cannon	USA	1902-1906
Capitol	USA	1902
Central	USA	1905-1906
Century	USA	1899-1903
Chaboche	F	1901-1906
Chattaqua	USA	1911
Chelmsford	GB	1901-1902
Chicago	USA	1905-1907
Cincinnati	USA	1903-1905
Clark (I)	USA	1900-1909
Clark (II)	USA	1900
Clermont	USA	1922
Coats	USA	1922-1923
Concord	USA	1896-1898
Conrad	USA	1900-1903
Cook	GB	1901-1902
Copeland	USA	1887
Cotta	USA	1901-1903
Covert	USA	1901-1907
Cremorne	USA	1903-ca.1908
Crompton	USA	1903-1905
Cross	USA	1897
Crouch	USA	1897-1900
Dawson	USA	1900-1902
De Dion-Bouton	F	1883-1902
Delling	USA	1923-1927
Derr	USA	1926-ca.1931
Desberon	USA	1901-1904
Doble	USA	1921-1932
Doble-Detroit	USA	1917
Eastman	USA	1899-1902
Eclipse	USA	1900-1903
Elberon	USA	1903
Elite	USA	1901
Ellis	GB	1897-1907
Empire	USA	1901
Endurance	USA	1924-1925
Fawcett-Fowler	GB	1907
Federal	USA	1903-1905
Fidelia	F	1905-1906
Filtz	F	1901-1910
Foden	GB	1878-1934
Foster	GB	1904-1934
Fowler	GB	1889-1935
Friedmann	USA	1900-1903
Gaeth	USA	1898
Gage	USA	1903
Gardner	F	1898-1900
Gauthier-Werlé	F	1894-1898
Geneva	USA	1901-1904
Gros	F	1905-1908
Grout	USA	1898-1905
Hanomag-Stoltz	D	1905-1908
Helley	GB	1901-1907
Hartley	USA	1899
Henrietta	USA	1900
Henschel	D	1932-1936
Holyoke	USA	1899-1903
Houghton	USA	1900
Jenkins	USA	1901-1906
Johnson	USA	1905-1908
Keenelet	GB	1904
Kellogg	USA	1903
Kensington	USA	1899-1903
Kraft	USA	1901
Krupp-Stoltz	D	1905-1908
Lane (I)	USA	1999-1910
Lane (II)	USA	1900
Leach	USA	1899-1901
Lifu	GB	1899-1902
Locomobile	USA	1899-1903
Lutz	USA	1917
MacDonald	USA	1923-1924
Malvez	B	1898-1899
Marlborough	US	1899-1902
Maryland	USA	1900-1901
Mann	GB	1897-1928
McCurdy	GB	1901
McKay	USA	1900-1902
Meteor	USA	1902-1903
Miesse	B	1896-1900
Miller	USA	1903
Milwaukee	USA	1900-1902
Mobile	USA	1899-1903
Moncrieff	USA	1901-1902
Morse	USA	1904-1909
Neustadt-Perry	USA	1902-1903
New England	USA	1902-1903
Ofeldt	USA	1897-1899
Ophir	USA	1901
Ormond	USA	1904-1905
Overholt	USA	1909
Overman	USA	1899-1904
Oxford	USA	1900-1904
Paridant	B	1903-ca.1905
Parker	GB	1899-1902
Pawtucket	USA	1901-1902
Pearson-Cox	GB	1908-1916
Phelps	USA	1901
Phoenix-Centiped	USA	1909-ca.1918
Piper-Tinker	USA	1901-1905
Porter	USA	1900-1901
Prescott	USA	1901-1905
Puritan	USA	1902-1903
Randall	USA	1902
Reading	USA	1900-1903
Remal-Vincent	USA	1923
Richmond	USA	1902-1903
Riley & Cowley	USA	1902
Rochester	USA	1901-1902
Rogers	USA	1899
Ross	USA	1905-1909
Rutherford	GB	1906-1912
Scammell	GB	1919-1934
Schirmer	CH	1903-1904
Sentinel	GB	1906-1939
Skoda	CS	1924-1930
Serpollet	F	1897-1907
Siemens & Halske	D	1900-1905
Simons	USA	1903
Simpson	GB	1897-1904
Skene	USA	1900-1901
S.L.M.	CH	1906-1907
Spencer	USA	1901
Springer	USA	1904-1906
Springfield	USA	1900-1904
Squire	USA	1899
Stammobile	USA	1902-1905
Standard	USA	1902-1903
Stanley	USA	1897-1927
Stanton	USA	1901
Steamobile	USA	1900-1902
Stearns	USA	1898-1909
Stesroc	GB	1905-1906
Stoltz	H	1911-1915
Storck	USA	1901-1903
Strathmore	USA	1899-1902
Sreinger	USA	1901
Strouse	USA	1915
Sunseat	USA	1901-1904
Sweany	USA	1895
Taunton	USA	1901-1904
Terwilliger	USA	1897
Thompson	USA	1900-1902
Thomson	AUS	1896-1901
Thornycroft	GB	1896-1907
Toledo	USA	1900-1903
Trask-Detroit	USA	1922-1923
Trinity	USA	1900
Triumph	USA	1900-1901
Turner-Miesse	GB	1902-1912
Twombly	USA	1904-1906
Vapomobile	GB	1902-1904
Waltham	USA	1897-1899
Warfield	GB	1903
West	USA	1897
Westfield	USA	1902-1903
Weyher & Richemond	F	1905-1910
White	USA	1900-1911
Whitney	USA	1897-1905
Wood	USA	1902-1903
Wood-Loco	USA	1901-1902

Davis, Sydney Charles Haughton
Britischer Journalist, Buchautor und Rennfahrer (1887-1981), der in den 1920er Jahren u.a. für →Bentley fuhr und auch Rekordfahrten absolvierte.

Davis
Der Amerikaner Gary Davis baute 1947-1949 in Van Nuys, Kalifornien, Dreiradfahrzeuge in Stromlinienform mit abnehmbarem Hardtop und Motoren von →Continental, Hercules oder →Nash.

Daytona
Die Strandfläche am Atlantik vor der Stadt Daytona, Florida, wurde 1904 das erste Mal für eine Rekordfahrt genutzt. Erste Weltbestzeit: 148,538 km/h (William K. Vanderbilt, →Mercedes). Letzte offizielle Rekordfahrt 1935 (Malcolm Campbell, 445,486 km/h). Den Daytona Speedway als geschlossene Rennstrecke gibt es seit 1959.

DB
Französische Sportwagenmarke (Champigny-sur-Marne, 1938-1961), gegründet von Charles Deutsch und René Bonnet. Die anfänglich auf einem →Citroën 11 CV basierenden (später →Panhard) Fahrzeuge waren im Motorsport sehr erfolgreich (750 ccm, 1100 ccm). Deutsch ging nach Schließung der Firma DB zu Panhard und schuf dort den Typ CD (Charles Deutsch), Bonnet setzte seine Karriere in Romantin als selbständiger Ingenieur fort, wo er für →Matra Sport tätig war.

Décapotable
Französische Bezeichnung eines offenen Wagens im Sinne eines →Cabriolets (le capot = Mütze, Kappe).

Decouvrable
Französische Bezeichnung für →Cabrio-Limousine.

Decauville
Französische Automarke (Petit-Bourg, 1898-1910), unter der erfolgreiche Kleinwagen-Konstruktionen erschienen. Da man den von →Bollée benutzten Namen →Voiturette nicht verwenden wollte, wurde der erste Decauville als →Voiturelle bezeichnet. Ein Decauville war das erste Automobil, das Henry →Royce besaß, und nach einer Decauville-Lizenz entstand in Eisenach 1898 auch der erste →Wartburg.

De Dietrich
Die Waggonfabrik De Dietrich in Lunéville, Lothringen und in Niederbronn, Elsass, baute eine große Zahl qualitativ hervorragender Automobile (1897-1905). Nachfolgemarke war →Lorraine-Dietrich. Im Betrieb Niederbronn war Ettore →Bugatti tätig, bevor er als Konstrukteur zu →Deutz ging und sich anschließend selbständig machte.

de Dion, Albert, Marquis
Der Marquis Albert de Dion (1856-1946) gehört zu den bedeutenden Pionieren des Automobilwesens. Mit seinen Partnern Georges Bouton und Charles Trépardoux baute er ein erfolgreiches Industrieunternehmen auf. Seine Aktivitäten erstreckten sich auch auf das Flugwesen, auch war er der Initiator des Rennens von Peking nach Paris 1907.

Davis 1948

De Dietrich Rennwagen 1902

De-Dion-Achse

Die nach dem Franzosen Albert →de Dion benannte Konstruktion müsste eigentlich richtigerweise »Trépardoux-Achse« heißen. Dieser Partner de Dions entwickelte nämlich schon 1893 eine angetriebene Hinterachse, bei der das Differenzial fest mit dem Wagenkörper verschraubt wird. Der Antrieb der Räder, die durch ein leichtes Rohr verbunden oder auch einzeln aufgehängt sein können, erfolgt durch zwei Antriebswellen. Die ungefederten Massen der De-Dion-Hinterachse sind besonders klein im Vergleich zu Starrachsen, bei denen das gesamte Differenzialgewicht zusammen mit den Rädern abgefedert werden muss.

De Dion-Bouton 1904

De Dion-Bouton
Bekannt wurde diese Firma nicht nur durch ihre Automobile (Paris, 1883-1932), von denen die ersten mit Dampf fuhren, sondern durch ihre in großer Zahl produzierten Einbaumoto-

DELAHAYE V12 CHAPRON

Delahaye Zwölfzylinder, Karosserie Chapron, 1937

Dieses himmelblau/dunkelblau lackierte Delahaye Coupé stellt in mehrfacher Hinsicht eine Einmaligkeit dar. Es hat das Fahrgestell eines Grand-Prix-Wagens und auch einen 4,5-Liter-V12-Motor aus einem Grand-Prix-Wagen unter der Haube. Der Wagen ist über 260 km/h schnell. 1937 wurde das Auto für einen französischen Rennfahrer angefertigt, der damals zu den Helden seiner Zeit zählte: René Dreyfus. Ein Mann, der auch über die notwendigen Mittel verfügte, sich einen solch aufwändig gebauten Wagen leisten zu können.

René Dreyfus hatte mit demselben Wagen, der damals noch wie ein GP-Bolide aussah, das mit einer Million Francs dotierte Rennen in Montlhéry bei Paris (Schnitt: 257,5 km/h) gewonnen und 1938 in Pau sogar das Mercedes-Team besiegt. Ein Jahr später wurde aus dem Rennwagen dieses Sportcoupé, umgebaut von Henri Chapron in Levallois-Perret.

Die Karosseriefirma Chapron im Pariser Vorort Levallois-Perret zählte zu den bestrenommierten in Frankreich, auch noch viele Jahre nach dem Krieg. Dort wurden zum Beispiel von 1958 bis 1972 sämtliche offenen Versionen sowie einige Spezialcoupés der Citroën-DS-Baureihe angefertigt, ebenso diverse Präsidentenwagen und andere Repräsentationsfahrzeuge. Zu Chaprons Kunden zählte die High Society des ganzen Landes, vor allem in der Zeit vor 1939, als es bei denen, die entsprechende Ambitionen hatten, üblich war, sich ein Auto nach eigenen Vorstellungen karossieren zu lassen.

René Dreyfus hat nur kurze Zeit Freude an seinem extravaganten Wagen mit elektromagnetischer Schaltung (vier Vorwärts-, drei Rückwärtsgänge) haben können; 1940 musste er beim Einmarsch der Deutschen in Frankreich fliehen, weil er jüdischer Herkunft war und befürchtete, verhaftet zu werden. Er emigrierte in die USA (wo er später ein Restaurant eröffnete, das »Chantéclair« in New York). Seinen Delahaye V12 alias »Blauer Engel« ließ er schweren Herzens zurück; heute befindet sich der rassige Zwölfzylinder nach einen Kurzaufenthalt im Automuseum Bad Oeynhausen (1973-74) in einer wohlgehüteten Privatsammlung.

ren, die viele andere Autohersteller erwarben. 1894 baute De Dion-Bouton die ersten →Voituretten mit Benzinmotor. Das Unternehmen war das erste der Branche, das in großen Serien produzierte: 30.000 Motoren (1895-1902), 1500 Wagen in 16 Monaten (1900-1901). De Dion-Bouton brachte zahlreiche technische Besonderheiten (elektrische Zündung, Einscheiben-Trockenkupplung, V8-Motor) hervor; auch für Omnibusse, Nutz- und Kommunalfahrzeuge stand diese Marke.

Deemster
1904 bis 1924 in London hergestellter Vierzylinderwagen der Ogston Motor Company.

Deguingand
Französischer Kleinwagen (Puteaux, 1926-1929), Nachfolger von →Vinot-Deguingand.

Dekompressionsventil
→Anlasshilfen, →Zischhahn.

Delage
Lucien Delage (1874-1947) eröffnete 1900 ein Ingenieurbüro und arbeitete 1903-1905 bei →Peugeot, eher er sich als Automobilhersteller (Levallois, 1905-1953) selbständig machte. Seine ersten →Voituretten hatten Motoren von →De Dion-Bouton. Die Marke machte sich einen Namen auch im Motorsport (frühe Grand-Prix-Rennen); Delage stellte leistungsstarke Sechs- und Achtzylinder-Sport- und Reisewagen her. 1935 ging Delage bankrott und wurde von der Pariser Handelsgesellschaft Autoc übernommen, die den Delage-Automobilbau im →Delahaye-Werk fortsetzte.

Delage 1927

Delahaye
Delahaye (Paris, 1895-1954) gehörte zu den bekanntesten in Frankreich und stand zunächst hauptsächlich für Kommunal- und Feuerwehrfahrzeuge, bevor in den 1920er Jahren Sport- und Rennwagen entstanden, die gegen →Bugatti und →Talbot antraten. 1954 wurde Delahaye wie auch die Marke →Delage von →Hotchkiss übernommen.

Delaugère
Französisches Automobilfabrikat (Orléans, 1898-1926); Zwei- Vier- und Sechszylinder unterschiedlichster Spezifikation. Bei Schließung der Firma Übernahme durch →Panhard.

Delaunay-Belleville

Delaunay-Belleville
Die französische Lokomotiven- und Schiffskesselfabrik Delaunay-Belleville stellte auch Automobile her (St. Denis, 1904-1948), deren Charakteristikum vor dem I. Weltkrieg kreisrunde Kühler (nach Lokomotivkesselvorbild) waren. In den 1930er Jahren →Continental-Motoren; Karosserien kamen von →Chenard-Walcker. 1946 Aufnahme der Kleinwagenproduktion (→Rovin).

Delco
In den Dayton Engineering and Laboratories Company (Delco), USA, entstanden Anfang des 20. Jahrhunderts die ersten elektrischen Zubehöre für Automobile. Einer der führenden Ingenieure war Charles Franklin Kettering (1876-1956), der Delco 1920 verließ und bei →General Motors Leiter einer Tochtergesellschaft wurde, die für GM Entwicklungsaufträge durchführte.

Denzel
Der Wiener Automobilingenieur und -importeur Wolfgang Denzel stellte 1953-1960 Sportwagen (Denzel oder WD genannt) auf der Plattform des VW Käfers her. Auch die von →BMW aufgegriffene Anregung, einen Kleinwagen zu bauen (BMW 700), stammte von Denzel.

Derbuel
Deutsches Kompressorfabrikat (→VD). Derbuel-Verdichter wurden zum nachträglichen Einbau angeboten (z.B. für →Adler, →Citroën, →Fiat).

Derby
Kleinwagen aus Frankreich (Courbevoie, 1921-1936). Es gab auch einige Sechs- und Achtzylindermodelle (Moto-

Delahaye 1948

ren von CIME und Chapuis-Dornier). Besonderes Aufsehen erregte ein 1931 vorgestelltes und ab 1933 sogar mit V8-Motor angebotenes Modell mit Frontantrieb, von welchem bis1936 etwa 20 Stück gebaut wurden.

Derham

Amerikanischer Karosseriehersteller (Philadelphia, 1907-1969), der elegante Tourenwagen- und Sedanca-Aufbauten herstellte, auch Flugzeugteile fabrizierte sowie Militärfahrzeuge anfertigte.

desmodromische Ventilsteuerung

Ventilsteuerung am Motor, bei der das Schließen der Ventile nicht durch Ventilfedern erfolgt, sondern durch eine Mechanik, bei der Nockenscheiben mit den Ventilschäften verbunden sind. Die »Zwangssteuerung« wurde früher bei Rennmotoren angewendet, um bei hohen Drehzahlen exaktere Verschlusszeiten zu erzielen.

De Soto

Zu Chrysler gehörende Automarke (Detroit, 1928-1960), die anfänglich für eine Sechszylinder-Baureihe stand, angesiedelt zwischen dem teuren →Chrysler und dem preiswerten →Plymouth. Namensgeber Hernando de Soto war ein spanischer Eroberer, der 1541 als erster Europäer den Mississippi entdeckt hat.

De Tomaso

Von dem Argentinier Alejandro de Tomaso in Italien gegründete Automobilmarke (Modena, 1956 bis heute), zeitweilig auch Inhaber von →Maserati (1976-1990), Moto Guzzi und →Innocenti. Teure Sport- und Luxuswagen, vorwiegend mit amerikanischen V8-Motoren.

Detroit

In Detroit, US-Staat Michigan, entstanden um die Jahrhundertwende zahlreiche Automobilfabriken, wobei einige auch den Namen Detroit als Markenbezeichnung oder als Teil davon verwendeten (z.B. Detroit Electric, 1907-1938).

Deutsch

In Köln ansässige Karosseriefabrik (1916-1972). Karl Deutsch fertigte Aufbauten für zahlreiche Automobilhersteller an, überwiegend für Firmen vor Ort wie →Ford oder die deutsche Repräsentanz von →Citroën.

Deutsch Cabrio (Audi 1966)

Deutz

Die Gasmotoren-Fabrik Deutz bei Köln ist eine der Keimzellen der frühen Automobilindustrie, hier arbeiteten Nikolaus August Otto (→Ottomotor), Gottlieb →Daimler, Wilhelm →Maybach, Ettore →Bugatti. Personenwagen der Marke Deutz gab es von 1907 bis 1911, anschließend nur mehr Motoren- und Schlepper-Fabrikation.

DEUVET

Dem 1976 gegründeten Bundesverband Deutscher Motorveteranen-Clubs e.V. mit Sitz in Frankfurt am Main hören zahlreiche Marken- und andere Oldtimerclubs an, er vertritt die deutsche Oldtimerszene innerhalb des Weltverbandes →FIVA (Einzelheiten im Anhang).

Dewandre, Bosch-Dewandre

Nach dem belgischen Erfinder Albert Dewandre benannte Saugluft- (Vakuum-)Vierradbremse, wie sie ab 1926 auch von →Bosch fabriziert wurde.

D.F.P.

Die Firma Doriot, Flandrin et Parent (Courbevoie, 1906-1933) stellte eine Reihe von sportlichen Fahrzeugen her, von denen einige Motoren von Chapuis-Dornier aufwiesen. Britischer Agent für D.F.P. war W. O. →Bentley.

dhc

Im Englischen übliche Abkürzung für drop-head coupé (Coupé mit versenkbarem Dach = →Cabriolet, im Gegensatz zum →fixed-head coupé, bei dem das Dach fest ist).

Diatto 1927

Diatto

Italienische Automobilmarke (Turin, 1905-1927), deren Fahrzeuge bis 1909 Lizenzkonstruktionen von →Clément-Bayard waren; Es gab zeitweilig auch einen Diatto-Bugatti (das Diatto-Emblem glich dem des Bugatti). Anschließend Herstellung schneller 2,6- und 3-Liter-Sportwagen. 1927 entstand der Entwurf für einen Achtzylinder-Rennwagen, der von den Brüdern →Maserati realisiert wurde. Diatto hat auch Lastwagen hergestellt.

Dickey seat

Im Englischen gebräuchliche Bezeichnung für einen →Notsitz im Heck eines Zweisitzers bzw. Sportwagens (»Schwiegermuttersitz«).

Diesel, Rudolf

Deutscher Erfinder (1858-1913) eines Einspritz-Verbrennungsmotors mit Selbstzündung durch hohe Verdichtung (Ölmotor).

Dieselmotor

Dieselmotoren (benannt nach Rudolf →Diesel) in Automobilen gibt es seit 1908, als erstmals ein →Safir damit ausgestattet wurde. Rudolf Diesel und Motorenhersteller-

Dieselmotor Hanomag 1935 (l), Mercedes-Benz1936 (r)

Hyppolyt →Saurer überwachten den Bau dieser Fahrzeuge. In den 1930er Jahren setzte sich der Dieselmotor allmählich im Nutzfahrzeug durch; bei den Personenwagen zählten →Peugeot (1927), →Hanomag (1935) und →Mercedes-Benz (1936) zu den Marken, die nach dem Safir frühe Diesel-Geschichte schrieben.

Dinos

Aus der Automobilfirma Loeb & Co. in Berlin, die 1909-1914 den →LUC herstellte, wurden 1919 die Dinos Automobilwerke. Es entstanden qualitativ hochwertige Fahrzeuge. 1922 Übernahme durch die Stinnes-Gruppe und Stilllegung der Fertigung zugunsten des besser verkäuflichen →AGA aus dem gleichen Konzern.

Dixi

Die ab 1898 in Eisenach gebauten →Wartburg-Motorwagen (und Fahrräder) bekamen 1903 die Markenbezeichnung Dixi. Es gab Zwei-, Vier- und Sechszylindermodelle. 1927 Übernahme einer Lizenz zum Bau des →Austin Seven als Dixi 3/15 PS. Ende 1928 wurde das Werk von →BMW übernommen, wodurch die Marke erlosch und die in Eisenach produzierten Autos fortan BMW hießen. Dixi-Personen und -Lastwagen aus Eisenach galten als

Dixi 3/15 PS 1927

DKW V1000 1930

DKW F12 1964

Qualitätsprodukte und bewährten sich auf zahlreichen Langstrecken- und Zuverlässigkeitsfahrten.

DKW

In Zschopau, Sachsen, beheimatete Auto- und Motorradmarke (Autos: 1928-1966). Die Buchstaben DKW bedeuteten ursprünglich »Dampf-KraftWagen« (nach einem Projekt des Firmengründers →Rasmussen, das aber nicht zur Ausführung gelangte), standen dann für einen Spielzeugmotor mit dem Namen »Des Knaben Wunsch«. DKW gehört zu den Pionieren auf dem Gebiet des Zweitaktmotors und des Frontantriebs (Beginn 1931 mit dem Modell F1). Ab 1950 Weiterführung der Produktion in Düsseldorf und Ingolstadt, nachdem in Ostdeutschland die dort hergestellten Fahrzeuge unter der Bezeichnung →IFA vermarktet wurden (→Auto Union).

Mercedes-Benz 1928 mit Karosserie v. d'Iéteren

D'Iéteren Frères

Belgisches Karosseriefabrikat; zeitweilig war die Firma auch Importeur für →Porsche.

REKORDWAGEN MIT DIESELMOTOR

Rekord-Coupé mit Dieselmotor: AEC 1932

Bei den 24 Stunden vom Nürburgring 1998 siegte erstmals in der Geschichte des Rennsports ein Fahrzeug mit Dieselmotor. Es war ein BMW 320d, pilotiert von dem Team Stuck/Duez/Menzel/Bovensiepen. Aber mit Dieselautomobilen wurden schon in früheren Jahren Rennen und Rekorde gefahren. So zum Beispiel 1933 von Captain George E. F. Eyston auf der Brooklands-Rennstrecke in der Nähe Londons mit einem AEC Spezialfahrzeug.
Die Associated Equipment Company in London, kurz AEC, war 1912 aus der Fusion dreier Omnibushersteller entstanden. Nutzfahrzeuge dieses Fabrikats erwarben sich einen ausgezeichneten Ruf; die Marke existierte bis 1980, zuletzt im Leyland-Konzern. 1926-27 gab es ein Zusammengehen mit Daimler in Coventry, und aus jener Zeit datieren fruchtbare Kontakte mit dem berühmten Ingenieur Laurence Henry Pomeroy, ein Pionier des Leichtbaus. Seine Konstruktionsideen und die Einführung von Dieselmotoren im Jahre 1930 kulminierten in einem Konzept, dessen Realisierung im AEC-Vorstand zunächst auf wenig Verständnis stieß. Doch die Techniker setzten sich durch – und so entstand 1932 ein Rekordfahrzeug, das einen Dieselmotor unter der Haube hatte. Eyston war ein bekannter Renn- und Rekordfahrer, daher war der Firma AEC genügend Publicity sicher, wenn sie diesen Mann für ihr Vorhaben gewann.
Der AEC Rekordwagen war alles andere als ein Lastwagen oder Omnibus, sondern eine stromlinienförmig karossierte, zweitürige Limousine mit nur leicht angedeuteten Kotflügeln und Zentralverschluss-Speichenrädern. Bereits 1931 hatte der Amerikaner Classie Cummins einen mit einem Dieselmotor bestückten Rekordwagen gebaut und in Daytona, Florida, mit 100 Meilen pro Stunde (160 km/h) vorgeführt. Cummins' weitere Demonstrationen in den dreißiger Jahren, mit denen er die Leistungsfähigkeit und die Sparsamkeit des Selbstzünders unter Beweis stellte, blieben zwar ohne nachhaltigen Eindruck bei den Personenwagenherstellern in den USA, aber immerhin ließ man sich in Europa davon anregen, Ähnliches zu versuchen. George E. F. Eystons Rekordfahrt mit dem AEC Dieselauto gipfelte 1933 in einem Tempo von 125 Meilen pro Stunde (201 km/h), nur gab es leider keinen Herausforderer, mit dem man sich messen konnte. Es folgte eine Dauerfahrt über 3669 Kilometer in 24 Stunden, gefahren im Motodrom von Montlhéry – das bedeutete einen Schnitt von 152,9 km/h. Der 8,9-Liter-Motor leistete 130 PS; er wurde 1936 durch einen V12 mit 17 Liter Hubraum ersetzt. Mit diesem Boliden kam Eyston in Bonneville, Utah, sogar auf 256 km/h.
Erwähnenswert ist in diesem Zusammenhang der Versuchswagen des britischen Konstrukteurs Hugh Gardener, der 1932 einen 68 PS starken 5,5-Liter-Dieselmotor in einem sieben Jahre alten Bentley installierte. Mit diesem Auto nahm Lord de Clifford, ein bekannter Sportsmann und Rennfahrer, im Jahr darauf an der Rallye Monte-Carlo teil und wurde sogar Fünfter. Auch diese Leistung wurde zwar gebührend zur Kenntnis genommen, verhalf dem Dieselmotor im Pkw aber ebenfalls noch nicht zum Durchbruch.

Doble
In den USA gebauter Dampfwagen (Waltham, 1914-1931). Obwohl sich das Fabrikat lange am Markt hielt, blieb die Stückzahl der Doble Steamers sehr gering.

Dodge, Dodge Brothers
Die Brüder Horace und John Dodge bauten 1914 in Detroit ihre erstes Automobil; bis 1928 wurden die Fahrzeuge unter der Marke Dodge Brothers verkauft. Vor der Aufnahme der Automobilproduktion hatten die Brüder Dodge Motoren und Getriebe für →Oldsmobile und →Ford hergestellt. Dodge wurde sehr bald einer der Großserienhersteller (1915 bereits 45.000 Fahrzeuge) und begann auch Nutzfahrzeuge zu bauen. 1928 Übernahme durch →Chrysler.

dohc
International gebräuchliche Bezeichnung für Ventilsteuerung durch zwei obenliegende Nockenwellen im Zylinderkopf (double overhead camshaft). Motoren in dohc-Bauart vertragen höhere Drehzahlen und gelten deshalb seit jeher als besonders leistungsstark.

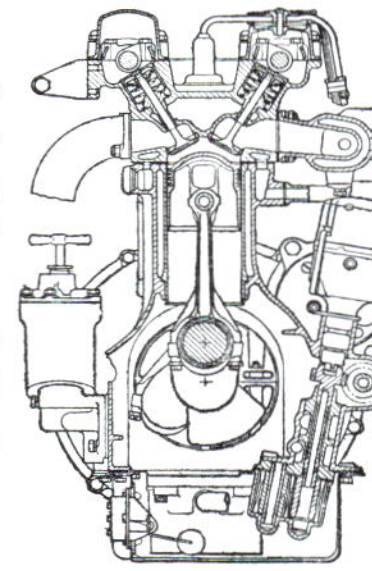

Aston Martin 1952

Doktorcoupé
Eine stark umworbene Klientel waren schon in der Frühzeit des Automobils die Landärzte, die robuste, zuverlässige Zweisitzer bevorzugten. In den 1920er Jahren wurde das Doktorcoupé zu einem Begriff für diese Aufbauform. →Opel hatte einen »Doktorwagen« (allerdings als offenen Zweisitzer) bereits 1908 herausgebracht.

Donnet
Die französische Firma Donnet (Pontarlier, 1924-1936) war aus dem Zusammenschluss der Hersteller →Zedel und →Vinot-Deguingand hervorgegangen; die ersten Fahrzeuge trugen noch den Namen Donnet-Zédel. Die Motoren waren Vier- und Sechszylinder verschiedener Größe; Besonderheiten waren Sechszylinder von 1,3 und 1,8 Liter Hubraum.

Doppelgelenkachse
Ausführung der →Pendelachse, bei der die Antriebswellen nicht mit nur einem Gelenk am Differenzial befestigt sind, sondern beidseitig.

Doppelkolbenmotor
Motor, in welchem zwei Kolben in zwei parallel liegenden Zylindern einen gemeinsamen Brennraum haben und ihre Kraft über je eine Pleuelstange auf die Kurbelwelle übertragen. Die Kolben können parallel oder gegenläufig arbeiten.

Doppelphaëton
Eine Version des →Phaëton mit mehr Platz im Fond für →Notsitze.

Doppelzündung
Schon früh experimentierte man mit der Doppelzündung, bei der pro Zylinder zwei Zündkerzen vorhanden sind. Doppelzündung kann auch aus einem kombinierten Zündsystem Batterie/Magnet erfolgen, wie dies z.B. der →Pierce-Arrow 1905 oder der →Piccolo 1909 und viele andere hatten. Die von →Bosch angebotene Doppelzündung bestand aus Zündmagnet, Batterie und Summerspule mit Anschluss an die Hochspannungsverteilung des Zündmagneten. Mit der Batterie und der Spule wurde die Zündung beim Anlassen des Motors aktiviert, im Fahrbetrieb arbeitete der Motor mit Magnetzündung.

Dos-à-dos
Bezeichnung für einen Wagen (frz.: Rücken an Rücken) mit Sitzen im Fond, die nicht nach vorn, sondern nach hinten gerichtet sind (→Benz 1897).

Dos-à-dos Benz 1896 (l); Zündapp Janus 1957 (r)

Dodge 1939

Doppelphaëton Ford 1906

DOUBLE-SIX

Daimler Double-Six 1927

Den ersten in Serie gebauten Zwölfzylinder Europas bot Daimler in Coventry an. Die Namensrechte für die seit 1897 in Coventry gebauten Daimler-Automobile hatte Gottlieb Daimler seinen britischen Geschäftspartnern persönlich zugestanden. Ob dem Stammhaus in Stuttgart daraus Vor- oder Nachteile erwachsen würden, ließ sich damals nicht voraussehen. Daimlers Mercedes avancierte einige Jahre später zur führenden Konstruktion in Europa, doch die Engländer verstanden es ebenfalls, aus »ihrem« Daimler ein Prestigeautomobil zu machen: In den nachfolgenden einhundert Jahren fuhr auch das britische Königshaus bevorzugt Daimler-Automobile (aber keineswegs nur solche mit Zwölfzylindermotor). Was für den Hersteller wiederum gewisse Verpflichtungen mit sich brachte.

Im Bestreben, stets das qualitativ Beste anzubieten, konkurrierte Daimler mit Rolls-Royce. Aber lange, bevor jene Firma in Derby einen Zwölfzylinder auf den Markt brachte, präsentierte der Wettbewerber aus Coventry ein solches Superlativ-Automobil. Sechszylinder galten damals (zumindest in Europa) als höchst fashionable, doch als Daimler 1926 seinen »Double-Six« (Doppel-Sechszylinder) vorstellte, hatte der Begriff von Luxus eine neue Dimension bekommen.

Daimlers Motor hatte Drehschieberventile nach dem Knight-Patent und einen Hubraum von 7136 ccm. Laufruhe und Geschmeidigkeit dieses Motors wurden gerühmt – der große Daimler war ein wahrhaft königliches Automobil. Den Leerlauf konnte man auf 150 U/min einstellen; Motorgeräusche waren nur zu vernehmen, wenn man die Haube öffnete.

Bei Rolls-Royce hatte man den Anschluss regelrecht verpasst und neidete Daimler den Erfolg – der Name des Konkurrenten wurde vom Geschäftsführer Claude Johnson nie erwähnt. Allenfalls war von dem »unaussprechlichen Fabrikat« die Rede.

Zwei zusammengefügte Sechszylindereinheiten vom Daimler-Modell 25/85 HP hatten den Wundermotor ergeben, mit zwei Wasserpumpen, zwei Zündmagneten und zwei Zündspulen für Doppelzündung. Einziger Nachteil des Double-Six war eine starke Hitzeentwicklung, weshalb man dem Wagen einen sehr großen Kühler zugestand. Über die Leistung verlor man (wie bei Rolls-Royce) wenig Worte, sie dürfte bei 150 PS gelegen haben. Und ein Kraftstoffkonsum von gut 28 Liter auf 100 Kilometer war für diejenigen, die sich einen Double-Six leisten konnten, auch nicht der Rede wert. Die meisten Limousinen hatten 3,30 oder 3,60 m Radstand und wurden als Siebensitzer karossiert. Es gab V12-Motoren später auch mit 6,5, 5,3 und 3,8 Liter Hubraum, 1937 auch in ohv-Bauweise. Der Name Double-Six wurde 1972 beim Daimler V12 alias Jaguar XJ12 wiederbelebt.

Drahtspeichenfelge
→Speichenfelge.

Drauz
Karosseriefabrik (Heilbronn, 1901-1956), die Aufbauten für →Adler, →Ford und andere Automobilhersteller in Deutschland anfertigte, so vor allem für die in der Nachbarschaft gelegenen →Fiat-Werke sowie für →NSU in Heilbronn und Neckarsulm, ebenso für Nutzfahrzeuge verschiedener Fabrikate.

Drehschemellenkung
Lenkung einer Starrachse oder eines Achsschemels mit einem nach Kutschenbauart im vorderen Wagenmittelpunkt vorhandenen vertikalen Drehzapfen. Die Vorderachsen bei Lkw-Anhängern sind noch heute mit Drehschemellenkung versehen (→Achsschenkellenkung, →Lankensperger).

Drehschieberventil
→Schieberventilmotor.

Drehstabfederung
Andere Bezeichnung für →Torsionsfederung.

Dreiachsiger Personenwagen
Personenwagen mit zwei angetriebenen Antriebsachsen wurden meist für militärische oder für ExpeditionsZwecke gebaut (z. B. bei →Horch, →Mercedes-Benz, →Renault)

Japanischer Sumida-Dreiachser, 1933

Drei-Positions-Cabriolet
Auch Transformations-Cabriolet. Aufbau, bei dem wahlweise nur die vordere und/oder die mittlere Dachpartie geöffnet wird, will man nicht das ganze Verdeck zurückschlagen.

Drei-Positions-Cabriolet Rolls-Royce 1926

Dreiradfahrzeug Framo 1933

Dreiradfahrzeug
Wie der erste →Benz von 1885 waren auch später zahlreiche Motorfahrzeuge Dreiräder, nicht zuletzt aus steuerlichen Gründen (in vielen Ländern wurden dreirädrige Fahrzeuge bis zu 350 kg zulässiges Gesamtgewicht wie Motorräder besteuert), aber auch wegen des geringeren Bauaufwands z.B. bei der Lenkung, wenn das einzelne Rad vorn saß (→Goliath, →Tempo). Es wurden aber auch Dreiräder mit einzelnem Hinterrad gebaut (→Darmont, →Morgan).

Druckluftanlasser
Bevor sich ab 1914 der elektrische Anlasser im Automobil durchsetzte, hatten insbes. großvolumige Motoren einen Druckluftanlasser. Mittels komprimierter Luft, die während des Fahrens durch einen Kompressor erzeugt und in einem druckfesten Behälter gespeichert wurde, konnte man das Schwungrad in Bewegung setzen (oder im Bedarfsfall auch einen Reifen mit Luft füllen).

Druckumlaufschmierung

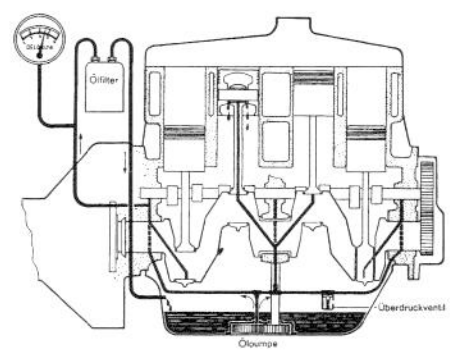

System der Motorschmierung, bei der sich im tiefsten Punkt der Ölwanne eine mechanische Pumpe befindet, die das Motoröl zu allen Schmierstellen des Motors befördert. Die Druckumlaufschmierung setzte sich im ersten Jahrzehnt des 20. Jahrh. gegen die Bagger- bzw. →Tauchschmierung durch.

Dual Cowl: Mercedes Benz 1927 (l); Rolls-Royce 1929 (r)

Dual cowl
Aus dem Englischen stammende Bezeichnung für die Anordnung von zwei getrennten →Cockpits in einem →Tourenwagen. Meist ließ sich ein Teil des »Zwischendecks« zum bequemeren Ein- und Aussteigen aufklappen, und es gab vor dem hinteren Cockpit eine zusätzliche Windschutzscheibe.

Duesenberg 1933

Dufaux Rennwagen 1904

Duesenberg

Amerikanische Luxusmarke (Indianapolis, 1919-1937), gebaut von den Brüdern Fred und August Duesenberg. Die großen, starken Achtzylinderwagen (1920 bereits mit hydraulischen Vierradbremsen) trugen durchwegs teure Sonderaufbauten. Die elitären Fahrzeuge blieben indes ein Verlustgeschäft, und nur durch die Übernahme seitens →Cord 1926 konnte Duesenberg einige weitere Jahre überleben. Die Attraktivität des legendären Duesenberg ist jedoch noch immer so groß, dass nicht weniger als sechs Firmen in den USA ab 1947 →Replicas auf den Markt brachten.

Dufaux

In der Schweiz hergestellter großer Wagen (Genf, 1904-1906) mit 13-Liter-Reihenachtzylinder. 1905 entstand sogar ein 26,4-Liter-Wagen für Rekordzwecke.

Dunlop

1888 erhielt der irische Tierarzt John Boyd Dunlop (1840-1921) ein Patent auf den von ihm erfundenen Luftreifen, zunächst fürs Fahrrad vorgesehen. Entscheidende Impulse für den Gebrauch beim Automobil etwa 1896 (→Luftreifen).

Duplexbremse

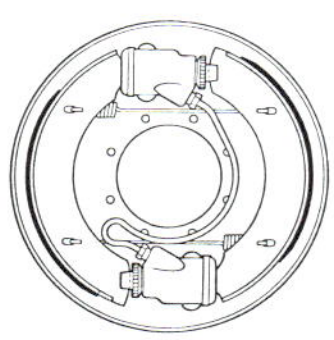

Eine Bauart der →Trommelbremse, bei welcher zwei sich gegenüberliegende Bremszylinder auf je eine Bremsbacke in der Trommel wirken.

Du Pont

Amerikanische Personenwagenmarke (Wilmington, 1920-1932) der Luxusklasse, gegründet durch Paul du Mont von der bekannten Munitions- und Textildynastie. 1930 Übernahme der Betriebsräume der Motorradfabrik Indian in Springfield, Massachusetts.

Durant, William Crapo

William Crapo Durant (1861-1946) gründete nicht nur den →General-Motors-Konzern, sondern 1921 auch eine weitere Firmengruppe, zu der die Marke Durant (New York und andere Plätze, 1921-1932), ebenso gehörte wie die Marken Flint, Rugby, Princeton, Star und Mason; an vielen anderen war er außerdem beteiligt. 1933 ging Durant aus dem Autogeschäft heraus und wandte sich der Immobilienbranche zu.

Durant 1925

Dürkopp 1912

Dürkopp

Deutsche Maschinenfabrik (Bielefeld, 1897-1929), die auch Nähmaschinen, Fahrräder und Motorräder, schließlich Personenwagen und Nutzfahrzeuge herstellte. Anschließend wieder Konzentration auf den Bau von Zweirädern (→Detailwissen).

Duryea

Charles und Frank Duryea gehörten zu den ersten, die in den USA serienmäßig Automobile bauten (Springfield,

Mass., 1893-1914). Die ersten Fahrzeuge hatten Einzylindermotoren und →Reibradantrieb, ab 1908 gab es Zweizylindermodelle.

Dux

Von den Polyphon-Werke (Wahren bei Leipzig, 1908-1926) hergestellte Fahrzeuge, die von Beginn an Vierzylindermotoren und Kardanantrieb aufwiesen. In Russland gab es 1904 bis 1908 ein Duxmobil gleicher Bauart, hergestellt von den Fahrradwerken Dux in Moskau.

Dynastart

Von →Bosch 1903 entwickeltes Aggregat, das Starter und elektrischen Dynamo miteinander kombinierte und auch Lichtmagnetzünder genannt wurde. Dynastartanlagen waren in den 1930er Jahren bei kleineren Fahrzeugen populär (z.B. →DKW).

d'Yrsan

Französischer Hersteller (Asnières, 1923-1930) von Dreiradfahrzeugen nach Vorbild des englischen →Morgan. Die Produktion blieb gering.

Dux 1924

DETAILWISSEN

DIE ERSTEN DÜRKOPP AUTOMOBILE

Der este im Jahre 1897 in Bielefeld hergestellte Dürkopp-Motorwagen war nach französischem Vorbild entstanden, er besaß einen Heckmotor und hatte Ähnlichkeit mit dem zeitgenössischen Panhard & Levassor. Ob Nikolaus Dürkopp eine Lizenz zum Nachbau besaß oder das Vorbild nur kopierte, ist nicht festzustellen. Die Verbindung zu Frankreich war jedenfalls eng, denn um die Jahrhundertwende gab es in Paris eine S.A. des Automobiles Canello-Dürkopp. Und unter dem Namen Canello-Dürkopp waren die Autos aus Bielefeld sowohl im Ausland als auch in Deutschland bekannt.
Nikolaus Dürkopp, 1862 als Sohn eines Eisenhändlers in Herford geboren, hatte das Uhrmacher- und Feinmechanikerhandwerk gelernt und sich 1867 in Bielefeld selbständig gemacht. Ehe dort 1883 das erste Fahrrad entstand, hatte die »Dürkopp-Nähmaschine« schon einen landesweit berühmten Namen.
Anschließend sind bei Dürkopp Automobilkonstruktionen entstanden, über deren technische Einzelheiten nur wenige Informationen überliefert sind. Zunächst waren es Fahrzeuge mit Zwei-, Drei- und Vierzylindermotoren in französischer Bauart; später folgten Vier-, Sechs- und sogar Achtzylinder eigener Konstruktion. Die Einrichtungen des Werkes erlaubten die Herstellung vieler Komponenten in eigener Regie, denn bei Dürkopp fabrizierte man nach wie vor Fahrräder, Motorräder und Nähmaschinen (in den 1950er Jahren auch Motorroller).
Die Motoren der Anfang 1903 produzierten Dürkopp-Wagen besaßen zwangsgesteuerte Ventile, die beiderseits der Zylinder angeordnet waren. Nicht gekapselte Stirnräder trieben zwei Nockenwellen an. Weitere Besonderheiten: Magnetzündung, eine kugelgelagerte Kurbelwelle und ein Zentralschmiersystem. Die Zweizylinder hatten Getriebe mit drei Gängen, die Vierzylinder Vierganggetriebe. Alle Wagen wiesen Kettenantrieb auf. 1902 entstand bei Dürkopp ein Sechszylinder, 1903 ein Dreizylinder mit Kettenantrieb, dem 1905 ein weiterer folgte, der Dürkopp-Dasse, eine Lizenz nach dem belgischen Dasse-Wagen; er blieb bis 1907 im Programm.
Der elastische Sechszylinder kam mit einem Zweiganggetriebe aus. Und schon 1905 experimentierte man auch mit einem Achtzylindermotor.
1908 erschien ein kleinerer Vierzylinder, ein als »Knipperdolling« bezeichneter 6/12 PS, Es entstanden auch ein 6/16 (KG6), ein 8/14 PS Zweizylinder und ein 8/15 PS (KG8) Vierzylinder, die ebenso bezeichnet wurden. Gegen die vergleichbaren und sehr viel weiter verbreiteten Autos von Adler, Opel, Wanderer und NSU hatte der Knipperdolling jedoch wenig Chancen, obwohl er ein Qualitätsfahrzeug war. Ab 1908 bot Dürkopp Autos in Limousinen-Bauweise an, deren Karosserien bei Karmann in Osnabrück angefertigt wurden. Im gleichen Jahr erwarben die Bielefelder die Automobilfabrik Oryx, Berlin.
1912 erschienen zwei Vierzylindermodelle, die hinsichtlich ihrer Motorbauart etwas Neues darstellten. Der NG10 und der NG13 hatte einen Blockmotor mit hängenden Einlassventilen; Kurbelwelle und Pleuel wiesen Rollenlager auf, außerdem waren die Kurbelwellen aus fünf Teilen zusammengesetzt und verschraubt. Neu war auch der eigens für diese Motoren entwickelte Registervergaser. Motor und Getriebe saßen in einem Hilfsrahmen.
Unmittelbar vor Kriegsbeginn 1914 brachte die Firma, die kurz drauf Dürkopp-Werke AG hieß, die P-Serie heraus, die einen Vierzylinder (4,1 Liter, P16) und einen Sechszylinder (6,2 Liter, P24) umfasste. Die Motoren hatten Magnetzündung und Zenith-Vergaser. Die P-Serie bildete die Basis für einen Neuanfang im Jahe 1919; während des Krieges hatte man in Bielefeld Lastwagen hergestellt. Die Kraftfahrzeugproduktion währte bei der Firma Dürkopp bis 1929.

Econom

Von der Firma Buthenuth (Vertretung von →Ford Automobilen) in Berlin 1950 bis 1952 gebauter Kleinwagen. Unter der Bezeichnung Econom entstanden auch auf Holzgas-Betrieb umgerüstete Lastwagen mit Motoren von Ford.

Edsel

Von der →Ford Motor Company gegründete Marke (Detroit,1957-1959) der oberen Mittelklasse, die jedoch keine Akzeptanz fand und nach verlustreichen Investitionen wieder vom Markt genommen wurde. Den Markennamen hatte man nach Henry Fords Sohn Edsel Ford gewählt.

Ehrhardt

Der Industrielle Heinrich Ehrhardt, Gründer der →Wartburg-Werke in Eisenach (→Dixi), verließ sein Unternehmen 1904 und baute anschließend in Düsseldorf Autos unter der Markenbezeichnung Ehrhardt. Sie hatten – wie der Wartburg – den Decauville zum Vorbild. 1905-1922 Herstellung von Fahrzeugen eigener Konstruktion, überwiegend Lastwagen und Militärfahrzeuge. Aus den Ehrhardt-Werken in Düsseldorf wurde später der Rheinstahl-Konzern (u.a. Pierburg-Vergaser und KS-Kolben).

Eindruckschmierung

Anderes Wort für →Zentralschmierung.

Einfahren

Bis in die 1960er Jahre hinein empfahlen die Automobilhersteller, einen neuen Wagen oder einen überholten Motor »einzufahren«. Darunter verstand man das Einhalten niedriger bis mittlerer Tourenzahlen über einen bestimmten Zeitraum bzw. eine Distanz, etwa 500 bis 3000 km, um ein Angleichen und Glätten der Arbeitsflächen aller beweglichen mechanischen Teile zu erzielen. Für Motoren gab es spezielle Einfahröle mit großer Haftfähigkeit (Viskosität), die man nach der Einfahrzeit gegen normales Motoröl wechselte.

Einspritzung

→Kraftstoffeinspritzung.

Einspurwagen

Einige →Cyclecars der 1920er Jahre wurden als Einspurwagen gebaut, womit sie karossierte Motorräder waren, die im Stand durch zwei seitliche Stützräder (die während der Fahrt einzuklappen waren) in der Waage gehalten wurden. Der Einspurwagen (auch: Monotrace) war ein- bis zweisitzig und entsprach im Unterhaltsaufwand etwa einem größeren Motorrad (→Mauser).

einzeln stehende Zylinder

Bevor sich im Autombilbau allgemein die →Blockmotor-Bauart durchsetzte, konstruierte man mehrzylindrige Verbrennungsmotoren mit einzeln auf dem Kurbelgehäuse stehenden Zylindern, bei Wasserkühlung mit Wassermänteln umgeben, bei Luftkühlung ringsum mit Kühlrippen versehen.

Econom Teddy 1950

Edsel 1958

Ehrhardt 10/25 PS 1911

Mauser Einspurwagen 1922

Einsteckscheiben

Bei einem Tourenwagen verwendete Seitenscheiben, deren Rahmen Zapfen aufwiesen, mit denen sie in entsprechende Öffnungen in der Karosseriekante gesteckt und arretiert wurden.

Einzelradaufhängung

Bauart, bei der im Gegensatz zur →Starrachse die Räder mittels geeigneter Konstruktionen (z. B. Dreieckslenker) einzeln aufgehängt sind.

Eisemann

1901 in Stuttgart von Ernst Eisemann gegründetes Unternehmen, das elektrische Zündapparate herstellte und auch weltweit exportierte. 1919 Fusion mit →Bosch.

elektr. Beleuchtung

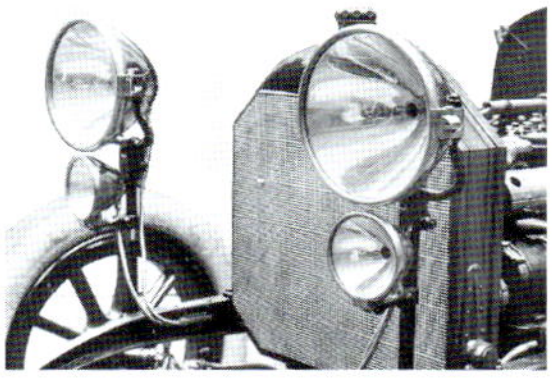

Die ersten elektrischen Autoscheinwerfer gab es um 1912. Erst mit der Lichtmaschine, die auch der →Batteriezündung zum Durchbruch verhalf, erfolgte die komplette elektrische Ausrüstung von Automobilen mit Anlasser und elektrischen Lampen. Serienmäßig kamen sie als Ablösung der →Azetylenscheinwerfer erst ab 1920 auf den Markt, bis dahin galten elektrische Scheinwerfer bei den meisten Autos in Europa als Sonderzubehör.

elektrischer Anlasser

Das Starten eines Automotors erfolgte bis 1920 im Allgemeinen per →Andrehkurbel. Ein erster Versuch, mittels elektr. Anlassermotor das Schwungrad eines Verbrennungsmotors in Bewegung zu setzen, war 1896 von dem Ingenieur H. J. Dowsing in England an einem →Benz durchgeführt worden (→Arnold); der Elektromotor ließ sich auch als Fahrhilfe an Steigungen verwenden.
Dowsings Versuch fand keine Fortsetzung; auch spätere Experimente mit Pressluft und Federwerken führten zu keinen befriedigenden Ergebnissen. Erst der kompakte, durchzugsstarke elektrische Anlasser, den Charles F. Kettering von der Firma →Delco 1911 entwickelte (und der zugleich ein Dynamo war, um Strom für Zündung und Beleuchtung zu erzeugen) und ein Jahr später erstmals in einem →Cadillac serienmäßig eingebaut wurde, ermöglichte ein müheloses Anlassen. Bosch stellte einen elektrischen Starter 1914 vor. Zu den ersten Autos, die in Europa serienmäßig mit Anlasser, Lichtmaschine und elektrischen Scheinwerfern versehen waren, zählten die großen Modelle von →Dixi und →Mercedes. Nicht vor 1919 wurde der elektrische Anlasser auch beim Mittelklassewagen zur Selbstverständlichkeit (Einführung 1919 bei →Citroën).

Elektroautos

Mit elektrischer Energie zu betreibende Motoren fanden schon früh im Automobilbau Eingang, wobei das zeitaufwändige Nachladen leergefahrener Batterien ein Handicap darstellte, das Elektroautomobilen auch künftig anhing. Elektrofahrzeuge waren für den Stadtbetrieb auf Kurzstrecken ideal und fanden sich vor 1914 daher vorwiegend als Taxis. Auch der Renn- und Weltrekordfahrer Camille →Jenatzy, der mit Elektromobilen Geschwindig-

Einzelradaufhängung (Mercedes-Benz 170, 1934)

Elektroautos: 1 Jenatzy Rekordwagen 1899 (s.a. Seite 79 und 234); 2 Vollmer 1899; 3 NAG 1907; 4 NAG 1904

keitsrekorde aufstellte (über 100 km/h erstmals 1899: 105,876 km/h), tat dies in seiner Eigenschaft als Taxiunternehmer, um für den elektrischen Wagen zu werben. Im Kommunal- und Postbetrieb gab es Elektrowagen in größerer Zahl, ebenso als Liefer- und Servicefahrzeuge.

Elektronische Kraftstoffeinspritzung

Erstmals 1968 bei →Daimler-Benz bei einem Serienfahrzeug (Mercedes-Benz 250 E) angeboten; 1973-74 auf breiter Basis im Serienfahrzeugbau aller großen Automobilhersteller eingeführt (→Kraftstoffeinspritzung).

Elite

Deutsche Automarke (Brand-Erbisdorf, 1919-1928), aus einer Fahrradfabrik hervorgegangen und später von →Opel übernommen.

Elliptikfedern

→Blattfedern.

EMW

In den Betriebsstätten der Bayerischen Motoren Werke (→BMW) in Eisenach wurden nach dem II. Weltkrieg zunächst BMW-Automobile weitergebaut, die den Vorkriegsmodellen 321 und 327 entsprachen. Da der »Ost-BMW« auch exportiert wurde und BMW in München die Absicht hatte, eine eigene Neukonstruktion auf den Markt zu bringen, kam man überein, die in Eisenach ab 1952 gebauten Autos (und Motorräder) als EMW (Eisenacher Motoren Werke) zu bezeichnen. Spätere Baumuster wichen von der BMW-Linie ab; die Marke erlosch 1956, als man in Eisenach den →Wartburg mit Zweitaktmotor zu bauen begann.

Enfield, Enfield-Allday

Britisches Fabrikat (Birmingham, 1906-1924), entstanden aus einer Waffen-,Fahrrad- und Motorradfabrik. Die Fahrzeuge genossen einen sehr guten Ruf, nicht zuletzt infolge der hervorragenden Verarbeitung, für die ab 1921 die Brüder Augustus C. und Enrico Bertelli verantwortlich waren, die später zu →Aston Martin gingen.

Ente

Scherzhafte Bezeichnung im nordeuropäischen Sprachraum für den 6,9 Millionen mal gebauten →Citroën 2 CV (1948-1990). Im Französischen als »la deuche« bezeichnet (verdeutscht »Döschewo« = deux chevaux).

Entwickler

Geschlossenes Gefäß für die Aufnahme von Karbid und Wasser, das man zur Erzeugung von Gas für →Azetylenscheinwerfer benötigte.

Entzug der Fahrerlaubnis

1909 wurde beim Polizeipräsidium in Berlin eine zentrale Erfassungsstelle für »Nachrichten über Führer von Kraftfahrzeugen« eingerichtet, in der Informationen aus ganz Deutschland gesammelt wurden. Die Behörde hatte die

Horch mit Karosserie Erdmann & Rossi 1937

Aufgabe, Strafen z.B. wegen zu schnellen Fahrens, Körperverletzung oder Tötung, Rohheitsvergehen, Neigung zum Trunk usw. zu registrieren, die Autolenkern auferlegt worden waren. Ihnen drohte Entzug der Fahrerlaubnis.

E.R.A.

Abkürzung für English Racing Automobiles (London, 1933-1963). Unter der Leitung von →Raymond Mays entstanden zunächst Formel-Rennwagen der 1500-ccm-Kategorie, später auch größere Monoposti, die erfolgreich gegen starke internationale Konkurrenz antraten.

Erdmann & Rossi

Einer der prominentesten deutschen Karosseriehersteller (Berlin, 1906-1949), 1933 Fusion mit →Neuss und damit auch Repräsentanz für →Bugatti- und →Rolls-Royce. Vorzugsweise wurden hier teure Fahrgestelle vom Genre →Mercedes-Benz, →Maybach oder →Horch eingekleidet. Chefkonstrukteur bei E&R war Johannes Beeskow.

Erskine

Unter dieser Markenbezeichnung (Detroit, 1927-1930) brachte →Studebaker eine Reihe von Mittelklasse-Sechszylindern auf den Markt. Der Name war nach dem damaligen Studebaker-Generaldirektor gewählt worden.

Essex

Amerikanische Automobilmarke (Detroit, 1988-1933) der →Hudson Motor Car Company, die in größeren Stück-

Essex Six 1926

zahlen auch in den Export ging. Der Essex war in Deutschland ein recht gut bekanntes Fabrikat.

Estate car

Englische Bezeichnung für einen Kombiwagen (wie man ihn vorwiegend in der Landwirtschaft als leichtes Transportfahrzeug benutzte; estate = landwirtschaftl. Anwesen, Gutshof) früher vorwiegend auch in Gemischtbauweise Holz/Stahl (→Woody).

Excalibur

Der amerikanische Designer Brooks Stevens begann 1964 in Milwaukee, eine Automobilmanufaktur einzurichten, die nach Vorbild des →Mercedes-Benz SSK (später auch →Bugatti) →Replikas anfertigte. Die handwerklich aufwändig gebauten Wagen wiesen →Chevrolet-Technik auf und sollten als Hommage an die großen Vorbilder zu verstehen sein.

Excelsior

Eine der wenigen belgischen Automarken (Brüssel, 1903-1932) größerer Bedeutung. In den 1920er Jahren nahm Excelsior (lat.: Lichtgestalt) mit viel Erfolg auch an großen Rennen (Le Mans, Spa-Francorchamps) teil.

Excalibur 1979

Eysink

Erstes holländisches Automobilfabrikat (Amersfoort, 1899-1920), entstanden aus einer Fahrrad- und Motorradfabrik. Eysink-Motorräder gab es bis 1956.

DETAILWISSEN

EIN ELEKTROFAHRZEUG FÄHRT WELTREKORD

Der erste 100-km/h-Weltrekordwagen fuhr elektrisch. Er hieß »La jamais contente« – die niemals Zufriedene. Unzufriedenheit war aber eher die Triebfeder des Chauffeurs, nicht des Fahrzeugs, mit welchem Monsieur Camille Jenatzy 1899 im Rekordtempo unterwegs war.
Das zigarrenförmige, hochbeinige Vehikel war eigens zu dem Zweck entstanden, eine bestimmte Höchstgeschwindigkeit zu erzielen. Und mit der sollte bewiesen werden, daß Elektrofahrzeuge grundsätzlich schneller als Automobile mit Verbrennungsmotor waren. Auch wenn sich eine solche Beweisführung zumindest langfristig als für die Praxis als irrelevant erweisen musste, unternahmen Vertreter der Elektrofahrzeugbranche alles, um in der Öffentlichkeit Aufsehen zu erregen. Denn viele von ihnen unterhielten Taxiflotten mit Elektrofahrzeugen, die in Konkurrenz zu den lauten und stinkenden Benzinkutschen standen.
So fanden die ersten Rekordfahrten auch und gerade mit Elektrofahrzeugen in Frankreich statt, in jenem Land, wo man der Erfindung – oder besser der Entwicklung – des Motorwagens von Anfang an sehr viel mehr Aufgeschlossenheit entgegenbrachte als etwa in Deutschland.
Der aus Belgien stammende Camille Jenatzy – später ein erfolgreicher Rennfahrer auf Mercedes – war es, der am 31. März 1899 den Versuch unternahm, mit »La jamais contente« 100 km/h zu erreichen; indes, es langte nur zu 83,9. Dies war zwar weder der erste Versuch Jenatzys, noch der erste mit einem Elektrofahrzeug überhaupt, aber ein sehr bedeutender, denn der von der Pariser Taxigesellschaft C.I.T.A. auf die Räder gestellte Einsitzer war praktisch der erste Motorwagen mit einer konsequent stromlinienförmig gezeichneten Karosserie.
Am 29. April 1899 wiederholte Jenatzy seinen Rekordversuch und schaffte es tatsächlich, die magische Geschwindigkeitsgrenze zu erreichen und sogar zu übertreffen. Seine Zeit wurde mit exakt 34 Sekunden gestoppt, das entsprach einem Tempo von 105,882 km/h.
Mehr als zwei Jahre lang war das Argument der Elektrotaxi-Betreiber nicht zu widerlegen: Kein Benzinauto war schneller als Jenatzys Elektro-»Zigarre«. Selbst der berühmte erste Mercedes-Rennwagen erreichte nicht vor 1902 ein solches Tempo. Lediglich dem Franzosen Léon Serpollet war es im März 1901 gelungen, mit seinem Dampfwagen auf der Strandpromenade von Nizza 100,558 km/h zu erreichen und dem von Jenatzy erzielten Wert zumindest näherzukommen. Und es dauerte ein volles weiteres Jahr, bis Serpollet mit seinem nun ebenfalls stromlinienförmig verkleideten "Oef de Pâques" (Osterei) mit 120,8 km/h einen neuen Weltrekord aufstellen konnte.
Jenatzy war selbst im Taxigeschäft aktiv und stellte unter seinem Namen in Paris Autos her, bevor er für Mercedes Rennen fuhr. Sein blaugrau lackierter Rekordwagen von 1899 wog an die 1500 kg, hatte Michelin-Ballonreifen, zwei Fulmen-Batterien von je 25 kW Leistung, einen Radstand von 1820 und eine Gesamtlänge von 3600 mm.

Facel, Facel Vega

Facel Vega war ein französisches Luxuswagenfabrikat (Dreux, 1954-1964). Die 1939 von Jean Daninos gegründete Firma Facel (Forges et Ateliers de Construction de l'Eure et de Loire) hatte Maschinen für die Flugzeugindustrie hergestellt, produzierte nach dem II. Weltkrieg zunächst Karosserien für →Panhard, 1948-1962 für Simca und baute ab 1951 auch den →Ford Comète. 1954 erschien ein Vega genanntes Coupé mit V8-Motor (→DeSoto) auf dem Markt. Mit amerikanischen Motoren (später auch solchen von →Volvo und →Austin Healey sowie eigenen, in Pont-à-Mousson gebauten Vierzylindern) entstanden sowohl Sportwagen als auch komfortable Luxusfahrzeuge wie der Excellence und HK 500 für eine vermögende Klientel (→Detailwissen: Daninos).

Fafnir

In Aachen (1908-1926) gebautes Automobil mit Ein-, Zwei- oder Vierzylindermotor. Produktion auch von Motoren und Getrieben für Motorräder und Kleinwagen anderer Hersteller.

Fahrgestell

Bevor sich die Integralbauweise (→selbsttragende Karosserie) im Automobilbau durchsetzte, wies jedes Fahrzeug ein Fahrgestell (auch Rahmen, Rahmengestell, →Chassis) auf, das mit einer separat angefertigten →Karosserie versehen wurde.

Fahrgestellgewicht

Das Gewicht eines betriebsfertigen →Fahrgestells setzte sich nach einer DIN-Regelung von 1925 aus folgenden Komponenten zusammen: Rahmen und Achsen einschl. Bremsen, Räder und Reifen, Lenkung, gefüllter Kraftstofftank, gefüllter Kühler mit Kühlermaske, mit Motoröl gefüllter Motor einschließlich aller Nebenaggregate, komplette elektr. Einrichtung, Batterie, Armaturenbrett, Motorhaube, vordere Kotflügel.

Falcon

1921 bis 1926 in Sontheim und Ober-Ramstadt gebaute Vierzylinder-Automobile. Die Produktion wurde von → Röhr übernommen.

Fallbenzin

Wenn der Kraftstofftank oberhalb des Vergasers angeordnet ist und sein Inhalt ohne Pumpe zum Vergaser fließen kann, spricht man von einem Fallbenzin-System. Meist befindet sich der Tank unter der Motorhaube, die zum Nachfüllen geöffnet werden muss.

Facel Vega HK 500 1960

Fallstromvergaser

Bezeichnung für einen Vergaser, bei dem das Kraftstoff-Luft-Gemisch in vertikaler Richtung (von oben nach unten) geführt wird im Gegensatz zu einem Steigstrom- oder Horizontalvergaser.

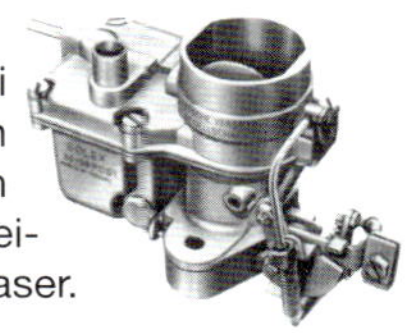

Faltverdeck

Leichtes Stoffverdeck, meist ungefüttert, das sich im Unterschied zum →Allwetterverdeck eines Cabriolets abknöpfen, zusammenfalten und hinter den Rücksitzen verstauen lässt.

Familiale

Im Französischen übliche Bezeichnung für einen 7- bis 8sitzigen Kombiwagen mit 3 Sitzreihen, wobei es im Fond entweder zusätzliche Klappsitze oder außer der Rücksitzbank eine weitere Bank gibt, die sich bei Nichtgebrauch in den Wagenboden versenken lässt.

Familiale Peugeot 404L 1966

Fallbenzin (Fiat 501 1925)

Farina, Giovanni »Pinin« Battista

Der italienischer Karosseriebauer Giovanni »Pinin« (der Kleine) Battista Farina (1893-1966) übernahm 1930 die von seinem älteren Bruder Giovanni 1906 gegründeten Stabilimenti Farina in Turin, die bis 1953 existierten. Pinin Farina baute 1947 seine eigene Karosseriefirma auf; 1966 übernahmen sein Sohn Sergio und sein Schwiegersohn Renzo Carli das Geschäft (→Pininfarina).

Farman

Französisches Luxusfabrikat (Boulogne, 1919-1931), gegründet von den Brüdern Richard, Henri und Maurice Farman. Vor dem I. Weltkrieg Flugmotoren- und Flugzeugbau, später starkes Engagement im Motorsport. Soweit bekannt, sind nur vier von ca. 120 produzierten Farman noch existent.

Farmerwagen

Von →DKW und →Wanderer benutzter Ausdruck für einen in den 1930er Jahren in geringer Zahl gebauten Kombiwagen, der in die Tropen geliefert wurde.

Faun

Die heute als Nutzfahrzeughersteller weltweit bekannten Faun-Werke in Nürnberg bauten 1924-1926 eine Reihe von Personenwagen mit 1,4- und 1,6-Liter-Motor. Die Produktion von Nutzfahrzeugen hatte 1918 begonnen; in den 1930er Jahren kamen auch Motoren von →Maybach zum Einbau.

Faux-Cabriolet

Als Faux-Cabriolet bezeichnet man eine Aufbauform, die ein festes Dach aufweist und nur durch applizierte Schmuckbeschläge den Eindruck erweckt, als könne man dies öffnen. Die Dachpartie ist mit Leder, Kunstleder oder Vinyl überzogen, was die Täuschung perfekt macht. Faux-Cabriolets waren in den 1930er Jahren eine Modeerscheinung im Karosseriebau. Aber auch ganz normale Coupés wurden von manchen ihrer Hersteller als Faux-Cabriolets bezeichnet.

Faux-Chassis

Früher verwendete Bezeichnung für einen im Chassis (→Fahrgestell) befestigten Hilfsrahmen für die Aufnahme des Getriebes.

FBW

Die Firma Franz Brozincevic & Co (Wetzikon, 1918-1982) gehörte zu den bekanntesten Nutzfahrzeugherstellern in der Schweiz. Bau schwerer Dreiachser (Omnibusse, Lastwagen). 1982 wurde FBW gemeinsam mit →Saurer von →Daimler-Benz übernommen.

Federbandkupplung

Eine beim →Mercedes von 1901 bis 1912 verwendete Version der Einscheiben-Trockenkupplung, bei der das Zusammenpressen der Kupplungsscheiben unter dem Druck einer Federbandwicklung erfolgte.

Federauge

Bei Blattfedern das gerollte Ende des Hauptfederblattes; es dient zur Aufnahme des Federbolzens und Verankerung der Feder im Federbock.

Federblatt

→Blattfeder.

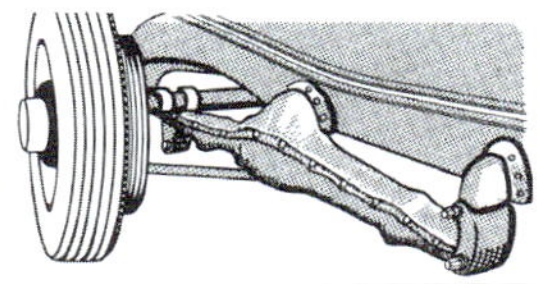

Federgamaschen

Lederhüllen aus Leder, die etwa 1922 als eine Art von Schutzbandage für Blattfedern aufkamen, um diese vor dem Austrocknen (Fett) und dem Durchsetzen mit Sraßenstaub zu schützen.

federndes Rad

Nicht zuletzt wegen der Verknappung der Rohstoffe wie Kautschuk während des I. Weltkrieges verfielen Räderhersteller auf Alternativen zum Luftreifen und boten u.a. Felgen mit einem umlaufenden, mit einer Reihe von Schraubenfedern besetzten Stahlring an. Das »federnde Rad«, so wurde argumentiert, sein pannensicherer als ein Luftreifen. Aber es war im Fahrbetrieb erheblich lauter.

Ferrari

Enzo Ferrari (1889-1988), anfangs Rennfahrer für →Alfa Romeo, war einer der erfolgreichsten Manager der Motorsportszene (Leiter der Scuderia Ferrari, die vor dem II. Weltkrieg den Rennsport für Alfa Romeo organisierte),

Ferrari 195 Berlinetta 1950

Rolls-Royce Faux Cabriolet 1938

bevor er 1940 seinen ersten Rennwagen (Basis →Fiat) unter eigenem Namen an den Start schickte. 1947 erschien der erste, von Ing. Gioacchino Colombo konstruierte V12-Motor; potente Zwölfzylinder wurden zum Markenzeichen Ferraris und gewannen für die Marke mit dem springenden Pferd unzählige Rennen und Meisterschaften. 1969 übernahm →Fiat einen Anteil von 50 Prozent der Firma, 1988 weitere 40 Prozent. Das erste Ferrari-Straßenfahrzeug, das nicht nur für reine Rennzwecke gebaut wurde, war der 250 GT von 1954.

fhc

Im Englischen übliche Abkürzung für fixed-head coupé (Coupé mit festem Dach, im Gegensatz zum drop-head coupé, bei dem sich das Dach versenken lässt = →Cabriolet).

FIA

Fédération Internatonale de l'Automobile mit Sitz in Genf; 1945 hervorgegangen aus der AIACR (Alliance Internationale des Automobile Clubs Reconnus). Zusammenschluss aller nationaler Automobilclubs, die Motorsport betreiben bzw. Rennen ausrichten. Die FIA hat auch eine automobilhistorische Kommission.

Fiat

Die bedeutendste Automobilmarke Italiens (Turin, 1899 bis heute) schrieb sich anfänglich F.I.A.T. (Fabbrica Italiana Automobili Torino) und baute seit Anbeginn ausgezeichnete Sport- und Reisewagen, aber auch erfolgreiche Rennfahrzeuge wie den 18-Liter-Mephistopheles (1908) oder Achtzylinder-Kompressorwagen (1923/24). Mit dem Typ 501 startete Fiat in Europa 1919 die erste Massenproduktion. 1936 Vorstellung des Fiat 500 alias »Topolino« (Mäuschen). Eine ebenso berühmte Baureihe war der 1100, den es in Frankreich wie andere Fiat-Modelle auch als →Simca zu kaufen gab. Viele andere Hersteller wie →Ansaldo, →Ceirano oder →OM wurden von Fiat übernommen, 1969 kam →Lancia und 1986 →Alfa Romeo hinzu. Eine Tochtergesellschaft in Deutschland wurde 1929 gemeinsam mit →NSU gegründet (Sitz Heilbronn). Ab 1934 Bau von NSU-Fiat-Fahrzeugen, die ab 1938 nur mehr Fiat hießen.

Fiat 500 »Topolino« 1949

Fiat 8V Coupé 2 Liter 1952-1964

Figoni & Falaschi

Karosseriehersteller in Paris (Giuseppe Figoni, Ovidio Falaschi), die von 1930 bis 1951 existierten und überwiegens Aufbauten für große Luxusfahrzeuge herstellten.

Fischer Tourenwagen 1913

Fischer

Die von Martin Fischer (1866-1947), Mitbegründer der Firma →Turicum, 1908 bis 1924 in Zürich gebauten Personenwagen hatten →Reibradantrieb; einige Fahrzeuge wiesen →Schieberventilmotoren auf. Fischer entwickelte 1918 für →SIG einen Kleinwagen mit zwei Tandemsitzen, der aber nicht in Produktion ging.

Fissore

Die Brüder Fissore bauten seit 1920 in Turin Karosserien erst für Nutzfahrzeuge, später auch für Personenwagen. Zusammenarbeit u.a. mit →Auto Union, →De Tomaso, →Monteverdi und →Volvo.

FIVA

Abkürzung für Fédération Internationale des Véhicules Anciens mit Sitz in Paris. Internationaler Zusammenschluss aller Dachverbande nationaler Oldtimer-Clubs über deren Verbände (in Deutschland sind dies der Allgemeine Schnaufer-Club e.V. (ASC), der Deutsche Automobil-Veteranenclub e.V. (DAVC) und der Bundesverband deutscher Motorveteranenclubs e..V (→DEUVET, siehe Anhang).

Flachrennen

Früher übliche Bezeichnung für ein nicht auf geschlossenem Kurs abgehaltenes Rennen in der Ebene im Unterschied zu einem Bergrennen.

Flanders 1911

Flanders
Henry ➔Fords Mitarbeiter Walter E. Flanders (1871-1923) machte sich 1908 selbstständig und begann, kleine Autos mit Vierzylindermotoren in eigener Regie herzustellen. Größere Fahrzeuge kamen unter der Bezeichnung EMF auf den Markt; sie stand für Everitt, Metzger und Flanders (Everitt und Metzger waren Flanders Partner). Der Vertrieb erfolgte über die Firma ➔Studebaker und endete 1912, als Studebaker selbst Autos zu bauen begann.

Fließheck

Steyr 1938

Bezeichnung für eine Automobilkarosserie mit einem schräg abfallendem Heck, wie es von den späten 1930er-Jahren an von vielen Herstellern (z.B. von ➔Adler, ➔Hanomag, ➔Steyr, ➔Volkswagen) im Serienbau eingeführt wurde. In erster Linie bei ➔Coupés und Sportlimousinen. Wissenschaftliche Strömungsversuche ergaben jedoch, dass eine »Abrisskante« (➔Kamm-Heck) aerodynamisch vorteilhafter war als ein lang ausladendes Fließheck.

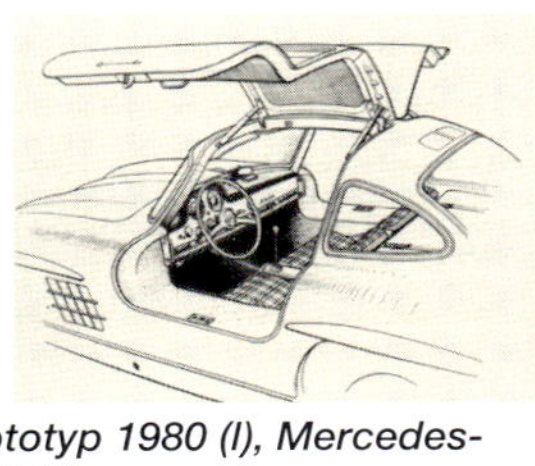
Flügeltürer Aston Martin Prototyp 1980 (l), Mercedes-Benz 300 SL »Gullwing« 1954 (r)

Flügeltürer
Bezeichnung, die in den frühen 1950er Jahren aufkam mit Erscheinen des Mercedes-Benz 300 SL Coupés, dessen Türen nicht an einem der Seitenpfosten, sondern am Dach angelekt waren. Zahlreiche weitere Sportwagenhersteller griffen die Idee auf und bauten (häufig nur als Einzelstücke) Coupés mit Flügeltüren.

Fly-off
Der englische Ausdruck »Fly-off« bezeichnet eine besondere Art der Handbremse, deren Hebel mit einem Druckknopf versehen ist. Durch Niederdrücken fixiert er die angezogene Bremse, während ein leichtes Anheben des Hebels diesen in die Ausgangspostion zurückschnellen lässt (flying off). Man fand diese Art der Handbremse häufig bei Sport- und Rennwagen.

F.N.
Industrieunternehmen in Liège (Lüttich), das 1901 den Vertrieb für ➔De Dion-Bouton in Belgien übernahm und außer Waffen und Motorrädern von 1899 bis 1935 auch Automobile produzierte, erst ➔Voituretten, dann Personen- und Lastwagen. Nach dem II. Weltkrieg Bau von Motorrädern, Armeefahrzeugen und ab 1965 Lizenzherstellung von ➔Rolls-Royce-Strahltriebwerken.

Ford
Die amerikanische Marke Ford (Detroit, 1903 bis heute) wurde durch das vom Oktober 1908 bis Mai 1927 gebaute Model T (»Tin Lizzie«) weltberühmt. Nachfolger war das Model A, das 1932 vom ersten serienmäßig gebauten Ford V8 abgelöst wurde. Die in England gegründete Tochterfirma produziert seit 1911. In Deutschland Montage ab 1925 in Berlin, ab 1931 Pkw- und Lkw-Fertigung in Köln. 1939 wurde das Modell Taunus vorgestellt, das ab 1948 in Köln weitergebaut und 1952 vom »Weltkugel«-Taunus mit Pontonkarosserie abgelöst wurde. Amerikanische Ford-Meilensteine: Thunderbird (1955), Mustang (1967 unter Lee Iacocca eingeführt). 1977 wurde der 100-millionste US-Ford gebaut. Zum Ford-Kon-

Ford Eifel (D) 1937

Ford Zephyr (GB) 1953

FORD-EUROPAMODELLE AUS ENGLAND

Ford Popular (GB) mit dem gleichen 1172-ccm-Motor wie im deutschen Ford Taunus

Die bereits seit 1911 in Großbritannien mit einem Automobilwerk vertretene Ford Motor Company stellte hier bis Anfang der 1930er Jahre ausschließlich baugleiche Fahrzeuge zum amerikanischen Original her, zuerst das in aller Welt so erfolgreiche T-Modell (»Tin Lizzie«), dann den Ford A. Erst im Jahre 1932 präsentierte die britische Ford-Tochter mit ihrem Umzug von Manchester nach Dagenham nordöstlich von London einen Personenwagen eigener Konstruktion. Dies war der Ford Y, von dem es eine identische Ausführung in Deutschland gab. Auch dort stellte der Ford Köln genannte Kleinwagen das erste Auto unter dieser Marke dar, welches nicht auf einer amerikanischen Konstruktion basierte. Anschließend entstanden sowohl in Deutschland als auch in England weitere »Europamodelle« ohne US-Parallele, wenngleich man auch diesseits des Atlantiks verschiedene Ausführungen des großen V8 zu kaufen bekam.
So war auch der 1934 vorgestellte Ford Ten, später Anglia genannt, die britische Urausgabe des in Köln produzierten Ford Eifel, nur blieb das in Dagenham ab 1946 unverändert hergestellte Nachkriegsmodell Popular ohne Gegenstück made in Germany. Vom deutschen »Buckeltaunus« gab es nämlich keine britische Version. Die recht konservativ gehaltenen Karosserielinien des Ford Popular erinnerten noch sehr an den Anglia, mit dem er sich auch den bis 1962 gebauten 1172-ccm-Motor teilte. Der Vierzylinder (63,56 x 92,5 mm) war seitengesteuert und hatte eine Leistung von 30 PS. Den gleichen Motor hatte bereits der Ford Ten gehabt – und der deutsche Ford Taunus sowie dessen Vorgänger Eifel. Antriebs- und Fahrwerkstechnik baugleich zu halten, entsprach Rentabilitätsüberlegungen; erst später gab es auch wieder äußerlich identische »Europamodelle« wie zum Beispiel den Capri oder den Escort. Zumindest aber in der sehr viel einfacheren Ausstattung und in der Frontpartie unterschied sich der Ford Popular von seinen Schwestermodellen Prefect und Anglia, bis Ende 1952 eine neue Fahrzeuggeneration vorgestellt wurde.
Vermutlich hätte Ford Probleme gehabt, den Wagen in dieser Ausführung auf dem deutschen Mark anzubieten: Man hätte den Wagen mit seinem Kühlergrill in Form einer Doppelniere fast für einen BMW halten können. Als man in Köln im Januar 1952 den modern gestylten Ford Taunus zu produzieren begann, blieb allerdings auch der ohne britisches Gegenstück. Die Pontonkarosserien des Prefect und Anglia waren nicht als besonders attraktiv zu bezeichnen, aber sie waren unverwechselbar, und BMW-Linien hatten sie gewiss nicht.

zern gehören seit 1920 →Lincoln, seit 1938 →Mercury, seit 1987 →Aston Martin, seit 1989 →Jaguar, seit 1999 →Volvo sowie →Mazda. Historische Fahrzeuge der Marke Ford sind schon durch die amerikanischen Großserienmodelle T und A zahlenmäßig am weitesten verbreitet.

Ford, Henry

Der Gründer der Ford Motor Company, Sohn irischer Einwanderer, konstruierte 1896 seinen ersten Motorwagen. Ford (1863-1947) war eng mit dem Erfinder Thomas Alva Edison und Henry →Leland befreundet, mit welchem er 1902 seine erste Firma gründete, die Henry Ford Company. Nach der Trennung von Leland, der die Firma übernahm und sie in →Cadillac Automobile Company umbenannte, etablierte sich Ford aufs Neue und schuf die Ford Motor Company. Ford stieg zu einer der berühmtesten Persönlichkeiten der USA auf; schon 1906 produzierte sein Unternehmen so viele Autos wie alle anderen amerikanischen Hersteller zusammen – und das sollte weitere 20 Jahre lang so bleiben.

Framo

Deutsche Kleinwagenmarke (Frankenberg und Hainichen, 1932-1937). Dreirädrige Personen und Lieferwagen mit Motoren von →DKW. 1949-1957 Wiederaufnahme der Produktion mit Dreivierteltonnern (Zweizylinder-Zweitaktmotor), ab 1957 als →Barkas vermarktet.

Franklin V12 1933

Franklin

Amerikanische Automobilmarke (Syracuse, 1902-1934), die sich durch drei Besonderheiten auszeichnete: Konsequente Verwendung luftgekühlter Motoren, Rahmen aus Hartholz statt aus Stahl noch bis 1928, →Vollelliptikfederung bis 1932. Im gleichen Jahr Vorstellung eines V12.

Frazer

Amerikanische Automarke (Willow Run, 1946-1955), benannt nach Joseph W. Frazer, dem Partner des Industriellen Henry J. →Kaiser. Frazer- und Kaiser-Automobile zeichneten sich durch konsequente Pontonform aus, blieben aber in ihren Stückzahlen weit hinter der großen US-Konkurrenz zurück.

Frazer Nash

Captain Archibald Frazer-Nash (1889-1965) baute mit Henry Ronald Godfrey (1887-1968) zunächst das kleine →G.N. Cyclecar, ehe er 1922 in Kingston on Thames, England, eine Automanufaktur eröffnete. Seine Sportwagen hatten als Besonderheit ein Kettengetriebe über der Hinterachse. 1928 erwarb Harold J. Aldington die Firma, übernahm 1934 die →BMW-Generalvertretung (Aldington-Frazer-Nash = A.F.N.) und machte die deutsche Marke in Großbritannien vor allem durch den Sportwagen 328 berühmt, der als Frazer Nash-BMW Furore machte. Nach 1945 Fortsetzung des Sportwagenbaus mit Motoren von →Bristol nach BMW-Baumuster. Die Firma A.F.N. wurde anschließend →Porsche-Importeur.

Mercedes-Benz 1939 mit Karosserie Freestone & Webb

Freestone & Webb

1923 in London gegründete Karosseriefirma, auf Bentley und Rolls-Royce spezialisiert. 1956 Schließung des Betriebs und Übernahme des Werks durch den Londoner Rolls-Royce-Händler H. R. Owen.

Freilauf

Mechanismus zur Unterbrechung des Kraftflusses Motor-Getriebe-Antriebsachse, wenn die Raddrehzahl bei Schubbetrieb größer wird als die Motordrehzahl. Speziell bei Zweitaktern angewendet, um bei Talfahrt den Motor mit Leerlaufdrehzahl arbeiten zu lassen und unzureichende Schmierung (hohe Tourenzahlen bei geringer Gemischzuführung) zu vermeiden.

Friktionsgetriebe

Anderer Ausdruck für →Reibradgetriebe.

Frontantrieb

Den ersten Motorwagen mit angetriebenen Vorderrädern baute Carl Gräf 1898 in Wien (→Gräf & Stift). →Lohner brachte wenig später Elektrowagen mit →Radnabenmotoren heraus, konstruiert von Ferdinand →Porsche, die bei einigen

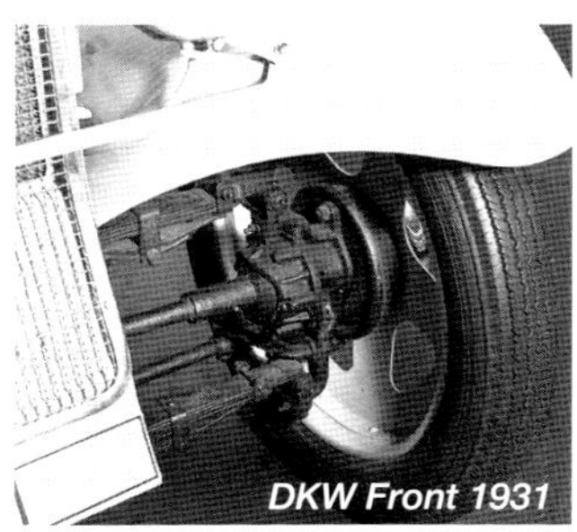

DKW Front 1931

DETAILWISSEN

KLEINWAGEN FRISKY

Serienherstellung des Kleinwagens Frisky in der Motorenfabrik Meadows, Wolverhampton

Die heute kaum mehr bekannte britische Kleinwagenmarke Frisky, bei weitem nicht so populär wie etwa die Isetta oder das Goggomobil, geht auf eine Initiative des Engländers Raymond Flower zurück. Während des Zweiten Weltkrieges war Flower Offizier der Britischen Armee gewesen und hatte sich anschließend nicht nur als erfolgreicher Autor interessanter Bücher, sondern auch als beratender Ingenieur für die Regierung Ägyptens und als Designer einen Namen gemacht; auch betätigte er sich zuweilen als Renn- und Rallyefahrer. Zu seinen Lieblingsprojekten gehörte in den 1950er Jahren ein Kleinwagen, für den er lange Zeit nach Möglichkeiten einer Realisierung suchte.

Flower fand sie endlich 1957 – leider zu einer Zeit, als die Kleinwagenwelle in Europa schon wieder am Verebben war. Die Motorenfabrik Meadows Ltd. hatte sich bereit erklärt, Flowers »Frisky« in Serie zu bauen.

Flowers Karosserieentwurf war den Meadows-Managern jedoch zu avantgardistisch, weshalb man den Italiener Giovanni Michelotti einschaltete und ihn mit der Schaffung eines ansprechenderen Designs beauftragte. Sein mit großen Fensterflächen und Flügeltüren konzipierter Entwurf ging dennoch nicht in Serie – er wäre zu teuer geworden. So kam es zum Bau einer sehr viel einfacheren Karosserie, die ausgerechnet die Lastwagenfabrik Guy beisteuerte. Guy hatte Kapazitäten frei und richtete eigens für den Frisky eine Abteilung für Kunststoff-Karosseriebau ein. Motorisiert war der kleine Wagen mit einem 325-ccm-Motorradtwin von Villiers.

Der als Cabriolet und als Coupé erhältliche, mit seinem Zweitaktmotor recht laute Frisky war kurz, flachschnauzig und hochbeinig. Sowohl Flower als auch Meadows mussten registrieren, dass niemand dieses Auto liebte und es alles andere als ein Erfolg war. Also suchte man nach neuen Lösungen und verfiel auf die Idee, aus dem Frisky ein Dreirad zu machen, denn für dreirädrige Kleinwagen bezahlte man in Großbritannien nur Steuern wie für Motorräder. Zum Einbau kamen jetzt auch Excelsior-Motoren, wie die von Villiers etwa 15 PS leistend.

Doch auch das dreirädrige Fahrzeug fand nur wenige Käufer. 1960 kam es zu weiteren Modifikationen, die den Wagen aber noch unattraktiver werden ließen. Und als die Firma Meadows an Jaguar verkauft wurde, etablierte sich die Frisky Cars. Ltd. 1963 in Sandwich, Kent, wo nur noch einige wenige Fahrzeuge entstanden, ehe die verlustbringende Produktion endgültig stillgelegt wurde. Flower wandte sich neuen Aufgaben zu, so auch der Herstellung von Autos mit NSU-Motor – in Ägypten.

Frontantrieb NAG 1933

DKW Frontlader 1921

Fahrzeugen in den vordere Rädern, bei anderen in allen vier Rädern saßen, und →Spyker (1904), →Schwenke (1905) sowie →Christie (1905/06) zählen ebenso zu den Frontantriebs-Pionieren. Zu den bekannten Herstellern, die vorderradgetriebene Automobile teils schon früh in Serie herstellen, gehören in erster Linie →DKW, →Stoewer, →Adler und →Audi in Deutschland, →Citroën. →Tracta und →Panhard in Frankreich, →Alvis in England, →Saab in Schweden, →Lancia in Italien, →Cord in den USA. Der Vollständigkeit halber sei erwähnt, dass auch der →Cugnot-Dampfwagen von 1768 ein angetriebenes Vorderrad besaß.

Frontenac
Von Louis →Chevrolet gegründete Automarke (Indianapolis, 1921-1924).

Frontlader
Bezeichnung für ein motorradähnliches Liefer- oder Botenfahrzeug mit einem Kasten für die Ware oder Werkzeug über der Achse der vorderen Räder.

Froschaugen-Sprite
Scherzhafte Bezeichnung für den →Austin-Healey Sprite Mk.I 1959-1961 mit seinen auf der Motorhaube aufgesetzten Scheinwerfern („frog-eye Sprite«).

Frua
Der Italiener Pietro Frua (1913-1983) war als Designer bei Ghia-Aigle (→Ghia) tätig, bevor er sich in Turin 1952 als Karosseriehersteller selbständig machte. Er schuf bemerkenswerte Kreationen z.B. für →Glas, →Renault (Floride, Caravelle), →Maserati, →Monteverdi, →Volvo und viele andere.

Fuldamobil
Deutsche Kleinwagenmarke (Fulda, 1950-1960); Dreiräder mit 250-ccm-Ilo- oder 360-ccm-Sachs-Motor.

Frontlader als ADAC Hilfsdienstfahrzeug 1931

Fußabblendschalter
Das Umschalten von Fern- auf Abblendlicht und umgekehrt erfolgte bei den meisten Personen- und auch Lastwagen vor etwa 1955 durch einen Fußdruckschalter links neben dem Kupplungspedal.

Fußanlasser
Bei zahlreichen Personenwagen der Vorkriegszeit wurde der elektrische Anlasser durch einen mit dem rechten Fuß zu betätigenden Druckschalter im Bodenbrett des Fahrzeugs betätigt.

fwb
Im Englischen übliche Abkürzung für front wheel brakes (Vorderradbremsen).

fwd
Im Englischen übliche Abkürzung sowohl für four wheel drive (Vierradantrieb) als auch für front wheel drive (Vorderradantrieb).

Gabelachse
Bezeichnung für eine starre Vorderachse mit gabelförmigen Ausbildungen an den Enden zur Aufnahme der in Achsschenkeln geführten Räder.

Gabriel-Stoßdämpfer
In Frankreich hergestellte Stoßdämpfer, die einen Federmechanismus mit einem starken Gurt aus Textilgewebe aufwiesen (→Stoßdämpfer).

Gaggenau
In der Süddeutschen Automobilfabrik in Gaggenau/Baden, hervorgegangen aus den Bergmann Industriewerken, 1905-1911 gebauter Vierzylinder mit Königswellen-ohc-Motor. Ab 1907 gehörte die Firma, deren Produkte unter SAF wie unter Gaggenau verkauft wurden, zu →Benz.

Gangloff
Von den Brüdern Gangloff gegründete Karosseriefabrik (Genf, 1903-1933), die aus einer 1830 entstandenen Kutschenmanufaktur hervorgegangen war. Neben Aufbauten für viele prominente Hersteller sind besonders die Coupés und Limousinen auf →Bugatti-Fahrgestellen erwähnenswert.

Ganzstahlkarosserie
Fahrzeugaufbau, der aus gepressten Stahlprofilblechen besteht, die zusammengenietet oder zusammengeschweißt (heute auch geklebt) sind. Die Bezeichnung kam in den 1920er Jahren auf (→Ambi-Budd), als die meisten Karosserien noch Holzgestelle hatten.

Bau von Ganzstahlkarosserien (Chevrolet) 1935

Gardner
Amerikanische Personenwagenmarke (St. Louis, 1919-1931), Motoren von →Lycoming. Vor der Produktionsaufnahme Karosseriebau für →Chevrolet. 1930 Vorstellung eines Frontantriebwagens.

Gardner-Serpollet
→Serpollet.

Gasturbine
Erstmals präsentierte →Rover 1950 nach fünf Jahren Entwicklungsarbeit einen Gasturbinen-Pkw (JET-1) und gründete für dessen Weiterentwicklung eigens eine Firma. Mit Gasturbinenantrieb experimentierten in den 1950er Jahren auch →Chrysler (s. Seite 218) und →Rolls-Royce, gefolgt von →Austin, →BSA/Daimler, →Armstrong Siddeley sowie einer Reihe von Nutzfahrzeugherstellern. Rover baute 1956 einen Turbinenwagen und anschließend vier Turbinen-Rennwagen gemeinsam mit BRM, sie wurden 1963 in Le Mans und auf anderen Rennstrecken (allerdings außer Konkurrenz) eingesetzt. Anfang der 1970er Jahre gab Rover die Entwicklung auf.

GAZ M1 1936

GAZ
Diese sowjetische Automobilmarke (Gorkovskij Avtomobilnij Zawod, Gorki, 1932 bis heute) geht auf eine gemeinsame Gründung mit der →Ford Motor Company zurück, die den Russen eine Nachbaulizenz für das Lkw-Modell AA überließ. Neben Lastwagen und Geländefahrzeugen auch Aufnahme der Pkw-Produktion, ebenfalls nach Ford-Vorbild. Nach dem II. Weltkrieg Herstellung des ZIM und des →Pobieda, des →Wolga und des →ZIL-Tschaika.

Gebläsekühlung
Art der Kühlluftzuführung und -verteilung bei luftgekühlten Motoren (z.B. VW Käfer). Das Gebläse wird vom Motor angetrieben (direkt von der Kurbelwelle oder über Keilriemen) und drückt die angesaugte Kühlluft über Kanäle und Leitbleche auf den bzw. die Zylinder

gefedertes Rad
→federndes Rad.

Gegenkolbenmotor
Im Unterschied zum normalen Hubkolbenmotor mit je einem Kolben pro Zylinder arbeiten im Gegenkolbenmotor zwei Kolben in einem Zylinder »gegenläufig« und übertragen den auf sie ausgeübten Druck über ihre Pleuelstangen auf entweder zwei außenliegende Kurbelwellen (Anwendung bei einigen Lkw-Dieselmotoren), oder die

zweiten Kolben besitzen neben dem Pleueln ein Umlenkgestänge auf die Kurbelwelle, z.B. beim →Gobron-Brillié.

General Motors (GM)

Von W. C. →Durant 1908 gegründeter Konzern mit Sitz in Detroit, dem schon vor dem I. Weltkrieg →Buick, →Oldsmobile und →Cadillac angehörten, ehe →Chevrolet und →Pontiac hinzukamen. 1927 übernahm GM die britische Firma →Vauxhall, 1929 Opel, und die 1948 gegründete Firma →Holden war von Anfang an eine GM-Tochter. Nutzfahrzeuge kamen unter der Bezeichnung GMC auf den Markt. Die General-Motors-Gruppe ist mit ihren Marken der umsatzstärkste Automobilhersteller der Welt.

Generator

In der Elektrotechnik Begriff für eine Drehstromlichtmaschine. Auch Kurzform für Holzgas-Generator (→Holzgasanlage).

Genfer Salon

Genf war seit jeher die gegenüber dem Automobil am stärksten aufgeschlossene Stadt der Schweiz und wurde daher auch Standort für die alljährliche Automobilausstellung. Der erste »Genfer Salon« fand 1924 statt; ein Jahr später begann man mit dem Bau eines großes Palais mitten in der Stadt, das seinem Zweck bis 1981 diente und dann von einem Ausstellungskomplex in Flughafennähe (»Palexpo«) abgelöst wurde.

Georges Irat

Französische Automobilmarke (Chatou, Neuilly, Levallois-Perret,1921-1949), unter der vorwiegend Sportwagen gebaut wurden, teils mit Frontantrieb und Motoren vom →Citroën 11 CV. 1946 bis 1960 erfolgte bei Georges Irat die Herstellung von Industriemotoren unter der Bezeichnung DOC.

Georges Richard

Die seit 1850 bestehende französische Firma Georges Richard begann 1897 mit dem Motorwagenherstellung nach Vorbild Benz; 1901 mit →Brasier vereinigt. Die Marke Georges Richard wurde anschließend unter Brasier weitergeführt.

Georges Roy

Französische Automobilmarke (Bordeaux, 1906-1929), unter der Personen- und leichte Lastwagen überwiegend regional verkauft wurden.

gemischtes System

Bezeichnung für einen kombinierten Benzin-Elektroantrieb bei Kraftfahrzeugen (Verbrennungsmotor als Kraftquelle und elektrischer Kraftübertragung (→Mixte).

Gepäckbrücke

Weil die Autos bis in die späten 1930er Jahre hinein in der Regel keinen Kofferraum aufwiesen, stattete man sie für die Mitnahme von Reisegepäck mit einer so genannten Koffer- oder auch Gepäckbrücke aus, ein Gestell, das auf der hinteren Stoßstange oder auf den Rahmenausläufern befestigt war und sich bei Nichtgebrauch wegklappen ließ. Für die Gepäckbrücke gab es spezielle Behälter, in die auf Maß angefertigte Koffer passten.

Gepäckmitnahme

Ein für die Aufnahme von Reisegepäck vorgesehenes Abteil im Automobil war noch in den 1920er Jahren selten zu finden; es gab allenfalls eine →Gepäckbrücke am Heck oder einen der Fahrzeugform mehr oder weniger angepassten →Außenkoffer. Schon früh entschied man sich daher für die Unterbringung von Gepäck auf dem Wagendach (wie bei der Postkutsche). Ein Behelf, der teils zum Stilmittel wurde, war die Mitnahme von Gepäck auf dem →Trittbrett, wofür die Zubehörindustrie bzw. die Karosseriehersteller besondere Koffer anboten.

Gepäckmitnahme: 1 Mathis 1931; 2 Mercedes-Benz 1928; 3. Mercedes-Benz 1926; 4 Dixi T 20 Limousine1914

Fahrzeugkonzepte wie z.B. das des →Volkswagens mit Heckmotor oder auch Kleinwagen warfen die Frage nach der Gepäckunterbringung erneut auf; Handgepäck dort unterzubringen, wo sich der Benzintank und das Reserverad befanden, war eine Notlösung – aber akzeptiert von Millionen von Kleinwagen- und VW-Fahrern. Nachträglich zu montierende Dachträger kamen in diesem Zusammenhang erneut in Mode

Gepäckbrücke (Mercedes-Benz 1932)

gerade verzahntes Getriebe

Verzahnung von Getriebezahnrädern, bei der die Zähne in Achsrichtung des Zahnrades (und nicht in einem Winkel hierzu) liegen.

Germain

Belgische Automobilmarke (Monceau, 1898-1914), eine der ältesten des Landes und anfänglich eine Waggonfabrik. Die ersten Automobile hatten einen →Daimler-Lizenzmotor und Ketteantrieb. Es gab kreisrunde Kühler wie beim →Spyker oder →Delaunay-Belleville.

Geschwindigkeitsmesser

Das früher als Geschwindigkeitsmesser bezeichnete Tachometer wurde meist mechanisch über eine flexible Welle angetrieben, bevor magnet-elektrische Systeme zur Anwendung kamen.

Gestängebremse

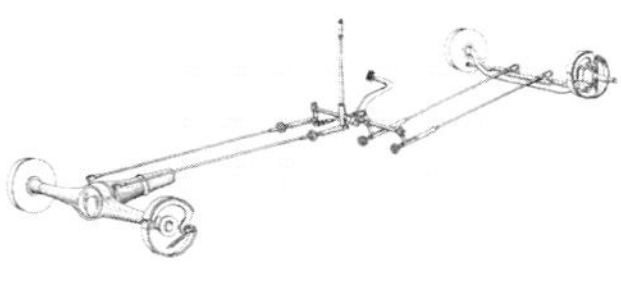

Mechanische Bremse, bei welcher der Bremsdruck über ein Gestänge bzw. ein System von Gestängen auf die Bremsbacken der Räder übertragen wird. Die Gestängebremse bedingt wie die ebenfalls mechanische Seilzugbremse regelmäßiges Nachstellen an hierfür vorgesehenen Gewindestücken und erfordert im Vergleich zur hydraulisch wirkenden Bremse einen relativ hohen Kraftaufwand bei der Betätigung.

Getriebe

Einrichtung zur Weiterleitung von Energie durch mechanische (z.B. Zahnräder) oder teils auch hydraulische Hilfsmittel. Die Regelung der Kraftübertragung – bei einem Automobil vom Motor über eine Trennkupplung auf die Antriebsachse(n) – geschieht durch verschiedene konduktive Glieder, die in ihrer Stellung zueinander unterschiedliche, vom Fahrer steuerbare Übersetzungen des Kraftflusses erlauben. Zahnradgetriebe (verschiebbare Räder durch einen Handhebel) mit mehreren Schaltstufen kennt man im Automobilbau seit 1891 (→Peugeot), vorher gab es im Automobilbau meist Kombinationen aus verschiebbaren Ketten und Riemen, je nach Antriebskonstruktion. →Daimler und →Maybach hatten 1886 ein Stufengetriebe als Schieberadgetriebe konstruiert. Das erste Getriebe mit direkt ausgelegtem obersten (in diesem Fall dritten) Gang brachte →Renault im Jahr 1900 (»prise direct«) heraus.

Getriebebremse

Die Getriebebremse wurde bis in die Vintage-Zeit hinein an vielen Fahrzeugen als Betriebs- oder als Feststellbremse eingebaut. Es war eine Bandbremse (→Außenbandbremse), die wie die →Kardanbremse auf die Getriebe-Hauptwelle wirkte.

Getriebekasten

Die ganz frühen Autogetriebe (vor 1898) waren in der Regel ungekapselt. Erst →Panhard-Levassor führte einen Getriebekasten ein, um die Zahnräder des Wechselgetriebes vor Staub und Schmutz zu schützen und darin den Schmierstoff (Öl) zu sammeln, daher die Bezeichnung boîte (französ.) bzw. gearbox (engl.) für das Getriebe einschließlich Gehäuse als Baueinheit.

Gewindesysteme

International unterscheidet man das metrische Gewindesystem (Abstand und Durchmesser zwischen den Gewinderillen in Millimeter) vom Zoll-Gewindesystem. Beim metrischen Normgewinde weist das Gewindeprofil einen Winkel von 60° an der Spitze auf, beim britischen Whitworth-Zollgewinde (Feingewinde) beträgt er 55°.

Ghia

Die Carrozzeria Ghia in Turin wurde 1915 von Giacinto Ghia (1887-1944) gegründet und avancierte zu einer der bekanntesten Spezialfirmen der Automobilbranche. Unzählige →Alfa-Romeo- und →Lancia-Modelle erhielte ein Kleid von Ghia, und viele Hersteller wie →Volkswagen (Karmann-Ghia), →Chrysler oder →Ford ließen sich von Ghia Serienmodelle entwerfen. Die Besitzverhältnisse bei Ghia waren wechselhaft; so übernahm 1963 nach dem Tod des Firmenchefs Luigi Segre drei Viertel der Firmenanteile der Sohn des kubanischen Diktators Trujillo.
Er verkaufte seinen Anteil an den amerikanischen Elektrokonzern Rowan, der ihn 1970 wiederum an Ford abgab. 20 Prozent hielt Alejandro de Tomaso, die er 1972 ebenfalls an Ford weiterveräußerte. Mit dem Namen Ghia sind seitdem viele Ford-Sondermodelle versehen.

Ghia Serenissima 1970

Ghia-Aigle

1948 bis 1988 gab es in der Schweiz eine →Ghia-Tochtergesellschaft namens Ghia-Aigle, die ebenfalls Karosserien herstellte; dort arbeitete Pietro →Frua, bevor er sich als Designer selbständig machte.

Giacosa, Dante

Als einer der bedeutendsten Konstrukteure für →Fiat gehörte Dante Giacosa (1905-1996) zu den einflussreichsten Männern des Turiner Unternehmens. Er bestimmte weitgehend die Modellpolitik in den 1930er bis zu den 1970er Jahren und war konstruktiv federführend bei allen wesentlichen Baureihen aus dem Fiat-Konzern jener Epoche.

DETAILWISSEN

GHIA-KAROSSERIEN

Bei Ghia in Turin 1973-74 entstandener Elektro-Stadtwagen für Rowan (Ford USA)

Die Pressemeldung Anfang des Jahres 2001, wonach die traditionsreiche Firma Ghia in Turin nur noch pro forma bestehe und nicht mehr als drei Mitarbeiter beschäftige, stimmte Kenner der italienischen Automobilgeschichte nachdenklich. Die Carrozzeria Ghia war Anfang der 1920er Jahre von Giacinto Ghia gegründet worden und hatte sich durch hervorragende Kreationen einen guten Namen gemacht. Es entstanden stilistisch vollendete Karosserien auf Basis Alfa Romeo, Fiat, Ferrari, Lancia, und nicht zuletzt war unter der Leitung von Luigi Segre jener berühmte VW Karmann-Ghia entwickelt worden, der den Namen der italienischen Firma auch in Deutschland berühmt machte.

Als Automobilmarke tauchte der Name Ghia zum ersten Mal im Jahre 1960 auf. Damals hatte der Ghia L 6.4 als Luxuscoupé mit Chrysler-V8-Motor für Aufsehen gesorgt. Es folgten zwei Coupés in Abwandlung des Fiat 2300 S auf dem Turiner Salon 1962, und der zweitürige Giardiniera Club stellte das erste Kombi-Coupé mit großer Heckklappe dar, ein Meilenstein im Automobildesign.

Der Ghia 230 S alias Fiat 2300 S hatte einen um 61 cm kürzeren Radstand als das Original, wirkte daher etwas gedrungener und war, weil sehr viel Aluminium im Karosseriebau Verwendung gefunden hatte, auch leichter und schneller. Zahlreiche interessante Einzelstücke entstanden bei Ghia im Auftrag von Firmen und Autohändlern für prominente Kunden. 1966 vereinigte sich Ghia mit seinem Konkurrenten Vignale.

Weitere originelle Schöpfungen folgten, so der aufregende Ghia 450 SS, doch blieben weitere geschäftliche Erfolge aus. 1965 bis 1969 arbeitete Giugiaro bei Ghia als Chefkonstrukteur.

1967 übernahmen der amerikanische Elektronik-Konzern Rowan Industries Inc. die angeschlagene Firma, gab aber bald danach 80 Prozent an Ford in USA und 20 Prozent an Alejandro de Tomaso weiter. 1972 veräußerte de Tomaso seinen Anteil ebenfalls an Ford, seither trugen viele Designstudien die Zusatzbezeichnung »Design by Ghia« – eine Auszeichnung, die in der Branche einen guten Klang hatte. Doch mit dem Einrichten neuer Designstudios in Kalifornien, ein Trend, dem fast sämtliche Automobilhersteller folgten, verlor die Carrozzeria Ghia in Turin immer weiter an Bedeutung. Das letzte, unter Filippo Sapino für Ford tätige Designerteam verließ das Turiner Haus im März 2001, um die Räume einer Computerfirma zu überlassen.

Giacosa-Prinzip
Nach dem italienischen Ingenieur Dante →Giacosa benanntes Bauprinzip für einen quer eingebauten Frontmotor, bei welchem ein nicht mittig angeordneter Abtrieb zu den angetriebenen Vorderrädern durch ungleich lange Wellen erfolgt, die dennoch gleiche Massen aufweisen (erstmals angewendet beim Autobianchi Primula).

Gillet-Forrest
Französische Automobilmarke (St. Cloud, 1900-1907); die Fahrzeuge hatten zunächst Zweizylinder-, später Vierzylindermotoren. Es gab auch 3-t-Lastweagen sowie versuchsweise Fahrzeuge mit Einzylindermotor und Verdampfungskühlung.

Ginetta
Britische Sportwagenmarke, 1957 in Woolbridge gegründet, anfänglich Herstellung von Baukastenautos (Kit Cars). Bis heute mehrfacher Besitzerwechsel.

Gitterrohrrahmen

Spezialrahmen aus relaiv dünnen, miteinander verschweißten Stahlrohren, meist für Sport- oder Rennwagen. Seine Vorteile: Er hat ein geringes Gewicht, ist besonders verwindungsfest, nur Zug- oder Druckkräften ausgesetzt und unterliegt keinen extremen Biegebeanspruchungen.

Gladiator
Französische, von Alexandre →Darracq 1891 gegründete Fahrradfabrik in Pré St. Gervais, die 1896 in Zusammenarbeit mit Adolphe Clément (→Clément-Bayard) Motorfahrzeuge zu bauen begann. 1909 Umzug zu →Vinot-Deguingand. Gladiator-Automobile gab es bis 1920.

Gläser
Die seit 1864 in Dresden ansässige Firma Gläser wechselte 1902 vom Kutschen- zum Karosseriebau für Automobile und avancierte zu einer der bedeutendsten Firmen der Branche in Deutschland. Zahlreiche im sächsischen Industrieraum hergestellte Autos (→Horch, →Wanderer, →Audi u.a.) bekamen Gläser-Aufbauten.

Gläser Karosserie (Ford 1938)

Glas
Als Automobilhersteller existierte die traditionsreiche Isaria Landmaschinenfabrik Hans Glas in Dingolfing von 1955 bis 1967 (Übernahme durch →BMW). Herstellung des Goggo-Motorrollers, des Goggomobils (280.000 Stück) und anderer Modelle, die eine hohe Reputation genossen. Den Betrieb in Dingolfing hat BMW zu einem besonders effizienten Werk ausgebaut.

Gleitschutzdecke
Anderer Ausdruck für → Gleitschutzreifen.

Gleitschutzreifen
Luftreifen mit breitköpfigen Stahlnägeln oder Lederstollen, die man vor dem I. Weltkrieg verwendete, als viele Autoreifen noch kein Profil aufwiesen. Gleitschutzreifen waren auf unbefestigten Straßen griffiger. Als aufmontierbaren Gleitschutz für das Fahren im Winter stellte die Firma RUD 1911 erstmals eine Schneekette vor.

Glührohrzündung

Bevor sich die Batterie- oder Magnetzündung durchsetzte, versahen Automobilhersteller wie →Daimler, →Panhard und →Peugeot ihre Motoren mit Glührohrzündung. Hierbei wurde durch einen Öl- oder Spiritusbrenner ein Platinröhrchen zum Glühen gebracht, das in den Verbrennungsraum des Zylinders ragte und das zugeführte Gasgemisch zum Zünden brachte. Der nicht präzise einstellbare Zündzeitpunkt sowie die Gefahr, dass die Flamme des Brenners leicht erlosch (Wind, Regen) waren erhebliche Nachteile.

GMC
→General Motors.

G.N.
Von den Engländern H. R. Godfrey und Archibald →Frazer-Nash 1910 in Hendon gegründete Automarke, unter der bis 1925 →Cyclecars gebaut wurden. Godfrey gründete später →HRG, Frazer-Nash machte sich als Automobilhersteller unter eigenem Namen ebenfalls selbständig.

Gobron
Nach seiner Trennung von Eugène Brillié (→Gobron-Brillié) begann Gustave Gobron Automobile in eigener Regie zu bauen (Levallois-Perret, 1919-1930), die teilweise nach dem Brillié-Gegenkolbenprinzip arbeiteten, Es gab Versuche mit →Drehschiebermotoren. Gobron stellte

DETAILWISSEN

SPORTWAGEN G.M.

Gendron und Bossoutrot in einem G.M. Rennwagen von 1926

Die beiden Buchstaben G und M stehen hier nicht etwa für General Motors, sondern für Gendron Mécanique. Diese Firma domizilierte 1924 bis 1928 im Pariser 17. Arrondissement und baute leichte Sportwagen mit CIME-Motoren von 1100 und 1496 ccm Hubraum. Das Auto war hauptsächlich für den Sporteinsatz gedacht. Seit jeher galten Langstrecken-Wettbewerbe als automobilistische Prüfungen ersten Ranges, vor allem in Frankreich, dem Geburtsland des Motorsports. Die schon vor dem Jahre 1900 ausgetragenen Rennen von Paris zu anderen, weit entfernt liegenden Städten sorgten nicht nur für Schlagzeilen in der Tagespresse, sondern führten zu ständigen technischen Verbesserungen an den Fahrzeugkonstruktionen. Erst 1907 begann man, Wettbewerbe aus Sicherheitsgründen auf abgesperrten Rundstrekken – zunächst waren dies Radrennstadien – zu veranstalten und eigens für Autorennen konzipierte Kurse, wie etwa den Brooklands-Ring, zu bauen.
Die Überlandrennen wurden dennoch fortgesetzt und fanden ihre Höhepunkte in der Targa Florio, der Carrera Panamericana und der Mille Miglia. Unendlich viele Wettbewerbe dieser Art gab es vor allem in den zwanziger Jahren, als der Autobau einen bestimmten Reifegrad erfahren hatte, die Zündsysteme und ihre Komponenten zuverlässiger, die Motoren haltbarer und die Reifen pannensicherer geworden waren.
1925 absolvierte die Marke G.M. ihren ersten öffentlichen Auftritt, und zwar beim 24-Stunden-Rennen von Le Mans, als zwei 1496-ccm-Zweisitzer an den Start gingen, pilotiert von den Mannschaften Gendron/Bossoutrot und Drancé/Michelot. In Le Mans hatte es seit 1920 regelmäßig Straßenrennen gegeben; die berühmte 24-Stunden-Prüfung war vom Automobile Club de l'Ouest, noch heute Ausrichter der »Vingt-quatre Heures du Mans«, erstmals 1923 ausgeschrieben worden. Die großen Fahrzeuge mussten serienmäßig ausgestattete Viersitzer sein, die kleinen wie den G.M. ließ man auch in zweisitziger Version zu.
Gegen die übermächtige Konkurrenz von Seiten Amilcar, Bentley, Chénard-Walcker, Chrysler, Diatto, La Lorraine, OM, Sunbeam und vielen anderen vermochten Drancé und Michelot ihren Wagen an 15. Stelle durchs Ziel zu fahren. Von 49 Wagen waren 33 ausgefallen – auch der von Gendron/Bossoutrot – oder hatten die nach dem Reglement geforderte Minimaldistanz von 20 Runden nicht zurückgelegt.
Diese Leistung des kleinen G.M., der 24 Stunden lang mit immerhin 72 km/h Schnitt (die Sieger Roussignol/de Courcelles auf La Lorraine hatten 93 km/h erzielt) seine 100 Runden gedreht hatte, war sicher hoch zu bewerten, dennoch trug sie zum kommerziellen Erfolg des kleinen Unternehmens kaum bei. Eine knapp zwölf Monate später erfolgte Beteiligung am Rennen von Paris zu den Pyrenäen und zurück blieb nur wenig beachtet, ein weiterer Le-Mans-Auftritt fand nicht mehr statt.
Das Foto zeigt den G.M. in der 1926er Rennausführung mit Rudge-Speichenrädern. Auf dem zylindrischen Stab hinter den zwei Sitzen wurden zwei Reserveräder gesteckt; die Kiste auf der Plattform enthielt Werkzeug und Ersatzteile. Am Steuer sitzt der Firmeninhaber Gendron. Die nur andeutungsweise vorhandenen Kotflügel genügten dem Reglement.

Gobron-Brillié 1911

zunächst Fahrzeuge mit Sechszylindermotoren über 7 Liter her, erst ab 1925 auch kleinere, die zumeist mit Kompressoren von →Cozette versehen waren.

Gobron-Brillié

Die Société des Moteurs Gobron-Brillié (Boulogne-sur-Seine, 1898-1918) stellte große, teure Tourenwagen her. Eugène Brilliés Erfindung, in zwei Zylindern vier paarweise gegenläufig arbeitende Kolben (→Gegenkolbenmotor) arbeiten zu lassen, vermochte sich nicht durchzusetzen, so dass man 1904 zu konventionellen Zwei- und Vierzylindern überging, die wahlweise mit Batterie-, Magnet- oder Glührohrzündung zu bekommen waren. Ein 1907 präsentierter Sechszylinder hatte 11,4 Liter Hubraum; mit solchen Motoren bestückte Fahrzeuge dienten auch als Feuerwehrwagen.

Gockerell

1924 baute der Münchner Ingenieur Friedrich Gockerell (der sich auch Cockerell schrieb) einen kleinen Sportwagen mit 800-ccm-Motor. Bekannter wurde er durch seine Motorräder, die es bis 1928 gab.

Goggomobil

Modellbezeichnung für einen bei →Glas hergestellten Kleinwagen (1955 bis 1969) mit Zweizylinder-Zweitaktmotor im Heck. Es gab eine Limousinen-, eine Coupé- und eine Lieferwagenversion (250, 300 und 400 ccm). Insgesamt wurden 281.000 Stück gebaut.

Golf compartment

In amerikanischen Luxussportwagen gab es unterhalb des →rumble seat mitunter ein separates Abteil für die Unterbringung der Golfausrüstung. Das »golf compartment« war eine Art Statussymbol auch bei Autos, deren Besitzer keine Golfspieler waren.

Goliath

Der von Carl F. W. →Borgward produzierte Goliath (Bremen, 1931-1961) war zunächst ein kleiner, dreirädriger

Gockerell 1924

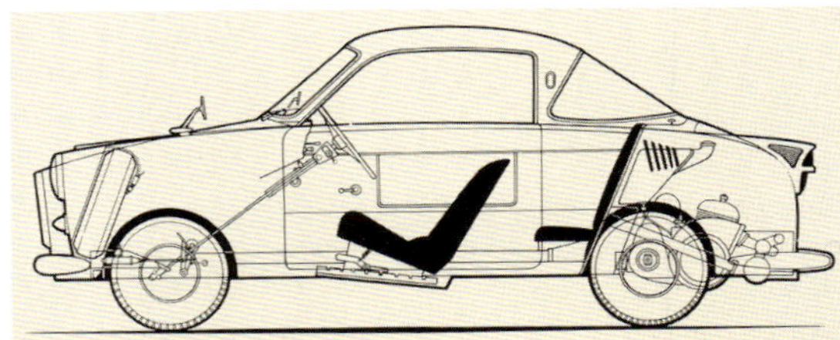
Goggomobil Coupe 1957

Goliath F200 1933

Lieferwagen, den es auch als zweisitzigen Personenwagen (Goliath Pionier) mit 200-ccm-Motor gab. Goliath-Dreiradlieferwagen wurden unter der Bezeichnung Goli – jetzt mit Frontmotor – auch nach dem II. Weltkrieg gebaut und unterschieden sich von ihren →Tempo-Konkurrenten mit angetriebenem Vorderrad durch Hinterachsantrieb per Kardanwelle. Ab 1950 Bau von Goliath-Personenwagen mit Pontonkarosserie zunächst mit Zweizylinder-Zweitaktmotor, auch mit Einspritzung; ab 1957 Boxer-Viertakter. Ab 1958 wurden diese Autos unter der Marke →Hansa verkauft.

Gordini

Der aus Italien stammende Rennfahrer Amadeo (Amedée) Gordini (1988-1970) hatte in Frankreich bereits in den 1920er Jahren einen Namen als Spezialist für den Umbau von →Fiat- und später Simca-Fahrzeugen. 1951 begann er mit dem Bau kompletter Rennwagen, die teils sehr erfolgreich waren. 1957 löste Gordini seine Firma auf und arbeitete anschließend für →Renault, wo er als

Gordon-Bennett-Rennen 1903 (Jenatzy auf Mercedes)

Grade 1922

Haustuner arbeitete und für die Konstruktion zahlreicher Wettbewerbswagen verantwortlich war. Er schuf auch sportliche Serienwagen, die nach ihm benannt wurden wie zum Beispiel den Dauphine Gordini.

Gordon-Bennett-Rennen

Der Amerikaner Gordon Bennett, Verleger des New York Herald, sponserte von 1900 bis 1905 eine Reihe großer Motorsport-Wettbewerbe mit Startort Paris, die seinen Namen trugen. An den Rennen durften maximal je drei Wagen pro Nation teilnehmen, und alle Bauteile mussten aus dem Land stammen, für das sie starteten. Der Automobilclub des Landes, dem der jeweilige Sieger angehört, hatte den nächstjährigen Wettbewerb auszurichten. 1900 führte das Rennen von Paris nach Lyon, 1901 von Paris nach Bordeaux, 1902 von Paris nach Innsbruck. Erstmals auf einem Straßenrundkurs fuhr man 1903 in Irland, 1904 in den Taunusbergen bei Frankfurt am Main, 1905 auf einem Kurs in der Auvergne/Frankreich. Weitere Autorennen um den Gordon-Bennett-Pokal wurden nicht ausgeschrieben, weil der Automobile Club de France 1906 mit seiner →Grand-Prix-Rennserie startete.

Graber

Hermann Graber in der Schweiz (Wichtrach, 1925-1970) zählt zu den bedeutenden Karossiers seines Landes. Er stellte zunächst Aufbauten nach dem →Weymann-Prinzip her, kleidete dann französische, amerikanische und deutsche Chassis ein und machte sich einen Namen für seine besonders eleganten Aufbauten. Nach dem II. Weltkrieg entstanden hochwertige Cabriolets und Coupés auf Basis →Alfa-Romeo, →Bentley, →Delahaye, →Talbot-Lago und schließlich →Alvis. Die Graber-Alvis von 1950 bis 1967 gehörten zu den exklusivsten Cabrios, Coupés und Sportlimousinen ihrer Zeit.

Grade

Der deutsche Flugpionier Hans Grade baute in Bork (Mark Brandenburg) 1921-1926 Kleinwagen mit selbsttragendem Aufbau in Bootsform und Motoren eigener Konstruktion.

Grand Tourisme

Französische Schreibweise des Begriffs →Gran Turismo.

Graber Bentley R-Type 1953

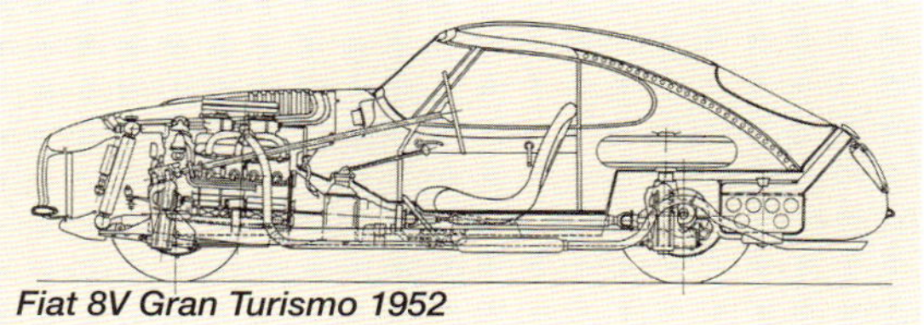

Fiat 8V Gran Turismo 1952

Gran Turismo

International übliche Bezeichnung für Hochleistungs-Sportcoupés (aus dem Italienischen), abgekürzt GT, als Kategorie im Motorsport nach bestimmten Kriterien definiert. Viele Hersteller favorisieren »GT« als Zusatz zur Modellbezeichnung bei Sportwagen (z.B. Peerless GT, Opel GT).

Grand Tourer

Amerikanische Version des Begriffs →Gran Turismo oder Grand Tourisme.

Gräf & Stift

Karl Gräf hatte bereits ab 1895 einzelne Motorwagen gebaut (unter anderem einen Wagen mit →Frontantrieb), ehe er mit seinen Brüdern Franz und Heinrich sowie Wilhelm Stift eine Automobilfabrik (Wien, 1907-1980) gründete. Die qualitativ ausgezeichneten Wagen galten als die besten österreichischer Herkunft. 1909 nahm man auch die Nutzfahrzeugproduktion auf. 1934-1936 Lizenzfertigung des →Citroën 11 CV, 1937-37 des →Ford V8 (Gräfford). Nach 1945 nur mehr Nutzfahrzeugproduktion; 1970 Fusion mit →ÖAF und zugleich Aufgabe des Markennamens.

DETAILWISSEN

GORDON-BENNETT-RENNEN

Sidney Girling am Steuer eines Wolseley beim Gordon-Bennett-Rennen 1904

Die nach ihrem Initiator James Gordon Bennett, dem Verleger des »New York Herald«, benannten und von 1900 bis 1905 ausgetragenen Rennen waren die ersten, die in fortlaufender Serie gefahren wurden und Teilnehmern aus allen Ländern offenstanden. Der Pokal, den es in jedem Jahr zu gewinnen gab, wurde jedoch nicht einem einzelnen Sieger zuerkannt, sondern war ein Teampreis. Nationale Automobilclubs hatten je ein aus drei nicht unbedingt identischen Fahrzeugen bestehendes Team zu melden, wobei gewährleistet sein musste, dass alle Fahrzeuge und ihre Komponenten zu einhundert Prozent aus landeseigener Fertigung stammten. Die Verwendung französischer Reifen beispielsweise führten 1901 zum Ausschluss des britischen Napier... Geschickt stellten es die Deutschen an, um 1904 und 1905 mit sechs identischen Wagen anzutreten, von denen je drei als Daimler (aus Stuttgart) und drei als Austro-Daimler (aus Wien) an den Start gingen. Ab 1903 wurden auch nationale Rennfarben eingeführt, zum Beispiel Weiß für Deutschland, Blau für Frankreich, Grün für England, Schwarz/Gelb für Österreich.

Der obsiegende Club hatte die Verpflichtung und die Ehre, das nächstjährige Rennen auszurichten. 1900 fand es auf einem Straßenkurs in Frankreich statt, doch die Beteiligung in den Jahren 1901 und 1902 war so gering, dass man die Rennen mit anderen Wettbewerben zusammenlegte. Offenbar stellten die Teilnahmebedingungen für viele eine große Hürde dar. So hatten für 1901 nur Franzosen und Engländer je eine Mannschaft gemeldet, deshalb war das Rennen um den Gordon-Bennett-Cup ein Teil der Fernfahrt Paris-Bordeaux, und als 1902 nur die Briten ein Team zusammenbekamen, integrierte man das Rennen in den berühmten Marathon von Paris nach Wien. Die Briten mit dem Sieger S.F. Edge auf Napier (dessen Auto jetzt mit britischen Reifen bestückt war) gewannen den Cup, so dass England 1903 an der Reihe war – wo Rennen auf öffentlichen Straßen aber verboten waren, weshalb man nach Irland ausweichen musste. Hier hatten sich endlich sehr viel mehr Teams eingefunden; der Sieger hieß Jenatzy auf Mercedes. Zwar war der Fahrer belgischer Nationalität, was mit den Reglements jedoch vereinbar war.

1904 trug man das Gordon-Bennett-Rennen in der Mercedes-Heimat Deutschland aus. Das Foto zeigt den Engländer Sidney Girling am Steuer seines Wolseley, mit dem er am Rennen teilnahm; es fand in den Taunusbergen bei Frankfurt statt. Start und Ziel waren in Bad Homburg. Den auch als »Kaiserpreis-Rennen« in die Geschichte eingegangenen Wettbewerb gewann der Franzose Théry auf einem Richard-Brasier vor Jenatzy auf Mercedes; Carl Jörns erhielt einen Pokal als bester deutscher Teilnehmer. 1905 waren die Franzosen wieder an der Reihe, das Gordon-Bennett-Rennen auszurichten. Es sollte das letzte Rennen dieser Serie sein, denn ab 1906 wurde zum ersten Mal ein Grand-Prix-Rennen ausgeschrieben.

Einen Gordon-Bennett-Cup gab es künftighin dennoch: Um ihn bewarben sich nun Ballonfahrer.

Graham-Paige
Die 1908 in Detroit gegründete →Paige Detroit Motor Company wurde nach dem Erwerb durch die Brüder Graham von 1927 bis 1941 als Graham-Paige weitergeführt. Sechs- und Achtzylinder fortschrittlicher Konstruktion, 1946 Übernahme durch →Kaiser.

Grand Prix
In den frühen Jahren des Motorsports waren es nationale Clubs und Verbände, die Ausschreibungen zu großen und kleinen Wettbewerben herausgaben und auf rege Beteiligung hofften. Wohlklingende Titel, attraktive Geldpreise und prächtige Pokale sorgten dann auch meist für nicht zu knapp besetzte Starterfelder. Sowohl Werksmannschaften als auch Privatfahrer, die sich den Motorsport als Hobby leisten konnten, nahmen an den unterschiedlichsten Veranstaltungen teil. Einen ersten Grand Prix für Motorfahrzeuge – Wettbewerbe um einen »Großen Preis« meist in Gestalt eines Pokals hatte es bisher nur bei Pferderennen gegeben – schrieb 1906 der Automobile Club de France (ACF) aus; er fand auf einem Dreieckskurs bei Le Mans statt und wurde im Auftrag des ACF vom Automobile Club de l'Ouest ausgerichtet, der später auch alle →Le-Mans-Rennen organisierte. Der GP 1906 wurde in zwei Tagesetappen über eine Distanz von 1236 km gefahren. Rennformel: 1000 kg maximales Chassisgewicht, Höchstverbrauch 30 Liter Kraftstoff pro 100 Kilometer, Mitführen eines Beifahrers. Alles andere war freigestellt. Erst nach dem I. Weltkrieg reglementierte sich der Rennsport sehr viel straffer. Die Association Internationale des Automobile Clubs Reconnus (AIACR, Zusammenschluss anerkannter Automobilclubs, Vorläufer der →FIA) gründete 1922 die internationale Sportkommission CSI, die für Grand-Prix-Rennen neue und weltweit einheitliche Regeln schuf (siehe auch Seite 270: Grand-Prix-Reglements).

Grégoire (I)
Nach Jean-Pierre Grégoire benannte französische Automobilmarke (Poissy, 1903-1924), unter der kleine, aber sehr leistungsfähige Fahrzeuge gebaut wurden.

Grégoire (II)
Jean-Albert Grégoire, vielseitig begabter Ingenieur und Schöpfer des →Tracta, baute 1947 einen Wagen, der fast zu Gänze aus Aluminium bestand. Grégoire war für →Hotchkiss (Hotchkiss-Grégoire 1951) und andere Un-

Grofri mit Kompressor 1926

Erste Grand-Prix-Rennen (Formel 1)

Rennen	erstmals ausgetragen	Sieger	Fahrzeug
Großer Preis des ACF	1906	Ference Szisz	Renault
Großer Preis von Italien	1921	Jules Goux	Ballot
Großer Preis von Spanien	1923	Albert Divo	Sunbeam
Großer Preis von Belgien	1925	Antonio Ascari	Alfa Romeo
Großer Preis von England	1926	Sénéchal/Wagner	Delage
Großer Preis von Deutschland	1926	Rudolf Caracciola	Mercedes-Benz
Großer Preis der Schweiz	1934	Hans Stuck	Auto Union
Großer Preis von Südafrika	1934	Whitney Straight	Maserati
Großer Preis von Monaco	1934	William Williams	Bugatti
Großer Preis der Niederlande	1950	Louis Rosier	Talbot
Großer Preis von Argentinien	1953	Alberto Ascari	Ferrari
Großer Preis von Österreich	1957	Vogel	Porsche
Großer Preis der USA	1959	Bruce McLaren	Cooper
Großer Preis von Mexiko	1962	Jim Clark	Lotus
Großer Preis von Japan	1963	Peter Warr	Lotus
Großer Preis von Kanada	1967	Jack Brabham	Brabham
Großer Preis von Frankreich	1968	Jacky Ickx	Ferrari
Großer Preis von Brasilien	1973	Emerson Fittipaldi	Lotus
Großer Preis von Schweden	1973	Dennis Hulme	McLaren

ternehmen tätig, entwarf 1952 ein Gasturbinenauto und stellte als letztes Werk 1956 einen Kompressor-GT vor, bei →Chapron gebaut wurde.

Grofri
Österreichischer Lizenzbau (Atzgersdorf, 1921-1927) des →Amilcar. Herstellung von 4- und 6-Zylinder-Sport- und Tourenwagen, teils auch mit Kompressor.

G.T.
Abkürzung für den Begriff →Gran Turismo.

Gutbrod
Die Landmaschinenfabrik Wilhelm Gutbrod (Plochingen, Calw, 1949-1954), produzierte nach dem II. Weltkrieg u.a. eine Reihe von Kleinwagen Zweisitzer und kleine Kombiwagen mit 600- bzw. 670-ccm-Zweitaktmotor, letzteren sogar mit Kraftstoffeinspritzung. Gutbrot stellte auch Kleinlastwagen (Atlas 800, 1000) her.

Guy
Britischer Nutzfahrzeughersteller (Wolverhampton, 1914-1975), der schwere drei- und Vierachser baute, 1961 von →Jaguar übernommen und mit der Omnibusfertigung von →Daimler in Coventry vereinigt wurde.

G.W.K.
In England hergestellter Kleinwagen (Beckenham, 1911-1931), der seinen Namen nach den den Firmeninhabern Grice, Wood und Keiller erhielt.

Gwynne
Britischer Automobilhersteller (London, 1922-1929), hervorgegangen aus einer Pumpenfabrik, die später auch Flugmotoren herstellte.

DIE GROSSGLOCKNER-HOCHALPENSTRASSE

Mit einem Steyr 430 über die noch nicht fertiggestellte Großglockner-Hochalpenstraße: Abenteuer pur im Jahre 1934

Am 3. Juni 1924 kamen in Klagenfurt Vertreter der österreichischen Regierung sowie der Landesregierungen von Salzburg und Kärnten zusammen und beriefen einen Ausschuss zum Bau einer Straße über den Großglockner. Neben geopolitischen wurden auch wirtschaftliche Überlegungen angesprochen: die Ankurbelung des Fremdenverkehrs und die Hebung der Zahlungsbilanz. Es blieb zunächst bei diesen von Kärnten initiierten Bemühungen, da sich die Hoffnungen auf einen Völkerbund- oder einen anderen Auslandskredit nicht erfüllten. Denn aus eigenen Mitteln war die Straße nicht zu finanzieren – die Landeskassen gaben's nicht her.

Bei einem zweiten Vorstoß im März 1930 entfaltete sich jedoch eine rege Verhandlungstätigkeit, um diese Fremdenverkehrsattraktion zu verwirklichen. Gerade die sich immer noch verstärkende Rezession bescherte diesen Bemühungen einen Erfolg: Die Regierung sagte – nicht zuletzt in Erwartung einer Verminderung der Arbeitslosigkeit, wie dies beim Bau des Nürburgrings in Deutschland der Fall gewesen war – eine Finanzierung zu.

Der zuvor bereits in Kärnten mit Planungsarbeiten beauftragte Oberbaurat Franz Wallack arbeitete in Salzburg nun das Projekt aus, wobei es nach der ersten Bauetappe erneut zu endlosen, kontrovers geführten Diskussionen kam, diesmal über die Trassierung der Scheitelstrecke, die Wallack als freie Durchzugsstraße über das Hochtor, der Landeshauptmann jedoch als Tunnel unter der Pfandlscharte führen wollte. Solche Streitigkeiten lähmten den Baufortschritt, obwohl unter den Fachleuten Einhelligkeit über die Vorteile der Wallack-Pläne herrschte. Schließlich entschied sich der Verwaltungsrat für den Bau der Hochtor-Linie, und schon am 22. September 1934 fuhren Landeshauptmann Rehrl und Wallack vom Hochmais auf das Fuscher Törl.

Dass die Scheitelstrecke bei dieser offiziellen ersten Überquerung des Tauernmassivs in einem Kraftwagen – es war ein für diesen Zweck speziell »abgemagerter« Steyr 430 mit 2,1-Liter-Motor – an manchen Stellen kaum fertig gestellt war, störte sie nicht. Es war eine sportliche Glanzleistung, ein Jahr vor der Eröffnung der Großglockner-Hochalpenstraße eine solche gewagte Expedition zu absolvieren.

130.000 Besucher im ersten, 150.000 im zweiten Betriebsjahr und nicht zuletzt eine Zahl interessanter Bergrennen in den nachfolgenden Jahren (Großer Bergpreis von Europa) bewiesen nicht nur die Attraktivität der hochalpinen Straße, sondern auch, dass der Großglockner vor allem vom Norden her befahren werden konnte. Er wurde zu einem beliebten Ausflugsziel der Salzburger und Touristen aus aller Welt.

Haftpflichtversicherung
Seit dem 1. April 1910 für Kraftfahrzeuge in Deutschland gesetzlich vorgeschrieben (Gesetz über den Verkehr mit Kraftfahrzeugen).

HAG (I)
Bezeichnung der ersten, 1906-1907 von →Hansa (I) in Varel gebauten Einzylinder-Wagen.

HAG (II)
Markenbezeichnung der Fahrzeuge von der Hessischen Automobil AG (Darmstadt, 1922-1927. Nach Übernahme durch die Firma Gastell im Jahre 1925 wurden sie als HAG-Gastell bezeichnet.

Halbelliptikfeder
Gebräuchlichste Art der →Blattfeder im Automobilbau.

Halbfelge
Bezeichnung für die Hälften der teilbaren Radfelgen, wie man sie früher bei →Wulstreifen verwendete.

Halbkettenfahrzeug
Motorfahrzeug mit Laufketten anstelle der Hinterräder, während die gelenkten Vorderräder konventionell ausgelegt bleiben. Einsatz im Gelände (→Kettenkrad von NSU mit Laufbädern aus Stahl), aber auch auf der Straße (→Kégresse mit Laufkettenbändern aus Gummi).

Half-track
Im Englischen verwendete Bezeichnung für ein →Halbkettenfahrzeug.

Hampton
Britische Automobilmarke (Hampton, Birmingham, Dudbridge; 1911-1933), gegründet von William Paddon, der vorher bei →Arrol-Johnston und →Singer gearbeitet hatte. Hampton-Automobile galten als sehr fortschrittlich, doch die Zahl der produzierten Fahrzeuge blieb mit 1100 relativ klein.

Hancock, Albert John W.
Englischer Konstrukteur, Renn- und Rekordfahrer (1882-1964), der zuerst für Humber, dann für Wolseley und Austin tätig war. Bei der Austin Motor Company war er bis 1946 Chefkonstrukteur.

Handgas
Nicht alle Automobile hatten früher ein Gaspedal zur Betätigung der Vergaser-Drosselklappe, vielmehr gab es hierfür einen verstellbaren Handgashebel am Lenkrad (beim Ford Model T bis 1927). Einen arretierbaren Zugknopf zusätzlich zum Fußpedal gab es bei einigen Autos bis in die 1960er Jahre.

Handstarter
Vor Einführung des →elektrischen Anlassers wurde ein Motor mit der Hand angekurbelt (→Andrehkurbel); es gab auch Federzugsysteme oder Handkurbeln mit einem Winkelgetriebe (z.B. beim →Wartburg 1898-1902).

Handöler
Um den Motor während des Betriebes mit Schmierstoff zu versorgen, musste man vor Einführung der automatisch arbeitenden →Druckumlaufschmierung die nur unzulängliche, durch die Kurbelwelle aktivierte →Tauch- oder Baggerschmierung aus dem Ölreservoir durch eine Reihe von Handpumpen unterstützen. Diese Handöler genannten kleinen Pumpen befanden sich am Armaturenbrett und hatten Schaugläser, an denen sich der Öldurchsatz beobachten ließ. Nach Bedarf – zum Beispiel beim Befahren von Steigungen – ließ sich durch dünne Rohrleitungen zusätzliches Schmieröl an alle Stellen des Motors pumpen.

Mercedes 1904

Hanomag
Die Hannoversche Maschinenbau-AG vorm. Georg Egestorff begann 1905 mit dem Bau von Dampflastwagen und Motorpflügen, bevor sie 1924 auch Automobile herzustellen begann. Erstes Modell war der in 15.000 Exemplaren fabrizierte kleine Einzylinder-Heckmotorwagen 2/10 PS (»Kommissbrot«). Neben Zugmaschinen und Lastwagen baute Hanomag von 1928 bis 1940 etliche Vierzylinder-Personenwagen, ab 1935 auch einen Pkw mit 2-Liter-Dieselmotor. Nach 1945 nur Fortsetzung der Nutzfahrzeugherstellung. 1965 Übernahme des Nutzfahrzeugbaus von →Tempo, 1969 Fusion mit →Henschel.

Hanomag 1938 (l); Hanomag Schlepper 1938 (r)

Hanomag-Henschel
Nach der Vereinigung mit →Henschel im Jahre 1969 trugen die nun gemeinsam von Hanomag und →Henschel hergestellten Erzeugnisse den Doppelnamen, den sie bis Ende 1974 beibehielten. Seit 1971 zu →Daimler-Benz gehörend.

Hansa (I)
Die Hansa Automobilgesellschaft (Varel in Oldenburg, 1906-1914), die später mit →Lloyd fusionierte, stellte solide Mittelklasse-Automobile her. Die ersten, 1906-07 mit einem Einzylindermotor von →De Dion-Bouton versehenen Wagen wurden unter der Bezeichnung HAG verkauft C→Hansa-Lloyd). Hansa Automobile fanden viele Abnehmer auch in Skandinavien und in Russland.

Hansa (II)
Der Unternehmer Carl F. W. Borgward erwarb 1929 →Hans-Lloyd und setzte die Fabrikation in Bremen unter dem Markennamen Hansa fort. Bis 1938 entstanden eine Reihe unterschiedlicher Fahrzeuge, auch Kleinwagen mit 400-ccm-Motor. Ab 1939 erhielten der große Hansa 2,3 Liter den Markennamen →Borgward. 1958 erfuhr der Name Hansa eine Wiederbelebung als Nachfolger des →Goliath; die 1100-ccm-Limousinen rangierten zwischen den kleinen →Lloyd und den größeren →Borgward, bis der Borgward-Konzern 1961 die Produktion einstellen musste.

Hansa-Lloyd
Durch die Fusion der 1906 gegründeten Nordd. Automobil- und Motoren AG (NAMAG), die den →Lloyd herstellte, mit der Hansa Automobil GmbH in Varel (→Hansa I) entstand die Marke Hansa-Lloyd (Bremen, 1929-1931). Das Programm umfasste Vier- und repräsentative Sechszylinder; die kleineren Wagen produzierte man unter Hansa bis 1935 weiterhin in Varel.

Hardtop
Aus dem Amerikanischen stammende Bezeichnung für ein festes, nicht faltbares, sondern als Ganzes abnehmbares Fahrzeugdach (→Verdeck) aus Metall oder Kunststoff. Aufsätze dieser Art gab es schon in den frühen 1920er Jahren als so genannte →»Kombinations-Karosserien« für den Sommer- oder Winterbetrieb (→Wechselkarosserie). Der Begriff Hardtop als Fahrzeuggattung kam in den 1950er Jahren ebenfalls zuerst in den USA auf und bezeichnete einen Zwei- oder Viertürer mit voll versenkbaren Seitenscheiben einschl. ihrer Rahmen, so dass der Eindruck eines Cabrios oder →Tourenwagens mit geschlossenem Verdeck entsteht (Hardtop Coupé, Hardtop Sedan).

Haynes-Apperson, Haynes
Amerikanischer Automobilhersteller (Kokomo, 1897-1925), der vom →Highwheeler mit Einzylinder-Unterflurmotor bis zum großen Rennwagen eine große Palette der unterschiedlichsten Fahrzeuge auf den Markt brachte. Elwood Haynes und Edgar Apperson waren begabte Techniker, zudem leidenschaftliche Rennfahrer. 1899 steuerten sie einen ihrer Motorwagen von Kokomo, Indiana, nach New York (1700 km, 22 km/h Schnitt) – als es über Land noch keine befestigten Straßen gab. 1916 Vorstellung eines V12-Modells. Die Firma musste Anfang 1925 Konkurs anmelden.

Healey
1946 begann der Brite Donald Healey, der schon in den 1930er Jahren ein passionierter Rallyefahrer gewesen war, mit der Herstellung von Sportzweisitzern, die in zahlreichen Wettbewerben erfolgreich waren. Die Donald Healey Motor Car Co. (Warwick, 1946-1954) verkaufte ihre Roadster vornehmlich in die USA, die Motoren bezog man erst von →Riley, dann von der Firma →Austin, die Healey schließlich auch übernahm (→Austin-Healey, →Jensen-Healey).

Hebellenkung

Wartburg 1898

Erst um 1898/99 setzte sich beim Motorwagen (→Bollée, →Panhard) die Lenkradsteuerung durch; vorher befand sich analog zu Dampfwagen und Pferdeomnibussen auf der senkrechten Lenksäule ein rechtwinklig aufgesetzter Lenkhebel mit Handgriffen, seltener mit einem Kurbelrad. Einige Dreiradwagen wiesen auch eine lange, gebogene Stange auf, mit der das Fahrzeug gelenkt wurde. Beim →Lanchester gab es eine Hebellenkung, die vom rechten Fahrersitz zu betätigen war, noch bis 1911.

Hebelstoßdämpfer
Beim früher häufig verwendeten Hebelstoßdämpfer strömt beim Einfedern Öl durch ein Ventil vom Nieder- in den Hochdruckraum, beim Ausfedern in umgekehrter Richtung. Durch eine relativ enge Durchflussöffnung im Hochdruckventil kann das Öl nur langam entweichen, daher bremst es die Rückwärtsbewegung ab und bewirkt somit die Dämpferwirkung.

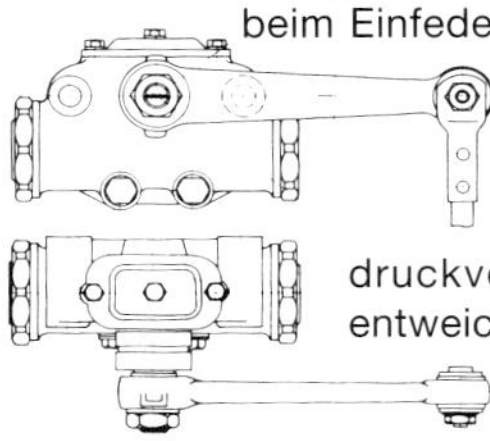

Hebmüller
Die Wagenbaufirma Hebmüller im 19. Jahrhundert in Wuppertal-Barmen gegründet, begann 1919 mit dem Karosseriebau und schuf bis 1952 viele bemerkenswerte Aufbauten auf Fahrgestellen u.a. von →DKW, →Hanomag, →Ford und →Opel. Vor allem wurde Hebmüller durch das zweisitzige VW-Cabriolet bekannt (→Volkswagen), das 1949 700 mal gebaut wurde, bevor ein Feuer die Werksanlagen zerstörte.

Hebmüller VW Cabriolet 1949

Heckfenster
Dem Heckfenster maß man im Automobilbau früher aus verschiedenen Gründen wenig Bedeutung bei. Zum einen war bei der herrschenden geringen Verkehrsdichte der Sicherheitsaspekt (Blick in den Innenspiegel) wenig

DETAILWISSEN

DAS AMERIKANISCHE HARDTOP

Oldsmobile 98 V8 Hardtop 1952

In den frühen 1920er Jahren war im Angebot eines Automobilherstellers der Roadster oder Tourer – in den USA Phaeton genannt – in der Regel das preisgünstigste Modell, die Limousine das teuerste. Das änderte sich, als die Großserienherstellung von Ganzstahlkarosserien einsetzte und Cabriolets zum Statussymbol avancierten, Luxus und Exklusivität verkörpernd. Im Limousinen-Zeitalter waren sie bald eine Besonderheit, für deren Anfertigung teure Handarbeit vonnöten war, und so kehrte sich das Bild allmählich um. Weil aber viele Automobilisten nach wie vor ein Frischluftbedürfnis verspürten oder auch nur auf den Prestigewert eines eleganten Cabrios Wert legten, ohne ein solches sich leisten zu können, erfanden die Stilisten Zwischenlösungen – von der Cabrio-Limousine bis zum Auto mit Schiebedach. Eine vor allem in den USA beliebte Variante wurde in den fünfziger Jahren das Hardtop Coupé. Bei ihm ließen sich nicht nur die Türscheiben, sondern auch die hinteren Seitenfenster herunterkurbeln, und da die Tür keinen oberen Rahmenteil hatte und die Karosserie keinen Mittelpfosten, ergab sich bei versenkten Scheiben zumindest von der Seite der Eindruck eines Cabriolets, wenn auch mit starrem Dach. Die somit gleichzeitig erzielte gestreckte Designlinie verlieh dem Hardtop Coupé ein attraktives Aussehen. Das Auto wirkte länger und niedriger. Fast alle amerikanischen Hersteller boten solche Fahrzeuge an, von General Motors bis Studebaker, von Ford bis Packard. Nur eins war nicht möglich: das Hardtop zu entfernen. Es blieb festes Karosseriebestandteil. Erst der umgekehrte Weg ergab eine reizvolle Kombination von geschlossenem und offenem Auto: Die Erfindung des aufsetzbaren, festen Dachs auf einen als Tourer oder Roadster konzipierten Unterbau. So etwas gab es zwar schon um 1908, aber das im europäischen Sinne als Hardtop verstandene Winter- statt eines Textilverdecks, besonders bei Sportwagen ein beliebtes Extra, setzte sich erst in den späten 1960er Jahren durch.

Das Hardtop-Auto im amerikanischen Verständnis hat seinen eigenen Reiz, und besonders in den sonnigeren US-Staaten wie Kalifornien oder Florida ließ es sich erfolgreich verkaufen. In Deutschland griff Mercedes-Benz dieses Designkonzept auf: für das Modell 300 d.

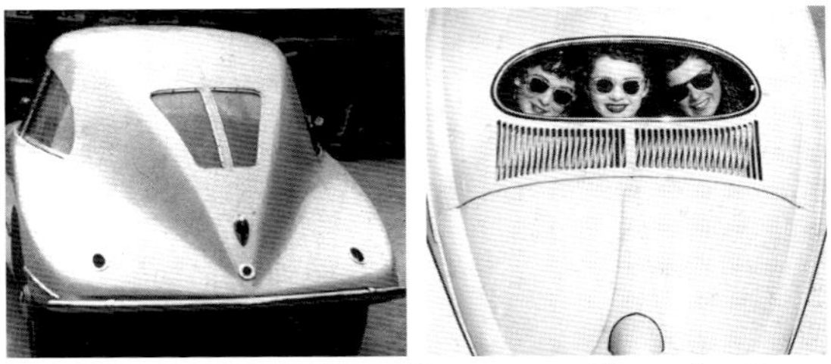

Heckfenster in einem Stromlinenwagen Mercedes-Benz 200 Kaross. Wendler von 1935 (l); in einem VW 1955 (r)

relevant, zum anderen störten große Heckscheiben mitunter das Gesamtdesign eines geschlossenen Wagens, so dass man sie mehr aus modischen Überlegungen gestaltete und ihre Funktion der Form nachordnete.

Heckflosse

Bezeichnung für die in den 1950er Jahren vor allem in den USA als stilistische Akzente bis ins Extrem »gewachsenen« hinteren Karosserieabschlüsse, deren vorgebliche Funktion als seitliche Stabilisierungsflossen (bei hohen Geschwindigkeiten) man aus dem Rennwagenbau ableitete (z. B. →Renault Nervasport Rekordwagen 1935, Bristol 450 Le Mans 1954). Die in aerodynamischer Hinsicht fragwürdigen, meist ornamentreich chromverzierten Flossenpaare wurden bei europäischen Fahrzeugen – dort weniger stark ausgeprägt – zu »Peilstegen« zum besseren Erkennen des hinteren Fahrzeugkonturen beim rückwärts Einparken rationalisiert, wie beim →DKW Junior ab 1958, beim →Mercedes-Benz 220 Sb/SEb ab 1959 (»Heckflossen-Mercedes«), beim DKW AU 1000 Sp ab 1959, beim Volvo P1800 ab 1961.

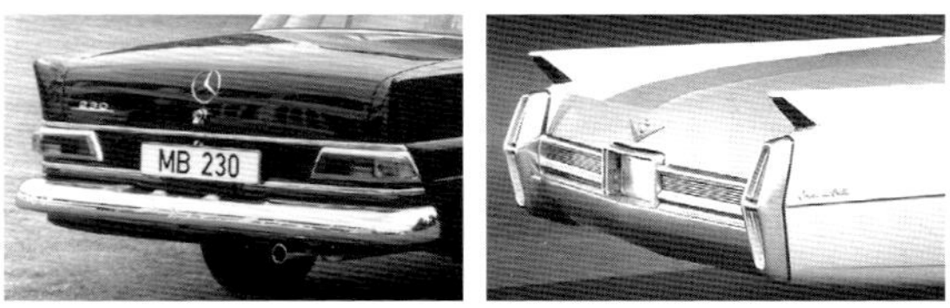

Heckflosse Mercedes Benz 1965 (l), Cadillac 1964 (r)

Heckmotor

Den Antriebsmotor im Heck eines Automobils unterzubringen, galt den Pionieren des Motorwagens als selbstverständlich (→Benz, →Daimler, →de Dion), erst Panhard (1898) etablierte die so genannte »Standardbauweise«, nach welcher der Motor vorn saß und die hinteren Räder antrieb. In den 1920er Jahren wurden wieder vereinzelt Fahrzeuge mit Heckmotor gebaut, entweder aus Gründen der Bauteile-Ersparnis, um Motor und Antrieb zusammenzufassen (→Hanomag 1924), meist aber aus aerodynamischen Gründen (→Benz- und →Rumpler-Tropfenwagen 1921). Im darauf folgenden Jahrzehnt, in welchem auch verschiedene Konzepte zur Entstehung des →Volkswagens beitrugen, erlebte der Heckmotor eine Renaissance (z. B. →Tatra 77, →Mercedes-Benz 130 H und 170 H, Rennwagen der →Auto Union).

Mercedes-Benz 130 Heck 1935

Heinkel

Die Heinkel-Flugzeugwerke in Stuttgart waren Motorenlieferanten für eine Anzahl von Automobilfirmen (z.B. →Veritas), ehe sie 1955-1958 einen Kleinwagen mit Fronteinstieg herstellten, der in England und Irland auch in Lizenz gebaut wurde (→Trojan).

Helios

Motorfahrzeuge dieses Namens gab es mehrfach (Zürich, 1906-1907, Köln, 1924-1925), ferner einen Motorradfabrikat in München, das zu den ersten zählte, das 1921-1922 einen →BMW-Motor erhielt.

Henry J

Nach dem amerikanischen Großindustriellen Henry J. Kaiser, Besitzer der →Kaiser-Frazer Corp., benanntes Fabrikat (Willow Run, 1950-1954). Die 2,1- und 2,7-Liter-Motoren des relativ klein dimensionierten Zweitürers stammten von →Willys.

Henschel

Als die Lokomotivenfabrik Henschel den Bau von Nutzfahrzeugen (Kassel, 1925-1969) aufnahm, basierten die ersten Konstruktionen auf einer Lizenz von →FBW. Ab 1926 Fahrzeuge mit Kardan- statt Kettenantrieb, 1928 erste Dieselmotoren. Als Besonderheiten sind Fahrzeuge mit 12-Zyl.-Boxermotor und Dampf-Lkw zu nennen. Ab 1965 (mit →Hanomag) zum Rheinstahl-Konzern gehörend, nach Übernahme durch →Daimler-Benz Fortfall des Markennamens.

Henze, Paul

Einer der großen deutschen Automobilpioniere des frühen 20. Jahrhunderts, der innovative Motor- und Fahrzeugkonstruktionen für Firmen wie →Cudell, →Impéria, →NAG, →Selve. →Simson und →Steiger schuf.

Herkomer-Fahrten

Langstrecken-Wettbewerbe für Tourenwagen, nach ihrem Initiator und Sponsor Hubert v. Herkomer (1849-1914) benannt. Die erste Herkomer-Fahrt fand 1905 statt, gewonnen von Edgar Ladenburg auf →Mercedes. 1906 (Rudolf Stöss, →Horch) und 1907 (Edgar Ladenburg und

Herkomer-Benz: 35/40 PS 1906 mit Prinz Heinrich v. Preußen (l); der gleiche Wagen als käufliches Modell (r)

Fritz Erle, Benz) folgten zwei weitere Fahrten. Die Sieger durften sich, was als eine besondere Ehre galt, von Professor v. Herkomer lebensgroß in Öl porträtieren lassen.

Hermes

Bei der Firma →Mathis von Ettore →Bugatti konstruierter Wagen (Straßburg, 1904-1906) mit 7,5-Liter-Vierzylindermotor und Kettenantrieb.

Herrenfahrer

Bis in die 1930er Jahre gebräuchlicher Begriff für den »selbstfahrenden« Autobesitzer, der auf die Dienste eines Berufschauffeurs verzichtete. Im Motorsport wurde der Begriff Herrenfahrer früher ebenfalls verwendet (auch: Amateur, Privatfahrer), hier aber zur Unterscheidung vom Werks- oder »Fabriks«-fahrer.

Hershey

Die Stadt Hershey in Pennsylvania, USA, ist alljährlich im Oktober Schauplatz des größten Oldtimer-Festivals der Welt, organisiert vom Antique Automobile Cub of America (AACA).

Hexe

Deutsches Automobilfabrikat (Hamburg, 1905-1907), anfänglich in Lizenz des belgischen →Nagant.

Highwheeler

Aus den USA stammende Bezeichnung für einen leichten, motorisierten →Buggy mit hohen Speichenrädern, die dem Fahrzeug eine sehr hohe Bodenfreiheit gewährten und dadurch das Befahren von Landwegen ermöglichten, die nur aus tiefen Pferdewagen-Spurrinnen bestanden.

Highwheeler, gebaut von Holsman, Chicago, 1903. Fasst alle dieser »Buggis« hatten Kettenantrieb

Hildebrand

Deutsche Automobilmarke (Singen, 1922-1924) von nur regionaler Bedeutung.

Hillclimb

Englische Bezeichnung für →Bergrennen.

Hillman

In William Hillmans (1847-1926) Fahrradfabrik in Coventry entstanden nach Plänen von Louis →Coatalen ab 1907 auch Automobile, die bald in großen Stückzahlen hergestellt wurden. Hillman wurde 1932 der →Rootes Group angegliedert. 1964 mit den anderen Rootes-Marken →Humber, →Singer, →Sunbeam von →Chrysler übernommen. Die soliden, meist konservativen Mittelklassewagen erfreuten sich in Großbritannien großer Beliebtheit. 1953 bis 1961 gab es vom japanischen Hersteller Isuzu einen Nachbau des Hillman-Modells Minx.

Hispano-Suiza

Die berühmte Automobilmarke mit dem »Fliegenden Storch« als Kühlerfigur gab es sowohl in Spanien (Barcelona, 1904-1944) als auch in Frankreich (Levallois-Perret, Bois-Colombes 1911-1938). Die aufwändigen Luxusautos von Hispano-Suiza, in der Frühzeit Konstruktionen des Schweizers Marc Birkigt (1878-1953), zeichneten sich durch hohe Leistung und beste Verarbeitung aus und waren dem →Rolls-Royce ebenbürtig. 1930 Übernahme von →Ballot, 1931 Vorstellung eines V12-Modells, ab 1936 nur noch Fertigung von Flugmotoren in Rolls-Royce-Lizenz. In Barcelona sind insgesamt ca. 6000, in Levallois-Perret und Bois-Colombes ca. 3400 Fahrzeuge hergestellt worden. In dem spanischen Betrieb wurden nach dem II. Weltkrieg Sportwagen und Lastwagen der Marke →Pegaso gebaut.
Die Flugmotorenfirma übernahm 1953 als Rechtsnachfolger den Betrieb der Firma →Bugatti in Molsheim.

Hispano-Suiza Boulogne 1931

Oldtimermarkt in Hershey, USA

Hillman 1956

HISPANO-SUIZA ALFONSO XIII

Sportwagen Baujahr 1913: Hispano-Suiza Afonso XIII

Die 1904 in Spanien gegründete Automobilfabrik Hispano-Suiza erwarb sich schon früh einen guten Ruf für ihre ausgezeichneten Produkte. Der hohe Qualitätsanspruch des aus der Schweiz stammenden Chefkonstrukteurs und Firmenmitgründers Marc Birkigt zahlte sich aus: Die Reputation der Automobile dieser Marke war gleichzusetzen mit der von Mercedes und Rolls-Royce. Auch das spanische Königshaus gehörte zu den Kunden der ersten Stunde; Alfonso XIII. liebte es sehr, die schweren Vierzylinder-Wagen eigenhändig zu fahren.

Ein großer Teil der Kundschaft, die sich für Hispano-Suiza-Automobile interessierte, lebte in Frankreich. Aus diesem Grund errichtete Hispano-Suiza 1911 in der Nähe von Paris einen Zweigbetrieb, dessen Bedeutung bald größer war als die des Mutterhauses. Gemeinhin gilt die Marke Hispano-Suiza heute bei Franzosen als ein französisches Fabrikat. Die Pariser Klientel war sehr wählerisch in Bezug auf elegante, luxuriös ausgestattete Karosserien, deren beträchtliches Gewicht durch hohe Motorleistung kompensiert werden musste. So erhielten einige Fahrzeuge Motoren von mehr als 10 Liter Hubraum.

Zu Ehren des Monarchen von Spanien erhielt ein sportlicher Zweisitzer, mit dem auch zahlreiche Wettbewerbe bestritten wurden, den Namen »Alfonso XIII«. Der von 1909 bis 1914 gebaute Wagen hatte ab 1911 einen wassergekühlten Vierzylindermotor mit 3642 ccm Hubraum (Bohrung x Hub: 80 x 180 mm) und einer Leistung von etwa 55 PS, was damals ein hoher Wert war; der T-förmige Zylinderkopf wies seitlich stehende Ventile auf. Es gab Modelle sowohl mit Dreigang- als auch (ab 1913) mit Vierganggetriebe. Motor und Getriebe waren zu einer konstruktiven Einheit verblockt, in jener Zeit eine ungewöhnliche Bauweise.

In zahlreichen Voiturette-Rennen gingen diese sportlichen Autos als Sieger hervor. Bei einem Chassisgewicht von weniger als 600 kg liefen sie an die 115 km/h, und selbst als Viersitzer karossierte Exemplare schafften gut 90 km/h. Nicht alle Alfonso-XIII-Modelle wurde in Barcelona gebaut; der abgebildete Wagen, Baujahr 1913, kam aus französischer Produktion.

1938 ging die Hispano-Suiza-Herstellung in Frankreich zu Ende, 1944 in Spanien. Der Betrieb in Barcelona war von 1951 bis 1958 noch einmal eine Fertigungsstätte für sportliche Personenwagen: Dort entstand der Pegaso Z 103, bevor sich die Fabrik ausschließlich auf den 1949 aufgenommenen Nutzfahrzeugbau konzentrierte.

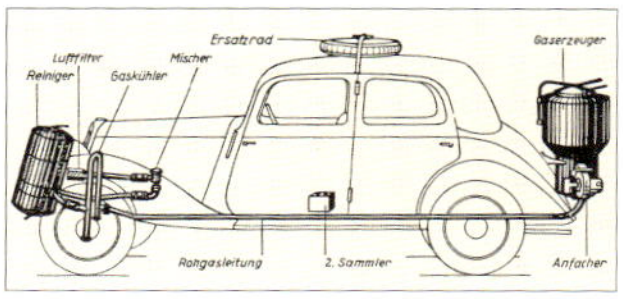

Holzgasanlage beim Vorkriegs-Mercedes-Benz

Holzgasanlage

In einem Generator wird durch Verschwelen von trockenem Hartholz Holzgas erzeugt. Durch Zufuhr von Frischluft entsteht ein zündfähiges Gasgemisch, das dem Motor zugeleitet wird. Die Effizienz dieses Gases liegt erheblich unter des herkömmlichern Gemischs aus flüssigem Vergaserkraftstoff (→Imbert).
Versuche, feste Brennstoffe wie Holz zu vergasen und damit einen Explosionsmotor zu betreiben, wurden schon in den 1920er Jahren durchgeführt, um unabhängig von Erdöllieferungen aus dem nichteuropäischen Ausland zu sein. Vor allem in Frankreich, Skandinavien und Deutschland wurden während des II. Weltkrieges und auch noch danach Personenwagen und Nutzfahrzeuge mit Holzgas betrieben.

Hooper

HOOPER BY APPOINTMENT COACHWORK

Britisches Karosseriefabrikat (London, 1900 bis heute) großer Reputation Die seit 1905 bestehende Kutschenmanufaktur, die exklusiv für die Englische Krone arbeitete, fertigte bis in die 1950er Jahre auch alle Karosserien für die Automobile der britischen Monarchen an (→Daimler, →Rolls-Royce). Hooper wurde 1943 von →BSA übernommen; 1959 endete die Karosserieherstellung. Die Firma existiert aber noch heute, war in den 1980er Jahren Rolls-Royce-Repräsentant und stellte sich auf Oldtimer-Restaurierung um.

Horch

HORCH

Im Jahre 1900 in Köln-Ehrenfeld von August Horch gegründete Automobilfirma, die zu einer der renommiertesten in Deutschland aufstieg. 1902 Umzug nach Reichenbach im Vogtland, 1904 nach Zwickau in Sachsen. Vom ersten Zweizylinder – bereits mit Kardanantrieb – und seinem ersten Sechszylinder von 1907 bis zum luxuriösen V12 von 1932 und den aufwändig gebauten Achtzylinder-Sport- und Reisewagen in den 1930er Jahren stand der Name Horch stets für hohe Qualität. 1923 wurde Gottlieb →Daimlers Sohn Paul Chefkonstrukteur bei Horch und schuf dort Deutschlands ersten ohc-Reihenachtzylinder für Serienfahrzeuge. In den Horch-Werken der →Auto Union entstanden 1934-1939 die Auto Union Rennwagen. 1945 wurde das Werk unter Einfluss der sowjetischen Besatzungsbehörden in Ostdeutschland verstaatlicht (→Sachsenring).

Horch 375 1928 (l); Horch 853 Roadster 1937 (r)

Horch, August

August Horch (1868-1951), Gründer der Firma A. Horch & Cie. (→Horch), gehört zu den Pionieren des Automobilwesens in Deutschland. Als Sohn eines Schmiedes ging er zunächst zur Eisenbahn, wurde dann Werksleiter bei →Benz in Mannheim. Den Schritt in die Selbständigkeit wagte er 1900. 1909 verließ er wegen Unstimmigkeiten mit Vorstandsmitgliedern seine Firma, um ein neues Unternehmen namens →Audi zu gründen. 1932-1945 gehörte August Horch dem Aufsichtsrat der →Auto Union an.

Horstmann

Britscher Automobilhersteller (Bath, 1914-1929), dessen Sportwagen meist 1,5-l-Motoren von →Anzani oder →Coventry-Climax hatten. Die Firma gehörte einem Einwanderer aus Deutschland.

Hotchkiss 1952

Hotchkiss

Aus einer Kanonengießerei aus dem 18. Jahrh. hervorgegangene französische Automobilfabrik (St.-Denis,1903-1970), deren Erzeugnisse sich durch Haltbarkeit, Zuverlässigkeit und Langlebigkeit auszeichneten. Mehrfacher →Rallye-Monte-Carlo-Sieger. 1942 Übernahme der Aktienmehrheit durch →Peugeot, 1956 Verschmelzung mit dem Brandt-Konzern. 1956-1970 Bau von Militärfahrzeugen (→Jeeps, Lastwagen, Radpanzer). 1952 Bau des Hotchkiss-Grégoire (→Grégoire).

Houdaille

Französisches Stoßdämpfer-Fabrikat. Der 1909 von Maurice Houdaille erfundene Hebel-Hydraulikdämpfer wurde später in vielen Autos verwendet. Erster Serienwagen mit Houdaille-Dämpfern war ab 1911 das T-Modell von →Ford (→Hebelstoßdämpfer).

h.p., HP

Abkürzung für horsepower (engl.: Pferdestärke, PS), meist für Steuer-PS und nicht für die effektive Leistungsabgabe verwendet, die in b.h.p. (brake horsepower: Brems-PS) angegeben wird. Der h.p.-Wert errechnete sich aus Zylinderbohrung x Zahl der Zylinder : 1613. Dadurch können zwei Wagen mit völlig unterschiedlichen Motoren den gleichen h.p.-Wert (der nur für die Versicherung relevant war) aufweisen (→Steuerformel).

HRG

Die britischen Ingenieure Halford, Robins und Godfrey (→G.N.) gründeten 1936 eine Firma, welche die Tradition des klassischen →Vintage-Sportwagenbaus fortführen sollte. HRG-Roadster wiesen Vierzylindermotoren von →Meadows oder →Singer auf und wurden in Tolworth bis 1956 gebaut.

Hudson

Amerikanische Automobilmarke (Detroit, 1909-1957). 1955 gemeinsam mit →Nash zu →American Motors, die von Hudson anschließend nur Modellbezeichnungen wie Ambassador, Hornet oder Rambler weiterführte.

Humber

Prominente britische Automarke, die aus einem Fahrradfabrikat hervorging (Coventry, 1896-1976). Die ersten Dreiradfahrzeuge entstanden nach einer →Bollée-Lizenz. Mit 75 Wagen pro Woche zählte Humber 1906 zu den bedeutendsten Herstellern in England; die Fahrzeuge galten als konservativ und sehr solide. 1928 Übernahme von →Hillman, 1932 erfolgte die Eingliederung in die →Rootes Group, die 1967 in →Chrysler aufging.

Humber 1927

Hupe

Die altertümliche Messinghupe mit eine schwarzen oder roten Gummiball wurde erst in den 1920er Jahren vom elektrischen Signalhorn verdrängt. Die erste elektrische Signalanlage mit Druckknopf bot die Firma DeTeWe 1910 an. Es ab auch Sirenen mit Handkurbel oder Betätigung per Laufrad (amerikanische Polizeisirene) oder mit einem Federwerk.

Hupmobile

Amerikanisches Automobilfabrikat (Detroit, 1908-1930), gegründet von Robert Craig Hupp. 1929, kurz vor der Schließung, erfolgte die Übernahme von →Chandler.

Huppe

Früher übliche Schreibweise für →Hupe (→Ballhupe).

Hurtu

Französischer Hersteller (Rueil-Malmaison 1896-1931), hervorgegangen aus der 1880 gegründeten Nähmaschinenfabrik Hurtu, Hautin & Diligeon. Zunächst Lizenzbau von →Bollée-Dreirädern, ab 1897 Kopie des Velo von →Benz. Ein-, Zwei und ab 1913 auch Vierzylinder, teils mit Motoren von →De Dion-Bouton, im Erscheinungsbild der frühen Fahrzeugen von →Renault ähnelnd. In den 1920er Jahren wurden auch Nutzfahrzeuge hergestellt.

hydraulische Bremse

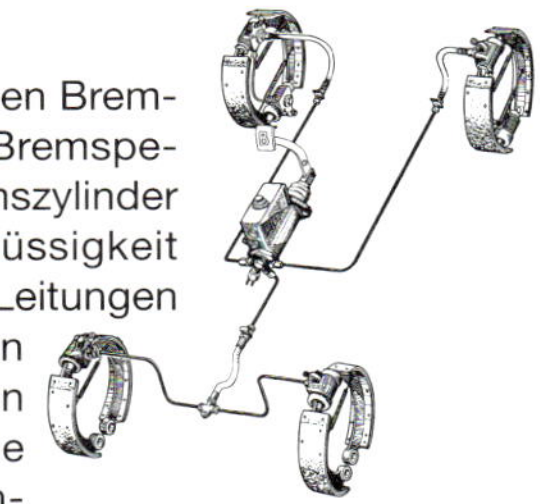

Bei der hydraulisch arbeitenden Bremse wird beim Betätigen des Bremspedals ein Kolben im Hauptbremszylinder aktiviert, der die Hydraulikflüssigkeit (Bremsöl) unter Druck durch Leitungen in die Bremszylinder an den Rädern drückt. Kolben in den Bremszylindern pressen die Bremsbeläge gegen die Wandungen der Bremstrommel. Beim Wegnehmen der Kraft vom Bremspedal bringen Rückzugfedern die Bremsbaken und damit den bzw. die Kolben der Bremszylinder wieder in ihre Ausgangsstellung.

Hydropneumatische Federung

Federsystem, das eine Kombination von Gastechnik und Flüssigkeitstechnik darstellt,1954 erstmals versuchsweise beim →Citroën 15-Six H in Serie angewendet, bevor es ein Jahr später beim DS19 erschien. Das Prinzip beruht auf einer Hochdruckkugel pro Rad, in der sich ein Stickstoffpolster befindet sowie eine Membran, die dieses von einer mit Hydraulikflüssigkeit gefüllten Hälfte trennt. Die Flüssigkeit steht durch einen Kolben im Federzylinder mit der Radaufhängung in Verbindung. Das Gaspolster entspricht hier der Stahlfeder im konventionellen Federsystem, die Dämpfung besorgt ein Ventil in der Hydraulikflüssigkeit zwischen Federzylinder und Kugel. Eine vom Fahrzeugmotor angetriebene Pumpe setzt das System unter Druck,

Hypoidverzahnung

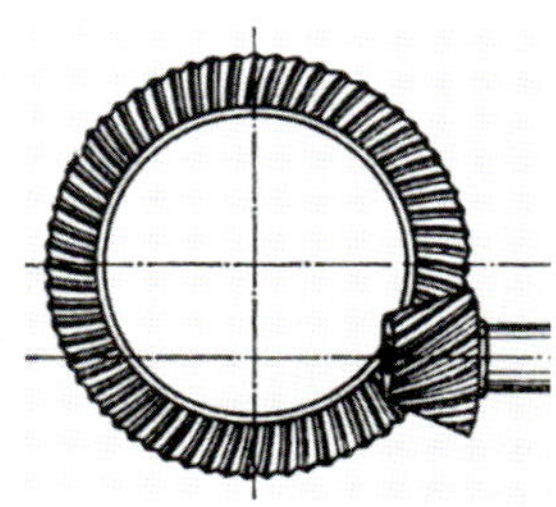

Bezeichnung für einen Hinterrad-Achsantrieb, der ermöglicht, dass die Ritzelachse (Triebling) oberhalb oder unter der Mitte des Tellerrades angreift. Bei Bauart unter der Mitte lässt sich die Kardanwelle entsprechend tief legen und der Fahrzeugboden flach halten.

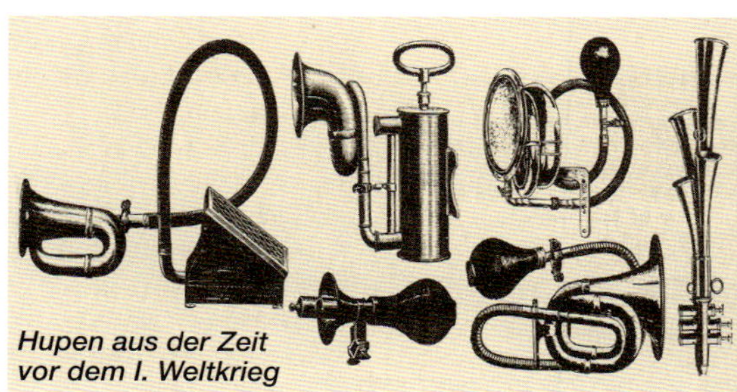
Hupen aus der Zeit vor dem I. Weltkrieg

IFA

Bezeichnung für den in Zwickau ab 1949 gebauten Nachfolger des →DKW (IFA F8, F9). Die Abkürzung bedeutet Industrie-Vereinigung Volkseigener Fahrzeugwerke (Zwickau und Eisenach) und stand in der DDR zugleich für die gesamte Kfz.-Branche, der Zulieferer und Karosseriehersteller gleichermaßen angehörten.

i.f.s.

Im Englischen benutzte Abkürzung für independant front suspension (unabhängige Vorderradaufhängung).

IHC

→International.

Ihle

Deutscher Karosseriehersteller (Bruchsal, 1928-1939), der vor allem für seine Aufbauten für kleine →BMW- und →DKW-Fahrzeuge bekannt wurde. Es handelte sich um nachträglich zu montierende Roadster-Karosserien z.B. für Unfallfahrzeuge, bei denen die Reparatur des Originalaufbaus nicht lohnte.

ILO

Die in von der Nordd. Maschinenfabrik, Pinneberg, von 1917 bis 1978 gebauten kleinen Zweitakter haben Generationen von Mopeds, Motorrädern und Kleinautos angetrieben. ILO-Motoren gab es von 60 bis 600 ccm, sie wurden z.B. von →Champion, →Kleinschnittger und →Wendax verwendet.

Imbert

Die von der Firma Imbert im II. Weltkrieg hergestellten →Holzgasanlagen für Personenwagen und Nutzfahrzeuge waren die meistgebauten in Europa und gehen auf Entwicklungen des Chemikers George Christian Imbert zurück, der bereits in den 1920er Jahren Versuche mit holzgasbetriebenen Fahrzeugmotoren durchführte.

Impéria (I)

Belgische Automobilmarke (Lüttich, Nessonvaux, 1906-1949). Der ehemalige Motorradhersteller stieg zum bedeutenden Automobilproduzenten auf, übernahm 1934 die Frontantriebskonstruktion von →Adler. 1935 Fusion mit →Minerva. 1945 Montage von britischen →Standard- und →Triumph-Automobilen für den belgischen Markt.

Imperia 1935

Imperia (II)

Die Motorradfabrik Imperia in Bad Godesberg baute 1935 einen Kleinwagen mit Dreizylinder-Zweitakt-Sternmotor im Heck und Einzelradaufhängung, der aber nur in wenigen Exemplaren hergestellt wurde.

Indianapolis Speedway

Älteste existierende Ovalrennstrecke in den USA. Das alljährliche 500-Meilen-Rennen auf dem Speedway in Indianapolis, Indiana, findet seit 1909 statt.

Induktionszündung

Frühe Bezeichnung für Batteriezündung. Unter Induktion versteht man die Erzeugung einer elektrischen Spannung durch die Bewegung eines Leiters in einem magnetischen Feld.

Innenbackenbremse

Bremskonstruktion mit einer Bremstrommel (die mit dem Rad rotiert) und inneren Bremsbacken, die mit aufgeklebten oder aufgenieteten Reibbelägen versehen sind.

1903

Innenlenker

Begriff aus dem Karosseriebau, der in den 1920er Jahren aufkam und der →Limousine entsprach, die der Fahrer »von innen« lenkt, also nicht von einem Sitz unter freiem Himmel aus wie z.B. beim →Sedanca de Ville, der ein »Außenlenker« war. Noch bis 1939 wurde das Wort Innenlenker häufig der Limousine vorgezogen.

Instrumente

Instrumente wie Geschwindigkeitsmesser, Amperemeter, Wegstreckenzähler, Ölmanometer usw. kamen beim Kraftfahrzeug erstmals um 1904 in den Handel und galten als Sonderzubehör. Das →Kühlwasser-Fernthermometer (ab 1914) ist eine Erfindung des deutschen Physikers Herbert Schlaich, der in den USA die Boyce Moto-Meter Co. gründete. Konfektionierte Instrumentengruppen für den Einbau ins Armaturenbrett kamen erst mit der Großserienproduktion Mitte der 1920er Jahre auf. In Deutschland lieferten Veigel und Deuta die ersten Einheiten (→Armaturenbrett).

Instrumententafel

Andere Bezeichnung für →Armaturenbrett

Instrumente: Packard V12 (l); 1932; Daimler 1910 (r)

International, IHC

Die als eine der größten Landmaschinen- und Nutzfahrzeugfirmen bekannte Firma International Harvester Company in Chicago baute 1907-1911 unter der Marke International →Highwheeler, ehe sie sich auf die Produktion von Lastwagen und Traktoren konzentrierte; 1956-1980 erfolgte auch die Herstellung von Personenwagen und leichter Pickups mit Allradantrieb.

Integralbauweise

Karosserie-Konstruktionsprinzip, bei welchem großflächige Teile zur Anwendung kommen, die durch ihre Formgebung alle Kräfte aufnehmen und nicht aus einer separaten Innen- und Außenhaut bestehen, wie es bis etwa Mitte der 1930er Jahre im Automobilbau üblich war.

Invicta

Britische Sportwagenmarke (Cobham, 1925-1950), gegründet von Noell C. Macklin. Viele Langstreckenrekorde (in Brooklands, Monza) und Sporterfolge, so Sieg bei der Rallye Monte-Carlo 1931 durch Donald →Healey. 1950 wurde Invicta von AFN (→Frazer-Nash) übernommen. Invicta bezog Motoren von →Meadows.

Invicta 1927

i.o.e.

Aus dem Englischen stammende Abkürzung für inlet over exhaust, womit die Ventilanordnung im Motor bezeichnet wird, bei der das obengesteuerte Einlassventil eines Motors über dem untengesteuerten Auslassventil sitzt (Wechselsteuerung).

i.r.s.

Im Englischen gebräuchliche Abkürzung für independant rear suspension = hintere Einzelradaufhängung.

Isetta

Die von →ISO 1953 bis 1955 in Turin hergestellte Isetta war ein Kleinfahrzeug mit drei Rädern, Motorradmotor und Fronteinstieg. 1955 übernahm →BMW die Baulizenz und stellte das Fahrzeug

Isetta 250 1956

bis 1962 als »Motocoupé BMW Isetta« her. Mit 250- bzw. 350-ccm-Motor war die BMW Isetta, gegenüber dem Original in vielen Details verändert (z.B. hintere Zwillingsräder), eines der erfolgreichsten Mobile seiner Ära und wurde mehr als 161.000 mal gebaut.

Issigonis, Sir Alexander

Der in Smyrna geborene Ingenieur (1906-1988) begann in London als freiberuflicher Konstrukteur zu arbeiten, bevor er 1933 zu →Humber ging und für →Hillman das Modell Minx mit vorderer Einzelradaufhängung entwarf. 1936 wechselte er zu →Morris. Issogonis konstruierte den mit großem Erfolg vermarkteten Morris Minor und den Mini, der eine vollkommen neue Konstruktionsphilosophie (kleiner Frontantriebswagen mit quer eingebautem Motor) verkörperte.

ISO

Außer der von Renzo Rivolta gebauten →Isetta gab es exklusive Sportwagen unter der Marke ISO, die 1962 erstmals erschienen und mit amerikanischen Motoren (→Chevrolet) versehen waren (Modelle: Rivolta, Grifo, Lele, Fidia). Geringe Produktion, langjährige Unterbrechungen. Renzo Rivolta hatte unter dem Markennamen ISO anfänglich Industriemotoren und Kühlschränke hergestellt. 1997 wurde das Unternehmen liquidiert und unter gleicher Bezeichnung neu gegründet.

Isotta, Cesare

Der italienische Rechtsanwalt und Industrielle Cesare Isotta (1866-1946) war mit seinem Partner Vincenzo Fraschini Gründer der Automobilfabrik →Isotta-Fraschini.

ISO Grifo Berlinetta 1963

Isotta-Fraschini

Automobilfirma, gegründet von Cesare →Isotta und Vincenzo Fraschini (Mailand, 1900-1948), die große, teure Tourenwagen und Repräsentationslimousinen herstellte. Zahlreiche Sporterfolge vor dem I. Weltkrieg. Vierradbremsen ab 1914 serienmäßig. Nach dem II. Weltkrieg Revival durch den Typ Monterosa mit V8-Heckmotor.

Itala

Italienische Flugmotoren- und Automobilfabrik (Turin, 1904-1934), die vor allem durch den Sieg bei der ersten →Targa Florio 1906 und im Rennen Peking-Paris 1907 bekannt wurde. Ab 1914 elektrische Ausrüstung. Nach Schließung Übernahme der Anlagen durch →Fiat.

IVECO

1975 gegründete Gruppe (Industrial Vehicle Corporation SpA, Turin) als Zusammenschluss der Nutzfahrzeugbereiche von →Fiat mit →Lancia und →O.M. mit Klöckner-Humboldt-Deutz (→Magirus -Deutz). 1987 schloss sich →Ford (GB) an, 1990 kam →Pegaso hinzu.

Jackson

Amerikanische Automobilmarke (Jackson, 1903-1923), die vom Ein- bis zum Sechszylinder ein breit gefächertes Programm anbot; ab 1916 auch V8-Motoren. 1920 Nachahmung des →Rolls-Royce-Kühlers. Es gab auch einen britischen Jackson (Bradford, 1899-1915), der lediglich regionale Bedeutung hatte.

Jaguar E-Type V12 1972-73

Jaeger

Einer der großen französischen Hersteller von Präzisionsinstrumenten und Uhren, die vor dem II. Weltkrieg auch in vielen britischen Fahrzeugen zu finden waren.

Jaguar

Die von William →Lyons 1920 gegründete Swallow Sidecar Company (→S.S.) brachte 1928 ihr erstes Auto auf Basis →Austin Seven auf den Markt, 1935 erstmals einen Sportwagen, der die Modellbezeichnung Jaguar erhielt. Nicht vor 1945 wurde Jaguar Markename. Die berühmten Limousinen wie der Mk.V, Mk.VII, Mk.VIII und die nachfolgenden Mk.2 (ab 1956) schrieben britische Automobilgeschichte und wurden in großen Stückzahlen exportiert. 1948 Vorstellung des XK 120 Sportzweisitzers, dem die Typen XK 140, 150 und XK 150S folgten. 1961 löste der E-Type (ab 1971 mit V12-Motor) den XK 150S ab. 1960 Übernahme von →Daimler, 1966 Anschluss an →BMC. 1989 Eingliederung in den →Ford-Konzern. Jaguars Engagement im Motorsport (sieben Mal Sieg bei den 24 Stunden von Le Mans) war für das Image prägend und bestimmt den stark leistungsbetonten Auftritt der Marke bis heute.

Jaguar SS 100 1938

Jagdwagen

Bezeichnung für einen Tourenwagen, der sich durch eine besondere Ausstattung für Jagdausflüge eignete. So genannte Jagdwagen (Hunting cars) boten vor allem britische Hersteller für die Verwendung in den Tropen an.

Jagdwagen Mercedes 1909

James & Browne

In England von 1901 bis 1910 hergestellte Zwei- und Vierzylinder-Automoble mit Motor unter dem Sitz und Ketten-, später Kardanantrieb. Der Konsrukteur der Fahrzeuge war Leigh Martineau.

Jagdwagen für den Zar von Russland, 1905

Jano, Vittorio

Einer der bedeutendsten Automobilkonstrukteure Italiens (1891-1965), der für →Alfa Romeo in den 1920-1930er Jahren erfolgreiche Rennwagen schuf, dann zu →Lancia ging und dort ebenfalls für die großen Renn- und Tourenwagen verantwortlich war.

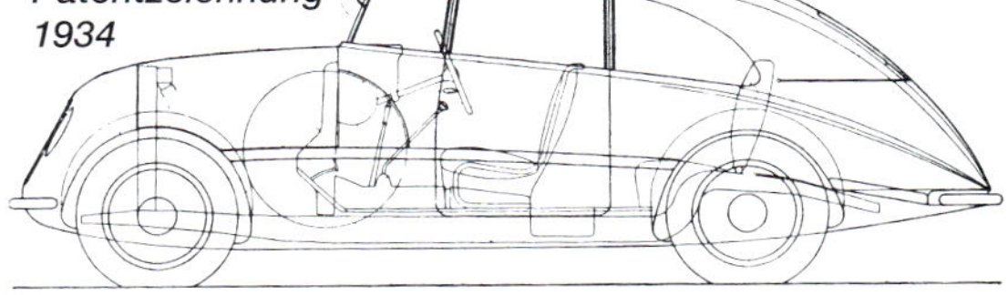

Jaray, Patentzeichnung 1934

Jaray, Paul

Aus Ungarn stammender Wissenschaftler (1889-1974), der für seine strömungstechnischen Arbeiten bekannt wurde und auch Karosserien für Stromlinienautos entwickelte. Viele seiner Entwürfe wurden von Herstellern in Europa und in den USA realisiert. Erstes von Jaray ent-

JAGUAR XK SPORTWAGEN: EINE LEGENDE

Jaguar XK 140 Fixed Head Coupé, gebaut von 1954 bis 1957 in 2797 Exemplaren

Auf der London Motor Show im Oktober des Jahres 1948 standen zwei neue Jaguar Sportwagen, der XK 100 und der XK 120. Ob sie in Serie gehen würden, war noch nicht beschlossen; Jaguar-Chef William Lyons wollte zunächst einmal die Resonanz des Publikums erfahren, ehe er seine Entscheidung traf. Schon wenige Tage nach der Ausstellungseröffnung stand für ihn fest: auf das kleinere Vierzylindermodell XK 100 konnte man getrost verzichten, doch der 3,4 Liter Sechszylinder XK 120 mußte gebaut werden – die Reaktion der Ausstellungsbesucher und der Presse auf diesen attraktiven Zweisitzer war sehr viel positiver ausgefallen, als Lyons zu hoffen gewagt hatte. »Wir können froh sein, wenn wir 200 Käufer finden,« waren seine Worte noch kurz vor der Präsentation gewesen. Doch der Jaguar-Chef hatte sich verschätzt wie nie zuvor: Den XK 120 sollte es über einen Zeitraum von sechs Jahren geben, und er wurde 12.078 mal gebaut...

Der Roadster avancierte zum Inbegriff des klassischen Sportwagens schlechthin. Nicht nur wegen seiner bildschönen Proportionen mit der langen Motorhaube, dem kurzen Cockpit, der niedrigen, gewinkelten Windschutzscheibe und dem harmonischen Heckabschluss, sondern auch wegen des Leistungspotenzials der Sechszylindermaschine mit zwei obenliegenden Nockenwellen und der hervorragenden Straßenlage. Sie resultierte aus einem sehr niedrigen Farzeugschwerpunkt und vorderer Einzelradaufhängung mit Newton-Teleskopstoßdämpfern. Vor allem war der Jaguar XK 120 sehr preisgünstig – auch das trug zu seinem Markterfolg bei.

Dem an die 200 km/h schnellen Zweisitzer stellte man 1951 ein Coupé zur Seite. Es wies Kurbelfenster in den Türen und alle jaguartypischen Attribute auf, also viel Holz und Leder im Interieur. Ab 1953 gab es auch ein Cabriolet, ebenfalls mit Kurbelscheiben sowie mit einem Rückfenster, das sich herausnehmen ließ.

1954 löste der XK 140 den XK 120 ab. Jetzt hatte der 3442-ccm-Motor 190 PS, aber das Auto war nicht nur schneller, sondern auch opulenter geworden. Die Karosserielinien hatte man etwas gestrafft, den Kühlergrill leicht modifiziert, die Stoßstangen verstärkt, das Interieur ein wenig verfeinert. Auch von diesem Modell bot Jaguar einen Roadster, ein Coupé und ein Cabriolet an. Insgesamt verließen das Werk 8884 XK 140.

Die letzte Version dieser Baureihe stellte der nur geringfügig geänderte XK 150 dar, der von 1957 bis 1961 hergestellt wurde. Wieder gab es ein Coupé und ein Cabriolet, 1958-60 auch einen Roadster. Jaguar bot eine 210- und eine 250-PS-Version an, und zum Schluß gab es sogar einen 265 PS starken XK 150 S, an die 225 km/h schnell; dessen dohc-Motor hatte 3781 ccm – ein Traum von einem Luxussportwagen, der nur 1466 mal gebaut wurde. Den »normalen« XK 150 – ohne S, aber wahlweise in der Special-Equipment-Ausführung, die auch Scheibenbremsen an allen vier Rädern umfasste – gab es in 7929 Exemplaren.

worfenes und getestetes Auto war 1922 eine Limousine auf dem Chassis eines →Ley. Auf Jaray gehen die →Tatra-Typen 77 und 87 zurück, weitere Versuchsfahrzeuge auf Basis →Adler, →Audi, →Fiat, →Maybach, →Mercedes-Benz folgten.

Jawa

Motorrad- und Automobilhersteller in der damaligen Tschechoslowakei (Prag, 1929-1945). Der Name setzte sich aus Janecek und →Wanderer zusammen, denn die ersten Motorräder waren 1929 in Wanderer-Lizenz entstanden. Ab 1934 Lizenzherstellung des →DKW.

Jeantaud

Der französische Kutschenhersteller Charles Jeantaud (1843-1906) baute 1881 seinen ersten pferdelosen Wagen mit Elektroantrieb und fertigte für seinen Kunden Chasseloup-Laubat 1898 den ersten Weltrekordwagen der Automobilgeschichte an, ebenfalls elektrisch betrieben. Der Jeantaud-Wagen absolvierte den Kilometer mit fliegendem Start in 57 Sekunden = 63,149 km/h.

Jeep

Das Wort ist vermutlich eine phonetische Zusammenziehung von GP (englisch für general purpose = Allzweck) und bürgerte sich während des II. Weltkrieges für das von →Bantam entwickelte, bei →Willys-Overland und →Ford gebaute Allrad-Militärfahrzeug ein, bevor Jeep zum Markennamen avancierte. Erst 1963 von der Kaiser-Jeep Corporation (→Kaiser) als eigenständige Marke verwendet. 1970 Übernahme durch →AMC, 1978 Weitergabe an →Renault, 1987 an →Chrysler.

Jeep 1944

Jeepster

1948 eingeführte Zivilversion des →Jeep (offener Tourer, Kombiwagen) mit Hinterradantrieb (→Detailwissen).

Jeffery, Thomas B.

In England geborener Techniker (1845-1910), der zu den Pionieren des Automobilwesens zählt, in die USA emigrierte und dort erst Fahrräder, ab 1901 auch Motorfahrzeuge herstellte und bald zum erfolgreichen Großserienhersteller avancierte. 1902 produzierte Jeffery bereits 1500 Fahrzeuge, 4000 im Jahre 1905. Somit war er noch vor Henry →Ford Amerikas erster Fließband-Anwender. Jeffery-Automobile, gebaut in Kenosha, gab es bis 1916. Übernahme der Firma durch Charles W. →Nash.

Jellinek, Emil

Der österreichische Kaufmann und Honorarkonsul Emil Jellinek (1853-1918) lebte in Nizza und war dort Vertreter von →Daimler in Cannstatt. Er gab seinem ersten in einem Rennen eingesetzten Wagen den Namen »Mercedes« (nach seiner Tochter Mercédès Adrianée Manuela Ramona, 1889-1929) und benutzte diesen auch als Pseudonym. Den Namen Mercedes übernahm die →Daimler Motorengesellschaft für alle ihre Autos ab 1901. Jellinek wurde zu einem wichtigen Geschäftspartner für Daimler und hatte bis 1914 großen Einfluss auf die Fahrzeugkonstruktionen.

Jenatzy, Camille

Der wegen seines roten Vollbartes der »Rote Teufel« genannte Belgier (1868-1913) war der erste Werksfahrer, also ein Rennfahrer, der im Gegensatz zu allen anderen Teilnehmern eines Rennens nicht als Privatmann startete, sondern im Auftrag eines Autoherstellers. Bekannt wurde Jenatzy durch seine Rekordfahrten – erstmals Geschwindigkeiten über 100 km/h – auf Elektrofahrzeugen (»La jamais contente«) 1898 und 1899, durch seine von ihm konstruierten →Mixte-Wagen mit benzin-elektrischem Antrieb und seinen Sieg im →Gordon-Bennett-Rennen sowie in zahlreichen anderen Wettbewerben, die er ab 1903 sämtlich auf →Mercedes bestritt.

Jensen

Britische Automobilmarke (West Bromwich, 1936-1971); eine Gründung der Brüder Alan und Richard Jensen, die ihre Sportwagen zunächst mit Motoren von →Ford und →Lincoln, später mit V8-Aggregaten von →Chrysler bestückten. 1953 erfolgte die Einführung eines Coupés mit Kunststoffkarosserie, 1965-1971 serienmäßig Allradantrieb (Jensen FF).

Jensen-Healey

Nach Einstellung des →Austin-Healey und Übernahme Donald →Healeys als Chefkonstrukteur bei Jensen entstand 1971 der Jensen-Healey mit →Lotus-Motor, gebaut bis 1976.

Jensen Healey 1973

OLDTIMER AUS JAPAN

Toyota 2000 GT Coupé 1969

Subaru 360 ccm 1958-1962

Datsun, Mazda, Mitsubishi: Diese und andere japanische Marken haben durchaus eine interessante Historie vorzuweisen, nur genießen die frühen Autos dieser Marken zumindest außerhalb Japans so gut wie keinen Sammlerstatus. Es sind auch nur sehr wenige Exemplare aus alter Zeit erhalten geblieben.
Zwei Modelle seien herausgegriffen, über deren Geschichte der eine oder andere vielleicht etwas mehr wissen möchte: Subaru und Toyota.
Subaru: Mit Eisenbahnwaggons fing es an. Die Automarke Subaru verdankt ihre Entstehung der Initiative einiger Japaner, die 1941 bis 1945 hohe Positionen im Flugwesen bekleidet hatten und in den frühen Nachkriegsjahren mit der Neuordnung der industriellen Struktur ihres Landes beauftragt waren. So entstanden in den ehemaligen Nakajima-Flugzeugwerken zunächst Bahnwaggons, Motorroller und landwirtschaftliche Maschinen, ehe sich durch den Zusammenschluss einiger nach Kriegsende von den amerikanischen Besatzungsbehörden vorübergehend getrennter Firmengruppen Ende 1957 jenes Unternehmen konstituierte, das mit der Herstellung von Kleinwagen begann. Kontrolliert vom Fuji-Industriekonzern, entwickelte man ein Konzept, das zunächst ganz auf die inländischen Bedürfnisse abgestellt war: In Japan benötigte man wirtschaftliche Miniaturmobile mit schmaler Spurweite und guter Bodenfreiheit. Im Frühjahr 1958 gab daserste Subaru-Automobil mit 360-ccm-Heckmotor sein Debüt.
Kleine, besonders preisgünstige Autos blieben die Domäne der Firma Subaru. 1966 ging man zum Frontantrieb über; der Subaru 977-ccm-FF-1 war als Zweitürer, Viertürer sowie als Kombiwagen erhältlich. Unter dem Namen Subaro Leone wurde dieses Auto mit einem 1,1-Liter-Boxermotor ab 1970 auch exportiert. Von 1979 an war Subaru auch ein in der Bundesrepublik Deutschland vertretenes Fabrikat.
Die ersten Autos von Toyota entstanden nach Chevrolet-Vorbild. Die Toyota Automatic Loom Works in Kariya begannen 1937 mit der Herstellung von Kraftfahrzeugen in geringem Umfang, und nicht vor 1950 nahm man die Serienfertigung in größerem Maßstab auf. Erst 1957 sind erste Exportaktivitäten zu verzeichnen. Dann aber ging die Entwicklung in großen Schritten voran, und 1970 lieferte man eine Viertelmillion Autos mit dem Toyota-Emblem allein nach USA. In Europa waren Toyota-Automobile um jene Zeit aber noch sehr selten zu sehen, allenfalls gab es sie in Finnland, in den Niederlanden oder in der Schweiz.
Das Toyota-Personenwagenprogramm für den Export bestand 1969 aus den Basismodellen Corolla, Corona und Crown, alles Mittelklassefahrzeuge mit Vier- bzw. Sechszylindermotoren unterschiedlicher Leistung. Den kleinen Toyota Publica mit Zweizylindermotor oder den in kleinen Stückzahlen hergestellten Century mit V8-Motor sah man ausserhalb Japans so gut wie nie.
Ebenso unbekannt blieb bei uns der 215 km/h schnelle Toyota 2000 GT, für den Export nach USA gedacht. Immerhin erlebte das Coupé einen James-Bond-Filmauftritt! Der flache Zweisitzer wurde als »High Performance Car« angeboten und beschleunigte mit seinem 150 PS starken dohc-2-Liter-Sechszylindermotor (75 x 75 mm) von Null auf 100 km/h in 8,4 Sekunden; für Wettbewerbszwecke gab es sogar eine Version mit 200 PS. Drei Mikuni-Vergaser Bauart Solex sorgten für die Gemischaufbereitung. Serienmäßig hatte das Coupé ein Fünfgang-Synchrongetriebe mit Schalthydraulik, aber man konnte auch eine dreistufige Getriebeautomatik erhalten.
Mit 1120 kg Leergewicht war der Toyota 2000 GT relativ schwer. Dies hatte seine Ursache in dem massiven Kastenrahmen, der den Aufbau trug; in selbsttragender Bauweise wäre der 417 cm lange und 160 cm breite Wagen vermutlich 200 kg leichter gewesen. Vorn und hinten gab es Einzelradaufhängung an Trapez-Dreiecksquerlenkern mit Schraubenfedern sowie Scheibenbremsen eigener Konstruktion. Die Bereifung der Größe 165 HR 15 entsprach dem Standard der Zeit. Längst rangiert der 2000 GT als Liebhaberstück; in Amerika zahlen Sammler bis zu 80.000 Dollar für eines der wenigen erhalten gebliebenen Exemplare. 352 Exemplare entstanden.

Jodscheinwerfer

In den frühen 1960er Jahren zuerst in Frankreich eingeführte Art von Scheinwerfern mit Halogen (Jod-)lampen, die ein intensives, konturenscharfes Licht lieferten.

Jordan

Amerikanische Automobilmarke (Cleveland, 1916-1931), die sich durch ihr elegantes Styling vom Durchschnitt abhob und durch originelle Anzeigenkampagnen bekannt wurde. Ebenso ungewöhnlich für ihre Zeit waren so klangvolle Modellnamen wie Blueboy, Silhouette, Playboy, Speedway Ace und Sportsman. Mit seinen großen, teuren Achtzylindern konnte Edward Ned S. Jordan die Wirtschaftskrise allerdings nicht überstehen.

Jordan 1928

Joswin

Deutsches Autofabrikat (Josef Winsch, Berlin, 1920-1923). Die in geringer Zahl gebauten Fahrzeuge waren mit Motoren aus der Mercedes-Produktion (→DMG) der Zeit vor 1914 ausgestattet, die Winsch aus Stuttgarter Überproduktion erworben hatte.

Jowett

Die britische Jowett Manufacturing Co. (Bradford, 1901-1954) produzierte erst Motorfahrräder, ab 1905 auch Personen- und Lieferwagen (letztere unter der Marke Bradford). Typisch für alle Jowett von 1906 bis 1936 war der liegende Zweizylinder-Boxermotor (im Lieferwagen bis 1954). Die mit Vierzylindermotoren bestückten Modelle Jupiter und Javelin der 1950er Jahre waren auch im Motorsport erfolgreich. Beteiligt an der Konstruktion des Jowett Jupiter war der österreichische Ingenieur Robert Eberan v. Eberhorst, ehemals ein Mitarbeiter Ferdinand Porsches.

Judkins

Amerikanischer Hersteller von Vergasern und Kompressoren, die als Bausätze auch in Europa vertrieben wurden (z. B. für den →Volkswagen Käfer).

DETAILWISSEN

JEEPSTER

Der Krieg als Vater vieler Dinge lässt sich auch für die Entstehung eines Autos zitieren, das seine Karriere in den vierziger Jahren als Militärfahrzeug begonnen hatte. Es war dies der genial einfache, auf reine Zweckmäßigkeit ausgelegte Jeep, der mit seinem seitengesteuerten Vierzylindermotor, Kastenrahmen, Halbelliptikfedern und Starrachsen als schlichtweg unverwüstlich galt. Als sein ziviler Zwillingsbruder wurde ab 1946 das Modell Universal vorgestellt und auch nach Europa verkauft; daraus entwickelte sich ein Station Wagon, der sich im friedlichen Einsatz ebenso gut bewährte wie der Ur-Jeep der US Army im Kriege.

1948 war es der Jeepster, der in offener wie in geschlossener Ausführung, mit Vier- oder auch mit Zweiradantrieb sowie wahlweise mit Vier- oder Sechszylindermotor (64 bzw. 75 PS) zu bekommen war und eine ganz neue Fahrzeuggattung verkörperte. Der praktische Vielzweckwagen, der 1949 eine neue Kühlerfront erhielt, wurde zunehmend komfortabler ausgestattet, denn jetzt war er nicht mehr ausschließlich ein Arbeits- und Geländefahrzeug für den Farmer, sondern ein Hobbyauto für Stadt und Straße, Freizeit und Strand. Vor allem jüngere Leute interessierten sich für den Jeepster. In seiner offenen Ausführung, Phaeton genannt, wurde das Auto aus Toledo, Ohio, für Jung-Amerika zum Modeauto und fiel auf den Boulevards durch farbenfrohe Lackierungen und schicke Weißwandreifen auf. Mit seiner nun nicht mehr flachen, sondern in eine leichten Bogen verlaufenden Frontpartie, durch Chromstäbe akzentuiert, hatte sich der Wagen stilistisch vom Militärfahrzeug noch weiter entfernt. Den kernigen Jeep im soldatischen Outfit gab es aber nach wie vor.

1953 schloss sich der Jeepster-Hersteller Willys mit dem Autoproduzenten Kaiser zusammen. Jetzt waren der Jeep und der Jeepster Produkte der Kaiser-Willys Corporation, aus der 1963 die Kaiser-Jeep Corporation wurde. Den 1951 eingestellten Jeepster ließ man wieder aufleben; er wurde in modernisierter Form bis zur Übernahme der Firma durch American Motors (AMC) im Jahre 1970 gebaut. Er hatte den typischen, markanten Kühler, und mit seinem 3,7-Liter-V6-Motor war aus dem automobilen Erbe der Kriegsjahre ein 145 km/h schneller Reisewagen der »Roaring Sixties« geworden.

Kaiser Jeepster 1964

Kabriolett

In den 1930er Jahren verdeutschte Schreibweise von →Cabriolet.

Kaelble

1926 in Backnang, Württemberg, von Carl Kaelble gegründete Fabrik zur Herstellung von schweren Lastwagen und Sattelschleppern. Dieselmotoren von Anfang an.

Kämper

Motorenhersteller in Berlin, der in den 1910er und 1920er Jahren Einbauaggregate an kleinere Automobilfirmen lieferte und 1905-1906 auch komplette Autos baute.

Kaiser

Der Werftbesitzer Henry J. Kaiser, der Automobilkaufmann Joseph W. Frazer (ex →Chrysler) und der Designer Howard Darrin gründeten 1946 in Willow Run, Michigan, USA, die Kaiser-Frazer Corporation. Die fortschrittlich konzipierten Mittelklassewagen Kaiser und →Frazer waren anfangs sehr erfolgreich, der 1954-1958 gebaute Kaiser-Darrin Sportwagen (mit Kunststoffkarosserie) eine Antwort auf britische Importe. 1956-1962 Fortsetzung des Automobilbaus in Argentinien. 1963 Neugründung als Kaiser-Jeep Corporation (→Jeep) in Toledo, Ohio.

Kaiser Deluxe 1950

Kamm, Wunibald

Deutscher Wissenschaftler (1893-1966), zunächst Ingenieur bei →Daimler-Benz, später selbständig als Aerodynamiker arbeitend; Gründer des FKFS-Instituts in Stuttgart. Das strömungsgünstige »Kamm-Heck« (→K-Wagen) mit senkrechter Abrisskante entstand auf der Grundlage seiner Forschungen. Kamm gehörte 1937 auch zu den Initiatoren zum Bau einer neuen Kraftfahrzeughalle im Deutschen Museum, München.

Kämper

Die1902 in Berlin gegründete Firma Kämper stellte ursprünglich Stationär- und Bootsmotoren her, ab 1905 auch komplette Autos, die in Berlin überwiegend als Taxis eingesetzt wurden. Kämper-Motoren (Ein-, Zwei- und Vierzylinder) waren auch in einigen Kleinwagen in der Zeit vor 1920 zu finden.

Karbidscheinwerfer

→Azetylenscheinwerfer.

Kardanantrieb

Bis um 1900 war die Übertragung der Motorkraft auf die Antriebsräder per Riemen und Ketten (→Riemenantrieb, →Kettenantrieb) die Regel. Louis →Renault war der erste Automobilhersteller, der 1898 seine →Voiturette mit Kardanantrieb ausstattete (genauer: Wellenantrieb, denn der Einbau eines Kardangelenks im Antriebsstrang gehört nicht zum Unterscheidungsprinzip).

Kardanbremse

Bis in die Vintage-Zeit waren viele Personenwagen mit einer Betriebsbremse (Fuß- oder auch Handhebel) versehen, die als →Außenbandbremse auf die Kardanwelle wirkte. Präziser müsste es heißen: Kardanwellenbremse.

Kardanwagen

In der Zeit vor ca. 1914 gebräuchliche Bezeichnung für ein Automobil, das es mit →Kardanantrieb zu kaufen gab, alternativ aber auch mit Kettenantrieb (zum Beispiel bei →Mercedes oder →NAG).

Karmann

Als Wilhelm Karmann (1871-1953) im Jahre 1901 die 1874 in Osnabrück gegründete Kutschenbaufirma Klages erwarb, stellte er den Betrieb auf die Anfertigung von Automobilkarosserien um. Die Produktion nahm industrielle Ausmaße an, so dass Karmann schon bald größere Serienaufträge ausführen konnte. Karmann-Karosserien, vor allem Cabriolets, wurden für zahlreiche Hersteller angefertigt, wobei →Adler und →DKW breiten Platz einnehmen, aber auch →Volkswagen (VW-Käfer Cabrio, Scirocco, Golf-Cabrio u.a.), →BMW (2000 CS, E9 Coupés), Ford und Opel bis hin zu Komponenten für den Jaguar XK8 und die Fertigung des Mercedes-Benz SLK und CLK Coupé-Cabriolets.

Karmann: VW Ghia Coupé 1952 (l) DKW-Cabrio 1953 (r)

Karosserie

Bezeichnung für den kompletten Wagenaufbau über dem Fahrgestell, aber auch für den ganzen Wagenkörper bei →selbsttragender Bauweise. Weil die Vielfalt der für ein Automobil in Frage kommenden Karosserievarianten die fertigungstechnischen Möglichkeiten der Fahrzeughersteller meist überstieg, konnte die bis in die 1930er Jahre hinein sehr große Branche der auf den Karosseriebau spezialisierten Firmen in kleineren oder größeren Serien (oder auch in Einzelanfertigung) auf die unterschiedlichsten Hersteller- oder Kundenwünsche eingehen. Eine Karosserie entstand unter erheblichem Handwerksaufwand unter Einbeziehung von Fachkräften für Stellmacher-, Sattler- und Tapezierarbeiten. »Die Karosserie bestimmt in ihrer Linienführung und Farbe in hohem Maße die äußere Erscheinung eines Automobils und ist insbesondere bei luxuriösen Personenwagen häufig für den Kauf des Wagens ausschlaggebend«, wie es im Autmobil- und Motorenlexikon von 1925 (M. Preuss) heißt. Die ursprüngliche Schreibweise, wie sie in der Schweiz noch heute angewendet wird, lautet Carrosserie.

Katalysator
Wissenschaftler und Techniker der schweizerischen Sfindex S.A. in Saarnen wiesen 1945 erstmals auf eine zunehmende Luftverschmutzung durch Abgasemissionen von Verbrennungsmotoren hin und prognostizierten, dass Vorrichtungen zur Reinigung der Abgase (CO = Kohlenmonoxid, CO_2 = Kohlendioxid) eines Tages notwendig sein würden. Sie entwickelten den »Sfindex-Aerotron« als Elektrofilter im Abgassystem, ein Gerät, das 1959 auf den Markt kam und als Vorläufer des Katalysators anzusehen ist, wie er 1976 erstmals serienmäßig bei einem Personenwagen (→Saab) zu finden war. Die Nachrüstung mit einem Katalysator zur Abgasreinigung ist bei zahlreichen Oldtimern jüngerer Baujahre möglich.

Katalyt-Ofen
»Die Sonne im Winter« war ein kleines, etwa 25 cm hohes Gerät, das als flammenlose Benzinheizung arbeitete und im Auto mitgeführt wurde, als Heizungen noch nicht zur Standardausstattung gehörten (1920er bis 1950er Jahre). Hersteller war die Firma OEM (Oscar Epperlein, Magdeburg).

Kathe
Deutsche Karosseriefabrik (Halle, 1900-1948), die vorrangig für die sächsische Automobilindustrie tätig war (→Horch). Nach dem II. Weltkrieg Teilelieferant für die ostdeutsche Fahrzeugindustrie.

Kégresse
Nach dem Ingenieur Adolphe Kégresse benannter Fahrzeugtyp mit Hinterachsantrieb und Gummilaufbändern, einem →Halbkettenfahrzeug entsprechend. Kégresse entwickelte nach seiner Rückkehr aus Russland (er war am Hofe des Zaren tätig gewesen) im Auftrage von →Citroën in den 1920er Jahren solche Fahrzeuge zu Expeditionszwecken; einige wurden auch in Deutschland bei der Firma Rupflin in München angefertigt und dienten in den 1930er Jahren als Alpenpostfahrzeuge.

Kellner (I)
Die französische Karosseriefabrik Kellner & ses Fils (Boulogne-Billancourt 1903-1938) war für außerordentlich aufwändige und teure Arbeiten bekannt. Schon 1860 hatte Georges Kellner eine Kutschenbaufirma gegründet und Pferdefahrzeuge gebaut, die sich beider Pariser Gesellschaft höchster Reputation erfreuten.

Citroën Kégresse 1928

Kellner (II)
Deutsche Karosseriefirma (Berlin, 1910-1935), die nach der Liquidation von →Drauz in Heilbronn übernommen wurde und zahlreiche Patente für besondere Cabriolet-Mechaniken besaß. Kellner-Karosserien wiesen sich durch Noblesse und Eleganz aus. Infolge von Verwechslungen mit der Karosseriefirma Kellner in Paris (→Kellner I) gab es anhaltende juristische Auseinandersetzungen zwischen beiden Unternehmen, die durch Anzeigenkampagnen teils auch in der Presse ausgetragen wurden.

Kerzengewinde
Anfang der 1920er Jahre begann die Automobilindustrie in Europa eine Reihe von Normen einzuführen, wobei die Kerzengewinde Vorrang hatten, weil Zündkerzen zu den elementarsten Bauteilen gehörten, die man auch auf Reisen unterwegs nachkaufen musste. Die Industrie einigte sich auf ein 18-mm-Gewinde mit 1,5 mm Steigung, nach dem II. Weltkrieg international als M18x1,5 bezeichnet. »Zwergkerzen« erhielten ein 12-mm-Gewinde mit 1,25 mm Steigung (M12x1.25), später kamen M14x1.25 sowie (vor allem bei Mehrventilmotoren) Kerzen der Größe M10x1 hinzu. Die Amerikaner verwendeten jedoch nach wie vor ihr eigenen (Zoll-)Normen, wobei das so genannter Briggs-Gewinde mit 12,52 mm oder 22,23 mm am häufigsten vertreten war.

Kettenantrieb: Fiat 1911 (l): De Dion-Bouton 1902 (r)

Kettenantrieb
Die Übertragung der Motorkraft auf die Fahrzeugachse(n) per Kette(n) war bis etwa 1911 bei vielen Automobilfabrikaten gängige Praxis. Dabei handelte es sich um den Sekundärantrieb vom Getriebe zur Achse oder zu einem

Zahnkranz im Rad bzw. in beiden Rädern, während der Primärantrieb Motor-Getriebe in aller Regel durch eine Welle erfolgte. Bei einigen Lastwagen blieb der Kettenantrieb bis ca. 1928 Standardbauart.

Kettengetriebe

Bauart eines Wechselgetriebes, bei der nicht verschieden große Zahnräder auf Wellen mit einander in Eingriff sind, sondern verschiedene Zahnradpaare (ein Paar je Untersetzung) durch kurze Ketten in Verbindung stehen, z. B. bei frühen →Frazer-Nash-Wagen. Nach wie vor sind Kettengetriebe im Motorradbau üblich.

Kettenkrad

Kurzbegriff für Ketten-Kraftrad, wie es →NSU im II. Weltkrieg mit einem 1,2-Liter-Motor vom →Opel Olympia herstellte. Noch nach 1945 wurden einige dieser enorm geländetauglichen Fahrzeuge für den Einsatz in der Forstwirtschaft gebaut.

Kettenwagen

Bezeichnung für ein Automobil mit →Kettenantrieb, wo identische Modelle auch mit →Kardanantrieb angeboten wurden.

Kippspiegel

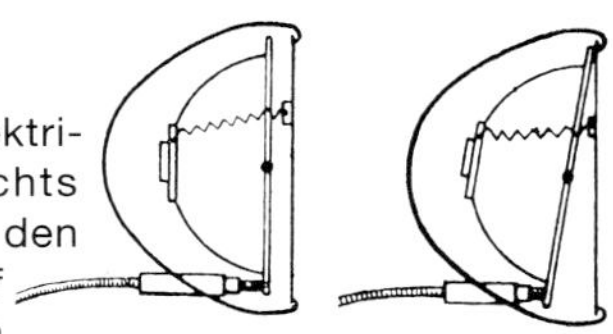

Das Abblenden des elektrischen Scheinwerferlichts bewerkstelligte man in den frühen 1920er Jahren auf einfache Weise: Durch einen Schalter ließ sich der fahrbahnseitige Scheinwerfer ausschalten, der auf der Seite des Fahrbandrandes neigte sich zugleich um etwa 15 Grad nach unten. Diese vor allem bei schnellerer Fahrt unbefriedigende Lösung wurde durch die Erfindung des Kippspiegels ersetzt. Durch Bowdenzug oder über ein Gestänge ließ sich der Reflektor beider Scheinwerfer neigen, so dass die Leuchtkraft der Leuchtquellen voll erhalten blieb, sich nur auf einen geringeren Fahrbahnbereich konzentrierte.

Kissel

Amerikanisches Automobilfabrikat (Hartford, 1906-1930). Die Kissel Motor Car Company baute Qualitätsfahrzeuge mit teils extravaganten Karosserien und schon ab 1916 mit →Blockmotor, 1925 mit automatischer Schmierung und Vierradbremsen. 1927 Achtzylindermotoren von →Lycoming. Bei Kissel wurde 1930 auch der →Ruxton hergestellt. Aufgrund ihrer Seltenheit zählen Kissel Automobile vor allem in den USA zu gesuchten Liebhaberfahrzeugen.

Klappsitz

Zusätzliche Klapp- oder auch Notsitze im Fond einer Limousine oder eines →Sedanca dienten bei »herrschaftlichen« Wagen zur Mitnahme von Personal oder Kindern; in den typischen Londoner Taxis findet man Klappsitze noch heute.

Klassische Wagen

Nach amerikanischer Definition (Classic Cars) nur bestimmte Modelle ausgewählter Hersteller. Im allgemeinen Sprachgebrauch Bezeichnung für einen Sammlerwagen in subjektiver Bewertung, für dessen Herkunft, Alter oder Ausführung es keine definierten Grenzen gibt, so dass nicht nur Oldtimer als klassische Fahrzeuge rangieren, sondern auch (meist höherpreisige, anspruchsvolle) Wagen, die schon im Neuzustand durch ihre Herkunft z.B. von einem Premium-Hersteller den Status als »Klassiker« genießen, aber auch über einen lange Zeitraum gebaute, populäre Modelle wie z.B. der Volkswagen Käfer, der Ford Capri oder der Citroën 2 CV.

Klaxon

Markenbezeichnung eines in Frankreich hergestellten Signalhorns, die allmählich zu einem Gattungsbegriff für besonders lautstarke elektrische →Hupen wurde.

Kleinschnittger

Der von Paul Kleinschnittger (Arnsberg, 1950-1957) in etwa 3000 Exemplaren hergestellte Kleinstwagen mit 125-ccm-Ilo-Zweitaktmotor gehört zu jenen Mininmalautomobilen, die in der Nachkriegszeit das Verkehrsbild in Deutschland prägten. Den Motor des offenen Zweisitzers startete man per Handzug. Ein 250-ccm-Coupé sollte folgen, kam aber nicht mehr zur Realisierung.

Kleyer, Heinrich

Der deutsche Ingenieur (1853-1932) war Gründer der Adler-Werke in Frankfurt am Main (→Adler), die zunächst Fahrräder und ab 1898 Motorräder, ab 1900 auch Automobile produzierten Repräsentant für →Clément-Bayard in Deutschland. Kleyer war auch Mitgründer der Dunlop-Reifenfabrik in Hanau.

Kleinschnittger 1950

Klappsitze: Rolls-Royce 1956 (l); Mercedes-Benz 1927 (r)

Klingeln

→Zündverstellung.

Klingenberg-Wagen

→NAG.

Klotzbremse

Primitive Reifen-Klotzbremse bei einem Benz 1888

Die mit Leder belegte Klotzbremse, per Hebeldruck auf die Reifen oder Ränder einer Radfelge wirkend, hatte man aus dem Kutschwagenbau übernommen; sie fand bei frühen Motorwagen bis etwa 1896 Anwendung und war nicht sehr wirkungsvoll.

Knight-Motor

Ein nach seinem Erfinder Charles Y. Knight benannter Motor mit Schieberventilen (→Schieberventilmotor).

Knüppelschaltung

Bezeichnung für die Position des Getriebeschalthebels am Wagenboden unmittelbar neben dem Fahrersitz auf dem Getriebetunnel im Unterschied zur Lenkradschaltung.

Königswelle

Übertragungswelle mit zwei Kegelzahnradpaaren von der Kurbelwelle zur Nockenwelle, meist bei leistungsstarken →ohc-Motoren. Der Abtrieb kann sich an der Seite oder in der Mitte eines Motors befinden.

Koffersatz

Für Autos der gehobenen Preisklasse boten Karosserie- bzw. Automobilhersteller bis in die 1960er Jahre auf die Abmessungen des Gepäckabteils eines Wagens maßgeschneiderte Koffersätze an, die eine optimale Nutzung des vorhandenen Raums gewährten und häufig auch in Ledersorten ausgeführt waren, die mit dem Interieur des Fahrzeugs harmonisierten.

Renault AX 1908

Kohlenschaufelbug

Umgangssprachliche Bezeichnung für eine Motorhaube in »Kohlenschaufel«-Form mit einem dahinter angeordneten Kühler, wie ihn Fahrzeuge der Fabrikate →De Dion-Bouton, →Renault, →Mack, →Komnick und viele andere teils bis in die 1920er Jahre aufwiesen. Von Vorteil war die gute Zugänglichkeit des Motors bei aufgeklappter Haube, nachteilig die geringere Wirkung des Kühlers.

Kombinationskarosserie

In der Frühzeit des Automobils wurden für Sommer- oder Winterbetrieb Karosserien angeboten, mit der sich ein →Phaëton oder →Tourenwagen durch die Kombination mit einem Dachteil in eine →Limousine verwandeln ließ.

Kombinationskraftwagen (Kombiwagen)

In den späten 1920er Jahren eingeführte Bezeichnung für ein offenes Auto, bei welchem sich die hintere Partie durch Herausnehmen von Sitzen zum Transportieren von Waren benutzen ließ, wobei die Vordersitze durch ein →Hardtop geschützt wurden. Der uns heute geläufige Kombiwagen fand erst nach dem II. Weltkrieg Verbreitung (→DKW Universal, →Opel Caravan u.a.)

Kombinationskraftwagen (Mercedes-Benz 1928)

Hanomag »Komissbrot« 1924

Kommissbrot

Scherzhafte Bezeichnung für den 1924-1928 gebauten →Hanomag 2/10 PS Zweisitzer (Einzylinder-Heckmotor), vermutlich wegen seiner kompakten, kastenförmigen Pontonform.

Komnick

Deutsche Automobilmarke (Elbing, 1907-1927), unter welcher Personenwagen, Lastwagen und Schlepper gebaut wurden. Der Betrieb wurde nach der Schließung von der Nutzfahrzeugfirma →Büssing übernommen und als Lkw-Produktionsstätte genutzt.

Mercedes-Benz Kompressormotoren für Straßenfahrzeuge: 680 K 1928 (l); 500 K 1934 (r)

Kompressor

Ein Kompressor bezweckt im Motorenbau bei hoher Drehzahl eine bessere Zylinderfüllung als durch Ansaugung. Es wurden viele Systeme entwickelt, wobei der für →Chadwick arbeitende Rennmechaniker Willy Haupt 1908 es erstmals mit Erfolg die Leistung eines Motors in einem Wettbewerbswagen erhöhte. Dieser »Kompressor« (auch Lader oder Verdichter genannt) fand jedoch keine weitere Verbreitung; erst die aus dem Flugmotorenbau 1914-1918 gewonnenen Erkenntnisse in der Ladetechnologie (Aufladung zum Ausgleich des abnehmenden Luftdrucks bei zunehmender Flughöhe) führten zu einem Transfer zum Automobilmotor. Eine große Zahl von Technikern und Unternehmen versuchten, durch Aufladung Leistungssteigerungen bei unverändertem Hubraum zu erzielen und bediente sich hierzu unterschiedlicher Verfahren →Cozette, →Derbuel, →Roots, →V.D., →Zoller und andere). Man unterscheidet prinzipiell zwischen zuschaltbaren Kompressoren und solchen, die dauernd mitlaufen. Zwei Ladeprinzipien wurden angewendet: die der unter Druck erfolgenden Luftzuführung durch ein Gebläse (Drucklader) zum Vergaser sowie die, bei der das Gemisch vom Vergaser durch Saugwirkung (Sauglader) in die Verbrennungsräume gelangt.

Königswelle

Kegelradverzahnte, senkrechte Antriebswelle von der Kurbel- zur Nockenwellen in einem →ohc-Motor.

Kontaktregler

→Regler.

Kontra-Motor

Von Carl →Benz verwendete Bezeichnung für seinen 1897 gebauten Flachmotor (Boxermotor), den es von 1,7 bis 2,6 l Hubraum in verschiedenen Größen gab.

Konuskupplung

Die vor 1920 in vielen Automobilen vorhandene Trennkupplung zwischen Motor und Getriebe war häufig eine so genannte Konuskupplung, die nicht aus tellerförmigen Stahlplatten, sondern aus zwei formschlüssig ineinander greifenden, durch Federdruck getrennten Teilen bestand, erstmals

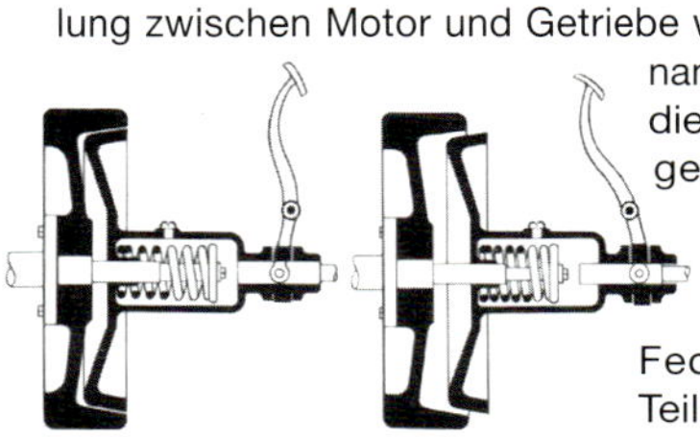

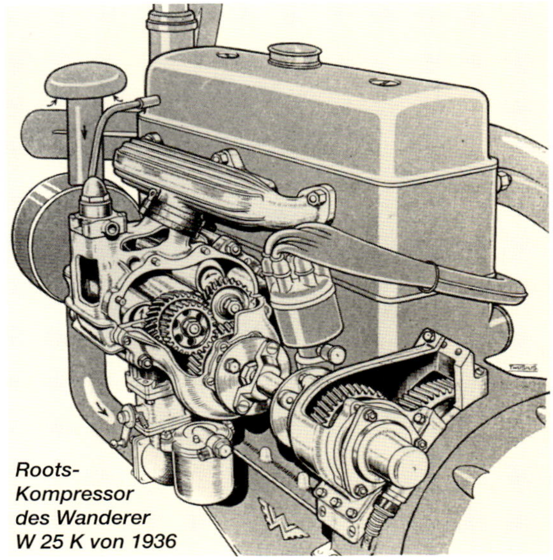

Roots-Kompressor des Wanderer W 25 K von 1936

im Jahre 1889 von →Daimler (Stahlradwagen) angewendet. Der feste und der ausrückbare Teil waren konusförmig geformt, wobei der ausrückbare Teil meist einen Lederbezug aufwies, der nach relativ kurzer Laufzeit verschlissen war und ausgewechselt werden musste.

Kraftdroschke

Vor dem I. Weltkrieg eingeführte Bezeichnung für ein Taxi (Droschke: Pferde-Mietfuhrwerk). Man unterschied bis in den 1930er Jahre Groß-, Mittel-, Klein und Motorraddroschken. Es gab gesetzliche Vorschriften hinsichtlich Abmessungen, Farbgebung (Grün mit Schwarz). Ausstattung und Gepäckunterbringung, Wendekreis-Durchmesser sowie Sitzanordnung.

Kraftfahrzeug

»Ein Kraftfahrzeug ist ein Landfahrzeug, das durch Maschinenkraft bewegt wird, ohne an Bahngeleise gebunden zu sein.« Diese Definition, in Deutschland erstmals am 3. Mai 1909 gesetzlich (RGBL Seite 437) verankert, löste die Begriffe →Automobil und →Motorwagen zumindest dort ab, wo es bislang keine einheitlich offizielle Sprachregelung gegeben hatte (→Kraftwagen).

Kraftstoffeinspritzung

Den Kraftstoff nicht über einen herkömmlichen Vergaser, sondern über eine direkte Einspritzung dem Brennraum eines Zylinders zuzuführen, praktizierte erstmals Moto Guzzi 1930 bei einem Rennmotorradmotor. Die aus dem Flugmotoren- (und später Dieselmotorenbau) stammende Idee der direkten Einspritzung beim Automobil-Benzinmotor führten 1951 →Gutbrod beim Zweitaktmotor des Superior-Kleinwagen sowie →Goliath sowie →Daimler-Benz 1952 beim Viertaktmotor des 300 SL ein (Bosch-Anlagen). Die von →Lucas entwickelte mechanische

Saugrohreinspritzung wendete 1957 erstmals →Jaguar bei einem Rennwagen an (Serieneinführung 1958 bei →Triumph). Elektronische Kraftstoffeinspritzung erstmals 1968 (Bosch D-Jetronic) beim Mercedes-Benz 250 E. 1973-74 erfolgte die Einführung der elektronischen Kraftstoffeinspritzung auf breiter Basis bei Serienfahrzeugen.

Kraftwagen

Seit 1909 gesetzlich verankerter Gattungsbegriff für nicht schienengebundene, vier- oder mehrrädrige, zweispurige Motorfahrzeuge, im Unterschied zu →Krafträdern, zu denen einspurige Motorfahrzeuge und auch dreirädrige Fahrzeuge zählen (→Kraftfahrzeug).

Krebs-Vergaser

Der französische Ingenieur Krebs entwickelte um 1902 einen Vergaser, der ein gleichmäßig zusammengesetztes Gasgemisch erzeugte unter Verwendung eines Zusatz-Luftschiebers durch Federbelastung (erste Anwendung bei →Panhard-Levassor).

Kreiskolbenmotor

→Wankelmotor.

Kriéger

Französischer Hersteller von Automobilen (Colombes, Paris, 1898-1909). Das von Louis Antoine Kriéger gegründete Unternehmen stellte überwiegend Taxis mit Elektroantrieb, aber auch einige Fahrzeuge mit Verbrennungsmotor (→De Dion-Bouton) her. Nach Kriéger-Lizenz gebaute Elektromobile gab es auch in Deutschland (unter anderem →Lloyd, →Wartburg). Kriéger war der bekannteste Elektrofahrzeug-Hersteller in Europa.

Krückstock-Handbremse

Scherzhafte Bezeichnung für Handbremshebel unter dem Armaturenbrett, die mit einem »Krückstockgriff« versehen waren und durch eine Drehbewegung gelöst wurden. Die Verlegung vom Wagenboden weg kam in den 1950er Jahren in Mode, als mit zunehmender Fahrzeugbreite die vordere Sitzbank im Personenwagen für drei Personen ausgelegt wurde.

Krückstockschaltung

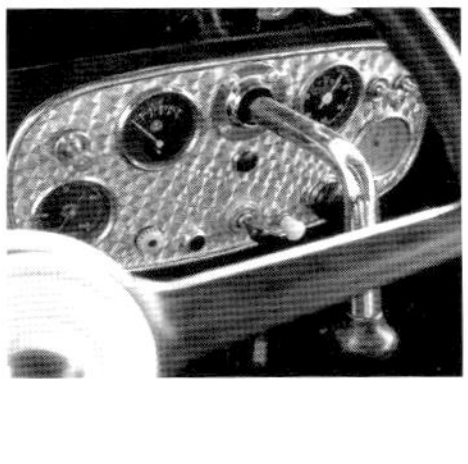

Scherzhafte Bezeichnung für den Getriebeschalthebel im Armaturenbrett statt auf dem Wagenboden bei Fahrzeugen mit →Fronantrieb (z.B. →Citroën, →DKW, →Tempo).

Krupp

Das große Essener Rüstungs- und Industrieunternehmen baute ab 1905 zunächst schwere Zugmaschinen, ab 1919 auch Lastwagen, nach dem II. Weltkrieg als Krupp-Südwerke in Kulmbach. Berühmt wurden die großen Lkws mit Zweitaktdiesel von mehr als 200 PS. In den 1920er Jahren stellte Krupp einen Motorroller her.

Kühler: 1 Citroën 1925; 2 Kühlertest um 1918; 3 halbrunder Kühler Benz (Rennwagen) 1922; 4 Fiat 1914

Kübelwagen

Bezeichnung für einen Pkw für Militär- oder Polizeieinsatz mit so genannten Kübelsitzen, die ein leichtes Ein- und Aussteigen ermöglichen. Kübelwagen mit oder ohne seitliche Türen bauten in den 1930er Jahren z.B. →BMW, →Hanomag, →Mercedes-Benz, →Opel, →Stoewer und →Tempo, ehe →Volkswagen zu Beginn des II. Weltkrieges die deutsche Wehrmacht mit dem VW Typ 82 belieferte. Auch die offene NVA-Ausführung des →Trabant (1966-1981) oder der von der Bundeswehr benutzte →DKW Munga 4x4 (1956-1968) wurden als Kübelwagen bezeichnet.

Kühler

Mit dem Begriff Kühler bezeichnet man im Allgemeinen den Wasserkühler (techn. exakter Begriff: Wasser-Luft-Wärmetauscher) als eine Komponente des flüssigkeitsgekühlten Motors, in welchem Fahrtwind und Ventilator eine Absenkung der zirkulierenden Kühlflüssigkeit bewirken. Waren es bei sehr frühen Motorwagen noch die Rohre des Fahrgestells, durch die das Wasser zirkulierte, und danach (bis etwa 1904) vereinzelt Kühlschlangen mit aufgelöteten Rippen zur Abgabe der Wärme an die sie

VW Kübelwagen 1943

Kühlerfiguren

umgebende Luft, so setzte sich bald der Kühlerblock mit seinen wabenförmig aneinander gesetzten kleinen Kammern durch, die durch eine Maximierung der sich daraus ergebenden Oberflächengröße eine noch effizientere Abkühlung des flüssigen Mediums bewirkten. Form und Größe des Kühlers, vor allem aber der Kühlermaske (mit dem schützenden ➔Kühlergrill wurden im Automobilbau ab etwa 1910 zu einem wichtigen Unterscheidungs- und Stilelement.

Kühlerabdeckung

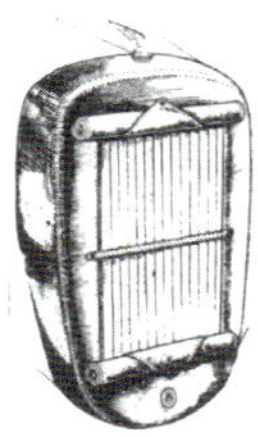

Schürze aus Leder oder lederähnlichem Werkstoff zur Abdeckung des ➔Kühlers in der kalten Jahreszeit, damit die Betriebstemperatur des Kühlwassers schneller erreicht wurde. Meist waren die auf die Kühlerform individuell zugeschnittenen Abdekkungen mit Öffnungsklappen versehen.

Kühlerfigur

Mit zunehmender Ausprägung der Kühlerformen (➔Kühler) als Identifikationselement beim Automobil kamen künstlerisch gestaltete Ornamente auf, die den oberen Abschluss der Kühlermaske oder den Einfüll-Schraubverschluss fürs Kühlwasser zierten. Neben Figuren und Zeichen, die einen direkten Bezug zur Automarke hatten (z.B. »Spirit of Ecstasy« beim ➔Rolls-Royce, dreigezackter Stern beim ➔Mercedes), gab es unzählige Fantasiefiguren, die der Zubehörhandel anbot. Kühlerfiguren verschwanden vom Markt, als die Zulassungsbestimmungen sie aus Sicherheitsgründen verboten; wo es sie heute noch bei Neufahrzeugen gibt, muss ein Mechanismus die Figur bei Berührung (z.B. durch Federmechanismus) umlegen oder sie versenken lassen.

Kühlerheizung

Anstatt dem Kühlwasser in der kalten Jahreszeit ein Frostschutzmittel beizumengen, vor allem aber auch, um morgens den Motor problemlos starten zu können, zog man es früher vor, das Kühlwasser während der Nacht durch ein Heizgerät zu wärmen (wovon auch das Motoröl profitierte, indem es weniger zähflüssig war). Meist sorgte ein kleiner ➔Katalytofen vor dem Kühler des Wagens für die erwünschte Temperatur.

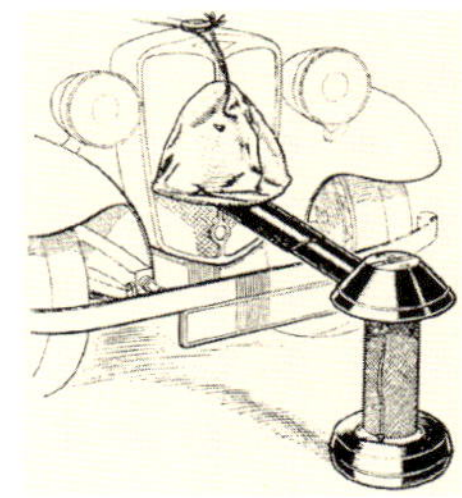

Kühlergrill

Schutzelement (gegen Steinschlag, Straßenschmutz, Blätter) in der Kühlermaske (➔Kühler), aus Gitter, Stäben oder anderen Elementen bestehend, deren Form und Anordnung das »Gesicht« eines Fahrzeugs prägen und neben der Schutzfunktion eine stilistische Komponente darstellen.

Kühlerjalousie

Manuell per Drahtzug oder automatisch per Thermostat betätigte Vorrichtung, die Teile des ➔Kühlergrills schloss bzw. öffnete, um die Beaufschlagung des Kühlers mit Fahrtwind und damit die Erwärmung des Kühlwassers zu regulieren.

Kühlerthermometer

Viele ➔Kühlerfiguren waren zugleich als Thermometer ausgebildet und dienten zum Ablesen der Wassertemperatur durch den Fahrer, bevor in den frühen 1930er Jahren Fernthermometer als Instrumente fürs ➔Armaturenbrett in den Handel kamen

Kühlschlange

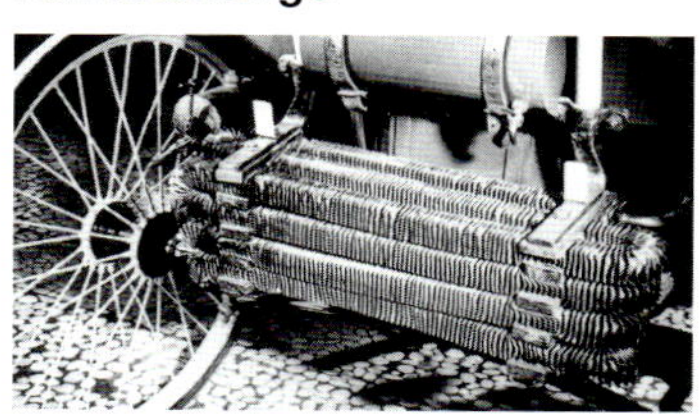

Die Zirkulation des Kühlwassers durch eine Röhrensystem, das dem Fahrtwind ausgesetzt war und eine Abkühlung des Wassers bewirkte, fand bis etwa 1900

durch so genannte Kühlschlangen statt, die eine Vielzahl von Rippen aufwiesen und im vorderen Fahrzeugbereich, meist zwischen den Vorderrädern, angordnet waren. Dieser »Schlangenrohrkühler« an exponierter Stelle war jedoch dem Risiko häufiger Beschädigungen ausgesetzt.

Kugelschaltung

In den 1920er Jahren löste allgemein die Kugelschaltung die bis dahin gebräuchliche ➔Kulissenschaltung ab. Hierbei bewegt man den Schalthebel zur Verschiebung der Schaltgabeln durch Hebelwirkung um einen zentralen Drehpunkt (Kugel).

Kulissenschaltung

Die auch Verschiebeschaltung genannte Kulissenschaltung, bei welcher der Schalthebel nicht wie bei der ➔Kugelschaltung Schaltklauen um einen zentralen Drehpunkt bewegt, sondern in einer so genannten Kulisse geführt wird, war bis in die 1920er Jahre hinein die übliche Art der Gangwechsel-Vorrichtung. Da Getriebe und Motor noch getrennte Baugruppen darstellten, bestimmte die fahrzeugmittige Platzierung des Getriebes auch die Lage des Schalthebels, der über eine Welle mit dem Getriebe verbunden war und bei rechtsgelenkten Wagen meist rechts außenbords saß. Die später bei Sportwagen wieder praktizierte Führung des Schalthebels in einer Kulisse hatte oftmals nur rein stilistische Gründe.

Kunststoffkarosserie

Die Verwendung von glasfaserverstärktem Kunststoff (GFK) im Karosseriebau kam in den 1950er Jahren auf (➔Jensen, ➔Chevrolet Corvette, ➔DKW Monza, ➔Saab Sonett und andere), beschränkte sich aber auf Bauserien geringen Umfangs, weil sehr viel zeit- und damit kostenintensive Handarbeit involviert war. Versuche mit Kunststoffkarosserien unternahm man bei der ➔Auto Union und anderen Firmen bereits vor 1940.

Kunstleder

Anstelle von echtem Leder verwendete man im Automobilbau, in erster Linie bei offenen Wagen, ab Anfang der 1920er Jahre Lederimitate, die preisgünstiger und weniger empfindlich waren und auch einen geringeren Pflegeaufwand benötigten. ➔Ford, ➔Citroën und ➔Fiat waren die ersten, die Kunstlederpolster einführten.

Kurvenstabilisator

➔ Stabilisator.

Kunststoffkarosserie Saab Sonett 1973

Kunststoffkarosserie Chevrolet Corvette 1953

K-Wagen

Bezeichnung für eine nach aerodynamischen Gesichtspunkten gebaute Limousine nach Professor Wunibald ➔Kamm. Seine als K-Wagen bezeichneten Konstruktionen entstanden 1938/39 für u.a. für ➔ BMW.

»Ein Kraftwagenführer muss mit der Geschicklichkeit, den Wagen sicher zu führen, und mit genauer Kenntnis der Einrichtung desselben ein großes Maß an Vorsicht und Besonnenheit sowie Achtung vor der öffentlichen Ordnung und den Mitmenschen vereinigen.«

Adolf König,
Automobilschriftsteller, 1921

La Buire

Französische Automobilmarke (Lyon, 1904-1929), deren Vier- und Sechszylinder für einen hohen Grad an Zuverlässigkeit bekannt waren. Die Produktion endete in den späten 1920er Jahren; der Betrieb diente anschließend als Armeedepot.

La Licorne

→Corre.

Labourdette

Französische Kutschenbau- und Karosseriefirma (Paris, Courbevoie 1899-1949), deren Spezialität in der Frühzeit →Skiff- und →Torpedo-Aufbauten waren. 1935 führte Larbourdette die »Vutotal«-Karosserie ein, bei der randum rahmenlose Scheiben größere Fensterflächen ermöglichten. Henri-Jean Labourdettes erste Automobilkarosserie war 1903 entstanden; 1912 erhielt er ein Patent auf eine stromlinienförmige Coupékarosserie. Aerodynamische Aufbauten waren Larbourdettes Spezialität bis zur Produktionseinstellung im Jahre 1949.

Ladepumpe

→Ladepumpenmotor.

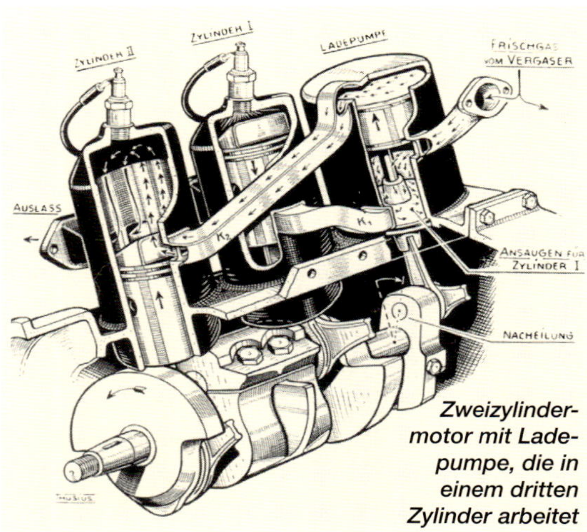

Zweizylindermotor mit Ladepumpe, die in einem dritten Zylinder arbeitet

Ladepumpenmotor

Zweitaktmotor, der nach dem Prinzip der →Schnürle-Umkehrspülung arbeitet und einen zusätzlichen Pleuel für einen Arbeitskolben (Ladekolben) aufweist. Über ein Tellerventil wird Frischluft angesaugt, verdichtet und durch den Überströmkanal in der Zylinderwand in den Verbrennungsraum geführt. Durch eine Trennung der »Spülluft« vom Kurbelgehäuse werden im unteren Motorbereich alle Stellen durch das dem Kraftstoff beigefügte Öl mit Schmierung versorgt.

Lader

Anderer Ausdruck für →Kompressor bzw. Turbolader.

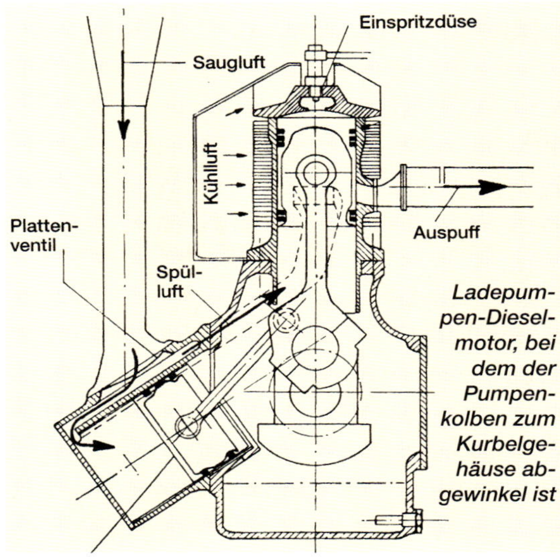

Ladepumpen-Dieselmotor, bei dem der Pumpenkolben zum Kurbelgehäuse abgewinkel ist

Längsträger

Profilierter Längsholm eines traditionellen →Leiterrahmens bzw. der Bodengruppe bei einer →selbsttragenden Karosserie.

Lafayette

Die amerikanische Lafayette Motors Co. (Mars Hill, 1920-1924) stellte luxuriöse Wagen mit Achtzylinder her, die Konstruktionen des ehemaligen →Cadillac-Ingenieurs David McCall-White waren und durch die →Nash-Organisation verkauft wurden.

LaFrance (American LaFrance)

Amerikanischer Hersteller von Feuerwehrfahrzeugen (Elmira, N.Y., 1910 bis heute).

Lago, Antonio

Italienischer Geschäftsmann (1893-1960), der →Isotta-Fraschini in London vertrat, danach im Auftrage des →STD-Konzerns als Geschäftsführer für →Sunbeam tätig war, bevor er 1933 Chef der Firma →Talbot in Suresnes (Frankreich) wurde und die dort hergestellten Personen- und Sportwagen die Markenbezeichnung →Talbot-Lago erhielten.

Lagonda

Von Wilbur Gunn in England gegründetes Unternehmen (Staines, 1900-1989), das zunächst →Cyclecars, ab 1909 auch Vier- und ab 1927 Sechszylinder (Motoren teils von →Meadows) herstellte. Lagonda war stets sehr aktiv im Motorsport. 1937 Einführung eines V12, konstruiert von W.O. →Bentley (1939 erfolgreich in Le Mans). 1949 Übernahme durch →Aston Martin. Letzter Markenauftritt 1978 bis 1989, als ca. 600 Viertürer mit 5,4-Liter-V8-Motor unter der Bezeichnung Lagonda gebaut wurden. Das Keilformdesign entsprach dem Zeitgeist.

Lagonda V12 1939

La Licorne

Ab 1935 verwendete Markenbezeichnung (»Einhorn«) für die bei →Corre in Courbevoie gebauten Personenwagen, die ab 1939 starke Ähnlichkeit mit dem →Citroën Traction Avant hatten. Die Marke La Licorne existierte bis 1949.

Lambert

Französischer Autohersteller (Macon, Reims, Belfort, 1926-1953) sportlicher Fahrzeuge mit Zwei- und Vierzylindermotor, zeitweilig von →Ruby. Germain Lambert baute 1945-1946 auch Elektrofahrzeuge. Ein anderer Autofabrikant namens Lambert stellte 1902 bis 1905 in Paris Motorfahrzeuge mit Motoren von →Aster her.

Lamborghini Bravo Coupé 1974

Lamborghini

Von dem Italiener Ferruccio Lamborghini gegründetes Unternehmen (Sant'Agata, Italien, 1963 bis heute), das anfänglich Traktoren herstellte und 1963 mit dem 350 GTV Coupé auch ins Sportwagengeschäft einstieg, um →Ferrari Konkurrenz zu machen. Weitere berühmte Lamborghini-Modelle: Miura (1966), Islero (1968), Espada (1969), Urraco (1970), Countach (1971). Die Firma Lamborghini hatte ab 1978 verschiedene Besitzer und wurde 1998 von →Volkswagen übernommen. Der Firmengründer starb 1993.

Lamellenkühler

In den 1910er Jahren aufgekommene Bezeichnung für einen Wasserkühler in Lamellenbauart mit einem wabenförmigen Körper aus kleinen, zickzackförmig in Lamellen (frz.: Streifen, dünnes Blatt) geformten Zellen, die damit in ihrer Gesamtheit eine große Oberfläche bilden und das durch sie strömende Wasser schneller abkühlen lassen (Fahrtwind). Es gab auch Bauarten mit geradlinig geführten Lamellen und Leitblechen zwischen ihnen, die ihrerseits zickzackförmig verliefen und den erwünschten Kühleffekt herbeiführten.

Lamellenkupplung

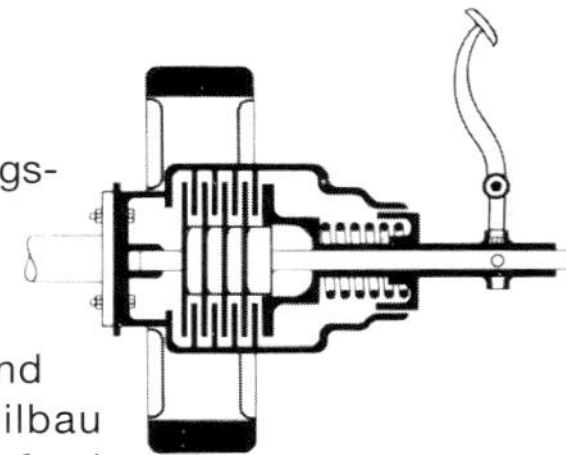

Besteht aus mehreren Kupplungsscheiben, eine Konstruktion, von der man sich ein weicheres Ein- und Ausrücken versprach. Die in den 1910er und 1920er Jahren im Automobilbau verwendete Lamellenkupplung fand man z.B. in vielen →Bugatti-Modellen. Um 1900 schuf der britische Erfinder und Konstrukteur Henry Selby Hele-Shaw eine Mehrscheiben-Lamellenkupplung, bei der bis zu zwölf Lamellenpaare in einem Ölbad liefen (Übertragung höherer Leistung durch das Öl infolge eines höheren Reibungsfaktors, wobei aber keine vollkommene Trennung der einzelnen Komponenten möglich ist). Die Hele-Shaw-Kupplung (Abb.) fand im europäischen Automobilbau bis etwa 1920 weite Verbreitung.

Lammas-Graham

Der von der Lammas Ltd. in Sunbury, England, von 1936 bis 1938 gebaute Sechszylinderwagen war ein elegantes, teures Cabriolet; der 3,3-Liter-Motor kam von der amerikanischen Firma →Graham. Nicht mehr als 50 Fahrzeuge dürften angefertigt worden sein.

Lanchester

Lanchester gehörte zu den ältesten Automobilherstellern in Großbritannien (Birmingham, 1895-1956). Frederick William Lanchesters Konstruktionen unterschieden sich von anderen insoweit, als sie sich nicht an bekannte Vorbilder anlehnten oder fremde Komponenten einbezogen (eigene Motoren, eigene Chassis). Mit ihren großen Zweizylindermotoren liegender Bauart und einer ingeniösen Hebellenkung (Lenkräder wurden erst 1908 eingeführt) blieben die Lanchester sehr individuelle Fahrzeuge, die an Prestige einem →Rolls-Royce oder →Napier gleich

Lanchester 1906

LANCHESTER

Lanchester 1907 in Indien, im Besitz eines Maharadschahs. Der bei ihm in Diensten stehende Chauffeur ist Engländer.

Lanchester galt einst als der große Gegenspieler der Firmen Rolls-Royce und Daimler. Als die Könige, Präsidenten und Potentaten dieser Welt vor etwa einhundert Jahren die Reize des Automobils für sich entdeckt hatten, begann bei den Herstellern ein Wettbewerb um die Gunst dieser erlauchten Kundschaft. Die hohen Ansprüche und ausgefallene Sonderwünsche zu erfüllen, stellten interessante Herausforderungen für Techniker und Karosseriebauer dar, und besonders Auftraggeber aus fernen Ländern übertrafen einander in extravaganten Wünschen, für deren Erfüllung sie ein Vermögen auszugeben bereit waren.

Schon früh hatten die Herrscher indischer Provinzen – seinerzeit noch zum britischen Großimperium gehörend – Interesse am Motorwagen bekundet, wenngleich ausgerechnet der subtropische Halbkontinent über ein nur minimales Straßennetz im Vergleich zu dem in anderen Ländern verfügte. Dort aber, wo man wenige Meilen mit dem Automobil auf halbwegs befestigten Straßen fahren konnte, ließen sich die Maharadschahs, Fürsten, Nabobs und deren ebenso gutbetuchte Verwandtschaft in den teuersten Wagen chauffieren, die es zu kaufen gab, vornehmlich britischer Herkunft. Einige der Potentaten ließen eigens Straßen durch ihr Dschungelreich anlegen, um mit dem Auto auf die Jagd fahren zu können. Karosserien mit Applikationen aus Gold und Silber waren nicht ungewöhnlich, oder solche mit Edelsteinbesatz und teuren französischen Brokatbezügen im Interieur.

Der abgebildete Wagen ist ein 28 HP Lanchester Baujahr 1907, erworben von Seiner Königlichen Hoheit Prinz Jam Saheb (im weißen Gewand im Fond). Sein livrierter Chauffeur ist ein ehemaliger Unteroffizier der britische Armee. Der Wagen weist kein Lenkrad auf – eine Besonderheit des Lanchester, den man mit einem Hebel an der rechten Bordwand lenkte; erst 1908 führte man das konventionelle Lenkrad ein. Der Motor ist ein Sechszylinder, installiert unter den Vordersitzen, weshalb der Wagen auch einer Motorhaube entbehrt. Zwischen den gewaltigen Messingscheinwerfern befindet sich der Wasserkühler. Schaltung und Bremsen (auf die Hinterräder wirkend) wurden durch Hebel bedient, das einzige Pedal am Wagenboden betätigte die Vergaser-Drosselklappe. Die damaligen Lanchester wiesen einen extrem lange Radstand auf, wodurch sich im Fahrzeug relativ viel Platz ergab – Vorzüge, die nicht nur ein Maharadschah zu schätzen wusste. Viele dieser vor 1914 nach Indien gelieferten Automobile erfreuten sich eines langen Lebens, nicht zuletzt infolge der eingeschränkten Möglichkeiten, sie benutzen zu können – vorausgesetzt, es handelte sich um Qualitätswagen wie ein Lanchester.

Lancia Flaminia Zagato 1960

kamen. 1928 erfolgte die Vorstellung eines Achtzylinders, 1931 fand eine Fusion mit ➔BSA (seit 1910 Besitzer von ➔Daimler) statt, die Markenidentität blieb aber erhalten.

Lancia

Der italienische Rennfahrer und Ingenieur Vincenzo Lancia (1881-1937) zählt zu den Pionieren des Automobilwesens in Italien. Die von ihm gegründete Firma (Turin, 1906 bis heute) stellte Qualitätsfahrzeuge her, die in vieler Beziehung technische Innovationen aufwiesen: Einzelradaufhängung, mittragende Bauweise, V4-Motor schon beim Lambda 1922. Die Aurelia- und Flaminia-Modelle der 1950er Jahre, auch die Flavia, Fulvia, Stratos etc. zählen zu den Meilensteinen der italienischen Automobilgeschichte. Die Marke Lancia kam 1969 zum ➔Fiat-Konzern.

Landaulet

Auch: Landaulett. Bezeichnung aus dem Kutschenbau (»Landauer«) für einen Wagen, dessen hinteres Verdeckteil sich öffnen lässt, während Vorder- und Mittelteil geschlossen bleiben. Bei manchen Fabrikaten auch Touring-Cabriolet genannt. Das Landaulet(t) war in den 1930er Jahren eine vor allem als Taxi weit verbreitete Karosseriereform. Angeblich wurde das Wort erstmals für eine Karosse verwendet, die sich der österreichische Kaiser Franz-Joseph I. 1702 bei einem Kutschenbauer in Landau/Pfalz bauen ließ.

Landaulet Mercedes-Benz 1928

Landaulet-Phaeton Konstruktion Utermöhle 1908

Landaulet-Limousine

➔Limousine.

Landaulet Phaeton

Eine weitere Bezeichnung für ein ➔Landaulet, vor allem in den USA gebräuchlich.

Lankensperger, Georg

Der Wagenbauer Lankensperger aus München (1779-1847) gilt als Erfinder der im Automobilbau üblichen Achsschenkellenkung, die im englischen Sprachraum auch als »Ackermann steering« bezeichnet wird: Der Kunsthändler Ludwig Rudolph Ackermann hatte Lankenspergers Erfindung 1818 in den drei britischen Königreichen zum Patent (Nr. 4212) angemeldet.

Lanz

Hersteller von landwirtschaftlichen Maschinen und Schleppern (Mannheim, 1921-1953) großer Reputation (»Bulldog«). Straßenzugmaschinen ab 1928. Seit 1955 gehört Lanz zum John-Deere-Konzern.

La Salle

Amerikanisches Automobilfabrikat (Detroit, 1927-1940), gegründet als Tochter der Marke ➔Cadillac, um unter einem anderen Markennamen preisgünstigere Modelle anbieten zu können, ohne das Prestige des teuren Cadillac zu beeinträchtigen.

Laubfrosch

Scherzhafte Bezeichnung für den 1924 bis 1928 gebauten ➔Opel 4 PS (4/12, 4/16, 4/20 PS), ein Spitzheck-Zweisitzer, der anfangs nur in froschgrüner Lackierung ausgeliefert wurde. Es handelte sich um eine Kopie des überwiegend in Gelb verkauften ➔Citroën 5 HP, woher sich die Redensart ableitet »dasselbe in Grün«.

Laufbüchse

In den 1930er Jahren setzten sich im Motorenbau »nasse« (weil vom Kühlwasser direkt umspülte) Laufbüchsen durch, die man an Stelle der festen Zylinder insbesondere bei größerer Motoren in den Block einzog. Die auswechselbaren Stahlhülsen, am oberen und unteren Rand gegen die Zylinderblockwände abgedichtet, ersparten ein Ausschleifen der Zylinder, wie es nach einer gewissen Laufzeit notwendig war, und damit oft den Ausbau des ganzen Motors.

Laurin & Klement

Bevor die böhmischen Techniker Vaclav Laurin und Vaclav Klement 1907 in Prag mit dem Automobilbau begannen, hatten sie sich einen Namen für ihre zuverlässigen Motorräder gemacht, einen Ruf, den sie sich mit den Automobilen dieser Marke teilten. 1913 fusionierte Laurin & Klement mit ➔RAF, 1925 wurde die Gruppe von der Firma ➔Skoda übernommen, die noch bis 1927 Autos unter der Marke Laurin & Klement anbot, bevor das erste Auto namens Skoda erschien.

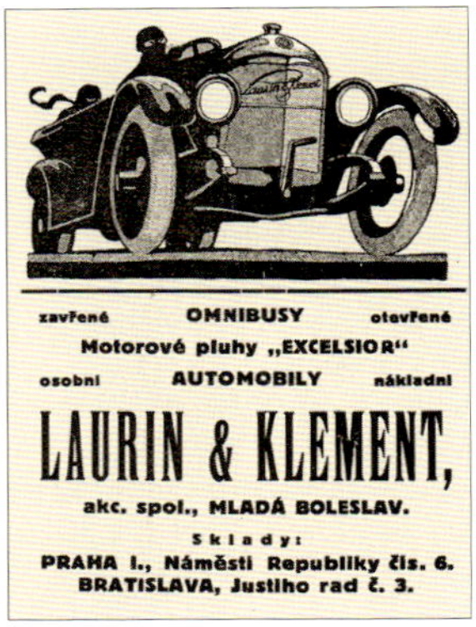

Lawson, Harry John

Der englische Kaufmann Harry John Lawson (1852-1925) gilt als die Vaterfigur der britischen Automobilwirtschaft; er gründete 1895 das British Motor Syndicate, für das er alle verfügbaren Motorwagen-Patente aus Deutschland und Frankreich (➔De Dion-Bouton) zur Nutzung in Großbritannien erwarb. Er gehörte zu den Gründern der ➔Daimler Motor Company, Coventry, und organisierte im November 1896 den »Emancipation Run« von London nach Brighton nach seinem erfolgreichen, über John Lord Montagu erfolgten Vorstoß im Parlament, der zur Aufhebung jener restriktiven Verordnung führte, nach der man auf öffentlichen Straßen Englands mit Motorfahrzeugen nur in Schrittgeschwindigkeit fahren durfte. 1900 wurde das Syndikat von der British Motor Traction Company übernommen, in der Lawson ebenfalls eine bedeutende Rolle spielte.

Lea-Francis

Britisches Autofabrikat (Coventry, 1903 bis heute), das in den Jahren seines Bestehens mehrere längere Produktionsunterbrechungen erfuhr. Es entstanden solide Vier- und Sechszylindermodelle, auch Sportwagen, die recht erfolgreich waren. Ab 1998 Bau eines Sportwagens mit ➔Opel-Motor.

Lederkonuskupplung

➔Konuskupplung.

Ledwinka, Hans

Österreichischer Ingenieur (1878-1967), der 1917-1920 bei ➔Steyr arbeitete, bevor er zu ➔Tatra ging und dort bedeutende Neuerungen einführte (Zentralrahmen, Motoren mit Luftkühlung, Heckmotor, Stromlinie), auf die er zahlreiche Patente erhielt. Ledwinka gehört zu den geistigen Vätern der Volkswagenidee, indem er bei seinem Fahrzeugen viele Konstruktionsprinzipien, die später beim VW Anwendung fanden, vorwegnahm.

Lehmann, Ernst

Bedeutender Automobilingenieur (1870-1929), der u.a. für die Hersteller ➔Métallurgique und ➔Selve tätig war

Leiterrahmen Mercedes-Benz 540K

und dort innovative Konstruktionen schuf, die sich vor allem im motorsportlichen Wettbewerb profilierten.

Leiterrahmen

Bezeichnung für ein ➔Fahrgestell (Chassis) mit (annähernd) parallel verlaufenden Längsholmen und Quertraversen.

Leland, Henry M.

Amerikanischer Techniker (1843-1932), der durch Initiative und Weitsicht zu einer bedeutenden Persönlichkeit der frühen Automobilwirtschaft in den USA avancierte. Leland arbeitete u.a. für ➔Olds, ehe er 1904 Cadillac und 1920 ➔Lincoln gründete. Leland ist einer der Initiatoren, die den ➔General-Motors-Konzern entstehen ließen.

Le Mans

In der Region von Le Mans an der Sarthe (Frankreich) wurde bereits 1906 das erste ➔Grand-Prix-Rennen gefahren. Als permanent genutzte Rennstrecke auf öffentlichen Straßen wurde 1921 der Rennbetrieb wieder aufgenommen; das berühmte 24-Stunden-Rennen wird hier seit 1923 (Sieger des ersten Rennens: Lagache/Lenard auf ➔Chenard-Walcker) ausgetragen.

Lenkrad

Fast sämtliche vor 1900 hergestellten Automobile wiesen auf einer senkrechten Lenksäule zunächst einen He-

Lea-Francis 1925

LEYLAND EIGHT

Leyland Eight Roadster 1920, Konstruktion J.G. Parry Thomas

Die für ihre Nutzfahrzeuge seit Beginn dieses Jahrhunderts weltweit bekannt gewordene britische Firma Leyland, beheimatet in der Stadt gleichen Namens in Lancashire, versuchte kurz nach dem Ersten Weltkrieg, auch auf dem Sektor der Luxus-Personenwagen Fuß zu fassen, obwohl Leyland diesbezüglich über keinerlei Erfahrungen verfügte. Um sich für dieses Vorhaben, als Konkurrent gegenüber Rolls-Royce und Napier aufzutreten, die erforderliche Kompetenz zu verschaffen, engagierte man den bekannten Konstrukteur J. G. Parry Thomas, der sich später auch einen Namen für seine Weltrekordfahrten machte.

Sein Leyland Eight 40 HP hatte einen Achtzylinder-Reihenmotor von 6,9 Liter Hubraum mit fünffach gelagerter Kurbelwelle, einem Zenith-Vergaser und einer obenliegenden Nockenwelle. Die Leistung betrug 115 PS bei 2500 U/min. Mit 3050 Pfund Sterling war der Leyland Eight teurer als ein Rolls-Royce Silver Ghost, und eine Zwei-Vergaser-Version mit 145 PS kostete noch einmal 100 Pfund mehr. Allein für das Fahrgestell berechnete Leyland 2500 Pfund. Doch war in jener Zeit die Kaufkraft der Briten bei weitem nicht mehr die wie in der Vorkriegszeit, und nicht ohne Grund brachte der Luxuswagenhersteller Rolls-Royce damals seinen kleinen 20 HP heraus, sozusagen einen RR als Volksausgabe. Die Ära der großen, teuren Prestigeautomobile war vorüber, was auch Fiat in Italien oder Voisin in Frankreich erfahren mussten, die um die gleiche Zeit aufwändige Nobelfahrzeuge mit V12-Motor präsentierten – und nicht an den Mann zu bringen vermochten. Erst Ende der 1920er Jahre änderte sich (kurzzeitig) die Situation.

So gingen bei Leyland Motors Ltd. bis 1923 nicht mehr als zwölf Aufträge für den 40 HP ein. 18 Exemplare wurden schließlich gebaut, von denen Parry Thomas bei seinem Ausscheiden aus der Firma zwei übernahm, um sie zu Rennfahrzeugen zu modifizieren. 1929 entstand ein letztes Fahrzeug aus restlichen, im Werk noch vorhandenen Komponenten – dies ist das einzige, das bis heute überlebt hat.

Das Foto zeigt jenen Wagen, der 1920 als erster Leyland Eight 40 HP auf der Londoner Olympia Motor Show gezeigt wurde. Der Roadster war bei Vanden Plas karossiert worden und nahm es hinsichtlich Leistung und Qualität mit jedem seiner prominenten Rivalen auf. Sein einziger Nachteil war, dass er zehn Jahre zu spät oder auch zehn Jahre zu früh auf den Markt kam, um Chancen haben zu können...

Leyland gab 1923 den Abstecher ins Luxus-Automobilgeschäft auf und konzentrierte sich fortan wieder auf den Bau und Vertrieb von Lastwagen und Omnibussen.

Lenkräder: 1 Neumann-Neander Fahrmaschine 1934; 2 Daimler Griffhebel-Lenkung 1886; 3 Daimler Vis-à-vis 1894; 4 Mercedes-Benz 1929

bel mit Handgriffen auf; ein Lenkrad auf leicht geneigter Lenksäule hatte im Jahre 1896 erstmals ein →Panhard-Levassor (→Hebellenkung). In der Lenkradnabe waren früher meist Bedienelemente für Zündung und Vergaser angeordnet, bevor dort der Knopf für die Betätigung des Signalhorns seinen Platz fand.

Lenkradschaltung

Vielfach war ein Hebel zum Wechseln der Getriebegänge an der Lenksäule angeordnet, ehe um 1900 die Gangschaltung an einem am Boden geführten Hebel →Kulissenschaltung) aufkam (→Mercedes 1900/01). In den 1930er Jahren wurde die Lenkradschaltung wieder aktuell, als Frontantriebswagen wie der →Adler Trumpf eine solche Vorrichtung aus konstruktiven Gründen sinnvoll machten. Mit wenigen Ausnahmen (z.B. Peugeot 305, 1985) gingen die Hersteller in den 1960er Jahren wieder zur →Knüppelschaltung über.

Lenkradschaltung Fiat 1950 (l); DKW AU 1000 1962 (r)

Lenkradschloss

Diese Art der Diebstahlsicherung gab es in den 1930er Jahren bereits bei →Adler, →Horch, →Mercedes-Benz und anderen Fabrikaten.

Lenoir, Jean-Joseph Etienne

Der Luxemburger Erfinder Lenoir (1822-1900) entwickelte einen Leuchtgasmotor mit elektrischer Zündung und

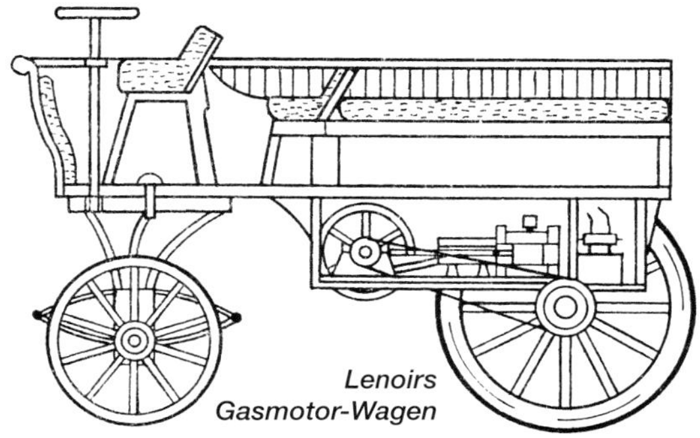

Lenoirs Gasmotor-Wagen

baute 1862 auch einen Wagen mit diesem Antrieb. Lenoirs Absicht war, Eisenbahnen, Locomobile und Luftschiffe durch Gasmotoren anzutreiben; Straßenfahrzeuge schienen ihm hierfür weniger geeignet zu sein.

Ley

Bezeichnung der Nutzfahrzeuge, die von der Maschinenfabrik Ley in Arnsberg/Thüringen hergestellt wurden (→ Loreley).

Leyland Eight 1921

Leyland

Britisches Nutzfahrzeugfabrikat (Leyland, 1896 bis heute). Bis 1904 stellte man nur Dampffahrzeuge her, die noch bis 1920 gebaut wurden; ab 1909 folgten schwere Lastwagen mit Kardanantrieb, 1914 Aufnahme der Omnibus-Produktion. 1968 Gründung der British Motor Holding unter Einbeziehung der Pkw-Marken der →BMC. 1987 Übernahme durch →DAF. 1920-1923 wurden einige Achtzylinder-Personenwagen hergestellt. In Australien benutzte man die Marke Leyland 1973-1982 für dort hergestellte Minis und andere British Leyland-Modelle.

Le Zèbre

Französisches Kleinwagenfabrikat (Suresnes, 1908-1930). Die ersten Wagen waren Konstruktionen von Lamy (später einer der →Amilcar-Gründer) und Jules Salomon (→Citroën). Der letzte, 1930 präsentierte Prototyp des Le Zèbre (»das Zebra«) hatte einen Einzylinder-Zweitakt-Dieselmotor mit zwei gegenläufigen Kolben.

lhd

Im Englischen häufig verwendete Abkürzung für left-hand drive = Linkslenkung.

Lichtanlasser
→Dynastart.

Lichtmagnetzündung
→Dynastart.

Lichtbogen-Zündung
→Abreisskerze.

Lichthupe
Die als Lichthupe bezeichnete Vorrichtung, um durch kurzes Aufblenden der Hauptscheinwerfer mittels eines Hebels an der Lenksäule Entgegenkommenden oder Vorausfahrenden ein Lichtsignal zu geben, kam in den 1950er Jahren in Mode. Ihre Anwendung kennzeichnete indes die »Drängler« und kam deshalb bald in Verruf.

Lichtmagnetzünder
Andere Bezeichnung für einen mit einer Lichtmaschine kombinierten Anlasser (Lichtanlasser, →Dynastart).

Lichtmaschine
Die Lichtmaschine, mit der die Fahrzeugbatterie durch den Motor geladen wird, wurde in den Jahren 1912-1913 maßgeblich durch →Bosch entwickelt und ermöglichte beim Kraftfahrzeug die Versorgung von Stromverbrauchern über die Batterie, ohne dass diese schon nach kurzer Inanspruchnahme leer wurde. Serienmäßig mit einer Lichtmaschine ausgerüstete Automobile gab es vor dem I. Weltkrieg nur in den USA (→Cadillac); erst ab 1919 waren damit auch in Europa hergestellte Fahrzeuge ausgestattet, ohne dass man einen Aufpreis zu zahlen hatte.

Lichtmaschine und Anlasser eines Itala 1914

Lieferungswagen
Bezeichnung, die man früher für einen Geschäfts- oder Lieferwagen benutzte.

light-4, light-6
Das Wort light wird in England auch für »Fenster« benutzt (bei uns wiederzufinden in »Oberlicht«), so dass im Englischen ein light-4 (auch: 4-light) Saloon eine vierfenstrige Limousine bezeichnet.

Liliput
Bei den Bergmann Industriewerken (deren Autoabteilung ab 1905 als Süddeutsche Automobilfabrik →SAF firmierte) in Gaggenau, Baden, 1904-1907 hergestellter Kleinwagen mit Einzylindermotor und →Reibradantrieb, auch als Bergmann-Liliput bezeichnet →Gaggenau). Konstrukteur des Liliput war der Ingenieur Willy →Seck, der vorher bei →Dixi gearbeitet hatte.

Limousine
Übliche Bezeichnung für ein Fahrzeug geschossener Bauweise (angeblich so benannt nach einer Kutschenbauform aus der französischen Grafschaft Limousin).

Limousine Mercedes-Benz Nürburg 1934

Lieferungswagen Horch 1913

Lieferungswagen Opel 1899

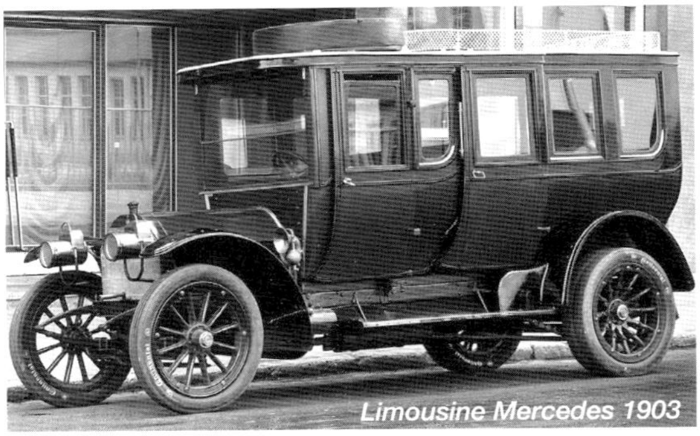

Limousine Mercedes 1903

Fahrzeuge mit festem Dach, aber offenen Seiten wurden vor 1914 auch als Demi-Limousine bezeichnet. Ließ sich das hintere Dachteil öffnen, sprach man von einer Landaulet-Limousine oder nur von einem →Landaulet. Unserem Begriff einer Limousine (auch →Innenlenker) entspricht das englische Wort Saloon, das amerikanische Sedan, das französische Berline, das italienische Berlina.

Limousine de Ville

Alternative Bezeichnung für ein →Landaulet mit fester Separation zum Fond.

Lincoln

Amerikanische Automobilmarke (Detroit, 1920 bis heute), deren Gründung auf Henry M. →Leland zurückgeht. 1922 Übernahme durch →Ford. Als Luxusmarke wurde Lincoln für teure Acht- und Zwölfzylinder berühmt und fungiert bis heute als Gegenstück zu →Cadillac von →General Motors.

Lincoln Zwölfzylinder 1934

Lion-Peugeot

In den →Peugeot-Werken Beaulieu-Valentigney, die 1897 aufgegeben wurden, als ein neuer Betrieb in Audincourt bezogen wurde, begann Robert Peugeot (einer der Neffen des Gründers Armand Peugeot) mit der Herstellung von Automobilen eigener Konstruktion unter der Markenbezeichnung Lion-Peugeot. Die leichten →Voituretten mit Ein- und Zweizylindermotoren wurden häufig in Rennen eingesetzt. 1912 wurden Lion-Peugeot und →Peugeot vereinigt. Es erschien noch ein Modell mit Vierzylinder-V-Motor, ehe 1915 der Doppelname aufgegeben wurde.

Lloyd Cabriolet (Sondermodell) 1954

L-Kopf

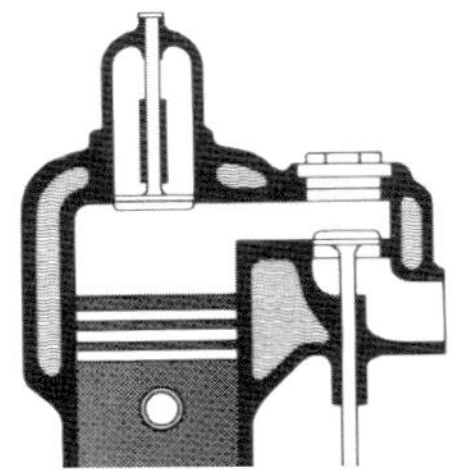

Motorenbauart, bei welcher der Zylinderkopf wie ein auf dem Kopf stehendes L ausgebildet ist, so dass Einlass- und Auslassventil auf einer Seite (nebeneinander oder übereinander) liegen →T-Kopf).

Lloyd

Das erste Automobil namens Lloyd wurde 1906 als Elektrofahrzeug (Lizenz →Kriéger) gebaut, fabriziert in einer Tochterfirma des Norddeutschen Lloyd, der Nordd. Automobil- und Motorenfabrik AG (NAMAG). 1908 erschien der erste Lloyd mit Benzinmotor. 1914 Fusion mit →Hansa (1929 ging Hansa-Lloyd in den Besitz von Carl F. W. →Borgward über). Von 1950 bis 1961 wurde bei Borgward wieder ein Lloyd gebaut, diesmal aber ein Kleinwagen mit Zweizylindermotor. Der einzige Vierzylinder-Lloyd in Borgward-Regie war das Modell Arabella (897 ccm), hergestellt von 1959 bis 1961.

Lochscheibenfelge

In den 1930er Jahren aufgekommene Stahlscheibenfelge mit peripher angordneten Löchern, der einer Belüftung der Bremstrommeln dienen sollten. Das dekorative Element stand zunächst im Hintergrund.

Lockheed-Bremse

Nach dem Erfinder Malcolm Lockheed (eigentlich: Loughhead) benannte hydraulische Vierradbremse, die ab ca. 1924 zunächst in amerikanischen Personenwagen Anwendung fand; 1926 wurde sie von ATE (Alfred Teves), Frankfurt/M., in Deutschland eingeführt (ATE-Lockheed-Bremse).

Locomobile

Der für einen Dampfschlepper bzw. eine mobile Arbeitsmaschine mit Dampfantrieb bis in die 1930er hinein gebräuchliche Ausdruck wurde von einem amerikanischen Hersteller (Bridgeport, 1899-1929) auch als Markenbe-

Allgemeine
Automobil-Zeitung
und
Officielle Mittheilungen des Oesterreichischen Automobil-Club.

Nr. 20, Band I. Wien und Berlin, 20. Mai 1900. I. Jahrgang.

JACOB LOHNER & CO.
k. u. k. Hof-Wagen- & Automobil-Fabrik
IX., Porzellangasse Nr. 2 WIEN IX., Porzellangasse Nr. 2.

WAGEN Nr. 24000
der Firma
JACOB LOHNER & CO.

Erstes Elektromobil, System Lohner-Porsche.
Einziges österreichisches Automobil auf der Pariser Weltausstellung.

Zwei Elektro-Motoren à 2·5 P. S. Normalleistung (bis je 7 P. S. überlastbar). Wegfall jeglicher Transmission, daher kein Kraftverlust. — Directer Vorderrad-Antrieb und Lenkung, daher Vermeidung des Schleuderns. — Sofortige Auswechselbarkeit des Motors (Totalgewicht 980 Kg.) — Mittlere Geschwindigkeit 30 Kilometer.

5 P. S. Motoren, bis 15 P. S. überlastbar, für Breaks, Omnibusse bereits im Bau.

zeichnung benutzt. Die Fahrzeuge dieser Marke waren bis 1902 ebenfalls ausschließlich Dampfwagen, dann wurden auch Benzinfahrzeuge hergestellt. Das Locomobile war stets ein schweres, teures Reisefahrzeug (Hubraum bis zu 8 Liter, Sechszylinder ab 1911, Achtzylinder 1925). 1919 Zusammenlegung mit ➔Mercer und ➔Simplex, 1922 Übernahme durch ➔Durant. Mit der Weltwirtschaftskrise stellte die Locomobile Company of America ihre Produktion (und ihre Zahlungen) ein.

Log book

In England verwendetes Dokument, das über den Eigentümer eines Kraftfahrzeugs Auskunft gibt und etwa unserem Fahrzeugbrief entspricht.

Lohner

Als Jacob Lohner (Wien, 1896-1906), ein im Kutschenbau tätiger Betrieb, der kurz vor der Jahrhundertwende den Motorfahrzeugbau aufnahm, wurde der junge Ferdinand Porsche als Cheftechniker engagiert. Er schuf bei Lohner Elektrofahrzeuge und solche in ➔Mixte-Bauform, also mit Elektro- und Benzinmotoren. Angetrieben wurden die Fahrzeuge durch Elektromotoren in den Radnaben (sowohl zwei als auch vier Räder). Ab 1906 Konzentration auf den Bau von Elektrobussen.

London-Brighton Run

Die älteste Traditionsfahrt der Welt, wurde im Jahre 1898 erstmals aus Anlass der Aufhebung bis dahin bestehender Restriktionen (z.B. Tempolimit 5 Meilen pro Stunde) durchgeführt. Der London-Brighton Run (auch: Emancipation Run) führt alljährlich am ersten Sonntag im November von London zum Seebad Brighton und ist ausschließlich Fahrzeugen bis Baujahr 1905 vorbehalten.

Loreley

Die seit 1856 bestehende Maschinenfabrik Rudolf Ley in Arnstadt, Thüringen, nahm 1906 den Automobilbau auf und produzierte zunächst kleine, in den 1920er Jahren auch größere Wagen. Die Nutzfahrzeuge des gleichen Herstellers trugen die Bezeichnung Ley.

Lorraine-Dietrich

Französisches Fabrikat (Lunéville und Argenteuil, 1904-1934) In den ehemaligen Betrieben von ➔De Dietrich wurden Automobile in hoher Qualität gebaut, die sich auch erfolgreich im Motorsport platzierten (Le-Mans-Siege 1925 und 1926), ebenso stellte man Schlepper und Lastwagen her.

Lotus

1951 von Colin Chapman (1928-1982) in London gegründete Firma zum Bau von Sport- und Rennfahrzeugen, die innerhalb weniger Jahre zu einem führenden Unternehmen der Branche avancierte. Straßenmodelle wie der Seven (1955), der Elite (1957) und der Elan (1962) stellten Meilensteine dar, wie auch im Grand-Prix-Fahrzeugbau bedeutende Akzente gesetzt wur-

London Brighton Run (am Steuer Jackie Stewart)

Lotus Elan 1973

Lufkühlung mit Gebläse (Goggomobil Heckmotor)

den (1962 Einführung der Monocoque-Bauweise). 1967 Trennung der Pkw-Produktion von den Rennaktivitäten (Team Lotus).
Unzählige Rennsiege und wiederholte Weltmeisterschaften in den 1960er und frühen 1970er Jahren. Seit Anbeginn enge technische Zusammenarbeit mit →Ford (Ford Lotus Cortina). 1973 Verabschiedung aus dem Rennwagenbau, Weitergabe der Rechte am Lotus Seven an die Firma Caterham Cars. Seit 1985 gehört Lotus zu →General Motors.

Lozier
Frühe amerikanische Sportwagenmarke (Plattsburgh, 1905-1918), hervorgegangen aus einer Fahrrad-, Bootsmotoren- und Nähmaschinenfabrik.

Lucas
Der britische Industrielle Joseph Lucas (1834-1902) und seine Söhne gehörten zu den ersten, die elektrisches Zubehör für Fahrräder, dann für Automobile herstellten (Scheinwerfer, Zündapparate, Magnete, Lichtmaschinen). 1925 Gründung der Zubehörfirma Rotax, 1933 Übernahme des Magnetherstellers Watford.

LUC
LUC war die Abkürzung für Loeb & Co., eine in Berlin-Charlottenburg ansässige Autohandelsfirma (→Benz, →Panhard-Levassor, →Fiat), die von 1909 bis 1914 auch Fahrzeuge in eigener Regie herstellte. Zeitweilig galt Loeb & Co. als Berlins größtes Autoreparaturunternehmen. 1913 übernahm man auch die Repräsentanz für den englischen →Daimler und zugleich deren →Knight-Lizenz; einige LUC wurden daraufhin mit Knight-Motoren gebaut. 1920 ging die Firma an den Stinnes-Konzern, LUC wurde in →Dinos umbenannt.

Luftkühlung
Motoren mit Luft- statt Flüssigkeitskühlung gab es schon bei Fahrzeugen vor 1900, so beim →Vabis und beim →Lanchester 1897, →Decauville 1898 u.a. Zu den Pionieren luftgekühlter (in den meisten Fällen: gebläsegekühlter) Fahrzeugmotoren gehören →Franklin, →Phänomen, →Tatra und →Volkswagen.

Luftreifen
1888 erhielt der irische Tierarzt John Boyd Dunlop (1840-1921) ein Patent auf den von ihm erfundenen Luftreifen, zunächst fürs Fahrrad vorgesehen. Entscheidende Impulse für den Gebrauch beim Automobil ab etwa 1896. Die Brüder Michelin kamen 1889 mit ihrem ersten Luftreifen für Autos auf den Markt. Dunlop war aber nicht der erste Erfinder des Luftreifens; die Amerikaner Robert W. Thompson (1845) und Charles Goodyear (1882) hatten bereits gleiche Erfindungen angemeldet – für die Verwendung auf Kutschenrädern.

Lüftungsklappen
Um eine bessere Abfuhr der Motorwärme zu erzielen, versah man die Seiten der Motorhaube bei einem Automobil schon frühzeitig mit Klappen, die sich (per Hand) öffnen und schließen ließen. Sie erhielten im Laufe der Entwicklung zunehemend dekorativen Charakter und wurden mit schmückenden Ornamenten (Abb. unten) versehen, die sich stilistisch in anderen Details am Wa-

Bugatti 1928

Wanderer 1935

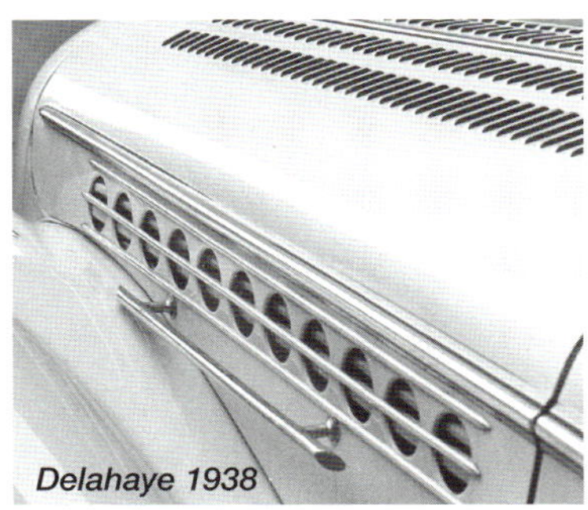
Delahaye 1938

gen (z. B. bei Türgriffen) wiederholten. Fern- oder per Thermostat bediente Kühlklappen fanden nur bei Luxusfahrzeugen Anwendung.

Lutzmann

Vom Dresdner Kutschwagenbauer Friedrich Lutzmann bezogen die Brüder →Opel die Anregung, ins Motorwagengeschäft einzusteigen. Der erste Opel Patent-Motorwagen von 1899 war eine Lutzmann-Konstruktion. 1893 hatte Lutzmann seinen ersten, dem →Benz ähnelnden Wagen mit Einzylindermotor liegender Bauart (3 PS) gebaut, 1897 wurde sein Wagen erstmals in Berlin ausgestellt (→Detailwissen).

l.w.b.

Im Englischen übliche Abkürzung für long wheel-base: Langer Radstand.

Lycoming

Amerikanischer Motorenhersteller, der in den 1920er und 1930er Jahren z. B. Firmen wie →Kissel, →Auburn, →Gardner belieferte.

Lyons, Sir William

Als Gründer der Firma →Jaguar schrieb William Lyons (1901-1985) ein Stück Automobilgeschichte. 1922 hatte er sich nach einer Lehre bei →Crossley als Hersteller von Motorradseitenwagen selbständig gemacht, 1928 mit dem Bau von Spezialkarosserien begonnen. Lyons, obwohl er über keine Ausbildung als Designer verfügte, schuf bis 1960 die meisten Karosserieentwürfe für seine Jaguar-Wagen. 1956 Erhebung in den Adelsstand. 1972 übergab Lyons die Firmenleitung an seinen bisherigen Stellvertreter F.R.W. England, um sich nach 50 arbeitsreichen Jahren in den Ruhestand zurückzuziehen.

DETAILWISSEN

FRIEDRICH LUTZMANN

Im Schatten der Pioniere Benz und Daimler blieb der Name des Großherzoglich Anhaltischen Hofwagenbauers Friedrich Lutzmann, 1859 in Nienburg an der Saale geboren, lange Zeit im Verborgenen. Dabei hatte der gelernte Schlosser und Kutschwagenbauer in Dessau schon 1893 ebenfalls einen Motorwagen auf die Räder gestellt, wobei seine Konstruktion sich ganz offenkundig am Benz-Wagen anlehnte. Lutzmann hatte sich einen Benz Viktoria zugelegt und war von dem Fahrzeug fasziniert, verstand allerdings nicht sehr viel von Technik. Aber er hatte in seinem Betrieb einen Maschinenbauer, der aus Böhmen stammte, den Benz teilweise nachbaute und Lutzmanns Ideen dabei geschickt zu integrieren verstand.

So war Lutzmanns Lenkkonstruktion sehr viel komplizierter als die des Benz: Sie funktionierte über eine Fahrradkette mit Federspannung. Die Vorderachse war in einem drehbaren Zapfen gelagert, der gleichzeitig die untere Federbefestigung der quer installierten Vollelliptikfeder darstellte. Hinten gab es ebenfalls zwei Vollelliptikfedern. Der Wagenkörper aus Holz entsprach Lutzmannscher Kutschenbauart.

Dem ersten Lutzmann-Wagen folgten 1896/97 weitere Konstruktionen, die vom Benz-Vorbild etwas abgingen und auch eine andere Lenkung aufwiesen, während der liegende, wassergekühlte Einzylindermotor im Wagenheck mit dem Kettenantrieb zu den Hinterrädern noch eindeutig dem des Benz Viktoria entsprachen. Die Hinterachse war gekröpft, ein Differenzial gab es nicht.

Friedrich Lutzmann firmierte ab 1895 als Anhaltische Motorwagenfabrik, die bald auch Fahrzeuge mit stärkeren Motoren herstellte; sie hatten 3 bis 5 PS Leistung und ein Getriebe mit zwei Gängen. Spätere Modelle wiesen eine Lenkung auf, wie sie die Daimler-Motorkutsche hatte, doch den Kettenzug behielt man bei. Für einen Preis von 4000 Mark fanden einige Fahrzeuge auch Käufer.

Bei einer Prüfung durch den Mitteleuropäischen Motorwagen-Verein, der in der Autobranche damals tonangebend war und viele Fachleute in seinen Reihen aufwies, schnitt der Lutzmann-Wagen erstaunlich gut ab – ein Resultat, das auch die Brüder Carl, Fritz und Wilhelm Opel aus Rüsselsheim mit besonderem Interesse zur Kenntnis nahmen. Die hessischen Fahrradfabrikanten waren auf der Suche nach einer Automobilkonstruktion, die sie industriell auszuwerten gedachten. Sie nahmen mit Lutzmann Verbindung auf und erwarben von der Anhaltischen Motorwagenfabrik im Januar 1899 die Konstruktionsrechte und Fertigungsanlagen, verbrachten sie nach Rüsselsheim und begannen dort mit dem Bau des Opel-Patent-Motorwagens System Lutzmann.

Friedrich Lutzmann glaubte an eine großartige Karriere bei Opel, gab seine Existenz in Dessau auf und siedelte nach Rüsselsheim über. Dort wurde er zum Betriebsleiter der Automobilproduktion ernannt, doch interessierte sich ab 1901 dort niemand mehr für ihn und seine Arbeit. Er gab seine Anstellung auf, für die er ohnedies keine genügende Qualifikation vorzuweisen hatte. Mit dem Geld, das er von Opel für die Übernahme aller Rechte und Einrichtungen zum Bau des Lutzmann-Wagens erhalten hatte – ein Betrag von mehr als 100.000 Goldmark – unternahm er mehrere Reisen, dann versuchte er in verschiedenen Branchen einen Neuanfang, wenn auch ohne Erfolg. Schließlich landete er bei den Junkers Motorenwerken in seiner Heimatstadt Dessau als Archivleiter. 1930 verstarb Lutzmann, mittellos und ohne Nachkommen.

Bei Opel und auch anderswo geriet Lutzmann bald in Vergessenheit, zumal die Rüsselsheimer in der französischen Firma Darracq einen neuen Partner gefunden hatten, desen Autos sich sich weitaus besser vermarkten ließen als der Lutzmann-Wagen.

Mack

Die 1902 von den Mack Brothers in Brooklyn, New York, gegründete Lastwagenfabrik entwickelte sich zu einer der bedeutendsten Firmen der Branche. Markant war die Bulldog-Baureihe mit der →»Kohlenschaufel«-Motorhaube. 1927 Einführung von Dieselmotoren. Ab 1983 ist Mack Mitglied der RVI-Gruppe (→Renault).

Mack Lastwagen 1920

MAF

Deutsches Automobilfabrikat, gegründet 1908, als Hugo Ruppe, Sohn des in Apolda ansässigen Berthold Ruppe und Inhaber der Firma Ruppe & Sohn, aus dem väterlichen Unternehmen ausschied, um eine eigene Firma zu gründen. Sie entstand in Markranstädt südwestlich von Leipzig, wo Ruppe jr. unter der Markenbezeichnung MAF ebenfalls Autos zu bauen begann. Die Fahrzeuge der Hugo Ruppe GmbH – ab 1911 hieß sie Markranstädter Automobil-Fabrik – gab es bis 1921; Übernahme der MAF-Werke durch →Apollo.

MAF 5/14 PS 1909

Magirus, Magirus-Deutz

Die Firma C. D. Magirus in Ulm war Hersteller von Feuerlöschgerätschaften, als sie 1903 auch die Fabrikation von motorisierten Dampfspritzen aufnahm. 1906 ging man zur Herstellung von Feuerwehrfahrzeugen mit Benzinmotor über, danach folgten Lastwagen und ab 1918 auch Omnibusse.

Die weltweite Bedeutung, die Magirus-Nutzfahrzeuge in aller Welt erlangten, setzte mit Beginn der 1920er Jahre ein. Von 1938 bis 1974 firmierte das Unternehmen als Klöckner-Humboldt-Deutz AG (KHD). Ab 1992 Mitglied der →IVECO-Gruppe.

Magirus-Deutz 1928

Magnetzündung

Mit Magnetzündung ausgestattete Fahrzeuge entbehren der Mitnahme einer Batterie und einer Lichtmaschine, weil die Zündung des Gemischs im Zylinder durch einen Funken erfolgt, den ein Magnetzünder bei laufendem Motor erzeugt. Die 1902 von Gottlob Honold erfundene Hochspannungs-Magnetzündung ist eine kleine Maschine (Dynamo) zur Erzeugung von Wechselstrom, deren Bauteile Magnet, Anker, Unterbrecher und Verteiler sind. Der in der Ankerwicklung (Primärwicklung) erzeugte Strom erfährt bei jeder halben Ankerumdrehung eine Unterbrechung, wobei das Magnetfeld umspringt und auf die ebenfalls auf dem Anker befindliche Sekundärwicklung einen hochgespannten Strom überträgt, der an der Kerze als Zündstrom überspringt. Bei der Niederspannungs-Magnetzündung, die es noch bis etwa 1911 gab, ragt ein Unterbrechungsmechanismus in den Brennraum; hier wird der Strom bei der Umdrehung des Magentankers »abgerissen« (→ Abreisszündung). Bei einem Sechszylindermotor muss die Drehung der Magnetankerwelle das Anderthalbfache im Vergeich zu einem Vierzylinder betragen, bei einem Achtzylinder das Doppelte. Die Antriebsübertragung vom Motor zum Magnetapparat ist dem entsprechend übersetzt. Bekannte deutsche Hersteller waren Bosch, Eisemann und Siemens.

Maico

Zwei- und ab 1956 auch viersitzige Kleinwagen; Nachfolgemarke des →Champion (Pfäffingen, Herrenberg, 1955-1958) mit Zweizylinder Heinkel-Zweitaktmotor.

Maja

Ein in wenigen Exemplaren gebautes Modell (1907/08) der →Österreichischen Daimler-Motoren-Werke AG mit Vierzylindermotor und Kettenantrieb.Der Name stammt von Emil →Jellinek, dessen zweite Tochter Maja hieß (nach seiner ersten Tochter mit Namen →Mercedes hatte er bereits einen →Daimler-Wagen benennen lassen).

Majola

Französische Motoren- und Sportwagenmarke (St. Denis, 1911-1928), 1921 von →Georges-Irat übernommen.

MAN

Die Maschinenfabrik Augsburg-Nürnberg (M.A.N.) nahm 1915 mit einer →Saurer-Lizenz den Nutzfahrzeugbau auf. 1924 Einführung von Dieselmotoren; Motorengrößen bis 16 Liter Hubraum. Ab 1951 Turbodiesel. 1971 Übernahme von →Büssing, 1990 Zusammenlegung (90%) mit →Steyr.

MAN 1919

Mann-Egerton

Britische Karosseriebaufirma (Norwich, 1901-1951), bekannt geworden hauptsächlich durch Aufbauten für →Rolls-Royce.

Mannesmann-Mulag

Als →Scheibler in Aachen 1909 die Personenwagenproduktion aufgab, wurde das Lastwagen-Programm unter der Markenbezeichnung Mulag (Motor- und Lastwagen-Fabrik AG) weitergeführt. 1913 übernahm der Mannesmann-Konzern die Firma; ab jetzt nur mehr Bau von Nutzfahrzeugen sowie Zugmaschinen mit Kettenantrieb und Vollgummibereifung fürs Militär. Fahrzeuge der Marke Mannesmann-Mulag gab es bis 1928.
Mannesmann hatte bereits 1911 in Aachen die Mannesmann Auto Co. GmbH gegründet; die Zusammenführung mit der Mulag fand unter der Leitung von Carl und Max Mannesmann statt. Nach dem I. Weltkrieg erfolgte die Verlegung der Fabrikationsanlagen nach Köln.

Marauder

Britische Sportwagenmarke (Dorridge, 1950-1952) mit Sechszylindermotor auf Basis →Rover. Die Stückzahlen blieben gering.

Marchal

Französisches Fabrikat elektrischer Kraftfahrzeug-Ausrüstungen, vor allem von Zündanlagen und Scheinwerfern, deren Merkmal ein Prisma an einem vertikalen Steg vor der Glühlampe war. Firmengründer Pierre Marchal (1878-1964) war bis 1921 mehr als 15 Jahre lang Geschäftsführer der Firma Blériot gewesen, ehe er sich 1927 als Zündkerzenfabrikant selbständig machte.

Marcos

Britische Sportwagenmarke (Luton, Westbury, 1959 bis heute), gegründet von Jem Marsh und Frank Costin.

Marcus, Siegfried

Der Mecklenburger Siegfried Marcus (1831-1898) war zunächst bei Siemens & Halske in Berlin tätig, ehe er 1854 nach Österreich übersiedelte und als Physiker an der Universität Wien 1875-1877 einen Motorwagen mit liegendem Einzylindermotor entwarf. Bau und Funktionsfähigkeit dieses Wagens lassen sich nicht nachweisen; im Unterschied zu einem Marcus-Motorwagen von 1888, dessen Entstehung jedoch vermutlich schon damals rückdatiert wurde.

Marelli

Die Firma Magneti Marelli, Italiens führender Hersteller von elektrischem Zubehör, existiert seit 1891 und wurde von Ercole Marelli gemeinsam mit →Fiat gegründet. Ab 1936 Zusammenarbeit mit →Bosch.

Marendaz

Britische Sportwagenmarke (London, 1926-1936), gegründet von Captain Donald Marendaz. Motoren von →Anzani und →Coventry-Climax. In den 1950er Jahren baute Marendaz Sportflugzeuge und Stationärmotoren.

Marmon

Amerikanische Luxuswagenmarke (Indianapolis, 1902-1933), bekannt geworden für ihre schweren Sechs- und Achtzylindermodelle (ab 1906) mit Luftkühlung. 1931 erschien ein V16 mit 9 Liter Hubraum. Die Nodyke & Marmon Co. kam aus dem Mühlenbau und stelle fast sämtliche Teile für ihre Fahrzeuge selbst her. Ab 1931 auch Bau großer Lastwagen und Schwertransport-Zugmaschinen unterr der Marke Marmon-Herrington (→Detailwissen).

Mars

Mars in Nürnberg-Doos stellte neben eisernen Öfen, Fahr- und Motorrädern zwischen 1904 und 1908 auch Voituretten mit →Reibradantrieb her. Es ist nicht mehr festzustellen, ob Mars hierfür eine Lizenz von Ludwig →Maurer besaß oder nur dessen System kopierte. Die Fahrzeuge wiesen hölzerne Rahmen auf, die Motoren bezog man von der Firma Körting in Linden bei Hannover.

Marchal-Scheinwerfer:
Mercedes SS 1928 (l); Peugeot 504 Coupé 1974 (r)

DETAILWISSEN

LUXUSAUTOMOBILE VON MARMON

Der so genannte Schwarze Freitag, jener 25. Oktober 1929, an welchem Börsianer in aller Welt zu spüren bekamen, dass Kurseinbrüche bisher unbekannten Ausmaßes an der Wall Street innerhalb weniger Stunden das gesamte Wirtschaftsgefüge zusammenbrechen ließen, hatte besonders für die Automobilindustrie schlimme Folgen. In den USA wie in Europa standen die Bänder still, weil der Absatz ins Stocken geraten war; die Händler blieben auf ihre Beständen sitzen, Finanzierungen platzten, es gab in zunehmender Zahl Firmenschließungen und in der Folge Massenentlassungen.
Gerade in den Jahren zuvor aber hatten in den USA Tausende von Händlerfirmen auf die bisher kontinuierlich ansteigende Wohlstandskurve vertraut und enorme Summen in ihre Betriebe investiert. In einer mittleren Stadt von etwa 100.000 Einwohnern fanden sich gewöhnlich acht bis zehn Vertretungen, und die meisten führten drei oder vier Marken. Und wenn die Automodelle zahlreicher Gruppenfabrikate wie zum Beispiel die von General Motors – Chevrolet, Buick, McLaughlin, Cadillac, Oldsmobile, Pontiac, La Salle – nur geringe Überschneidungen aufwiesen, führten viele Vertreter fünf oder sechs von ihnen. Erst viel später kam es zu strikten Trennungen, so dass der Buick-Händler zum Konkurrenten des Oldsmobile-Händlers wurde, beide aber die Wagen fremder Hersteller (und anderer Kategorien) im Showroom hatten. Fabrikniederlassungen, wie sie heute üblich sind, gab es mit wenigen Ausnahmen nicht.
Die »Single Brand Agents«, also Handelsfirmen, die nur ein Fabrikat anboten, womöglich eines der oberen Preisklasse, führten in der Zeit der Weltwirtschaftskrise ein besonders risikoreiches Dasein. Um die Klientel, die sich nach wie vor kostspielige Autos mit acht, zwölf oder gar 16 Zylindern leisten konnte, entbrannte ein harter Konkurrenzkampf, den die Verlierer mit baldiger Liquidation zu spüren bekamen.
Zu den Verlierern gehörte auch die 1902 von Walter und Howard in Indianapoilis gegründete Automobilfirma Marmon. Zwar brachte man noch 1931 einen teuren 16-Zylinder auf den Markt, aber gerade diese Entscheidung sollte sich als Fehler erweisen. Das Fahrzeug fand in nur ganz geringer Stückzahl seinen Weg zum Kunden – weil es in den USA kaum noch Marmon-Händler gab. 1933 musste die Marmon Motor Car Company schließlich Konkurs anmelden. Die edlen Qualitätswagen aus Indianapolis stellen heute gesuchte Raritäten dar.

Kundendienstabteilung eines Marmon-Händlers, 1929

Marmon 8-Zylinder 1931

Maserati 3500 GT 1963

Zugunsten des lukrativeren Motorradgeschäfts gab man bei Mars den Automobilbau jedoch wieder auf; Mars-Motorräder gab es bis 1958.

Marta

In Arad / Ungarn produzierter Personenwagen nach französischer Linzenz (1910 - 1914). Lastkraftwagen wurden von 1919 bis 1926 hergestellt.

Martin, Lionel Walker Birch

Der passionierte Radrennfahrer Lionel Martin (1895-1945) begann 1913 mit seinem Partner Robert Bamford Sportwagen zu bauen; die Aktivitäten setzte er 1919 fort. Es entstand die Firma Aston Martin, von der er sich 1926 jedoch wieder trennte, um anderen Geschäften nachzugehen. 1945 wurde er Opfer eines Verkehrsunfalls.

Martini

Die 1864 als Waffenfabrik gegründete Schweizer Firma Martini in Frauenfeld gehört zu den Automobilpionieren in der Schweiz. Erste Motorwagen entstanden 1897 (System Benz), Lastwagen ab 1909. 1924 übernahm die deutsche Firma →Steiger die Mehrheit von Martini, ab 1929 erfolgte der kurzzeitige Lizenzbau des Personenwagens →Wanderer W11. Die Fahrzeugproduktion endete 1934, als der Betrieb vom Lastwagenhersteller →Berna übernommen wurde.

Martinshorn

Nach seinem Hersteller, der deutschen Signal-Instrumentenfabrik Max B. Martin in Marktneukirchen, benanntes elektrisches Signalhorn, das vorwiegend an Behördenfahrzeugen (Polizei, Feuerwehr, Unfallrettungswagen) zu finden war und ist.

Maserati

Italienischer Hersteller von Sport- und Rennwagen (Bologna, Modena, 1926 bis heute), gegründet von den Brüdern Alfieri und Ernesto Maserati (auch die vier anderen Maserati-Brüder Carlo, Bindo, Ettore und Mario waren im Motorsport aktiv). Maserati Sportwagen profilierten sich schon früh in motorsportlichen Wettbewerben. 1938 wurde das Unternehmen an Adolfo Orsi verkauft und ging seither noch durch mehrere Hände: 1968-1975 befand sich Maserati im Besitz von Michelin (→Citroën), 1976 Übernahme durch →De Tomaso, 1993 erfolgte ein Weiterverkauf an →Fiat.

Matford

Markenbezeichnung für die ab 1934 bei →Mathis in Straßburg gebauten →Ford-Fahrzeuge für den französischen Markt. 1947 gründete Ford in Poissy ein eigenes Montagewerk; 1954 übernahm →Simca die Produktion.

Mathis

Emil Ernst Carl Mathis gehörte zu den Pionieren des Automobilwesens, der auf vielen Ebenen große Aktivitäten entfaltete. 1898 übernahm er in Straßburg die Leitung einer Automobilhandlung mit angeschlossener Werkstatt, dann wurde er Vertreter von →De Dietrich, →Panhard & Levassor, →Rochet-Schneider und anderen Marken. Einige Jahre war er →Fiat- und →Minerva-Repräsentant für ganz Europa. Im Auftrage von Mathis entstand der →Hermes-Simplex, Lizenz →Bugatti.
1910 entstand ein erster Mathis genannter Wagen, hergestellt in Neudorf bei Straßburg; er war eine Lizenz des →Stoewer aus Stettin. Als Fabrikat hatte der Name Mathis bis 1935 Bestand und fand seine Kontinuität in einer Verbindung mit der →Ford Motor Company, für die Mathis die französische Repräsentanz besaß und aus der die Marke →Matford resultierte, die es bis 1954 gab.

Matra

Von Jean-Luc Lagardère gegründetes Unternehmen der Werkzeugmaschinen-, Flugzeug- und Rüstungsbranche

Mathis 10 CV 1923

(Mécanique-Aviation-Traction = Matra), das in Romorantin 1965 den Betrieb von →Bonnet (vorher Champigny-sur-Seine) übernahm und dort Sportwagen mit Kunststoffkarosserie (Renault-Motor) herstellte. Matra Sports fertigte im Simca-Auftrag ab 1969 das Modell Bagheera und anschließend den Murena, entwickelte und produzierte bis 2001 für Renault den Espace, stellte ab 1965 auch Rennwagen her (Konstrukteurs-WM 1969 mit Jakkie Stewart) sowie V12-Motoren, mit denen 1972-1974 dreimal die 24 Stunden von →Le Mans gewonnen wurden. Die Firma Matra erlosch im Februar 2003, einen Monat später starb ihr Gründer.

Maudslay

Britische Maschinenfabrik, die 1810 in London gegründet wurde, 1900 nach Coventry übersiedelte und bis 1960 bestand. Schon 1835 erfolgte bei Maudslay der Bau von Straßenfahrzeugen mit Dampfmotor. Um 1900 baute man die ersten Benzinmotoren für Schiffsantriebe. 1902 Aufnahme der Personen- und Lastwagenproduktion. Personenwagen wurden bis 1926 hergestellt, die Nutzfahrzeugfertigung übernahm 1960 der amerikanische Rockwell-Konzern.

Maurer Friktionswagen 1898

Maurer, Maurer-Union

Die Automobile der Marke Maurer bzw. Maurer-Union hatten als Besonderheit →Reibrad- oder auch Friktionsantrieb, der sich gut bewährte. Ludwig Maurer in Nürnberg hatte seinen ersten Versuchswagen 1898 gebaut, eine zweisitzige, fortschrittlliche Voiturette mit Luftbereifung und Petroleumlaternen.

Die im Jahre 1900 gegründete Nürnberger Motorfahrzeuge-Fabrik »Union« stellte ihren ersten Reibrad-Wagen 1901 vor; das Auto wurde bis 1908 serienmäßig hergestellt. Das Fahrzeug hatte einen Einzylindermotor mit Wasserkühlung und zwei außenliegenden Schwungscheiben, wovon eine für den Friktionsantrieb diente. Ab 1904 gab es Zweizylinder, ab 1905 Vierzylinder. Ende 1908 meldete Maurer Konkurs an. Die Union-Werke wurden von den Premier Werken (Julius Christian Braun) übernommen, die den Fabrikationsbetrieb noch ein Jahr weiterführten.

Maybach Cabriolet 1930

Mauser

Die Waffenfabrik Mauser in Oberndorf am Neckar stellte 1923-1925 einige Kleinwagen in Motorradbauart (Einspurwagen mit seitlichen Stützrädern) her, bis 1929 auch einige Vierradwagen mit Vierzylindermotor. Die Zweizylinder-Boxermotoren für den Einspurwagen bezog man von →BMW.

Maybach, Karl

Deutscher Konstrukteur (1879-1960) und Sohn →Wilhelm Maybachs, der bei der Maschinenfabrik Esslingen ausgebildet wurde, in Stuttgart studierte, für den Grafen Zeppelin arbeitete und 1909 den ersten Luftschiffmotor baute. 1921 erfolgte die Gründung der Maybach Motoren Werke in Friedrichshafen (Nachfolge der Zeppelin-Luftschiffwerft) zum Bau von Motoren und hochwertigen Automobilen. Das Unternehmen ist heute ein Teil der MTU.

Maybach, Wilhelm

Deutscher Konstrukteur (1846-1929), der sich 1865 mit Gottlieb →Daimler zusammen tat, den er bei der Firma →Deutz kennen gelernt hatte. Maybach und Daimler schufen 1885 den »Reitwagen« als Prototyp des ersten Motorrades sowie 1889 den vierrädrigen »Stahlradwagen«. Maybach gilt u.a. als der Konstrukteur des ersten Zweizylindermotors (1894) und war 1895-1897 Technischer Direktor und *spiritus rector* der Daimler-Motoren-Gesellschaft (DMG).

Maybach

Maybach Automobile (Friedrichshafen, 1921-1941) gehören zu den hochwertigsten Wagen, die je in Deutschland gebaut wurden. Vor allem die von 1929 bis 1939 hergestellten Zwölfzylinder »Zeppelin« (DS7, 7 Liter; DS8, 8 Liter) waren luxuriöse Repräsentations- und Reisewagen, die hohen Fahrkomfort gewährten. Langlebigkeit und Laufruhe zeichneten die Sechs- und Zwölfzylinder mit ihrem »Doppelschnellganggetriebe« aus. Das Maybach-Getriebe wies zwei niedrige Gangstufen auf sowie drei höhere, für die per Overdrive jeweils zwei Untersetzungen zur Verfügung standen. Das Revival der Marke Maybach im Jahr 2001 durch DaimlerChrysler hat bis auf die Verwendung des historischen Namens und des Signets mit dem doppelten M keinen direkten Bezug zur ursprünglichen Marke.

Mays, Raymond

Englischer Ingenieur (1899-1980), der sich als Rennfahrer (→Bugatti, →Mercedes-Benz) und Automobilkonstrukteur einen Namen machte und u.a. Mitgründer der Rennwagenfirmen →ERA und →BRM war. 1952 ging Raymond Mays zur Owen Racing Organization.

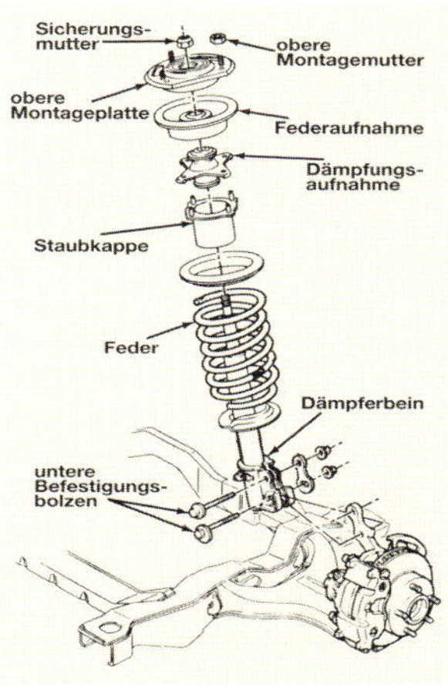

McPherson

Der amerikanische Ingenieur Earle S. McPherson wurde durch seine Federbeinkonstruktion (Schraubenfeder mit Teleskopstoßdämpfer kombiniert, 1950 beim britischen Ford Zephyr im Serienwagenbau eingeführt) bekannt. 1920 bis 1945 arbeitete er als Konstrukteur bei →Ford und anschließend bei → General Motors. Das McPherson-Federbein als optimale Komponente im Fahrwerksbereich setzte sich im Automobilbau weltweit durch.

Meadows

Britischer Hersteller von Motoren und Getrieben, ansässig in Wolverhampton, der in den 1920er und 1930er Jahren Autofirmen wie →Invicta, →HRG und →Lagonda belieferte und nach dem II. Weltkrieg mit dem Bau des von Raymond Flower entworfenen Kleinwagens namens Frisky (1957-1964) in die Autoproduktion einstieg; mangles Rentabilität wurde sie wieder eingestellt.

mechanische Bremse

Die vom Betätigen des Bremspedals oder Anziehen des Handbremshebels ausgelöste Kraft wird bei der mechanisch arbeitenden Bremse durch Seilzüge oder durch ein Gestänge (→Gestängebremse) auf die Bremsbacken an den Rädern übertragen. Die stählernen Seile oder Teile eines über Gelenke mit einander verbundenes Gestänges wirken auf Bremshebel, die über die Bremswelle mit den Bremsnocken verbunden sind; diese drücken die Bremsbacken gegen die Trommel. Auch mechanische Bremsen können mit Servoeinrichtungen versehen sein.

Mercedes 35 PS 1901

Mehrscheibenkupplung

Anderer Ausdruck für →Lamellenkupplung.

Mehrventilmotor

Motoren mit mehr als je einem Einlass- und einem Auslassventil pro Zylinder gab es bereits vor dem I. Weltkrieg (→Napier 1900; →Delage 1908) sie wurden im Rennsport eingesetzt.

Mercedes

Nach dem Vornamen der elfjährigen Tochter des österreichischen Konsuls Emil →Jellinek in Nizza wurden ab 1901 sämtliche bei der Daimler Motoren-Gesellschaft (DMG) hergestellten Personenwagen benannt. Jellinek war Großkunde der DMG und hatte entsprechenden Einfluss. Erster Mercedes war ein zweisitziger 35-PS-Sportwagen (vier Zylinder, 6 Liter Hubraum) mit niedrigem Chassis, →Kulissenschaltung und Kettenantrieb, Bienenwabenkühler und geneigter Lenksäule. Ab 1926, nach der vollzogenen Fusion mit →Benz, bekamen die Mercedes-Wagen den Doppelnamen →Mercedes-Benz.

Mercedes-Benz

Markenbezeichnung für alle ab 1926 bei →Daimler in Stuttgart und bei →Benz in Mannheim und Gaggenau sowie später auch an anderen Orten hergestellten Personenwagen und Nutzfahrzeuge der Daimler-Benz AG. Mercedes-Benz Personenwagen aller Kategorien (hubraumkleinstes Serienmodell war der Vierzylinder 130 H von 1935, das größte der Achtzylinder 770K von 1930) zeichneten sich durch qualitativ hochwertige Ausführung, Zuverlässigkeit und Langlebigkeit aus und prägten damit das Profil jener Marke, deren Symbol ein dreigezackter

Mercedes-Benz SSK 1928

Mercedes-Benz 190, 1961 bis 1965

Stern ist. Die technisch aufwändig gebauten wie in handwerklicher und ästhetischer Hinsicht anspruchsvoll (wenn auch konservativ) gestalteten Fahrzeuge vor allem der 1930er Jahre erlaubten keine hohen Stückzahlen; erst mit Einführung der →selbsttragenden Bauweise (Typ 180, 1954) Beginn der Großserienfertigung. Die leistungsstarken Kompressor-Sport- und Reisewagen der Vorkriegszeit, die fortschrittlichen und nach wissenschaftlichen Methoden auf hohe Unfallsicherheit ausgelegten Gebrauchsfahrzeuge von den 1950er Jahren an, die exklusiven Sportwagen wie der 300 SL Flügeltürer sowie die erfolgreichen Grand-Prix-Wagen (»Silberpfeile«) und Wettbewerbsfahrzeuge aller Tourenwagen-Kategorien trugen zur Festigung des Rufes bei, demzufolge die Marke Mercedes-Benz als eine der besten der Welt eingeschätzt wird.

Mercer
Amerikanische Automobilmarke (Trenton, 1910-1925) sportlicher Prägung. Die zweisitzigen Runabouts und Raceabouts konkurrierten mit ähnlich konzipierten Sportfahrzeugen von →Stutz.

Mercury
Von der →Ford Motor Company lancierte Marke (Dearborn, 1938 bis heute). Die erfolgreichen Mittelklassewagen, gebaut unter der Leitung von Henry Fords Sohn Edsel, füllten die Lücke zwischen den Marken Ford und dem sehr viel teureren →Lincoln. Unter der in Europa weniger als in den USA populären Marke Mercury erschienen zahlreiche Modelle mit teils sehr leistungsstarken Sechs- und Achtzylindermotoren.

Messerschmitt
Aus einem vom Flugzeugingenieur Fritz Fend 1948 in Rosenheim gebauten Kleinstwagen namens Fend-Flitzer entstand 1952 ein Kabinenroller mit zwei Tandemsitzen und Motorradmotor (Fichtel & Sachs) im Heck, die in den Messerschmitt-Werken in Regensburg (FMR) 1953-1964 in Serie hergestellt wurden. Das Programm dreirädrigen Wagen mit zur Seite schwenkbarer Plexiglaskuppel (es gab auch einige Roadster) wurde 1958 durch einen vierrädrige Typ »Tiger« ergänzt. Messerschmitt und FMR wurden für die Kabinenroller gleichermaßen als Markenbezeichnung verwendet. Die Tandemzweisitzer haben heute sämtlich einen hohen Sammlerwert.

Messing
Messing (Legierung aus Kupfer und Zink; gute Verformbarkeit, sehr korrosionsbeständig) und andere Legierungen für Blankteile am Kraftfahrzeug (Kühlermasken, Scheinwerfer, Beschläge) spielten eine dominierende Rolle, bevor sich in den frühen 1920er Jahren Nickelbeschichtungen durchsetzten. Messingoberflächen waren sehr pflegeintensiv, ein Grund, warum →Ford 1917 dazu überging, beim T-Modell die Messingkühler schwarz zu lackieren.

Metallschlauch
Flexibles Rohr, bestehend aus einem zwei- oder auch dreiringig profilierten Metallband, das schraubenförmig um sich selbst gewunden ist, so dass die Kanten der Windungen ineinander greifen. In verschiedenen Durchmessern und für verschiedene Verwendungsmöglichkeiten, z.B. als schützende Umhüllung von Bowdenzügen.

Métallurgique
Die belgische Marke Métallurgique (Marchienne-au-Pont, 1901-1924) ging aus einer Lokomotiven- und Waggonfabrik hervor. Zunächst Bau von Zwei-, ab 1903 auch großer Vierzylinder. 1908 Einführung V-förmiger Kühler (→Spitzkühler). 1909-1914 gab es eine enge Zusammenarbeit mit den →Bergmann-Werken in Deutschland.

M.G.
Die beiden Buchstaben der britischen Marke M.G. standen ursprünglich für Morris Garage, denn Herstellung und Verkauf der ersten Fahrzeuge fanden in der Vertretung der Marke →Morris in Oxford statt, wie auch die meisten Bauteile des M.G. vom Morris bzw. →Wolseley stammten.
1923 entstand unter Leitung von Cecil Kimber (1888-1845) der erste M.G., der aber erst 1924 offiziell diese Markenbezeichnung bekam. Ende der 1920er Jahre mutierten M.G. Sportwagen zu eigenen Konstruktionen, die sich von Morris immer mehr entfernten. 1929 Umzug nach Abingdon. Zahlreiche Sporterfolge im In- und Ausland, aber auch das Angebot größerer Touren- und Reisewagen machten M.G. weltbekannt, wobei in den späten 1940er und in den 1950er Jahren vor allem der amerikanische Markt von großer Bedeutung war. Kimber verließ die Morris-Gruppe, weil er nach Ausbruch des Krieges ein Umschalten auf Rüstungsproduktion nicht befürwortete. Bei der Gründung der →British Motor Corporation verschmolz 1952 die stets zu Morris gehörende Marke M.G. mit den übrigen Marken der daraus resultierenden Gruppe und kam somit 1970 zu →British Leyland. Anschließend Verwendung der Bezeichnung M.G. auch für andere Modelle von BL. Mit dem 1995 eingeführten M.G.F Sportwagen (Mittelmotor) erfolgte eine Wiederbelebung der historischen Sportwagenmarke, seit Januar

Fend-Flitzer (vorn) und Messerschmitt Kabinenroller

DER MINI ALS RALLYEAUTO

Minis in der Vorbereitung für die Rallye Monte-Carlo 1966

Zu den berühmtesten und erfolgreichsten Rallyewagen aller Zeiten zählt der britische Mini. Die internationale Sportkarriere des kleinen Wagens aus England begann im Januar 1960, als sechs dieser Autos erstmals an den Start zur Rallye Monte-Carlo gingen. Es reichte auf Anhieb zu einem Klassensieg – Auftakt zu einer phantastischen Serie weiterer Erfolge, die Werks- und Privatfahrer viele Jahre lang zum Ruhme Englands herausfuhren. Britische Sportwagen erfreuten sich zu jener Zeit noch uneingeschränkter Reputation, und die unter den Marken Morris und Austin antretenden Minis sorgen für eine kräftige Belebung der Märkte im In- und Ausland.

Ab 1962 brachte der Tuner John Cooper seine erfolgreiche Arbeit und damit seinen Namen ein. Der Mini Cooper war auf Rallyesiege geradezu abonniert. Erik Carlsson, Rauno Aaltonen, Paddy Hopkirk, Timo Makinen, Paul Easter, Tony Ambrose, aber auch Frauen wie Pat Moss und Pauline Mayman steuerten ihre Minis in vielen Wettbewerben auf die vordersten Plätze. 1964 gab es den ersten Gesamtsieg in der Rallye Monte-Carlo, errungen von Paddy Hopkirk und seinem Beifahrer Liddon.

Das Jahr 1966 bescherte der British Motor Corporation und ihren Minis die größten Triumphe, allerdings auch Niederlagen. Die enttäuschendste ergab sich gleich zu Anfang des Jahres. Für die »Monte« – erster von 18 harten Einsätzen in diesem Jahr – hatte man vier Mini Cooper S präpariert (Foto), und sie kamen mit hervorragenden Zeiten ins Ziel. Doch es gab anschließend Proteste von französischer Seite, Disqualifikationen und Intrigen. Die Minis wurden um ihren Sieg gebracht, so weiß man heute, weil sie zu erfolgreich waren. Offiziell hieß es, ihre Scheinwerfer entsprächen nicht dem Reglement, und an einem Wagen weiche die Radspur um 3,5 mm von den Angaben im Homologationsblatt ab. Die Veranstalter erkannten dem BMC-Team den verdienten Dreiersieg ab und erklärten nachträglich die Citroën-Mannschaft Toivonen/Mikander zum Gewinner.

Um so erfreulicher verlief die Saison im Anschluss an die »Monte«. Ob Tulpenrallye oder der München-Wien-Budapest-Marathon, 1000-Seen-Rallye oder Schottland-Rallye: Gesamt- und Klassensiege gab es wie in den Vorjahren in hoher Zahl. Bis einschließlich 1968 blieb der Mini der erfolgreichste Rallyewagen der Klasse bis 1,3 Liter, und von der Legende, die sich aus dieser glanzvollen Karriere bildete, leiteten sich in aller Welt ansehnliche Verkaufserfolge ab.

MG MGB GT V8 1973

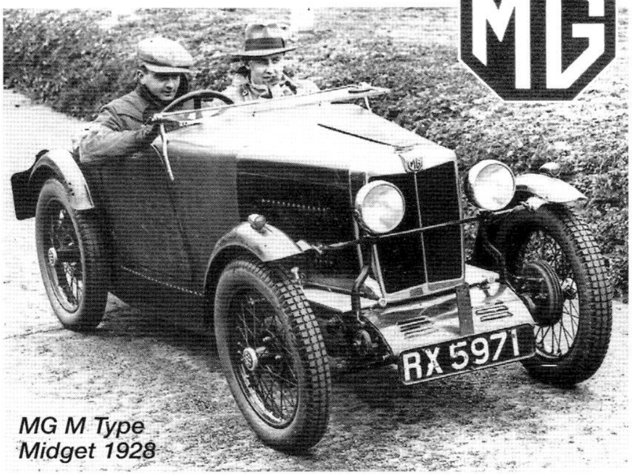

MG M Type Midget 1928

1994 zusammen mit ➔Rover im Besitz von ➔BMW. Im Jahr 2000 gab BMW die Marken M.G. und Rover an die britische Phoenix Group weiter, die sie 2006 nach China verkauften.

Michelotti, Giovanni

Italienischer Designer (1921-1980), der 1959 in Turin das Studio Technico Carrozzeria G. Michelotti gründete und bemerkenswerte Karosserien entwickelte. Michelotti arbeitete u.a. für ➔BMW (700; 1500; 1800), ➔Triumph (Herald, Spitfite), ➔Alfa Romeo, ➔Lancia, ➔DAF und viele Nutzfahrzeughersteller (z.B. ➔Leyland). Bau von Rennwagen und Prototypen auch in Zusammenarbeit mit anderen italienischen Karosseriefirmen.

Miele

Die Miele-Werke in Gütersloh haben 1911-1913 auch Personenwagen hergestellt. Die von der Maschinenfabrik Miele & Cie. gebauten Fahrzeuge hatten Vierzylinder-Blockmotoren, Vierganggetriebe und Kardanantrieb, konstruiert von Karl Klemm, der später für seine Flugzeuge berühmt wurde.

Mille Miglia

Das erstmals 1927 ausgetragene 1000-Meilen-Rennen auf italienischen Straßen entwickelte sich zu einem der spektakulärsten Wettbewerben in Europa und wurde bis zum letzten Rennen 1957 nur drei Mal von Nicht-Italienern gewonnen: Caracciola/Werner 1931 (Mercedes-Benz), v.Hanstein/Bäumer 1940 (BMW), Moss/Jenkinson 1955 (Mercedes-Benz). Dominante Marken waren stets ➔Alfa Romeo und ➔Ferrari. Die Serie fand keine Fortsetzung wegen der ansteigenden Unfallquote.

Miller

Harry Miller (1875-1943), einer der berühmtesten Rennwagenkonstrukteure der USA, baute von 1915 bis 1952 in Los Angeles nicht nur sehr erfolgreiche Rennfahrzeuge, sondern einige Personenwagen mit Vier- und Achtzylindermotor, darunter einen Allradwagen mit V16-Motor als Roadster.

Milord

Bezeichnung für eine Kutsche in England, die ein Zweisitzer mit Halbverdeck war, kutschiert vom Besitzer selbst. Um 1896-1900 benutzte man die Bezeichnung Mylord auch für kleinere, zweisitzige Motorwagen (➔Benz).

Minerva

Belgische Automobilmarke (Antwerpen, 1899-1939), hervorgegangen aus einer Fahrrad- und Motorradfabrik. Die anspruchsvoll gebauten Personenwagen (in England von Charles S. ➔Rolls importiert, ehe dieser mit Henry ➔Royce eine eigene Automobilmanufaktur gründete) gab es ab 1909 mit ➔Schieberventilmotor, ab 1912 mit elektrischer Ausstattung, ab 1914 mit Speichenrädern. Lastwagenherstellung von 1912 bis 1948, Militär-Geländewagen von 1953 bis1956.

Miller 1928

Minerva Torpedo 1928

Rallye Monte-Carlo 1911: Henri Rougier, Paris, als Gesamtsieger auf Turcat Mery

Mini

→Morris, →Austin, →Issigonis (→Detailwissen)

Mischwagen

Früher angewendete Bezeichnung (auch »Mixte«) für ein Automobil mit Elektroantrieb, das für die Aufladung der Batterien über einen Dynamo einen Verbrennungsmotor aufwies. Mischwagen baute z.B. Ferdinand →Porsche bei →Lohner in Wien; bei →Daimler (DMG) gab es sie 1906/07 und bei Stella in der Schweiz 1904 sowie als Lastwagen bei →Austro-Daimler. Das »gemischte System«, wie es auch genannt wurde, hatte zwangsläufig ein hohes Fahrzeuggewicht zur Folge.

Michungsschmierung

Bezeichnung für das bei Zweitaktmotoren angewendete Schmierungssytem durch Beimengen von Motoröl zum Kraftstoff (z.B. beim →DKW und bei vielen Kleinwagen). Das Mischungsverhältnis betrug noch bis in die späten 1950er Jahre meist 1:25, erst später, mit der Einführung synthetischer Öle mit höherer Schmierwirkung, wurde es bis auf 1:50 angehoben.

Mitchell

Amerikanische Automobilmarke (Racine, 1903-1923), unter welcher eine Reihe von Vier- und Sechszylindern hergestellt wurden, ehe der Betrieb von →Nash übernommen wurde.

Mittelträgerrahmen, Mittelrohrrahmen

Anderer Ausdruck für →Zentralrahmen bzw. Zentralrohrrahmen.

Mixte

Anderer Ausdruck für →Mischwagen.

MMC

Abkürzung für Motor Manufacturing Company, die 1897 in England aus der Great Horseless Carriage Company entstand und von Harry J. →Lawson gegründet wurde, der 1896 die Rechte zum Bau des →Daimler und von → De-Dion-Motoren nach Großbritannien geholt hatte. MMC Automobile, hergestellt bis 1908, waren mit Daimler-Konstruktionen nicht identisch und hatten zunächst großvolumige Einzylindermotoren; ab 1904 gab es auch ein Vierzylindermodell.

Mölkamp

In den ehemaligen →Priamus-Werken, Köln, von 1923 bis 1926 gebaute Vier- und Sechszylinderwagen nach einer →Ceirano-Lizenz.

Moll

Deutsches Kleinwagenfabrikat (Chemnitz, 1922-1925), mit 1,5 Liter Motoren von Siemens & Halske. Ein weiterer Wagen hieß Mollmobil und hatte einen 165-ccm-Motor von →DKW.

Moll, ca 1922

Monoblockmotor
Bezeichnung für einen mehrzylindrigen Motor, bei dem alle Zylinder zusammengegossen sind und somit einen gemeinsamen Zylinderblock bilden. Motoren mit zusammen statt einzeln oder paarweise gegossenen Zylindern führte 1907 →Rolland-Pilain ein; 1908 folgte Isotta-Fraschini, 1910 →Delage und →Bugatti.

Monoposto
Aus dem Italienischen übernommene, international verwendete Bezeichnung für einen einsitzigen Rennwagen. Monoposti wurden 1926 eingeführt, nachdem die neue Rennformel die Mitnahme eines Beifahrers entbehrlich machte.

Monotrace
Andere Bezeichnung für →Einspurwagen, aber auch Markenbezeichnung für einen solchen, wie er 1924-1926 in St. Etienne, Frankreich, in Lizenz des →Mauser hergestellt wurde.

Monte-Carlo (Rallye)
Die Rallye Monte-Carlo wird – mit gelegentlichen Unterbrechungen z.B. während der Kriegsjahre – seit 1911 alljährlich Im Januar ausgetragen; eine winterliche Sternfahrt mit Startorten in ganz Europa. Der Große Preis von Monaco, auf einem Straßenkurs der Innenstadt von Monte-Carlo gefahren, kommt seit 1929 zur Austragung.

Monteverdi
Schweizerische Luxuswagenmarke (Basel-Binningen, 1956-1992), vom Rennfahrer Peter Monteverdi (1934-1998) gegründet. Sehr anspruchsvoll gebaute Hochleistungs-Fahrzeuge mit Motoren von →Chrysler. Hervorzuheben ist das Mittelmotor-Coupé Hai (450 PS, 280 km/h) von 1970 mit einer Karosserie von Fissore. Monteverdi stellte ab 1976 auch Geländewagen her, basierend auf dem Allradwagen der amerikan. Firma →International.

Moon
Amerikanische Automobilmarke (St. Louis, 1909-1929), die in den USA anfänglich sehr erfolgreich war, mit Beginn der Weltwirtschaftskrise jedoch in Absatzschwierigkeiten geriet und Konkurs anmelden musste.

Morgan
Das von H.S.F. Morgan 1910 in Malvern Link, England, gegründete und bis heute existierende Unternehmen zum Bau von Sportfahrzeugen ist über den Status eines Familien-Handwerksbetriebes nie hinausgekommen, hat jedoch für seine Automobile weltweite Reputation erlangt. Der Familienbetrieb, in welchem noch 1950 dreirädrige Roadster gebaut wurden (Vierradwagen kamen Ende 1935 ins Programm) pflegt die konservative Linie aus Tradition, auch hat man bei Morgan zu keiner Zeit eigene Motoren produziert. Der wöchentliche Ausstoß lag nie über zehn Wagen, die Lieferfristen betragen seit jeher mehrere Jahre.

Morris
Die von William Morris, dem späteren Lord Nuffield, 1913 in Oxford gegründete Automobilfabrik entwickelte sich zu einem der erfolgreichsten Unternehmen der Branche in Großbritannien durch frühzeitige Einführung von Großserien-Produktionstechniken und Baukasten-Modellpolitik. 1923/24 Gründung der Marke →M.G., 1927 Übernahme von →Wolseley. Auf der Linie preiswerter Klein und Mittelklassewagen lag auch der berühmte Morris Minor von 1948 und der 1959 eingeführte, wie der Minor von Alec →Issigonis (1906-1988) konstruierte Mini mit Quermotor und Vorderradantrieb, den es in identischer Ausführung

Morgan 1914

Morgan Threewheeler 1926

DETAILWISSEN

AUTOS AUS DER MOTORRADFABRIK

AJS 9 HP Roadster 1930

Albert John Stevens hatte in seinem väterlichen Betrieb, einer Manufaktur für Einbaumotoren in Wolverhampton/Staffordshire, 1897 ein erstes Motorrad gebaut, doch nicht vor 1909 nahm man dort die Serienherstellung auf. In dem Familienunternehmen waren auch Albert John Stevens' Brüder Harry, George und Joseph tätig. Die A.J. Stevens & Co. Ltd., kurz AJS, und ihre Nachfolger betrieben den Motorradbau sehr erfolgreich; Maschinen dieser Marke gab es bis 1968.
Unter der Marke AJS wurden auch Automobile angeboten, hergestellt in der Zeit von 1929 bis 1933. Denn als in den späten 1920er Jahren der Motorradboom zeitweilig nachließ, suchten die Stevens Brothers nach weiteren Möglichkeiten, ihr Potenzial zu nutzen. So entwickelten sie ein Programm von kleinen Lastwagen und Omnibussen, die sich aber nicht durchzusetzen vermochten – die Firma verlor viel Geld, musste 1931 die Liquidation beantragen und die Rechte am Motorradbau an eine Konkurrenzfirma verkaufen: Matchless.
Parallel zum Bau von Nutzfahrzeugen hatte man sich bei AJS Anfang 1930 auch der Konstruktion eines Kleinwagens zugewendet. Die Rechte an diesem 9 HP erwarb nach dem AJS-Konkurs die Crossley Motors Ltd., ein seit 1910 bestehender und vor allem im Militärfahrzeugsektor erfolgreicher Autohersteller in Gorton bei Manchester. Crossley vertrat zugleich die amerikanische Willys-Overland Corporation und baute seit 1920 in Stockport, Cheshire, ein Modell dieser Marke. Für eine kurze Zeit entstand dort sogar ein Lizenz-Bugatti.
Albert John Stevens hatte für des Entwicklung des 9 HP zwar einige Patente von Clyno erworben, doch entschied man sich bei Crossley, den seitengesteuerten Vierzylindermotor (1018 ccm) abzuwandeln und ihn nicht im eigenen Betrieb, sondern bei der Firma Coventry-Climax herstellen zu lassen; von dort bezog Crossley auch für ihre eigenen Modelle Motoren.
Es gab den AJS 9 HP als offenen Zweisitzer und geschlossenen Viersitzer zunächst mit Dreigang-, wenig später mit Vierganggetriebe, wobei die Preise zwischen 210 und 250 Pfund Sterling für ein solch kleines Auto als relativ hoch galten.
1932 präsentierte Willys-Overland-Crossley auch einen AJS mit kopfgesteuertem 1,5-Liter-Motor, doch von diesem Modell entstanden nur einige Prototypen. Ende des gleichen Jahres stellte man die AJS-Automobilfertigung ein. Crossley setzte die Produktion der eigenen Personenwagen noch bis 1937 fort; Nutzfahrzeuge dieser Marke gab es sogar bis 1956.

Morris Isis Six 1930

Morris Eight 1932

als →Austin gab. Die Marke Morris wurde vom →British-Leyland-Konzern, dem Morris durch die 1952 erfolgte Fusion mit Austin angehörte, bis 1984 weitergeführt.

Mors

Französischer Hersteller (Paris, 1895-1925) großer Automobile, hervorgegangen aus einer Firma, die Signalanlagen und zunächst dreirädrige, dann auch vierrädrige Dampffahrzeuge herstellte. Unter Emile Mors erfolgte 1898 Bau eines Fahrzeugs mit V4-Motor (luftgekühlte Zylinderwände, wassergekühlte Köpfe). Zu den berühmten Konstrukteuren, die bei Mors ihre Karriere begannen, gehörten Henri →Brasier, André →Citroën und der spätere →Packard-Chefkonstrukteur Charles Schmidt. Mors-Automobile beteiligten sich vor 1914 erfolgreich an zahlreichen Rennen (Sieger Paris-Berlin 1901). Ab 1920 Bau von Motoren mit Schiebersteuerung. Mors-Repräsentant in England war der berühmte Rekordfahrer Malcolm Campbell. Nach der Schließung wurden die Betriebsanlagen von Mors durch →Citroën übernommen.

Moskwitsch

Der 1947 in Moskau gegründete Staatsbetrieb MZMA (Moskowskji Zawod Malolitrashnij Awtomobilnij) stellte auf den in die Sowjetunion als Reparationsgut verbrachten →Opel-Fließbändern einen Personenwagen her, der weitgehend dem Opel Kadett der Vorkriegszeit entsprach und den Modellnamen Moskwitsch erhielt. Nicht vor 1956 ging eine Neukonstruktion in Serie, denen in großen Zeitabständen weitere folgten. Im Mai 1967 verließ der millionste Moskwitsch das Werk.

Motocoupé

Von BMW benutzte Bezeichnung für die zweisitzige, in →ISO-Lizenz gebaute Isetta.

mph

Im englischen Sprachraum übliche Abkürzung (auch m.p.h.) für miles per hour = Meilen pro Stunde. Eine Meile entspricht 1,609 km.

Mulag

→Mannesmann.

Mulliner

Es gab in England zwei Karosseriefabriken dieses Namens: Arthur Mulliner (gegr. 1897 in Northampton) und H.J. Mulliner (gegr. 1900 in London). Beide gingen aus Kutschwagen-Manufakturen hervor und machte sich Namen für ihre anspruchsvollen Automobilaufbauten. Während Arthur Mulliner 1939 die Arbeit einstellte, überlebte H.J. Mulliner bis heute. Durch die Spezialisierung auf Rolls-Royce und →Bentley ergab sich 1959 eine Übernahme durch →Rolls-Royce (der bereits →Park Ward gehörte). Unter der Bezeichnung Mulliner bietet Bentley Motors in Crewe heute Spezialkarosserien und Veredelungen ihrer Serienwagen an.

MZMA

→Moskwitsch.

»Mercedes! Welch eine Lawine von Lärm schallt aus seinem Motor, wild schießen helle Flammen aus dem Auspuff – das ist eine komprimierte Form von Dantes Inferno...«

Bericht im *Automobile Club Journal*, London, über den Auftritt Camille Jenatzys auf Mercedes beim Gordon-Bennett-Rennen 1903.

Nacional Pescara
Spanische Automobilmarke (Barcelona, 1929-1932), unter der nicht mehr als fünf Fahrzeuge entstanden. Es waren Hochleistungs-Sportwagen, gebaut unter großem Aufwand, finanziert von dem spanischen Millionär Raul Paters Pescara.

Nacke
Deutscher Automobilhersteller (Coswig, 1901-1929), der aus dem Werkzeugmaschinenbau kam und bis 1913 auch Personen- und Lastwagen verschiedener Größen und Konfigurationen baute.

Nacke 1913

Nadellager
Vom Ingenieur G. Hoffmann entwickeltes und ab 1922 produziertes Lager (die Lagernadeln sind dünne Zylinderrollen), das sich in sehr kleinen Dimensionen herstellen ließ und zugleich hohen Beanspruchungen stand hielt. Anwendung z.B. bei Getriebewellen und Motorrad-Kurbelwellen.

NAG
Abkürzung für Nationale Automobil Gesellschaft, eine 1908 in Berlin gegründete Firma, die den seit 1901 bei der AEG betriebenen Automobilbau (Einzylinder-Viersitzer, Konstruktion Prof. Georg Klingenberg) übernahm und fortführte. Als Besonderheit wies dieser Wagen erstmals einen Motor auf, der mit dem Getriebe und dem Differenzial an der Hinterachse eine Einheit bildete. Dem NAG-Klingenberg folgten Zwei- und Vierzylinder-Modelle (Motor vorn, Kettenantrieb zu den Hinterrädern), entwickelt von Joseph →Vollmer. 1926 Übernahme von →Protos, 1928 von →Presto. Letztes großes Modell, eine Schöpfung Paul →Henzes und seines Kollegen Richard Bussien, war 1930 ein Frontantriebswagen mit 100 PS

NAG Typ 207 1932

starkem 4,5-Liter-V8-Motor, Zentralrohrrahmen und vorderer Einzelradaufhängung. Ein kleinerer Frontantriebs-NAG (1,5 Liter, 30 PS) bildete 1933/34 den Schluss der Firmengeschichte. Den Nutzfahrzeugbau hatte 1931 bereits →Büssing übernommen.

Nagant
Die im belgischen Lüttich (Liège) beheimatete Elektromaschinen- und Waffenfabrik Nagant Frères begann 1899 mit der Herstellung von Automobilen mit Gegenkolbenmotoren, Lizenz →Gobron-Brillié. Eigene Konstruktionen folgten ab 1907 unter der Leitung des deutschen Konstrukteurs Ernst Valentin (erste dohc-Motoren). Lizenzvergabe an die Firma Achenbach in Hamburg (→Hexe). 1928 Übernahme des Unternehmens durch →Imperia.

Nagelfänger

Die zur Zeit der Pferdefuhrwerke auf den Straßen reichlich umher liegenden Hufnägel waren Ursache häufiger Reifenpannen, so dass Erfinder darauf sannen, zumindest jene Nägel aus der Laufflächen der Autoreifen zu holen, die sich noch nicht bis zum Schlauch durchgearbeitet hatten. Die meisten dieser auch von Radfahrern verwendeten, »Nagelfänger« genannten Vorrichtungen waren Ketten oder Streifen aus Metall, die auf oder dicht auf den (meist noch profillosen) Reifen angebracht waren und die Nägel abstreifen sollten. Wodurch sie auf den Boden fielen und dem nächsten Wagen mit Luftreifen abermals zum Pannenrisiko wurden.

Napier
Die seit 1808 in London bestehende Firma D. Napier & Son (Prägemaschinen und Druckerpressen) wandte sich 1900 dem Automobilbau zu und gedieh unter der Leitung von Selwyn Francis Edge zu einem erfolgreichen Hersteller zuverlässiger Motorwagen, die auch im Sport Furore machten (1902 →Gordon-Bennett-Sieger). Bereits Ende 1903 Bau von Sechszylinder-Fahrzeugen in Serie. Große, teure Wagen fanden vor allem in den Ländern des Commonwealth guten Absatz. 1924 gab Napier den Automobilbau zugunsten der Flugmotorenproduktion auf, die 1914 begonnen und einen großen Umfang angenommen hatte. 1931 versuchte Napier erneut, ins Automobilgeschäft einzusteigen, als →Bentley zum Verkauf stand, wurde von →Rolls-Royce jedoch knapp überboten.

Nash
Von Charles W. Nash 1916 in Kenosha, USA, gegründete Automobilfabrik als Nachfolgefirma der →Jeffrey Motor Company. Bei Nash entstanden durchwegs solide Mittelklassefahrzeuge, teils mit sehr leistungsfähigen Motoren (→Doppelzündung ab 1928, Achtzylinder ab 1930). Nach dem II. Weltkrieg mit avantgardistischen Karosserien

Nash-Healey 1953

Nash Ambassador 1950

(Pontonform) von →Pinin Farina. 1954 Fusion mit →Hudson, wodurch →American Motors entstand. Ab Ende 1957 wurde die Marke Nash nicht weitergeführt.

Nash-Healey

1951 bis 1954 in Kenosha, USA bei →Nash gebauter Sportzweisitzer nach Donald →Healeys Konstruktionsvorgaben und einem Nash-Sechszylindermotor sowie einer Karosserie, die von →Pinin Farina kam. Knapp über 500 Fahrzeuge sind angefertigt worden.

Nazzaro, Felice

Felice Nazzaro (1880-1940) galt als einer der prominentesten Rennfahrer Italiens und baute zwischen 1912 und 1916 auch Sportwagen sowie einige Nutzfahrzeuge in eigener Regie. Von 1922 bis 1940 leitete Nazzaro bei →Fiat die Rennabteilung.

Neander

Der Techniker und Künstler Ernst Neumann-Neander entwarf in den 1920er Jahren Stromlinienkarosserien, konstruierte Motorräder (produziert bei →Opel) und baute zwischen 1928 und 1935 eine Anzahl kleiner »Fahrmaschinen« mit drei und vier Rädern, die unter dem Markennamen Neander verkauft wurden.

nearside

Englische Bezeichnung für die linke Seite eines Fahrzeugs, die sich nahe (engl. near) dem Bürgersteig (bezogen auf Linksverkehr) befindet. Die rechte Fahrzeugseite wird dem entsprechend als →offside bezeichnet.

Neckar

Bezeichnung für die in Heilbronn 1959-67 für den deutschen Markt montierten Fiat-Fahrzeuge (→NSU-Fiat), als NSU wieder selbst Autos (Prinz) zu bauen begann.

Nesselsdorfer

Markenname der in der Nesselsdorfer Waggonbau-Fabriks-Gesellschaft (damals Böhmen/Österreich) ab 1897 entstandenen Motorwagen, deren erster Modell »Präsident« hieß, eine Konstruktion Hans →Ledwinkas. Die auch als NW-Wagen verkauften, anfänglich nach →Benz-Vorbild gebauten Zwei- und Vierzylinder erhielten nach dem I. Weltkrieg, als aus Nesselsdorf Koprivnice geworden war, die Markenbezeichnung →Tatra.

Neander Fahrmaschine ca. 1933

NEW YORK MOTOR SHOW

Die alljährliche New York Motor Show war in den 1920er Jahren das wichtigste Ereignis der Automobilbranche in den USA. Die Jahre vor der Weltwirtschaftskrise, also die späten Zwanziger, wurden später vor allem in den Vereinigten Staaten oft als das »Goldene Zeitalter« bezeichnet. Dort gab es damals einen gewaltigen Bauboom, Musik und Theater erlebten ihre Blütezeit, und trotz der staaatlich verordneten Prohibition floss eingeschmuggelter Champagner reichlich.
Auch die Automobilindustrie hatte an dem Aufschwung großen Anteil. Hunderte von Marken mit Tausenden von Modellen standen zur Wahl, wobei natürlich nur ein Dutzend Fabrikate den Ton angaben und die vielen weniger prominenten Hersteller ein bescheideneres Dasein führten. Immerhin: 1926 gehörten in die Liste der großen Marken nicht nur Chevrolet, Ford, Buick, Dodge, Nash, Chrysler oder Oldsmobile, sondern auch ein Willys Overland Whippet, der mit 182.000 verkauften Fahrzeugen in der Statistik an 6. Stelle stand, ferner einen Paige (Nr. 14) oder Chandler (Nr. 17). Zu den zahlreichen »Randerscheinungen« gehörten Marken wie Calvert, Dagmar, Du Pont, Erskine, Jewett und Lexington. Sie alle fanden ihre Käufer zu einer Zeit, in der Ratenzahlungen populär wurden und die Anschaffung eines Autos leicht machten.
Das Foto zeigt einen der Säle der New York Motor Show im Januar 1926. Vorn einige Wagen der Marke Chandler. Zwar dominierten Pomp und Plüsch als Dekor, dennoch spielte der technische Fortschritt im Automobilbau eine wichtige Rolle, und etliche Aussteller zeigten die neuesten Besonderheiten ihrer Modelle an unkarossierten Fahrgestellen. Noch hatte Chrom den Nickelglanz nicht verdrängt, aber es gab bereits licht- und wetterfeste Acryl-Lackierungen, Scheiben aus Sicherheitsglas und – Wagenheizungen! Die Limousine löste den Roadster und den offenen Tourenwagen ab, doch Stoßstangen vorn und hinten gehörten noch zu den aufpreispflichtigen Extras, auch hatte das Scheibenrad die Speichenfelge noch nicht ersetzt. »Wer ein Auto kauft, hilft dem Land den Wohlstand zu bewahren,« lautete eine von Präsident Herbert Hoover verkündete Formel. Den Wallstreet-Börsencrah, der knapp drei Jahre später die Wirtschaft erschütterte, vermochte sie nicht zu verhindern.

New York Motor Show 1926. Vorn die Sechszylinder-Fahrzeuge des Autoherstellers Chandler aus Cleveland, Ohio

Neuss-Karosserie 1930

Neumann-Neander

→Neander.

Neuss

Die Berliner Karosseriefabrik Josef Neuss kam aus dem Kutschenbau, nahm 1905 die Herstellung von Automobilkarosserien auf und war zeitweilig zugleich →Bugatti- und →Rolls-Royce-Vertretung. 1933 fusionierte Neuss mit →Erdmann & Rossi; das Neuss-Fabrikschild wurde noch bis 1935 an die dort karossierten Fahrzeuge geheftet. Die von Künstlern und Architekten entworfenen Karosserien erhielten meist teure Wagen wie →Maybach, →Mercedes-Benz, →Horch, →Packard und →Cadillac.

Nickel

Nach der Ära der Verwendung von blankem →Messing im Automobilbau ging man in den frühen 1920er Jahren (in den USA teils schon früher) dazu über, Beschläge und Verkleidungen zu vernickeln. Nickel ist ein silbern glänzendes Metall, das Wasser und Alkalien widersteht. Die Periode währte nicht lange, denn noch im gleichen Jahrzehnt wurde es üblich, blanke Teile zu verchromen. Die Beifügung von Nickel (und auch Chrom) bei Stahllegierungen, etwa bei Kurbelwellen, diente zur Veredelung bzw. Oberflächenhärtung.

Niederdruckreifen

Im Unterschied zu den frühen Luftreifen, die ausnahmslos mit hohem Druck gefahren wurden (4 bis 6 at), stellte der Mitte der 1920er Jahre eingeführte Niederdruck- oder auch Ballonreifen einen elastischeren, stoßabsorbierenden Reifen dar, der breiter war und mit Drücken zwischen 1,75 und 3 at gefahren wurde. Möglich wurde diese Umstellung durch die Entwicklung von Kautschukmischungen von geringerem Abrieb und größerer Strapazierfähigkeit. 1924 stimmte sich die deutsche Automobilindustrie mit den Reifenherstellern auf fünf Personenwagen-Reifendimensionen für Ballonreifen ab, die bis ca. 1934 beibehalten wurden:

710x90 760x90 820x120 880x120 935x135

Niederspannungs-Magnetzündung

Von →Bosch 1897 entwickelte →Magnetzündung, die 1902 von der Hochspannungs-Magnetzündung abgelöst wurde.

Nissan

→Datsun.

Normag

Hersteller von Ackerschleppern und Straßenzugmaschinen (Zorge, 1938-1952), ab 1938 in selbsttragender Bauweise und mit Ladepumpendiesel motorisiert.

Notsitz

Als Notsitze bezeichnet man sowohl Klapp- oder Behelfssitze im Fondbereich größerer →Limousinen oder →Tourenwagen bzw. →Phaëtons, gedacht zu nur gelegentlicher Benutzung, als auch Sitze, die im Fahrzeugheck unter einer Klappe im Kofferraum verborgen sind (»Schwiegermuttersitz«; amerik.: rumble seat, engl.: dikkey seat) und teils auch Steckscheiben, Fenster in der nach oben zu öffnenen Klappe (wie etwa beim →Triumph Roadster 1800/2000 von 1946-1950) und/oder ein Hilfsverdeck (s. Abb.) aufweisen.

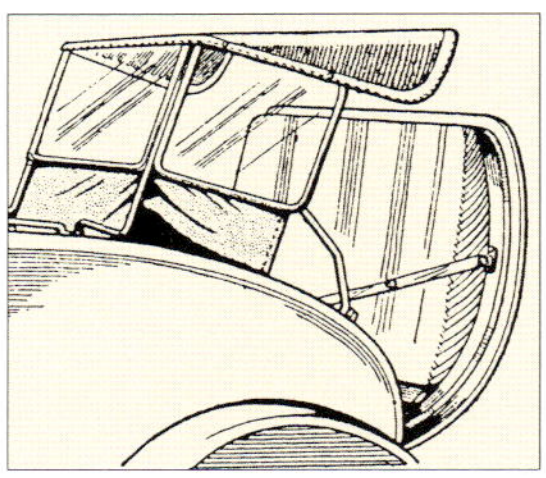

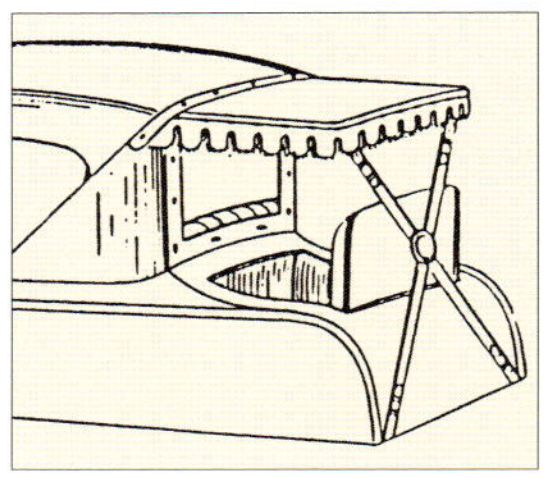

Unten: Verschiedene Arten von Notsitzen
1 Mercedes-Benz 170 V Roadster 1939;
2 Mercedes-Benz 320 (Sindelfingen) 1935;
3 Daimler Barker Cabriolet 1951

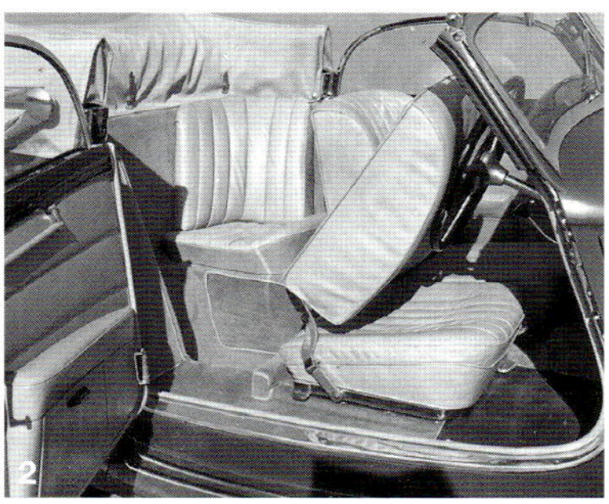

NSU Ro80 1967

NSU

Die 1873 gegründete Neckarsulmer Strickmaschinen-Union, seit 1888 Fahrradfabrik, nahm 1901 den Motorrad- und 1906 den Automobilbau auf; der erste Motorwagen war eine →Pipe-Lizenz. Recht unterschiedliche, teils sehr erfolgreiche NSU Automobile gab es bis 1929, als der Autobau an die neu gegründete NSU-Fiat Automobil AG (Heilbronn) abgegeben wurde und das Stammwerk sich nur mehr auf die Motorradherstellung konzentrierte. Wiederaufnahme der Autoproduktion erst 1957 mit dem Kleinwagen Prinz. 1964 Vorstellung des NSU Spider mit →Wankelmotor, dem 1967 der innovative NSU Ro80, ebenfalls mit Wankelmotor, folgte. Der 1969 vorgestellte K 70 war der letzte NSU-Wagen (der als VW weitergebaut wurde); im gleichen Jahr übernahm →Volkswagen die Firma NSU und verschmolz sie mit der →Auto Union zur Audi NSU Auto Union AG.

NSU-Fiat

Die 1929 in Heilbronn gegründete NSU-Fiat Automobil AG (→NSU) baute nach italienischem →Fiat-Muster einige Typen für den deutschen Markt mit Karosserien von →Drauz und →Weinsberg. Auch die kleinen Fiat-Modelle 500 und 600 wurden als NSU-Fiat in Heilbronn hergestellt, ebenso Versionen des 1100er, der ab 1959 den Markennamen →Neckar bekam. 1967 entfiel der Name Neckar wieder, und die noch bis 1973 in Heilbronn montierten, mit ihren italienischen Basismodellen völlig identischen Wagen hießen wie das Original wieder Fiat.

Nürburgring

Deutschlands berühmteste, in der Eifel gelegene Rennstrecke. Sie wurde 1927 eröffnet und galt bis zu ihrem Umbau (beendet im April 1984) mit 28,265 km Gesamtlänge (Nordschleife mit Südschleife) und 174 Kurven als einer der längsten und zugleich schwierigsten Kurse der Welt. Seit 1974 wird auf dem Nürburgring u.a. alljährlich der Oldtimer-Grand-Prix für historische Renn- und Sportwagen ausgetragen, organisiert vom Automobil-Club von Deutschland (AvD).

NW-Wagen

Andere Bezeichnung für →Nesselsdorfer.

Oldtimer-Grand-Prix auf dem Nürburgring 1979. Links ein Maserati 4CL 1939, daneben ein Talbot-Lago 4,5 Liter 1938.

ÖAF 1938

Oakland
Amerikanische Automobilmarke (Pontiac, 1907-1931), entstanden aus einer Kutschenbaufirma. Die ersten Fahrzeuge konstruierte Alanson P. Brush, der bereits für Henry M. →Leland den ersten →Cadillac entworfen hatte und später in eigener Regie Automobile herstellte. Oakland wurde 1909 von →Durant übernommen und in den →General-Motors-Konzern eingegliedert, 1913 erste Sechszylinder, die sich auf dem Markt sehr gut absetzen ließen und Oaklands Renommee festigten. 1931 integrierte Oakland in die seit 1926 bestehende Marke →Pontiac.

Oberflächenvergaser
Anderer Ausdruck für →Verdampfungsvergaser.

Obenöl
→Schmierung.

ÖAF
1925 aus der Fusion von →Austro-Fiat mit →Austro-Daimler hervorgegangene Firma (Österreichische Automobil-Fabrik AG), die anschließend für den Nutzfahrzeugbereich beider Unternehmen zuständig war. Die in Wien ansässige Firma produzierte ab 1936 Diesel-Lastwagen (Lizenz →MAN); 1955 bis 1970 war die ÖAF ein Staatsunternehmen. 1971 Reprivatisierung und Fusion mit →Gräf & Stift.

Ölbadkupplung
→Lamellenkupplung.

Ölkühlung
Die Kühlung des im Umlauf befindlichen Motoröls (Abgabe der dem Motor entzogenen Wärme) durch einen speziellen Ölkühler, im Aufbau dem Wasserkühler vergleichbar, kam in den 1930er Jahren auf. Es gab auch Motoren, die einen besonderen Kühlmantel für das als Kühlmedium benutzte Öl hatten (meist Bootsmotoren, aber auch Motorradmotoren, z. B. Windhoff). Der Wärmetausch kann durch Luft (Fahrtwind, Gebläse) oder durch einen integrierten Wasserkühler erfolgen.

Österreichischer Daimler
Die 1899 in Wiener-Neustadt gegründete Österreichische Daimler Motoren-Gesellschaft (Tochterges. der →Daimler Motoren-Gesellschaft) baute und vertrieb Fahrzeuge Bauart Daimler in Österreich-Ungarn (ab 1910 unter der Markenbezeichnung →Austro-Daimler). Technischer Direktor war Gottlieb Daimlers Sohn Paul, bevor 1905 Ferdinand →Porsche diese Position übernahm. Ab 1906 gab es eigene Konstruktionen, die sich vom Original-Daimler mehr und mehr entfernten, zugleich erfolgte die Aufnahme der Flugmotorenproduktion. Der Österreichische Daimler trat im Motorsport häufig gegen den deutschen Daimler an.

offside
Englische Bezeichnung für die rechte Seite eines Fahrzeugs, die bei dem in England üblichen Linksverkehr der linken Straßenseite entgegengesetzt ist. Die linke Fahrzeugseite wird dem entsprechend als →nearside bezeichnet.

ohc
International übliche Abkürzung für overhead camshaft = obenliegende (also über den Ventilen angeordnete) Nockenwelle.

ohv
International übliche Abkürzung für overhead valves, also oberhalb des Brennraums im Zylinderkopf hängende Ventile. Man spricht auch von einem »kopfgesteuerten« Motor.

Olds, Ransom E.
Der Amerikaner Ransom Eli Olds (1864-1950) baute 1896 seinen ersten Benzinmotorwagen und setzte bereits 1901 eine Großserienproduktion in Gang, die erste in den USA. Olds ist der Schöpfer des →Oldsmobile. 1904 gründete er die →REO Motor Car Company.

ohc-Motor (Mercedes 24/100/140 PS 1927)

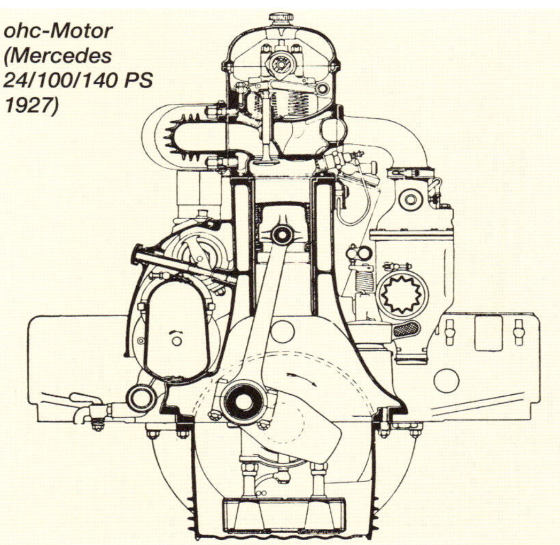

Oldsmobile

Die 1897 von Ransom E. →Olds in Lansing, Michigan/USA gegründete Olds Motor Works Co. gehörte zu den ersten Automobilfirmen, die in den USA in großen Serien Motorfahrzeuge fabrizierten. Der wegen seiner gebogenen Spritzwand »Curved Dash« genannte Oldsmobile wurde bis 1907 hergestellt. 1908 Eingliederung in den von →Durant gegründeten →General-Motors-Konzern, 1910 erste Sechszylinder. 1913 übernahm Charles W. →Nash die Leitung der Firma. Die Marke Oldsmobile entwickelte sich zu einer der bedeutendsten in den USA, war sehr erfolgreich im Achtzylinder-Segment und präsentierte 1966 mit dem Modell Toronado Amerikas ersten Frontantriebswagen seit dem →Cord. Erst im Jahre 2001 wurden von GM keine neuen Modelle mehr unter der traditonsreichen Marke Oldsmobile angeboten.

Oldtimer

Im deutschen Sprachraum verwendeter Sammelbegriff für historische Motorfahrzeuge, die ein nach →DEUVET bzw. →FIVA definiertes Mindestalter erreicht haben.

O.M.

Italienische Automobilmarke (Brescia, 1918-1934), entstanden aus einer 1899 gegründeten Lokomotivenfabrik (Officine Meccaniche). Erste Autokonstruktionen basierten auf dem →Züst. Bei O.M. entstanden erfolgreiche Sportwagen, aber auch Nutzfahrzeuge. 1933 wurde O.M. vom →Fiat-Konzern übernommen, der bei O.M. die Nutzfahrzeugproduktion fortsetzte und bis heute bestimmte Baureihen von Fiat-Lastwagen unter der Bezeichnung O.M. auf den Markt bringt.

Opel

Die in Rüsselsheim seit 1862 bestehende Firma Adam Opel stellte zunächst Nähmaschinen und ab 1887 Fahrräder her, ehe Adam Opels Söhne 1899 mit dem → Lutzmann-Wagen ins Automobilgeschäft eintraten. Ab 1902 Bau und Vertrieb des französischen →Darracq, von 1907 an Herstellung ausschließlich eigener Konstruktionen. Ein weit gefächertes Programm sicherte Opel breite Präsenz auf dem Markt, und mit der Einführung der Großserienproduktion des «Laubfrosch« 4/12 PS im Jahre 1924 sicherte sich Opel eine führende Position in der populärsten Autoklasse. 1929 Übernahme durch →General Motors. Mit den Modellen Olympia (ab 1935), Kadett

ohv-Motor (kopfgesteuert); hängende Ventile

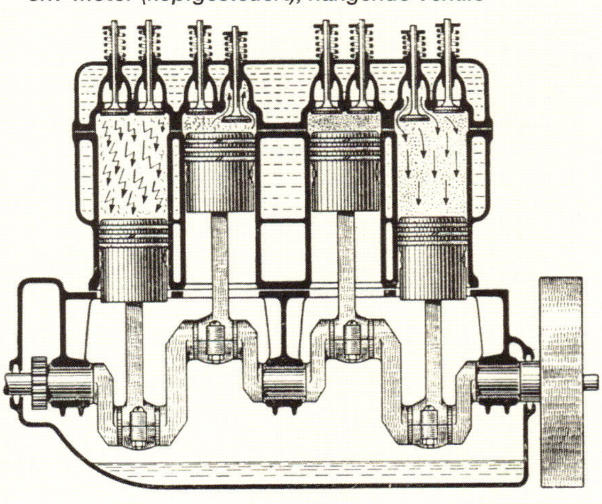

Oldsmobile Viking 1929

Opel 4/20 PS 1929

Opel P4 1937

Opel Admiral Cabriolet 1938

Opel Manta 1974

(ab 1936), Kapitän (ab 1938), Rekord (ab 1953) und mit dem neuen Kadett (ab 1961) hielt die Marke Opel jahrzehntelang ihren Spitzenrang. Liebhaberstatus haben längst auch die Modelle Commodore (ab 1967) und Manta (ab 1970), Ascona (ab 1971) und Monza (ab 1977) erhalten. Im Nutzfahrzeugbereich profilierte sich der ab 1931 gebaute Opel Blitz. 1975 wurde die eigene Nutzfahrzeugproduktion eingestellt. Die Zunft der Opel-Veteranenfreunde bildet zahlenmäßig eine der größten Markenvereinigungen ihrer Art und pflegt die Geschichte des traditionsreichen Rüsslsheimer Fabrikats mit besonderer Intensität.

Opera Coupé

In den USA gebräuchliche Bezeichnung für ein →Coupé mit kleinen, meist runden oder ovalen Fenstern (opera windows) hinter den Türen.

Orient-Express

Von 1895 bis 1903 bei den Bergmann Industriewerken in Gaggenau hergestellter Motorwagen in Kutschenbauart. Es gab Ein-, Zwei- und Vierzylindermodelle mit Riemenantrieb (→Liliput).

Oryx

Von der Berliner Motorwagen-Fabrik (Berlin, 1907-1922) hergestellter Personenwagen. Es wurden überwiegend Taxis und Lieferwagen gebaut; die Konstruktionen stammten von Willy Seck.1909 wurde die Firma Oryx von →Dürkopp übernommen. Die letzten Oryx liefen bereits unter der Bezeichnung Dürkopp, die Lastwagen trugen den Namen Eryx.

Otto

Fabrikat (München, 1921-1922) einiger Automobile mit Motoren von →Daimler oder →Siemens, die der Sohn des Erfinders und Ingenieurs Nicolaus August →Otto herstellte, nachdem er 1909-1916 eine Flugzeugfabrik geleitet hatte (1916 zu →BMW).

Otto, Nicolaus August

Angeregt durch Etienne →Lenoirs (1822-1900) nach dem Zweitaktprinzip arbeitendem Gasmotor entwickelte Nicolaus August Otto (1832-1891) in den 1860er Jahren in seiner Werkstatt in Köln-Deutz einen Explosionsmotor, der nach dem Viertaktprinzip mit elektrischer Zündung funktionierte. Das erste produktionsreife Modell des nach seinem Erfinder benannten Ottomotors entstand 1876 und war nicht für ein Straßenfahrzeug, sondern für stationäre Zwecke bestimmt.

Ottomotor, Ottoprinzip

Nach seinem Erfinder Nicolaus August →Otto benannter Viertakt-Explosionsmotor; eine Bezeichnung, die sich im deutschen Sprachraum bis heute gehalten hat (vergl. →Dieselmotor).

Ovali

Scherzhafte Bezeichnung für den →Volkswagen Käfer mit kleiner, ovaler Heckscheibe, der im März 1953 das erste Modell mit geteilter Heckscheibe (→Brezelfenster) ablöste.

Overdrive

Ein dem normalen Wechselgetriebe nachgeschaltetes Planetengetriebe, das elektromagnetisch aktiviert wird (Druckknopf, Hebel am Lenkrad) und die Übersetzung eines (des höchsten) oder mehrerer Gänge »verlängert«, so dass man bei gleich bleibender Geschwindigkeit mit niedrigerer Drehzahl und damit wirtschaftlicher fahren kann. In Europa war das meistverbreitete Fabrikat Laycock-de-Normanville, in den USA Borg Warner (System mit Fliehkraftregler). Erste Anwendung in der Serie erfolgte 1926 bei einem →Hansa-Lloyd. Die elektromagnetische Aktivierung, wie sie später bei britischen Fahrzeugen (auch bei →Volvo) üblich war, setzt eine Kolbenpumpe in Gang, die einen auf die Getriebehauptwelle wirkenden hydraulischen Druck aufbaut. Als in den 1980er Jahren vermehrt Fünfganggetriebe aufkamen, hatte der klassische Overdrive ausgedient.

Overland

Amerikanisches Automobilfabrikat (Indianapolis, Toledo, 1903-1926), ab 1907 unter der Leitung von John N. Willys. 1909 entstand die Willys-Overland Company, die ab 1916 auch Fahrzeuge mit →Knight-Motor herstellte und später für die Konstruktion des US-Militär-Jeeps weltberühmt wurde (→Willys, Willys-Overland).

Overland 1919

Owen Magnetic

Amerikanische Automobilmarke (New York, Cleveland, Wilkes-Barre, 1915-1922), unter der Elektrofahrzeuge gebaut und verkauft wurden. Von 1922 an war die Firma Owen Exklusivzulieferer elektrischer Komponenten für →Packard.

Owner-driver

Im Englischen übliche Bezeichnung für →Selbstfahrer (z.B. »owner-driver saloon«).

OLDTIMER-RENNEN

Oldtimer-Clubrennen auf dem Nürburgring: Opel Sportwagen am Start

Oldtimer-Rallyes gibt es seit den 1950er Jahren; Rennen mit historischen Fahrzeugen begann man erst sehr viel später zu veranstalten. Zunächst waren es die Briten, die solche Events in ihrem Lande organisierten; 1973 fand dann zum ersten Mal auch auf dem Nürburgring ein Gleichmäßigkeitswettbewerb für historische Renn- und Sportwagen statt. Fast zur gleichen Zeit folgten einige Clubs in Frankreich und anderen Ländern in Europa, »rennmäßige« Wettbewerbe auszuschreiben. Eine Mille Miglia Storica gehörte dazu, die Histo-Monte-Carlo-Rallye (die keineswegs nur ein gemütlicher Tourenspaß sein sollte) und viele andere Wettbewerbe für Besitzer von Oldtimer-Renn- und Sportfahrzeugen.

Alljährlich am zweiten August-Wochenende findet seit 1973 am Nürburgring ein Treffen von Enthusiasten solcher Freizeitbetätigung aus ganz Europa statt, die ihre betagten Fahrzeuge – Automobile wie Motorräder – zu diversen Rennläufen an den Start bringen. Anfangs war die deutsche Beteiligung gering, da in den frühen siebziger Jahren noch längst nicht so viele historische Renn- und Sportfahrzeuge restauriert und wieder einsatzfähig waren wie etwa in England oder in Frankreich. So erschienen zum Oldtimer-Grand-Prix, ins Leben gerufen vom CHRSN (Club Historischer Renn- und Sportfahrzeuge Nürburgring e.V.) und ab 1976 vom AvD organisiert, zunächst überwiegend Briten mit ihren Morgan, Aston Martin, M.G., Riley, Bentley, ERA, Vauxhall und Frazer-Nash, doch man sah auch zahlreiche Bugatti, Amilcar und Alfa Romeo. Erst allmählich füllte sich das Fahrerlager zunehmend mit älteren Mercedes-Benz-, BMW- und Porsche-Sportwagen.

Die Atmosphäre bei einem Rennen mit historischen Fahrzeugen besteht aus einer Mischung von Nostalgie und High-Tech. Einerseits legt man großen Wert auf die originalgetreue Beschaffenheit der Fahrzeuge, die zum Teil mehr als siebzig Jahre alt sind, andererseits entsprechen die Sicherheitsvorkehrungen und das technische Outfit dem aktuellen Standard. Es gilt, Risiken so gering wie möglich zu halten, denn die Rennen werden schließlich von Amateuren bestritten, und es geht auch nicht um Höchstgeschwindigkeiten, sondern um gleichmäßige Rundenzeiten. Dennoch gleicht das Ambiente dem eines »richtigen« Renn-Wochenendes, und es hat sich im Verlauf von drei Jahrzehnten so manche Tradition herausgebildet, die zum Rahmenprogramm gehört, wie etwa die vielen Treffen großer und kleiner Markenclubs auf dem Gelände rings um den Ring. Es gab hier auch schon Oldtimer-Auktionen.

Denn gerade die berühmte Eifelrundstrecke hat nicht nur landschaftliche Reize zu bieten (zu denen die Ruine der alten Nürburg gehört), sondern für alle, denen die deutsche Motorsportgeschichte am Herzen liegt, einen hohen Nostalgiewert.

Wettbewerbe mit historischen Renn- und Sportfahrzeugen werden inzwischen an Dutzenden von Strecken in ganz Europa ausgetragen, denn sie sind nicht zuletzt eine touristische Angelegenheit und eine Attraktion auch für Zuschauer, die nicht unbedingt Oldtimer-Kenner sein müssen. Der Oldtimer-Grand-Prix auf dem berühmten Eifelkurs aber ist mit Sicherheit einer der aufregendsten und kann in Deutschland auf die längste Tradition zurück blicken.

P100

Typenbezeichnung jener besonders voluminösen →Lucas-Scheinwerfer, die an britischen Fahrzeugen (z.B. bei →Rolls-Royce, →Bentley, →Lagonda, →Daimler etc.) in den 1930er Jahren und noch eine Zeitlang nach dem Krieg verwendet wurden. Die nächst kleinere Ausführung von Lucas wurde mit P90 bezeichnet. Auch als Typenbezeichnung von →Borgward verwendet.

paarweise gegossene Zylinder

Die zunächst einzeln auf dem Kurbelgehäuse eines Mehrzylindermotors aufgesetzten Zylinder begann man etwa um 1900 paarweise, also zu je zweien zusammenzufassen, was gusstechnisch und vom Zusammenbau her wirtschaftlicher war. Vor Einführung des Vier- bzw. Sechszylinder-Blockmotors in den 1920er Jahren war der Motorenbau mit paarweise gegossenen Zylindern Standard (→Blockmotor).

Paarweise gegossene Zylinder (Benz 1914, 200 PS)

Packard

Amerikanische Automobilmarke (Warren, Detroit, 1899-1958), gegründet von James Ward Packard (1863-1923). Bau hubraumgroßer Qualitätswagen, wobei der erste Packard ein Einzylinder mit 3 l Hubraum war. Vierzylinder ab 1902, V12 »Twin-Six« ab 1912. Die luxuriösen Fahr-

Packard 120 Convertible 1937

Panhard DB17 Sport 1954

Panhard-Levassor, Grand Prix de l'ACF 1908

zeuge konkurrierten mit →Pierce-Arrow, →Cadillac und →Rolls-Royce. 1950 erfolgte die Einführung von Getriebeautomatik »Ultraglide«. 1955 liierte sich Packard mit der Firma →Studebaker; drei Jahre später gaben beide Fabrikate auf.

Pagodendach

1963 wurde auf dem Genfer Automobilsalon der Mercedes-Benz 230 SL als Nachfolger des 190 SLvorgestellt. Die von der Außenkante leicht nach innen gezogene Dachfläche des Hardtops gab der Baureihe 230/250/280 SL den (inoffiziellen) Namen »Pagode«. Nicht nur das Hardtop, sondern das Styling des gesamten Fahrzeugs sorgte für Aufsehen; das Design stammte von dem französischen Formgestalter Paul Bracq.

Paige, Paige-Detroit

Die amerikanische Paige-Detroit Motor Car Company bestand von 1909 bis 1928 und gehörte zu den wenigen Herstellern, die in den USA noch bis 1911 Autos mit Zweitaktmotor bauten. 1927 Übernahme durch →Graham, wonach die Fahrzeuge als Graham-Paige verkauft wurden.

Pallas-Vergaser

Eines der am weitesten verbreiteten Vergaser-Fabrikate vor dem II. Weltkrieg. Besonderheit: schräg liegender Düsenkörper im Ansaugtrichter. Die Pallas Apparate Gesellschaft, Berlin, stellte Steigstrom- und Horizontalvergaser her sowie Benzinpumpen, Kupplungen und andere Komponenten.

Mercedes-Benz 230 SL mit Pagodendach, 1963

Panhard, Panhard-Levassor

Der erste von den Franzosen René Panhard (1841-1908) und Emile Levassor (1844-1897) nach Daimler-Patenten gebaute Motorwagen entstand 1890 in Paris; er leitete die Motorisierung in Frankreich ein. Während des I. Weltkrieges Herstellung auch von Flugmotoren, Lastwagen, Traktoren und Waffen. 1921 entstand ein erster Reihenachtzylinder. Nach 1945 hießen die in Ivry bei Paris hergestellten Fahrzeuge nur mehr Panhard. Konzentration auf die Herstellung sportlicher Frontantriebswagen, die bis 1967 währte, als das 1955 von →Citroën übernommene Unternehmen geschlossen wurde.

Panhardstab

Bezeichnung für einen bei →Panhard entwickelten Querstabilisator, der auftretende Seitenkräfte zwischen Achskörper und Aufbau bei einem Auto ausgleicht und ein »Schwimmen« des Wagens bei Kurvenfahrt verhindert.

Panoramascheibe

In den 1950er Jahren kamen bei Personenwagen (zunächst in den USA) Windschutzscheiben auf, die in den Bereich der A-Säule herumgezogen waren und die eine bessere Sicht in den vorderen toten Winkel ermöglichten. Die so genannte Panoramascheibe (auch als Heckfenster) hielt sich etwa bis 1967 (→ Auto Union, →Opel).

Panoramascheibe, Auto Union

Panzerzündspule

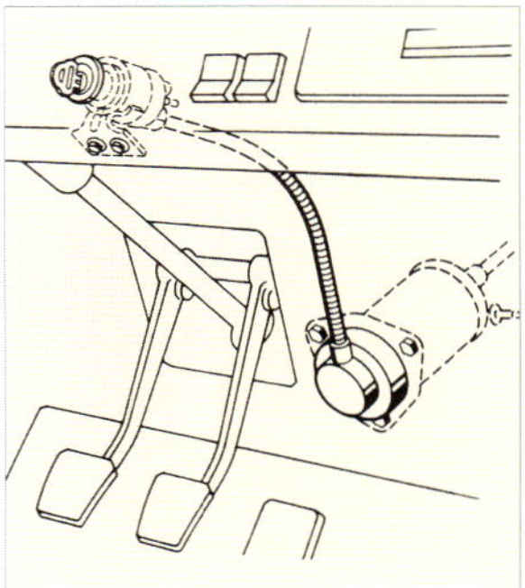

Zündspule mit gepanzerter Leitung vom ebenso gesicherten Schloßzylinder (Zündschloss), als Diebstahlsicherung anfänglich in der Hauptsache von →Volvo verwendet. Der der nachträgliche Einbau einer Panzerzündspule bei Fahrzeugen mit Batteriezündung) ist vom TÜV anerkannt.

Papler

Deutsche Karosseriefirma (Köln, 1908-1958), die u.a. aufwändige Aufbauten auf →Mercedes-Benz-Chassis anfertigte, aber auch Taxis mit Fahrgestellen zahlreicher anderer Hersteller karossierte und nach dem II Weltkrieg in kleinen Serien Cabriolets auf Basis des →Ford Taunus und des 12 M baute. Papler wurde 1958 von →Faun übernommen.

Park Ward

Traditionsreiches britisches Karosseriebau-Unternehmen (London, 1919 bis heute) hoher Reputation, das u.a. schon früh Stromlinienaufbauten herstellte und ab 1936 Ganzstahlkarosserien für Rolls-Royce und Bentley nach eigenen Patenten anfertigte. 1939 kam Park Ward zu →Rolls-Royce und wurde 1959 mit der Karosseriefirma H. J. →Mulliner vereinigt. Die Bezeichnung »Mulliner-Park Ward« wird heute von Bentley Motors für individuell (engl: bespoken) ausgestattete Luxusfahrzeuge benutzt.

Bentley Park Ward 1956

Peerless

Amerikanisches Automobilfabrikat (Cleveland, 1901-1931), hervorgegangen aus einer Fabrik für Wäschemangeln und Fahrrädern. Peerless wurde zu einer Luxusmarke (ab 1910 schon elektr. Scheinwerfer), vergleichbar mit →Pierce-Arrow. Ab 1916 gab es V8-Motoren, 1931wurde noch ein V16 angeboten. Nach ihrer Schließung wurde die Automobilfabrik zu einer Brauerei umgebaut.
Ein weiteres Fahrzeug mit dem Namen Peerless wurde 1957 bis 1960 in Slough, England hergestellt; es war ein Sportcoupé mit einem Motor von →Triumph.

Pegaso

In den ehemaligen →Hispano-Suiza-Werken hergestellter Sportwagen (Barcelona, 1951-1958) mit dohc-V8-Motor. Nutzfahrzeuge der gleichen Marke gibt es seit 1949; 1990 kam Pegaso zum →IVECO-Markenverbund.

Pennington

Der Amerikaner Edward Joel Pennington (1858-1911) war ein vielseitiger Erfinder und rühriger Unternehmer, der zwischen 1894 und 1906 in USA und England einige Fahrzeuge mit Elektro- oder Benzinmotor baute. Keine seiner Konstruktionen (auch einige →Avant-Trains) vermochte sich durchzusetzen, dennoch genoss Pennington in der Fachwelt hohe Aufmerksamkeit, da er es sehr gut verstand, für sich die Werbetrommel zu rühren.

Perl

Perl 1920

Österreichischer Hersteller (Liesing bei Wien, 1907-1927) von Nutzfahrzeugen und (ab 1921) von Kleinwagen. 1927 erfolgte die Übernahme durch →Gräf & Stift bei gleichzeitiger Umstellung zu einem Reparaturbetrieb.

Perrot-Bremse

Nach dem französischen Erfinder und Unternehmer Henri Perrot (1883-1960) benannte mechanische Vierradbremse mit automatischem Ausgleich, erstmals 1911 an einem → Argyll verwendet. Perrot gründete mit →Bendix 1923 die Firma Bendix France und wurde später Geschäftsführer der französischen →Lockheed-Repräsentanz.

Petroleumlampen

Vor der Einführung von →Azetylenscheinwerfern waren bis zu Beginn des 20. Jahrh. vielen Motorfahrzeugen mit Petroleumlampen ausgestattet, deren Lichtschein bei den damals geringen Fahrzeuggeschwindigkeiten ausreichte. Als seitliche Positionslampen am Fahrzeug wurden Petroleumlampen jedoch noch bis 1920 verwendet.

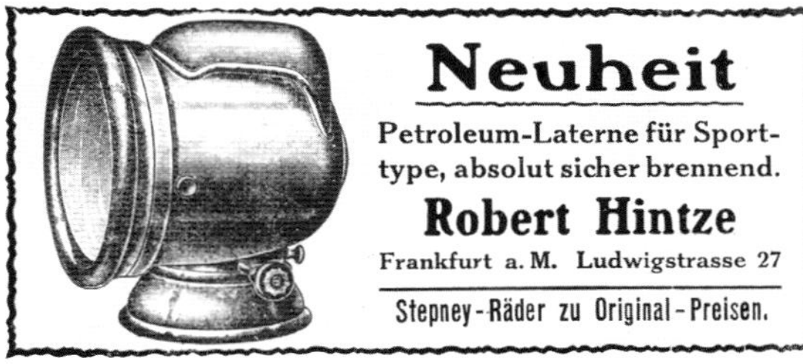

Petroleummotor

Mit unterschiedlichem Erfolg experimentierte man in den 1920er Jahren mit Schwerölmotoren (z.B. bei Schleppern und Booten), die man mit Petroleum betrieb. Petroleummotoren hatten den Nachteil, schwer anzuspringen und eine spezifisch geringe Leistung zu erbringen.

Peugeot, Armand

Französischer Unternehmer (1849-1915), der in seinem elterlichen Industrieunternehmen (Eisengießerei, Werkzeuge, Haushaltsgeräte) 1882 auch Fahrräder zu produzieren begann und durch die Herstellung des dreirädrigen →Serpollet-Dampfwagens (ab 1888) und die Produktion von Motoren Bauart →Daimler (ab 1894) zu den Vätern der Motorisierung Frankreichs zählt. Armand Peugeot ließ das Werk in Sochaux errichten, das später zum Hauptsitz des Unternehmens wurde. Armand Peugeots Nachkommen waren im Verlauf von mehr als 100 Jahren in verschiedenen Führungspositionen des Konzerns aktiv.

Peugeot

Eines der ältesten französischen Fabrikate (Valentigney, Beaulieu, Audincourt, Montbéliard, Levallois, Lille, Sochaux und Werke an anderen Orten, 1890 bis heute) mit großer Tradition im Automobilbau. In den ersten fünf Jahren enge Zusammenarbeit mit →Daimler; anschließend Konstruktionen von Louis →Delage. Auch Ettore →Bugatti und Lucien →Rosengart arbeiteten für Peugeot. 1899 bot Peugeot bereits 15 verschiedene Modelle an. Mit Fahrzeugen aller Größenordnungen profilierte sich die Marke Peugeot über die Jahrzehnte zu einer der bedeutendsten in Europa. 1929 erschien mit dem Typ 201 der erste Peugeot in großer Serie, dessen dreistellige Modellbezeichnung eine Null in der Mitte trug, was mit weiteren Baureihen konsequent fortgesetzt wurde. Ein 201 gewann 1931 die Rallye Monte-Carlo. Zahlreiche Modelle wurden zu Meilensteinen in der Automobilgeschichte, und großartige Sporterfolge –

Peugeot 402 1938. Typisch die hinter dem Kühlergitter angeordneten Scheinwerfer

1939

1909

vom Französischen Grand Prix 1912 bis zum Sieg in der Rallye Paris-Dakar 1987 – trugen zum Erfolg Peugeots ebenso bei wie zahlreiche tecchnische Innovationen. 1976 führt die seit 1974 praktizierte Zusammenarbeit mit ➔Citroën zur endgültigen Fusion beider Unternehmen (Peugeot-Citroën S.A., PSA).

pfostenlose Limousine

Mehrere Karosseriehersteller brachten in den 1930er Jahren viertürige Aufbauten auf den Markt, bei denen die vorderen Türen vorn (an der so genannten A-Säule), die hinteren Türen hinten angeschlagen waren und im geschlossenen Zustand durch Schließkeile an den oberen und unteren Kanten arretiert wurden.

Phänomen, Phänomobil

Die Phänomen-Fahrradwerke G. Hiller in Zittau, Sachsen, nahmen 1907 den Automobilbau auf und stellten dreirädrige Voituretten mit kettengetriebenem Vorderrad her (Phänomobil) und ab 1911 auch Vierradwagen (Phänomen). Die bei Hiller produzierten Motoren waren sämtlich gebläsegekühlt. Nach dem II. Weltkrieg nur noch Herstellung von Nutzfahrzeugen, die ab 1957 den Markennamen ➔Robur bekamen.

Phaëton

Nach der in der griechischen Mythologie als Sonnengott (der sich allerdings die Flügel versengte, als er dem Feuerball zu nahe kam) bekannten Gestalt benannte Kutsche, deren Bezeichnung man im frühen 20. Jahrhundert im Automobilbau übernahm. Ein Phaëton bezeichnet einen ➔Tourenwagen, der in Anlehnung an die einst übliche Kutschenbauart ein geräumiges hinteres Abteil für die Mitfahrenden aufweist (➔Doppelphaëton).

Phantom

Von ➔Rolls-Royce verwendete Modellbezeichnung seit 1925 (New Phantom). 1930: Phantom II, 1935: Phantom

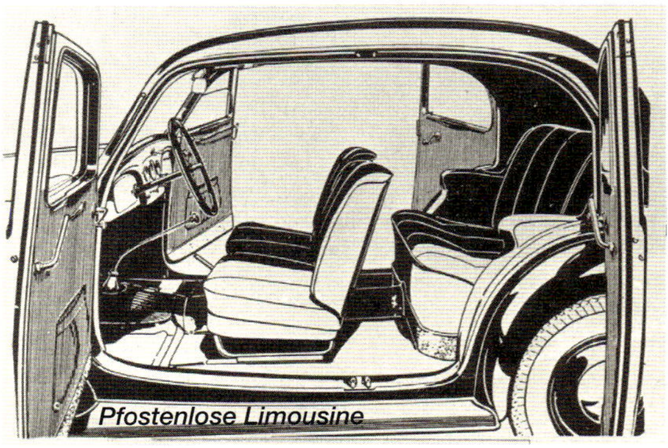

Pfostenlose Limousine

Daimler Phönix Phaëton 1897

SAMMLERSTÜCK: PEUGEOT 403 CABRIOLET

Peugeot 403 Cabriolet, gebaut von 1956 bis 1961

Die Marke Peugeot ist durch viele Modelle vertreten die als Meilensteine in die französische Automobilgeschichte eingingen. Zu ihnen gehört der im April 1955 präsentierte 403; er war der erste Großserien-Peugeot, mit dem die französische Traditionsmarke in Deutschland ihren Durchbruch schaffte. Das Auto wies ein zeitgemäßes Design auf, war geräumig und schnell. Zumindest erachtete man 1955 eine Spitzengeschwindigkeit von 135 km/h als hoch für einen 1,5-Liter-Wagen.
Peugeot stellte das Auto, an dessen Formgebung der italienische Designer Pinin Farina maßgeblich mitgewirkt hatte, im Herbst 1955 auf dem Pariser Salon der Öffentlichkeit vor. Der Typ 403 sollte den 203 ersetzen, dessen Ablösung beschlossene Sache war – doch die Nachfrage nach dem bewährten 203 war nach wie vor so groß, dass dieses Modell noch bis 1960 zu bekommen war. So sicherte sich der 403 nur ganz allmählich seinen ihm zugedachten Platz. In vielen Details war der 403 mit dem 203 auch eng verwandt. Der neue Wagen hatte zwar eine moderne und glattflächigere Pontonkarosserie, teilte sich mit seinem Vorgänger aber die Bauart des Motors, den Antrieb sowie das Fahrwerk. Der Vierzylinder des ersten Peugeot 403 hatte im Vergleich zu dem des 203 aber 80 statt 73 mm Bohrung und daher 1468 statt 1290 ccm. Damit war er nach französischer Steuergesetzgebung ein 8 CV, der 203 ein 7 CV. 1960 gab es den 403 auch mit dem kleineren Motor seines Vorgängers (als Benziner und als Diesel), dessen Bezeichnung 403-Sept lautete.
Mochte der Peugeot 403 als Limousine und als Kombiwagen ein nüchtern konzipiertes, ja beinahe langweilig aussehendes Vernunftauto sein, modern zwar in seinem Erscheinungsbild, aber kaum Emotionen auslösend, so wurde er in gut elf Jahren – nämlich bis zum Oktober 1966 – doch immerhin mehr als eine Million mal gebaut.
Anfangs bot man nur die viertürige Limousine an. Den Kombi (es gab die Versionen Familiale mit acht Sitzen sowie Commerciale mit sechs Sitzen und großer Ladefläche) und das Cabriolet stellte Peugeot erst im Oktober 1956 vor. Vor allem das zweisitzige Cabrio wusste zu gefallen – und später kam es sogar zu weltweitem Fernsehruhm: Als Dienstwagen des Privatdetektivs Columbo.
Massiv verchromte Stoßstangen und Kühlergrill-Einfassungen, Chromleisten an den Flanken, das voll versenkbare Stoffverdeck und ein Interieur in Echtleder machten das Cabrio zu einem attraktiven Auto. Mit 58 PS und Viergang-Lenkradschaltung war der offene 403 zwar kein Sportwagen, aber doch ein Fahrzeug für sportliche Leute. Auch war es ein teures Auto: Der Preis für das Cabriolet lag um 60 Prozent über dem der Limousine. Und wer Weißwandreifen und Speichenräder liebte, zahlte noch einmal einen kräftigen Aufpreis. Ab Ende1959 bot Peugeot ein aufsetzbares Hardtop an.
Anfang 1961 endete die Produktion des 403 Cabriolets, denn ein neues Cabrio stand kurz vor seiner Einführung: das der Modellreihe 404. Es war eleganter gezeichnet als der offene 403, hatte einen stärkeren Motor und bot mehr Komfort. Erst sehr viel später gestand man dem 403, gleich welcher Ausführung, den verdienten Klassikerstatus zu – und heute gilt jedes überlebende Exemplar als bewahrenswerte Rarität.

III, 1949: Phantom IV, 1955: Phantom V, 1968: Phantom VI. Auch der in →BMW-Regie ab 2003 in Goodwood produzierte neue Rolls-Royce Luxuswagen erhielt die Modellbezeichnung Phantom.

Pic-Pic

Markenbezeichnung für die 1906 bis 1923 gebauten Fahrzeuge von →Piccard-Pictet.

Piccard-Pictet

Schweizerischer Automobilhersteller (Genf, 1906-1923), der den →Pic-Pic fabrizierte, ein anspruchsvolles Reisefahrzeug. Erste Konstruktionen in →Hispano-Suiza-Lizenz. Die für ihre Qualität und Eleganz gerühmten, aber auch sehr teuren Wagen fanden zu wenig Abnehmer, um gegen die Konkurrenz bestehen zu können

Piccolo 1905

Piccolo

Der erste in der Firma A. Ruppe & Sohn gebaute Kraftwagen namens Piccolo erschien 1904 und wies einen luftgekühlten Zweizylinder- V-Motor auf. Später kam ein Vierzylindermodell hinzu sowie auch ein Einzylinder »Volks«-Wagen. Ab 1912 wurden Piccolo-Fahrzeuge unter der Markenbezeichnung →Apollo verkauft

Pick-up

Vom Personenwagen abgeleitetes leichtes Nutzfahrzeug mit einer Pritsche im Heckbereich. Der in den USA beliebte, in Europa aber (mit Ausnahme von Frankreich) wenig populäre Fahrzeugtyp wurde in den 1950er Jahren versuchsweise von einigen Karosseriebetrieben auf Pkw-Grundlage gebaut, setzte sich aber nicht durch.

Pieper

In Belgien hergestellte Voiturette (Lüttich/Liège, 1899-1903) mit benzin-elektrischem Antrieb →Mischwagen). Es entstanden auch Fahrzeuge mit Ein-, Zwei- und Vierzylindermotoren von →De Dion-Bouton.

Zum Pick-up verwandelter Mercedes-Benz 180 1953

Pierce-Arrow

PIERCE-ARROW

Amerikanisches Automobilfabrikat (Buffalo, 1901-1938) der Luxusklasse, hervorgegangen aus einer Fahrradfabrik. Erste Motorwagen mit Motoren von →De Dion-Bouton; Vierzylindermodelle eigener Konstruktion ab 1904. Sechszylinder ab 1910. Pierce-Arrows waren 1909 die ersten Benzinmotorwagen, die das Weiße Haus in Washington als Dienstfahrzeuge in Betrieb nahm. Monoblockmotoren und Übergang zur Linkslenkung 1921. Ab 1913 wurden die Scheinwerfer in die Kotflügel integriert, eine Besonderheit, die Pierce-Arrow-Automobile unverwechselbar machte. 1928 Fusion mit →Studebaker, wobei die Markenindividualität beider Hersteller jedoch beibehalten wurde.

Pillarless saloon

Englische Bezeichnung für eine →pfostenlose Limousine.

Pilote-Räder

Vom Reifen- und Räderhersteller Michelin in den frühen 1930er Jahren eingeführte Radfelge mit breiten, kurzen Stahlspeichen (vorzugsweise für →Citroën), deren Zwischenräume eine optimale Zuführung von kühlender Luft zu den Bremstrommeln ermöglichen sollten.

Pinin Farina, Pininfarina

Italiens größte Karosseriefabrik, 1930 in Turin vom Karossier Giovanni Battista »Pinin« Farina gegründet. Farinas

Pierce-Arrow 1931

Pick-up Ford Taunus 1953

erste bedeutende Kreation war ein →Lancia-Cabriolet für die Königin von Rumänien. 1939 arbeiteten für Farina bereits 500 Leute. 1961 änderte sich der Firmenname in Pininfarina. Unter dem Juniorchef Sergio Pininfarina (seit 1955 Geschäftsführer gemeinsam mit seinem Schwager Renzo Carli) entwickelte sich das Unternehmen zu einem Design- und Industriebetrieb großen Stils, in welchem Hersteller wie →Alfa Romeo, →Fiat, →Lancia oder auch →Cadillac und →Peugeot komplette Fahrzeugreihen produzieren ließen. Auch das 1999 eingeführte, von Pininfarina gestaltete Peugeot 406 Coupé wurde bei Pininfarina gebaut.

Pininfarina-Karosserie Alfa Romeo 1938

Plattformrahmen Lancia 1937

Pipe
Belgisches Automobilfabrikat (Brüssel, 1898-1922), das erfolgreich Sport- und Tourenwagen herstellte. Der erste →NSU war eine Pipe-Lizenzkonstruktion.

Planetengetriebe
Statt eines Zahnrad-Wechselgetriebes hatten viele Automobile früher ein Planetengetriebe (auch: Umlaufgetriebe), z.B. das T-Modell von →Ford. Drei konzentrisch zueinander angeordnete Zahnradgruppen, die ständig im Eingriff stehen, bilden beim Planetengetriebe eine kompakte Baueinheit. Die Veränderung der Umlaufgeschwindigkeit und damit der Antriebsdrehzahl erfolgt durch die Abbremsung eines der Antriebsräder. Planetengetriebe bieten zahlreiche Anwendungsmöglichkeiten auch im Maschinenbau. In Verbindung mit Drehmomentwandlern verwendet man sie überwiegend bei automatischen Getrieben. Die Fahrrad-Nabenschaltung funktioniert ebenfalls nach dem Prinzip eines Planetengetriebes.

Plattformrahmen
Variante eines Fahrgestells (»Rahmen«) in Gestalt einer Bodenplattform als Träger des Motors, von Fahrwerkskomponenten und der Karosserie. Bekanntestes Automobil mit Plattformrahmen ist der →Volkswagen Käfer.

Plunger
Bezeichnung für einen Tauchkolben, z. B. in einer Einspritzpumpe.

Planetengetriebe

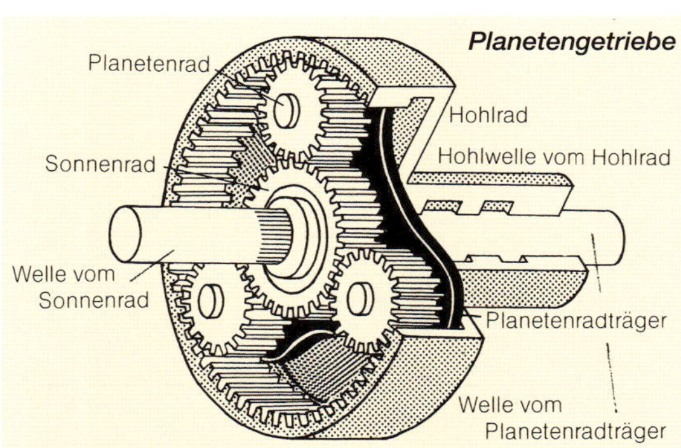

Pluto 1925

Pluto
Deutsche Lizenzversion des französischen →Amilcar (Zella-Mehlis, 1924-1927), gebaut in einem Betrieb des →Wartburg-Gründers Heinrich Ehrhardt.

Plymouth
Amerikanische Automobilmarke (Detroit, 1928-2001) im Chrysler-Konzern. Großserienproduktion (1934 bereits der millionste Wagen) im unteren Preissegment. 1955 erfolgte die Einführung von V8-Motoren, 1970 Vorstellung des Barracuda mit 7,2-Liter-Motor. 2001 gab DaimlerChrysler bekannt, die Marke Plymouth nicht weiter zu führen.

Pneumatic, Pneu
Die aus dem Griechischen stammende Bezeichnung verwendete man in der Frühzeit des Automobils für Luftreifen zur Unterscheidung vom Vollgummireifen.

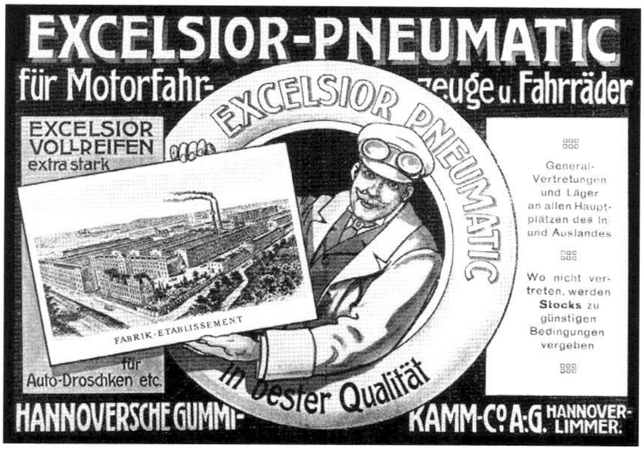

Pobieda

Der in Gorki, Russland, ab 1946 gebaute Pobieda M20 in Pontonform war der erste Großserienwagen in der damaligen Sowjetunion (→GAZ), der bis 1956 hergestellt wurde und dann vom Modell →Wolga M21 abgelöst wurde. In Polen produzierte man den Pobieda unter der Bezeichnung →Warszawa.

Polymobil

Die Polyphon-Musikwerke in Wahren bei Leipzig stellten von 1904 bis 1909 das Modell »Curved Dash« von →Olds in Lizenz her. Nachfolgende Konstruktionen erhielten den Markennamen →Dux; von diesen Fahrzeugen gab es bis 1912 in Russland eine Montageproduktion.

Pontiac

Aus dem →Oakland entstandene amerikanische Automarke (Pontiac, 1926 bis heute) im →General-Motors-Konzern, die ihren Namen nach der Stadt bekam, in der die Autos gebaut wurden. 1934 führte Pontiac vordere Einzelradaufhängung ein. Die preiswerten Reihen-Sechs- und Achtzylinder waren sehr populär, und der 1955 eingeführte V8-Motor stellte die Grundlage für Entwicklungen zum Hochleistungsmotor dar, mit dem die Marke Pontiac ein sportliches Profil bekam: 1961 Tempest, 1963 Le Mans GTO, 1967 Firebird, 1969 TransAm. Pon- wurde in den USA in den 1960er Jahren ein Begriff für tuningfähige Autos großen Kalibers.

Pontiac 1938

Pontonkarosserie (Mercedes-Benz) [illegible]

Pontonkarosserie

Bezeichnung für eine Automobilkarosserie mit glatten Außenflächen ohne Trittbretter oder angesetzte, sondern in den Aufbaukörper integrierte Kotflügel (z.B. →Standard Vanguard ab 1947, →Mercedes-Benz 180 ab 1953).

Pope-Hartford

Von 1903 bis 1904 in USA hergestellter Tourenwagen konservativen Designs, aber mit großvolumigen Motoren. Die Pope-Gruppe stellte auch den Pope-Toledo als aufwändiger gebauten und den Pope-Tribune als preiswerten Kleinwagen her. Keines der Fabrikate überlebte indes den I. Weltkrieg.

Popp

Schweizer Automobilmarke, unter der um die Jahrhundertwende einige Exemplare nach Vorbild des →Benz gebaut wurden.

Porsche, Ferdinand

Man bezeichnet den in Maffersdorf im damaligen Böhmen geborenen Ferdinand Porsche (1875-1951) als eine der Vaterfiguren im europäischen Automobilbau. Seine Karriere begann bei →Lohner in Wien, wo er Elektrofahrzeuge und →Mischwagen konstruierte; anschließend ging er zur →Österreichischen Daimler-Gesellschaft und trat 1922 bei Daimler in Stuttgart ein, wo er Rennwagen und große Tourenwagen mit Kompressor entwickelte. Nach einem kurzen Engagement bei Steyr machte sich Porsche 1930 in Stuttgart als Konstrukteur selbständig, entwickelte für die →Auto Union Grand-Prix-Rennwagen und arbeitete im Regierungsauftrag an der Vorbereitung des →Volkswagens.

Ferdinand Porsche (r.) mit Franz Xaver Reimspiess

Die Schaffung der Porsche Sportwagen, gebaut

POLIZEILICHE KENNZEICHEN IN DEUTSCHLAND 1906 - 1945

IA	Berlin
IB	Provinz Posen
IC	Provinz Ostpreußen
ID	Reg.-Bezirk Westpreußen
IE	Provinz Brandenburg
IH	Provinz Pommern
IK	Nieder- und Oberschlesien
IL	Reg.-Bezirk Sigmaringen
IM	Provinz Sachsen
IP	Provinz Schleswig-Holstein
IS	Provinz Hannover
IT	Provinz Hessen-Nassau
IX	Provinz Westfalen
IY	Reg.-Bezirk Düsseldorf
IZ	Rheinprovinz
IIA	München
IIB	Oberbayern
IIC	Niederbayern
IID	Pfalz
IIE	Oberpfalz
IIH	Oberfranken
IIN	Nürnberg-Fürth
IIS	Mittelfranken
IIU	Unter- und Mainfranken
IIZ	Schwaben und Neuburg/Donau
I	Kreishauptmannschaft Bautzen
II	Kreishauptmannschaft Dresden
III	Kreishauptmannschaft Leipzig
VI	Kreishauptmannschaft Chemnitz
V	Kreishauptmannschaft Zwickau
IIIA	Stuttgart
IIIC	Backnang, Böblingen, Esslingen
IIID	Leonberg, Ludwigsburg, Stadt Heilbronn
IIIE	Landkreis Heilbronn, Vaihingen/E., Waiblingen
IIIH	Balingen, Calw, Freudenstadt, Horb
IIIK	Nürtingen Reutlingen
IIIM	Rottweil, Tübingen, Tuttlingen

IIIP	Aalen, Crailsheim
IIIS	Schw.-Gmünd, Schw.-Hall, Heidenheim, Künzelsau
IIIT	Bad Mergentheim, Öhringen
IIIX	Biberach, Ehingen, Göppingen, Landkreis Ulm
IIIY	Münsingen, Ravensburg
IIIZ	Friedrichshafen, Wangen, Stadt Ulm, Saulgau
VH	Hessen (ab 1937)
VO	Provinz Oberhessen (bis 1937)
VO	Provinz Rheinhessen (bis 1937)
VO	Provinz Starkenburg (bis 1937)
M	Mecklenburg (bis 1937)
MI	Mecklenburg-Schwerin (bis 1937)
MII	Mecklenburg-Strelitz (bis 1937)
OI	Oldenburg
OII	Lübeck
OIII	Birkenfeld
A	Anhalt
B	Braunschweig
HB	Hansestadt Bremen
HH	Hansestadt Hamburg
IVB	Baden
L	Lippe
S	Sudetenland
Saar	Saarland
SL	Schaumburg-Lippe
Th	Thüringen
W	Waldeck
DR	Deutsche Reichsbahn
Pol	Polizei und Feuerwehr (ab 1937)
RP	Deutsche Reichspost
RW	Reichswehr (bis 1935)
SS	Waffen-SS (ab 1937)
WH	Wehrmacht / Heer (ab 1935)
WL	Wehrmacht / Luftwaffe (ab 1935)
WM	Wehrmacht / Kriegsmarine (ab 1935)

IZ stand für Rheinprovinz mit Düsseldorf, IIA für Bayerns Landeshauptstadt München

Porsche 356 Coupé mit Reutter-Karosserie 1953

Porsche 911 Prototyp (901) 1963

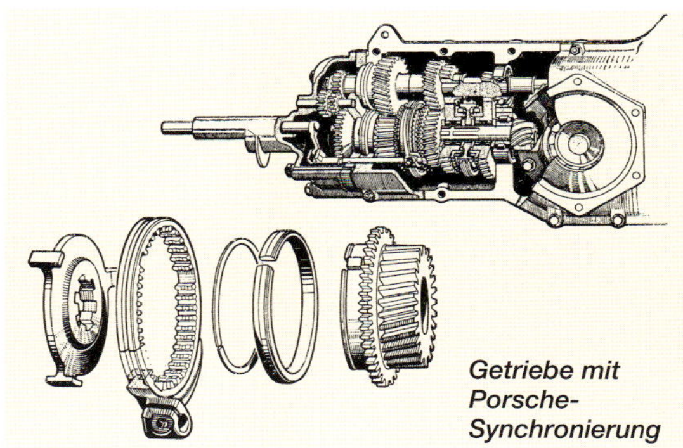
Getriebe mit Porsche-Synchronierung

ab 1949 (auf VW-Basis), geht auf Ferdinand Porsche jr. (»Ferry« Porsche, 1909-1998) zurück, der das Erbe seines Vaters antrat und den Namen Porsche auch zu einer Markenbezeichnung machte.

Porsche

Die nach Ferdinand »Ferry« Porsche benannten Automobile, ab 1949 erst in Gmünd/Österreich, ab 1950 in Stuttgart-Zuffenhausen hergestellt, kennzeichnen Deutschlands berühmteste Sportwagenmarke. Entwickelt aus dem →Volkswagen, wiesen die Coupés und Cabriolets der klassischen Reihe 365 (A, B, C) einschließlich des Nachfolgemodells 911 (anfänglich: 901) einen gebläsegekühlten Boxermotor im Heck auf. Die auf der Straße wie im internationalen Sportgeschehen (Tourenwagen-Rennsport, Rallye, Grand Prix) durch ihr hohes Leistungspotenzial, ihre Zuverlässigkeit und ihre Strapazierfähigkeit renommierten Fahrzeuge schufen einen »Porsche-Mythos«, der mit großer Markenloyalität einhergeht. Alle Fahrzeuge gleich welcher Baureihen genießen Ansehen und Klassikerstatus in aller Welt; Porsche-Clubs pflegen eine intensive Markentradition.

Porsche-Synchronisierung

Den Gleichlauf der durch Synchronisierung auf gleiche Umlaufgeschwindigkeiten gebrachten Räder im →synchronisierten Getriebe dem sich jeweils langsamer drehenden Zahnrad über innenverzahnte Synchronringe zu bewirken, geht auf eine Entwicklung bei →Porsche zurück, die man sich durch Patente schützen ließ.

Praga

Unter dieser erst österreichischen, ab 1918 tschechischen Automarke (Prag, 1907-1948) erschienen eine große Zahl hervorragender Personenwagen und Nutzfahrzeuge. Bis 1911 Lizenzherstellung des →Isotta-Fraschini, später eigene Konstruktionen, auch Kleinwagen wie den 1924 eingeführten Praga Piccolo. Nach 1948 nur mehr Herstellung von Lastwagen, Motoren und Getrieben.

Premier

Unter dem Markennamen Premier gab es verschiedene Automobilkonstruktionen, gebaut in Deutschland, Großbritannien, Indien, Österreich und in den USA. Der deutsche Premier war ein in Nürnberg gebauter Kleinwagen

(1913-1914), der österreichische eine Lizenz davon, 1913 in Eger hergestellt; der britische ein in Birmingham gebautes Fahrzeug mit →Aster-Motor. Bei den in Bombay, Indien, seit 1955 gebauten Premier-Autos handelt es sich um →Fiat-Lizenzen (teils mit Nissan-Motoren), während der amerikanische Premier (Indianapolis, 1903-1926) mit wenigen Ausnahmen (zu denen ein Rennwagen für die 500 Meilen von Indianapolis 1916 zählte) Taxifahrzeuge herstellte, deren Motoren weitgehend aus Aluminium bestanden.

Prescott

In der Nähe der englischen Stadt Cheltenham gelegene Bergrennstrecke, die seit Jahrzehnten dem britischen Bugatti Owners Club gehört und regelmäßig Schauplatz von Oldtimer-Wettbewerben ist.

Pressluft-Anlasser

Vor der Einführung elektrischer Starter gab es bei einigen große Wagen (z.B. →Brasier, →Minerva, →Panhard-Levassor, →Wolseley) Kompressoren, die zum Auffüllen von Pressluftbehältern dienten. Mit der komprimierten Luft ließ sich der Motor in Bewegung setzen (gefächertes Schwungrad) und – was genauso nützlich war – der Schlauch eines Reifens füllen. Einer der erfolgreichsten Hersteller solcher Anlagen war →Saurer.

Presto

Deutsche Automobilmarke (Chemnitz, 1901-1927), hervorgegangen aus einer Fahrradfabrik; Presto-Fahrräder und Motorräder genossen Weltruhm. 1907-1910 gab es eine →Delahaye-Lizenzfertigung. 1926 erfolgte die Übernahme der Firma →Dux, die einen Sechszylindermotor entwickelt hatte und der ein Jahr lang im Presto angeboten wurde, ehe Presto 1927 seinerseits von der Firma →NAG übernommen wurde und dieses Modell bis 1929 als NAG-Presto figurierte. Presto-Motorräder aus Chemnitz gab es bis 1940.

Presto 1927

Propellerauto 1922

Priamus

Deutsches Automobilfabrikat (Köln, 1901-1923). Vierzylindermotoren ab 1904. Im Priamus-Werk, wo auch Hans Gustav →Röhr seine Karriere begann, wurde später der →Mölkamp gebaut.

Prinz-Heinrich-Wagen

Bezeichnung für jene großen Tourenwagen, wie sie in den Jahren 1908 bis 1910 an den Prinz-Heinrich-Fahrten teilnahmen. Diese unter der Schirmherrschaft SKH des deutschen Kronprinzen veranstalteten Langstrekken-Wettbewerbe zeichnete sich durch hohe Anforderungen aus, die Hauptaggregate der Fahrzeuge mussten verplombt sein. Prinz-Heinrich-Modelle gab es bei →Austro-Daimler, →Horch, →Opel, →Vauxhall und anderen Herstellern; die Karosserien wiesen die →Torpedo-Form auf.

Propellerauto

In den 1920er Jahren gab es verschiedentlich Versuche, Straßenfahrzeuge mit Propellerantrieb zu versehen. Mehr als Kuriositätswert war den Experimenten nicht beizumessen, während propellergetriebene Schlitten- und Wasserfahrzeuge sich gut bewährten.

Prosper-Lambert

Von 1901 bis 1906 in Frankreich gebauter Kleinwagen mit →De-Dion-Motor.

Protos

Die von der Berliner Motorwagenfabrik Protos ab 1900 hergestellten Automobile fand erstmals weltweite Beachtung, als 1908 ein 17/35-PS-Modell beim Rennen von New York nach Paris nach einem →Thomas Flyer auf den zweiten Platz kam. Im gleichen Jahr übernahmen die → Siemens-Schuckert-Werke die Firma und gaben sie 1928 an →NAG weiter. Protos war eine Gründung des Industriellen Alfred Sternberg; zu den Konstrukteuren des Hauses zählte der bekannte Ingenieur Ernst Valentin, der zuvor bei →Nagant gearbeitet hatte.

PS

Die Abkürzung PS bzw. DIN-PS steht für Pferdestärke und wurde 1978 offiziell durch die Maßeinheit Kilowatt

Protos Phaëton (Karosserie Zander) 1925

(1 kW = 1,36 DIN-PS) ersetzt. Die anfangs übliche Kennzeichnung von Fahrzeugtypen nach ihrer Motorleistung (z.B. 35 PS Mercedes, 1901) wurde in Deutschland 1906 durch die Einführung der Kraftfahrzeugsteuer (»Automobilsteuer«) um die Angabe der »Steuer-PS« ergänzt, wodurch sich bei einem Kleinwagen mit 16 PS starkem 1-Liter-Viertaktmotor z.B. die Bezeichnung 4/16 PS ergab. Die erste Zahl entsprach den zu versteuernden PS, die zweite den effektiven (Brems-)PS. Die gültige Steuerformel lautete seinerzeit: 1 PS = Zahl der Zylinder x 0,3 x Quadrat der Zylinderbohrung x Kolbenhub in Meter (bei Zweitaktmotoren: 0,45). 1 Steuer-PS entsprach damit 261,8 ccm beim Viertakter und 175,5 ccm beim Zweitakter. Das Resultat wurde auf- bzw. abgerundet. Ein Wagen mit einem 1-Liter-Motor rangierte also als 4 PS. Diese Formel galt in Deutschland bis 1928, als die zunächst bis 1933 und ab 1945 erneut gültige, auf den Hubraum bezogene Kfz-Steuer eingeführt wurde; viele Hersteller behielten die alte Steuerformel zur Kennzeichnung ihrer Fahrzeuge jedoch einige weitere Jahre bei. Auch die damals häufig anzutreffende Weglassung der Hubraumgröße bei Fahrzeugbeschreibungen, sondern nur Angabe von Bohrung und Hub, erklärt sich aus der beschriebenen Praxis, weil aus dem Steuer-PS-Wert in etwa die Motorgröße zu erkennen war (z.B. Ford 16/65 PS 1932: 8 Zylinder, 77,8 Bohrung, 95,3 mm Hub).
Die Leistungsangabe in PS hat sich bis in die jüngste Zeit gehalten und selbst in der Fachwelt von der Maßeinheit kW nicht verdrängen lassen; es werden meist beide Werte angegeben (→h.p., →Steuerformel).

Puch

Österreichisches, aus der Fahrrad- und Motorradfabrikation entstandenes Automobilfabrikat (Steyr, 1906-1925). Bau von Fahrzeugen mit Schiebermotor (System Knight) ab 1912. Durch Zusammenschluss der Firmen →Austro-Daimler, →Steyr und Puch entstand 1934 die Steyr-Daimler-Puch AG, in welcher Puch zunächst lediglich (sehr gute) Motorräder fabrizierte. Unter der Marke Puch wurden in den 1950er und 1960er Jahren die →Fiat-Modelle 500 und 600 mit eigenen luftgekühlten Motoren für den österreichischen Markt fabriziert sowie ab 1979 der Mercedes-Benz Typ G Geländewagen mit der Markenbezeichnung Puch für außerdeutsche Märkte.

Puch Werkswagen (Alpenfahrt 1963)

Mercedes Pullman Limousina (Farina 1925)

Pullman

Nach dem amerikanischen Industriellen Charles Mortimer Pullman, der in den USA gegen Ende des 19. Jahrhundert Luxusreisezüge einrichtete, benannte Limousinen mit besonderem Komfort. Pullman-Limousinen oder -Cabriolets hatten eine →Separation zum Fond aufzuweisen, meist auch zusätzliche Klappsitze und eine Anzahl von Extras (z.B eine Bar, Klapptischchen, Fußstützen), die dem Wohlbefinden der Reisenden dienten.

pvt

Als pvt oder p.v.t. (Abkürzung für engl.: post vintage thoroughbred = ein Reinrassiger der Nach-Vintage-Epoche) bezeichnen die Engländer einen →Klassiker der 1930er Jahre.

quadratischer Motor

Umgangssprachliche Bezeichnung für einen Motor, dessen Abmessungen für Bohrung und Hub identische Werte aufweisen (z.B. 80 x 80 mm beim Fiat 124 1,6 Liter von 1969). Ist der Hub größer als die Zylinderbohung, bezeichnet man das Verhältnis als »überquadratisch«; ist die Bohrung größer als der Hub, ist es ein »unterquadratischer« Motor.

Quadricyle

Bezeichnung für einen leichten, vierrädrigen Motorwagen in Motorrad-Bauart, typisch für die Zeit um 1895-1902. Als reine »Fahrmaschine« wies das Quadricycle einen Rohrrahmen, einen meist im Heck angeordneten, luftgekühlten Motor und einen oder zwei Sitze auf. Auch als leichtes Liefer- und Botenfahrzeug mit einem Behälter für Waren gebaut. Das Wort Quadricycle wurde in vielen Ländern verwendet und ist analog zum Bicycle (Zweirad) und →Tricycle (Dreirad) entstanden.

Quadrilette

Von →Peugeot verwendete Bezeichnung für einen vierrädrigen Kleinwagen, der 1921 bis 1923 in der für damalige Verhältnisse großen Zahl von 3500 Stück hergestellt wurde. Die Peugeot Quadrilette (Typ 161, vier Zylinder, 667 ccm, 10 PS) war ein Zweisitzer mit zunächst zwei Plätzen in Tandemanordnung, später nebeneinander. Mit diesem sehr preiswerten Fahrzeug holte Peugeot den Vorsprung auf, den →Citroën mit seinen populären Großserienautos seit 1919 errungen hatte.

Querblattfeder

Meist in Verbindung mit Einzelradaufhängung angewendete Positionierung einer →Blattfeder quer zur Fahrzeuglängsachse, ein oder zwei (über oder auch unterhalb der Radachse) angeordnete Federpakete sowohl an der Vorder- als auch an der Hintersachse (→Schwebeachse). Mit Querblattfederung waren z.B. Fahrzeuge von →DKW, →Wanderer, →BMW und vielen anderen versehen.

Querstabilisator

→Stabilisator.

Quermotor

Den Motor quer zur Fahrtrichtung vorne ins Fahrzeug zu setzen, praktizierte erstmals die englische Firma Brooke um 1900 sowie der Amerikaner Walter →Christie bei einem Rennwagen 1904. Den Durchbruch dieser Bauweise bei einem Vierzylinder in Kombination mit Vorderradantrieb gab es jedoch erst 1959 mit der Serieneinführung des von Alec →Issigonis für →Morris entwickelten Mini (→Austin), dessen Konstruktionsprintip auch auf andere Modelle von Morris und Austin übertragen wurde.

Querstromvergaser

Durch den auch Horizontal- oder Flachstromvergaser genannten Querstromvergaser gelangt das Kraftstoff-Luftgemisch nicht wie beim Fallstromvergaser von oben

Peugeot Quadrilette 1921

oder wie beim Steigstromvergaser von unten in den oder die Ansaugstutzen bzw. Ansaugkrümmer des Motors, sondern von der Seite. Unabhängig von der Position der Schwimmerkammer oder des Luftfilters befinden sich Mischrohr und Drosselklappe mit den Ansaugkanälen der Zylinder auf einer Ebene. Diese Vergaserbauart findet bei Motoren Anwendung, deren Unterbringung wenig Raum in der Vertikalen lässt.

Quermotor im Austin Mini

Quadricycle Renault: ein 3,5-PS-Lieferwagen für 250 kg, 1900

Rabag
Tochtergesellschaft einer Düsseldorfer Werkzeugfabrik, die unter dem Kürzel Rabag (Rheinische Automobilbau AG) 1927-1928 den →Bugatti Typ 22 in Lizenz herstellte. Der Betrieb wurde vom Stinnes-Konzern übernommen, der den unrentablen Bau des Bugatti nicht fortsetzte, sondern den Betrieb für eine Kapazitätsausweitung der lukrativeren →AGA-Produktion nutzte.

Raceabout
In den USA gebräuchliche, von →Mercer um 1911 eingeführte Bezeichnung für einen leichtes, stark motorisiertes Straßenfahrzeug (Zweisitzer) mit minimaler Karosserie.

RAC rating
In England gebräuchlicher Begriff für die Definition der britischen Steuer-PS (→h.p.) RAC ist die Abkürzung für Royal Automobile Club.

Radnabenmotor
Von Ferdinand →Porsche in seinen bei →Lohner ab 1900 in einem Straßenfahrzeug angewendetes Antriebsprinzip durch Elektromotoren in den Naben der Räder. Neu war das Prinzip nicht, denn bei Schienenbahnen (Tramways) kannte man es seit ca. 1885. Bei →Faun baute man Lastwagen mit Radnabenmotoren noch bis 1933 (→ Mischwagen). Viele Hybridstudien der 1970er Jahre wiesen Radnabenmotoren auf.

RAF
Abkürzung für Reichenberger Automobilfabrik (Reichenberg, Böhmen/Österreich, 1907-1913), gegründet durch den Textilfabrikanten Theodor Frh. v. Liebig. Schon die ersten Fahrzeuge hatten Vierzylindermotoren, Getriebe mit vier Gängen sowie ab 1910 Vierradbremsen. 1912 kam Paul →Henze als Chefingenieur zu RAF. 1913 Übernahme einer Baulizenz des Knight-Schiebermotors von →Daimler in Coventry; noch im gleichen Jahr ging RAF an →Laurin & Klement.

Railcar
Im Englischen gebräuchliche Bezeichnung für ein Schienenfahrzeug in Automobilbauweise (→Schienenauto).

Railton
Von dem englischen Ingenieur Reid Railton 1933 gemeinsam mit Noel Macklin (Schöpfer des →Invicta) in Cobham gegründete Automobilfirma, die bis 1950 sportliche Tourenwagen und Cabriolets mit →Hudson-Motoren (Reihrenachtzylinder) baute.

Railton 1935

Rallye
Aus dem Englischen stammende (und dort Rally geschriebene) Bezeichnung für eine Sternfahrt, bei welcher die Teilnehmer von verschiedenen Startorten ein gemeinsames Ziel in Zeitwertung ansteuern (»to rally«) und unterwegs oder am Ziel Sonderprüfungen zu absolvieren haben. Die erste international ausgeschriebene Sternfahrt dieser Art war die Rallye Monte-Carlo 1911, die für nachfolgende Wettbewerbe dieser Art das Vorbild abgab.

Rallye Monte-Carlo Gesamtsieger 1911-1965

1911	Rougier	Turcat-Méry
1912	Beutler	Berliet
1924	Ledure	Bignan
1925	Repusseau	Renault
1926	Bruce	A.C.
1927	Levèvre/Despeaux	Amilcar
1928	Bignan	Fiat
1929	Spranger/Eijk	Graham-Paige
1930	Petit	La Licorne
1931	Leverett	Riley
1932	Vasselle	Hotchkiss
1933	Vasselle	Hotchkiss
1934	Gas/Trévoux	Hotchkiss
1935	Lahaye/Quatresous	Renault
1936	Zamfirescou/Cristea	Ford
1937	Le Begue/Quenlin	Delahaye
1938	Bakker-Shut/Thon	Ford
1939	Trévoux/Lesurque	Hotchkiss
1949	Trévoux/Lesurque	Hotchkiss
1950	Becquart/Secret	Hotchkiss
1951	Trévoux/Crovetto	Delahaye
1952	Allard/Warburton	Allard
1953	Gatsonides/Worledge	Ford
1954	Chiron/Basadonna	Lancia
1955	Malling/Fadum	Sunbeam
1956	Adams/Bigger	Jaguar
1958	Monraisse/Féret	Renault
1959	Coltelloni/Desrosiers	Citroën
1960	Schock/Moll	Mercedes-Benz
1961	Martin/Bateau	Panhard
1962	Carlsson/Haggbom	Saab
1963	Carlsson/Palm	Saab
1964	Hopkirk/Liddon	Morris Mini Cooper S
1965	Makinen/Easter	Morris Mini Cooper S

Rally
Französisches Automobilfabrikat (Colombes, 1921-1933). Herstellung von Cyclecars mit Harley-Davidson-Motorradteilen aus ex-US-Army-Beständen, ab 1922 Bau leichter Sportwagen unter Verwendung von Einbaumotoren von Chapuis-Dornier, →SCAP und →Ruby.

Rambler
Von dem Engländer Thomas B. Jeffery in den USA gegründete Automobilmarke (Kenosha, 1902-1913), unter der in großer Zahl Ein- und Zweizylinder-Motorwagen, ab 1906 auch Vierzylinder hergestellt wurden. Jeffery hatte zuvor Fahrräder fabriziert und vermochte die Betriebseinrichtungen ohne großen Aufwand auf die Autoproduktion umzustellen. 1913 bis 1917 hießen die Fahrzeuge Jeffery, danach →Nash.

Ramseier
In Worblaufen (Schweiz) ansässiger Karosseriehersteller, der eine große Zahl ausgewogener und qualitativ hochwertiger Aufbauten auf Fahrgestellen klassischer Wagen anfertigte (→Bugatti, →Delage, →Lancia, →Talbot u.v.a).

Rapier
1933 bis 1937 von →Lagonda als Markenname benutzte Bezeichnung für einen kleinen Vierzylinder-Sportwagen, der in einer Auflage von etwa 470 Stück gebaut wurde.

Rasmussen, Jörgen Skafte
Dänischer Ingenieur (1878-1964), der in Deutschland studierte, 1907 in Zschopau eine Maschinenfabrik gründete und 1914 einen Dampfkraftwagen zu bauen plante. Aus dieser nicht weiter verfolgten Initiative entwickelte sich eine Motoren- und Motorradproduktion (→DKW), die Rasmussen zum erfolgreichsten Unternehmer dieser Sparte machte. 1927 war Rasmussen der bedeutendste Motorradproduzent der Welt. 1919 erste Versuche mit einem Kleinwagen, ab 1928 Serienproduktion von DKW-Personenwagen mit Zweitaktmotor sowie die Übernahme von →Audi. 1927 Ankauf der Produktionsanlagen von →Rickenbacker. In den 1930er Jahren kontrollierte Rasmussen 18 Werke der Branche, die meisten davon in Sachsen. Als Aufsichtsratmitglied der →Auto Union zog sich Rasmussen 1934 vom Tagesgeschäft zurück.

Rauch & Lang
Die amerikanische Firma Rauch & Lang (Cleveland, 1905-1930) produzierte in großer Zahl Elektrofahrzeuge (auch als Raulang verkauft) und in den letzten beiden Jahren Taxifahrzeuge und Lieferwagen mit benzin-elektrischem Antrieb (→Mischwagen) mit →Schieberventilmotoren von →Willys.

Raymond Mays
Die nach ihrem Konstrukteur Raymond Mays (1899-1980) benannten Sportwagen mit V8-Motor wurden 1938-1939 in Bourne, England, hergestellt. Mays war Gründer der Rennwagenfirma →E.R.A., ein erfolgreicher Pilot auf →Bugatti und →Mercedes-Benz sowie Mitbegründer des BRM-Formel-1-Rennstalls.

Rechtslenkung
Das Lenkrad auf der rechten Seite eines Automobils gab es in Deutschland noch bis 1927(85 % aller Kraftwagen wiesen 1922 noch Rechtslenkung auf), in Österreich sogar noch länger; dort gab es Rechtsverkehr einheitlich erst ab 1932. In Italien baute man rechtsgelenkte Fahrzeuge bis 1957. Auch viele französische Sportwagen wiesen noch bis in die 1950er Jahre hinein Rechtslenkung auf. Rechtslenkung wegen Linksverkehr ist nach wie vor in Großbritannien und in jenen Ländern üblich, die einst zum britischen Kolonialreich bzw. Commonwealth gehörten, sowie in Japan.

Registervergaser
Auch Zweistufenvergaser. Vergaser dieses Bauprinzips entstanden bereits 1901 (Krastin-Vergaser, Krebs-Vergaser, benannt nach ihren Erfindern), wurden serienmäßig in den 1920er Jahren jedoch zuerst bei Motorrädern verwendet. In den 1950er Jahren hat z. B. Daimler-Benz das Modell 300 mit Registervergaser ausgestattet. Registervergaser z. B. von →Solex sind häufig Doppelfallstromvergaser, wobei die beiden Drosselklappen nicht gleichzeitig, sondern nacheinander öffnen, so dass bei geringem Druck aufs Gaspedal nur die erste Stufe, bei mehr Druck auch die zweite zugeschaltet wird. Die Primär-Drosselklappe ist direkt mit dem Pedal verbunden, die Sekundär-Drosselklappe wird durch ein Schleppgestänge betätigt. Vorteil: höhere Wirtschaftlichkeit.

Regler
Elektrisches Bauteil zur Konstanthaltung der Spannung der →Lichtmaschine, unabhängig von Belastung durch Verbraucher oder Motor/Lichtmaschinen-Drehzahl. Die früher üblichen Kontaktregler arbeiteten durch periodisches Kurzschließen eines im Erregerkreis der Lichtmaschine liegenden Widerstands oder durch Kurzschließen von dessen Erregerwicklung durch die Reglerkontakte.

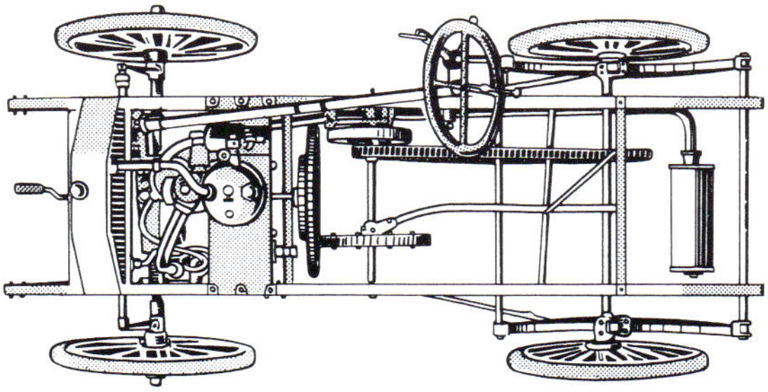

Chassis Maurer-Union Automobil mit Reibradgetriebe, 1900

Reibradgetriebe
Von einigen Automobilherstellern früher dem Zahnrad-Wechselgetriebe vorgezogen, weil es den Vorteil einer stufenlos regulierbaren Untersetzung der Motorkraft bietet. Beim Reibrad- oder Friktionsgetriebe bewegt sich auf der Ausgangsseite der Kurbelwelle eine Scheibe, die eine rechtwinklig dazu angeordnete, verschiebbare kleinere Scheibe antreibt. Je weiter außen die Berührungspunkte sind, desto größer das Untersetzungsverhältnis und umgekehrt. Reibradgetriebe gab es beispielsweise bei →Maurer, →G.W.K. und →Orient-Express.

Reibungs-Scherenstoßdämpfer
Von →Bosch ab 1927 und auch von anderen Produzenten hergestellter Stoßdämpfer mit zwei unter Federspannung stehenden, beweglichen Armen, die unter Belastung scherenartig zusammengehen und als Dämpfungselemente mehrere Metallscheiben aufweisen, die je nach Belastung gegeneinander drücken und dadurch den Dämpfungseffekt bewirken.

Reibungsstoßdämpfer
Einstellbarer, durch Federdruck wirkender mechanischer Hebelstoßdämpfer. Mittels einer Spannschraube lässt sich der Druck dort, wo sich die Federn gegeneinander pressen, auf die gewünschte Dämpfungshärte regulieren.

Reihenmotor
Bezeichnung für einen Mehrzylindermotor, bei dem die Zylinder hintereinander, also nicht in einem Winkel zueinander (z. B. V-Motor) oder horizontal gegenüberliegend (z. B. Boxermotor) angeordnet sind.

Renault, Louis
Der französische Ingenieur Louis Renault (1877-1944) schuf seinen ersten Motorwagen 1898 mit einem →De

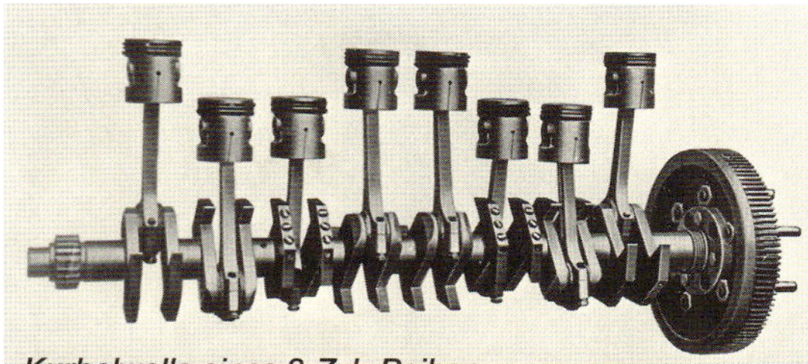

Kurbelwelle eines 8-Zyl.-Reihenmotors (Skoda 1930)

Dion-Bouton-Motor. Gemeinsam mit seinen Brüdern Fer nand und Marcel war er einer der Pioniere des Automobilwesens in Frankreich, bestritt in der Frühzeit zahlreiche Rennen und blieb bis zu seinem Tod der *spiritus rector* seines Unternehmens. Er wurde 1944 der Kollaboration mit den Deutschen bezichtigt und starb in einem Gefängnishospital.

Renault
In der 1899 in Billancourt (Paris) von Louis Renault gegründeten Automobilfabrik entstanden einige der berühmtesten Motorfahrzeuge Frankreichs. Schon vom ersten Renault (seit Anbeginn Kardanantrieb) wurden 71 Exemplare gebaut; das Einzylindermodell gab es auch als Coupé und Lieferwagen. Rennbeteiligungen machten die junge Marke rasch populär, so gewann ein Renault den ersten französischen Grand Prix (Fernand Szisz, 1906). Bis 1926 wiesen die Renault den Wasserkühler hinter dem Motor an der Spritzwand auf sowie eine Motorhaube, die schräg nach vorne abfiel (→Kohlenschaufelbug); eine Bauform, die von vielen anderen Herstellern kopiert wurde. Mit Vier, Sechs- und Achtzylindermodellen deckte Renault alle Segmente des Marktes ab. Nach dem II. Weltkrieg wurde das Unternehmen verstaatlicht (Régie Nationale des Usines Renault); Konzentration auf Fahrzeuge der unteren und der Mittelklasse (Juvaquatre 1938 und wieder ab 1946, 4 CV ab 1947, Frégate ab 1951, Dauphine ab 1956). Mit Einführung des R4 1961 in der kleinen Klasse und des R16 1965 in der Mittelklasse

Renault 1903

HISTORISCHE NUTZFAHRZEUGE: RENAULT

Mit dem Markennamen Renault verbindet man gemeinhin Personenwagen. Doch schon von den ersten, um 1900 gebauten Fahrzeugen der schon bald zu internationaler Bekanntheit aufgesteigenden Marke Renault gab es Lieferwagenversionen; sie waren mehr oder weniger Quadricycles und dienten dem Handel und Gewerbe als nürtzlicher Ersatz für die vor 100 Jahren immer noch weit verbreiteten Pferdefuhrwerke. Die vor allem in der Stadt alles andere als angenehm empfunden wurden: Von der Unterbringung und Versorgung der Tiere (in Paris waren es um 1900 rund 200.000) bis zur Beseitigung der animalischen Hinterlassenschaften durch allmorgendliches Unterwassersetzen des innerstädtischen Straßennetzes gab es genügend Gründe, sich dem Motorwagen zuzuwenden. Dass auch Automobile eines Tages diverse Probleme – und nicht gerade wenige, gerade in der Großstadt – aufwerfen würden, ließ sich (noch) nicht erkennen.
In Frankreich wie auch in anderen Ländern Europas entstanden Nutzfahrzeuge parallel zu Personenwagen in immer kürzeren Entwicklungsabschnitten. Bald baute man auch bei Renault Lastwagen und Omnibusse; ihre Konstruktion entsprach anfangs noch dem Bauprinzip der Personenwagen, ging dann aber separate Wege. Auch den ersten in Frankreich hergestellten Panzerwagen (voiture blindée) lieferte Renault; er kam im I. Weltkrieg zum Einsatz. Traktoren, Flug- und Stationärmotoren folgten.
Der Kreis der Liebhaber und Sammler historischer Nutzfahrzeuge ist groß, in Frankreich mindestens ebenso wie in Deutschland. Und es gibt immer noch ausgediente Veteranen zu entdecken, die eine Restaurierung lohnen...

1 3,5-Tonner 10 HP Vierzylinder Pritschenwagen vor der Renault-Niederlassung in Genf um 1922. Das Fahrzeug besitzt immerhin eine Windschutzscheibe; damit waren damals nur wenige Lastwagen aussgesattet – der Führersitz war meist offen, er hatte allenfalls ein Klappverdeck. Mehr Komfort gab es nicht.
2 Mit der für Renault-Fahrzeuge typischen Kohlenschaufel-Motorhaube versehener 1,5-Tonner von 1923 in Diensten des bekannten Kaufhauses La Samaritaine.
3 Die Lieferwagenversion des erfolgreichen Modells Juvaquatre wurde nach der Pkw-Produktionseinstellung 1948 noch bis 1960 weitergebaut. Das ursprüngliche Zuladungslimit von 250 kg wurde 1950 auf 300 kg erhöht. Der Juvaquatre war in den frühen Nachkriegsjahren in Frankreich sehr populär, auch die Pkw-Version war noch in den 1960er Jahren im Verkehrsbild häufig zu sehen.
4 1933er Renault 3,5-Tonner mit einem für die damalige Zeit typischen Stahlblech-Aufbau, der bis über die Fahrerkabine reciht. Auf ländlichen Wochenmärkten in der Provinz sah man solche Fahrzeuge noch in den 1970er Jahren – sie schienen für eine Ewigkeit gebaut.

1

2

3

4
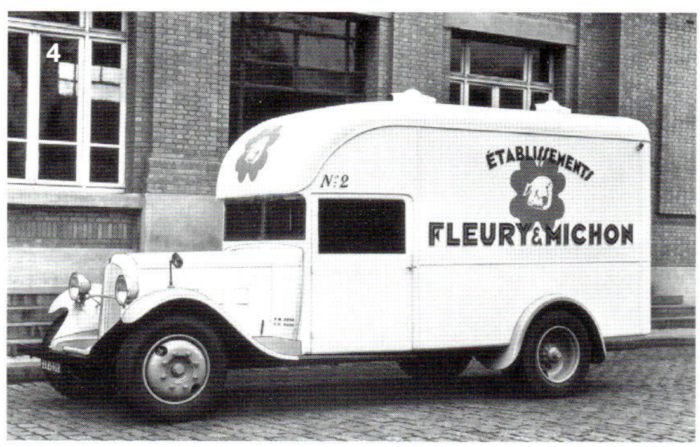

Rechts: Renault Floride Cabriolet 1959, eine der reizvollsten Schöpfungen und sportlicher Vertreter der Heckmotor-Ära.

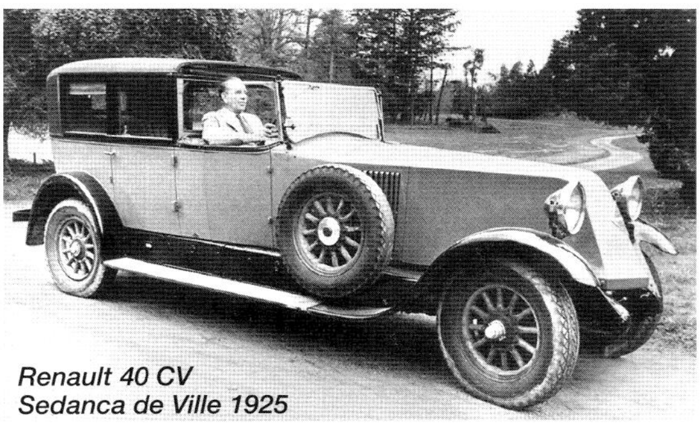

Renault 40 CV Sedanca de Ville 1925

Renault Monaquatre 1933

vollzog sich Renaults Übergang zur Frontantriebs-Ära. Renault wurde 1990 nach 55 Jahren wieder privatisiert und ist seit 1999 Besitzer von →Nissan.

Rennen

Allgemein verwendete Pauschalbezeichnung für einen Geschwindigkeits-Wettbewerb. Nach dem deutschen Straßenverkehrsgesetz von 1909 war das »Wettfahren und das Veranstalten von Wettfahren auf öffentlichen Wegen« verboten. Weil jedoch »höhere Verwaltungsbehörden« Ausnahmen genehmigen konnten, gibt es seit jeher Rekordfahrten, Bergrennen, Rallyes (auf bestimmten Straßenabschnitten) und andere Wettbewerbe auch auf öffentlichen Straßen, wenn entsprechende Sicherheitsvorkehrungen getroffen werden. Für die Austragung von Rennen auf geschlossenen Kursen dienten anfänglich Radrennbahnen (mit Holzbelag). Mit dem Bau der Brooklands-Rennstrecke in England (Inbetriebnahme 1907) entstand die erste permanente Automobil-Rennstrecke in Europa. Für die Teilnahmebestimmungen (Reglements), Organisation und Durchführung von Rennen waren seit jeher die Automobilclubs oder die nationalen bzw. internationalen Verbände, in denen sie zusammengeschlossen waren, zuständig.

Rennfarben

Die international festgelegte farbliche Kennzeichnung von Rennwagen resultiert aus einem Beschluss der am ersten →Gordon-Bennett-Rennen teilnehmenden Nationen im Jahr 1900. Belgien erhielt die Farbe Gelb, Deutschland Weiß, Frankreich Blau, Großbritannien Dunkelgrün, Italien Rot, die Niederlande Orange usw. Nicht vor 1903 kamen die teilnehmenden Hersteller dieser Vorschrift – zögerlich – nach.

REO

Markenbezeichnung unter Verwendung der Initialen des amerikanischen Konstrukteurs Ransom Eli →Olds, der unter diesem Namen von 1904 bis 1936 in Lansing, Michigan, Personenwagen und Nutzfahrzeuge herstellte, nachdem er die von ihm gegründeten Olds Motor Works (→Oldsmobile) verlassen hatte.

Replica, Replikat

Bezeichnung für den Nachbau eines Fahrzeugs nach historischem Original. Bei völliger Übereinstimmung mit dem Vorbild spricht man von einer Kopie. Der Begriff Replica oder Replikat kann sich auch auf einzelne Bauteile (z.B. Karosserie) beziehen. In Einzelfällen haben Auto-

RENNSPORT: FORMEL-1-WELTMEISTER 1950 - 1995

Jahr	Weltmeister	Fahrzeug	Zweiter	Fahrzeug	Dritter	Fahrzeug
1950	Giuseppe Farina	Alfa Romeo	Juan M. Fangio	Alfa Romeo	Luigi Fagioli	Alfa Romeo
1951	Juan M. Fangio	Alfa Romeo	Alberto Ascari	Ferrari	Juan F. Gonzalez	Ferrari
1952	Alberto Ascari	Ferrari	Giuseppe Farina	Ferrari	Piero Taruffi	Ferarri
1953	Alberto Ascari	Ferrari	Juan M. Fangio	Maserati	Giuseppe Farina	Ferrari
1954	Juan M. Fangio	Mercedes u. Maserati	Juan F. Gonzalez	Ferrari	Mike Hawthorn	Ferrari
1955	Juan M. Fangio	Mercedes	Stirling Moss	Mercedes	Emilio Castelotti	Lancia u. Ferrari
1956	Juan M. Fangio	Lancia-Ferrari	Stirling Moss	Maserati	Peter Collins	Lancia-Ferrari
1957	Juan M. Fangio	Maserati	Stirling Moss	Vanwall	Luigi Musso	Lancia-Ferrari
1958	Mike Hawthorn	Ferrari	Stirling Moss	Vanwall und Cooper	C.A.S. Brooks	Vanwall
1959	Jack Brabham	Cooper	C.A.S. Brooks	Ferrari	Sterling Moss	Cooper und BRM
1960	Jack Brabham	Cooper	Bruce McLaren	Cooper	Sterling Moss	Lotus
1961	Phil Hill	Ferrari	Wolfgang v. Trips	Ferrari	Stirling Moss, Dan Gurney	Lotus, Porsche
1962	Graham Hill	BRM	Jim Clark	Lotus	Bruce McLaren	Cooper
1963	Jim Clark	Lotus	Graham Hill	BRM	Richie Ginther	BRM
1964	John Surtees	Ferrari	Graham Hill	BRM	Jim Clark	Lotus
1965	Jim Clark	Lotus	Graham Hill	BRM	Jackie Stewart	BRM
1966	Jack Brabham	Brabham	John Surtees	Ferrari und Cooper	Jochen Rindt	Cooper
1967	Denis Hulme	Brabham	Jack Brabham	Brabham	Jim Clark	Lotus
1968	Graham Hill	Lotus	Jackie Stewart	Matra	Denis Hulme	McLaren
1969	Jackie Stewart	Matra	Jacky Ickx	Brabham	Bruce McLaren	McLaren
1970	Jochen Rindt	Lotus	Jacky Ickx	Ferrari	Gianclaudio Regazzoni	Ferrari
1971	Jackie Stewart	Tyrrell	Ronnie Peterson	March	François Cevert	Tyrrell
1972	Emerson Fittipaldi	Lotus	Jackie Stewart	Tyrrell	Denis Hulme	McLaren
1973	Jackie Stewart	Tyrrell	Emerson Fittipaldi	Lotus	Ronnie Peterson	Lotus
1974	Emerson Fittipaldi	Lotus	Gianclaudio Regazzoni	Ferrari	Jody Scheckter	Tyrrell
1975	Niki Lauda	Ferrari	Emerson Fittipaldi	McLaren	Carlos Reutemann	Brabham
1976	James Hunt	McLaren	Niki Lauda	Ferrari	Jody Scheckter	Tyrrell
1977	Niki Lauda	Ferrari	Jody Scheckter	Wolf	Mario Andretti	Lotus
1978	Mario Andretti	Lotus	Ronnie Peterson	Lotus	Carlos Reutemann	Ferrari
1979	Jody Scheckter	Ferrari	Gilles Villeneuve	Ferrari	Alan Jones	Williams
1980	Alan Jones	Williams	Nelson Piquet	Brabham	Carlos Reutemann	Williams
1981	Nelson Piquet	Brabham	Carlos Reutemann	Williams	Alan Jones	Williams
1982	Keke Rosberg	Williams	Didier Pironi, John Watson	Ferrari, McLaren	.-.	.-.
1983	Nelson Piquet	Brabham	Alain Prost	Renault	René Arnoux	Ferrari
1984	Niki Lauda	McLaren	Alain Prost	McLaren	Elio de Angelis	Lotus
1985	Alain Prost	McLaren	Michele Alboreto	Ferrari	Keke Rosberg	Williams
1986	Alain Prost	McLaren	Nigel Mansell	Williams	Nelson Piquet	Williams
1987	Nelson Piquet	Williams	Nigel Mansell	Williams	Ayrton Senna	Lotus
1988	Ayrton Senna	McLaren	Alain Prost	McLaren	Gerhard Berger	Ferrari
1989	Alain Prost	McLaren	Ayrton Senna	McLaren	Ricardo Patrese	Williams
1990	Ayrton Senna	McLaren	Alain Prost	Ferrari	Nelson Piquet	Beneton
1991	Ayrton Senna	McLaren	Nigel Mansell	Williams	Ricardo Patrese	Williams
1992	Nigel Mansell	Williams	Ricardo Patrese	Williams	Michael Schumacher	Benetton
1993	Alain Prost	Williams	Ayrton Senna	McLaren	Damon Hill	Williams
1994	Michael Schumacher	Benetton	Damon Hill	Williams	Gerhard Berger	Ferrari
1995	Michael Schumacher	Benetton	Damon Hill	Williams	David Coulthard	Williams

und Motorradhersteller früher auch von ihnen selbst angefertigte und zum Verkauf angebotene Nachbauten erfolgreicher Rennwagen als Replicas bezeichnet, z.B. →Frazer Nash »Le Mans Replica«.

Reserverad

Das Mitführen eines Reserverades (oder mehrerer) war eine zwingende Notwendigkeit vor allem in jener Zeit, als noch überwiegend Pferdefuhrwerke öffentliche Straßen benutzten und sich allenthalben umherliegende Hufnägel in die Luftreifen der Motorfahrzeuge bohrten. Der unkomplizierte Zugriff aufs Reserverad war Ausschlag gebend für dessen Unterbringung am Fahrzeug, wobei meist auch stilistische Überlegungen eine Rolle spielten.

Restaurierung

Instandsetzung bzw. Generalüberholung eines Sammlerwagens unter größtmöglicher Einhaltung der Original-Spezifikation. Im Idealfall werden stets Originalkomponenten (Ersatzteile) aus der Bauzeit des Fahrzeugs verwendet; Nachfertigung bestimmter, nicht mehr erhältlicher Teile vor allem bei Fahrzeugen weit zurückliegender Baujahre ist häufig jedoch unumgänglich. Betreiber von auf das Restaurieren von Oldtimern spezialisierten Fachbetrieben müssen hohen Anforderungen in Bezug auf Sachkenntnis über historische Techniksubstanz gerecht werden können (überdurchschnittliches handwerkliches Können, Erfahrung mit alter Technik, Sicherheit bei der Materialwahl, Behandlung alter Werkstoffe usw. im Sinne der Werterhaltung in Abwägung mit der evtl. gewünschten Beibehaltung einer altersbedingten Patina).

Retractable

Eine der →Ford Motor Company seit 1952 geschützte Bezeichnung für ein →Hardtop, das sich durch elektrisch-hydraulische Betätigung im Kofferraum versenken ließ und dessen Deckel sich zu dieser Operation automatisch öffnete und schloss. Eine ähnliche Konstruktion gab

Reserveradunterbringung: 1 Peugeot 401 1935; 2 Audi UW 1936; 3 Bugatti 43A 1930; 4 Horch 760 1931

Prototyp Wanderer mit Reutter-Aufbau, 1932

es bei →Peugeot unter der Bezeichnung »Eclipse« bereits 1934, bei einem 1986er →Mercedes-Benz 500 SEC Einzelstück von b+b Tuning Frankfurt am Main. Sie erlebte beim Mercedes-Benz SLK 1996 eine Renaissance.

Reutter

Deutsche Karosseriefabrik (Stuttgart, 1906-1963), spezialisiert auf Aluminiumaufbauten und solchen nach dem →Weymann-System. Hauptkunden waren →NSU, →Opel, →Mercedes-Benz und →Wanderer. 1950 wurden bei Reutter die ersten →Porsche 356 gebaut. Übernahme des Betriebsgeländes durch Porsche erfolgte 1963. Nach der Geschäftaufgabe konzentrierte sich Reutter auf einen anderen Geschäftszweig: Herstellung von Autositzen unter der Markenbezeichnung Recaro.

Rex-Simplex

Deutsches Automobilfabrikat (Ronneburg, 1901-1923) der Firma Hering & Richard (ab 1908: Richard & Hering). Unter der Fabrikbezeichnung Hering auch Herstellung von Autorädern. Bis 1907 Motoren von →Cudell nach einer →De Dion-Bouton-Lizenz, 1921 Übernahme durch →Elite.

rhd

Im englischen Sprachraum übliche Abkürzung (auch r.h.d.) für right hand drive = rechtsgelenkt.

Richard-Brasier

→Brasier.

Ricardo, Sir Harry Ralph

Britischer Wissenschaftler (1885-1974), der viele Verbesserungen am Verbrennungsmotor einführte (z.B. Brennraum-Formen beim Otto- und Dieselmotor).

Richtungsanzeiger

1924 kamen die ersten »Winker« in den Zubehörhandel, die als Richtungsanzeiger die (pneumatisch, elekrisch oder von Hand) drehbaren Anzeiger vorn und/oder hinten am Fahrzeug ablösten. Richtungsanzeiger (Fahrtrichtungsanzeiger) mit oder ohne Beleuchtungseinrichtung, bei deren Betätigung der Umriss des Fahrzeugs verändert wurde, verschwanden erst in den 1950er Jahren, als

Richtungsanzeiger, Benz 1925

Riley RMB 1946

sich Blinker durchsetzen. Erstes Fahrzeug in Deutschland mit serienmäßig vorhandenen Blinkern statt Winkern war der 1948 vorgestellte →Borgward 1500.

Rickenbacker

Der aus Deutschland stammende Jagdflieger der US Air Force Eddie Rickenbacker (1891-1973) gründete 1921 in Detroit eine Automobilfirma, die aufwändig gebaute Wagen mit 4-Liter-Sechszylindermotoren, ab 1925 auch mit Achtzylindermotoren herstellte. Zeitweilig war er Besitzer der Indianapolis-Rennstrecke. Nach Beendigung der Fertigung (Konkurs) 1927 erwarb Audi-Chef J. S. →Rasmussen die Produktionseinrichtungen für die Motoren seiner Modelle →Audi Dresden (6 Zyl.) und Audi Zwickau (8 Zyl.), die 1931-1932 gebaut wurden.

Riemann

Armaturen-, Laternen- und Scheinwerferhersteller in Chemnitz, Fabrikation u.a. von →Azetylenscheinwerfern mit getrennten Gasentwicklern und Stufen- oder Zwischenlinsen, die eine stärkere Bündelung des Lichtstrahls bewirkten. Riemann war bis 1945 ein wichtiger Zulieferer der sächsischen Automobilindustrie.

Riemenantrieb

Die Übertragung der Motorkraft auf ein Räderpaar (bzw. beim Motorrad oder bei einigen Motordreirad-Konstruktionen mit zwei Vorderrädern auf das Hinterrad) vollzog sich in der Frühzeit des Kraftfahrzeugbaus über Treibriemen. Auf der Kurbelwelle des Motors befand sich hierfür eine Riemenscheibe, auf der angetriebenen Nebenwelle zwei oder drei weitere (auf der angetriebenen Achse oder einer Vorgelegewelle) mit verschiedenen Durchmessern. Durch ein Verschieben des Riemens (per Hebel) auf die eine oder andere Scheibe ergab sich der Effekt eines Wechselgetriebes. Einige Konstruktionen wiesen kombinierten Riemen-Kettenantrieb auf.

Riley

Britische Automobilmarke (Coventry, 1898-1969), hervorgegangen aus einer Fahrradfabrik. Kleine und mittlere Fahrzeugmodelle, bekannt für ihre Zuverlässigkeit und Anspruchslosigkeit. Besondere Aufmerksamkeit erfuhr der 1926 vorgestellte Riley Nine; sein 1,1-Liter-Vierzylinder besaß zwei oben im Zylinderblock liegende Nockenwellen mit nur sehr kurzen Stößelstangen zu den im Zylinderkopf angeordnetgen Ventilkipphebeln – eine ohv-Konstruktion mit ohc-Eigenschaften, die bis 1957 beibehalten wurde. Leitungsstarke Sportwagen wie der Imp oder der MPH waren Konkurrenten zum →M.G. und zum →Jaguar. 1938 Übernahme durch die →Morris-Gruppe, bei deren Fusion mit →Austin 1952 Riley ein Teil der →BMC wurde. Die Namensrechte liegen heute bei der BMW Group.

Roadster

Aus dem Amerikanischen stammende Bezeichnung für einen Sportwagen, in der Regel zweisitzig, dem deutschen Sportzweisitzer und dem englischen sports twoseater entsprechend. Im Unterschied zum Cabriolet hat der klassische Roadster keine Kurbelscheiben in den Türen und ein leichtes Klappverdeck. Wies der Wagen eine noch knapper gehaltene Karosserie auf, z.B. ohne Türen oder Seitenteile, sprach man von einem →Speedster oder →Runabout. Der Begriff Roadster kam in den 1930er Jahren nach Europa (→Spider).

Roamer

Amerikanische Automobilmarke (Streator, Kalamazoo, 1916-1929). Große Sechs- und Achtzylinderwagen, teils mit →Continental-, teils mit →Duesenberg-Motor und einem Kühler, der stark an den des →Rolls-Royce erinnerte.

Robur

Nachfolger des in der ehemaligen DDR hergestellten →Phänomen Lastwagens. Die in Zittau von 1957 bis 1990 gebauten Nutzfahrzeuge waren Frontlenker mit luftgekühlten Motoren.

Rochet-Schneider

In Frankreich gebauter Qualitätswagen (Lyon, 1894-1951). Die aus der Fahrradproduktion kommende S.A. des Ets. Rochet-Schneider baute zunächst kleine Einzylinder nach →Benz-Vorbild, ab 1903 Vierzylinder System →Mercedes. Eine Tochterfirma stellte den berühmten →Zenith-Vergaser her. In den 1920er Jahren Bau großer Sechszylinder; 1930 Fusion mit →Cottin-Desgouttes. Anschließend nur Herstellung von Nutzfahrzeugen bis zur Übernahme durch →Berliet im Jahr 1951. Théophile

RILEY SPORTWAGEN

Das sportliche Engagement der Marke Riley brachte ihr Weltruhm ein. Die Anfänge gehen auf die Zeit vor der vorigen Jahrhundertwende zurück, als die britische Firma dieses Namens Fahrräder herstellte. 1905 nahm das erste Riley-Motordreirad an einem Rennen teil, und im Frühjahr 1907 trat zum ersten Mal ein vierrädriges Automobil der Marke Riley in einem Wettbewerb an; es war ein Bergrennen.

Die große Zeit interessanter Riley-Erfolge waren die 1920er Jahre. Besonders das Modell 11.9 HP, 1924 vorgestellt, galt als ein zuverlässiges, schnelles Sportfahrzeug. Der mit einem 1,7-Liter-Vierzylindermotor bestückte »Redwinger« ging an die 135 km/h und war gerade für jüngere, angehende Rennfahrer ein erschwingliches und erfolgversprechendes Fahrzeug. Parallel zu diesem Zweisitzer mit roten Kotflügeln gab es ein kleineres 1,5-Liter-Modell namens 10.8 HP, das nicht weniger reizvoll war. Riley bot den kleinen Flitzer wahlweise mit kopf- statt normalerweise seitengesteuertem Motor und auf Wunsch sogar mit Kompressor an.

1926 stellte die Riley Ltd. einen neuen Wagen vor, der als Meilenstein in die britische Automobilgeschichte einging. Dieses 1,1-Liter-Modell 9 HP wurde sehr populär und wurde in unterschiedlichen Ausführungen angeboten, auch als Limousine, Tourer und Coupé. Der Roadster »Brooklands« mit Spitzheck, gebaut von 1928 bis 1932, war die attraktivste Version und machte ihrem Namen alle Ehre. Der Motor des 9 HP hatte zwei hochliegende, aber nicht im Zylinderkopf befindliche Nockenwellen und seitlich angeordnete Ventile, eine Konstruktion, die sich bestens bewährte und den Tunern weiten Spielraum für Leistungssteigerungen ließ. Serienmäßig hatte der Vierzylinder etwa 29 PS, in der Rennversion aber nicht selten bis zu 50. Den 9-HP-Motor, entwickelt vom Firmenchef Percy Riley, baute die Riley Ltd. in Coventry zwölf Jahre lang. Längst ist der Riley 9 zu einem gesuchten Sammlerstück avancieert.

Das Foto zeigt einige Riley Brooklands vor dem Start zu einem Rennen im Jahre 1928. Ganz vorn die Box des damals sehr aktiven Riley-Fahrers Frank Ashby. Dieser steht, mit den Händen in den Taschen seines weißen Overall, vor der Box, während sich sein Mechaniker gerade über den Motor beugt; drei Neugierige schauen ihm zu. Im Tankstutzen auf dem Heck seines Wagens steckt ein Trichter. Auch die Fahrzeuge mit den Nummern 40 und 41 sind Brooklands-Rileys. Ashley und sein Kollege Victor Gillow waren zu ihrer Zeit sehr erfolgreich; ihre hoch getunten Fahrzeuge gingen an die 168 km/h. Zwei weitere bekannte Riley-Rennfahrer waren Parry Thomas, der 1927 bei einem Rekordversuch mit einem selbstgebauten Spezialfahrzeug ums Leben kam, und Reid Railton. Sein Brooklands-Riley war von der bekannten Firma Thomson & Taylor getunt worden, die für ihre mechanischen Arbeiten einen guten Ruf genoss.

Einige Riley Brooklands vor dem Start zu einem Rennen im Jahre 1928

Roadster: 1 Austro Daimler 1928; 2 BMW 315/1 1936; 3 Fiat 508 Balilla 1932; 4 Mercedes-Benz 200 1936

Schneider verließ 1910 das Unternehmen und gründete in Besançon die Firma →Th. Schneider.

Rockne

Amerikanischer Personenwagen aus dem Hause →Studebaker, den es von 1931 bis 1933 gab. Der Name Rockne war der eines berühmten Football-Stars

Röhr

Deutscher Automobilhersteller (Ober-Ramstadt, 1927-1935), bekannt geworden durch qualitativ hochwertige Wagen mit Achtzylindermotor, Plattformrahmen, vorderer Einzelradaufhängung und →Cantileverfederung hinten. Firmengründer Hans Gustav Röhr (1895-1937) hatte vorher bei →Priamus gearbeitet; nach Schließung seines Werkes (Liquidation) wurde er zunächst Entwicklungschef bei →Adler und arbeitete 1935-1937 bei →Daimler-Benz.

Röhrenkühler

→Schlangenkühler.

Roger-Benz

Emile Roger war in Paris der Repräsentant von →Benz und verkaufte dessen erste Stationärmotoren in Frankreich bereits um 1888. Die von ihm ab 1892 importierten Benz-Dreiräder bot Roger unter der Bezeichnung Roger-Benz an. Roger setzte bis 1896 mehr Benz-Wagen ab als der Hersteller in Deutschland.

Roi des Belges

Variante des →Phaëton bzw. Doppelphaëton mit sich gegenüberliegenden Sitzen und seitlichem Einstieg im Stil großer Galakutschen. Die Bezeichnung geht auf eine von König Leopold II von Belgien für die Abnahme von Paraden bevorzugte Aufbauform zurück.

Rolland-Pilain

Französische Automobilmarke (Tours, Courbevoie, 1906-1932), gegründet von François Rolland und Emile Pilain. Der Vierzylindermotor des 20 CV von 1907 war der erste

Röhrenkühler

Roger- Benz 1895

Rolldachlimousine Mercedes-Benz 1927

der Welt in →Monoblock-Bauart. Fahrzeuge dieser Marke waren in zahlreichen motorsportlichen Wettbewerben erfolgreich.

Rolldach-Limousine

Spezialität einiger Karosseriehersteller als Variante der →Cabrio-Limousine, wobei die rückwärtige Dachpartie geschlossen blieb, das Verdeck sich aber über die gesamte Dachfläche aufrollen ließ.

Rollfix

Deutsches Kleinwagenfabrikat (Hamburg, 1933-1936); Verwendung von →ILO-Zweitaktmotoren bei Dreirädern.

Rolls, Charles Stewart

Der aus Wales stammende Automobilkaufmann, Motorsportler, Weltrekordfahrer (1902) und Aviatiker Charles Stewart Rolls (1877-1910) gründete mit Henry Frederick →Royce 1904 die → Rolls-Royce Ltd. Er zählte zu den erfahrensten Fliegern und Automobilisten seiner Zeit und verfügte über die besten gesellschaftlichen Verbindungen, und wusste sie geschäftlich zu nutzen. 1910 fiel er einem Flugzeugabsturz zum Opfer.

Rolls-Royce

Britische Luxusmarke (Manchester, Derby, Crewe, 1904 bis heute) höchster Reputation. Sechszylinder seit 1906, ein Jahr später ging der berühmte 40/50 HP Silver Ghost in Produktion, der erst 1925 vom New Phantom abgelöst wurde. 1935 Vorstellung des Phantom III mit V12-Motor. Bis 1949 lieferte Rolls-Royce nur unkarossierte Fahrzeuge, die ihre Aufbauten nach Kundenauftrag von Fremdherstellern erhielten. Auffälligstes Merkmal des Rolls-Royce war stets sein Kühler in der stilisierten Form eines griechischen Tempels. 1931 Übernahme von →Bentley. V8-Motoren ab 1959 (Silver Cloud II), selbsttragende Aufbauten ab 1965 (Silver Shadow). Seit Jahresbeginn 2003 werden Rolls-Royce-Automobile in Goodwood unter →BMW-Regie produziert. 1921-1931 gab es in

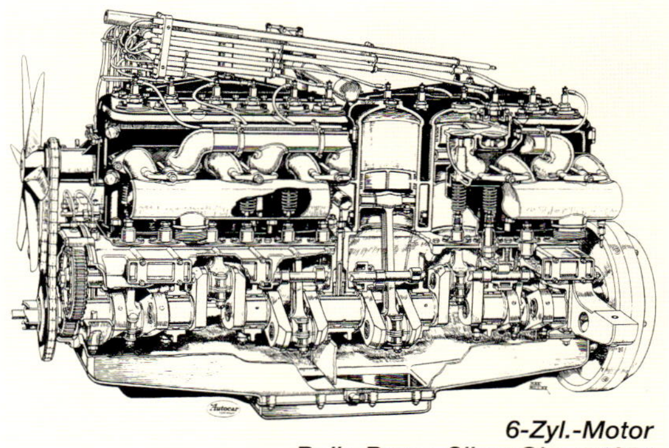

6-Zyl.-Motor Rolls-Royce Silver Ghost 1914

Rolls-Royce Silver Cloud 1963

Springfield, USA, als Tochtergesellschaft die Rolls-Royce of America Inc., die Fahrzeuge für den amerikanischen Markt herstellte; ihr signifikantes Merkmal war ein Kühler mit quer statt längs angeordneten Lamellen, wie sie ansonsten nur das britische Rolls-Royce-Modell 20 hp (»Baby Rolls«, 1922-1929) aufwies.

Rometsch

Deutscher Karosseriefabrikant (Berlin, 1924-1961) mit langer Tradition in der Herstellung u.a. von Taxifahrzeugen. In den 1950er Jahren Spezialkarosserien auf →VW-Basis (Coupés, Cabriolets, Viertürer) sowie für →Borgward (Sportcoupés, Rennwagen).

Rootes Group

Britischer Automobilkonzern, der 1927 als Vertriebsgesellschaft für Fahrzeuge von →Commer, →Hillman und →Humber gegründet wurde, diese Firmen anschließend aufkaufte und 1935 auch →Talbot und →Sunbeam (→STD) übernahm; →Singer kam 1955 hinzu. In den späten 1920er Jahren war die nach ihren Gründern Sir William und Sir Reginald Rootes benannte Firma Englands umsatzstärkste Automobil-Vertriebsgesellschaft und wichtigster Exporteur. 1967 wurde die Rootes Group von →Chrysler übernommen.

Roots-Kompressor, Roots-Gebläse

Der Roots-Kompressor (→Kompressor), benannt nach dem amerikanischen Erfinder James Dennis Roots, ist ein so genannter Drehkolbenverdichter, dessen Funktion

ROLLS-ROYCE PHANTOME

Rolls-Royce Phantom V 6,3 Liter V8 1964 als Landaulet

Unter der Modellbezeichnung »New Phantom« stellte Rolls-Royce im Mai 1925 den Nachfolger des legendären Silver Ghost vor. Erst als 1929 ein Nachfolgemodell erschien, bezeichnet als Phantom II, wurde aus dem New Phantom nachträglich ein Phantom I, und ab 1935 gab es dann auch einen Phantom III. Dies war ein Superlativ-Automobil mit Zwölfzylindermotor und allen nur denkbaren Komfortattributen.

Mit Ausbruch des Zweiten Weltkrieges, der die zivile Automobilproduktion in ganz Europa für einige Jahre zum Erliegen brachte, war die Ära der großen, extrem teuren Luxusautos zunächst vorüber. Auch nach 1945 dauerte es noch eine ganze Weile, bis aus England wieder hochkarätige Nobelkarossen kamen – nämlich bis 1950, als Rolls-Royce einen Wagen unter der Bezeichnung Phantom IV präsentierte. Dieser Wagen hatte einen 5,7-Liter-Achtzylinder-Reihenmotor und übertraf seine Vorgänger in allen Dimensionen. Aber das Auto war auch nicht für »normale« Rolls-Royce-Kunden gedacht. Es blieb gekrönten Häuptern und höchsten Staatsdienern vorbehalten, und es wurden im Verlauf von fünfeinhalb Jahren auch nicht mehr als 18 Exemplare gebaut. Vom Phantom III hatte es immerhin 710 Stück gegeben. So avancierte der noble Phantom IV zu einem der seltensten aller Rolls-Royce-Modelle.

Der exklusive Status des Phantom war zunächst wieder hergestellt. Aber es sollte auch noch ein Phantom V und ein Phantom VI geben, allerdings wieder in etwas größeren Stückzahlen. Das Modell Phantom V mit 6,3-Liter-V8-Motor wurde von 1959 bis 1968 nicht weniger als 832 Mal gebaut, denn inzwischen gab es sowohl in England als auch im Ausland wieder einen aufnahmefähigen Markt für solche exklusiven, in aufwändiger Handarbeit hergestellten Spitzenautomobile, und diesen Markt wollte Rolls-Royce profitabel bedienen. 1968 kam der Nachfolger Phantom VI (einziger Rivale: der neue Mercredes-Benz 600) heraus, der mit einigen Modifikationen (mehr Hubraum, mehr Leistung, mehr Elektronik) bis 1992 als Spitzenmodell im Rolls-Royce-Programm zu finden war.

Das Foto zeigt ein 1964er Phantom V als Landaulet. Diese Ausführung mit dem rückwärtigen Halbverdeck ist besonders selten und wurde nur für einige Königshäuser gebaut. Der 6,3-Liter-Motor leistete ca. 215 PS bei 4500 Touren, die Vierstufen-Getriebeautomatik war eine Gemeinschaftsentwicklung von Rolls-Royce und General Motors. Konservative Bauweise verrieten nicht nur die Karosserielinien, sondern auch die hintere Starrachse und die Beibehaltung von Trommelbremsen, als Scheibenbremsen längst zum Standard gehörten. Dafür hatte das bei Park Ward karossierte Landaulet eine besonders wirksame Klimaanlage und ein UKW-Telefon. Bei einem Radstand von 3,66 m betrug der Wendekreisdurchmesser 16,9 m – wer ein solches Auto besaß, war auf großzügige Grundstücksdimensionen angewiesen.

Roots-Kompressor (Auto Union 1936)

einer Zahnradpumpe gleicht; eine Konstruktion von 1867. In einem Gehäuse bewegen sich gegenläufig zwei Drehkörper und verdichten die zugeführte Luft bzw. das Gemisch. Das komprimierte Luft- oder auch Gemischvolumen (je nachdem, ob der Kompressor als Druck- oder als Saugkompressor ausgelegt ist) ergibt sich aus dem Rauminhalt der Kompressionskammern und in Relation zum Hubraum des Motors. Mit Roots-Kompressoren, die 1919 im Automobilbau Eingang fanden, waren beispielsweise die →Mercedes-Benz-Modelle S, SS, SSK, SSKL und andere sowie die Bugatti-Rennwagen der 1920er Jahre ausgestattet.

Rosengart

Lucien Rosengart (1881-1976) besaß in Paris eine kleine Fabrik für Schrauben, arbeitete dann für →Citroën und →Peugeot und erwarb 1926 den Betrieb von →De Dion-Bouton; hier zog er 1928 die Herstellung einer eigenen Automobilfabrikation auf. Sein Chefkonstrukteur war Jules Salomon, der vorher für Citroën gearbeitet hatte. Rosengarts preiswerte Fahrzeuge vermochten in Frankreich einen großen Marktanteil zu gewinnen. 1929 Lizenzherstellung des →Austin Seven, 1932 des →Adler Trumpf mit Frontantrieb, 1933 Einführung des Supertraction als ersten französischen Frontantriebs-Serienwagen. Ab 1938 basierten Rosengart-Konstruktionen auf dem →Citroën 11 CV. Die letzten Fahrzeuge besaßen Kunststoffkarosserien und einen Zweizylinder-Boxermotor im Heck.1945 ging die Firma Rosengart an die SIOP-Gruppe über. In Deutschland gibt es in Bedburg bei Köln ein Museum, das ausschließlich Rosengart gewidmet ist.

Rover

Britisches Automobilfabrikat (Coventry, Birmingham, Solihull, 1904 bis heute), hervorgegangen aus einer Fahrradmanufaktur. Der gute Name des Rover Safety Bicycle (Urahn aller modernen Fahrräder) übertrug sich auch auf die soliden, zuverlässigen Motorfahrzeuge, die sich vor allem in Großbritannien einen konstanten Marktanteil sichern konnten. Aufsehen erregten verschiedene Wagen mit →Gasturbinenantrieb, die von 1950 an gebaut und (außer Konkurrenz) in diversen Rennen mitfuhren, um ihre Leistungsfähigkeit zu beweisen. Größere, repräsentative Qualitätswagen wie die P5 (3 Liter, 3,5 Liter V8) ab 1959 bzw. 1968 und die nachfolgenden, fortschrittlichen P6-Modelle (2000, 3500) sowie der SD1 (3500) von 1976 rundeten das Profil der Marke ab. Unter der Regie von →British Leyland kam es 1979 zu einer Liaison mit Honda; 1994 wurde Rover (mit →M.G.) von →BMW übernommen; nach 2000 firmierte die Rover Group in England wieder als eigenständiges Unternehmen, gehört seit 2006 chinesischen Eignern. Die Allradfahrzeuge Land-Rover (ab 1948) und Range Rover (ab 1970) bildeten seit Anfang an eine eigene Sparte und wurden bei späteren firmenpolitischen Neuordnungen auch separat von Rover gehandhabt (ab 2000 im Besitz von →Ford).

Rovin

Französische Kleinwagemarke (St. Denis, Colombes, 1946-1959), gegründet in den ehemaligen →Delaunay-Belleville-Werken. Die kleinen Zweisitzer mit Kunststoff-Karosserie und wassergekühltem Zweizylinder-Boxermotor (425 ccm) fanden im Nachkriegsfrankreich relativ große Verbreitung.

Royce, Frederick Henry

Der aus der Elektrobranche kommende englische Ingenieur (1863-1933) galt als Perfektionist und akribischer Tüftler. Aus seinem Bestreben, Gutes noch besser zu machen, entstand sein erstes Automobil nach anfängli-

Rover 3 Litre Saloon (P5) 1963

CHARLES STEWART ROLLS' BALLOON CAR

Rolls-Royce Silver Ghost: So sah der Wagen aus, mit dem Charles S. Rolls seiner Leidenschaft als Ballonfahrer nachzugehen pflegte

Charles Stewart Rolls, der Partner des genialen Ingenieurs Henry Royce, hatte außer seiner Vorliebe für Qualitätsautomobile eine Leidenschaft fürs Ballonfahren und für den Flugsport. Er zählt zu den Pionieren der Luftfahrtgeschichte Englands, und bei einem missglückten Flugmanöver verlor er auch sein Leben.

Als die von ihm mitgegründete Firma Rolls-Royce im Lauf des Jahres 1906 den legendären »Silver Ghost« entwickelte, entsprach der Sechszylindermotor mit 7,1 Liter Hubraum und hervorragenden Bremsen genau seinen Vorstellungen von einem Tourenwagen für eine besonders anspruchsvolle Klientel. Da Rolls selbst aus einer hochangesehenen Familie stammte und in »wohlhabenden Kreisen« verkehrte, wusste er genau, welche Art von Automobil man dort mit Erfolg absetzen konnte.

Einen speziellen Silver Ghost ließ sich The Hon. S. C. Rolls für seine Exkursionen mit dem Heißluftballon bauen. Es war ein Zweisitzer (Chassisnummer 60785) mit einer großen Plattform über der Hinterachse; dort ließ sich der Ballonkorb befestigen, in dessen Inneren die zusammengefaltete Ballonhülle Platz fand. Eingearbeitet in die breiten Trittbretter waren Schübe, in denen Werkzeuge und andere Utensilien unterzubringen waren. Auch ein Ersatzreifen und der Kasten für die Batterie hatten ihren Platz auf dem Trittbrett. Der Ehrenwerte Herrr Rolls nahm den Wagen Ende Oktober 1908 in Empfang und nannte ihn, wie überliefert ist, »my Cookie«.

Den von 1907 bis 1925 gebauten Slver Ghost – die Typenbezeichnung lautete offiziell 40/50 HP – gab es bis 1914 in zwei Radstandmaßen: 3442 und 3645 mm. Der Ballontransporter hatte den längeren Radstand und einen in der Leistung von ursprünglich 60 auf 75 PS gesteigerten Motor. Bremsen an den vorderen Rädern waren noch nicht üblich. Umso wichtiger waren starke Scheinwerfer, schon aus Gründen des Prestige.

Mit dem »Balloon Car« ließ sich Rolls dort hinbringen, wo er aufzusteigen beabsichtigte, und später abholen, wo er auf seinen Exkursionen landete. Allzu viele Meilen kamen dabei nicht zusammen, denn Rolls wandte sich mehr und mehr der Fliegerei zu. Als der Wagen nach Rolls' Tode im Jahre 1910 einer anderen Verwendung zugeführt wurde, war er noch so gut wie neu. Das spätere Schicksal des Autos ist unbekannt. So ist das hier abgebildete Exemplar eine exakte Rekonstruktion des Originalfahrzeugs, selbstverständlich ebenfalls auf Basis eines Silver Ghost der Zeit vor 1914 entstanden.

chen, ihn nicht zufriedenstellenden Erfahrungen mit einem →Decauville. Royce baute einige weitere Fahrzeuge; 1904 erfolgte dann gemeinsam mit Charles S. →Rolls die Gründung der Rolls-Royce Ltd.. Royces Prinzip, ungeachtet des Aufwands nur Fahrzeuge höchster Qualität zu bauen, wurde zur Firmenphilosophie (»the best car in the world«) und setzte mit seiner Arbeit Maßstäbe auch für kommende Generationen. Royce starb in seinem Haus in Südfrankreich, wo er noch am Vorabend seines Todes am Reißbrett gearbeitet hatte.

rpm

Im Englischen übliche Abkürzung (auch r.p.m.) für rotations per minute = Umdrehungen pro Minute.

Ruby

Französischer Hersteller (Levallois-Perret, 1910-1922) von kleinen Sportwagen →Cyclecars) und Vierzylinder-Einbaumotoren, die an viele andere Automobilhersteller ohne eigene Motorfabrikation geliefert wurden.

Rudge

Die Firma Rudge-Whitworth in Coventry (Herstellung von Schrauben, Rädern, Achsen und anderen Produkten) stellte 1908 ihr erstes abnehmbares Speichenrad

Rück- bzw. Schlussleuchten: 1 Mercedes-Benz 770 (getarnt), 1940; 2 Hispano-Suiza 1931; 3 Delahaye 1938; 4 Packard 1930; 5 Mercedes-Benz 350 SL 1971; 6 Mercedes 170 V 1949

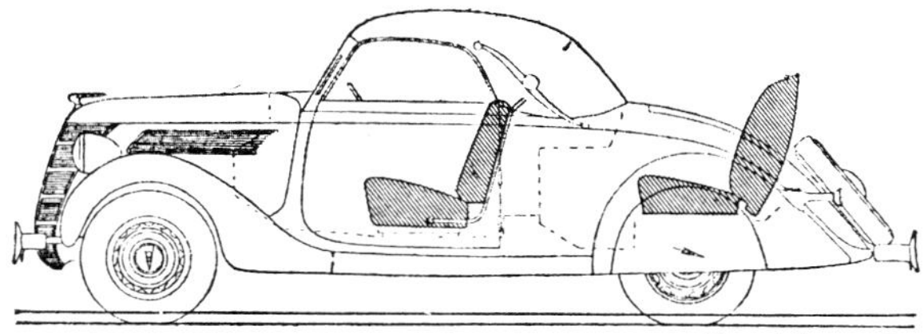

Rumble seat

mit →Zentralverschluss vor, das im Automobilbau eine Wende herbeiführte. Bisher hatte es nur Räder gegeben, die mit der Achse fest verbunden waren (→abnehmbare Räder). Felgen mit Zentralverschluss auf gezahnter Rudge-Nabe wurden vor allem bei Sport- und Rennwagen Standard. Von 1911 bis 1941 stellte Rudge unter diesem Namen außerdem legendäre Motorräder (vollradialer Vierventilkopf) her, 1912-1913 auch →Cyclecars.

Rückleuchte

Andere Bezeichnung für →Schlussleuchte.

Rückspiegel

Ab ca. 1914 als Zubehör für Automobile erhältlich. Angeblich hat der amerikanische Rennfahrer Ray Harroun erstmals 1911 einen Rückspiegel an seinem →Marmon beim Indianapolis-Rennen eingesetzt, um die Konkurrenz besser beobachten zu können, was ihm die damals übliche Mitnahme eines Beifahrers ersparte. Ab 1. 9. 1931 wurden Rückspiegel in Deutschland gesetzlich (allerdings nur für geschossene Fahrzeuge) obligatorisch.

Rumble seat

Im Amerikanischen übliche Bezeichnung für den im Heck eines Cabriolets oder Coupés untergebrachten Notsitz (»Schwiegermuttersitz«). Das englische Äquivalent ist der →Dickey seat.

Rumpler, Edmund

Der österreichische Ingenieur Edmund Rumpler (1872-1940) arbeitete zunächst für →Nesselsdorfer und →Adler, bevor er 1906 in Berlin ein Konstruktionsbüro gründete. Während des I. Weltkriegs konstruierte und baute er Flugzeuge (Rumpler-Taube). Er gilt als Erfinder der kombinierten Motor-Getriebe-Baueinheit, entwickelte Fahrwerke mit Einzelradaufhängung, beschäftigte sich mit dem Frontantrieb und war ein Verfechter der Stromlinie. 1921-1926 baute Rumpler auch Automobile in eigener Regie.

Rumpler

Von 1921 bis 1926 von Edmund Rumpler in Berlin nach dessen eigener Konstruktion entstandener Stromlinienwagen mit Sechszylinder-W-Motor (später Reihenmotor) im Heck. Das »Tropfenwagen« genannte Fahrzeug war als geräumige Limousine sowie als bootsförmiger Tourenwagen erhältlich, seiner Zeit aber zu weit voraus, um in lohnenden Stückzahlen absetzbar zu sein. Nur etwa 80 Tropfenwagen wurden gebaut.

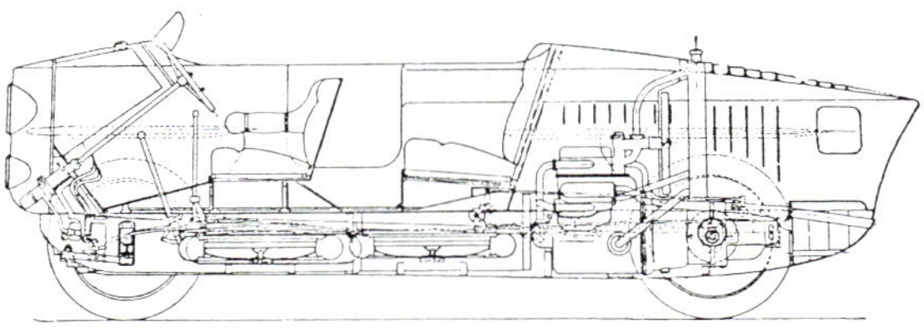

Rumpler Heckmotor-Tropfenwagen Tourer 1921

Runabout

Im Amerikanischen früher übliche Bezeichnung für einen nur minimal karossierten Zweisitzer (z. B. von →Mercer).

Rundhauber

Bezeichnung für eine Aufbauform mit nach oben abgerundeter Motorhaube bei Lastwagen von →Magirus-Deutz.

Rundkühler

Für einige Automobilfabrikate in der Zeit vor 1925 (→Delaunay-Belleville, →Lozier, →Spyker) typische kreisrunde Kühlerform, bei der man sich an der Dampfkesselform bei Lokomotiven orientierte.

Rundkühler eines Sheffield-Simplex (GB) von 1913

Rundinstrument

Bezeichnung für ein (mehr oder weniger) kreisrundes Instrument im Unterschied zu linearen oder anders geformten Anzeigeinstrumenten an der Armaturentafel (→ Bandtachometer).

Rundstreckenrennen

Nachdem zunehmend schnellere Autos, mit denen man zu Anfang des 20. Jahrhunderts Rennen von Stadt zu Stadt fuhr (z.B. Paris-Bordeaux 1901, Paris-Wien 1902, Paris-Bordeaux 1903), große Gefahren sowohl für Teilnehmer als auch für Zuschauer darstellten, ging man dazu über, Rennen auf gesperrten Straßenrundkursen durchzuführen (z.B. beim ersten Grand Prix in →Le Mans 1906, →Tourist-Trophy auf der Insel Man). Europas erste permanente Rennstrecke war der 1907 gebaute →Brooklands-Ring. Rundstreckenrennen wurden sowohl über definierte Zeiträume (2 Stunden, 6 Stunden, 12 Stunden usw.; Sieger: der Teilehmer mit der höchste Rundenzahl) als auch über definierte Strecken (z.B. 200 Meilen, 500 km, 1000 km usw.; Sieger: der Teilnehmer, der die Strekke in der kürzesten Zeit zurücklegt) ausgetragen. Im Unterschied zu →Bergrennen starteten die Teilnehmer an Rundsteckenrennen zum gleichen Zeitpunkt.

Rundhauber Magirus-Deutz 1953-54

Russell

Kanadische Automobilmarke (Toronto, 1905-1915), unter der zunächst →Tricycles und vierrädrige →Voituretten angeboten wurden, ab 1909 auch Automobile mit →Knight-Schiebermotoren, die Russell von →Daimler aus Coventry in England bezog.

Russo-Balt

Die Russko-Baltyskji Wagonji Zawod in Riga war eine Waggonfabrik, die von 1909 bis 1915 eine Anzahl bemerkenswerter Automobile herstellte und damit u.a. in Langstreckenrennen antrat; auch an der →Rallye Monte-Carlo 1912 nahm ein Russo-Balt teil, gefahren von André Nagel. Die Wagen waren schwere Vierzylinder mit Kardanantrieb, konstruiert von Ernst Valentin. 1919 wurden die Betriebsanlagen nach Moskau geschafft, die Automobilfertigung aber nicht wieder aufgenommen.

Ruxton

Amerikanische Automobilmarke (St. Louis, 1929-1930), die während der kurzen Dauer ihres Bestehens Autos mit Frontantrieb (Vorderachse nach dem →De-Dion-Prinzip) und Achtzylindermotoren (→Continental) herstellte. Die formal sehr gelungenen Fahrzeuge niedriger Bauart wiesen keine Trittbretter und besonders schmale, mit vertikalen Lichtaustritten versehene Scheinwerfer auf. Nicht mehr als 300 Exemplare wurden gebaut.

Rzeppa, Alfred Hans

Österreichischer Ingenieur (1885-1965), der in den USA ein Kugelgelenk für frontgetriebene Automobile entwickelte, das zuerst bei Fahrzeugen in Amerika, dann auch in Europa Anwendung fand.

> »Strebe Vollkommenheit an, bei allem was du tust. Nimm das Beste, das es gibt, und mach es noch besser. Und wenn dies nicht existiert, konstruiere es.«
>
> Henry Royce, Mechaniker, 1904

Saab

Die schwedische Flugzeugfabrik Saab (Abkürzung für Svenska Aeroplan Aktiebolaget) in Trollhättan begann 1949 mit dem Automobilbau. Zunächst Herstellung frontgetriebener Zweitaktmodelle nach dem Vorbild des →DKW mit Einzelradaufhängung und Stromformkarosserie. Ab 1966 Vierzylinder-Viertaktmotoren (→Ford 12 M). Ende 1977 Einführung eines Motors mit Abgas-Turbolader; es war der erste Serien-Personenwagen mit dieser Technik. 1990 übernahm →General Motors 50 Prozent der Anteile von Saab.

Sachsenring

Das Herstellerwerk des →Horch in Zwickau wurde 1956 in »Volkseigenes Sachsenring-Kraftfahrzeug- und Motorenwerk« umbenannt; hier wurden bis 1959 ca. 1500 Sechszylinder-Personenwagen (2,4 l, Typ P240) hergestellt, die teils auch als Horch bezeichnet wurden (für Export), anschließend Nutzfahrzeuge (H3, H3A, H3S und H6) und von 1958 bis 1991 der →Trabant.

Sachsenring (DDR) mit einem Aufbau, der nicht in Serie ging

Sackzylinder

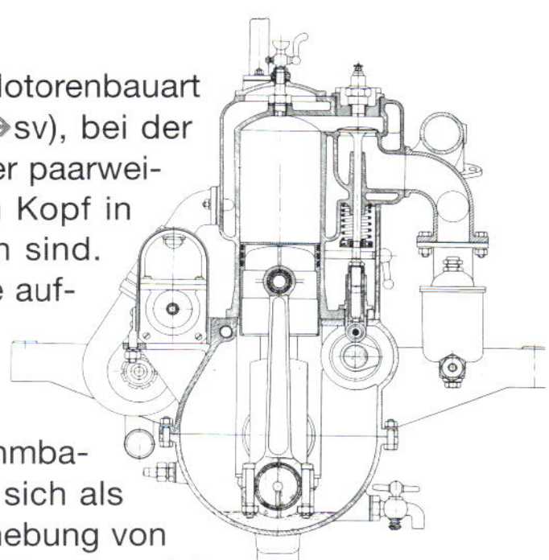

Bezeichnung für eine Motorenbauart mit Seitensteuerung (→sv), bei der die Zylinder einzeln oder paarweise ohne abnehmbaren Kopf in einem Stück gegossen sind. Auf das Kurbelgehäuse aufgesetzte (verschraubte) Sackzylinder gab es bei Automotoren bis etwa 1912; der →abnehmbare Zylinderkopf erwies sich als vorteilhafter für die Behebung von Defekten im oberen Motorbereich und war auch in der Herstellung (bzw. Bearbeitung) weniger kompliziert.

SAE-PS

Die in den USA und einigen anderen Ländern benutzte Maßeinheit SAE-PS für die Angabe der Motorleistung (SAE = Society of Automotive Engineers, ein amerikanischer Verband der Kraftfahrzeugingenieure, der viele international verbindliche Normen schuf) ist mit den bei uns üblichen →PS etwa gleichzusetzen. Eine offizielle, einheitlich angewendete Umrechnung hat es nie gegeben. Nach einer Faustformel (unbekannten Ursprungs) soll ein SAE-PS = 0,953 DIN-PS entsprechen; die Leistungsmessung erfolgt in jedem Fall ohne Nebenaggregate, daher resultiert eine stets höhere Wertangabe im Vergleich zu →PS nach der DIN-Norm.

SAF

Abkürzung für Süddeutsche Automobilfabrik, ein Unternehmen, das 1905 aus den Bergmann Industriewerken in Gaggenau hervorgegangen (→Gaggenau, →Liliput, →Orient Express) ist. Die Firma vertrieb ihre Erzeugnisse – großenteils Lastwagen – auch unter der Bezeichnung SAF. 1907 erfolgte die Übernahme durch →Benz; ab 1951 wird hier der Unimog produziert (→Detailwissen).

Safir

Schweizerische Automobilmarke (Zürich, 1907-1909), unter der große Wagen mit Vierzylindermotoren nach Lizenz →Saurer entstanden. Bei Safir wurden 1908 unter Aufsicht Rudolf →Diesels der erste schnelllaufende Dieselmotor angefertigt.

Sala, Cesare

Italienischer Ingenieur, der 1903 in Mailand eine Karosseriefirma eröffnete, die bis 1933 bestand und hauptsächlich für →Isotta-Fraschini tätig war.

Salmson

Französische Automobilmarke (Billancourt, 1919-1957), gegründet von Emile Salmson (1859-1917), der ab 1913 Zündmagnete und auch Flugmotoren herstellte. Salmson-Automobile profilierten sich im Motorsport (Cyclecar-Rennen, Rallyes); ab 1927 wurden auch ein Achtzylinder mit zwei Kompressoren angeboten. Ab 1934 erhielten die Fahrzeuge serienmäßig →Cotal-Getriebe. Nach Einstellung der Produktion übernahm →Renault die Betriebsanlagen.

Salmson 1928 mit Kompressor

Salomon, Jules

Französischer Konstrukteur (1873-1963), der zunächst bei Etienne →Lenoir arbeitete, 1903 zu →Unic ging und 1908 mit Joseph Lamy (der später den →Amilcar baute) für die Konstruktion des →Le Zèbre verantwortlich war. 1919 schloss er sich André →Citroën an und schuf dort die ersten Serienfahrzeuge (10 HP Typ A, 5 HP Typ C3 »Trèfle«). 1928 ging Salomon kurzzeitig zu →Peugeot, schließlich zu →Rosengart.

Saloon
Im Englischen übliche Bezeichnung für eine →Limousine.

Sandford
Französischer Hersteller (Paris, 1923-1939) von dreirädrigen Sportwagen. Ab 1921 verkaufte Malcom S. Sandford →Morgan-Wagen in Paris, musste seinen Vertrag zwei Jahre später aber an seinen Konkurrenten →Darmont abtreten, der seit 1919 ebenfalls Morgan-Vertreter war und ab 1923 Morgan-Fahrzeuge in Courbevoie im Werksauftrag montierte. Sandford sah sich herausgefordert und baute daraufhin Dreiradwagen eigener Konstruktion mit Motoren von →Ruby und mit Dreiganggetriebe, das Darmont und Morgan erst 1931 einführten. Ab 1934 baute Sandford auch Vierradwagen. 1947 übernahm Sandford erneut die offizielle Morgan-Repräsentanz für Paris.

Saoutchik
Französischer Karosseriehersteller ukrainischer Herkunft (Neuilly-sur-Seine, 1906-1955), dessen Kreationen sich durch barocke Üppigkeit und Luxus auszeichneten. Der Name Saoutchik stand für Prestige wie für technische Perfektion, und seine Kunden ließen sich vorzugsweise →Hispano-Suiza, →Mercedes-Benz, →Delahye und →Voisin einkleiden. Die letzten Fahrzeuge mit Saoutchik-Karosserie waren einige →Pegaso Coupés und Cabriolets.

SARA
Die 1923 bis etwa 1930 in Courbevoie bei Paris gebauten SARA (Abkürzung von Société des Automobiles à refroidissement par l'air) waren →Cycle Cars mit Vierzylinder-ohv-Motoren mit Gebläsekühlung und ab 1925 mit Vorderradbremsen. Es gab 1927 sogar einige Sechszylinder mit →Underslungrahmen. Wegen seiner Ungewöhnlichkeit war der relativ teure und zeitweilig auch in Schottland unter Lizenz produzierte SARA relativ schwer absetzbar.

Mercedes-Benz 1928 mit Saoutchik-Karosserie

Saugluftbremse
Den Unterdruck, der bei einem laufenden Motor in den Ansaugtrakten der Zylinder entsteht, nutzte man in den 1930er Jahren bei einigen großen Personenwagen (z.B. →Horch, →Maybach) und später auch bei Lastwagen als Medium für die Servobremse oder auch zur Erleichterung der Getriebeschaltung.

Saurer
Schweizerischer Hersteller (Arbon, 1896-1985) von Personenwagen (bis 1917) und Nutzfahrzeugen. Das von Adolph Saurer (1841-1920) gegründete Unternehmen gehörte zu den bedeutendsten der Branche in der Schweiz, zeichnete sich durch seine Innovationsfreudigkeit aus (1903 Pressluft-Anlasser, 1928 Dieselmotoren, 1952 Frontlenker) und konnte zahlreiche Lizenznehmer im Ausland gewinnen. 1982 erfolgte eine Übernahme durch →Daimler-Benz.

Saxomat
Eine von Fichtel & Sachs in den 1950er Jahren auf den Markt gebrachte Kupplungsautomatik, bei welcher der Kupplungsvorgang drehzahlabhängig durch Unterdruck gesteuert wurde. Die elektrisch (Kontaktschluss bei Berührung des Schalthebels) betätigte, aber mechanisch arbeitende Saxomat-Kupplung gab es für zahlreiche Per-

Saurer Petroleummotor 1888

Saurer Phaëton 1908

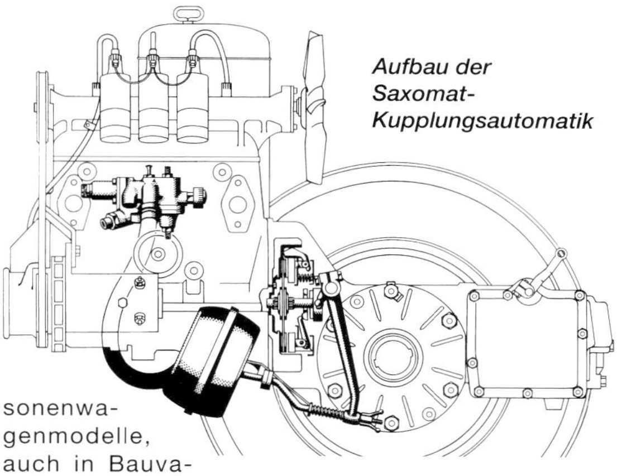

Aufbau der Saxomat-Kupplungsautomatik

sonenwagenmodelle, auch in Bauvarianten (z. B. mit Pneumatik beim →NSU Ro80.) Eine in Frankreich hergestellte und nach dem gleiche Prinzip arbeitende Kupplungsautomatik war die von Ferlec (z. B. bei der →Renault Dauphine).

s/c
Im Englischen gebräuchliche Abkürzung für supercharged (aufgeladen, also für einen Motor mit →Kompressor).

Scammell
Britische Nutzfahrzeugmarke (London, Watford, 1919-1987), bekannt geworden durch schwere Sattelzugmaschinen. Ab 1930 auch Bau von Dreiradschleppern, genannt »Mechanical Horse«. Ab 1982 zu →British Leyland gehörend.

Scania Vabis Müllwagen 1916

Scania, Scania-Vabis
Die schwedische Firma Scania (Södertälje, 1900-1911) stellte zunächst Fahrräder, ab 1903 auch Personenwagen und Lastwagen her. 1910 Fusion mit → Vabis. Scania-Vabis produzierte bis 1929 ebenfalls Fahrzeuge beider Kategorien, wobei die Personenwagen nur geringen Anteil hatten. 1969 Zusammenschluss mit →Saab (Saab-Scania AB); heute zu →General Motors gehörend.

SCAP
Die Société de Construction des Automobiles Parisienne in Billancourt stellte von 1912 bis 1930 unter der

SCAT 1908

Marke SCAP nicht nur Sportwagen verschiedener Größen her, sondern auch Einbaumotoren, die an andere Hersteller geliefert wurden, z.B. an →Bignan, →BMC oder →Derby.

SCAT
Die Bezeichnung steht für Società Ceirano Automobili Torino, 1906 gegründet von Giovanni Ceirano. Bis 1923 Herstellung von Autos verschiedener Mittelklassekategoriensowie von Rennwagen. Bei SCAT wurden auch Fahrzeuge der Marke →Ceirano gebaut.

Schacht
Amerikanischer Hersteller (Cincinnati, 1904-1938) von Motorwagen in →Highwheeler-Bauart mit Zwei- oder Vierzylindermotor sowie Tourenwagen, die bis 1913 angeboten wurden. Anschließend Konzentration auf die Lastwagenproduktion.

Schaltautomatik
→automatisches Getriebe.

Schaltkasten
Früher verwendete Bezeichnung für ein Kombinationsinstrument am Armaturenbrett, dessen Gehäuse das Zündschloss, das Zündkontrolllicht, den Lichtschalter und den Anlasser-Druckknopf enthielt. Schaltkästen wurden als Fertigbauteile z.B. von Bosch oder Siemens geliefert.

Schebera
Die Carosserie Schebera GmbH in Berlin bestand von 1911 bis 1930 (ab 1921 in Heilbronn) und gehörte zu den großen Karosserieherstellern jener Zeit. 1922 von →NSU übernommen. Als das NSU-Werk in Heilbronn seinerseits von →Fiat erworben wurde, endete die Existenz Scheberas als eigenständiges Unternehmen.

Scheibenbremse
Im Gegensatz zur Trommelbremse eine Bremsvorrichtung, die aus Bremszange und Bremsklötzen sowie der Bremsscheibe besteht. Scheibremsen kommen aus dem Flugzeugbau; sie waren bereits vor dem II.

Weltkrieg bekannt. Einer der ersten Automobilhersteller, der Scheibenbremsen in die Serie einführte, war →Tukker, gefolgt von →Crosley, →Pegaso, →Jaguar und →Daimler-Benz.

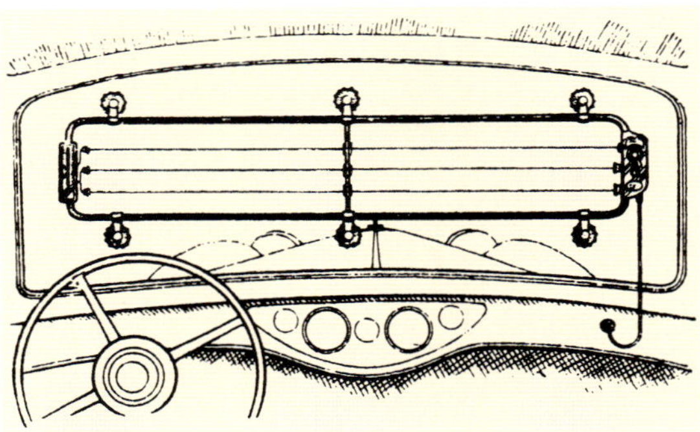

Scheibenheizung

Die Zuführung von Warmluft an die Windschutzscheibe kam um 1936 auf. Um ein noch rascheres Abtauen vereister Scheiben zu erreichen und erneute Eisbildung zu verhindern, hatte die Zubehörindustrie Ende der 1920er Jahre Rahmen mit elektrischen Heizdrähten zur nachträgl. Montage entwickelt. Heckscheiben mit eingelassenen Heizdrähten führte 1953 →Bentley ein.

Scheibenrad

Aus Stahlblech gepresste Scheibenräder für Automobile kamen zu Anfang der 1920er Jahre auf (Kronprinz-Felgen, KPZ). Sie waren billiger als Speichenräder →Artillerieräder), was in Anbetracht der aufkommenden Großserienproduktion von großer Bedeutung war. Der erste in Europa mit Stahlscheibenrädern (hergestellt bei →Michelin) versehene Serienwagen war der 1919 vorgestellte Citroën Typ A 10 HP.

Scheibenwaschanlage

Eine Vorrichtung, die Windschutzscheibe pneumatisch durch Spritzdüsen mit Wasser zu benetzen, gab es erstmals 1935 bei einem britischen →Standard.

Scheibenwischer

1908 meldete der damalige Kronprinz Heinrich, Bruder Kaiser Wilhelm II., einen mit der Hand zu betätigenden Scheibenwischer für die Frontscheibe eines Automobils zum Patent an. Handscheibenwischer waren bis Ende der 1920er Jahre üblich. Die Hersteller Bosch und SWF boten elektrische Scheibenwischer erstmals 1925 an; nicht vor 1928 wurden sie im Serienfahrzeugbau Standard. Einige Hersteller (z. B. →Opel) benutzten den Unterdruck im Ansaugtrakt des Motors zum Antrieb des Scheibenwischers, andere den Tachometerantrieb (z. B. →Citroën 2 CV). Es entwickelten sich parallel oder gegenläufige, oben oder unten am Windschutzscheibenrahmen angelenkte Scheibenwischer, Systeme mit einem, mit zwei oder gar drei Armen und schließlich auch Wischer an der Heckscheibe.

Zu den Fahrzeugen mit 3 Scheibenwischern zählte der Jaguar E-Type

Scheibler

Deutscher Automobilhersteller (Aachen, 1900-1909), der zunächst Fahrzeuge mit liegenden Ein- oder Zweizylindermotoren anbot (teils für Spiritusbetrieb ausgelegt), ab 1902 auch mit Vierzylindern. Die kleineren Wagen hatten Reibradgetriebe, die größeren Zahnradgetriebe und Kettenantrieb. Scheibler stellte auch Nutzfahrzeuge her, die ab 1909 unter der Bezeichnung →Mulag vertrieben wurden. Chefkonstrukteur bei Scheibler war Willy →Seck.

Scheinwerfer

Elektrische Scheinwerfer als Ablösung der →Azetylenscheinwerfer kamen um 1912 auf, nachdem die ideale technische Lösung des infrage kommenden Dynamos mit Spannungsregler zum Nachladen mitgeführter Batterien gefunden worden war. Die Firmen Bosch, Goertz und Zeiss waren in Deutschland die ersten, die komplette Bausätze einschließl. Lichtmaschine anboten. Noch um 1927 wiesen aber erst ca. 70 % aller Personenwagen und ca. 50 % aller Nutzfahrzeuge elektrische Scheinwerfer auf. Die Biluxbirne für Fern- und Abblendlicht, gemeinsam von Bosch und Osram entwickelt, kam 1924 auf den Markt; gewölbte statt flache Scheinwerfergläser erschienen um 1931. Form und Anordnung der Scheinwerfer wurden im Laufe der Jahrzehnte in der Automobilarchitektur zu einem Stilmittel, dem an der Wagenfront die gleiche Bedeutung zukam wie dem →Kühler. Ein einzelner Mittelscheinwerfer bei mehrspurigen Kraftwagen, ungeachtet der Fahrzeugbreite, war in Deutschland nur bis 30. 12. 1930 erlaubt.

Scherenstoßdämpfer

Der in den 1920er Jahren häufig verwendete Scherenstoßdämpfer ist ein Reibungsstoßdämpfer und wirkt durch zwei oder mehr Reibscheiben, die unter Federdruck gegeneinander »reiben«. Die beiden Arme des Stoßdämpfers verbinden den Fahrzeugrahmen mit der Achse.

Schiebermotor

Kurzform für →Schieberventilmotor.

Schieberventilmotor, ventilloser Motor

Im Unterschied zum Motor mit herkömmlichen Tellerventilen, die eine Öffnung durch Auf- und Niedergehen

Scheinwerfer: 1 Mercedes-Benz 1930; 2 Mercedes-Benz 300 SEL1970; 3 Opel Kapitän 1939; 4 Bentley 1965; 5. Gregoire 1908; 6 Rolls-Royce 1962; 7 Indra 1982; 8 Moon Roadster 1926

freigeben bzw. schließen, weist der Schieberventilmotor je Motorzylinder einen Walzenkörper (Walzenschieber) mit Aussparungen auf, der Schlitze im Zylinder freigibt oder schließt und dadurch den Gaswechselvorgang steuert. Ein so genanntes Doppel-Drehschiebersystem wurde von dem Amerikaner Charles Knight entwickelt und 1908 erstmals in einem englischen →Daimler angewendet. Drehschiebermotoren gab es anschließend auch bei →Mercedes, →Minerva, →Panhard-Levassor, →Vauxhall, →Voisin und anderen. Ein alternatives Schieberventilsystem war das von Burt McCollum, z.B. beim →Argyll.

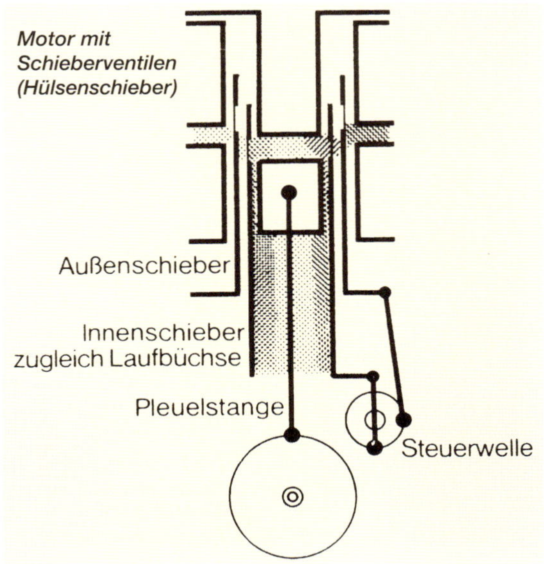

Schienenauto Wohanka 1931

Schienenauto

Bahnverwaltungen bedienten sich schon in den 1920er Jahren des Automobils für Inspektionsfahrten auf dem Gleiskörper, indem sie die Achsen und Räder von Personenwagen auf Schienenspurweite umrüsteten, was unter Fortfall der Lenkung leicht möglich war.

Schlangenkühler, Schlangenrohrkühler

Vor der Einführung des großflächig bienenwabenartig konstruierten Wasserkühlers (→Kühler) wiesen flüssigkeitsgekühlte Motoren meist einen Kühler auf, der aus einer Anzahl von gewundenen Röhren mit aufgelöteten Lamellen bzw. Rippen zur Wärmeabführung bestand. Der Block der schlangenartig zusammengefügten Röhren, durch die Wasser zirkulierte, saß vor oder unterhalb des Motors, wo er dem kühlenden Luftstrom (Fahrtwind) am direktesten ausgesetzt war.

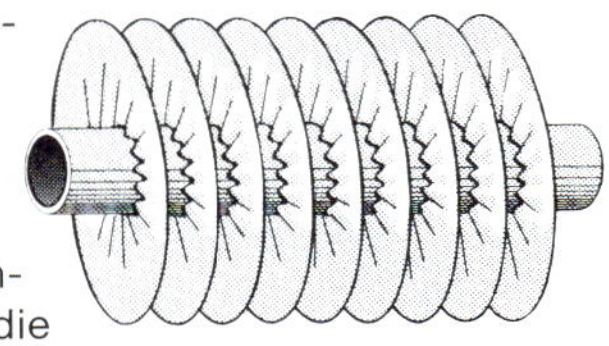

Schlussleuchte

Das anfänglich mit einer Petroleumlaterne (oder überhaupt nicht) kenntlich gemachte Heck eines Kraftfahrzeugs erhielt erst mit Einführung der elektrischen Beleuchtung (→Scheinwerfer) mehr oder weniger standardisierte Schlusslichter, die in Deutschland ab 1906 gesetzlich vorgeschrieben wurden, bei mehrspurigen Fahrzeugen aber erst ab 1938 paarweise vorhanden sein müssen. Ihre Bauart, ihre Abmessungen, ihre Leuchtstärke und ihre Position am Fahrzeug sind in der Straßenverkehrs-Zulassungsordnung (StVZO) vorgeschrieben, die dem Hersteller dennoch großen Spielraum lässt und sanktionierte Ausnahmen vorsieht. Schlussleuchten einschließlich Bremsleuchten (und später Richtungsanzeiger) wurden von den 1930er an zu einem Stilmittel am Automobil (→Rückleuchten) und zunehmend dem Gesamtdesign eines Wagens angepasst, ungeachtet ihrer eigentlichen Funktion.

Schmierdienst

Den Routineservice (→Abschmierdienst) übernahmen bis Ende der 1930er Jahre Autowerkstätten und Tankstellen ohne Markenbindung, da die damit zusammenhängigen Arbeiten nur wenige spezielle Werkzeuge erforderte und bei sämtlichen Fahrzeugen so gut wie identisch waren. Der Schmierdienst wurde nach einem Schmierplan (→Unterbau) durchgeführt, der für alle gängigen Fabrikate und Modelle vorlag.

Schmierplan

→Abschmierdienst, →Schmierdienst, →Unterbau.

Schmierung

Die Schmierung aller beweglicher Teile im Motor (und anfänglich auch im noch nicht gekapselten Getriebe) wurde früher mit einem →Handöler bewerkstelligt. Einen Teil der Kurbelwellen- und Pleuellagerschmierung übernahm die Tauch- oder Baggerschmierung, bei der durch kleine Schaufeln an den Kurbelwangen Öl im Bereich des Kurbelgehäuses verteilt wurde. Für den Ventilmechanismus und andere Komponenten war aber weiterhin eine »Obenschmierung« notwendig, für die es ein spezielles »Obenöl« gab, das man dem Kraftstoff beimengte (und das noch in den 1960er Jahren als Additiv angeboten wurde). Erst nach dem I. Weltkrieg setzte sich die →Drukkumlaufschmierung durch, bei der das Schmieröl automatisch (daher der häufig benutzte Ausdruck »automatische Schmierung«) über ein System von Kanälen an alle Stellen des Motors gelangt (→Trockensumpfschmierung). Für das Schmieren anderer Aggregate und vor allem der durch Reibung dem Verschleiß ausgesetzten Teile des Fahrgestells bediente man sich einer Schmier- oder Fettpresse, bei der durch Druck (Kolben, Hebel) Schmierfett in dafür vorgesehene →Schmiernippel gedrückt wurde (→Zentralschmierung).

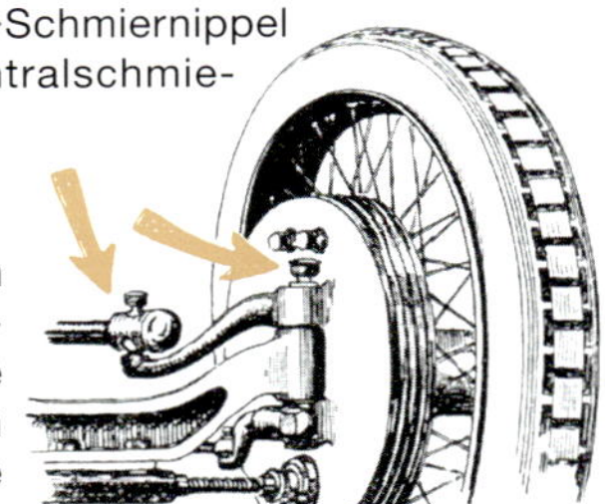

Schmiernippel

Am Fahrgestell und an anderen Teilen des Fahrzeugs eingeschraubte Nippel mit einem durch Federdruck und eine kleine Stahl- oder Bronzekugel verschlossene Öffnung. Durch das beim »Abschmieren« unter Druck von der Fett- oder Schmierpresse (→Schmierung) durch diese Öffnung an die Schmierstelle gedrückte Fett wurden die betreffenden Teile (z.B. Federbolzen, Achsschenkel) mit jenem für eine bestimmte Zeit versorgt; das Abschmieren warf nach einem bestimmten Schmierplan in zeitlich festgelegten Intervallen zu wiederholen (→Unterbau).

Schmierdienst an einem Wagen auf der Hebebühne um 1929. Solche Routinearbeiten übernahmen seinerzeit Tankstellen und die zahlreich vorhandenen, markenungebundenen Werkstätten.

Schmierpresse
→Schmierung, →Schmiernippel.

Schneckenradantrieb
Bezeichnung für ein Übersetzungsgetriebe mit gekreuzten Achsen im Winkel von meist 90 Grad, dessen eines Teil als Endlosschraube (»Schnecke«) ausgeführt ist. Vorteile: Geräuscharmer Lauf, starker Selbsthemmeffekt. Schneckenradantrieb bevorzugten einige Autohersteller als Hinterachsantrieb; verbreitet auch bei Lenkungsübersetzungen.

Schneckenradlenkung
→Schneckenradantrieb.

Schnellgang
Bei einigen Luxuswagen der 1930er Jahre zuschaltbare zusätzliche Getriebeuntersetzung, auch als Schongang bezeichnet. Als Zusatz bei einem Vierganggetriebe handelte es sich um einen fünften Gang, der bei konstanter Geschwindigkeit (auf ebener Straße) ein Fahren mit geringerer Motordrehzahl ermöglichte (→Overdrive).

Schnellverschluss
Bei Rädern am Auto andere Bezeichnung für →Zentralverschluss.

Schnüffelventil
Früher übliche Bezeichnung für das →automatische Einlassventil, dass sich im Gegensatz zum mechanisch betätigten Auslassventil durch den Unterdruck des herabgehenden Kolbens im Zylinder öffnete und dabei ein »schnüffelndes« Geräusch abgab.

Schnürle-Umkehrspülung
1925 von Dr.-Ing. Adolf Schnürle erfundene und von →DKW patentiertes Spülverfahren für Zweitaktmotoren (Spülen: Reinigen des Zylinders von verbrannten Gasen, um sich nicht mit dem neu zugeführten Frischgas zu vermengen). Die Spülschlitze sind so angeordnet, dass die einströmenden Frischgase gegen die dem Auspuffschlitz gegenüber liegende Zylinderwandung gedrückt und zum Zylinderkopf geleitet werden. In dem meist halbkugelförmig (hemisphärisch) geformten Brennraum kehren die Gase ihre Richtung um. Fast sämtliche Zweitaktmotoren wurden später nach diesem Prinzip gebaut.

Schongang
Anderer Ausdruck für →Schnellgang (→Overdrive).

Schrägstromvergaser
Spezielle Vergaserkonstruktion als Variante des Fallstromvergasers, von →Solex entwickelt und z.B. bei Motoren von →Glas ab 1964 verwendet.

Schraubenfeder
Als Druckfeder beim Motorrad in der so genanntgen Telegabel bekannt, im Automobil mit Aufkommen der vorderen Einzelradaufhängung eingeführt. Schraubenfederung an der Hinterachse hatte erstmals der 1898er →Wartburg, an Vorder- sowie Hinterachse 1912 der französische Stabilia (1907 auch das erste Auto mit →Underslung-Rahmen). Erster Wagen mit vorderer Einzelradaufhängung in Verbindung mit Schrauben- statt der üblichen Querblattfedern hatte der in nur wenigen Exemplaren in Lyon hergestellte 1,5 Liter Beck, gebaut 1920/21.

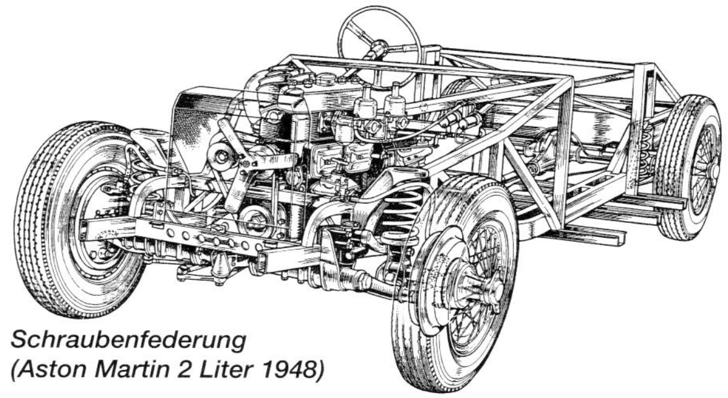

Schraubenfederung (Aston Martin 2 Liter 1948)

Schubradgetriebe
Bezeichnung für ein 1891 von →Panhard-Levassor bei einem Zweizylinderwagen eingeführtes Zahnrad-Wechselgetriebe mit verschiebbaren Zahnrädern. Von der Ausgangswelle Kegelradantrieb zu einer quer zur Fahrzeuglängsachse verlaufenden Welle, von der aus die Antriebsräder über Ketten angetrieben wurden (zwei Vorwärtsgänge, ein Rückwärtsgang).

Schwebeachse
Variante der →Starrachse mit obenliegender →Querblattfeder, die bei Kurvenfahrt die Seitenneigung des Wagenaufbaus vermindern hilft. In den 1930er bis 1950er Jahren vor allem bei →DKW, aber auch von anderen Fahrzeugherstellern angewendet.

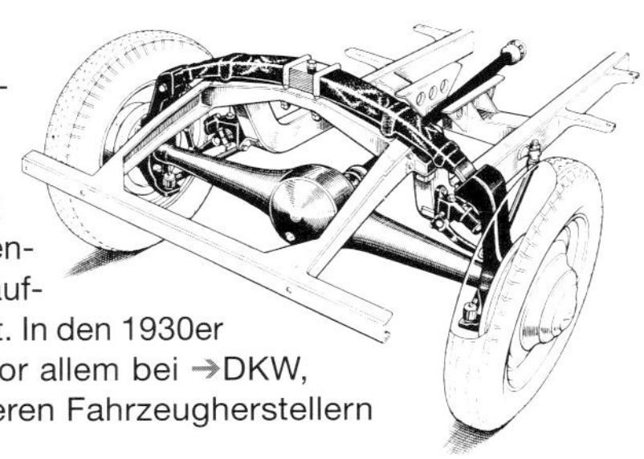

Schwenke, Robert
Der deutsche Ingenieur Robert Schwenke (1873-1944) gehört zu den allgemein weniger bekanten Automobilpionieren. Er bekam 1902 ein Patent auf einen Motorwagen mit →Frontantrieb, dessen Konstruktionsprinzip 1931 in den vorderradgetriebenen Fahrzeugen von →DKW Anwendung fand. Ein von Schwenke 1905 gebauter Frontantriebswagen befindet sich im Deutschen Museum, München.

Schwingachse
Eine Form der Pendelachse, an welcher Gelenke bei einer Antriebswelle am Achskörper (Differenzialgehäuse) dazu beitragen, dass Bodenunebenheiten vom einzelnen Rad aufgefangen werden, ohne sich auf die andere Achse bzw. auf den Wagenkörper zu übertragen. Man sprach

Dürkopp Sechszylinder 1904

Sechzehnzylindermotor (Auto Union Rennwagen 1934)

Sedanca de Ville (Rolls-Royce 1933)

von einem Vollschwingachser, wenn das Fahrzeug zudem vordere Einzelradaufhängung hatte.

Scintilla
Italienisches Fabrikat von Auto- und Motorradzubehör (Scheinwerfer, Armaturen, Magnete). Scintilla-Bauteile waren in den 1920er und 1930er Jahren auch in vielen Fahrzeugen nichtitalienischer Herkunft zu finden.

Seat
1953 als Sociedad Española de Automoviles de Turismo in Barcelona gegründet, war die Seat zunächst ein Lizenzhersteller verschiedner →Fiat-Modelle, vom ersten 1400 bis zum Panda und Ritmo. Ab 1970 Entwicklung eigener Modelle, teils noch immer auf Fiat basierend, bis durch die Übernahme der Aktienmehrheit durch →Volkswagen 1985 zunehmend VW-Konstruktionen einflossen, die Eigenständigkeit der Marke aber erhalten blieb, nicht zuletzt durch Karosseriedesign und Modellpflege in eigener Regie.

Sechszylindermotor
Den ersten Sechszylinder (Reihenmotor) der Welt wies 1903 ein Prototyp von →Spyker auf. In Serienausführung gab es kurze Zeit später einen Sechszylinder bei →Napier. →Delahaye experimentierte mit einem Sechszylinder in V-Form erstmals um 1911. In Deutschland gehörte →Dürkopp zu den ersten, die Motoren mit sechs Zylindern in Peronenwagen anboten.

Sechzehnventiler, Sechzehnventilmotor
Vierzylindermotor mit je vier Ventilen pro Zylinder. Den ersten Motor in dieser Konfiguration präsentierte die Firma →Peugeot 1911.

Sechzehnzylindermotor
Zwei Reihenachtzylindermotoren zu einem V16 zusammenzusetzen, praktizierten Hersteller von Hochleistungsfahrzeugen in den späten 1920er Jahren. Bei →Maserati und →Bugatti erschienen solche Wagen (experimentell) 1929, serienmäßig bei →Cadillac und →Marmon 1930.

Sedan
Im amerikanischen Sprachraum übliche Bezeichnung für eine →Limousine.

Sedan-Cabriolet
Von der Berliner Karosseriefabrik →Kellner Ende der 1920er Jahre verwendete Bezeichnung für ein viertüriges Reisecabriolet.

Sedanca, Sedanca de Ville
International gebräuchliche Bezeichnungen für →viertürige Limousinen oder →Pullman-Limousinen mit Separation, deren Fahrerabteil mit einem Falt- oder Schiebedach versehen ist. Handelt es sich um einen Wagen mit nur zwei statt drei Seitenfenstern, spricht man von einem →Coupé de Ville. Bezeichnungen wie →Brougham, →Limousine de Ville oder →Town Car meinen im Grunde dasselbe wie ein Sedanca; die Wortwahl variierte mit den Herstellern solcher Aufbauten in den 1920er und 1930er Jahren.

Selbstfahrer
Ältere Bezeichnung für Autofahrer, die »selbst« fuhren, also nicht die Dienste eines →Chauffeurs in Anspruch nahmen (engl.: owner-driver).

Selbstmördertür
Umgangssprachliche Bezeichnung für hinten angeschlagene (an der B-Säule), nach vorn öffnende Fahrzeugtür. Dieser Bauart hatte man Jahrzehnte lang bevorzugt, weil sie einen bequemeren Ein- und Ausstieg gewährte.

selbsttragende Karosserie

Bezeichnung für einen Personenwagenaufbau ohne separates Fahrgestell (Unterbau, Chassis); auch können Motor oder Komponenten des Fahrwerks mittragende Funktion haben. Erster Großserienwagen dieser Bauart war der 1922 eingeführte →Lancia Lambda. Mit zunehmender Durchsetzung dieser – vor allem den Serienbauprozess in der Automobilindustrie rationalisierenden – Bauweise verlor der individuell in Handarbeit, meist im Kundenauftrag hergestellte Aufbau an Bedeutung, so dass sich die Karosseriebaubranche im Verlauf der 1930er Jahre weitgehend neu orientieren musste. Größere Unternehmen avancierten zu Zulieferern der Autohersteller (z.B. →Karmann in Deutschland, Brissoneau & Lotz in Frankreich, →Bertone und →Pininfarina in Italien); kleinere Betriebe spezialisierten sich auf Sportfahrzeuge, Nutzfahrzeuge oder das Anfertigen von Umbauten.

selbsttragende Karosserie

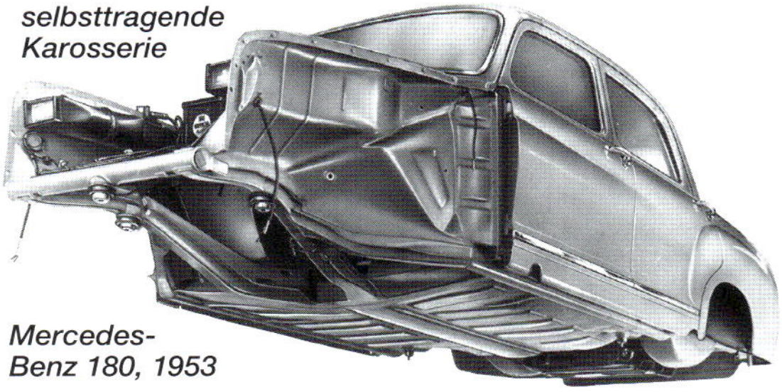

Mercedes-Benz 180, 1953

Selden

Amerikanisches Fabrikat (Rochester, 1907-1932), gegründet von →George B. Selden. Bau von Vierzylinder-Personenwagen bis 1912; Lastwagen gab es bis 1932. Erster Selden war ein 1907 entstandenes Fahrzeug nach einem Entwurf des Gründers von 1877, den er rückdatierte, um seinen Patentanspruch nachträglich (→Selden-Patent) zu untermauern.

Selden-Patent

Der Amerikaner George B. Selden (1846-1922) meldete 1879 in den USA ein Patent für verschiedene Ausführungen eines Straßenfahrzeugs an, auf dessen Erteilung hin er sich berechtigt glaubte, für alle »road locomotives«

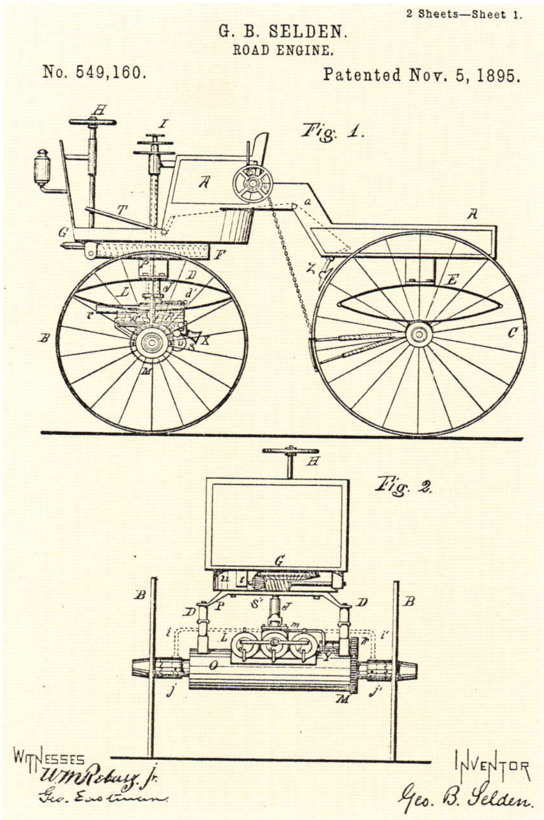

George B. Seldens Patentanspruch von 1895

(Straßenlokomotiven) eine Lizenzgebühr zu erheben. Die Patentrechte veräußerte Selden 1899 an die Electric Vehicle Co. in Hartford, die den Columbia Elektrowagen herstellte. Seldens Modell eines Motorwagens (Benzinmotor, Vorderradantrieb) war jedoch nicht funktionsfähig, wie die Konkurrenz herausfand, so dass es zu einer Anfechtung des Selden-Patents kam – ein Prozess, den Henry →Ford im Interesse der Branche gegen die Patentinhaber anstrengte und der sich bis 1911 hinzog. Zahlreiche amerikanische Automobilhersteller hatten bis dahin bereits Gebühren entrichtet.

Selve

Deutsches Automobilfabrikat (Hameln, 1919-1929), hervorgegangen aus den Norddeutschen Automobilwerken, die den →Sperber und den Colibri bauten. Für Selve arbeiteten so bedeutende Ingenieure wie Ernst →Lehmann und Karl →Slevogt. 1928-1929 auch Sechszylinder; Motorenfertigung noch bis 1932 (Basse & Selve).

Sénéchal

Französischer Hersteller von Cyclecars (Courbevoie, Gennevilliers, 1921-1929), teils mit Motoren von Chapuis-Dornier oder →Ruby. Nach Aufgabe der Fabrikation wurde Robert Sénéchal in Paris Vertreter für →Chenard-Walcker, →Delage und →Ford.

Sentinel
Britischer Hersteller von Nutzfahrzeugen (Glasgow, später Shrewsbury, 1906-1956), zunächst mit Dampfantrieb (Straßenwalzen, landw. Maschinen). Ab 1946 Bau von Dieselfahrzeugen. Übernahme der Betriebseinrichtungen durch →Rolls-Royce.

Separation
Bezeichnung der Trennwand in einer großen Limousine (→Pullman), einem →Sedanca oder auch in einem Taxi zwischen Fahrerabteil und Fond mit Verglasung (meist mit Schiebefenster). Vereinzelt wurden auch Fahrzeuge mit versenkbaren Trennwänden gebaut.

Serpollet
Der Franzose Léon Serpollet (1858-1907) gehört zu den Pionieren des Dampfwagens und baute von 1897 bis 1907 solche Fahrzeuge mit finanzieller Unterstützung des Amerikaners →Gardner in beträchtlicher Zahl. Serpollet-Dampfwagen nahmen an vielen Wettbewerben teil; 1902 etablierte ein solches Fahrzeug mit 120 km/h sogar einen Weltrekord für Landfahrzeuge.

Servobremse
Hierunter versteht man eine Bremse (vor Einfühung der →Scheibremse eine Innenbacken-Trommelbremse) mit selbstverstärkender Umfangsreibung an der Trommel. Die Aktivierung kann mechanisch oder hydraulisch bzw. durch Unterdruck (im Ansaugrohr beim Ottomotor, durch Vakuumpumpe beim Dieselmotor) erfolgen. Der erste mit Unterdruck-Servobremsen (Wirkung auf alle vier Räder) ausgestattete Wagen war ein →Hispano-Suiza (1919).

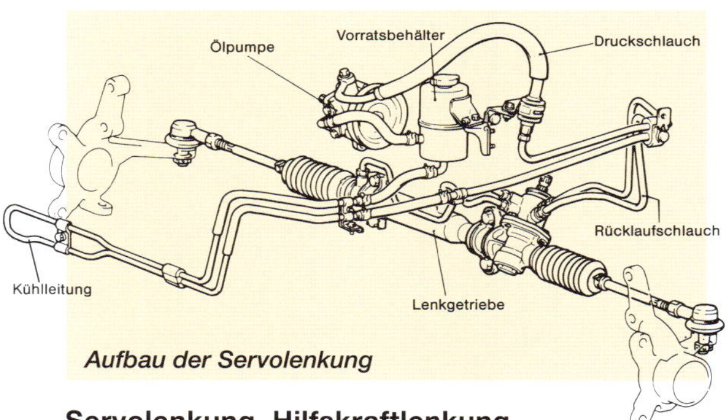

Aufbau der Servolenkung

Servolenkung, Hilfskraftlenkung
Durch Hilfskraft (Öldruck, seltener Luftdruck) unterstützte Lenkung, die weniger Kraftaufwand erfordert. Antrieb der Hydraulik-Hochdruckpumpe erfolgt in der Regel über einen Keilriemen vom Motor. Serienmäßig gab es Servolenkung erstmals bei →Chrysler 1950; mit einigen Abstand folgten weitere Hersteller in den USA und Europa. Das Angebot war meist eine aufpreispflichtige Option.

Shelby-Cobra
→A.C.

Shell-Mixer
Autos mit Zweitaktmotoren (z.B. →DKW), bei denen Motoröl und Benzin in einen gemeinsamen Kraftstofftank eingefüllt wurden, hat man früher mit einem »Mixer« (Mischer) ausgestattet. Er machte das Durchmischen der Zweitaktmischung in einem separaten Behälter (Mischkanne) vor der Betankung überflüssig. Der von Shell entwickelte Mixer saß als Behälter im Einfüllstutzen des Tanks. In ihn gab man zuerst das Motoröl ein, das sich in dem Behälter des Mixers sammelte; füllte man Benzin nach, erzeugte die Form eines im Behälter angebrachten Mischrohres und seiner Schlitze eine intensive Verwirbelung mit dem Öl, so dass ein betriebsfertiges Gemisch in den Tank floss. Am Ausgang des Mischbehälters befand sich ein Sieb für Rückstände.

Shooting Break Rolls-Royce 1924

Shooting Break
In England übliche Bezeichnung für einen Kombiwagen (bzw. Jagdwagen), in den späten 1930er Jahren häufig mit kombinierter Holz/Stahl-Karosserie (→Woody).

Shorrock
Nach seinem Erfinder Christopher Shorrock benanntes britisches Fabrikat eines →Kompressors, auch als Centric Supercharger bezeichnet, mit dem zahlreiche englische Sportwagen der 1930 Jahre ausgestattet waren.

Sicherheitsglas
Nicht scharfkantig splitterndes Sicherheitsglas boten Automobilhersteller für die Windschutzscheiben ab Mitte der 1920er Jahre an; in Deutschland gesetzlich vorgeschrieben wurde es am 1. 10. 1938.

Sicherheitsreifen
Bezeichnung für einen Autoreifen, wie ihn 1937 der amerikanische Hersteller Goodyear auf den Markt brachte. Es handelte sich um einen Reifen mit zwei ineinanderliegenden Schläuchen, die durch ein Ventil verbunden waren. Bei einem Druckverlust des äußeren Schlauches hielt der innere noch genügend Luft, um mit dem Wagen sicher weiterfahren zu können. Mit Goodyear-Sicherheitsreifen wurden viele Sport- und Rennwagen ausgestattet, aber auch Serienfahrzeuge wie der →Mercedes-Benz 540 K.

Siddeley

Siddeley Autocars (Coventry, 1902-1904) produzierten Ein- und Zweizylinder-Automobile, bevor John Davenport Siddeley zu →Austin ging und bei der Austin-Tochterfirma →Wolseley Chefingenieur wurde. 1909 wechselte er zu Deasy und schuf dort den bis 1919 gebauten Siddeley-Deasy. Danach wurde die Firma von Armstrong, Whitworth & Co. übernommen; die dort hergestellten Fahrzeuge kamen als →Armstrong-Siddeley auf den Markt.

Signalring

Bezeichnung für einen halb- oder vollkreisförmig ausgeführten Ring auf dem Lenkrad, der in den 1950er Jahren aufkam und für das Betätigen der Hupe diente.

Siemens, Siemens-Schuckert

Das Haus Siemens mit seinen Tochterfirmen gehört nicht nur zu den bedeutenden Zulieferern der Automobilindustrie seit Anbeginn, sondern hat bereits in der Frühzeit des Automobils zahlreiche wichtige Beiträge zur Kraftfahrzeuggeschichte geliefert. So entstanden bei Siemens & Halske verschiedene Benzinmotoren, die von anderen Herstellern (z.B. →Rumpler) bezogen wurden, und bei Siemens-Schuckert wurden 1906-1913 Elektro-, Benzin- und →Mischwagen gebaut, die unterschiedlichen Verwendungszwecken dienten. Die Elektrofahrzeuge wurden überwiegend als Taxis eingesetzt. 1928-1939 gab es noch einmal Elektrowagen unter dieser Marke, die im Kommunalbereich und als Lieferfahrzeuge eingesetzt wurden.

Auto Union »Silberpfeil«, für Bergrennen mit hinterer Zwillingsbereifung versehen (1937)

Silberpfeil

In den 1930er Jahren aufgekommene Bezeichnung für die deutschen Grand-Prix-Rennwagen, deren Rennfarbe ursprünglich Weiß war. Eingesparter Lackauftrag auf der blanken Aluminiumkarosserie half, das Gewicht zu reduzieren (praktiziert bei →Mercedes-Benz und bei →Auto Union).

Sima-Violet

Französisches Cyclecar-Fabrikat (Courbevoie, 1924-1928). Die Fahrzeuge hatten 500-ccm-Zweitaktmotoren im Gegenkolbenprinzip mit Luftkühlung. Chefkonstrukteur Marcel Violet war auch Mitarbeiter der Brüder →Bucciali und arbeitete zeitweilig für →Deguingand; 1948 baute er Formel-3-Rennwagen.

Signalring im Lancia Flavia 1965

Simca

Die Société Industrielle de Mécanique et Carrosserie Automobile, abgekürzt Simca, wurde 1934 von Teodoro Enrico Pigozzi (1898-1964) in Nanterre und Poissy bei Paris zur Lizenzherstellung von →Fiat-Fahrzeugen gegründet. In den 1950er Jahren Trennung von italienischen Konstruktionen (Simca Aronde). 1954 übernahm Simca die französische →Ford-Produktion (Simca Versailles). Ab 1963 Zusammenarbeit mit →Chrysler; 1970 Umfirmierung als Chrysler-France und Zusammenlegung mit der britischen Chrysler-Tochter (→Rootes Group). 1976 erster Frontantriebswagen (Simca 1100). 1978 Übernah-

Simca Rallye 1000 1972

Sima Violet 1925

me der europäischen Chrysler-Firmen durch →Peugeot; 1979 Umbenennung in →Talbot. Ende 1980 verschwand die Marke Simca endültig vom Markt.

Simplex
Neben einem niederländischen (1899-1919), einem britischen (1900) und einem französischen (1920) Automobilhersteller, die Fahrzeuge unter der Marke Simplex anboten, ist die amerikanische Simplex Automobile Co. in New York (1908-1917) anzuführen, die große Vier- und Sechszylinderwagen (bis 10 Liter Hubraum) baute. Die mit wenigen Ausnahmen als Kettenwagen gebauten Fahrzeuge waren die letzten dieser Antriebsart in den USA.

Simplexbremse
Eine Bauart der →Trommelbremse, bei welcher nur ein statt zwei Bremszylinder (→Duplexbremse) auf die Bremsbacken in der Trommel wirkt.

Simson, Simson-Supra
Die Waffenfabrik Simson & Co. in Suhl baute von 1911 bis 1934 auch Personenwagen, die ab 1924 Simson-Supra hießen (Konstruktion Paul →Henze). Sie waren von hervorragender Qualität und auch im Motorsport sehr erfolgreich. Nach 1934 erfolgte auf Anordnung der Regierung nur noch Waffenproduktion, ab 1948 (DDR) Herstellung des AWO-Motorrades, ab 1955 folgten Mopeds und Roller (»Schwalbe«).

Simson A1 19000

Sindelfingen
In dem 1915 erbauten, zu →Daimler-Benz gehörenden Karosseriewerk in Sindelfingen bei Stuttgart entstanden einige der bemerkenswertesten Kreationen ihrer Zeit, vorwiegend Cabriolets, aber nicht nur für →Mercedes bzw. Mercedes-Benz, sondern auch für zahlreiche andere Fabrikate wie →Hanomag, →Horch, →Maybach oder →Wanderer. Von 1929 bis 1933 ließen auch die Bayrischen Motoren Werke eine große Zahl ihrer in Eisenach gebauten Fahrzeuge (→BMW 3/15 PS, 3/20 PS) in Sindelfingen karossieren.

Singer (I)
Britisches Automobilfabrikat (Coventry, 1905-1970), hervorgegangen aus einer erfolgreichen Fahrradfabrik. →Tricars bis 1907, danach Bau von vierrädrigen Motorwagen, teils mit Motoren von →Aster oder von White & Poppe. Konzentration auf leichte bis mittlere Fahrzeuge, die auch im Motorsport Furore machten (Le Mans, Tourist Trophy). In den 1920er Jahren war Singer nach →Austin und →Morris drittgrößter Produzent in der Kategorie volkstümlicher Wagen unter 1,2 Liter. 1955 Eingliederung in die →Rootes Group.

Singer (II)
Der amerikanischen Nähmaschinenhersteller Charles A. Singer und sein Partner Harry Palmer betrieben in New York auch eine Autohandelsfirma und stellten von 1908 bis 1921 in New York selbst Fahrzeuge her (bis 1914 als Palmer-Singer angeboten). Es waren große Sechs- und 1920/21 auch einige Zwölfzylinder.

Single seater
Engl. Bezeichnung für einen Einsitzer-Rennwagen (→Monoposto).

Sizaire-Berwick
Aus einer Verbindung von George und Maurice Sizaire (→Sizaire-Naudin) und Frederick W. Berwick 1913 in London entstandene Automobilfirma, die bis 1927 bestand und die Fahrzeuge in Sizaires Fabrik in Courbevoie bauen ließ; die Karosserien wurde in England angefertigt. Die großen Qualitätswagen entstanden nur in geringer Stückzahl.

Sizaire-Naudin, Sizaire Frères
Französisches Automobilfabrikat (Courbevoie, 1903-1923), bekannt geworden durch Fahrzeuge innovativer Konstruktion (Vorderräder an Stahlzapfen, die sich in Gleithülsen bewegten, Querblattfedern, Getriebeschaltung durch verschiebbare Zahnräder). Anfänglich →Voituretten mit →De-Dion-Bouton-Motor, ab 1909 Bau größerer Motoren bis 3 Liter Hubraum. Sizaire-Naudin war sehr erfolgreich im Voiturette-Rennsport. Nach einer Reoganisierung der Firma erfolgte 1923-1929 der Automobilbau unter Sizaire Frères. Motoren entstanden in Lizenz →Willys-Knight bzw. kamen von der Firma →Hotchkiss (→Sizaire-Berwick).

Skiff
Dem Bootsbau entlehnte Bezeichnung (niederdeutsch/engl., Ursprung griech.: scapho) im Karosseriebau für einen schlanken Tourenwagen (ca. 1910-1925) mit einem oder auch zwei getrennten Cockpits, meist in Edelholzbeplankung (→Detailwissen).

Skoda
Aus einem Rüstungsbetrieb (Österreich-Ungarn) hervorgegangene Automobilfabrik, die in Pilsen und Mlada Boleslav in der 1919 neu gegründeten Tschechoslowakei ihre Arbeit aufnahm. Zunächst Lizenzherstellung des → Hispano-Suiza, 1925 Übernahme von →Laurin & Klement. Fertigung von Personen und Nutzfahrzeugen aller Größenordnungen und erfolgreiche Beteiligung am Mo-

Skiff Panhard-Levassor 1912

Skoda Rapid Cabrio-Limousine 1938

torsport (Rallyes). 1951 bis 1957 wurden bei Skoda auch →Tatra-Automobile gebaut. Ab 1964 Personenwagen mit Vierzylinder-Heckmotor. 1989 Übernahme durch den Volkswagenkonzern.

Slevogt, Karl

Deutscher Kraftfahrzeugkonstrukteur (1876-1951), der für Cudell 1902 mit Paul →Henze die ersten Vierzylinderwagen konstruierte, 1910 Chefkonstrukteur bei Ruppe & Sohn (→Apollo) wurde und bei →Selve 1927 Ernst →Lehmann als Technischer Direktor nachfolgte (hier wurde Henze wiederum Slevogts Nachfolger). In den 1930er Jahren arbeitete Slevogt als selbständiger Ingenieur und schuf einige Kleinwagenkonstruktionen.

Sodengetriebe

Nach seinem Erfinder Graf v. Soden, Technischer Direktor bei →ZF in Friedrichshafen, benanntes Getriebe. Es entstand 1916 und gilt als Vorläufer des heute gebräuchlichen synchronisierten Getriebes, bei dem alle Zahnräder, die Synchronisierung und die Schaltelemente ständig mitdrehen.

Sodomka

Die von 1925 bis 1956 existierende Karosseriefabrik Sodomka (Vysoke-Myto, damalige Tschechoslowakei) war aus einer Waffenschmiede hervorgegangen und schuf in den 1920er und 1930er Jahren einige der elegantesten Wagen jener Ära, vorzugsweise auf Fahrgestellen heimischer Herkunft (→Aero, →Praga, →Skoda, →Walter).

Softtop

Aus dem Englischen stammende Bezeichnung für ein Cabrioletverdeck (»weiches Dach«, vulgo auch ragtop = Fetzendach) im Unterschied zu einem so genannten »festen Dach« (→Hardtop).

Solex

Die französischen Techniker Maurice Goudard und André Louis Mennesson entwickelten 1910 Vergaser, die ab 1912 unter der Markenbezeichnung Solex (Firmensitz in Neuilly bei Paris) vertrieben wurden und in ganz Europa sehr schnell weite Verbreitung fanden. Solex wurde in Deutschland von der Deutschen Vergaser-Gesellschaft in Neuss vertrieben. Der Markenname ist heute im Besitz von Magneti Marelli.

S.P.A.

Abkürzung für Sociéta Ligure Piémontese Automobili, eine in Turn ansässige Firma, die 1906 von Matteo Ceirano (1904 Gründer von →Isotta-Fraschini) ins Leben gerufen wurde und bis 1948 existierte. Herstellung von Personenwagen und Sportfahrzeugen bis 1926, anschließend Konzentration auf den Bau von Lastwagen, überwiegend für das italienische Militär.

Speedster

Aus den USA stammende Bezeichnung für einen Sportzweisitzer, der eine noch knapper gehaltene Karosserie als ein →Roadster aufweist, z.B. ohne Türen oder Seitenteile (→Runabout). Die später z.B. von →Porsche und anderen Herstellern verwendete Bezeichnung Speedster bezog sich jedoch auf einen Roadster, allerdings mit sehr niedriger Windschutzscheibe und spartanischer Karosserieausstattung (→Boat tail,-→Bootsheck)).

Speedwell (I)

Britische Automobilmarke (Reading, 1900-1908), hervorgegangen aus einer Fahrradfabrik, unter der leichte Fahrzeuge z.T. mit Motoren von →De Dion-Bouton, →Léon Bollée und →Renault hergestellt wurden. Größere Fahrzeuge entstanden 1905/06 für Sporteinsätze und hatten eine Art hinterer Einzelradaufhängung an Dreiviertelelliptikfedern.

Speedwell (II)

Amerikanischer Automobilhersteller (Dayton, 1907-1914) großer Fahrzeuge mit Sechszylindermotor. Durch eine Hochwasserkatastrophe wurde die Fabrik 1914 weitgehend zerstört.

Speichenfelge

Drahtspeichenfelgen übernahm man im Automobilbau vom Fahrrad, als die ersten Motorwagen noch ein gerin-

DETAILWISSEN

SKIFF

Charron 1913 mit Skiff-Karosserie, angefertigt bei Kellner & Fils, Paris

Tourenwagen mit Karosserien im Stil schnittiger Motorboote waren ab etwa 1910 die ganz große Mode in der Welt des Automobils. Mit aus der Marinesprache entlehnten Begriffen wie »Torpedo« oder »Skiff« wurde deutlich, dass Anleihen aus der Nautik stilprägend waren, und die Karosseriehersteller übertrumpften einander in Kreationen, für die eindeutig der Yachtbau Pate gestanden hatte. Beplankungen aus Mahagoniholz, am Rahmen mit blanken Kupfernieten befestigt, Lufteinlässe durch Miniatur-Windhutzen oder messinggerahmte Bullaugen, spitz zulaufende Bootsheckformen mit kleinen Wimpeln oben drauf – der Luxus einer »Landyacht« stand dem eines Vergnügungsboots in nichts nach.
Der abgebildete Tourenwagen ist ein solches Skiff, gebaut auf der Basis eines Charron von einem deutschen, zeitweilig in Paris lebenden Karosseriemeister namens Willi Kunz, der 1914 in seine Heimatstadt Bremen zurückkehrte und dort später für Borgward tätig war. Kunz hat noch an der Entstehung zahlreicher weiterer, interessanter Fahrzeuge mitgewirkt, wobei Skiffs und Torpedos in Bootsform seine Spezialität waren.
Das Foto zeigt den Charron auf dem Automobilsalon Paris im Jahre 1913. Der noble Tourenwagen befindet sich auf dem Stand der Karosseriebaufirma Kellner & Fils. Selbst für die Türgriffe hatte Meister Kunz Beschläge aus dem Bootsbau gewählt: Es sind sogenannte Dollen, in die bei einem Ruderboot die Riemen eingelegt werden.
Den in Puteax an der Seine gebauten und bei Kellner karossierten Charron 30 HP gab es als letztes Modell dieser Marke noch 1913 wahlweise mit Ketten- statt Kardanantrieb, eine Besonderheit, die um jene Zeit nur noch wenige, meist sehr große Automobile aufwiesen. Die langen, in der Regel ungeteilten Kardanwellen neigten zu Schwingungen, die sich auf den ganzen Wagen übertrugen – lieber nahm man das Rasseln der Ketten in Kauf, bei denen die Übertragung der Motorkraft risikoloser vonstatten ging, denn der 6782-ccm-Vierzylindermotor des Charron leistete 55 bis 60 PS, das war für damalige Verhältnisse sehr viel. Die weiß lackierten Drahtspeichenräder des Skiff galten als sehr vornehm; nur wenige französische Wagen hatten sie, während die hellen Continental-Reifen erkennen lassen, dass sie aus ungefärbtem Naturkautschuk bestanden.
Bei der mit britischem Kapital gegründeten Firma Charron hatte man 1907 mit dem Automobilbau begonnen; die Marke bestand bis 1930.

ges Gewicht aufwiesen. Größere und schwerer Motoren sowie damit notwendig gewordene massivere Fahrgestelle bewogen die Autohersteller in den späten 1890er Jahren, zu Holzspeichenfelgen überzugehen (→Artillerieräder, → abnehmbare Räder), die kräftiger gebaut waren und stärkeren Drücken standhielten. Drahtspeichenfelgen wurden erst in den 1920er Jahren wieder verwendet, als die Wagengewichte geringer wurden. Andere Arten von Speichenfelgen (→Pilote-Felgen) fanden nur bei bestimmten Fahrzeugen Anwendung. Auf die Herstellung von Drahtspeichenfelgen insbsondere für Sportwagen konzentrierten sich Spezialhersteller wie Borrani und andere vor allem in Italien und Großbritannien.

Speidel
Schweizerische Automobilmarke (Genf, 1914-1922). Bau leichter →Voituretten mit Zwei- und Vierzylindermotoren.

Sperrdifferenzial
Den Ausgleich zwischen zwei angetriebenen Halbachsen durch das Differenzial kann man mechanisch sperren, oder eine Reibungskupplung übernimmt diese Aufgabe, wenn der Umdrehungsunterschied beider Räder (Kurvenfahrt, Schlupf) zu groß wird. Ein Sperrdifferenzial wurde erstmals 1905 bei einem →Österreichischen Daimler verwendet.

Spider, Spyder
Von verschiedenen Herstellern schon um 1900 verwendete Bezeichnung für einen Sportzweisitzer (→Fiat), der dann in den 1920er Jahren eher dem →Speedster entspricht. Der Wagen hatte in der Regel eine extrem knapp gehaltene Karosserie ohne jeglichen Komfort. Früher auch Bezeichnung für einen →Notsitz (»Schwiegermuttersitz«) im Heck eines Zweisitzers.

Spidersitz
In den Jahren vor 1925 benutzte Bezeichnung für einen zusätzlichen Einzelsitz auf dem bzw. im Fahrzeugheck eines →Spider.

Spitzheck
Um 1912-1914 bei Sport- und Rennwagen in Mode gekommene Heckform (→Bootsheck), die man intuitiv als besonders strömungsgünstig erachtete, letztenendes aber keinerlei aerodynamische Vorteile hatte. Das Spitzheck hielt sich teilweise bis in die 1930er Jahre.

Spitzkühler
Zwecks Erzielung einer größeren Aufschlagsfläche winkelte man die Frontseite eines Wasserkühlers an, was 1908 erstmals bei einem →Métallurgique praktiziert wurde. Mit V-förmig gewinkelten Spitzkühlern, teils mit ebenfalls gespitzten, nach vorn auskragenden Wasserkästen versehen, statteten bald zahlreiche Hersteller ihre Fahrzeuge aus. Die Bauart geriet zu einem Stilmittel, das man auch nach der Einführung von Kühlerverkleidungen beibehielt.

Spider (Fiat 1901)

Spitzheck-Karosserie (Horch 1913)

Spohn
Deutscher Karosseriehersteller (Ravensburg, 1920-1956), vor allem durch seine teils opulenten, sehr qualitätsvollen Aufbauten für →Maybach berühmt geworden.

Sport Phaëton
Bezeichnung für einen offenen Tourenwagen (→Phaëton) mit zwei separaten Cockpits (→Dual cowl).

Sportsman's Saloon, Sports Saloon
Im Englischen früher übliche Bezeichnung für eine →Limousine mit kurzem Radstand ohne →Separation.

Sportstourer
Andere Bezeichnung für einen →Tourenwagen.

Sportwagen
Sammelbegriff für alle »sportlichen« offenen Wagen oder →Coupés sowohl für die Straße als für Renneinsätze.

Spitzkühler (Mercedes 1910)

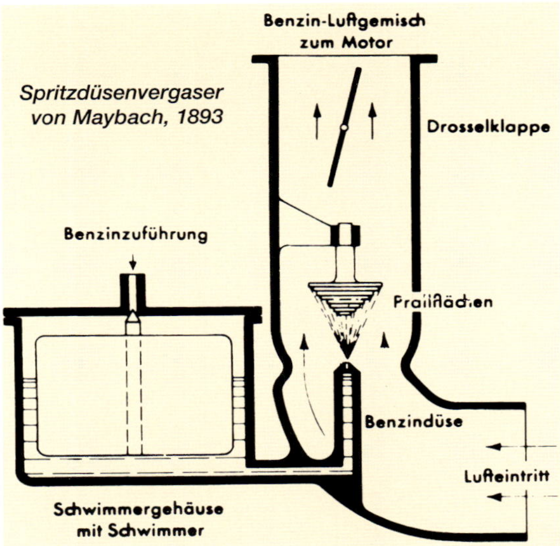

Spritzdüsenvergaser

1893 von Wilhelm →Maybach entwickeltes Vergasermodell. bei welchem erstmals Kraftstoff durch eine Düse in den Luftansaugtrichter gesprüht wurde und damit eine intensivere Verwirbelung des zündfähigen Gemischs ermöglichte.

Spritzvergaser

→Spritzdüsenvergaser.

Spritzwand

Bezeichnung für jenes Bauteil, das als Wand zwischen dem Fahrzeug-Innenraum und dem Motorraum dient und entweder (bei →selbsttragenden Karosserien) ein mittragendes Element des Karosseriekörpers darstellt oder bei Fahrzeugen mit separatem →Fahrgestell eine aus Holz und/oder Stahlblech bzw. (seltener) Aluminium bestehende Wand ist, die Geräusche, Öl- und Kraftstoffdunst, Hitze und von unten hochwirbelnden Fahrbahnschmutz fernhält. In sehr früher Zeit war die Spritzwand zugleich Träger von Armaturen, bevor sie mit einem eigens hierfür vorgesehenen, zusätzlichen →Armaturenbrett versehen wurde.

Spyder

Andere Schreibweise für →Spider.

Spyker

Niederländisches Automobilfabrikat (Trompenburg, 1895 -1925), gegründet von Jacobus und Hendrik Spijker.
1903 Vorstellung eines Wagens mit Sechszylindermotor und Allradantrieb (8,5 Liter, 60 PS). Bis 1915 kreisrunde Kühlerform, danach →Spitzkühler. Die Schreibweise »Spyker« wählte man mit Rücksicht auf eine anfangs überwiegend englische Klientel.

Squire

Britische Sportwagenmarke (Henley-on-Thames, 1934-1936), unter der in geringer Zahl sehr formschöne Zweisitzer hergestellt wurden.

S.S.

Die Marke S.S. (Abkürzung für Swallow Sports) ist eine Gründung William →Lyons', der seine Karriere 1922 mit der Herstellung von Motorrad-Seitenwagen begann und 1928 unter der Bezeichnung S.S. erst Karosserien und ab 1931 auch komplette Automobile zu bauen begann. Bei der Swallow Coachbuilding Co. in Coventry entstanden in den 1930er Jahren attraktive, schnelle Sport- und Tourenwagen wie der S.S.I, S.S.II, S.S.90 und S.S.100; letzterer war 1935 Lyons' erstes Modell, das den Beinamen »Jaguar« erhielt. Die Markenbezeichnung S.S. wurde 1945 in →Jaguar umgewandelt.

Stabilisator

In den 1960er und 1970er Jahren wurde die Ausstattung eines Wagens mit Stabilisatoren besonders herausgestellt. Vom Stabilisator (auch: Kurvenstabilisator, Querstabilisator) hängt das Neigungsverhalten der Karosserie bei Kurvenfahrt ab; sie können nur an Vorder- oder Hinterachse, aber auch an beiden Achsen vorhanden sein. Stabilisatoren werden meist aus Federstahl hergestellt und sind oft als Drehstäbe ausgeführt, seltener (Citroën 2 CV) als Längsstabilisatoren.

Stahlblechrahmen

Fahrgestell aus Profilstahlblech, erstmals bei einem Daimler im Jahre 1899. Vorher verwendete man bei Motorfahrzeugen mit Eisenlaschen verstärkte hölzerne Gestelle oder Rahmen aus Stahlrohr.

Stahlblechrahmen

Standard (I)

Britisches Automobilfabrikat (Coventry, 1903-1963), 1945 mit →Triumph vereinigt. Motorenlieferant auch für andere Hersteller, z.B. für →Jaguar. Den Markennamen Standard verwendeten insgesamt mehr als ein Dutzend Automobilhersteller.

Standard (II)

Markenbezeichnung eines kleinen »Volks-Autos« (Ludwigsburg, 1933-1935) der Firma Wilhelm →Gutbrod, die 1949-1954 Kleinwagen unter eigenem Namen produzierte. Der 1933 vorgestellte Standard Superior (Zweizylinder-Zweitakter, 400 ccm, Einbau im Heck) war eine Konstruktion des vielseitig engagierten Ingenieurs und Publizisten Josef Ganz.

Stanley

Amerikanisches Dampfwagen-Fabrikat (Newton, 1898-1927), das zu den erfolgreichsten und auch langlebigsten zählte. 1906 fuhr ein Stanley Steamer mit 205,446 km/h einen Weltrekord.

Starrachse

Eine nicht mit Gelenken versehene, starre Achsenbauart. Beim Einfedern ändert sich die Spurweite der Räder nicht. Blatt- oder schraubenfedergeführte Starrachsen stellen ungefederte Massen dar, die sich negativ auf die Fahreigenschaft auswirken können, aber dort, wo Spur- und Sturzkonstanz erwünscht sind (bei Geländefahrzeugen, bei Lastwagen) von Vorteil sind (→De-Dion-Achse).

Startautomatik

→Starterklappe.

Starterklappe

Die auch als Choke bezeichnete Starterklappe im Ansaugkanal des Vergasers ist eine Einrichtung, die beim Starten eines kalten Motors vom Armaturenbrett aus betätigt wird (Zug- oder Druckknopf, Hebel). Durch sie wird der Ansaugkanal fast geschlossen und die Drosselklappe zugleich etwas geöffnet, wodurch der Motor ein »fetteres« (kraftstoffreicheres) Gemisch ansaugt und so leichter anspringt. Bei selbsttätig arbeitenden Startanlagen (Startautomatik), die in den 1960er Jahren aufkamen, wird die Bewegung der Starterklappe bei Kaltstart durch eine Bimetallfeder gesteuert; nach dem Starten erhitzt eine Heizspirale oder steigende Kühlwassertemperatur die Feder und bewirkt ein allmähliches Öffnen der Klappe.

Station Wagon

Aus dem Amerikanischen stammende Bezeichnung für einen Kombiwagen, enstpricht dem englischen →Estate Car und kam in den späten 1930er Jahren auf.

Staufferbüchse

An vielen Schmierstellen des Fahrgestells bei einem Auto befanden sich früher durch Schraubdeckel verschließbare Öffnungen, die mit dickem Fett (»Staufferfett«) zu füllen waren und eine Langzeitschmierung bewirkten, wenn man in regelmäßigen Abständen den Gewindeverschluss der »Büchse« weiterdrehte und dadurch den Druck der Schmierstoffzufuhr konstant hielt.

S.T.D.

Abkürzung für Sunbeam-Talbot-Darracq, jene Gruppe, die sich 1920 aus diesen drei Fabrikaten bildete. Die Verbindung der →Sunbeam Motor Company mit der →Darracq & Co (der wiederum die Clément-Talbot Co. gehörte, →Talbot) geschah aus wirtschaftlichen Sachzwängen und währte bis 1935, als die →Rootes Group das Konglomerat übernahm.

Stearns

Amerikanisches Automobilfabrikat (Cleveland, 1899-1933), unter welchem große und starke Tourenwagen hergestellt wurden. Ab 1911 Bau von Motoren mit Schieberventilen →Knight). Der Gründer Frank Stearns verließ 1917 dass Unternehmen, um sich der Konstruktion von Dieselmotoren zu widmen. 1925 Zusammenlegung mit →Willys-Overland.

Steckscheiben

Auf Metallrahmen gezogene, mit Textilgewebe oder Leder eingefasst Cellon- oder Plexiglasscheiben zum Aufstecken in die offenen Seitenpartien und Türen eines →Roadsters oder →Tourenwagens.

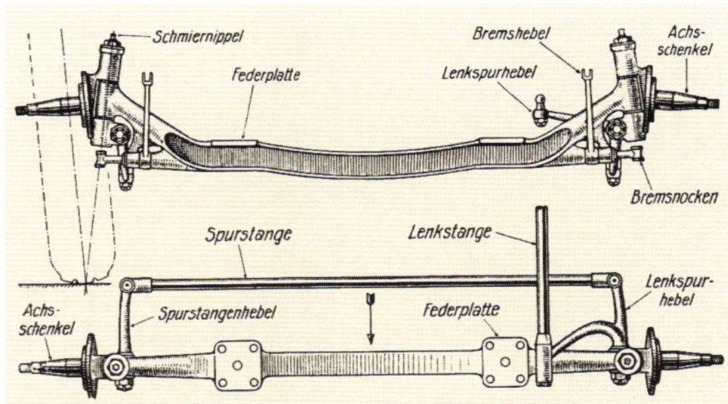

Starrachse (1920er Jahre)

Steckscheiben (NAG 1928)

Station Wagon Packard 1948

Steiger
Deutsches Automobilfabrikat (Burgrieden, 1920-1928). Viele Sporteinsätze mit große Erfolgen (Fahrzeugkonstruktion von Paul ➔Henze). 1924 Übernahme der Schweizer Firma ➔Martini.

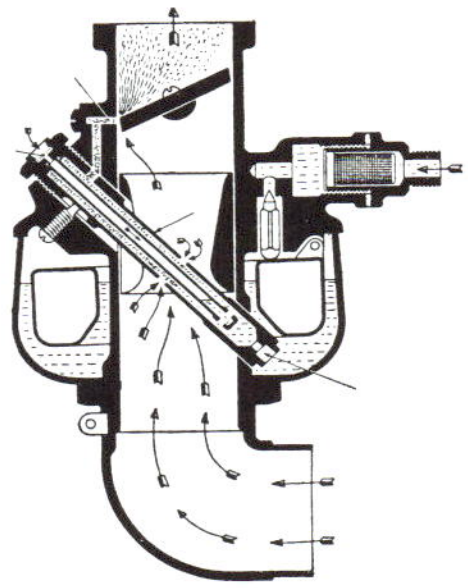

Steigstromvergaser
Früher häufig verwendete Vergaser-Bauart, bei welcher die Luft von unten einströmt statt von oben wie beim Fallstromvergaser oder von der Seite wie beim Querstrom- oder Flachstromvergaser.

Steinschlaggitter
Scheinwerfer und Kühler versah man bei Renn- und Sportwagen in den 1920er und 1930 mit Drahtgeflecht-Schutzgittern, um das Risiko der Beschädigung durch aufgewirbelte Steine (vorausfahrende Fahrzeuge) zu vermindern.

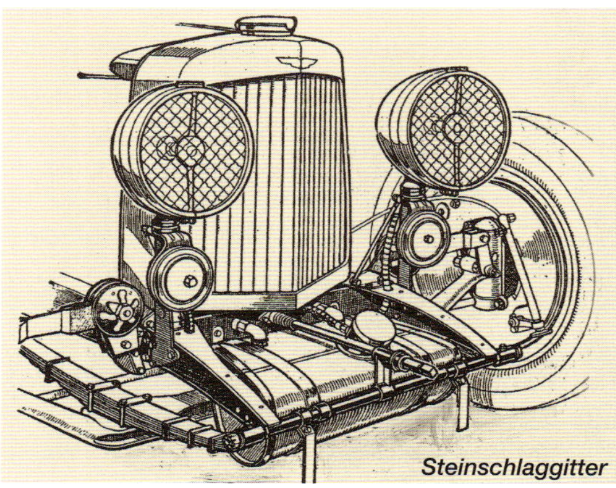
Steinschlaggitter

Stella
Schweizerische Automarke (Genf, 1906-1913). Hervorstechendes Merkmal waren kreisrunde Kühler wie bei ➔Hotchkiss und ➔Spyker.

Sternmotor
Automotoren mit sternförmig angeordneten, in gerade oder ungerader Zahl vorhandenen Zylindern waren Gegenstand von Versuchen vieler Konstrukteure (auch Henry ➔Ford und Ferdinand ➔Porsche). Es gab vereinzelt Prototypen mit Sternmotoren, auch Motorräder, die aber meistens Außenseiter blieben.

Steuerformel
Die 1906 in Deutschland eingeführte Steuerpflicht für Motorfahrzeuge (➔PS) sah unterschiedlich hohe Abgaben für »Luxuswagen«, »Berufswagen«, »Geschäftswagen«, »Dienstwagen« und »Krafträder« vor. Lastwagen und Taxis blieben bis 1921 steuerfrei. Die ➔Steuer-PS-Formel wurde 1907 eingeführt und 1922 neu definiert. Ab 1925 Besteuerung von Nutzfahrzeugen nach dem Eigengewicht. Die hubraumbezogene Kraftfahrzeugsteuer (für Personenwagen und Krafträder) wurde in Deutschland mit Jahresbeginn 1928 eingeführt, 1933 (zur Belebung der Automobilwirtschaft) abgeschafft und erst nach dem II. Weltkrieg wieder aktuell.

Steuer-PS
➔PS, ➔Steuerformel.

Stevens-Duryea
Frank Duryea, einer der Gründer der Automobilfirma ➔ Duryea, eröffnete 1901 in Chicoper Falls gemeinsam mit der Stevens Arms & Tools Co. eine neue Automobilfabrik. Bis 1927 Bau von Vier- und Sechszylindermodellen guter Reputation.

Steyr
Die Österreichische Waffenfabriksgesellschaft in Steyr (1830 durch Leopold Werndl als Gewehrfabrik gegründet) baute ab 1894 auch Fahrräder, stieg 1919 ins Automobilgeschäft ein und stellte als ersten Personenwagen sogleich einen Sechszylinder vor, Konstruktion ➔Ledwinka. 1929 arbeitete auch Ferdinand ➔Porsche für Steyr.
Der technische Standard der Fahrzeuge war hoch. 1929 kam Steyr zu ➔Austro-Daimler, 1934 wurde die ➔Steyr-

Steyr Typ 50 1937 mit einer Karosserieform, die zukunftsorientiert war

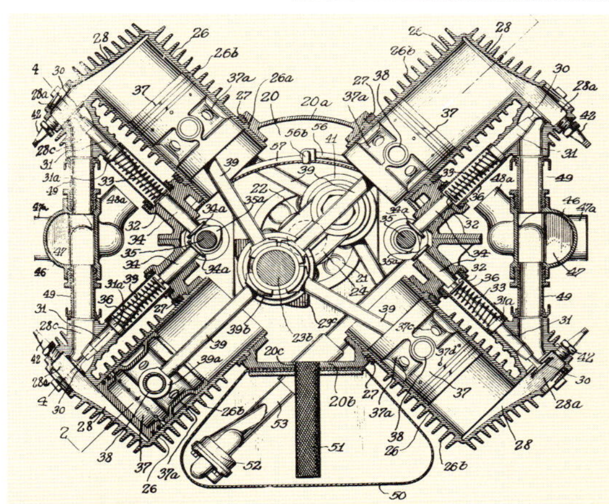
Von Ford 1927 entworfener Sternmotor

Stoewer Arkona 80 PS Sport 1939

Stolle 1924

Daimler-Puch AG gegründet (SDP). Von 1948 bis 1977 Herstellung von Fiat-Fahrzeugen in Lizenz (Steyr-Fiat) sowie Puch Motorzweirädern. Steyr-Nutzfahrzeugbau seit 1920 (Lastwagen, Omnibusse, Geländefahrzeuge, Traktoren).

Steyr-Daimler-Puch

Unternehmen der eisenverarbeitenden Industrie in Österreich, entstanden 1934 durch die Fusion der →Austro-Daimler-Puch-Werke AG und der →Steyr Werke AG. 1989 zu 80 % an MAN, (Steyr Nutzfahrzeuge AG). Einstellung der Zweiradproduktion (Puch) 1987. Verkauf der Omnibusherstellung an die Volvo-Gruppe und die der Traktoren an den amerikanischen Case-Konzern. 1998 wurde die Steyr-Daimler-Puch AG in den Konzern der Magna Holding AG eingegliedert (Kerngeschäft Antriebstechnik); Umbenennung in Steyr-Daimler-Puch Fahrzeugtechnik AG & Co. KG (SFT) in Graz.

Stößelstange

Andere Bezeichnung für →Stoßstange (II).

Stoewer

Emil und Bernhard Stoewer, Hersteller von Nähmaschinen, Schreibmaschinen und Fahrrädern, nahmen 1899 den Automobilbau auf. Zunächst waren es →Voituretten, auch solche mit Elektroantrieb, dann folgten größere Personenwagen und auch Nutzfahrzeuge. Erster Sechszylinder 1906. Mit schnellen Rennwagen, teils mit 120 PS starken Flugmotoren ausgetattet, die in Stettin ebenfalls gebaut wurden, machte sich Stoewer einen Namen im Motorsport. 1930 Vorstellung des frontgetriebenen Kleinwagens V5, 1935 Debüt des Stoewer Greif nach einer Lizenz von →Tatra. Die Modelle Arkona und Sedina in den 1930er Jahren bildeten den Abschluss der Fahrzeugproduktion, die nach dem II. Weltkrieg nicht wieder aufgenommen wurde. Nicht sehr viele Stoewer sind erhalten geblieben, so dass die existierenden Exemplare hohen Seltenheitswert besitzen.

Stolle, Martin

Deutscher Ingenieur (1886-1982) und mehrfacher Patentinhaber, der im Motoren- und Fahrzeugbau innovative Leistungen schuf, 1924 bis 1927 (Vorster & Stolle, München) einige 1,5-Liter-Wagen baute und auch im Motorradbau (z. B. für Victoria) sehr aktiv war. Stolle war 1904 Assistent von →Slevogt bei →Cudell, arbeitete 1905-1907 bei →Métallurgique und 1918-1921 bei →BMW unter Max Friz in der Flugmotorenentwicklung.

Stone guards

Im Englischen übliche Bezeichnung für Steinschlaggitter vor dem Kühler, vor den Scheinwerfern und an den Seiten der Benzintanks, um diese Teile vor allem bei Autorennen vor Schäden zu schützen.

Soneleigh

1912-1924 in Coventry hergestellte Tourenwagen mit Motoren von →BSA oder →Armstrong-Siddeley.

Stoßdämpfer

Zur Minderung bzw. möglichst weitgehenden Eliminierung der Stöße, die sich von der Fahrbahn über die Räder auf den Fahrzeugkörper übertragen, entwickelte die Industrie schon früh Dämpferelemente. Ein →Mors-Rennwagen gehörte zu den ersten, die 1902 Hebelstoßdämpfer mit Gummiteilen als federndes Element aufwiesen. Federstoßdämpfer nach Art mechanischer Reibungsstoßdämpfer folgten bei →Richard Brasier 1904 und bei →Mercedes 1904 (→Scherenstoßdämpfer). Als Vorgänger der hydraulischen Stoßdämpfer tauchten in den späten 1920er Jahren Öldruck-Hebelstoßdämpfer auf, die mit kleinen Kolbenwegen bei hohen Drücken arbeiteten. In früher Autozeit bot die Industrie Stoßdämpfer aller Art als Zubehör zum nach-

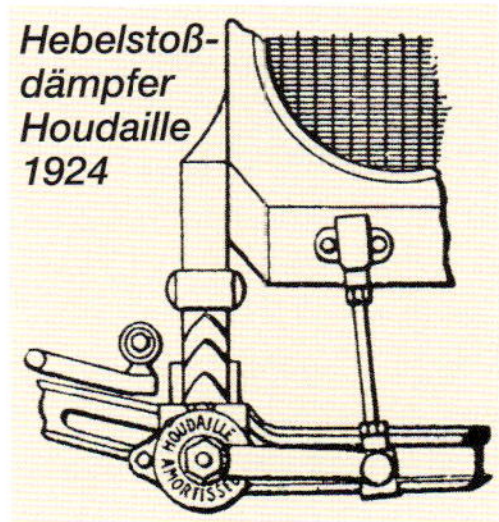
Hebelstoßdämpfer Houdaille 1924

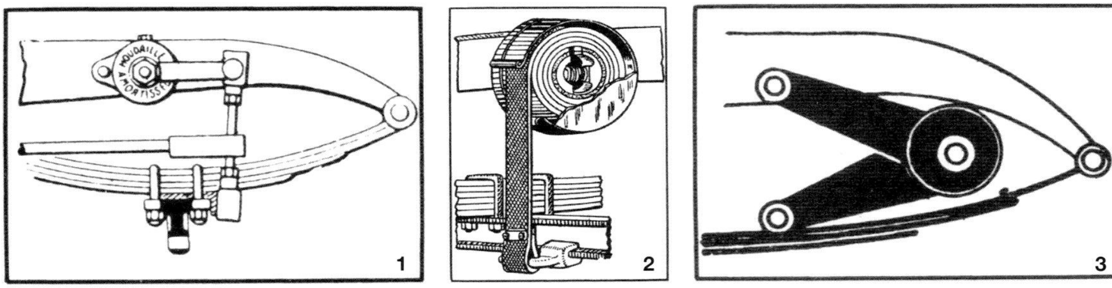

Stoßdämpfer: 1 Flüssigkeits-Hebelstoßdämpfer Houdaille 1924; 2 Gabriel-Federband-Stoßdämpfer 1920; 3. Scherenstoßdämpfer ca. 1930

träglichen Einbau an, teils hatte der Kunde bei der Bestellung eines Wagens auch die Wahl, sich für ein Stoßdämpfersystem zu entscheiden.

Stoßfänger

Bezeichnung für kurze, federnd befestgten ➔Stoßstangen, die vorn und/oder hinten am Automobil nur die exponierten Ecken sichern sollten.

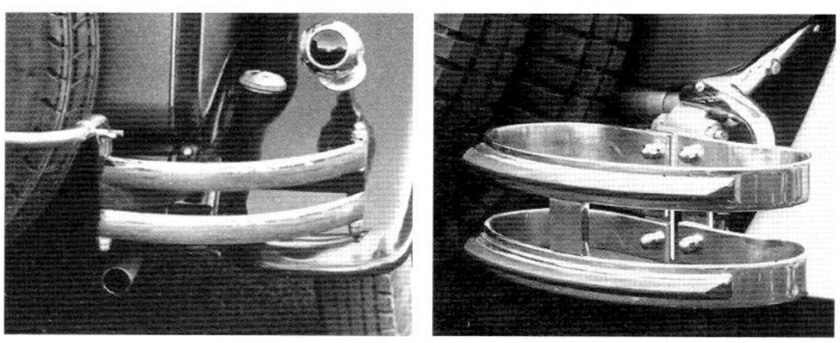

Stoßfänger aus den späten 1920er Jahren

Stoßstange (I)

Vordere Stoßstangen tauchten beim Personenwagen zunächst in den USA zu Anfang der 1920er Jahre auf, hintere Stoßstangen wurden erst später üblich. Erst ab 1924 erhielten (vornehmlich teure) Fahrzeuge Stoßstangen serienmäßig, anfangs vernickelt, später mit einem Überzug aus ➔Chrom (beim ➔Peugeot 403 ab 1956 aus rostfreiem Stahl). Besonders preiswerte Fahrzeuge (Kleinwagen) hatten noch bis 1940 keine Stoßstangen, allenfalls kleine ➔Stoßfänger meist nur vorn.

Stoßstange (II)

Bezeichnung für das stabförmige Übertragungselement für den Ventil-Steuermechanismus von der untenliegenden Nockenwelle zu den Kipphebeln oberhalb des Brennraums bei einem »Stoßstangenmotor«.

Straight eight / four / six

Englische Bezeichnung für einen Reihenmotor (mit acht, vier bzw. sechs Zylindern).

Straker-Squire

Britische Automobilmarke (Bristol, 1906-1925), unter welcher Nutzfahrzeuge (auch Dampfwagen) sowie große Touren- und Reisefahrzeuge hergestellt wurden. Erster Chefingenieur war Roy Fedden, einer der profiliertesten Konstrukteure Großbritanniens, der nach dem Zweiten Weltkrieg bei ➔Bristol arbeitete.

Strapontin

Französische Bezeichnung für einen Klappsitz bzw. ➔Notsitz im Fond einer großen Limousine oder im Heck eines Kombiwagens (➔Break).

Stoßstangen 1 Citroën C4 1930; Packard Clipper 1953; 3 Mercedes-Benz Mannheim 1928; 4 Aero Typ 30 1936; 5 Audi Dresden 1929

Stromlinien-Versuchsfahrzeug (Mercedes-Benz 170, Konstruktion Schlör) 1939

Stromform, Stromformwagen

→Stromlinie.

Stromlinie, Stromlinienwagen

Sammelbegriff sowohl für intuitiv empfundene, »windschnittige« und Vorbildern aus der Natur nachempfundene als auch auf wissenschaftlicher Basis (Lehre von der Aerodynamik) erarbeitete Formgebung bei Fahrzeugen aller Art. In den 1920er Jahren kam der Begriff vom Stromformwagen oder auch Stromlinienwagen auf, unter welchem man Fahrzeuge verstand, die zur Überwindung des physikalischen Phänomens des Luftwiderstands eine besonders strömungsgünstige Karosserie aufwiesen (z.B. →Chrysler, →Tatra, →Adler, →Hanomag). Erste Versuche in der Zeit vor 1930 basierten meist auf theoretischen Berechnungen, da noch kaum Windkanäle zur Verfügung standen. Stromlinie sollte eine Verringerung des Treibstoffverbrauchs und eine höhere Endgeschwindigkeit bewirken. Aber auch durch Anwendung des Windkanals wurden anfangs nur wenige Stromformkarosserien entwickelt. Die meisten »windschnittigen« Karosserieformen entstanden empirisch, wie 1921 bei →Rumpler. Frühe Beispiele findet man bei →Benz, →Opel und →Alfa Romeo, aber auch die so genannten →Skiff- oder →Tulpenform-Karosserien vor 1914 hatten Stromform im Verständnis ihrer Zeit. Am konsequentesten betrieb man Strömungsforschung bei der Konstruktion von Rekordfahrzeugen. Zu den bekanntesten Stromlinien-Pionieren gehören u. a. Reinhard Frh. von Koenig-Fachsenfeld (1899-1992) und Paul Jaray (1889-1974).

Fiat 1110 Rennsportcoupé in Stromform, 1947

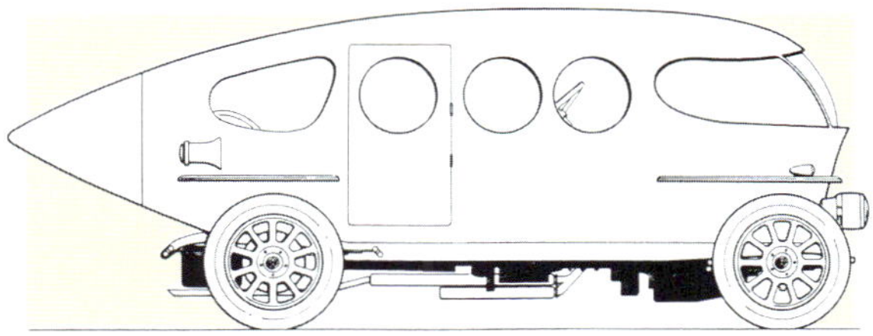
1913 entstand diese Stromlinien-Limousine bei Alfa Romeo (Konstruktion Ricotti) mit Castagna-Karosserie

Studebaker

Amerikanisches Automobilfabrikat (South Bend, 1902-1964), anfangs Bau von Fahrzeugen mit Elektromotor, ab 1904 mit Benzinmotor. Ab 1923 ausschließlich Fahrzeuge mit Ganzstahlkarosserie. 1928 Übernahme von →Pierce

HEIMAT DES UNIMOG: DIE SÜDDEUTSCHE AUTOMOBILFABRIK

Gaggenau in Baden – die Heimat des Unimog? Was für eine Frage! Und des Orient Express? Auch das stimmt. Der dort von 1898 bis 1907 gebaute Motorwagen mit Reibantrieb, der diesen anspruchsvollen Namen trug, war damals ein wohl bekanntes Automobil und fand sogar Abnehmer in England, in Russland und in Südamerika. Vielleicht auch im Orient...

Als der Ingenieur Georg Wiß 1907 die Geschäftsführung der Süddeutschen Automobilfabrik GmbH (SAF) übernahm, die 1905 als Tochter der dortigen Bergmann Industriewerke gegründet worden war, sah er sich mit einer Fahrzeugreihe konfrontiert, die arg überaltert war. Zu ihr zählte der »Orient Express«; dieses Modell bedurfte dringend der Ablösung. Unter Wiß nahm auch die Herstellung von Lastwagen einen bedeutenden Raum ein, gleichwohl wurde die Herstellung leichter Personenwagen fortgesetzt.

Georg Wiß engagierte Willy Seck, der bereits für verschiedene Automobilhersteller erfolgreich gearbeitet hatte, und beauftragte ihn mit der Konstruktion eines einfachen, kleinen Wagens. Seck war ein Verfechter des Reibradantriebs; ein solches Fahrzeug hatte er zuvor für Scheibler in Aachen entworfen. Es entstand der Liliput.

Man beabsichtigte ihn in großer Stückzahl aufzulegen und gründete hierfür eigens eine Vertriebsfirma mit Sitz in Karlsruhe, die Automobil-Gesellschaft mbH. Ihr gehörten auch die Fahrradfabrik Schilling in Suhl an.

Der Liliput mit seinem 4-PS-Einzylindermotor war trotz seines günstigen Preises kein Fahrzeug, das die Käufer ansprach. Die Hoffnungen in seinen Erfolg erfüllten sich nicht. 1906 stellte man die Herstellung wieder ein.

Die SAF hatte größere Vierzylinder-Personenwagen im Programm, die 1905 auf den Markt kamen und sich besser absetzen ließen, die Modelle 18/22 PS (4,7 Liter) und 24/36 PS (8,8 Liter), deren Motoren auch in Lastwagen eingebaut wurden. Mit diesen Fahrzeugen beteiligte man sich 1905 an den ersten Herkomer-Fahrten. 1906 begannen die Entwicklungsarbeiten für einen neuen Vierzylinder mit obenliegender Nockenwelle. Der Motor hatte paarweise gegossene Zylinder, und die im Kopf hängenden Ventile wurden von der Nockenwelle – Antrieb per Kegelrad-Königswelle – direkt und ohne Kipphebel betätigt. Durch seine gekapselten Ventile ließ sich der Motor sehr gattflächig gestalten. Wasserpumpen- und Ventilatorantrieb erfolgten über Querwellen mit Kegelrad. Kombinierte Magnet- und Batteriezündung, Druckumlaufschmierung und ein Spritzdüsenvergaser waren weitere Merkmale. 1908 nahm man in Gaggenau auch den Bau von Flugmotoren auf: Es entstanden Vierzylinder und durch deren Verdoppelung sogar Achtzylinder, die bis zu 300 PS leisteten.

Ein leichter SAF-Wagen für den normalen Geschäftsbetrieb wurde 1908 als Modell D10-18 vorgestellt. Sein Vierzylinder war einer der ersten in Deutschland gebauten Blockmotoren, in dessen Kopf die Gaskanäle einbezogen waren und der Dreipunktaufhängung aufwies: ein Novum. Die Kurbelwelle lief in vier Kugellagern. Charakteristisch für die Wagen war ihr tiefer Schwerpunkt und ihr formschöner Kühler.

Zwischen der Süddeutschen Automobilfabrik und Benz in Mannheim bestand seit 1907 eine Interessengemeinschaft zum – wie man heute sagen würde – gegenseitigen Technologietransfer und die sich in der Hauptsache auf den Lastwagen- und Omnibusbau erstreckte. 1910 übernahm Benz die Gaggenauer Firma. Schon bald nach der Vereinigung wurde dort die Personenwagenfertigung zugunsten der Benz-Produktion in Mannheim aufgegeben; der Nutzfahrzeugbau war im Gaggenauer Betrieb das lukrativere Geschäft. Zwischen 1951 und 2004 wurde dort der Unimog hergestellt, dessen Entwicklung schon in den Kriegsjahren begonnen hatte und dessen 1,8-Liter-Dieselmotor der des Mercedes-Benz 170 D war.

Unimog 1982, Kategoriesieger Paris-Dakar

Unimog 1950, ein Veteran mit Klassikerstatus

Studebaker President 1938

Arrow; 1931 erfolgte die Einführung der Marke →Rockne, 1954 Fusion mit →Packard. Zeitweilig war eine Studebaker-Tochterfirma Repräsentant von →Mercedes-Benz in Nordamerika. In den 1940er und 1950 Einführung avantgardistischer Karosserien, entworfen von den bekannten Stilisten Virgil Exner und Raymond Loewy.

Stufenloses Getriebe

Getriebe, bei dem eine Veränderung der Übersetzungen ohne definierte Schaltstufen und ohne Unterbrechung des Kraftflusses möglich ist. Stufenlose Getriebe sind z.B. die beim →Reibradantrieb (Friktionsgetriebe) oder die Variomatik beim →DAF.

Stufenloses Variomatik-Getriebe beim DAF

Sturmstangen

Bezeichnung für die seitlichen Verdeckbeschläge zu beiden Seiten eines Cabrioletdaches mit einem Scharnier, sie dienen zum Spannen und Stabilisieren des Verdecks.

Stutz

Amerikanisches Automobilfabrikat (Indianapolis, 1911-1935) hoher Reputation, gegründet von Harry Clayton Stutz. 1917 luxuriöse Personenwagen mit Vierventilmotoren (5 Liter), 1925 ohc-Reihenachtzylinder (4,7 Liter). Wiedereinführung der Marke (1970-1985) mit Limousinen im Retro-Look auf Basis →Pontiac V8.

S.U.

Die 1905 von George Skinner und seinen Brüdern in Großbritannien gegründete Skinners Union (S.U.) Ltd. entwickelte sich zu einem der bedeutendsten Vergaserhersteller in Europa. S.U.-Vergaser arbeiten nach dem Gleichstromprinzip.

Subventions-Lastwagen

Vor dem I. Weltkrieg subventionierte der Staat dem Käufer die Anschaffung eines bestimmten Lastwagentyps durch die Übernahme eines Kaufpreisanteils unter der Bedingung, dass das Fahrzeug dem Militär bei Bedarf zu Manöverzwecken und im Fall einer Mobilisierung gegen eine Leihgebühr überlassen wurde.

Subventions-Lastwagen Opel 1914

Suchscheinwerfer

1930

Beliebtes Zubehör in den 1930er bis 1950 Jahren, teils an der A-Säule zu montieren, auf dem Reserveradhalter oder am Rahmen der Frontscheibe. Es gab auch innen an der Scheibe zu befestigende Suchscheinwerfer.

Sunbeam

Britische Automobilmarke, 1899 in Wolverhampton aus einer Fahrrad- und Motorradfabrikation entstanden. Ab 1909 war der französische Ingenieur Louis Coatalen Chefkonstrukteur bei Sunbeam und schuf vor allem sehr erfolgreiche Rennwagen. Mit Renn- und Rekordfahrzeugen (erfolgreichster Fahrer: Malcolm Campbell) Festigung der Reputation der Marke. 1920 Fusion mit →Darracq →S.T.D., →Talbot), woraus sich von 1938 bis 1954 die Markenbezeichnung →Sunbeam-Talbot ableitete. 1935 musste S.T.D. Konkurs anmelden, die Marke Sunbeam wurde von der →Rootes Group übernommen. 1953 bis 1976 Wiederverwendung des Markennamens Sunbeam für sportlich ausgelegte Personenwagen der Mittelklasse.

Sunbeam-Talbot

Von 1936 bis 1953 verwendete Bezeichnung für die in Regie der →Rootes Group weitergebauten Fahrzeugmodelle von →Sunbeam bzw. →Talbot (→S.T.D.).

Supercharger, supercharged

Englische Bezeichnung für →Kompressor bzw. »aufgeladen«, übliche Abkürzung s/c. Auch: Blower.

MR. STUDEBAKER UND SEIN STUDEBAKER

Den Namen Studebaker gibt es in den USA nicht gerade häufig, und wenn man ihn hört, bringt man ihn in aller Regel mit den gleichnamigen Autos in Verbindung, die von 1902 bis 1966 in South Bend, Indiana, fabriziert wurden. Die Brüder Henry, Clement und John Studebaker hatten dort Mitte des 19. Jahrhunderts einen Schmiedebetrieb aufgezogen, aus dem eine Firma für Kutschenbau und schließlich eine erfolgreiche Automobilfabrik hervorging. 1872 behaupteten die Studebakers, die größte Kutschenwagenmanufaktur der Welt zu betreiben: An jedem Zehnstundentag verließen nicht weniger als 90 Fuhrwerke ihren Betrieb. Mit Studebaker-Postkutschen wurden zahlreiche Postlinien über Land betrieben, sie stellten sozusagen das T-Modell einer Ära dar, in der es das Automobil noch nicht gab.

Paul Studebaker, Rentner und gelegentlich noch als Wachmann tätiger Bürger der Stadt Dallas, Texas, ist einer von vier Trägern dieses Familiennamens in seiner Heimatstadt und ist sich ziemlich sicher, mit den Studebakers im Norden der USA nicht verwandt zu sein. Aber wo immer der freundliche Herr mit der Hornbrille gearbeitet oder auch nur seinen Namen genannt hat, sprach man ihn spontan auf die in den Staaten einst sehr populären Autos dieser Bezeichnung an. »Da lag es doch nahe, dass ich mir einmal ein solches Auto anschaffen mußte«, sagt er. Im Alter von 30 Jahren kaufte er sich seinen ersten Gebrauchtwagen dieser Marke – »vorher hatte ich als schlecht bezahlter Mechaniker mir nie ein Auto leisten können«. Bald stellte er fest, welchen Eindruck (auch bei gelegentlichen Führerscheinkontrollen) es machte, wenn er als Mr. Studebaker einen Studebaker lenkte. »Aber ich habe daraus nie wirtschaftliche oder gesellschaftliche Vorteile gezogen.«

Aus Anlass seines 65. Geburtstages erwarb er 1992 seinen mittlerweile neunten Wagen dieser Marke, ein 1950er Modell Champion als hellgelbes Coupé, »das schon mehr als 100.000 Meilen auf dem Tacho hat, aber erstaunlich wenig Benzin verbraucht« – kein unwesentliches Kriterium für einen Rentner in einer Zeit, in der auch in den USA die Benzinpreise anziehen.

Paul Studebaker und sein Studebaker Champion Sedan 1950

Surrey auf Panhard-Levassor 1928

Surrey, Surrey top

Im Englischen übliche Bezeichnung aus dem Kutschenbau für ein aufsteckbares Sonnendach.

sv

Abkürzung für side valve (engl.: Seitenventile) International übliche Bezeichnung für einen »seitengesteuerten« (auch: »untengesteuerten«) Motor, bei welchem die Ventile an einer oder zu beiden Seiten des Motors angeordnet sind, sich also nicht oberhalb vom Brennraum befinden (→L-Kopf, →T-Kopf).

Swallow (Austin 7) 1929

Swallow

→S.S.

Swallow-Doretti

Durch den Verkauf der Seitenwagenproduktion der Firma →S.S. an den Röhrenhersteller Tube Investments Ltd. erfuhr die Marke Swallow nach 1945 eine Wiedergeburt: 1954-1955 wurden auf der Basis des →Triumph TR2 einige Roadster gebaut, die nach der Tochter des amerikanischen Importeurs den Beinamen Doretti erhielten.

Swift

Britische Automobilmarke (Coventry, 1900-1931), hervorgegangen aus einer 1869 gegründeten Maschinen- und Fahrradfabrik. Zunächst Dreiradfahrzeuge mit →De-Dion-Bouton-Motor, ab 1912 größere Fahrzeuge, zuletzt mit Karosserien, die z. T. von Swallow (→S.S.) angefertigt wurden.

Synchrongetriebe

Getriebe mit »synchronisierter«, d.h. zum Gleichlauf gezwungener Schaltung des Kraftflusses (→Zahnrad-Wechselgetriebe). 1929 bot →Cadillac als erste Hersteller ein synchronisiertes Getriebe an.

Szawe

1920 bis 1922 bei der Firma Szabo & Wechselmann in Berlin hergestellter Personenwagen mit Karosserien nach Entwürfen von Ernst →Neumann-Neander. 1922 Fusion mit →Ehrhardt.

Szawe 1919

» Frage: Kann der Motor auch ohne Ankurbeln in Gang gesetzt werden?« Antwort: »Durch Vorwärtsschieben des Wagens bei eingeschaltetem vierten Gang kann man den Motor in Gang bringen, sowie durch Drehen eines mit dem Wagenheber hochgehobenen Hinterrades. «

Aus dem offiziellen Fahrschul-Prüfungsfragenkatalog vom Mai 1910

T.A.

Im Französischen übliche Abkürzung für traction avant (Frontantrieb), meist in Bezug auf die →Citroën-Modelle 7/11/15 CV (1934-1957).

T-Kopf

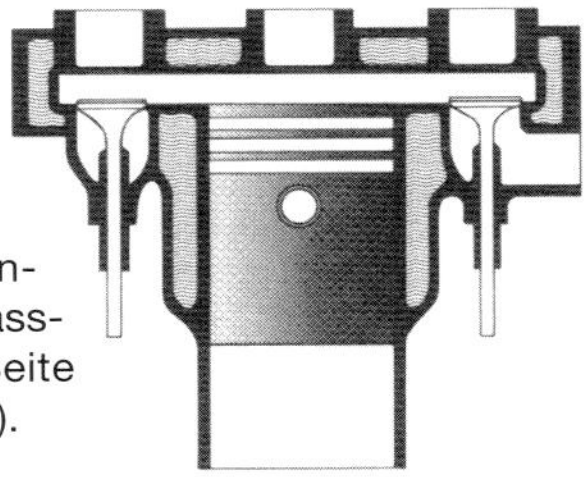

Bezeichnung für einen Zylinderkopf in T-Form bei einem seitengesteuerten Motor, bei welchem die (stehenden) Einlassventile auf der einen, die Auslassventile auf der anderen Seite angeordnet sind (→L-Kopf).

Tachometer

Zusammengesetztes Wort aus tachys (griech. schnell) und metron (griech. Maß) für ein Wegstrecken-Messinstrument, meist kombiniert mit einem Geschwindigkeitsmesser (früher auch Tempometer genannt). Um 1907 kamen in Deutschland die ersten von Deuta (Deutsche Tachometer-Werke) hergestellten Instrumente in den Handel. Walzen- und Bandtachometer kamen in den 1920er Jahren in den USA auf.

Tachometer in einem Tourenwagen von 1914

Talbot

Die ab 1903 in Großbritannien eingeführten →Clément-Automobile wurden hier – nach dem Lord Talbot of Shrewsbury – unter dem Namen Talbot vertrieben. 1906 erschien der erste vollständig in England konstruierte und in London fabrizierte Talbot, parallel zum weiterhin aus Frankreich angebotenen Clément-Talbot. 1919 wur-

Talbot 105 Rennsport 1934

Talbot-Lago Rennsport 1959

de Talbot von der britisch-französischen Firma →Darracq (Sitz in Paris) übernommen; 1920 kam →Sunbeam hinzu →S.T.D.). In Großbritannien gebaute Talbot gab es bis 1933; zwei Jahre später erfolgte die Schließung der Firma (→Talbot-Lago). 1959 wurde Simca Inhaber der Namensrechte. 1970 erwarb →Chrysler die Marke zusammen mit →Simca. 1979 wurde die Marke Talbot von →Peugeot (PSA) neu gegründet, zunächst für die Nachfolger der von →Chrysler in Europa hergestellten Fahrzeuge (→Humber, →Sunbeam, →Simca), dann bis 1986 für die Vermarktung von Personenwagen der teils bei Peugeot, teils bei Simca, teils bei →Matra entwickelten Modellreihen Rancho, Bagheera, Murena, Tagora.

Talbot-Lago

Nach der Eingliederung der Firma →Darracq in die →S.T.D.-Gruppe (1920) erhielten die in Frankreich (Suresnes) hergestellten und dort verkauften Darracq-Personenwagen den Namen →Talbot, Als S.T.D. 1935 an →Rootes überging, wurde der französische Zweig ausgegliedert und firmierte unter der Leitung des Italieners Antonio →Lago als Talbot-Lago. Talbot-Lago stellte Luxus- sowie z.T. erfolgreiche Renn- und Sportwagen her. 1959 Schließung des Unternehmens und Übernahme der Einrichtungen durch →Simca.

Tank-Karosserie

Bezeichnung, die in den frühen 1920er Jahren bei Rennwagen aufkam, deren Aufbauten pontonförmig gehalten waren (→Chenard-Walcker, →Bugatti). Tank-Karosserien stellten nur eine kurze Entwicklungsstufe dar und verschwanden um 1925 wieder.

Targa

Die italienische Bezeichnung für Schild (Targa Florio: Ehrenschild für den Sieger des gleichnamigen Rennens) verwendete →Porsche ab 1967 für eine Version des 911, bei welchem Heck- und Dachoberteile herausnehmbar waren und den Effekt eines Cabriolets mit Sturzbügel vermittelten (→T-Top).

Targa-Bügel

→Targa.

Tank-Karosserie (Bugatti 1922)

Targa Florio

Traditionsreiches Automobil-Straßenrennen auf Sizilien, erstmals 1906 ausgetragen (Sieger: Alessandro Cagno auf →Itala) und nach seinem Stifter Graf Florio benannt. Bei mehrfach geänderter Streckenführung gab es alljährlich aufregender Kämpfe, erst zwischen →Alfa Romeo und →Bugatti, später häufig zwischen →Ferrari und →Porsche. Das letzte Rennen um die Targa Florio fand 1977 statt.

Tatra

Tatra Chassis 1924

1919 in Koprivnice gegründete, aus dem →Nesselsdorfer hervorgegangene tschechische Automarke (Personenwagen bis 1989). Unter Chefkonstrukteur Hans →Ledwinka entstanden innovative und robuste Fahrzeuge (Zentralrohrrahmen, Boxermotor, Einzelradaufhängung), ab 1934 mit Stromlinienkarosserie nach →Jaray (Tatra 77, 87) und luftgekühltem V8-Heckmotor. Auch im Bau schwerer Nutzfahrzeuge schuf sich Tatra einen weltweites Renommee.

Tauchschmierung

Andere Bezeichnung für →Baggerschmierung.

Tempo

Tempo Hanseat 1951

Von 1928 bis 1966 bei Vidal & Sohn in Hamburg-Harburg gebaute Nutzfahrzeuge. Tempo-Dreirad-Lieferwagen mit 200-ccm- bzw. 400-ccm-Motor waren bis 1956 marktbeherrschend. Ab 1955 Zusammenarbeit mit → Hanomag, die vollständige Übernahme erfolgte 1963 (ab 1969 Hanomag-Henschel). Tempo Wiking und Rapid waren in den 1950er Jahren weit verbreitete Liefer- und Kleinlastwagen (Motoren teils von →Heinkel oder →Austin).

Tempometer

Ältere Bezeichnung für Geschwindigkeitsmesser.

Théophile Schneider, Th. Schneider

Französisches Automobilfabrikat (Besançon, 1910-1931); der Gründer Théophile Schneider war vorher am Bau des →Rochet-Schneider beteiligt gewesen. Herstellung von Sport- und Tourenwagen, die vor 1914 in vielen Wettbewerben in diversen Kategorien erfolgreich waren. Als Markenbezeichnung wurde auch Th. Schneider benutzt. In der Fabrik in Besançon hatte zuvor die Firma Chapuis Motoren hergestellt; mit Schneiders Übernahme siedelte die Motorenfabrik Chapuis (Chapuis-Dornier)

Porsche 911 Carrera Targa 1983

TARGA FLORIO

Graf Masetti am Steuer eines 28/95 PS Mercedes im Rennen um die Targa Florio 1921.

Das nach ihrem Initiator Vincenzo Florio benannte Straßenrennen auf Sizilien, das erste Mal im Jahre 1906 ausgetragen, hat in Italien mindestens einen ebenso hohen Stellenwert wie in Frankreich das 24-Stunden-Rennen von Le Mans. Und in den frühen Jahren war die Targa Florio auch eine rein italienische Angelegenheit; die Sieger waren Italiener, ihre Autos heimische Produkte: Itala, Fiat, Isotta-Fraschini, SPA oder Scat. Erst 1919 durchbrach der Franzose Boillot auf Peugeot diese Dominanz. Aber mit wenigen Ausnahmen – Bugatti, Mercedes – blieb die Targa noch bis in die 1950er Jahre fest in italienischer Hand, bevor sie über viele Jahre eine Domäne Porsches wurde.

Den letzten großen Triumph einer Hattrick-Serie schaffte Lancia in den Jahren 1952 bis 1954. Es waren die ersten und zugleich letzten spektakulären Auftritte dieser Marke in diesem traditionsreichen Rennen. Die Sieger hießen 1952 Felice Bonetto, 1953 Umberto Maglioli und 1954 Piero Taruffi.

Immer wieder hatte man die durchschnittich 70 km lange Streckenführung geändert, nur die gefährlliche Straße über die Küstenberge zwischen Palermo und Messina bezog man jedes Mal mit ein. Ihr Belag bestand in früheren Zeiten nur aus Geröll, der Kurs war sehr kurvenreich. Das letzte Rennen wurde 1973 gefahren – man kapitulierte letztlich vor dem immer höher werdenden Risiko für Fahrer und Publikum. Die Ränder der Rundstrecke mit Start und Ziel und Agrigento waren stets dicht mit Zuschauern besetzt; es gab kaum Sicherheitsvorkehrungen und oft genug geradezu chaotische Zustände an engen Kurven, die von einem begeisterten Publikum so dicht gesäumt waren, dass die Fahrer höllisch aufpassen mussten, niemand zu verletzen.

Die Beteiligung deutscher Fahrer und Fahrzeuge begann 1921 mit dem Start Max Sailers auf einem 28/95 PS Mercedes. 1924 gewann Christian Werner als erster Deutsche die Targa am Lenkrad eines von Ferdinand Porsche konstruierten 2-Liter-Mercedes. Erst 31 Jahre später war es wieder ein Mercedes, der den Sieg errang, ein 300 SLR, gelenkt von Stirling Moss und Peter Collins. 1956 begann die Ära der Zuffenhausener Porsche-Wagen.

Ab 1956 waren zehn statt bisher acht Runden zu fahren, ab 1958 vierzehn. Die Durchschnittsgeschwindigkeiten hatten sich auf 100 und 120 km/h erhöht. Alessandro Cagno hatte das Rennen im Jahre 1906 auf seinem Itala noch mit 46 km/h gewinnen können...

Théophile Schneider Grand-Prix-Wagen 1913

nach Nanterre über. Th. Schneider engagierte sich auch im Flugmotoren- und Flugzeugbau.

Terraplane
1932 bis 1937 von der Firma →Hudson benutze Bezeichnung für eine Sechszylinder-Baureihe, die den →Essex ablöste; Hudson hatte unter eigenem Markennamen bis dahin nur Vierzylinderwagen hergestellt.

Thermosyphonkühlung
Im Unterschied zur Zirkulation der Kühlflüssigkeit per Wasserpumpe beruht die Thermosyphonkühlung auf dem physikalischen Prinzip, wonach die von den heißen Motorteilen erhitzte Kühlflüssigkeit spezifisch leichter wird und nach oben, also in den oberen Teil des →Kühlers steigt. Dort kühlt sie sich durch den Fahrtwind (und ggf. durch einen zugeschalteten Kühlerventilator) ab und wird im unteren Teil des Kühlers über eine Zuleitung wieder dem Motor zugeführt. Diese primitive Art der Flüssigkeitskühlung wurde im Verlauf der 1930er Jahre zunehmend durch pumpenunterstützte Kühlsysteme abgelöst; nur verhältnismäig kleine, einfach konstruierte Fahrzeuge behielten sie weiterhin bei (→Lamellenkühler).

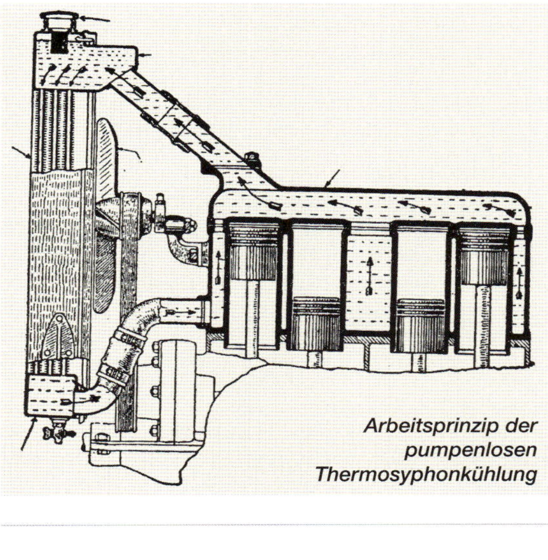
Arbeitsprinzip der pumpenlosen Thermosyphonkühlung

Thomas
Amerikanisches Automobilfabrikat (Buffalo, 1902-1919), das weltweite Bekanntheit erlangte, als die Fahrer George Schuster und Montagu Roberts 1908 mit einem Thomas »Flyer« in 169 Tagen das dramatische Rennen von New York nach Paris gewannen. Kardanantrieb gab es erst ab 1909. Mit mehr als 7000 hergestellten Fahrzeugen zählte die E. R. Thomas Motor Company zu den erfolgreichen Herstellern jener Ära.

Thornycroft
Traditionsreicher britischer Personenwagen- und Nutzfahrzeughersteller (London, Basingstoke,1896-1977), hervorgegangen aus einem Werftbetrieb. Bis 1907 Bau von Dampflastwagen. 1968 Integrierung in die →British Leyland-Holding.

Threewheeler
Englische Bezeichnung für einen Dreiradwagen, der im Unterschied zum →Tricycle konstruktiv nicht mit dem Motorrad, sondern mit dem Auto verwandt ist.

Thrupp & Maberly
Britische Karosseriefabrik (London, 1896-1976) mit langer Tradition im Kutschwagenbau. 1925 Übernahme durch die →Rootes Group und in der Folge hauptsächlich Herstellung von Karosserien für →Sunbeam und →Talbot.

Tickford
Britischer Karosseriehersteller, der in den 1930er Jahren für seine →Dreipositions-Cabriolets bekannt wurde (→Frazer Nash, →M.G.) und später zu →Aston Martin kam.

Tiller steering
Englische Bezeichnung für →Hebellenkung (wörtlich: Ruderpinne), die bei Motorwagen üblich war, bevor sich um 1899 die Radlenkung durchzusetzen begann.

Tin Lizzie
In den USA gebräuchliche Bezeichnung (»Blech-Liesel«) für das T-Modell von →Ford (1908-1927). Die Tin Lizzie wurde zu einer nationalen Legende, der Gedichte, Lieder und und Filme (»Laurel und Hardy«) gewidmet waren.

Tin Lizzie (Ford T-Modell) 1908

Horch Tonneau 16/20 PS von 1904

Tonneau

Bis ca. 1910 sehr beliebte Variante des offenen →Tourenwagens, dessen hintere Sitzplätze nicht durch seitliche Türen, sondern durch einen Einstig am Wagenheck zu erreichen sind.

Tonneau cover

Im Englischen übliche Bezeichung für eine Persenning, mit der offene Tourenwagen oder Roadster abgedeckt werden; Befestigung an den oberen Kanten der Karosserie durch Spantax-Druckknöpfe.

Topolino

Scherzhafte Bezeichnung für den ab 1936 gebauten →Fiat mit 560-ccm-Motor (italienisch = Mäuschen, Mickeymaus).

Tornax

Deutsche Sportwagenmarke (Wuppertal, 1934-1937). Ursprünglich eine Motorradfabrik, deren in geringer Stückzahl gebaute Roadster auf dem →DKW mit Zweitaktmotor und Frontantrieb basierten.

Tourenwagen Mercedes-Benz 1931

Tourenwagen (Lancia Dilambda 1929)

Torpedo-Karosserie (Mercedes Knight 1914)

Torpedo, Torpedo-Karosserie

Bezeichnung für eine →Tourenwagen-Karosserie betont sportlichen Zuschnitts (im Vergleich zum →Phaëton) mit hochgezogenen Seitenwänden und tief angeordneten Sitzen, ab etwa 1909 eingeführt. Im Französischen wurde die Bezeichnung »Torpédo« für zwei- auch für viersitzige Tourenwagen bis Ende der 1930er beibehalten.

Torsionsfederung, Torsionsstabfederung

Auch Drehstabfederung genannt. Der Torsionsstab/Drehstab ist ein raumsparendes Federelement aus Rund- oder Flachstahl, einseitig am Fahrgestell fixiert; Federwirkung durch Verdrehen (Torsion). Auch als Blattfederpaket.

toter Gang

Bezeichnung für das »Spiel« bzw. die »Luft« zwischen Schraube und Auflage bzw. in Gelenken. In der Fahrzeuglenkung bezeichnet der tote Gang den freien Drehwinkel, um den das Lenkrad gedreht werden kann, ohne dass die Räder eine Lenkbewegung ausführen (Ursache: mechanisches Spiel der einzelnen Übertragungskomponenten oder Verschleiß bzw. Lockerung derselben; Folge: Flattern der Räder).

Tourenwagen, Tourer

Bezeichnung für einen offenen Vier- bis Sechssitzer ohne feste obere Seitenteile bzw. Kurbelscheiben im Unterschied zum →Cabriolet. Bis Ende der 1920er Jahre der meistverbreitete Fahrzeugtyp. Allerdings galt auch die Limousine als Tourenwagen im Sinne eines Reisewagens im Unterschied zum Stadtwagen

Touring

Die Carrozzeria Touring (Mailand, 1926-1966)gehörtezudenbekanntesten Herstellern leichter Sportwagen-Karosserien, vorzugsweise aus Aluminium (»Superleggera« – superleicht). Aufbauten von Touring erhielten u.a. →Alfa Romeo, →Aston Martin, →BMW, →Bristol. →Lancia.

Touring, Touring Car

Im englischen Sprachraum neben Tourer verwendete Bezeichnung für einen →Tourenwagen. Mitunter – wenn auch selten – für geschlossene Fahrzeuge benutzt.

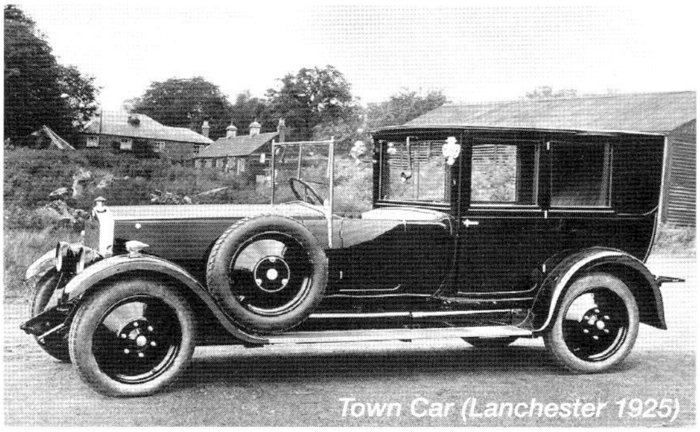

Town Car (Lanchester 1925)

Touring Cabriolet

Im amerikanischen Sprachgebrauch ein →Landaulet.

Tourist Trophy

Auf der Insel Man (Irische See), später auch in Nordirland (Ulster) ausgetragene britische Rennserie für Motorräder und Automobile (beide ab 1907). Die »TT«-Rennen wurden außerhalb Englands veranstaltet, weil Straßenrennen dort gesetzlich verboten waren.

Town Car

In den USA, seltener in Großbritannien gebräuchliche Bezeichnung für ein →Sedanca de Ville.

Trabant

Entwickelt aus dem Typ Zwickau P70, wurde der Trabant von 1959 bis 1991 im VEB-Werk Sachsenring in Zwickau (DDR) hergestellt. Mit nur geringen Änderungen war der Wagen mit Zweizylinder-Zeitaktmotor und Kunststoff-Karosserie (ab 1960 auch als Kombiwagen) das volkstümlichste und am weitesten verbreitete Auto in Ostdeutschland. Ab Mai 1990 erhielt der insgesamt etwa 3 Millionen mal gebaute Trabant einen VW-Motor (Polo) .

Tracta

Die S.A. des Automobiles Tracta (Asnières, 1926-1934) gehört zu den französischen Pionieren in der Entwicklung vorderradgetriebener Automobile (Vier- und Sechszylinder), konstruiert von Jean-Albert →Gregoire.

Traction avant

Französische Bezeichnung für →Frontantrieb, abgekürzt T.A., meist in Bezug auf die Citroën-Modelle 7/11/15 CV (1934-1957) verwendet.

Transformations-Cabriolet

In den 1930er Jahren verwendete Bezeichnung für ein viertüriges →Cabriolet, das etwa dem →Drei-Positions-Cabriolet entsprach und ein wahlweises Öffnen nur der vorderen, zusätzlich der mittleren oder der gesamten Dachpartie erlaubte. →Gläser in Dresden lieferte solche Wagen z.B. für →Horch, Erdmann & Rossi für →Maybach.

Trèfle

In Frankreich übliche Bezeichnung (wörtlich: Kleeblatt) für den →Citroën 5 HP (1923-1926) in dreisitziger Ausführung; der Wagen war konstruktives Vorbild für den →»Laubfrosch« von →Opel.

Trevithick, Richard

Als ein Pionier im Bau von Dampfmaschinen baute der Engländer Richard Trevithick 1803 ein Dampffahrzeug in Form einer dreirädrigen Kutsche. Nach dem Dampfwagen von →Cugnot das zweite, durch Motorkraft sich auf

P70 1955, Vorgänger des Trabant

der Straße bewegende Fahrzeug, zugleich das erste, das zur Beförderung von Personen angefertigt wurde.

Tribelhorn

Hersteller von Elektrofahrzeugen (Feldbach bei Zürich, 1902-1920), die in der Schweiz gute Verbreitung fanden. Die Nachfolgefirma Elektrische Fahrzeuge AG (EFAG) setzte die Herstellung leichter Nutzfahrzeuge bis 1982 fort.

Tribelhorn Elektrowagen 1918

Tricar

Andere Bezeichnung für ➔Threewheeler, ein Dreiradwagen in Auto-Bauart.

Tricycle

Englische Bezeichnung für einen Dreiradwagen, der im Unterschied zum ➔Threewheeler oder Tricar konstruktiv nicht mit dem Auto, sondern mit dem Motorrad verwandt ist. In der Regel ein sehr leichtes Motorfahrzeug mit zwei Rädern vorn und einem hinten, typisch für die Zeit um 1895-1898 (➔Bollée). Als reine »Fahrmaschine« wies das Tricycle einen Rohrrahmen, einen im Heck angeordneten, luftgekühlten Motor und einen oder zwei Sitze auf. Das Wort Tricycle war analog zum Bicylce (Zweirad) entstanden (➔Vorsteckwagen).

Trimobil

Von 1908 bis 1910 in Berlin hergestellter Kleinwagen mit luftgekühltem Einzylindermotor nach Art der Cyklonette (➔Cyklon).

Trippel

Nach seinem Konstrukteur Hanns Trippel benanntes Amphibienfahrzeug, dessen erste Version während des II. Weltkrieges im militärischen Auftrag in den von den deutschen Truppen besetzten ➔Bugatti-Werken hergestellt wurde. Trippel entwarf und baute 1950-1955 eine Reihe von Kleinwagen und stellte 1959 wieder einen Schwimmwagen vor, der unter der Bezeichnung ➔Amphicar in Serie ging.

Trittbrett

Bezeichnung für das Einstiegsbrett bei Kutschen, danach ab ca. 1900 auch bei Automobilen, dort als eine Verbindung des vorderen mit dem hinteren Kotflügel längs der

Trittbrett (Mercedes-Benz 1928)

Wagenflank. Trittbretter erleichterten nicht nur das Besteigen der oft sehr hochbordig gebauten Fahrzeuge, sondern dienten auch zum Befestigen von Gepäckstükken (➔Gepäckmitnahme), Werkzeug- und Batteriekästen, Reserverädern, Benzinkanistern und Karbidbehältern für die ➔Azetylenscheinwerfer. Mit Einführung der ➔selbsttragenden Karosserie in niedriger Bauweise, vor allem aber bei ➔Pontonkarosserien ohne separat ausgeformte Kotflügel verschwand das Trittbrett auch als gestalterisches Element.

Triumph

Die britische Motorradfabrik Triumph in Coventry, 1902 hervorgegangen aus einer Fahrradmanufaktur, wandte sich ab 1923 auch der Automobilherstellung zu und stellte erfolgreich Personen- und Sportwagen her. 1936 erhielt ein Triumph als erster Pkw der Welt eine Scheibenwaschanlage. 1945 Fusion mit ➔Standard. Fortsetzung der Sportwagen-Tradition 1950 mit Einführung der TR-Serie (TR2, TR3 usw.). 1972 Integration in die ➔British Leyland-Gruppe. 1984 wurde die Marke nicht weitergeführt.

trockene Zylinderlaufbüchse

In den Zylinderblock eingesetzter Hohlkörper aus besonders verschleißfestem Material als Lauffläche für den Kolben. »Trocken«, weil sie im Unterschied zur »nasssen« Zylinderlaufbüchse nicht direkt mit dem Kühlwasser in Berührung kommt.

Triumph Mayflower 1953

Trockensumpfschmierung

In den 1920er Jahren aufgekommene Art der Motorschmierung, bei der eine Pumpe das Öl aus einem separaten Reservoir, das nicht integrierter Bestandteil des Kurbelgehäuses (»trockener Sumpf«) ist, an die Schmierstellen heranführt, wobei das zurückfließende, sich in der Ölwanne ansammelnde Öl durch eine zweite Pumpe dem Vorrat wieder zugeführt wird. Insbesondere bei Renn- und Geländewagen angewendete Schmiertechnik, die im Gegensatz zur Umlaufschmierung unabhängig vom Neigungswinkel des Fahrzeugs und dem daraus evtl. resultierenden veränderten Pegel des Schmierstoffvorrats in der Ölwanne funktioniert.

Trockensumpfschmierung

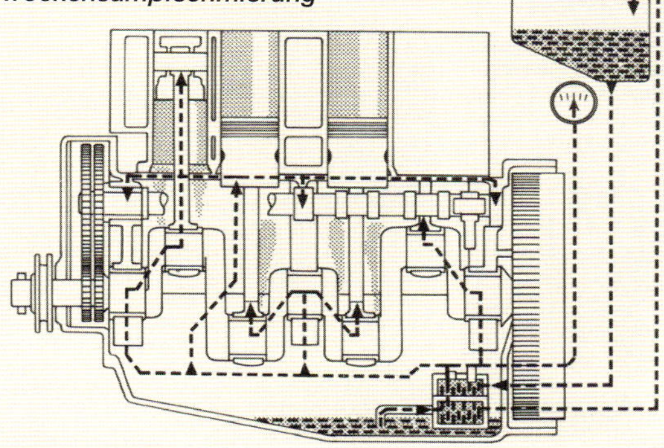

Trojan

Britische Personen- und Nutzfahrzeugmarke (Kingston-on-Thames, Croydon, 1922-1936). Schon ein 1913 gebauter Prototyp war ungewöhnlich: Im einfach konstruierten Vierzylinder-Zweitaktmotor des Trojan teilten sich je zwei Zylinder einen Brennraum; über ein →Planetengetriebe mit nur zwei Untersetzungen erfolgte der Antrieb über eine Kette zum linken Hinterrad. Trojan gehörte zum Nutzfahrzeughersteller Leyland. 1960 bis 1965 erfolgte unter dem Markennamen Trojan Herstellung des deutschen →Heinkel-Kleinwagens sowie in den 1970er Jahren der Bau einiger Rennwagen.

Tropfenwagen

In Anlehnung an die tropfenförmige Karosserieform gewählte Bezeichnung, die bei →Benz 1922 für einen Rennwagen mit Heckmotor wählte; fast zeitgleich stellte auch →Rumpler einen Tropfenwagen vor, der aber eine Stromlinien-Limousine war.

Tropföler

Von Wilhelm →Maybach am →Mercedes 1900/01 erstmals verwendete und später von zahlreichen anderen Herstellern übernommene Einrichtung zur Schmierölversorgung des Motors durch eine Pumpe, die das Öl tropfenweise aus einem Behälter an die zu schmierenden Stellen gelangen ließ. Jedem Tropfen folgte ein Luftbläschen. Die Funktion der Tropföler-Pumpe ließ sich durch

Trojan 10 HP 1925

Tropfenwagen Benz 1922

eine Reihe von Schaugläsern an der Spritzwand des Wagens (Armaturentafel) kontrollieren.

T-Top

Bezeichnung für ein Autodach mit zwei Dacheinsätzen, die sich herausnehmen lassen, wobei ein stabilisierender Mittelsteg stehen bleibt (→Nissan, →Pontiac).

Tucker

Amerikanische Personenwagenmarke (Chicago, 1946-1948), benannt nach ihrem Gründer Preston T. Tucker. Das nur in 51 Exemplaren gebaute Tucker Torpedo galt als die innovativste Personenwagenkonstruktion ihrer Zeit: Der Heckmotorwagen (Sechszylinder-Boxer, luftgekühlt) hatte ringsum Einzelradaufhängung, Scheibenbremsen, ein 24-Volt-System, ein gepolstertes Sicher-

Tropföler

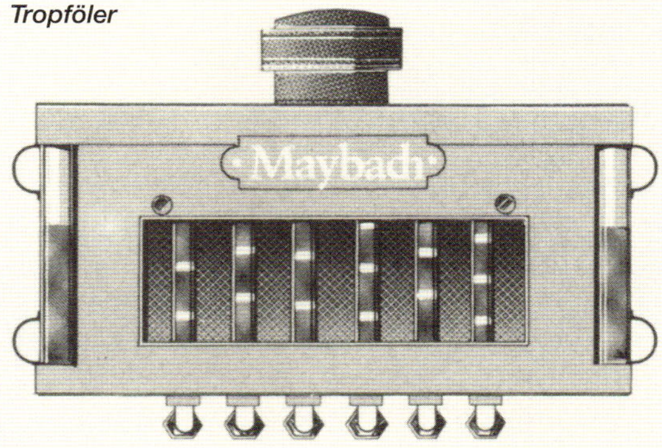

TURBINENWAGEN

Chrysler Turbinenwagen auf einer Probefahrt In Detroit, 1955

Einen Personenwagen mit einer drehmomentstarken, stufenlos arbeitenden Gasturbine statt mit einem Verbrennungsmotor mit Untersetzungsgetriebe anzutreiben, beschäftigte in den fünfziger Jahren eine ganze Reihe von Ingenieuren in den großen Automobilfabriken in Europa und in den USA. Auch bei Chrysler in Detroit entstanden 1955 einige Fahrzeuge mit Turbinenmotor, die über Tausende von Erprobungsmeilen geschickt, letztlich aber als nicht serienfähig erkannt wurden. Die Entwicklung ging dennoch weiter; 1963 legte man sogar eine Serie von 50 Fahrzeugen auf, die man nacheinander mehr als 200 Familien in Amerika zur Verfügung stellte, um deren Erfahrungen damit auswerten zu können. Einige Exemplare erhielten eine elegante Coupékarosserie von Ghia in Turin.

Eine praktische Anwendung des Prinzips, strömende Gase von hoher Temperatur in mechanische Arbeit umzusetzen, blieb jedoch weiterhin der Luftfahrt und der Raumfahrt vorbehalten. Gasturbinenwagen wurden zwar sogar im Rennsport getestet, aber allein die Umwandlung von flüssigem in gasförmigen Kraftstoff war ein nicht unkomplizierter Prozess, für den ein so genannter Gemischerzeuger notwendig war – groß, schwer und konstruktiv zu aufwendig. Die Gasturbine hat den doppelten, die Dampfturbine sogar den zweieinhalbfachen Raumbedarf im Vergleich zu einem Ottomotor, der Bauaufwand beträgt mindestens das Vier- bis Fünffache. In punkto Lebensdauer, Leistung, Geräusch und Abgasverhalten wäre die Gasturbine zwar jedem anderen Antriebsprinzip überlegen, doch so lange der Raum-, Kosten- und Gewichtsvergleich den Ausschlag für eine Großserienproduktion gibt, bleibt die Gasturbine im Hintergrund.

So avancierten auch Chryslers Versuchsfahrzeuge allesamt zu Museumsfahrzeugen, wie auch die Prototypen vieler anderer Hersteller, die im Verlauf der Jahrzehnte solche Experimente unternahmen.

Tucker Torpedo 1947

heits-Armaturenbrett, ein federndes Sicherheitslenkrad sowie Sitzgurte und war etwa 195 km/h schnell.

Tudor

Von →Ford, USA, zum Modelltyp erhobene Bezeichnung (analog zum Namen eines englischen Adelsgeschlechts) für eine zweitürige Limousine («two door«), eingeführt eim T-Modell. Chrysler konterte mit einem «Windsor«.

Ford Tudor 1921

Tulpenform

Um 1908-1909 kamen Tourenwagen-Karosserien in Mode, die mit ihren ausladenden oberen Kanten an eine aufgeblühte Tulpe erinnerten. Die Tulpenform, die meist schnellen, sportlichen Fahrzeugen vorbehalten war, hielt sich bis Mitte der 1920er Jahre, als das Styling ins Gegenteil umschlug und bei Tourenwagen leicht nach innen gewölbte Oberkanten aufkamen (→Barrel sided Tourer).

Turbinenwagen

Versuche mit →Gasturbinen zum Antrieb von Straßenfahrzeugen wurden von zahlreichen Automobilherstellern vorgenommen (z. B. →Chrysler, →Rolls-Royce, gefolgt von →Austin, →BSA/Daimler, →Armstrong-Siddeley, →Rover sowie einer Reihe von Nutzfahrzeugherstellern). Die Fahrzeuge blieben Prototypen bzw. fuhren außer Konkurrenz bei Rennen mit (→Detailwissen).

Turbo (I)

In der Schweiz (1920) als auch in Deutschland (1923) hergestellter Kleinwagen, u. a. mit Fünfzylinder-Sternmotor.

Turbo (II)

Kurzform für →Turbolader.

Turbolader

Eine vom Druck der Motorabgase betriebene Turbine zur Erhöhung der Ansaugwirkung. Erster Serien-Personenwagen mit Turbolader war 1961 ein →Oldsmobile Jetfire. Erster Serien-Pkw mit Turbo-Dieselmotor war 1982 der Mercedes-Benz 300 D (Fünfzylinder mit Abgasturbolader von Garrett AiResearch).

Turcat-Méry

Französisches Automobilfabrikat (Marseille, 1899-1929), gegründet von Léon Turcat und Simon Méry. Turcats Enkelsohn André saß als erster Pilot 1976 am Steuerknüppel einer Concorde-Linienmaschine.

Turicum

Von Martin Fischer (Zürich, 1904-1914) gegründetes Fabrikat. Die Autos hatten →Reibradantrieb und dank guter Qualität eine hohe Reputation.

TVR

Britische Sportwagenmarke (Blackpool, seit 1954), gegründet von Trevor Wilkinson. Verwendung von Motoren, die man von →M.G., →Ford, →Triumph, →Rover und anderen Herstellern bezog.

Two-seater

Im Englischen übliche Bezeichnung für einen Zweisitzer. Das Wort →Roadster stammt hingegen aus den USA.

»Die Erfindung eines Gottlieb Daimler, Cannstatt, wird für die Entwicklung des Verkehrsgeschehens wohl ohne Bedeutung bleiben.«

Großer Brockhaus, 1896

Überdruckförderung
Kraftstoff-Fördersystem, bei welchem Auspuffgase durch den Kraftstofftank geleitet werden, unter deren Druck der Brennstoff zum Vergaser gelangt. Vor dem Starten des Motors musste im Tank durch eine Handpumpe ein Überdruck erzeugt werden.

Ulster
Nach einem Rennen in der nordirischen Provinz Ulster 1931-1933 benannter Sportwagen bei →Aston Martin.

Ultramobile
Von 1904 bis 1908 zunächst in Eisenach, dann in Berlin hergestelltes Lizenzmodell vom →Oldsmobile »curved dash«. In Paris gab es 1908 ebenfalls eine als Ultramobile bezeichnete Konstruktion nach gleichem Muster.

Umkehrspülung
→Schnürle-Umkehrspülung.

Umlaufgetriebe
Anderer Ausdruck für →Planetengetriebe.

Umlaufschmierung
→Druckumlaufschmierung.

Underslung-Rahmen
Aus dem Englischen übernommene Bezeichnung für einen unterhalb der Achsen durchgeführten Rahmen (→ Chassis) bei einem Automobil, was eine niedrigere Bauhöhe und einen tieferen Fahrzeugschwerpunkt ermöglicht. Erste Underslung-Rahmenkonstruktion wies der französische Stabilia (1907) auf. Ein als American Underslang (Indianapolis, 1914) gebauter Sportwagen führte diese Bauweise sogar im Markennamen.

Unic
Französisches Personen- und Nutzfahrzeugfabrikat (Puteaux, 1904-1986), gegründet von →Georges Richard. Die bis 1939 hergestellten Unic-Personenwagen hatten sämtlich Magnetzündung, Ab 1935 →Cotal-Getriebe. Die Nutzfahrzeuge hatten ab 1932 Dieselmotoren (Lizenz →Daimler-Benz). 1949 Übernahme durch →Simca, 1966 Weitergabe an →Fiat und dadurch heute zur →Iveco-Gruppe gehörend.

Unimog
Abkürzung für Universal-Motorgerät, 1948 als Marke durch die Gebr. Böhringer GmbH in Göppingen gegründet. Die erste Ausführung des als landwirtschaftl. Nutzfahrzeug konzipierten Mehrzweckfahrzeugs wies einen 1,8-Liter-Dieselmotor von →Mercedes-Benz auf, noch ehe dieses Aggregat im Mercedes-Benz 170 D (Mai 1949) debütierte. 1951 Übernahme durch →Daimler-Benz und Produktion in Gaggenau, einst Sitz der Süddeutschen Automobilfabrik (SAF) und Produktionsstätte des →Orient Express und des →Liliput, bevor sich →Benz hier niederließ.

Unimog Typ 2010, 1951-1963

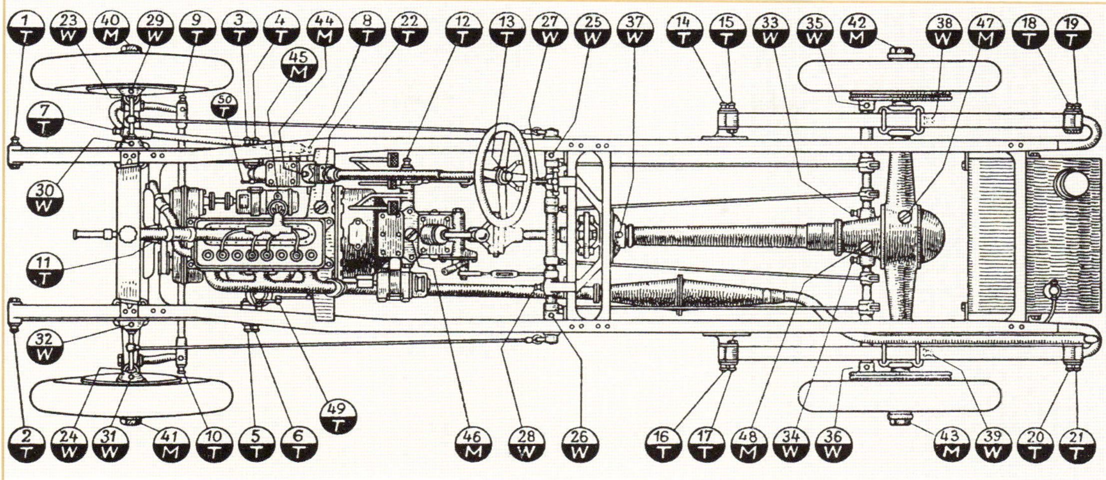

Unterbau, Untergestell

In den 1920er und 1930er Jahren alternativ benutzte Ausdrücke für →Fahrgestell bzw. Chassis. In den Jahren vor 1930 war dem so genannten Untergestell ein besonders hohes Maß an Aufmerksamkeit zu widmen, allein schon die Zahl der Schmier- bzw. Nachfüllstellen betrug je nach Fahrzeugtyp bis zu 50. Auf dem oben abgebildeten Plan betreffen die Zahlen 1 - 6 die Schmierstellen an den Federbolzen, 7 - 8 die Lenkung, 9 - 10 die Spurstange, 11 das Lüfterlager, 12 die Fußhebelwelle, 13 den Lenkstock, 14 - 21 die Federbolzen, 22 den Öleinfüllstutzen am Motor, 23 - 24 die vorderen Achszapfen, 25 - 28 die Bremsausgleich-Wellenlager, 29 - 32 die Vorderrad-Bremswellen, 33 - 36 die Bremswellenlager, 37 den Kardanwellen-Schubkegel, 38 - 39 die hinteren Blattfedersättel, 40 - 41 die vorderen Radnaben, 42 - 43 die hinteren Radnaben, 44 das Lenkgehäuse, 45 das Lichtmaschinenlager, 46 das Getriebe, 47 - 48 das Differenzialgehäuse (Öl), 49 - 50 das Regelgestänge für Vergaser und Zündung. T bedeutet täglich oder nach maximal 500 km, W wöchentlich oder nach 2000 km, M nach 10.000 km Laufstrecke.

Unitary construction

Englische Bezeichnung für →selbsttragende Bauweise.

untengesteuerter Motor

Andere Bezeichnung für seitengesteuerter Motor (→sv).

Unterdruckförderung

System der Kraftstoffförderung durch den im Ansaugrohr des Motors erzeugten Unterdruck (Vakuum), wodurch das Benzin aus dem Kraftstofftank gesaugt und zum Vergaser befordert wird (→Autovac).

Unterdruck-Scheibenwischer

Neben durch einen Elektromotor betriebene Scheibenwischer gab es einen 1924 von der Fa. Feldmann in Soest entwickelten Scheibenwischerantrieb, der nur bei laufendem Motor mittels Unterdruck arbeitete (angewendet z. B. bei →Opel).

Unterflurmotor

Bezeichnung für einen unterhalb des Fahrzeugbodens installierten Motor, meist bei Nutzfahrzeugen (→Büssing) bzw. Fahrzeugen mit liegenden (Flach-)Motoren angewendet. Erster Personenwagen mit einem Unterflurmotor war der →Lanchester von 1896.

untergesteuerter Motor

anderer Ausdruck für seitengesteuerten Motor (→sv).

Utermöhle

Deutscher Karosseriehersteller (Köln, 1900-ca.1920), aus dem Kutschwagenbau kommend. 1913 Übernahme durch →Deutsch.

Utility

Englische Bezeichnung für einen Mehrzweck- oder Lieferwagen, heute im Sinne eines Kombiwagens.

Trojan Utility 1920

Vabis
Schwedisches Personen- und Nutzfahrzeugfabrikat (Södertälje, 1898-1911). Erste Modelle hatten einen V4-Zweitaktmotor. Die Stückzahlen bis zur Fusion mit →Scania in Malmö blieben gering.

Vakuumförderung
→Unterdruckförderung, →Autovac.

Vale
1933-1936 in London in geringer Stückzahl hergestellter Sportwagen mit Vierzylindermotor von →Triumph, →Coventry-Climax oder →Meadows.

Valveless
Britisches Automobilfabrikat (London, Huddersfield 1901-1914), das seinen Namen wegen des ventillos (valveless) arbeitenden Zweitaktmotors erhielt. An der Konstruktion beteiligt war der Ingenieur Frank Burgess, der 1914 zu →Humber und 1919 zu →Bentley ging und für die Entstehung des ersten 3 Liter Bentley mit verantwortlich war.

Van den Plas, Vanden Plas
Die 1884 in Brüssel gegründete Kutschenmanufaktur Van den Plas fertigte ab 1902 auch Automobilkarosserien an und machte sich bis zur Schließung 1949 einen Namen als Qualitätshersteller. Eine 1913 in London gegründete Tochtergesellschaft, bis 1960 bestehend, schrieb sich Vanden Plas und wurde vor allem für ihre hervorragenden Tourenwagenaufbauten (→Alvis, →Bentley, →Daimler, →Delage, →Rolls-Royce) bekannt. 1946 ging sie in den Besitz von →Austin über, seither trugen größere Luxusfahrzeuge dieser Marke die Modellbezeichnung Vanden Plas, die nach Integration Austins in die →British Leyland-Gruppe (BL) auch für Sonderausführungen der Marken →Daimler →Jaguar benutzt wurde.

Vanden Plas 1974

Vauxhall
Aus einer 1857 in London gegründeten Schiffsmotorenfabrik hervorgegangener Automobilhersteller (Luton, 1903 bis heute), der einst zu den bedeutendsten in Großbritannien zählte. Innovative Konstruktionen auch von Sport- und Rennwagen in den 1910er und 1920er Jahren, schon 1910 mit →Stromlinienkarosserie. Einer der maßgeblichen Chefingenieure war Laurence Pomeroy (1883-1941). 1927 kam Vauxhall zu →General Motors, daher später Übereinstimmung einiger Modelle mit

Vauxhall 1925

→Opel, ebenfalls GM-Tochter ab 1929, z.B. beim 1937 vorgestellten Vauxhall Ten mit selbsttragender Karosserie nach Opel-Vorbild. Ab 1975 wiesen Vauxhall-Modelle nahezu völlige Übereinstimmung mit Opel-Modellen auf.

VD-Kompressor
Nach seinem Hersteller Victor Derbuel, Gera, benannter →Kompressor, der nach dem System →Roots arbeitete (angeordnet zwischen Vergaser und Verbrennungsraum) und in den 1930er Jahren meist zur nachträglichen Montage an Fahrzeug-Viertaktmotoren bis 2,0 Liter Hubraum verwendet wurde.

Ventil
Absperrorgan für Gase, Flüssigkeiten oder Dämpfe, das sich unter Federdruck (federbelastetes Ventil), durch Hebel und Stößel (fremdgesteuertes Ventil) oder durch Über- bzw. Unterdruck (automatisches Ventil) betätigt wird. Im klassischen Motorenbau finden sich alle drei Systeme, teils auch in Kombination.

Ventilsteuerung
Sammelbezeichnung für die zum Öffnen und Schließen der Einlass- und Auslassventile bei einem Viertaktmotor (Nockenwelle, Stoßstangen, Kipphebel) verwendeten Bauteile.

Verdampfungsvergaser
Auch: Oberflächenvergaser. Frühe Form eines Vergasers, bei welchem der Kraftstoff in einem Gefäß großen Durchmessers an der Oberfläche verdunstet; durch die Sogwirkung des niedergehenden Kolbens im Zylinder wird das Gas dem Brennraum des Motors zugeführt. Durch die Zuführung heißer Auspuffgase an die Unterseite des Kraftstoffgefäßes ergibt sich eine effizientere Verflüchtigung des Kraftstoffs.

Verdeck
Man unterscheidet das →amerikanische Verdeck bei einem →Tourenwagen, das gefütterte Cabrioletverdeck, das ungefütterte Roadsterverdeck sowie das starre Verdeck (→Hardtop). Die unterschiedlichsten Konstruktionen waren bzw. sind patentrechtlich geschützt.

VANDEN PLAS

Vanden Plas 1500 alias Austin Allegro (vorn) 1974: links dahinter Daimler 5.3 Liter Double Six Limousine, die ebenfalls Vanden Plas hieß; rechts hinten Daimler 420 Limousine mit Vanden-Plas-Karosserie aus gleichem Hause.

Die Kraftfahrzeuggeschichte verzeichnet nur wenige Karosseriehersteller, deren Namen zugleich ein Autofabrikat kennzeichnete. Zu ihnen gehört die 1884 in Belgien als Kutschenmanufaktur gegründete Firma Van den Plas, die wie die meisten der Branche Anfang des 20. Jahrhunderts zum Produzenten für Autokarosserien avancierte. 1923 etablierte sich in Kingsbury bei London ein Zweigunternehmen, das sich Vanden Plas schrieb und Aufträge von namhaften Automobilproduzenten in England erhielt.

1946 wurde Vanden Plas von Austin übernommen, und in der Folgezeit erhielten die größeren Repräsentationsmodelle dieser Marke wie der Typ A 120 oder A 135 die Zusatzbezeichung »Vanden Plas« oder »Vanden Plas Princess« Noch war der Name Vanden Plas nicht zu einer eigenständigen Marke mutiert; dieser Vorgang vollzog sich erst 1970, als in der inzwischen gegründeten British Leyland Motor Corporation (BLMC) einzelne Gruppen wie Austin-Morris oder Rover-Triumph in separate Vertriebsorganisationen zusammengefasst wurden. Im Zuge dieser Maßnahme erkor man bei BLMC die Modellbezeichnung Vanden Plas – kurz vorher hatte sie noch für Luxusversionen einiger Jaguar und Daimler-Modelle hergehalten – zu einer eigenen Marke. Unter ihr rangierten die luxuriösen, mit Holz- und Leder-Interieur versehenen Modellversionen des Austin/Morris 1100 und 1300 sowie eine 3-Liter-Limousine.

Eine klare Abgrenzung der Modellbezeichnungen hat es während der British-Leyland-Ära nie gegeben – mit wenigen Ausnahmen, zu denen Rover und Jaguar gehörten. Das Image der traditionsreichen Marken Austin, Morris, Riley, Wolseley, Triumph und M.G. verschwamm nach und nach durch eine Vermischung von Konstruktions- und Stylingelementen; die Markenembleme waren beliebig austauschbar geworden und standen für keine eindeutige Identifikation mehr.

Das letzte Modell unter der Marke Vanden Plas war eine Variante des Austin Allegro, gebaut von 1974 bis 1980. Zunächst mit 1,5-Liter-Motor, ab 1976 mit 1,8-Liter-Motor angeboten, wies dieser Vanden Plas ein dem damaligen Trend entsprechendes Design in Keilform auf, hatte aber einen überproportional großen Kühlergrill. Daneben gab es – verwirrend genug – auch einen Princess, ab Herbst 1975 in der British-Leyland-Gruppe ebenfalls als eine eigene Marke geführt und mit dem gleichen 1798-ccm-Motor (83 PS) bestückt, wie ihn der Vanden Plas hatte. Das Princess-Modell wurde bis 1982 gefertigt, bevor die Ablösung durch den Austin Ambassador kam. Der Markenname Princess verschwand wieder, während die Modellbezeichnung Vanden Plas künftig Jaguar und Daimler vorbehalten blieb, zwei Marken, die 1984/85 aus dem British-Leyland-Konglomerat ausgegliedert wurden, bevor sie wenig später in den Besitz des Ford-Konzerns übergingen.

Veritas 1949

Verdichter

Anderer Ausdruck für →Kompressor.

Verdichtungsminderer

Mechanisches Ventil, das sich bei frühen Motorenbauarten auf dem Zylinderkopf befand und kurzzeitg beim Anlassen geöffnet wurde, um die Kompression (Verdichtung) zu verringern und den Anlassvorgang zu erleichtern (→Zischhahn).

Veritas

Deutsches Sportwagenfabrikat (Hausen, Messkirch, Rastatt, Nürburgring, 1947-1953), gegründet von Lorenz Dietrich, Ernst Loof (ehemals BMW Sportchef) und Georg Meier. Erste Fahrzeuge auf Basis des →BMW 328, später mit 2-Liter-Motoren von Heinkel (Cabrios, Coupés, Rennwagen). Die im Motorsport (Formel 2) sehr erfolgreichen Rennwagen spielten für die Wiederbelebung des Motorsports im Nachkriegsdeutschland eine wesentliche Rolle. Bei Auflösung der Firma übernahm Lorenz Dietrich die Namensrechte und baute auf Basis des kleinen Frontantriebs-Panhard Dyna mit Karosserien von →Baur Sportzweisitzer unter der Bezeichnung Dyna-Veritas.

verstellbares Lenkrad

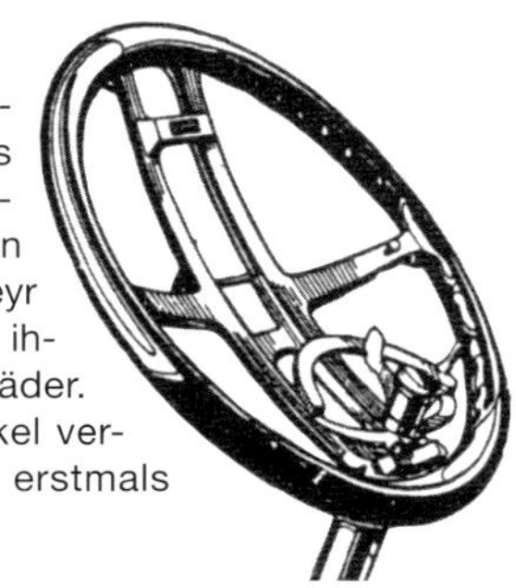

Um dem Fahrer ein bequemeres bzw. schnelleres Ein- und Aussteigen zu ermöglichen, gab es schon den 1920er Jahren (z.B. bei →Steyr 1925) hochklappbare oder in ihrer Höhe verstellbare Lenkräder. Eine in ihrem Neigungswinkel verstellbare Lenksäule gab es erstmals 1911 bei einem →Rambler.

Vermorel

Französischer Automobilhersteller (Villefranche-sur-Saone, 1898-1927), 1850 als Fabrik für landwirtschaftliche Maschinen gegründet. Unter der Leitung von Victor Vermorel Aufnahme der Automobilproduktion, die mit seinem Tode 1927 beendet wurde. Landwirtschaftliche Geräte wurden in Villefranche noch bis 1965 hergstellt.

Verschiebeschaltung

Anderer Ausdruck für →Kulissenschaltung.

Vespa

Die italienische Firma Piaggio stellte zeitweilig auch Kleinwagen her, die von 1955 bis 1961 in Fourchambault, Frankreich, gebaut wurden. Das 400-ccm-Auto war sehr modern konzipiert, für die Kleinwagenwelle aber zu spät auf den Markt gekommen.

Veteranenwagen

Sammelbegriff für historische Automobile, in der Definition der →FIVA und der ihr angeschlossenen Verbände jedoch nur Motorfahrzeuge vor Baujahr 1919.

Victoria

Aus dem Kutschenbau übernommene, vor dem I. Weltkrieg übliche Bezeichnung für einen zweisitzigen Wagen mit leichtem Klappverdeck.

Vierradantrieb

Erste Versuche mit vier angetriebenen Rädern unternahm Ferdinand →Porsche bei →Lohner, bevor→Spyker 1903

Victoria Peugeot 1892

Vespa 400 1958

URSPRUNG DES VAN

Chevrolet Suburban Van 1953

Mit Van bezeichneten die Amerikaner in den frühen 1950er Jahren einen Großraumkombi, dessen Name vermutlich eine Abkürzung von »Caravan« darstellt. Aus den USA kam der Name nach Europa herüber, und mit ihm das Fahrzeugkonzept. Es unterschied sich vom entfernt vergleichbaren Volkswagen-Transporter insoweit, als dieser von vornherein als ein Nutzfahrzeug auf Personenwagenbasis ausgelegt war und nicht nur im Hinblick auf die Antriebskomponente mit einem VW-Pkw viel gemein hatte, während der typisch amerikanische Van in seiner Urform eher einen auf Pkw-Größe »geschrumpften« Lastwagen verkörperte, dem man stilistische Elemente zeitgenössischer Personenwagen verlieh.

Der Van begann sich durchzusetzen. Er war geräumiger als ein Kombiwagen, bot allerdings auch weniger Komfort, hatte die robusten Qualitäten eines Lastwagens und wurde weniger dem allgemein jährlich vorgenommenen Stylingwechsel unterzogen, was seinem Wiederverkaufswert zugute kam. Besonders auf dem Lande, aber auch bei Großfamilien und Gewerbetreibenden fand der Van viel Anklang.

Chevrolet, Ford und Dodge waren in den Vereinigte Staaten in den frühen 1950er Jahren die Pioniere im Van-Business. Gleichzeitig erlebte der »Pickup Truck« seine große Blüte, jener Pritschenwagen, der anfangs konstruktiv mit dem Van eng verwandt war. Ob überdimensionierter Achtsitzer oder Halbtonner-Pickup: die Fahrzeuge wiesen ein äußerst kräftiges Leiterrahmen-Fahrgestell mit Starrachsen und Blattfederung auf, hatten Sechszylinder- (seltener Achtzylinder-)Motoren, Dreiganggetriebe, reichlich Chromschmuck und massive Stoßstangen vorne und hinten.

Der abgebildete Van im Dienst einer Fluggesellschaft ist ein 1953er Chevrolet Suburban Modell 3106, in großen Stückzahlen gebaut und sozusagen ein Prototyp seiner Kategorie. Sein 3,9-Liter-Motor leistete 105 PS bei 3600 U/min und war mit dem im Pkw BelAir identisch. 1953 und 1954 gab es gar keinen anderen Motor im Chevrolet-Autoprogramm; erst vom Modelljahrgang 1955 an bot man neben Sechszylindern auch Achtzylinder an.

Kleine, in Pkw-Art aufgebaute Lastwagen hat es natürlich schon früher gegeben, auch in Europa. Die kleinste Version des Opel-Blitz, der kleine Borgward-Lkw und andere kombinierte Nutz- und Personenwagen waren von vergleichbarer Charakteristik. Sie fanden aber nur geringe Verbreitung und lösten schon gar nicht einen regelrechten Trend aus wie der US-Van, der schon in den 1960er Jahren eine eigene Fahrzeugkategorie bildete und im Straßenbild eine zunehmende Rolle spielte, erst in den Vereinigten Staaten, bald auch in Europa. Die Japaner griffen den Trend auf (Mitsubishi Space Wagon), ebenso die Franzosen (Renault Espace), und über kurz oder lang gab es kaum mehr einen Automobilhersteller, der nicht ein Van-Modell im Programm führte.

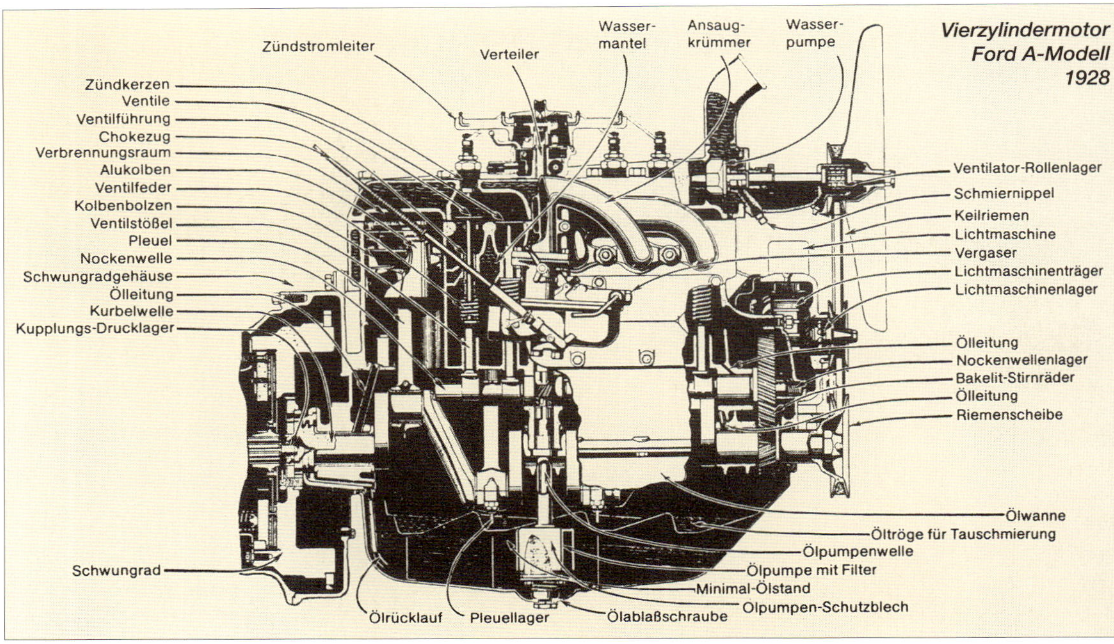

ein solches Fahrzeug präsentierte. →Bugatti brachte 1931 einen allradgetriebenen Bergrennwagen heraus, →Cisitalia 1948 einen in Zusammenarbeit mit →Porsche entwickelten Zwölfzylinder-Rennwagen, →Jensen 1966 die CV-8-FF 4x4 Sportlimousine. Bevor im Personenwagenbereich (Audi quattro, 1980) der Allradantrieb für die Straße weitere Verbreitung fand, blieb er das Privileg von Gelände- und Militärfahrzeugen. Erste allradgetriebene Lastwagen gab es in den 1920er Jahren.

Vierradbremse

Erst Anfang der 1920er Jahre begann sich die Vierradbremse durchzusetzen (erster Prototyp: →Spyker 1902, erster Serienwagen: 50 PS →Ehrhardt, 1908). Erst die Entwicklung eines (zunächst mechanischen) Bremskraftausgleichs zwischen den vorderen und den hinteren Rädern machte es möglich, beide Räderpaare so zu verzögern, dass ein Überbremsen (und damit die Gefahr des Schleuderns) bei unterschiedlich starker Bremswirkung vermieden wurde.

Viertelelliptikfeder (Morgan 1913)

Viertelelliptikfeder

→Blattfeder.

Vierzylindermotor

Den ersten Automobil-Reihenvierzylinder konstruierte Wilhelm →Maybach bereits 1890, doch erst 1896 baute →Panhard-Levassor ein solches Aggregat in einen Motorwagen ein. Der erste Vierzylinder in V-Bauweise erschien 1897 in einem →Mors. Nicht vor 1904 begannen sich Vierzylindermotoren allgemein durchzusetzen; der erste →Mercedes von 1900/01 hatte den entscheidenden Anstoß dazu gegeben. Der Vierzylinder-Wagen entwickelte sich zum am meisten verbreiteten Mittelklasse-Automobil (0,8 bis 2,6 Liter) (→Seite 274).

Vignale

Alfredo Vignale (1913-1969) war einer der großen Karosseriedesigner Italiens und schuf bemerkenswerte Aufbauten für diverse →Alfa Romeo, →Fiat, →Lancia, →Maserati und andere Autohersteller. 1968 ging die Firma an →De Tomaso über, 1974 wurde sie liquidiert.

Vinot, Vinot-Deguingand

Französischer Automobilhersteller (Puteaux, Nanterre, 1901-1929), hervorgegangen aus einer Fahrradfabrik. Ab 1907 zu →Clément und →Gladiator gehörend. 1921 Einführung von Kolben aus Aluminium, 1924 Vierradbremsen. Nach der Schließung Übernahme durch →Donnet.

Vintage

Aus dem Englischen übernommene und international verwendete Bezeichnung für die Epoche der 1920er Jahre und damit ein zeitliches Zuordnungskriterium (Vintage Cars) für alle zwischen 1919 und 1930 gebauten Fahrzeuge.

Vintage-Auto: Dixi 1925

Vis-á-vis

Bezeichnung für die Anordnung von Sitzen bei Fahrzeugen vor 1900, bei denen die Passagiere einander gegenüber saßen.

Benz Vis-à-vis 1894

Vivinus

Belgischer Hersteller (Brüssel, 1899-1919), hervorgegangen aus einer 1890 gegründeten Fahrradmanufaktur. 1895-1899 Vertretung der Marke ➔Benz. Die großen und schnellen Vivinus (u.a. von ➔De Dietrich in Lizenz hergestellt) entstanden in nur geringen Stückzahlen.

V-Motor

Die Idee, Mehrzylindermotoren in V-Bauweise zu bauen, realisierte erstmals Wilhelm ➔Maybach 1892 mit einem Zweizylinder für den Daimler Riemenwagen. Technisches Merkmal des V-Motors ist die gemeinsame Pleuelanordnung von zwei gegenüberliegenden Zylindern auf einem Kurbelzapfen.

Voisin

Der französische Automobil- und Flugpionier Gabriel Voisin (1880-1973) stellte von 1919 bis 1939 in Issy-les-

Voisin 1934

Moulinaux bei Paris eine große Zahl bemerkenswerter Fahrzeuge her, in denen Elemente aus dem Flugzeugbau zur Anwendung kamen (Stromlinie, Leichtmetalle) und deren Palette vom kleinen 500-ccm-Modell bis zum luxuriösen V12 reichte. Die meist avantgardistisch karossierten Limousinen und Tourenwagen – teils mit Vier- bzw. Sechszylinder- ➔Schieberventilmotoren – genossen hohe Wertschätzung. 1950-1958 wurden nach einer Voisin-Konstruktion in Spanien Kleinstwagen unter der Marke Biscooter bzw. Biscuter gebaut.

Voiturelle

Von ➔Ehrhardt bei seinem ersten ➔ Wartburg verwendete Bezeichnung für einen leichten Zweisitzer, dessen Konstruktion er von ➔Decauville übernommen hatte. Decauville als Lizenzgeber für den Wartburg hatte den Namen gewählt, um sich gegen ➔De Dion-Bouton abzugrenzen, die ihre Modelle als ➔Voituretten anboten.

Renault Voiturette 1902

Voiturette (I)

Aus dem Französischen stammende Bezeichnung (»kleiner Wagen«) für ein leichtes Automobil, meist zweisitzig. Erste Modellbezeichnung fand man bei ➔Léon Bollée und ➔De Dion-Bouton. Vorläufer des ➔Cycle car.

Voiturette (II)
Im Motorsport eingeführte Kategorie für Fahrzeuge von 200 bis 400 kg, später bis zu bestimmten Hubraumgrößen: 3000 ccm (1911-1919), 1400 ccm (1920), 1500 ccm (1921-1925, 1934-1940), 1100 ccm (1926-1934).

Volant
Aus dem Französischen stammende Bezeichnung für das Lenkrad.

Volkswagen, VW
Der vom Konstruktionsbüro →Porsche in Stuttgart im Regierungsauftrag entwickelte Volkswagen mit luftgekühltem Heckmotor, Plattformrahmen und Drehstabfederung, der 1938 seine Serienreife erlangte, wurde in zunächst 30 Versuchsexemplaren bei →Daimler-Benz angefertigt. Das 1942 bis 1945 dann in Wolfsburg gebaute Modell war ein →Kübelwagen für die Wehrmacht, ehe nach Kriegsende die Produktion des zivilen VW »Käfers« in Gang kam, der im Laufe der Zeit (Produktionsende des ab 1978 nicht mehr in Deutschland, sondern in Mexiko gebauten VW: 2003) mit mehr als 21,5 Millionen Exemplaren zum meistgebauten Auto der Welt avancierte. Bei →Hebmüller (1949) und →Karmann (bis 1980) entstanden Cabriolets, bei anderen Firmen weitere Sonderausführungen. VW Bus und Transporter ab 1950, VW 1500 bzw. 1600 Limousine, Fließheck-Limousine und Kombi 1961; 1968 411, Einführung des Passat (parallel zum →Audi 80) 1973. Der VW Golf – wie der Passat mit wassergekühltem Frontantriebsmotor – erschien 1974. Zunehmende Modellvielfalt, Modellüberschneidungen mit →Audi seit Übernahme von Audi-NSU. Zur Volkswagengruppe gehören neben →Audi auch →Seat (seit 1985), →Skoda (1991), →Lamborghini (1998) und →Bentley (2000). Sonderausführungen wie der Enzmann, der Denzel, das Colani Coupé, die von →Rometsch gebauten viertürige Käfer oder Ponton-Roadster haben hohen Sammlerwert.

Voll & Ruhrbeck
Deutscher Karosseriehersteller (Berlin, Essen, 1920-1945), der teils exklusive Aufbauten für z.B. →Audi, →Bugatti- und →Mercedes-Benz-Fahrzeuge anfertigte.

Vollcabriolet
Zur Unterscheidung von der →Cabrio-Limousine oder zum →Landaulet benutzte Bezeichnung für ein →Cabriolet, dessen Dach sich nicht nur zurückschlagen, sondern zur Gänze öffnen und im Verdeckkasten versenken lässt.

Vollelliptikfederung
→Blattfeder.

VW Exportmodell 1953

VW 1600 1963

Volkswagen Cabriolet Karmann 1953

Rechts: 1952 bei der Karosseriefirma Rometsch angefertiges Sportcabriolet auf dem Plattformrahmen eines Volkswagens

Renault 1913 mit Vollgummibereifung

Vollgummireifen

Die bis etwa 1900 bei Personenwagen (und noch bis in die 1920er Jahre bei Lastwagen) verwendeten Vollgummireifen wogen ihren Mangel an Fahrkomfort nur durch einen einzigen Vorteil auf: aus ihnen konnte bei einer Beschädigung keine Luft entweichen.

Vollmer, Josef

Bedeutender deutscher Konstrukteur (1871-1955), der bei →Bergmann in Gaggenau (Konstrukteur des →Orient Express) und Kühlstein in Berlin arbeitete, ehe er in eigener Regie Elektrofahrzeuge baute. Vollmer war für →Daimler-Benz, →Dinos, →Hanomag, →Hansa-Lloyd, →Komnick, Krupp und andere Hersteller tätig und erwarb sich vor allem Verdienste in der Weiterentwicklung des Dieselmotors.

Vollscheibenrad

Bezeichnung für eine Felge aus gepresstem Stahlblech oder Leichtmetall, das gegen 1919 aufkam (erste Anwendung bei →Citroën) und die →Artilleriefelge verdrängte.

Vollschutzrahmen

Von →BMW bei Einführung des Modells 501 (1952) verwendete Bezeichnung für eine besonders steife, stabile Chassiskonstruktion, bei der die Längsträger als geschlossene Kastenprofile im äußeren Bereich der Fahr-

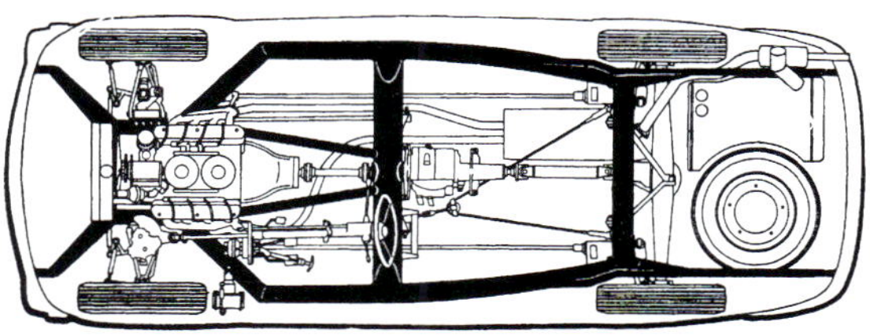

Vollschutzrahmen ders BMW 502 (1952)

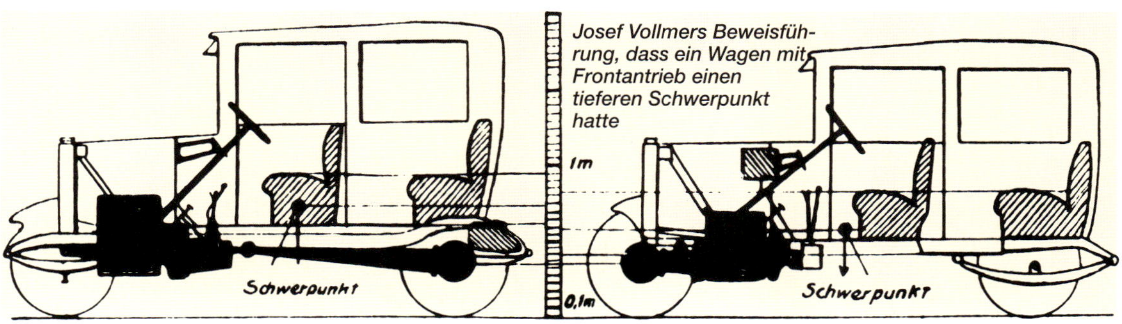

Josef Vollmers Beweisführung, dass ein Wagen mit Frontantrieb einen tieferen Schwerpunkt hatte

Volvo PV 544, 1958 der meistgekaufte Wagen in Schweden

zeugseite verliefen; unterhalb des Motors gab es eine Kreuzverstrebung, deren Enden vorn die Stoßstange trugen; hinten liefen die Längsholme bis zur Aufnahme der Stoßstangenhalterungen aus. Sinn der Bauweise war, die Fahrgastzelle nicht nur bei Front- oder Heckkollisionen, sondern vor allem bei seitlichem Aufprall optimal zu schützen.

Vollschwingachser

Bezeichnung für einen Wagen mit hinterer →Schwingachse und vorderer Einzelradaufhängung.

Volvo

Schwedisches Automobilfabrikat (Göteborg, 1927 bis heute), das mit Hilfe von SKF (Kugellager; volvo = lat. ich rolle) entstand, zum bedeutendsten Skandinaviens aufstieg und für solide Konstruktionen und Langlebigkeit berühmt wurde. Mit den Nachkriegsmodellen PV 444 und 544, der nachfolgenden Baureihe 120, den Sportcoupés der Reihe 1800 begann Volvo auch in Exportländern, vor allem in den USA große Erfolge zu erzielen. Volvo-Nutzfahrzeuge werden seit 1928 gebaut, seit 1933 mit Dieselmotor. Nach Scheitern der geplante Fusion mit Renault 1990 verkaufte die AB Volvo ihre Pkw-Produktion (Volvo Car Corp.) im Frühjahr 1999 an →Ford. In die Volvo Trucks International wurde 2002 auch die RVI (Renault Nutzfahrzeuge) integriert.

Vomag 1930

Vomag

In Plauen, Vogtland, nahm die Vogtländische Maschinenfabrik AG den Bau von Lastwagen auf; Vomag avancierte bald zu einem der führenden Nutzfahrzeughersteller in Deutschland und erreichte etwa die gleiche Bedeutung wie Büssing, Henschel oder MAN. 1924 entstand auf einem Vomag-Chassis Deutschlands erstes Wohnmobil, aufgebaut von der Karosseriefirma Trutz in Coburg. Viele der in Berlin verkehrenden Doppelstock-Omnibusse kamen von Vomag. Nach dem Kriege wurde der Fahrzeugbau nicht fortgesetzt.

Voran

Kleiner, 1924-1928 in Berlin gebauter Wagen. Nach der Übernahme durch →NAG Herstellung eines 1,5-Liter-Frontantriebwagens (1933-1934) unter der Bezeichnung NAG-Voran.

Vorderradantrieb

Andere Bezeichnung für →Frontantrieb.

Vorderradbremse 1914

Vorderradbremse

Erst 40 Jahre nach der Inbetriebnahme des ersten Motorwagens 1886 wurde es zu einer Selbverständlichkeit, dass Automobile auch an den Vorderrädern Bremsen aufwiesen. Mit nur wenigen Ausnahmen (→Vierradbremse) hatten Serienwagen vor 1925 Bremsen nur an den Hinterrädern bzw. an der Kardan- oder Getriebehauptwelle.

Vorsteckwagen

Motorfahrzeug, das im Grunde wie ein Motorrad (→Tricycle) aufgebaut ist, statt des einzelnen Vorderrades aber eine Achse mit zwei Rädern besitzt, zwischen denen sich ein Sitzplatz befindet. An den vorderen Holmenenden des Fahrzeugrahmens sitzen die meist ungefederten Räder an Steckachsen (Achsschenkellenkung).

Vorwählgetriebe

Wechselgetriebe mit einem mechanischen, elektrischen oder pneumatisch betätigten Schaltsystem, bei dem ein

Vorsteckwagen Victoria 1904

Gang vor dem eigentlichen Schalten »vorgewählt« und der Wechsel erst durch Betätigen der Kupplung oder durch Gaswegnehmen (Entstehung von Unterdruck) effektiv wird (→Cotal, →Wilson).

Vulcan

Bezeichnung eines britischen Automobilfabrikats (Southport, 1902-1953), unter welchem Personenwagen bis 1928 und Nutzfahrzeuge bis 1953 hergestellt wurden. Ab 1950 gehörte Vulcan zur →Rootes Group.

Vulpès

Französische Automobilmarke (Clichy bei Paris, 1905-1910), unter der Fahrzeuge mit Vierzylindermotoren von →De-Dion-Bouton verkauft wurden.

DETAILWISSEN

SPORTLICHER BUCKELVOLVO

Einen großen Teil seiner Popularität verdankt die Marke Volvo ihren Sporterfolgen. Obwohl er im Kriegsjahr 1944 keineswegs als Sportwagen konstruiert worden war, erwarb sich der so genannte »Buckelvolvo« im Motorsport einen großartigen Ruf als extrem zuverlässiges und schnelles Rallye- und Rundstreckenfahrzeug. In der Kategorie der Serientourenwagen ging der Volvo 544, von 1958 bis 1965 als Nachfolger des Modells 444 gebaut, mit den im Reglement erlaubten Spezifikationen an den Start unendlich vieler Wettbewerbe.
1965 war das letzte Produktionsjahr des Volvo 544, und in jener Saison gab der so erfolgreiche Wagen auch seine letzten Vorstellungen. Einen besonders spektakulären Erfolg erzielten die Brüder Singh 1965 noch einmal mit ihrem überzeugenden Gesamtsieg bei der East African Safari. Dieser Wettbewerb durch den afrikanischen Busch abseits befestigter Straßen, zu absolvieren in sengender Hitze, mit Einlagen von tropischen Regengüssen, galt seinerzeit als die schwerste Rallye der Welt; wer sie durchstehen wollte, musste über bestes Material verfügen. Staub, Sand, Schlamm und Steine machte die Veranstaltung zu einer strapaziösen Offroad-Tour für Mensch und Auto. Mercedes-Benz und Peugeot, später auch japanische Fabrikate profilierten sich in diesem Wettbewerb, doch der Volvo-Sieg von 1965 machte aus besonderem Grund Schlagzeilen: Das Auto der Singhs war ein Gebrauchtwagen, den der lokale Importeur als Schrottfahrzeug erworben hatte. Erst kurz vor dem Rallyestart war der Unfallwagen wieder fahrbereit aufgebaut worden...
Ein Jahr später fanden die werksseitigen Einsätze – jetzt mit dem Nachfolger des 544, dem Volvo Amazon – ein vorzeitiges Ende. Anlass war der Verkehrsunfall eines Servicefahrzeugs, bei dem es zwei Todesopfer gegeben hatte.
Als das Werk seine Aktivitäten im Motorsport einstellte, setzten private Teams ihr Engagement noch einige Jahre fort und brachten ihre »Buckelvolvos« noch an den Start zahlreicher Rallyes sowie Berg- und Rundstreckenrennen. Aber nicht nur im Rallyesport stellte der Buckelvolvo seine Qualitäten unter Beweis. Im skandinavischen Alltag bewährte sich dieser robuste Zweitürer besser als die meisten anderen in Schweden verkauften Autos; seine Wintertauglichkeit war legendär, seine Langlebigkeit nicht weniger. Die Vierzylindermotoren galten als wirtschaftlch und stets zuverlässig. Nicht ohne Grund gelten der PV 444 und der 544 (eine Kombiwagenausführung trug die Bezeichnung 210) seit langem als Liebhaberautos, die bei Oldtimerfreunden wegen ihrer Alltagstauglichkeit geschätzt werden.

Wabenkühler
➔Bienenwabenkühler.

Wade
Englisches Kompressor-Fabrikat.

Wärmeumlaufkühlung
Anderes Wort für den gebräuchlicheren Ausdruck ➔Thermosyphonkühlung.

Wagenkasten
Früher übliche Bezeichnung für die ➔Karosserie, aus dem Kutschwagenbau stammend.

Wagonette, Waggonette
Bezeichnung für eine Karosserieversion, vergleichbar mit dem früheren ➔Break; ein Sechs- bis Achtsitzer mit festem oder abnehmbarem Dach, aber offenen Seiten.

Wagonette Peugeot

Walter
Österreichisches bzw. tschechisches Automobilfabrikat (Prag, 1908-1937), gegründet von Josef Walter, der aus dem Fahrrad- und Motorradgeschäft kam. Anfangs Herstellung kleiner Drei- und Vierradfahrzeuge, ab 1920 auch großer Touren- und Sportwagen und 1931 auch von Fahrzeugen mit V12-Motor sowie von Flugzeugmotoren. Ab 1931 Lizenzherstellung diverser ➔Fiat-Modelle. Der Walter-Fiat (Typ 509, 1100 ccm) fand in der Tschechoslowakei relativ weite Verbreitung.

Walter 1925 Rennsportwagen

Wanderer W25 K 1935

Wanderer W 10 1930

Wanderer
Mit den von der bekannten Fahrradfabrik Winkelhofer & Jaenicke ab 1911 in Schönau bei Chemnitz hergestellten ersten Motorwagen (»Puppchen«) wandte man sich an eine Käuferschicht, die mit wenigen Ausnahmen von der Automobilindustrie bisher vernachlässigt worden war: An Kunden mit kleinem Einkommen. Wanderers volkstümliche, preisgünstige Zweisitzer fanden breite Akzeptanz. Fahrräder, auch Werkzeug- und Büromaschinen wurden weiterhin produziert. Wanderer Automobile der Mittelklasse galten stets als solide Qualitätswagen. 1932 erfolgte der Anschluss an die ➔Auto Union unter Konzentration auf den Bau von Personenwagen von weniger als 2,5 Liter Hubraum sowie Leichtmotorrädern. Nach 1945 wurde die Fahrzeugproduktion nicht wieder aufgenommen.

Wankel, Felix
Deutscher Erfinder (1902-1988), der den Rotationskolbenmotor entwickelte und serienreif machte (➔NSU, ➔Wankelmotor). Er arbeitete an seiner Erfindung seit 1926 und erhielt zahlreiche Patente zuerkannt.

Wankelmotor
Der nach seinem Erfinder ➔Wankel benannte Rotations- bzw. Kreiskolbenmotor debütierte 1964 nahezu zeitgleich im Mazda Cosmo (Zweischeibenmotor) und im NSU Wankel-Spider (Einscheibenmotor). Im Gegensatz zum Hubkolbenmotor arbeitet der Wankelmotor nach dem Prinzip rotierender Kolben (Läufer, Trochoide) in einem annähernd ovalen Gehäuse und bildet bei seiner exzen-

Wartburg 1963

trischen Bewegung Kammern unterschiedlicher Größe, in denen der Gaswechsel ohne zusätzliche Steuermechanismen abläuft.

Warszawa
Der in Gorki, Russland, ab 1946 gebaute Pobieda M20 in Pontonform war der erste Großserienwagen in der damaligen Sowjetunion (→GAZ), der bis 1956 hergestellt und dann vom Modell →Wolga M21 abgelöst wurde. In Polen fabrizierte man 1951 bis 1972 den Pobieda und seine Nachfolger unter der Bezeichnung Warszawa.

Wartburg (I)
Markenbezeichnung der ersten, von 1898 bis 1903 von der Fahrzeugfabrik Eisenach (Thüringen) nach einer →Decauville-Lizenz hergestellten Motorwagen, Vorläufer des →Dixi. Nach Übernahme der Betriebsanlagen Ende 1928 durch →BMW gab es 1930/31 noch einmal einen Sportzweisitzer, der als Wartburg angeboten wurde.

Wartburg (II)
Deutsches Automobilfabrikat (Eisenach, 1956-1990) als Nachfolger des auf dem →DKW basierenden IFA F9. Der 1956 eingeführte Wagen mit Dreizylinder-Zweitaktmotor rangierte in der DDR über dem →Trabant, avancierte 1962 zum Wartburg 1000 und bekam 1966 eine modernere Karosserie. Ab 1988 mit 1,4-Liter-Volkswagen-Motor. 1990 Übernahme durch →Opel.

Warwick
1960 bis 1962 in Colnbrook, England, gebauter Nachfolger des →Peerless GT mit einem 2-Liter-Vierzylindermotor von →Triumph.

Weber
1922 in Bologna gegründete Vergaser-Fabrik, die anfänglich Zulieferer nur für →Fiat war und sich ab ca. 1930 auch auf die Herstellung von Vergasern für Hochleistungsfahrzeuge anderer Hersteller spezialisierte.

wechselgesteuerter Motor
Hierunter versteht man einen Motor, der pro Zylinder ein stehendes und ein hängendes Ventil aufweist (Einlass oben, Auslass unten; →i.o.e.).

Wechselgetriebe
→Kurzform für Zahnrad-Wechselgetriebe.

Wechselkarosserie
Bezeichnung für den demontablen Aufbau bei einem Fahrzeug mit →Tourenwagenkarosserie, auf dessen Fahrgestell man alternativ einen geschlossenen Limousinenkörper setzen konnte, was die Anschaffumg eines zweiten Wagens ersparen sollte. Wechselaufsätze dieser Art liefen in den 1910er und frühen 1920er Jahren auch unter der Bezeichnung »Kombinations-Karosserien« für Sommer- oder Winterbetrieb (→Hardtop).

Weinberger
In München gab es vor 1939 zwei Karosseriehersteller dieses Namens: Karl Weinberger und Ludwig Weinberger. Beide stellten Aufbauten im Kundenauftrag her, wobei Ludwig Weinberger besondere Bekanntheit durch seine Sportwagen auf Basis →BMW (315, 319, 328) und durch ein zweitüriges Cabriolet auf dem Chassis eines →Bugatti Royale (gebaut im Auftrag eines Nürnberger Arztes) erlangte.

Weinsberg
Deutscher Karosseriehersteller (Weinsberg, 1912-1994), der erst für seinen Hauptkunden →NSU und nach der Übernahme durch →Fiat (1938) exklusiv für die Deutsche Fiat AG arbeitete. 1994 Verkauf an Hymer in Bald Waldsee; Aufbauten für Wohnmobile.

Welch
Amerikanischer Automobilhersteller (Chelsey, Pontiac, 1903-1911), 1910 von General Motors übernommen. Die Wagen hatten ohv-, teils sogar ohc-Motoren und waren für ihre Langlebigkeit bekannt.

»Weltkugel«-Ford-Taunus 1953

Weltkugel-Taunus
Volkstümliche Bezeichnung für die erste Version des 1952 eingeführten Ford Taunus in Pontonausführung, der eine stilisierte Weltkugel an der Motorhaube aufwies.

Wendax
Deutsches Kleinwagenfabrikat (Hamburg, 1929-1951), anfangs Dreirad-Lieferwagen, ab 1949 auch Herstellung von Fahrzeugen mit VW-Motor.

GESCHWINDIGKEITS-WELTREKORDE BIS 200 KM/H

Fahrer	Fahrzeug	Zeitpunkt	Strecke	Schnitt	Anmerkung
Gaston de Chasseloup-Laubat	Jeantaud Electrique	18. 12. 1898	Achères bei Paris (F)	63,158 km/h	1. Wettbewerbssieger des Pariser Taxi-Verbandes
Camille Jenatzy	CGT/CITA Electrique	17. 01. 1899	Achères bei Paris (F)	66,667 km/h	Antrieb: Batterie mit 22 kW
Gaston de Chasseloup-Laubat	Jeantaud Electrique	17. 01. 1899	Achères bei Paris (F)	70,312 km/h	Antrieb: Batterie mit 22 kW
Camille Jenatzy	CGT/CITA Electrique	27. 01. 1899	Achères bei Paris (F)	80,357 km/h	Antrieb: 2 Batterien mit je 25 kW
Gaston de Chasseloup-Laubat	Jeantaud Electrique	04. 03. 1899	Achères bei Paris (F)	92,783 km/h	
Camille Jenatzy	CGT/CITA Electrique	29. 04. 1899	Achères bei Paris (F)	105,882 km/h	Antrieb: 2 Batterien mit je 25 kW
Henri Fournier	Mors	16. 11. 1901	Long Island, NY (USA)	111,846 km/h	Rennwagen der Wettfahrt Paris-Berlin 1901
Léon Serpollet	Gardner-Serpollet	13. 04. 1902	Nizza (F)	120,805 km/h	Damfwagen mit Direktantrieb
William K. Vanderbilt	Mors	05. 08. 1902	Ablis (F)	122,449 km/h	Rennwagen der Wettfahrt Paris-Wien 1902
Henri Fournier	Mors	05. 11. 1902	Dourdan (F)	123,287 km/h	Rennwagen der Wettfahrt Paris-Wien 1902
Michel Augières	Mors	17. 11. 1902	Dourdan (F)	124,138 km/h	Rennwagen der Wettfahrt Paris-Wien 1902
Charles S. Rolls	Mors	07. 03. 1903	Clipstone (GB)	133,333 km/h	Rennwagen der Wettfahrt Paris-Madrid 1903
Arthur Duray	Gobron-Brillié	17. 07. 1903	Ooste nde (B)	134,328 km/h	Rennwagen der Wettfahrt Paris-Madrid 1903
Baron de Forest	Mors	20. 07. 1903	Dublin (IRL)	135,338 km/h	Rennwagen der Wettfahrt Paris-Madrid 1903
Arthur Duray	Gobron-Brillié	05. 11. 1903	Dourdan (F)	136,363 km/h	Rennwagen der Wettfahrt Paris-Madrid 1903
Arthur Duray	Gobron-Brillié	31. 03. 1904	Nizza (F)	142,857 km/h	Gordon-Bennett-Rennwagen, 15,2 Liter
Louis Rigolly	Gobron-Brillié	31. 03. 1904	Nizza (F)	152,542 km/h	Gordon-Bennett-Rennwagen, 15,2 Liter
Paul Baras	Darracq	21. 07. 1904	Oostende (B)	163,636 km/h	Gordon-Bennett-Rennwagen, 11,3 Liter
Louis Rigolly	Gobron-Brillié	21. 07. 1904	Oostende (B)	166,666 km/h	Gordon-Bennett-Rennwagen, 15,2 Liter
Paul Baras	Darracq	13. 11. 1904	Oostende (B)	168,224 km/h	Gordon-Bennett-Rennwagen, 11,3 Liter
Victor Héméry	Darracq	30. 12. 1905	Arles (F)	174,757 km/h	V8-Motor, 25,5 Liter
Victor Héméry	Darracq	23. 01. 1906	Daytona, FL (USA)	185,567 km/h	V8-Motor, 25,5 Liter
Louis Chevrolet	Darracq	25. 01. 1906	Daytona, FL (USA)	189,334 km/h	V8-Motor, 25,5 Liter
Fred H. Marriott	Stanley Steamer	26. 01. 1906	Daytona, FL (USA)	205,448 km/h	Dampfwagen „The Beetle“, 120 PS

100 PS starker Napier Vierzylinder 1902. Durch die Kupferrohre zirkulierte das Kühlwasser. Dieer Rennwagen war 120 km/h schnell – das war dicht am Weltrekord

Wendler

Karosseriefabrik (Reutlingen, 1919-1961), die sich einen Namen für ihre Leichtbaufahrzeuge und solche nach → Weymann-Patenten machte. Bei Wendler entstanden auch Stromlinienkarosserien sowie Sportwagenaufbauten auf Basis →BMW, →Porsche und →M.G.

Werkzeug

Das Mitführen von Werkzeug im Automobil war in früherer Zeit insoweit eine Notwendigkeit, als Reparaturen unterwegs zum Alltag des Autofahrers gehörten. Sehr viele Hersteller lieferten ihre Fahrzeuge mit einem kompletten Werkzeugsatz aus, dessen vollständiger Erhalt im Originalbehälter bei einem Oldtimer heute einen hohen Wertfaktor ausmacht. Das Werkzeug wurde meist in einem Kasten auf dem Trittbrett oder in einem separaten Teil des Gepäckraums mitgeführt.

Wettfahrt

Früher verwendete Bezeichnung für →Rennen.

Weymann-Karosserie

Bezeichnung für eine von dem Amerikaner Charles T. Weymann (1889-1976) entwickelte Karosserie-Bauart, bei der eine hölzerne, elastisch aufs Chassis gesetzte Rahmenstruktur Schwingungen und Stöße auffängt, die auf das Fahrwerk wirken. Vorzugsweise wurden in den 1920er Jahren leichte Limousinen, aber auch Cabriolets nach Weymann-Patenten karossiert. Die Holzrahmenstruktur war in ihren Zwischenräumen mit einem isolierenden Material gefüllt, innen mit Sperrholz verkleidet und außen mit einem Kunststoffüberzug versehen, eine Bauweise, die Weymann 1911 erstmals bei einem Flugzeugrumpf angewendet hatte und für die es viele Lizenznehmer gab (→Reutter, →Wendler). Weymann lebte in

Frankreich, war begeisterter Flieger und übertrug viele Ideen aus dem Flugzeug- auf den Automobilbau. Die handwerklich aufwändige Arbeit bei der Weymann-Karosserie wurde durch die Anwendung preiswerter Materialien kompensiert (→Detailwissen).

White

Amerikanischer Hersteller (Cleveland, 1900-1988), hervorgegangen aus einer Nähmaschinenfabrik. Bei White produzierte man zunächst Dampffahrzeuge (White Steamer), bis 1918 auch als Personenwagen, danach nur mehr Herstellung von Nutzfahrzeugen. Benzinmotoren ab 1910, Dieselmotoren ab 1932. Ab 1988 Zusammenarbeit sowohl mit →GMC als auch mit →Volvo.

Wikov

Tschechische Personenwagen- und Nutzfahrzeugmarke (Prostejov, 1925-1940), deren Namen sich aus denen der Gründer zusammensetzt: Wichterle und Kovarik.

Wilcox

Amerikanische Automarke (Minneapolis, 1907-1912), gegründet von H. E. Wilcox. Die auch unter dem Namen Wolfe verkauften Vierzylinder hatten Luftkühlung. Nach 1912 bis 1928 nur mehr Herstellung von Lastwagen.

Wills St. Claire

Aufwendig gebaute amerikanische Personenwagen (Marysville, 1921-1927) mit Sechs- und Achtzylindermotor (dohc-V8). C. Harold Wills hatte vorher bei →Ford gearbeitet und ging nach Schließung seiner Firma als Forschungsingenieur zu →Chrysler.

Willys, Willys-Overland

Die von John North Willys (1873-1935) nach seiner Arbeit bei →Overland 1914 in Toledo, Ohio, gegründete Automobilfabrik stieg sehr schnell zu einer der bedeutendsten in den USA auf. Willys gehörte zu den erfolgreichsten Anbietern von Automobilen mit →Schieberventilmotor; der Willys-Knight ließ sich in knapp 20 Jahren in mehr als 330.000 Exemplaren verkaufen. Dennoch ging Willys 1919 bankrott und musste durch →Chrysler saniert werden. In Fortführung der Produktion erfolgte zunehmende Konzentration auf Wagen der unteren Mittelklasse. Ab 1941 Großserienproduktion des Jeep. 1952 Übernahme durch →Kaiser und Gründung der Kaiser-Jeep Corporation. Der Markenname Willys verschwand 1963.

Wilson-Vorwählgetriebe

Das nach seinem Erfinder Walter Wilson (1874-1954) benannte Getriebe mit Vorwahl-Mechanismus weist als typisches Merkmal eine Reibkupplungsschaltung als Gangschaltbremse auf; das Getriebe ist eine aus vier Planetengetrieben (eins für jeden Vorwärtsgang) zusammengesetzte Einheit. Wilson-Getriebe gab es z.B. bei →Armstrong-Siddeley, →Daimler, →Lanchester, →Riley. Der Schalthebel ist sehr klein und auf einem Träger an der Lenksäule angeordnet.

Windhoff 1912

Windhoff

Deutsche Automobilmarke (Rheine, 1908-1914), hervorgegangen aus einer Motorenfabrik. Windhoff baute Vier- und Sechszylinder, stellte auch Kühler sowie von 1923 bis 1932 Motorräder her.

Windschutzscheibe

ausstellbare Windschutzscheibe (Essex 1929)

Front- oder Windschutzscheiben kamen um 1900 auf und waren zunächst aus normalem Fensterglas. Als Sonderzubehör angeboten, waren sie noch bis etwa 1910 nicht fester Fahrzeugbestandteil. Bei Sportwagen gestaltete man sie später nach vorn umlegbar, bei Limousinen ließen sie sich ganz oder teilweise nicht nur zu Lüftungszwecken bis in die Waagerechte öffnen (ausklappen), sondern auch, um dem Fahrer bei Regen bessere Sicht zu gewähren, als Scheibenwischer noch nicht üblich waren. Fester Karosseriebestandteil und damit vollkommen wetterdicht wurde die Windschutzscheibe erst mit Einführung von Limousinenkarosserien im Großserienbau in den mittleren 1920er Jahren.

Windschutzscheibe mehrteilig

Winker

Fahrtrichtungsanzeiger in Form ausklappbarer Arme vorn, mittig oder hinter den Türen am Fahrzeug, 1924 eingeführt (zunächst mit Drahtzugbetätigung, später elektrisch). Fahrtrichtungsanzeiger wurden 1928 in Deutschland an Personenwagen obligatorisch. Nutzfahrzeuge waren meist mit großen Pendelwinkern ausgestattet. In den 1950er Jahren lösten Blinker den Winker ab.

Winton

Amerikanische Automobilmarke (Cleveland, 1897-1924), hervorgegangen aus einer Fahrradfabrik. Frühes Engagement im Motorsport (→Gordon-Bennett-Rennen 1900). Ab 1899 auch große Vierzylinder, ab 1909 mit Druckluftstarter erhältlich. Nach der Schließung der Fabrik übernahm →General Motors die Anlagen und nutzte sie zur zur Motorenfertigung.

Wolga

Der in Gorki, Russland, ab 1946 gebaute →Pobieda in Pontonform war der erste Großserienwagen in der damaligen Sowjetunion (→GAZ), der bis 1956 hergestellt wurde und dann vom Modell Wolga M21 abgelöst wurde. Autos der Marke Wolga gab es in diversen Weiterentwicklungen bis 1995.

Wolseley

Britisches Automobilfabrikat, hervorgegangen aus einer Fabrik für Schafschermaschinen. 1899 erschien der erste Wolseley, eine Konstruktion des jungen Herbert →Austin, der für Wolseley in Australien gearbeitet hatte. Wolseley in Birmingham stellte qualitätvolle Vier- und Sechszylinder her, geriet in den 1920er Jahren jedoch in wirtschaftliche Schwierigkeiten und wurde 1926 von →Morris gekauft. Bei Bildung der →British Motor Corporation 1952 wurde Wolseley mit den anderen Marken der Morris-Gruppe Teil der BMC und später →British Leyland. Der traditionsreiche Markenname verschwand 1975.

Woody

Bezeichnung aus dem amerikanischen Sprachbereich für ein Fahrzeug mit kombinierter Stahl/Holzkarosserie (engl. wood: Holz). Solche Aufbauten wurden in den 1940er und 1950er Jahren angefertigt, als Stahlblech knapp und

Ford 1940 mit Woody-Karosserie

teuer war und sich Holz als preisgünstiges Ersatzmaterial für nicht tragende Teile anbot.

Worblaufen

Schweizerisches Karosseriefabrikat. Die Firma Carrosserie Worblaufen existierte von 1929 bis 1983 (Kanton Bern) und stellte Aufbauten für private und industrielle Auftraggeber her.

Wulstreifen

Man versah die ersten beim Automobil und beim Motorrad verwendeten Luftreifen mit einer starken Gummiwulst an der äußeren Kante, um ihnen auf der Felge einen besseren Halt zu geben. Hierfür waren die Felgenränder (Hörner) nach innen eingebogen. Mit Aufkommen des →Niederdruckreifens Mitte der 1920er Jahre verschwanden Wulstreifen allmählich vom Markt.

DETAILWISSEN

WEYMANN-KAROSSERIE

Viertüriger Mathis 1920 mit einer nach Weymann-Lizenz gebauten Karosserie

Charles T. Weymann, Sohn eines Amerikaners und einer Französin, gilt als der Erfinder der »flexiblen Karosserie«, die er 1921 erstmals auf der Automobilausstellung in Paris zeigte. Mit ihr entsprach Weymann einem Trend, dem damals viele große Automobilhersteller folgten: Sie versahen ihre Fahrzeuge mit Rahmengestellen, die bis zu einem gewissen Grad elastisch waren und zusammen mit der Federung ein Schwingen des ganzen Wagens ermöglichten. Diese Flexibilität sollte Brüche verhindern. Man kompensierte dadurch die teils sehr schlechten Straßenbeschaffenheiten in jener Zeit. Nur hatte das Arbeiten des Rahmens zur Folge, dass es zwar keine Chassisbrüche mehr gab, aber die auf ihm verschraubte Stahlblech- oder Aluminiumkarosserie im Lauf der Zeit Risse erhielt. Steifere Fahrgestelle baute man erst wieder, als weiterentwickelte Federungs- und Stoßdämpfersysteme im Stande waren, die Stöße aus dem Bodenkontakt der Räder wirkungsvoller zu mildern.

Bis dahin hatte die Weymann-Karosserie ihre große Zeit. In den 1920er und frühen 1930er Jahren gab es viele Firmen, die Weymann-Aufbauten herstellten. Sechs italienische Firmen erwarben Weymann-Lizenzen, vier waren es in Deutschland – und 45 in Frankreich, teils Karosseriebetriebe, teils Automobilhersteller. Weitere Lizenznehmer gab es in Belgien, Österreich, Ungarn und vor allem in den USA. Als gegen 1935 die Weymann-Karosserie ausgedient hatte, war ihr Erfinder ein wohlhabender Mann geworden.

Das Prinzip des Weymann-Aufbaus war einfach. Er bestand aus einem mit lackiertem Kunstleder bezogenen Holzgerippe, dessen Zwischenräume gefüttert waren. Die Innenflächen belegte man mit Sperrholz, ebenfalls mit Kunstleder oder auch Stoff verkleidet Solche Karosserien waren einfach anzufertigen, auch von kleinen Handwerksbetrieben und wiesen ein geringes Gewicht auf. Aber sie waren nicht preisgünstiger als Stahlaufbauten, denn allein für den Außenbezug verwendete man ein teures Material, und seine Auspolsterung zur Erzielung gleichmäßiger, gut aussehender Wölbungen war ein arbeitsintensives Unterfangen. Und zum Schluss musste die Oberfläche absolut wasserdicht sein. An nur wenigen Punkten mit dem Chassis verschraubt, folgte die Weymann-Karosserie den Bewegungen des Rahmens, ohne Defekte zu bekommen – dank elastischer Verbindungen der Hölzer untereinander.

Das Weymann-Patent beruhte unter anderem darauf, dass die Holzteile des Rahmens sich nirgends direkt berührten, sondern mit Gummileisten belegte Kanten aufwiesen und zwischen den Flächen der Latten ein kleines Luftpolster ließen; dadurch wurde Klappern oder Knarren vermieden. Dünne Verbindungsstücke aus Metall hielten das Ganze zusammen. Problemzonen bildeten naturgemäß die Fensterrahmen und die Türen, die an den Passungen nicht immer ganz dicht zu bekommen waren.

Dass eine Weymann-Karosserie durchaus elegant aussehen konnte, daran besteht kein Zweifel, sonst hätten sich wohl nicht so viele Kunden für einen solchen Aufbau entschieden. Auf eins musste man allerdings verzichten: Auf eine Hochglanzlackierung. Die beschränkte sich auf die Kotflügel und die Motorhaube.

YOUNGTIMER

Youngtimer mit programmiertem Sammlerstatus: Oldsmobile Cutlass Calais Coupé 1978

Der Begriff »Youngtimer« ist ein Kunstwort. Und es bezeichnet eigentlich nicht das Gegenteil von einem Oldtimer, sondern eher dessen Vorstufe. Man findet das Wort auch nicht im Duden. Aber seit 1979 kursiert es nachweislich in der Szene; alle haben es aufgegriffen und offenbar damit auch etwas anzufangen gewusst. Im deutschen Sprachraum zumindest – im Englischen existiert es gar nicht.

Oldtimer wachsen nach. Langsam, aber stetig. Niemand hätte sich zu Zeiten eines Ford T-Modells vorstellen können, dass dieser simple Gebrauchsgegenstand auf Rädern eines fernen Tages einmal zu einem Sammlerobjekt avancieren könnte, ebenso wenig war dies beispielsweise beim Volkswagen Käfer der Fall. Heute wissen wir längst, dass ein Auto nur in Ehren altern muss, um fast automatisch Oldtimer- und damit Liebhaberstatus zu erreichen. Ein VW Golf der ersten Serie, ein Ford Capri, ein Opel Rekord D, ein Renault Fuego, ein Alfa 6, ein M.G. Metro: von solchen Autos ist die Rede.

Den Oldtimer lassen wir bei einem Alter beginnen, das mindestens 30 Jahre beträgt (dann ist das Fahrzeug Anwärter auf das begehrte rote Oldtimer-07-Kennzeichen) oder auch 25 Jahre, wie es die FIVA beschlossen hat, wenn der Terminus »Historisches Fahrzeug« zur Anwendung kommt. Die Anwartschaft auf diesen Status haben unendlich viele Fahrzeuge aller Kategorien, Fabrikate und Modelle. Und da selbst ein 25 Jahre altes Auto eigentlich kein Oldie, sondern für ein solches Prädikat noch viel zu jung ist, kam der Youngtimer in die Terminologie.

Damit bezeichnet man also ein Fahrzeug, das weder ein normaler Gebrauchtwagen ist (kein Autohändler würde einen 15 oder 18 Jahre alten und vom Zahn der Zeit reichlich angenagten Ford Escort, Jaguar XJ6 oder Peugeot 205 in Zahlung nehmen), noch ein Klassiker, der schon von Geburt an kraft nobler Herkunft zu Höherem vorbestimmt ist wie etwa ein Bentley oder Porsche, ein Aston Martin oder Ferrari. Der Jüngling »Youngtimer«, ganz gleich, aus welchem Stall er kommt, ist zunächst ein »Normalo« und wird als Liebhaberauto gehegt und gepflegt, wenn die Aussicht besteht, dass er eines nicht allzu fernen Tages die Oldtimerreife erreichen und damit auch an Wert – ideell wie materiell – zunehmen könnte.

Youngtimer sind erfahrungsgemäß recht preisgünstig erhältlich, manchmal sogar aus Erstbesitz und mit wenigen Kilometern auf den Reifen. Wurden sie gut gewartet (»scheckheftgepflegt«) und in Schuss gehalten, lohnt die Investition, und diese um so mehr, wenn es sich um ein Auto handelt, das nicht gerade zu den Massenprodukten zählt. Außenseiter haben bessere Chancen, zum Klassiker heranzureifen. Aber auch das unterliegt letztlich einer subjektiven Beurteilung.

Es lebe der Youngtimer, der Oldtimer von morgen oder übermorgen! Wer die Nase rümpft, wenn die autobesessene junge Dame von nebenan in einem 1986er, also längst als »out« gelisteten, aber tiptop gepflegten Renault Super 5 ihre Einkäufe erledigt und sich von ihm auf gar keinen Fall trennen würde, der hat nicht begriffen, dass jeder Oldtimer – auch Henry Fords Tin Lizzie – einmal junge, langweilige Autos waren. Zweckmobile, die man ohne Emotionen benutzte, millionenfach produziert, aus dritter Hand zu Spottpreisen verhökert. 1940 bekam man ein 15 Jahre altes bzw. junges T-Modell in den USA für 30 Dollar... Aber von Youngtimern war noch nicht die Rede, von Oldtimern aber auch nicht.

Zagato

Seit 1919 in Mailand, Italien, bestehende Karosseriefabrik, berühmt geworden durch besonders elegante Sportwagenaufbauten (→Alfa-Romeo, →Aston-Martin, →Fiat, →Lancia u.v.a.). Im Rennsport wurde Zagato durch den Alfa Romeo 6C1750 (1929-1932) berühmt. Seit 1966 auch Herstellung kompletter Automobile und Kleinwagen mit Elektroantrieb.

Zahnrad-Wechselgetriebe

Manuell zu schaltendes Getriebe zur wahlweisen Übersetzung der Motorkraft auf die Antriebsräder. Als synchronisiertes Zahnrad-Wechselgetriebe besteht die Anlage häufig aus der Antriebs- und der Hauptwelle, der Vorgelegewelle, je einem Räderpaar pro Übersetzungsgang, dem Schaltgestänge mit Schaltgabeln und den Synchronisierungsringen. Beim Verschieben einer Schaltmuffe durch das Gestänge wird die kraftschlüssige Verbindung eines Zahnrades mit der Hauptwelle hergestellt und ein Gang geschaltet.

Zédèl

Französischer Automobilhersteller (Pontarlier, 1906-1923), dessen Name sich aus »Z et L« ableitet: Zürcher und Lüthi, zwei schweizerische Ingenieure, die auch im benachbarten Neuchâtel (Schweiz) einen Betrieb hatten. Zédèl-Einbaumotoren für Motorräder erlangten ebenso große Berühmtheit wie die schnellen Touren- und Sportwagen aus Pontarlier. 1923 wurde Zédèl von →Donnet übernommen.

Zeiss-Scheinwerfer

Die Optischen Werke Carl Zeiss, Jena, stellten nicht nur Instrumente, Ferngläser und Kameras her, sondern in den 1920er und 1930er Jahren auch Autoscheinwerfer von hoher Leuchtkraft, die an vielen Qualitätsfahrzeugen zu finden waren.

Zenith

Vergaserfabrikat französischen Ursprungs. Die Firma Zenith wurde 1906 von dem Techniker François Bavery gegründet. Der 1907 eingeführte Claudel-Vergaser wurde später ebenfalls unter der Marke Zenith vertrieben.

Zentralhydraulik

Das bei →Citroën für den DS19 (1955) entwickelte System einer Zentralhydraulik, das bis 2000 verwendet wurde, schloss Bremse, Federung, Lenkung, Niveauausgleich und Getriebeschaltung ein. Der Wagen ließ sich bei laufendem Motor zur Veränderung der Bodenfreiheit heben bzw. senken. Ein Regelventil sorgte während der Fahrt für Niveauausgleich je nach Belastung und Betriebsbedingungen, so dass der Wagen stets eine konstante Fahrzeughöhe beibehielt.
Andere Hersteller haben in den 1960er Jahren ihre Fahrzeuge mit Teilen der Citroën- oder mit ähnlich arbeitenden Hydraulik- bzw. Luftsystemen ausgestattet, so z.B. auch →Rolls-Royce.

Zentralrohrrahmen mit Querfedern beim Tatra 1924

Zentralrahmen, Zentralrohrrahmen

Fahrgestell, dessen Hauptträger ein kastenförmiges oder zylindrisches Rohr mit beiderseits ausladenden Traversen darstellt. Zu den Pionieren des Zentralrahmens gehört Hans →Ledwinka (→Tatra).

Zentralschmierung

In den 1920er Jahren setzte sich im Automobil die so genannte Zentral- oder auch Eindruckschmierung durch, bei der mittels Fußpumpe (seltener durch eine Servopumpe) aus einem Vorratsbehälter über ein verzweigtes Leitungssystem Öl an alle Schmierstellen des Fahrgestells gepresst wurde. Bedeutendster Hersteller dieses Systems in Deutschland war die Fa. Willy Vogel (WV) in Berlin.

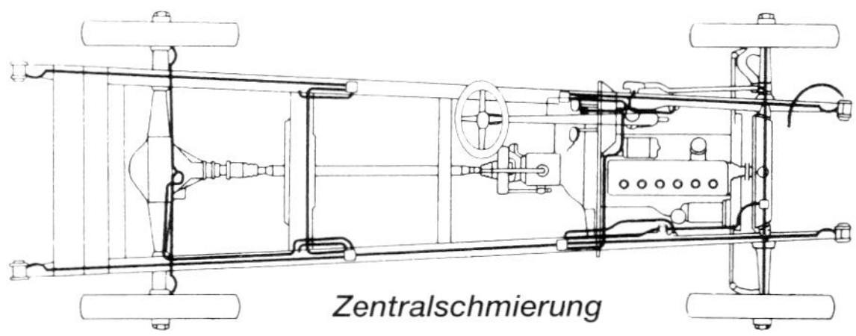

Zentralschmierung

Zentrifugalgebläse

Kompressor, wie er z.B. am →Auburn oder →Graham-Paige zur Leistungssteigerung verwendet wurde. Er arbeitet nach dem Turbinensystem und fördert das verdichtete Gasgemisch zu einem Schaufelrad, das sich unterhalb des Vergasers befindet.

Zentralverschlussrad

Um ein Rad am Auto schneller wechseln zu können, versah man Sport- und Tourenwagen in den 1920er zunehmend mit Zentralverschlüssen auf den Radnaben. Hierbei wird das Rad auf eine eng verzahnte Nabe (System →Rudge oder RAF) gesteckt und durch eine zwei- oder dreiflügelige Verschlusskappe, deren Gewinde gegen die Fahrtrichtung (linksseitig also mit Rechtsgewinde, rechtsseitig mit Linksgewinde) des Wagens läuft, gesichert. Bis in die 1970er Jahre galten Zentralverschlussräder als besonders sportliches Attribut, so dass man auch Attrappen (sogar für Kleinwagen wie das →Goggomobil) zum Aufsetzen auf herkömmliche, durch

Zentralverschlussrad

vier bis sechs Radbolzen befestigte Räder erhielt. Räder mit Zentralverschluss werden heute z.B. bei Formel-1-Fahrzeugen verwednet.

ZIS, ZIL

Die als Zawod Imieni Stalin 1936 gegründete Automobilfabrik in Moskau stellte große Personenwagen (Lizenz →Buick) und Nutzfahrzeuge unter der Marke ZIS her, bis das Staatsunternehmen 1958 in Zawod Imieni Likatschowa (ZIL) umbenannt wurde (Likatschow war langjähriger Generaldirektor der Fabrik). Die jetzt nach Packard-Vorbild gebauten Repräsentationswagen (ab 1952 Tschaika genannt) waren fast ausschließlich hohen Partei- und Regierungsmitgliedern vorbehalten und werden bis heute – zeitgemäß modernisiert – in relativ geringer Zahl gebaut.

Zischhahn

Bezeichnung für einen →Dekompressionshahn auf dem Zylinder eines Motors (1900-1912), den man während des Annlassvorgangs öffnete, um Kraftstoff einträufeln zu können und beim Starten (Ankurbeln) den aus der Verdichtung resultierenden Widerstand zu verringern (→Verdichtungsminderer).

Zoller-Kompresssor

Der Sternkolbenkompressor System Zoller (benannt nach seinem Erfinder Arnold Zoller, 1882-1934) arbeitet mit einem exzentrisch angeordneten Rotor, dessen bewegliche Flügel je nach Stellung des Rotors Kammern unterschiedlicher Größe formen. Die Flügel legen sich an die Innenflächen einer mitlaufenden Trommel an. Durch die Umlaufbewegung des Rotors und der sich dadurch ergebenden Verkleinerung der Kammer wird das sich darin befindliche Gasgemisch verdichtet. Der Kompressor von →Cozette arbeitet nach dem gleichen Prinzip. Mit Zoller-Kompressoren, montiert zwischen Vergaser und Motor, waren in den Jahren 1934-1939 z. B. die Rennwagen der → Auto Union versehen.

Zündapp Janus 1957/58

Zündapp

Die Motorradfabrik Zündapp in Nürnberg stellte 1934-1938 leichte Transporter mit Zweizylindermotor her und erwarb 1956 von der Firma Dornier die Lizenz zum Bau eines Kleinwagens, der bis 1958 als Zündapp Janus auf dem Markt war. Der Viersitzer (die beiden Sitzbänke waren Rücken an Rücken angeordnet) hatte einen Zweizylinder-Zweitaktmotor und wurde 6900 mal gebaut.

Zündung

Frühe Automotoren waren mit einer →Glührohrzündung versehen, ehe sich ab etwa 1892 die →Batteriezündung mit Zündspule und Zündkerze durchsetzte, um bald wieder von der Magnetzündung verdrängt zu werden. Batteriezündung mit Hochspannungs-Zündspule setzte sich im Personenwagen-Serienbau zu Anfang der 1930er Jahre durch (→Magnetzündung). Vielfach gab es kombinierte Systeme (Doppelzündung) mit zwei Kerzen pro Zylinder.

Zündverstellung

Einen Handhebel zur manuellen Regulierung des Zündzeitpunktes am Unterbrecher hatten bis Anfang der 1930er Jahre fast sämtliche Kraftfahrzeuge. Meist war er in der Mitte des Lenkrades platziert, kombiniert mit einem zweiten Hebel zur Regulierung der Luftzufuhr beim Vergaser. Spätzündung stellte man beim Starten des Motors oder bei Bergauffahrt ein, Frühzündung gab man bei höheren Drehzahlen oder eingeschaltetem Kompressor.

Hebelwerk zur Zündverstellung und Luftregulierung am Vergaser in der Lenkradnabe (1925)

Die automatische (fliehkraftgeregelte) Zündverstellung kam in den 1930er Jahren auf, nur wenige Autos europäischer Fertigung hatten auch noch in den 1950er Jahren eine Handverstellung – meist, um einem Klopfen (Klingeln) im Motor (Folge nicht einwandfreien Ablaufs der Verbrennung infolge minderwertiger Benzinqualität) entgegenwirken zu können.

Züst

In Brixen, Südtirol, 1905 bis 1917 gebaute Drei- und Vierzylinder-Fahrzeuge, die ihren Namen nach dem Konstrukteur Robert Züst erhielten. Die Firma Züst wurde 1917 von →O.M. übernommen

Z-Wagen

Die nur als »Z« bezeichneten Automobile der Ceskoslovenska Zbrojovka in Brünn (Brno), Tschechoslowakei (ursprünglich eine Waffenfabrik), gab es von 1924 bis 1936 als leichte Zwei- und Vierzylindermodelle.

Zwangssteuerung

→desmodromische Ventilsteuerung.

Zwei-plus-Zwei (2+2)

Roadster oder Cabriolet mit knappen Raum im Cockpit hinter den vorderen Sitzen für die behelfsmäßige Unterbringung zweier weiterer Mitfahrer.

Zweistufenvergaser

Andere Bezeichnung für →Registervergaser.

Zwölfzylindermotor

Motoren mit zwölf Zylindern kamen in der Zeit zwischen 1914 und 1920 auf (→Packard, →Fiat, →Voisin und andere) und wurden bald zu einer Prestigesache im Automobilbau (→Lincoln, →Cadillac, →Pierce-Arrow). Daimler in Coventry bot ab 1926 Wagen mit V12-Motor an, →Maybach ab 1929, →Horch ab 1931, →Lagonda ab 1935, →Rolls-Royce ab 1936. →Voisin stellte 1924 sogar einen Wagen mit Zwölfzylinder-Reihenmotor vor. Im Rennwagenbau waren Zwölfzylinder schon in den 1930er Jahren (→Alfa Romeo, →Auto Union) erfolgreich; nach dem II. Weltkrieg war hier vor allem →Ferrari führend, bevor weitere Hersteller den V12 auch im Straßenwagen wieder anboten (→Lamborghini, →Jaguar, →Mercedes-Benz).

Zwölfzylinder Alfa Romeo 1938

Zwölfzylinder Walter Royal 1932

»Das Auto ist jetzt vollkommen. Es bedarf praktisch keiner Verbesserungen mehr.«

Allgemeine Automobil Zeitung,
Ausstellungsbericht Berlin 1921

DIE PIONIERMARKEN DER DEUTSCHEN AUTOMOBILINDUSTRIE

Benz Motordreirad 1886, der so genannte Stahlradwagen

BENZ Zu den Sternstunden des Automobils gehört jene an einem Herbstabend im Jahre 1885, als es Carl Benz gelang, sein dreirädriges »Veloziped« über die Strecke von ein paar hundert Metern per Motorkraft fortzubewegen. Dieses Fahrzeug gilt als wesentlicher Bestandteil einer Entwicklung, die sich damals weder voraussehen noch vorausahnen ließ.
Carl Benz, 1844 als Sohn eines Lokomotivführers in Ladenburg am Neckar geboren, hatte am Karlsruher Polytechnikum studiert, anschließend als Maschinenbauer gearbeitet und sich mit 27 Jahren in Mannheim selbständig gemacht. In seiner Mechanischen Werkstatt entstand 1877 ein erster Gasmotor. Benz war davon überzeugt, dass dem Verbrennungsmotor als wirtschaftlichere Alternative zur Dampfmaschine die Zukunft gehören würde. Und diese perspektivenreiche Zukunft gedachte er mit all seinen Kräften mitzugestalten

Vierzig Benz-Motoren pro Jahr. Es war ein recht beschwerlicher Weg von diesem kleinen Betrieb, der sich ständig mit finanziellen Problemen konfrontiert sah, zur Rheinischen Gasmotorenfabrik Benz & Cie., die nicht vor 1884 auf einem einigermaßen sicheren Fundament stand und jährlich etwa 40 Motoren verkaufte – bei weitem nicht genug, um die Existenz der Firma zu sichern.
Die von der Benz gebauten, mit geringer Tourenzahl arbeitenden Gasmotoren waren Zweitakter für stationäre Zwecke. Für den mobilen Einsatz in einem Motorfahrzeug – und Benz hatte sich seit langem mit dem Gedanken beschäftigt, ein solches Fahrzeug zu bauen – waren sie ungeeignet. Hierfür musste er einen schnelllaufenden Viertaktmotor konstruieren, der vor allem ein geringes Gewicht aufwies und dennoch ausreichend Leistung lieferte.
Die Idee nahm Gestalt an. Benz und seine Leute baute nicht nur einem solchen Motor, sondern auch einen Wagen dazu. Das 1885 auf drei große Drahtspeichenräder gestellte »Motor-Velociped« wies im Grunde schon alle Elemente auf, die ein Automobil brauchte. Nur mit der Lenkung schien Benz Probleme gehabt zu haben, ein Grund, warum er keinen Vierrad-, sondern zunächst einmal einen Dreiradwagen baute.
Das Bemerkenswerte am ersten Benz-Motorwagen ist die Tatsache, dass er Motor und Fahrgestell in organischer Symbiose aufwies. Benz nahm also nicht etwa eine Kutsche, der er statt Pferde vorzuspannen einen Motor einbaute – seine Idee war vielmehr, Antriebsaggregat und Fahrzeug als konstruktive Einheit zu gestalten. Das am 29. Januar 1886 Carl Benz erteilte Reichspatent Nr. 37 435 über »ein Fahrzeug mit Gasmotorbetrieb« enthielt die Gesamtkonzeption des ersten »selbstfahrenden Wagens« und stellte die Kernzelle zu dessen Weiterentwicklung dar.
Erste Fahrversuche hatte Benz, der eine negative Reaktion seitens der Öffentlichkeit fürchtete, zuerst auf dem eigenen Werkshof unternommen, ehe er sich mit seinem Dreirad im Schutz der Dunkelheit das erste Mal auf die Straße wagte. Erst im Juni 1886 unternahm er eine erste »offizielle« Ausfahrt, die auf der Ringstraße in Mannheim stattfand. Die Tagespresse nahm gebührend Anteil an diesem denkwürdigen Ereignis: Der Motorwagen feierte Premiere!
Der Benz-Patent-Motorwagen hatte einen liegend eingebauten Verbrennungsmotor im Heck, der mit Ligroin oder einer anderen leicht vergasbaren Flüssigkeit zu betreiben war. Der Einzylinder arbeitete nach dem Viertaktprinzip, hatte mechanisch gesteuerte Ventile und leistete 0,6 bis 0,7 PS bei 300 bis 400 U/min, ein Wert, der durchaus als hoch zu bezeichnen war. Der im Wagenheck angeordnete Motor, dessen Schwungscheibe zur Vermeidung gyroskopischer Effekte waagerecht lag, übertrug seine Kraft über eine durch einen Kegelradtrieb bewegte Riemenscheibe und einen kurzen Lederriemen auf eine mit einem Differenzial versehene Vorgelegewelle und von dort aus durch zwei seitliche Ketten auf beide Hinterräder. Ein Getriebe hatte das Fahrzeug nicht.
Die Erfahrungen mit seinem ersten Fahrzeug veranlassten Benz schon bald, einen leistungsstärkeren Motor zu bauen, jetzt mit einer Leistung von 2 PS bei 500 U/min. Das mit diesem Motor und Holzspeichen-

rädern versehene Fahrzeug stellte Benz 1888 auf der »Kraft- und Arbeitsmaschinen-Ausstellung« in München aus. Für das interessantestes Exponat auf dieser Ausstellung erhielt Benz die höchste Auszeichnung, eine Goldmedaille.
Dieses Fahrzeug hatte als wesentliche Modifikation eine veränderliche Übersetzung bekommen. Auch hatte der Motor einen schützenden Kasten und der Rahmen vorn eine vollelliptische Blattfeder erhalten.
Mit diesem dritten Modell unternahm Berta Benz, begleitet von ihren beiden Söhnen Eugen und Richard, im gleichen Jahr jene oft beschriebene Fahrt von Mannheim nach Pforzheim und zurück, die als erste Fernreise in die Geschichte des Benzinautomobils Eingang fand. Zugleich war dies der Auftakt für die Anfertigung weiterer Exemplare.
Vom Dreirad- zum Vierradwagen. 1893 ließ sich Carl Benz eine Lenkvorrichtung für einen vierrädrigen Motorwagen patentieren und konnte nun den Schritt vom dreirädrigen zum vierrädrigen Wagen vollziehen. Ein vierrädriges Versuchsmodell war bereits zwei Jahre zuvor entstanden. Der Motor dieses »Victoria« genanten Benz hatte 3 PS, und sein Schwungrad bewegte sich hier nicht mehr horizontal, sondern vertikal. Der schiebergesteuerte Gaseinlass war einem automatischen Saugventil gewichen, das sich beim Niedergehen des Kolbens durch Unterdruck öffnete. Der Motorantrieb auf die Vorgelegewelle erfolgte durch zwei geschränkte Flachriemen zwischen zwei Stufenscheiben mit zwei Leerlaufscheiben. Die Kraftübertragung zu den Hinterrädern erfolgte nach wie vor durch seitlich angeordnete Ketten.
Der Benz Victoria machte allerdings eine Konzession an den Geschmack des Publikums: Er sah wie eine Pferdekutsche aus.
Den Benz Victoria gab es mit unterschiedlichen Motoren, ab 1897 auch mit einem zusätzlichen Planetengetriebe. Mit einem Victoria unternahm Baron Theodor Liebig im Juli 1894 eine ausgedehnte Reise, die ihn von Reichenberg in Böhmen (unweit der Geburtsstätte Ferdinand Porsches) über Mannheim nach Gondorf an der Mosel führte. In Anbetracht der relativ geringen Motorleistung seines Fahrzeugs und der damaligen Straßenverhältnisse war ein Schnitt von 13,5 km/h nicht schlecht. Baron Liebig setzte die Fahrt bis nach Reims fort, eine gewaltige Leistung.
Die Erfolge, die Benz mit dem Victoria verbuchen konnte, veranlassten ihn, sich mit einer Neukonstruktion zu beschäftigen; es sollte ein volkstümliches Fahrzeug zu einem günstigen Preis werden. So entstand 1893 das Benz Velo, ein kleiner, leichter 1,5-PS-

Benz Lieferwagen mit 5-PS-Motor, Zweiganggetriebe und Vollgummireifen; 1894

Wagen, der nur 2000 Mark kostete. Er wog 280 kg und lief an die 20 Kilometer pro Stunde. Die Drahtspeichenräder waren vollgummibereift und rollten auf Kugellagern. Von 1897 an war das Velo mit Luftreifen erhältlich.

Führender Autohersteller Deutschlands. Das von 1894 bis 1902 in nicht weniger als 1200 Exemplaren gebaute Benz Velo darf als erstes Großserienautomobil der Motorgeschichte bezeichnet werden. Benz war gegen Ende des Jahrhunderts zum führenden Autohersteller in Deutschland avanciert, und die zunehmende Verbreitung seiner Fahrzeuge trug dazu bei, dass die Aversion gegenüber dem Motorwagen allmählich abgebaut wurde. Aus dem Benz Velo entstand das etwas leistungsfähigere, zugleich teurere Modell Comfortable. Auch dieses Fahrzeug fand viel Anklang und wurde in größerer Zahl hergestellt.

Fernfahrt Nesselsdorf-Wien 22. Mai 1898. Am Lenker des Benz Leopold Svitak, neben ihm Edmund Rumpler

Das Velo, anfänglich mit einem 1,5-PS-Einzylindermotor versehen, erhielt schon bald einen Motor von 2,75 PS und musste bis 1897 wie der Benz Victoria mit einem Zweiganggetriebe auskommen, ehe man ihm ein Planetengetriebe auf der Vorgelegewelle gab, mit dem sich eine dritte Schaltstufe einlegen ließ.

Parallel zum Velo entstand das Phaëton, konstruktiv mit jenem identisch, doch mit größeren Abmessungen und mehr dem Victoria ähnlich. Als Antrieb hatte das Phaëton einen 6-PS-Motor, der stark genug war, um acht Personen zu befördern. Mit Vollgummireifen und Laternen kostete der Achtsitzer 4700 Mark.

1895 stellte Benz das Modell Vis-à-vis vor, einen Viersitzer, bei welchem sich jeweils zwei Personen gegenüber saßen.

Carl Benz gehörte nicht zu den Verfechtern hoher Geschwindigkeiten. Zuverlässigkeit und Betriebssicherheit hielt er für wichtiger als die Entwicklung immer größerer und stärkerer Motoren, Dennoch konnte er es sich nicht leisten, seine Kundschaft an eine weniger konservativ eingestellte Konkurrenz zu verlieren. Dem Wunsch zahlreicher Kunden entsprechend, entstand bei Benz daher 1896 ein Zweizylindermodell. Nach nicht zufriedenstellenden Versuchen mit zwei parallel angeordneten Zylindern entschloss sich Benz, einen Motor mit gegenüberliegenden Zylindern zu konstruieren, bei dem höhere Drehzahlen und ein besserer Massenausgleich zu erzielen waren. Der erste Benz-Wagen mit diesem »Kontra-Motor« war der 1897 vorgestellte Dos-à-dos, ein Viersitzer, bei dem zwei Passagiere auf einer Bank mit dem Rücken zur Fahrtrichtung saßen. Der Fahrzeugführer hatte jetzt also freie Sicht nach vorn und brauchte sich nicht durch höfliche Konversation mit den ihm Gegenübersitzenden ablenken zu lassen.

Der Kontra-Motor leistete in seiner ersten Ausführung 5 PS, gut für 35 bis 40 km/h auf ebener Straße. Etwas später hob man die Motorleistung auf etwa 9 PS an, auch bekam der Wagen ein Dreiganggetriebe (günstiger bei Steigungen) mit Rückwärtsgang.

Mit dem Zweizylindermotor wurden in den späten 1890er Jahren noch weitere Modelle versehen, so ein Phaëton Americain für fünf Personen und der kleine, zweisitzige Stadtwagen Mylord.

Vom Heck- zum Frontmotor. Von der bisher dem Kutschwagenbau entlehnten Fahrzeugkonstruktion ging Benz gegen Ende des 19. Jahrhunderts ab und verließ gleichzeitig die Anordnung des Motors im Heck. Eine weitere und grundlegende Neuerung war die Einführung eines Zahnrad-Wechselgetriebes, doch die Kraftübertragung vom Motor auf das Getriebe fand noch immer mittels Lederriemen statt. Anfangs hatte es drei, später vier Vorwärtsgänge plus Rückwärtsgang. Diese Veränderungen gaben dem Benz-Wagen ein anderes Aussehen, das sich damit dem zeitgenössischen Daimler und der Konkurrenz aus Frankreich annäherte.

Inzwischen hatte Benz die Konkurrenz des Daimler zu spüren bekommen, der auf dem Markt die Vorherrschaft angetreten und damit den anfänglichen Vorsprung der Mannheimer eingeholt hatte. Von 1901 an setzte Daimler mit seinem brillanten Mercedes ganz neue Maßstäbe. Die Umsätze gingen bei Benz rapide zurück, und verlorenes Terrain ließ sich auch nicht durch Maßnahmen wie ein Verlegen des Motors von der Mitte in den Fahrzeugbug zurück erobern. Das Benz-Phaëton, jetzt mit einer eleganten Motorhaube versehen, war in den Versionen 10, 12, 15 und 20 PS erhältlich und mit der Maximalmotorisierung sogar 70 km/h schnell, dennoch galt die Konstruktion des Fahrzeugs als veraltet. Im Jahre 1902 war die Produktion auf 176 Wagen gesunken.

Es wurde oft behauptet, Carl Benz und Gottlieb Daimler seien einander nie begegnet. Überliefert ist jedoch, dass beide an der konstituierenden Versammlung des Mitteleuropäischen Motorwagen-Vereins am 30. September 1897 in Berlin wie weitere 49 Herren aus Industrie und Wirtschaft teilnahmen. Ob Benz und Daimler miteinander Gespräche führten, ist allerdings nirgends protokolliert.

Hans Nibel wird Chefkonstrukteur. 1905 trat ein junger, technisch hochbegabter Ingenieur in das Mannheimer Konstruktionsbüro ein, und serin Name sollte große Berühmtheit erlangen. Es war Hans Nibel. Zahlreiche Neuentwicklungen trugen seine Handschrift, so auch der »Blitzen-Benz«.

Bei Benz hatte man erkannt, dass die Beteiligung am Motorsport in zunehmendem Maße Einfluss auf den Umsatz hatte. Benz-Wagen waren bald zu den gefährlichsten Konkurrenten des Cannstatter Mercedes geworden und gehörten bei internationalen Veranstaltungen zu den Favoriten.

Die populären Herkomer- und Prinz-Heinrich-Fahrten waren für die Weiterentwicklung des Automobils in Deutschland von großer Bedeutung, nicht nur in konstruktiver, sondern auch in formaler Sicht. Die windschnittigen Spezialaufbauten mit schrägem Windschutz, gerade verlaufender Oberkante und tief angeordneten Sitzen bekamen die Bezeichnung »Torpedokarosserien« und wurden nicht nur bei Benz, sondern auch bei zahlreichen Herstellern eingeführt, zum Beispiel bei Mercedes, Horch, Opel, Ehrhardt, Dürkopp, Dixi und Austro-Daimler.

1911 erschien der erste kleine Benz, ein 8/18 PS für nur 6500 Mark; er wurde 1912 durch den stärkeren Typ 8/20 PS ersetzt. Eine Menge größerer und teurerer Modelle schlossen sich nach oben an, bis hinauf zum 25/55 PS und dem 29/60 PS, dem 1913 der 33/75 PS folgte. Vom 29/60 PS erhielt Prinz Heinrich von Preußen eine Spezialausführung, einen Viersitzer auf verkürztem Radstand und mit versenkbarem Verdeck. Die Windschutzscheibe wies einen mechanischen Scheibenwischer auf, den sich Prinz Heinrich hatte patentieren lassen. Auch vor den Fondsitzen befand sich eine verstellbare Windschutzscheibe. Der Wagen hatte eine elektrische Lichtanlage und war in den Farben des Kaiserlichen Automobil-Clubs KAC lackiert: Hellgrau mit rot abgesetzten Streifen.

Mit Licht- und Anlasseranlage stattete man auch die großen Benz mit 75 und 100 PS aus, während die darunter rangierenden Modelle diese Extras nur auf Wunsch und gegen Mehrpreis erhielten. Die großen Benz-Wagen bekamen auch seitlich aus der Motorhaube herausführende, flexible Auspuffrohre. Spitzkühler wurden bei Benz erst nach 1914 eingeführt. Einen 39/100 PS benutzte Generalfeldmarschall von Hindenburg im Krieg 1914-1918 als Stabswagen.

Fusion mit Daimler. Man war in Mannheim der Überzeugung, dass der Krieg bald vorüber sein und danach eine vermehrte Nachfrage nach kleinen, wirtschaftlichen Fahrzeugen einsetzen würde. Mit dieser Zielsetzung arbeitete man an der Konstruktion eines 6/18 PS, der bereits Ende 1918 zur Verfügung stand und bis 1922 gebaut wurde. Der Motor war ein leistungsstarker Vierzylinder mit einer obenliegenden Nockenwelle. Zugleich stellte Benz seien ersten Sechszylinder vor, den 27/70 PS mit 7020 ccm Hubraum, seitlich stehenden Ventilen und außenliegender Kulissenschaltung, wie sie mit wenigen Ausnahmen noch immer gang und gäbe war. Aber die Geschäfte gingen nicht gut. Man musste sich nach einem Partner umsehen, und den fand man natürlich nur bei der Konkurrenz. Es kam 1923 zu einem zunächst losen Arrangement von Benz und Daimler, das schließlich zur Fusion führte, vollzogen im Jahre 1926.

Benz Limousine 14/30 PS Vierzylinder 1911

BUGATTI Die Franzosen betrachten Bugatti ohne Einschränkung als ein Fabrikat ihres Landes, und die italienischen Automobilenthusiasten sind stolz darauf, dass Ettore Bugatti ein Sohn ihres Volkes war. Tatsache aber ist, dass Bugatti seine Firma im Jahre 1909 auf deutschem Reichsgebiet gründete, in Molsheim unweit der Stadt Straßburg. Das Elsass gehörte seit 1871 mit der Provinz Lothringen zu Deutschland, und dass ein Bugatti zumindest bis zum Ende des Ersten Weltkrieges als deutsches Fabrikat anzusehen war, stand außer Frage.

Vielseitige Engagements. Ettore Arco Isidore Bugatti wurde 1881 in Mailand geboren und absolvierte nach einem Kunststudium eine Ausbildung als Mechaniker bei der Fahrradfabrik Prinetti & Stucchi. Dort konstruierte er ein Motordreirad, das er auch in Rennen einsetzte. Mit 20 Jahren bewarb er sich bei der Firma De Dietrich in Niederbronn, Elsass, und avancierte dort zum Automobilkonstrukteur. Baron de Dietrich ließ dem jungen, begabten Italiener freie Hand, einen Rennwagen zu bauen, der 1903 bei der Fernfahrt Paris-Madrid eingesetzt werden sollte. Weitere Konstruktionen folgten, doch als de Dietrich kurze Zeit später den Automobilbau mangels Rentabilität wieder einstellte, musste sich Bugatti nach einem neuen Betätigungsfeld umsehen. Er begann, für die Firma Mathis in Straßburg – eigentlich eine Import- und Vertriebsgesellschaft – Fahrzeuge zu entwerfen; es entstand der große »Hermes-Simplex«, der aber nur ein Zwischenspiel gab, ehe sich Ettore Bugatti 1905 in Illkirch selbständig machte und ein Konstruktionsbüro eröffnete. Mit einem kleinen Mitarbeiterstab, abgeworben von Mathis, entstanden dort einige Versuchsfahrzeuge, deren Konstruktion man auch der Gasmotorenfabrik Deutz anbot.

Mit Deutz kam es zu einer engeren Zusammenarbeit; Bugatti erhielt auf freier Basis einen langfristigen Vertrag und zog mit seinem Büro und allen Mitarbeitern nach Köln. Die hier von 1907 bis Oktober 1909 für Deutz konstruierten Automobile wiesen bereits viele Merkmale auf, die sich später bei den Konstruktionen unter Bugattis eigenen Namen wiederfanden. Bugatti hatte noch vertragliche Bindungen zu Deutz, als er Köln wieder verließ, sich in den Räumen einer ehemaligen Färberei in Molsheim einmietete und mit Hilfe eines Kredites der Darmstädter Bank eine kleine Automobilmanufaktur aufzuziehen begann.

Die besten Schnellfahrer und Bergsteiger! Schon während seiner Tätigkeit bei Deutz hatte Bugatti einen Kleinwagen entworfen, eine Voiturette, die er jetzt in Molsheim herzustellen beabsichtigte. Mit dem noch in Deutz gebauten Prototyp hatte Bugatti schon 1908 an einem Bergrennen in Frankreich teilgenommen, um die Leistungsfähigkeit seiner Konstruktion auf die Probe zu stellen.

Mit dem als Typ 13 in die Automobilgeschichte eingegangenen Bugatti lief die Fertigung in der alten Färberei an. 1910 wurden dort zwar nur fünf Wagen hergestellt, doch ein Jahr später waren es bereits mehr als 70. Mit sechs Mitarbeitern hatte Bugatti begonnen; 1912 zählte der Betrieb zehnmal so viele, der nun unter der Bezeichnung »Ettore Bugatti, Automobile, Molsheim i. Elsass« erstmals offiziell als deutscher Automobilhersteller in Erscheinung trat und seine Fahrzeuge in der Motorpresse als »die besten Schnellfahrer und Bergsteiger« anpries.

Großen Eindruck hinterließ jener 1,4 Liter Bugatti-Wagen mit seinem modernen Königswellen-ohc-Motor, mit dem Ernest Friderich beim Großen Preis von Frankreich am 23. Juli 1911 einen beachtlichen zweiten Platz im Gesamtklassement herausfuhr, nach sieben Stunden Renndauer nur 10 Minuten und 20 Sekunden hinter dem Sieger Héméry auf einem 10 Liter Fiat im Ziel eintreffend. Dieser Erfolg war der Auftakt zu einer nicht abreißenden Folge von Bugatti-Rennsiegen bis in die 1930er Jahre hinein..

Friderich und Bugatti hatten sich während des Paris-Madrid-Rennens 1903 kennen gelernt. Der Franzose stand damals im Dienst von Emil Mathis und war dort für den Kundendienst zuständig; später hat er Bugatti auf seinem gesamten Lebensweg begleitet, zahlreiche Rennen bestritten und gewonnen; er gehörte zum engsten Familienkreis des Patron und war einer seiner treuesten Freunde.

Oben: Bugatti Typ 35 B Rennwagen 1926

Rechts: Bugatti T 50 Tourenwagen 1928

Bugatti Typ 49 Limousine mit Weymann-Karosserie, 1931

Den »Vollblut-Bugatti«, wie er im Katalog von 1914 tituliert wurde, gab es keineswegs nur als sportlichen Zweisitzer, sondern auch als viersitzigen Tourenwagen (»Torpedo«) und als Limousine, letztere nur als Typ 17 mit langem Radstand und als »Innensteuer-Berline« bezeichnet.

Parallel mit der Entwicklung des Typ 13 hatte sich Ettore Bugatti, von seinen Mitarbeitern respektvoll stets nur als »Le Patron« bezeichnet, auch mit einem größeren Wagen beschäftigt, der 1912 vorgestellt wurde und Typ 19 hieß. Der Vierzylindermotor dieses Wagens hatte 5 Liter Hubraum und leistete 100 PS. Ein Versuchsmodell war schon 1910 bei der Prinz-Heinrich-Fahrt gestartet. Die Besonderheit des Motors war seine obenliegende Nockenwelle, die zwei Einlass- und ein Auslassventil betätigte. Der Typ 19, der bis 1914 in nur sieben oder acht Exemplaren gebaut wurde, hatte Kettenstatt Kardanantrieb und wie die kleineren Bugatti eine obenliegende Nockenwelle mit Königswellenantrieb, ferner jene bananenförmigen Stößel, die schon beim Deutz-Motor zu finden waren.

Der Bugatti Typ 13 von 1911 unterschied sich in einigen Details von dem des Jahres 1912. So hatte der Motor in der ersten Version einen Tropföler gehabt, während die späteren Ausführungen Druckumlaufschmierung aufwiesen. Auch das Fahrgestell unterschied sich von der späteren Ausführung durch hintere Halbelliptikfederung und durch einen rohrförmigen Schubarm zur Aufname der Reaktionskräfte an der Hinterachse beim Beschleunigen oder Bremsen.

1911 und 1912 hatte der Bugatti noch nicht die birnenförmige Kühlerform, sondern einen rechteckigen Kühler wie der Deutz. Erst das Modell von 1913 wies die neue, charakteristische Kühlerform auf, die in den 1920er Jahren zum Hufeisenkühler mutierte. Neu waren auch Viertelelliptik-Auslegefedern an der Hinterachse, jedoch nicht nach hinten weisend am Rahmen sitzend, sondern in Fahrtrichtung gegen die Hinterachse abgestützt. Das Druckumlaufsystem des Motors wies einen separaten Kreislauf mit einer eigenen Pumpe für den Ventiltrieb auf.

Dieses Modell wurde 1913-1914 mit drei verschiedenen Radständen angeboten. Beim Typ 13 betrug der Radstand 2000 mm, beim Typ 15 mit größeren Reifen 2400 mm und beim Typ 17 2550 mm.

1914 baute man bei Bugatti einige Typ 13 als 16-Ventiler teils mit gleit-, teils mit kugelgelagerter Kurbelwelle. Die Produktion nahm beträchtliche Ausmaße an; 1913 verließen bereits 175 Fahrzeuge den Betrieb, und 1914 wären es sicher weit über 230 gewesen, wenn der Krieg nicht ausgebrochen wäre und so die Zahl nur 125 betrug.

Vom Basistyp 13 (bzw. 15 und 17) gab es auch Versionen mit 1453 statt 1368 ccm, ebenfalls als 16-Ventiler konzipiert und 30 bis 50 PS leistend. Diese Versionen wurden in Molsheim noch bis 1926 hergestellt und liefen nach dem Kriege unter der Modellbezeichnung »Brescia«.

Der Chef fährt selbst. Da die Prinz-Heinrich-Fahrt 1910 auch durch das Elsass führte, nahm Ettore Bugatti die Gelegenheit wahr, die Teilnehmer zu einem Sektfrühstück einzuladen und einigen von ihnen seinen Betrieb zu zeigen. Zu seinen Besuchern gehörten Herzog Ludwig in Bayern sowie die Austro-Daimler-Fahrer Graf Schönfeld, Direktor Fischer und Chefkonstrukteur Ferdinand Porsche. Herzog Ludwig kaufte den ersten Bugatti 5 Liter, als 1912 die Produktion begonnen hatte. »Le Patron« hat diese letzte Prinz-Heinrich-Fahrt des Jahrs 1910 übrigens ohne jeden Strafpunkt absolviert.

Einen weiteren 5 Liter erwarb der französische Flieger Roland Garros, nach dessen Tod ihn der Sunbeam-Chefkonstrukteur Louis Coatalen kaufte. Der »Black Bess« genannte Sportwagen brachte es in England zu großer Berühmtheit. Kurz vor Kriegsausbruch erschienen noch die Bugatti Typen 22 und Typ 23, Nachfolger der Typen 15 und 17. Im Katalog wurden sie als 8-Ventiler bezeichnet.

Bugatti wird französisches Fabrikat. Der Erste Weltkrieg hatte für die Firma Bugatti einschneidende Folgen. Ernest Friedrich wurde zum französischen Militär eingezogen, Ettore Bugatti fürchtete die Festnahme und Internierung durch die deutschen Militärbehörden und setzte sich mit zwei Wagen vom Typ 13 und 22 über die Schweiz nach Italien ab – nicht ohne zuvor in Molsheim drei zerlegte Rennwagen zu

vergraben, Als man sie 1919 barg und zu kompletten Fahrzeugen montierte, liefen diese einwandfrei. Dem unmittelbar nach Kriegsende nach Molsheim zurückgekehrten Patron bescherten sie die ersten Erfolge unter französischen Farben: Aus dem weißen elsässischen Vollblut war ein hellblaues »pur sang d'Alsace« geworden. Die erfolgreichsten und deshalb berühmtesten Wagen waren die Achtzylinder-Typen 35 und 43, die es in verschiedenenen Ausführugen und Spezifikationen gab.
Der ungewöhnlichste und teuerste Wagen, der in Molsheim je entstanden ist, dürfte der Typ 41 gewesen sein. Und ausgerechnet zu einer Zeit, als es der Wirtschaft in Europa und Amerika am schlechtesten ging, brachte Bugatti dieses extravagante Automobil auf den Markt, diesen gewaltigen Typ 41, genannt »La Royale« – die Königliche.
Groß und teuer – aber nicht innovativ. Der Superlativ-Bugatti mit seinem 12,8-Liter-Motor und 4,3 Meter Radstand demonstrierte im Vergleich zu den anderen Modellen aus gleichem Hause keineswegs ein besonderes Maß an technischer Finesse. Seine Konstruktion war zwar beeindruckend, sein Motor für den schweren Wagen aber zu kraftlos. Wohl hatte der Achtzylinder 250 PS, doch mit 19,5 PS pro Liter Hubraum ergab sich eine schwache Leistungsbilanz, und 140 kg Wagengewicht pro PS entsprachen einer Relation, die man sonst nur bei Lastwagen fand. Es hieß, die Royale soll 180 km/h schnell gewesen sein; zeitgenössische Tester wie etwa der Rennfahrer Louis Chiron bescheinigten dem 3,5-Tonnen-Koloss aber schon bei 100 km/h erschreckende Fahreigenschaften, zumal die Straßenverhältnisse in den frühen dreißiger Jahren sehr zu wünschen übrig ließen. Selbst Ettore Bugatti vermochte den schweren, 5,80 Meter langen Wagen kaum zu beherrschen.
Immerhin: Die Royale war das größte Automobil seiner Zeit, das teuerste und das eindrucksvollste. 25 Stück sollten aufgelegt werden – doch in Anbetracht der schlechten Weltlage fanden sich für ihn nur fünf Kunden; einen Wagen behielt Ettore Bugatti für sich selbst. Die auf Vorrat produzierten Achtzylindermotoren verkaufte er später als Triebwagenaggregate an die Französische Staatsbahn.
In den 1930er Jahren entstanden in Molsheim eine Reihe von besonders reizvollen und elegant karossierten Fahrzeugen, heute allesamt Klassikern von hohem Sammlerwert. Der temperamentvolle Typ 55, ein von Jean Bugatti entworfener Roadster, oder der Typ 57, ein 3,3 Liter (erhältlich mit oder ohne Kompressor) mit seinen meist von Gangloff in Colmar angefertigen Coupékarosserien, der rassige Atalante und der Atlantic, oder der noch kurz nach dem Krieg herausgebrachte 101 – sie alle waren Meisterwerke der Automobilbaukunst, der gestalterischen Ästhetik und Perfektion. Ettore Bugatti und seine Mitarbeiter verstanden mit ihren Kreationen Faszination zu vermitteln – auf alle Zeit.

Bugatti Typ 46, die »kleine Royale«, mit zweisitziger Coupé-Karosserie, 1932

Daimler Motorwagen 1886 mit Einzylindermotor, 1,1 PS

Daimler

Motor-Wagen-Kutscherei

STUTTGART.

Motorwagendepot
Im Thürlen OO
in der Bahnhofstrasse
oberhalb
der Fabrik Leins & Cie.
Telephon 1825.

Fahrten
nach auswärts für
jedermann, besonders zu
Vergnügungsfahrten
sowie
Jagd- und Sportzwecken.

Vertretung für den Verkauf. — Bei Kauf Probefahrten gratis.

Tagesleistung eines Wagens bis zu 200 Kilometer.

Gesellschaften bis zu 6 Personen in einem Wagen. — Abonnements.

Vermietung von Wagen mit Kutscher bei Wochen-, Monats- oder Jahresabschluss für Aerzte, Reisende etc. zu 2—4 Sitzplätzen. — **Gummiräder.** — Geräuschloser, geruchloser und vollständig gefahrloser Betrieb.

Fein gepolsterte Wagen, Schutz gegen Sonne und Regen, bei kühler Witterung der Fond des Wagens geheizt.

Die hocheleganten Fahrzeuge werden von geübten Leuten in Livree sicher geleitet.

Wegfall aller und jeder Spesen, wie Stallgelder etc.

Die Wagen sind in **zwei Minuten** zum Fahren gerüstet.

Stellung von **Galawagen zu Festlichkeiten,** für **Korsofahrten** von Sportsgesellschaften. Bei zeitiger Vormerkung nach allen Städten Württembergs, wo derartige Festlichkeiten stattfinden.

In Anbetracht der grossen Entfernungen, welche diese Wagen zurücklegen, **sind die Preise gegen Droschken mit Pferden enorm billig. Preise nach Uebereinkunft.**

Vorausbestellungen der Wagen und Feststellung der Fahrten können im Depot **Im Thürlen Nr. 00** in der Bahnhofstrasse, oberhalb der Fabrik **Leins & Cie.,** persönlich gemacht und die Wagen besichtigt werden. **Telephon Nr. 1825.**

Ebenso übernimmt Vermittlung von Fahrten Herr **Ed. Frasch,** Cigarrenladen, Königsstrasse 70. Telephon 827.

Schriftliche Anfragen und Bestellungen werden postwendend beantwortet.

Die Wagen fahren jederzeit auf Wunsch der tit. Besteller zum Abholen an Wohnungen oder bestimmten Plätzen vor. In Extrafällen stehen auch bei Nachtzeit die Wagen jederzeit zur gefl. Benützung.

Dieses zeitgemässe Unternehmen wird den hohen Herrschaften, Offizieren, Jagd- und Sportsgesellschaften sowie jedermann zur gefl. Benützung bestens empfohlen.

Daimler Motor-Wagen-Kutscherei

Im Thürlen Nr. 00 in der Bahnhofstrasse, oberhalb der Fabrik Leins & Cie.
Strassenbahnlinie Bahnhofstrasse-Prag.

Telephon 1825.

Die ersten Daimler entstanden nicht nur für den Verkauf; sie wurden auch als Mietwagen angeboten. Prospekt von 1886

DAIMLER Das Automobil hat bekanntlich viele Väter. Jeder von ihnen hat auf seine Weise Voraussetzungen geschaffen, die »Erfindung« des Autos überhaupt zu ermöglichen. Viele weitere kluge Köpfe trugen dazu bei, die Komponenten eines Motorwagens und den Prozess seiner Herstellung im Laufe der Jahrzehnte zu perfektionieren.

Gottlieb Daimlers Bestreben war es zunächst, einen leichten Motor zu konstruieren, der sich universell verwenden ließ: stationär als Arbeitsmaschine, als Antrieb in einem Boot und in einem Straßenfahrzeug. Der Realisierung dieser Idee galt sein Lebenswerk.

Gottlieb Wilhelm Daimler, 1834 in Schorndorf/Württemberg geboren, lernte zunächst das Büchsenmacherhandwerk, ehe er in Stuttgart Maschinenbau studierte und anschließend in der Maschinen- und Lokomotivenfabrik Graffenstaden arbeitete, wo unter anderem 1904 bis 1906 im Auftrage Emil Mathis' der von Bugatti konstruierte Hermes-Simplex gebaut wurde. Von dort ging Daimler für zwei Jahre nach England (Leeds, Manchester, Coventry) und leitete anschließend Maschinenfabriken in Reutlingen und Karlsruhe. Seine nächste Station war die Gasmotorenfabrik der Herren Otto und Langen in Deutz, wo er 1892 einen Direktorenposten angeboten bekam.

Das Team Daimler-Maybach. In Deutz hatte Daimler Wilhelm Maybach kennengelernt, einen begabten Ingenieur, der Daimler eine lange Wegstrecke begleitete. Maybachs Arbeiten an der Seite Daimlers haben in späterer Zeit nicht immer die Würdigung erfahren, die sie verdienen. Seine Beiträge, Ideen, Erfindungen stellten ganz wesentliche Ergänzungen zu Daimlers Gesamtwerk dar.

Daimler machte sich 1882 mit Maybach in Cannstatt bei Stuttgart selbständig. Schon ein Jahr später konnte Daimler seinen ersten eigenen Motor zum Patent anmelden, einen Viertakter mit Glührohrzündung, der im Sommer 1885 in einem überwiegend aus Holz gebauten Zweirad installiert wurde. Der »Reitwagen« war ein Versuchsträger und keineswegs der Prototyp eines Fahrzeugs, das Maybach und Daimler weiterzuentwickeln gedachten. Gleichwohl darf man sagen, dass sie das erste Motorrad der Welt geschaffen hatten – noch vor dem Automobil.

Auch die 1885/86 entstandene Daimler-Motorkutsche war ein Versuchsfahrzeug. Es sollte dazu dienen, die Brauchbarkeit des Daimler-Motors in einem Straßenfahrzeug zu erproben. Doch die jahrelangen Experimente hatten ein Vermögen verschlungen, ehe Aussichten bestanden, das investierte Geld je wieder hereinzubekommen. Zwar trug sich Daimler durchaus mit dem Gedanken, seine Arbeiten in absehbarer Zeit zu kommerzialisieren, doch schien ihm der Zeitpunkt dafür noch längst nicht gekommen.

Es war Maybach, der seinen Chef bedrängte, für die Weltausstellung in Paris 1889 ein besonderes Fahrzeug zu bauen und dort auszustellen, um herauszufinden, welche Resonanz damit zu erzielen wäre. Es entstand der Daimler Stahlradwagen, der Maybachs Konzept von einem organischen Zusammenbau von

Daimler-Wagen mit Riemenantrieb in England, aufgenommen um 1890

Daimler Vis-à-vis 1898 mit Zweizylindermotor, 3,5 PS

Motor, Antrieb und Fahrgestell demonstrierte. Dieser Stahlradwagen zeigte noch deutlicher als das Motorzweirad oder die Motorkutsche von 1885/86, mit welch innovativer Ingeniosität Maybach seine und Daimlers Ideen umzusetzen verstand. Eine kreative Begabung, die auch später alle seine Schöpfungen auszeichnete.

Daimler-Wagen mit einem Chassis von NSU. Für den Stahlradwagen war ein 970-ccm-Zweizylindermotor entstanden, bei dem die Zylinder V-förmig in einem Winkel von 15 Grad auf das Kurbelgehäuse gesetzt waren. Das Fahrgestell des zweiplätzigen Wagens bestand aus Stahlrohren, in welchen das Kühlwasser zirkulierte. Der Motor befand sich im Heck unterhalb der Sitze und trieb über eine Konuskupplung und ein gehäuseloses Viergang-Zahnradgetriebe mit Kegelrad-Differenzial die Hintersachse an. Die in Gabeln wie bei einem Fahrrad geführten Vorderräder steuerte man durch eine Lenkstange. Bei dem Viergang-Stirnradgetriebe handelte es sich um das erste dieser Bauart der Welt mit zwei Nebenwellen und Stirnrädern aus Bronze.

Der Rahmen für den Stahlradwagen kam von der Fahrradfabrik NSU in Neckarsulm. Es wurde eine Serie von 20 Stück aufgelegt, die in der Form und in den Abmessungen jedoch von jenem Rahmen abwichen, den der in Paris gezeigte Daimler-Wagen hatte.

Die Franzosen bekunden Interesse. Wie erwartet, gab es auf den Wagen in Paris ein lebhaftes Echo. Der Industrielle Emile Levassor unternahm mit Wilhem Maybach einige Probefahrten und unterzeichnete anschließend einen Vertrag zur Lizenzfertigung des V-Zweizylinders. Die Firma Panhard & Levassor erwarb das alleinige Recht zum Bau des Daimler-Motors in Frankreich.

Die Gründung der Daimler Motoren Gesellschaft (DMG) geht auf das Jahr 1890 zurück. Auf einem Fabrikgelände in Cannstatt begann man anschließend mit der industriellen Herstellung von Motorwagen. Daimler und Maybach unterstand das Konstruktionsbüro, wo sie ihre Entwicklungsarbeiten fortsetzten; es

entstanden Zwei- und Vierzylinder-Reihenmotoren, die zunächst in Schienentriebwagen und auch in Motorbooten Verwendung fanden.
Der Zweizylinder-Reihenmotor wurde zuerst im so genannten Riemenwagen eingebaut und ersetzte den V-Motor. Und wie die ersten von Benz hergestellten Serienwagen, lehnte sich nun auch der Daimler Riemenwagen formal an die pferdelose Kutsche an, womit man eine Konzession an den Geschmack des Publikums machte. Von 1892 bis 1899 gab es den Riemenwagen in diversen Motorisierungen von 1,5 bis 10 PS. Grundaufbau und Antrieb entsprachen der ersten Daimler Motorkutsche. Der stehende Zweizylindermotor im Heck trieb über ein Riemengetriebe die beiden Hinterräder per Ritzel und Zahnkränze an. Als bedeutende Verbesserung besaß der Reihen-Zweizylinder mit geschlossenem Kurbelgehäuse einen von Maybach entworfenen Spritzdüsenvergaser.

Im ersten Gang auf der Kriechspur. Den Riemenwagen bot die DMG als viersitzigen Vis-à-vis, als zwei- oder viersitzigen Victoria, als Coupé sowie als Landaulet an. Doch der Absatz der Daimler-Wagen bewegte sich mit einer gewissen Schwerfälligkeit noch lange auf der Kriechspur, während die Franzosen zum Überholen angesetzt hatten. Nicht zuletzt trugen interne Auseinandersetzungen, in deren Folge sich Daimler und Maybach 1892 vom Cannstatter Werk getrennt hatten, zu jenem Entwicklungsrückstand bei, der anderen einen Vorsprung verschaffte. Erst als die Gründer 1895 die Firmenleitung wieder übernahmen, gab es neuen Schwung. Dazu trug auch bei, dass man bei der DMG 1896 endlich dazu überging, nach französischem Vorbild den Motor vorn im Fahrzeug einzubauen. Der erste Wagen dieser Konzeption war der Daimler Phönix, bei dem wie beim Panhard & Levassor die Motorkraft über eine kurze Welle auf ein Vierganggetriebe und von dort über ein Differenzial und beidseitig angeordnete Ketten auf beide Hinterräder übertragen wurde. Das kräftige, im U-Profil angefertigte Chassis hatte Vollelliptikfedern und vollgummibereifte Räder. Ab 1898 trugen die Felgen Luftbereifung.

Geburt eines Automobils namens Mercedes. Zu selben Zeit, als in Cannstatt der Vierzylindertyp Phönix entstand, knüpfte ein Mann Verbindungen zur Daimler Motoren Gesellschaft, dessen Name große Bedeutung erlangen sollte: Emil Jellinek. Er war österreichisch-ungarischer Konsul in Nizza, aktiver Sportsmann und verstand seinen gesellschaftlichen Rang mit geschäftlichen Interessen zu verbinden. Der Daimler Phönix war ein Motorwagen nach seinem Geschmack – nur viel zu langsam. Er formulierte eine Reihe von Vorschlägen, mit denen er sich an Wilhelm Maybach wendete, wie seiner Ansicht nach der Phönix zu verbessern sei, um ihn für eine anspruchsvolle Klientel an der Côte d'Azur interessant zu machen, Leute, die wie Jellinek über genügend Zeit und Geld verfügten, um es in teures mechanisches Spielzeug zu stecken und damit Wettrennen zu veranstalten.
Maybach kannte Jellinek persönlich und wusste, welchen Einfluss der Konsul bei der illustren Gesellschaft an der Côte d’Azur hatte. Er baute einen 24-PS-Sportwagen nach Jellineks Vorstellungen, leichter und mit 60 km/h sehr viel schneller als der Phönix. Im Frühjahr 1899 chauffierte Emil Jellinek den Wagen in diversen Wettbewerben im Rahmen der »Woche von Nizza«, und gewann den Ersten Preis.
Seine Exzellenz der Konsul war nicht unter seinem eigenen Namen gestartet, sondern hatte den seiner damals elfjährigen Tochter als Pseudonym verwendet. Das blondlockige Mädchen hieß Mercedes.
Der 24 PS Daimler mit seinem vorn liegenden Motor, Bienenwabenkühler und geneigter Lenksäule ließ sich in den Kurven jedoch schlecht beherrschen. Noch immer lag der Schwerpunkt des Fahrzeugs zu hoch. Erneut tat sich Jellinek mit Maybach zusammen und schuf nach dessen Wünschen einen Wagen, der noch niedriger und mit 35 PS noch stärker motorisiert war. Ende März 1901, knapp zehn Monate nach Beginn der Arbeiten, stand der neue Wagen am Startband von Nizza: Er trug den Namen Mercedes. Mit einer Spitze von 86 und einem Schnitt von 51 km/h qualifizierte sich Jellinek als strahlender Sieger. Auch hinsichtlich Straßenlage und Lenkbarkeit hatte sich dieser Wagen der Konkurrenz als weit überlegen gezeigt.
Der kompakte, leistungsstarke Vierzylinder gilt als der Wendepunkt in der gesamten Automobiltechnik. Gottlieb Daimler hat diese Wende nur ansatzweise miterlebt; er verstarb am 6. März 1900.

Mercedes Kettenwagen 22/50 PS 1912-1914

Die bei der Daimler Motoren-Gesellschaft verwendeten Modellbezeichnungen waren vor der Einführung der Hubraumsteuer im Jahre 1907 uneinheitlich – aber alle Wagen hießen nun Mercedes. Die Bezeichnung des Mercedes 28/32 PS setzte sich beispielsweise aus der Typenbezeichnung und der Nennleistung zusammen. Bei einer Erhöhung der Motorleistung figurierte dasselbe Modell als 30/35 PS. Die neue Steuerformel kennzeichnete vor dem Schrägstrich die zu

Ein Mercedes, gefolgt von einem Fafnir, auf der Fahrt durch das nördliche Russland im Sommer 1914.

versteuernde Leistung, hinter dem Strich die effektive (Brems-)Leistung. Danach rangierte der 30/35 PS – bei identischen Motorspezifikationen – jetzt als 21/35 PS.

Große Vierzylinder-Kettenwagen sind bis 1910 hergestellt worden, ebenso ein Sechszylinder 35/65 PS, während der 39/75 PS bis 1911 im Programm blieb. 1912 erfolgte bei Mercedes die Einführung des Spitzkühlers, zunächst beim 16/45 PS (mit Knight-Motor) und beim 37/90 PS Sportwagen. Der 37/90 PS zählt zu den interessantesten Mercedes-Wagen der Zeit vor dem Ersten Weltkrieg. Der von Paul Daimler geschaffene Motor dieses Fahrzeugs hatte vier einzeln stehende Zylinder mit obenliegenden Ventilen und aufgeschweißter Ummantelung für das Kühlwasser. Die Verwandtschaft zum Flugmotor ist unverkennbar. Bei der Konstruktion hatte sich Paul Daimler an Maybachs Prinzip der großen Einlassventildurchmesser, der möglichst kurzen Gaswege und zwei kleinerer Auslassventile gehalten. Erstmals waren die Ventile ohne herausnehmbare Käfige direkt im Kopf untergebracht; ihre Aktivierung erfolgte durch Stoßstangen und Kipphebel von einer Nockenwelle aus, die ihren Antrieb durch Zahnräder von der Mitte der Kurbelwelle erhielt. 1913 erhöhte man die Zylinderbohrung von 130 auf 132 mm, die Leistung auf mehr als 95 PS. Ein starkes und außerordentlich schnelles Langstrecken-Tourenfahrzeug mit gekapselten, im Ölbad laufenden Antriebsketten. Es gab diesen gewaltigen 10-Liter-Wagen bis Mitte 1914.

Der dreigezackte Stern als Markenzeichen. Ab Mitte 1909 zeigten sämtliche Mercedes-Wagen einen erhaben geprägten Dreizackstern, der in diesem Jahr der DMG als Markenzeichen geschützt worden war, auf der Kühlermaske. Davor trugen die Fahrzeuge meist überhaupt kein Markenzeichen, nur bei einigen Modellen der Baujahre 1902 bis 1906 findet sich in einem Oval vorn am Kühler der ornamentale Schriftzug »Mercedes« und die verschlungenen Buchstaben »DC« (Daimler Cannstatt).

Außenliegende Auspuffrohre, später meist prestigeträchtiges Indiz für das Vorhandensein eines Kompressors, wurden 1912 beim 37/90 PS eingeführt, ferner 1914 beim 14/65 PS Knight.

Die Beschreibung der motorsportlichen Aktivitäten der Cannstatter um jene Zeit könnten ein ganzes Buch füllen. Besonders verwiesen sei auf die Teilnahme von Mercedes-Wagen am französischen Grand Prix 1913 mit Fahrzeugen, deren ohc-Motoren deutliche Flugmotor-Charakteristika aufwiesen, ein Gebiet, auf dem die DMG ebenfalls sehr aktiv war. Der Dreifach-Mercedes-Sieg beim Großen Preis von Frankreich im Juli 1914, knapp vier Wochen vor Ausbruch des Krieges, gehört zu den größten Triumphen der deutschen Renngeschichte jener Zeit. Aus diesen Rennwagenmotoren hatte man bereits 1913 begonnen, den Sechszylinder 28/95 PS als Nachfolger des Vierzylinders 37/90 PS zu entwickeln, der aber erst nach dem Kriege Karriere machte.

Nach 1918 kam die Produktion von Personenwagen erst langsam wieder in Gang, Basismodelle waren ein neuer 6/20 PS und der 10/30 PS, beide ohc-Vierzylinder, mit denen die Marke Mercedes einen vorsichtigen Start in die 1920er Jahre absolvierte. Eine Ära, die eine Vielzahl von Veränderungen und Neustrukturierungen mit sich brachte – nicht zuletzt Daimlers Vereinigung mit dem Erzrivalen Benz im Jahre 1926. Daimlers Motto »Das Beste oder Nichts« wurde auch zu einem bestimmenden Credo der neuen Doppelmarke.

HORCH August Horch, geboren 1868, hat die Entwicklung des Automobils in ganz entscheidendem Maße mitgeprägt. Er gehört zu den Pionieren der deutschen Kraftfahrzeugindustrie und hat ihr Impulse verliehen, durch die der Name Horch einen Ehrenplatz in der »Hall of Fame« erhielt.

Als junger Techniker kam August Horch 1896 zu Benz nach Mannheim. Er hatte in verschiedenen Firmen, so auch im Dampfmaschinen- und im Schiffsbau, praktische Erfahrungen gesammelt, interessierte sich aber zunehmend für den Motorwagen und hatte den Kopf voller Ideen, die er bei Benz zu realisieren hoffte. Benz war damals 52 Jahre alt und führte seinen Betrieb sehr autoritär. Horchs Kreativität stieß bei Benz auf wenig Gegenliebe; der Herr des Hauses wich von seinen eigenen Konstruktionsgrundsätzen nicht ab. Zwar wurde Horch nach einem Jahr Firmenzugehörigkeit zum Betriebsleiter ernannt, dennoch vermochte er nur wenige seiner Vorstellungen durchzusetzen. Immerhin lernte er Auto fahren und ließ keine Gelegenheit aus, sich darin zu vervollkommnen.

Lehrzeit bei Benz. 1899 verließ er Benz und machte sich in Köln selbständig. wo er zunächst einen Motor mit zwei versetzten Zylindern konstruierte, dazu ein Getriebe mit ständig im Eingriff befindlichen Zahnrädern mit Pfeilverzahnung. Das Wagengestell für dieses Aggregat ließ Horch bei der Firma Utermöhle anfertigen, die schon bald zu einem der führenden Karosserieehersteller in Deutschland avancierte.

Die Kraft des Motors wurde auf das Getriebe per Lederriemen übertragen, der Antrieb auf die Hinterachse des Wagens erfolgte mittels Kardanwelle. Der wassergekühlte Motor entstand in einer 5- und einer 10-PS-Version, die Horch ausgiebig testete, ehe er eine Serie von zehn Stück auflegte und in viersitzigen Fahrzeugen installierte, die er für nur 2300 Mark zum Verkauf anbot.

Dieser Preis lag vermutlich unter den Gestehungskosten, auch war Horch nicht mit der Leistung seiner Motoren zufrieden. Er baute einen neuen Zweizylinder und ein neues Getriebe und verband beides mit einer Lederkonuskupplung. Dieses Modell wurde jedoch nicht mehr in Köln gebaut, sondern in Reichenberg im Vogtland, wo Horch nach langer Suche eine günstige Betriebsstätte gefunden hatte.

Gründung der Automobilindustrie in Sachsen. In Reichenberg entstand auch Horch erster Vierzylinder, auf die Räder gestellt im Jahre 1903. In ihrem technischen Aufbau zeigten der 10/12 PS Zweizylinder und der 16/20 PS Vierzylinder Übereinstimmungen. Beide hatten paarweise gegossene Zylinder und auch einen von Horch konstruierten Spritzdüsenvergaser. Die Kardanwelle war sehr kurz, der Achsantrieb wurde durch eine kräftige Schraubenfeder gegen den Rahmen abgestützt. Der 16/20 PS wurde schon 1904 durch einen 18/22 PS abgelöst, den Zweizylinder gab es noch bis 1907.

Ende 1903 siedelte Horch mit seinem Betrieb erneut um, jetzt nach Zwickau. Dort fand er endlich ideale Voraussetzungen für die geplante Expansion seiner Automobilfertigung. Aus der Motorwagenfabrik A. Hoch & Cie. wurde 1904 eine Aktiengesellschaft.

Horch Zwei- und Vierzylinder hatten sich inzwischen gut bewährt, aber Horch war ein Mann, der nach dem Motto »Das Bessere ist des Guten Feind« seine Konstruktionen ständig verbesserte. Er gehörte zu jenen Unternehmern, die ihren Betrieb mehr aus Leidenschaft denn aus Gründen der Gewinnmaximierung führten und denen die Qualität ihrer Produkte ein ganz persönliches Anliegen bedeutete. So entstanden schon bald zwei neue Vierzylinder mit 2,6 bzw. 5,8 Liter Hubraum, die für ihre Größe hervorragende Leistungen abgaben und die Grundlage nachfolgender Konstruktionen darstellten, mit denen sich Horch einen Namen in ganz Europa machte.

Horch 853 von 1937, 2006 angeboten bei C.F. Mirbach

Popularität durch Motorsport. Es gab schon 1904 Horch-Vertretungen in St. Petersburg und in London, dort hatte sich eine Firma Krupkar Ltd. etabliert (der Name sollte »Kruppstahl assoziieren), die den Import deutscher Fabrikate betrieb. Neben Horch bot Krupkar in England auch die Fabrikate Cudell und Opel an.

Der 20- und der 40-PS-Wagen waren die ersten in Zwickau entstandenen Horch-Modelle und

Horch 480 Sportcabriolet 1931

Horch 10/35 PS Torpedo 1924 in Konstantinopel

wurden dort ab 1905 hergestellt. Sie besaßen obenliegende Einlass- und stehende Auslassventile. Ein weiteres Merkmal des Horch-Motors war die obere, verbreiterte Hälfte des Kurbelgehäuses, die auf den Längsträgern des Fahrgestells auflag und damit zu dessen Versteifung beitrug. Auch das zwischen Motor und Getriebe angeordnete Kardangelenk und das Stirnrad-Differenzial waren Horch-spezifisch. War die Ölförderung zum Motor bei den ersten Modellen noch unter dem Druck der Auspuffgase erfolgt, so gab es jetzt eine Sechsfach-Kolbenpumpe mit einzeln regulierbaren Tropfstellen. Das Dreiganggetriebe war einem mit vier Gängen gewichen.

Zwei 18/22 PS und ein 35/40 PS Hoch wurden zur ersten Herkomer-Fahrt im Jahre 1905 gemeldet. Die drei Fahrzeuge absolvierten ausgezeichnete Leistungen, vor allem auch bei der schwierigen Kesselbergprüfung, so dass Horch beschloss, 1906 abermals anzutreten. In diesem Rennen wurde ein 18/22 PS sogar Gesamtsieger. Dabei hatte der Werksfahrer Dr. Rudolf Stöss den kleinsten und leistungsschwächsten Wagen der gesamten Konkurrenz gefahren.

1908 wurden die Herkomer-Fahrten durch die Prinz-Heinrich-Fahrten abgelöst, deren erste über eine Strecke von 2200 Kilometer führte. Während viele Teilnehmer mit leistungsgesteigerten Spezialwagen am Start erschienen, trat Horch mit Serienfahrzeugen an, die lediglich eine besondere Karosserie erhalten hatten. Die viersitzigen, offenen Tourer – und nur solche durften laut Ausschreibung teilnehmen – hatten einen strömungsgünstigen Windlauf erhalten, die man als »Torpedohaube« bezeichnete. Die bei der Firma Kathe in Halle entstandenen schnittigen Aufbauten erregten viel Aufsehen und gaben dem Karosseriebau in ganz Europa starke Impulse. Die wesentlich stärker motorisierten Benz, Mercedes und Adler waren allerdings schneller, so dass Horch und Stöss nur auf die Plätze 7. und 8. kamen.

1906 hatte Horch mit der Konstruktion eines großen Sechszylinders mit 60 PS Leistung begonnen, bei dem die Einlassventile wie beim 40-PS-Motor direkt über den Auslassventilen saßen. Die Zylinder waren paarweise zusammengegossen, die Kurbelwelle vierfach gelagert. Neu an diesem Motor war die Metalltrommelkupplung, welche die Vorzüge der Lamellen- und der Konuskupplung vereinen sollte. Sie hat sich indessen nicht bewährt, auch erwies sich die Zahl von drei Getriebegängen als unzureichend. Ab 1907 hatte der große 7,8-Liter-Sechszylinder 31/60 PS ein Vierganggetriebe.

Pech im Rennen – Pech für den Firmenchef. Für das Kaiserpreisrennen 1907 im Taunus wurden drei Horch Sechszylinder nominiert. Doch schon im Training fielen sie aus. Für diesen misslichen Umstand sowie für die Tatsache, dass der 31/60 PS kaum Abnehmer fand, machte man August Horch persönlich verantwortlich. Einige seiner Kollegen von der Geschäftsführung waren ihm vor, er verschwende durch zu früh herausgebrachte, unausgereifte Konstruktionen zu viel Geld. Sie machten ihn für kommerzielle Misserfolge verantwortlich – ein Vorwurf, dem sich der Aufsichtsrat anschloss. Horch wurde im Sommer 1909 nahegelegt, das von ihm gegründete Unternehmen zu verlassen – und er ging.

Das Konstruktionsbüro übernahm Georg Paulmann, Chefkonstrukteur wurde der Ingenieur Fritz Seidel, ein langjähriger Mitarbeiter Horchs. Er gehörte im Unterschied zu einigen anderen, die mit Horch das Werk verließen, zu denen, die blieben und versuchten, die gegebenen Konstruktionsgrundlinien zu pflegen, Detailverbesserungen vorzunehmen und somit ganz im Sinne Horchs weiterzuarbeiten.

Horch gründet eine neue Firma: Audi. August Horch war es leid gewesen, sich vor Kaufleuten, die vom Auto nicht viel verstanden, Tag für Tag aufs neue rechtfertigen und obendrein vorhalten lassen zu müssen, er verschwende Geld. Es war ihm kaum eine andere Wahl geblieben, als seinen Abschied zu nehmen.

Einige Straßenzüge von den Horch-Werken entfernt fand sich ein Objekt, das zum Verkauf stand; Horch zog ein, investierte sein gesamtes Privatvermögen (und einen Bankkredit) in neue Maschinen und Werkzeuge und ließ am 16. Juli 1909, nur einen Monat später, die August Horch Automobilwerke eintragen – die aber schon bald umbenannt werden mussten. August Horch hatte einen diesbezüglichen Prozess beim Reichsgericht Leipzig verloren und firmierte nun als Audi Automobilwerke GmbH. Unverzüglich machte

sich der damals erst einundvierzigjährige, voller Dynamik steckende Ingenieur an die Konstruktion eines neuen Modells, und schon Anfang 1910 kam dieses als Audi 10/28 PS auf den Markt – eigentlich ein echter Horch, nur weiterentwickelt und moderner. Alle Erfahrungen, vor allem die negativen in den Rennen der vergangen zwei Jahre, hatten im ersten Audi ihren Niederschlag gefunden. Der Freiraum, den der geniale Techniker Horch bei der Konstruktion und beim Bau dieses Automobils in Anspruch nehmen konnte, wäre ihm bei den Horch-Werken vermutlich niemals zugestanden worden.
Bei Audi wechselte August Horch 1920 vom Vorstand in den Aufsichtsrat; sein Einfluss wurde dadurch aber nicht geringer. Er durfte es noch erleben, dass sich Audi und Horch friedlich vereinigten – nämlich 1932, als gemeinsam mit den Marken DKW und Wanderer die Auto Union gegründet wurde. August Horch starb am 5. Februar 1951 im Alter von 83 Jahren.
Bei der Firma Horch hatte das Modellprogramm bis 1914 an Umfang zugenommen, und da die Qualität der Fahrzeuge ausgezeichnet war, ließen die Umsätze nichts zu wünschen übrig. Ab 1914 gab es für die größeren Horch-Modelle eine elektrische Licht- und Anlasseranlage. Ein weiterer großer Horch war 1914 produktionsreif, das 8,5-Liter-Modell 33/80 PS. Es ist jedoch erst 1919 zur Auslieferung gekommen. Ein zur gleichen Zeit präsentierter kleiner 14 PS Horch, »Pony« genannt, wurde nicht mehr aufgelegt.
Äußeres Kennzeichen der modernen Horch-Wagen war ein schmaler, ovaler Kühler mit oberer, nach vorn gezogener »Schnabel«-Partie. Diese für Horch charakteristische Kühlerform wurde auch auf den Spitzkühler übertragen, der 1913 erschienen war und auch in der Nachkriegszeit den Bug eines Horch zierte.
In der 1932 gegründeten Auto Union fanden Horch und Audi wieder zusammen. Das Schicksal der Marke Horch ab 1932 und auch die Geschichte der in Ostdeutschland gebauten Fahrzeuge, die noch eine Zeit lang nach dem Kriege diesen Namen trugen, gehört in ein anderes Kapitel der Automobilgeschichte.

Horch Stromlinenwagen 930-S, 1946 aus Vorkriegsmaterial entstanden

Bei Horch entstanden auch Nutz- und Militärfahrzeuge wie dieser Sechsradwagen mit Achtzylindermotor und zwei angetriebenen Hinterachsen von 1928.

NAG Die Geschichte der Marke NAG gehört zu den interessantesten Kapiteln der Automobilhistorie. Es sah eine Zeit lang so aus, als würde sich NAG zu einer der ganz großen Marken wie Mercedes entwickeln, allein es fehlte in den 1920er Jahren an einer straffen Führung des Unternehmens mit klaren Produktions- und Vermarktungskonzepten. NAG-Wagen galten bis Ausbruch des ersten Weltkrieges – und auch später noch – als qualitativ hochwertig, ausgereift und zuverlässig, und die Basis, auf der sie entwickelt und gebaut wurden, hätte solider kaum sein können.

Die Gründung der Nationalen Automobil-Gesellschaft, kurz NAG, erfolgte auf Initiative des Generaldirektors der AEG, Emil Rathenau. Er hatte die Bedeutung des Automobils und die Rolle, die es in absehbarer Zeit spielen würde, schon früh erkannt und wollte dem AEG-Konzern den Anschluss an diese Entwicklung verschaffen – nicht nur als Zulieferer, sondern als Hersteller von Motorwagen.

Autos aus der Kabelfabrik. Im AEG-Kabelwerk Oberspree in Berlin-Oberschöneweise fanden erste Versuche im Automobilbau statt. Mangels eigener Erfahrungen griff man zunächst auf eine Konstruktion zurück, die ein Hochschulprofessor namens Klingenberg geschaffen hatte. Man zog den Zivilingenieur Joseph Conrad hinzu und stellte ihm die Aufgabe, den Klingenberg-Wagen zu prüfen und, wo nötig, zu verbessern. Sein Urteil fiel positiv aus – die AEG übernahm die 1899 entstandene Konstruktion Georg Klingenbergs und auch die Firma, in der er entstanden war, die Allgemeine Automobil-Gesellschaft. Im Dezember 1901 erfolgte die Eintragung der daraus entstandenen Neuen Automobil-Gesellschaft, kurz NAG. Der Klingenberg-NAG ist etwa ein Jahr lang hergestellt worden, bis der Ingenieur Joseph Vollmer das Konstruktionsbüro in Berlin-Oberschöneweide übernahm und neue Modelle schuf. Vollmer hatte bei den Bergmann Industriewerken in Gaggenau 1894/95 den Orient Express konstruiert, war dann zu Kühlstein nach Berlin gegangen und hatte dort Fahrzeuge mit Elektro- und mit Benzinmotoren entwickelt. Seine Idee war auch der Kühlstein-Vollmer-Vorspannwagen gewesen, eine Motor/Antriebseinheit, die man bei einem Pferdekutschwagen im Tausch gegen die Vorderachse montieren konnte und die ihn in ein Frontantriebsautomobil verwandelte. Bewährt hat sich der Vorspannwagen indessen nicht.

Mit goldbronziertem Röhrenkühler. Die von Vollmer neu geschaffenen NAG-Typen erschienen 1903, ein Zweizylindermodell mit 10 PS und ein Vierzylinder mit 20 PS. Einlass- und Auslassventile waren beiderseits stehend angeordnet (T-Layout); die Schmierung erfolgte durch einen Tropföler an der Spritzwand unter dem Druck der Auspuffgase. Der oberste Gang des Vierganggetriebes war direkt übersetzt. Beim Zweizylinder war das Getriebe mit dem Motorblock verschraubt, dieser Wagen hatte Kardanantrieb; beim kettengetriebenen Vierzylinder bildete es eine separate Baueinheit. Die Schaltung befand sich unterhalb vom Lenkrad. Schon die ersten NAG-Wagen besaßen den runden, goldbronzierten NAG-Röhrenkühler mit aufgesetztem Dampfdom. Ab 1905 wurden die Kanten des Kühlers abgerundet, das Erscheinungsbild eines NAG war damit sehr auffällig.

Bei NAG gebauterVollmer-Wagen (Tonneau), 1903

NAG, 1902 in Stockholm aufgenommen

Die Herstellung von Personen und Lastwagen nahm schon bald großen Umfang an, daneben entstanden Taxifahrzeuge sowohl mit Benzin- als auch mit Elektromotor. Ein großer Reisewagen, der Typ 2, kam 1905 hinzu. Er wurde als 40/45 PS (ab 1907: 29/55 PS) verkauft und hatte einen leistungsstarken 8-Liter-Motor. Bei ihm wurde der Getriebeschalthebel neben dem Fahrersitz in einer Kulisse geführt. Sämtliche Modelle bekamen ab 1908 Kardanantrieb.

Seine Majestät bekunden Interesse. Die renommierten NAG-Automobile fanden auch das Interesse Kaiser Wilhelm II. Er bestellte 1907 ein Doppelphaeton im Roi-des-Belges-Stil, lackiert in den Hohenzollern-Hausfarben Elfenbein/Blau und mit roten Lederpolstern versehen.

Das breite NAG-Personen und Nutzfahrzeugprogramm wurde 1907 durch der Aufnahme der Flugmotorenproduktion ergänzt. Basis hierfür war der amerikanische Wright-Flugmotor. Im gleichen Jahr schied Joseph Conrad aus, um in Berlin ein eigenes Konstruktionsbüro zu eröffnen. Dem Trend der Entwicklung folgend, brachte NAG 1908 einen Kleinwagen heraus, den 6/12 PS »Puck«; er hatte einen Vierzylin-

Oben: der von Prof. Georg Klingenberg 1899/1900 entstandene Einzylinder-Wagen, den NAG als erstes Auto ins Programm nahm

Unten: Sonntagsausflug mit der Familie. Das Auto ist ein NAG 6/18 PS von 1913, der mit dem jetzt typischen ovalrunden Kühler versehen ist

NAG C4b »Monza« von 1926, mit Spitzkühler, außen verlaufendem Auspuffrohr, Sportscheiben und Rudge-Drahtspeichenrädern

NAG-Protos Typ 207 1930. Die Karosserie wurde in Frankreich angefertigt (Galli, Paris)

dermotor von 1570 ccm Hubraum. Das kleine Auto kostete 4800 Mark – allerdings ohne Scheinwerfer. In modernisierter und etwas kräftigerer Ausführung hieß der Wagen von 1911 bis 1914 »Darling«.

Im Juli 1912 erfolgte die Umwandlung der GmbH in eine Aktiengesellschaft; zur gleichen Zeit wurden die Betriebsanlagen in Oberschöneweide beträchtlich erweitert. Der Absatz an NAG-Wagen, auch im Ausland, hatte Größenordnungen erreicht, die eine Kapazitätsausweitung dringend nötig machten Das weltweite Netz der AEG-Organisation spielte für den Verkauf im Ausland eine entscheidende Rolle.

In den großen sportlichen Zuverlässigkeits-Wettbewerben waren die NAG-Wagen nicht allzu häufig zu sehen. Lediglich an den Österreichischen Alpenfahrten 1911, 1912 und 1914 nahmen einige NAG teil, ferner an Winterfahrten in Schweden und Russland. Aber auch beim 1907 ausgetragenen Rennen um den Kaiserpreis im Taunus war NAG mit drei Fahrzeugen präsent, gefahren von den Piloten Fritsch, Salzer und Ernecke. Die Konkurrenz war stärker und schneller; lediglich Salzer erreichte in Wertung das Ziel – auf dem 18. Platz.

Dem kleinen Darling schlossen sich zwei Mittelklassemodelle vom Typ 8/22 PS und 13/35 PS sowie ein Luxuswagen von 80 PS an. Die neuen Vierzylindermotoren waren glatt und formschön; Zylinderblock und Kurbelgehäuseoberteil bestanden aus einem Guss. Die Gaskanäle waren im Zylinderblock mit einbezogen. Der 13/35 PS wurde auch auf Ausstellungen in Paris und London gezeigt und fand dort mit seiner eleganten Kellner-Torpedokarosserie ein positives Echo. Die British NAG Co. Ltd. verkaufte das Auto in ansehnlicher Zahl.

1912 unterzog man alle Modelle einer weiteren Modernisierung: Die Motoren erhielten gekapselte Ventile, kettengetriebene Nockenwellen und eine verbesserte Druckumlaufschmierung.

Der Krieg 1914-1918 unterbrach die Weiterentwicklung der Personenwagen zugunsten der Produktion von Lastwagen, Zugmaschinen und Flugmotoren. 1915 wurde die Neue Automobil-Gesellschaft in Nationale Automobil-Gesellschaft umbenannt.

Nach dem Krieg wurde nur mehr ein einziges Personenwagenmodell, der 10/30 PS Vierzylinder, gebaut. Erst 1922 kamen weitere hinzu. Die NAG wurde mit Brennabor, Hansa und Hansa-Lloyd Mitglied in der Gemeinschaft Deutscher Automobilfabriken (GDA), die ihr Typenprogramm aufeinander abstimmte und gemeinsam vertrieb.

Der gewünschte Erfolg stellte sich kurzfristig ein, doch ab 1926 ging es bergab, bis der Markenname NAG 1934 endgültig von der Szene verschwand. Ein Frontantriebsmodell namens NAG-Voran blieb im Versuchsstadium stecken. Für den Nutzfahrzeugbereich übernahm Büssing die Namensrechte: Der Begriff Büssing-NAG wurde wenigstens hier seiner internationalen Reputation gerecht.

OPEL Die Geschichte des Hauses Opel nahm 1862 ihren Anfang, als Adam Opel im hessischen Rüsselsheim am Main in der Schlosserwerkstatt seines Vaters eine Nähmaschine anfertigte. Die Manufaktur nahm schon bald größere Dimensionen an; Als Adam Opel 1895 starb, hinterließ er seinen fünf Söhnen eine Nähmaschinen- und Fahrradfabrik, die zu den bedeutendsten in Europa zählte.
Die Entstehung von Automobilen mit dem Markennamen Opel hat der Firmengründer nicht mehr miterlebt. Diesbezügliche Aktivitäten entfalteten sein Söhne erst um 1898, als sie für das abflauende Fahrradgeschäft einen Ausgleich suchten. Sie machten die Bekanntschaft eines Mechanikers namens Friedrich Lutzmann, der in Dessau einen ihnen zusagenden Motorwagen gebaut hatte, kauften ihm die Konstruktionsrechte sowie alle Betriebseinrichtungen ab und begannen 1899 in Rüsselsheim mit der Herstellung des Opel-Patent-Motorwagens System Lutzmann.

Deutsch-französische Allianz. Da sich bald herausstellte, dass die Lutzmann-Konstruktion antiquiert und wenig entwicklungsfähig war, musste man einen neuen Weg einschlagen. Die Opel-Brüder überstürzten nichts und ließen sich mit ihrer Entscheidung Zeit. Im Laufe des Jahres 1901 übernahmen sie die Vertretung der Renault-Wagen in Deutschland, unmittelbar darauf schlossen sie ein Lizenz- und Lieferabkommen mit dem Autohersteller Alexandre Darracq. Dies war der Anfang zu einer für beide Seiten sehr ersprießlichen Geschäftsverbindung.

Kaiserpreis-Rennen 1907 im Taunus. Vier Runden zu je 125 Kilometer waren zu absolvieren. Carl Jörns auf Opel wurde als bester deutscher Fahrer ausgezeichnet

Darracq galt einer der Visionäre des europäischen Automobilwesens. Er hatte 1891 ebenfalls mit der Herstellung von Fahrrädern begonnen, war seit 1895 Produzent leichter, gut verkäuflicher Motorwagen und an internationalen Partnerschaften sehr interessiert.
Der Verkauf seiner Fahrzeuge durch Opel ließ sich so gut an, dass man in Rüsselsheim den Entschluss fasste, Automobile der Bauart Darracq in Lizenz herzustellen. Bereits im Sommer 1902 verließ der erste Opel-Darracq das Werkstor. Gemäß seinem Vorbild aus Frankreich hatte der 10/12-PS-Wagen einen vorn stehend eingebauten Zweizylindermotor und Kardanantrieb. Ein kleinerer 8-PS-Wagen, ebenfalls als Opel-Darracq angeboten, war hingegen ein komplett bei Darracq in Suresnes hergestelltes Importfahrzeug. Die Palette der Opel- bzw. Opel-Darracq-Typen nahm bald einen großen Umfang an. Die in Deutschland hergestellten Modelle wurden jetzt als Opel ohne Zusatzbezeichnung verkauft, die Importmodelle als Opel-Darracq, wobei auch die in Rüsselsheim fabrizierten Wagen am Anfang konstruktiv weiterhn auf Darracq-Modellen basierten. Im Liufe der Zeit entfernten sie sich zusehends vom Original. Auch äußerlich gab es Unterschiede: Der Darracq hatte seinen eckigen Rohrschlangenkühler beibehalten, die Opel-Wagen wiesen einen Bienenwabenkühler ähnlich dem des Mercedes auf.

Besitzerstolz: Opel 13/30 PS Torpedo 1912

Volks-Wagen aus Rüsselsheim. Das populärste Rüsselsheimer Produkt jener Ära war zweifellos der kleine Opel 12/14 PS, der 1905 herauskam und weite Verbreitung fand. Ab 1907 hieß dieses Auto 8/14 PS. Sein 2-Liter-Zweizylinder-Blockmotor hatte seitlich stehende Ventile (L-Layout), eine dreifach gelagerte Kurbelwelle und eine stirnradgetriebene Nockenwelle, ferner Zentralölschmierung, Doppelzündung und einen Spritzdüsenvergaser mit Kolbenschieber. Das separate Dreiganggetriebe wies eine Segmentschaltung an der Lenksäule auf. Der Opel-Darracq vergleichbarer Größenordnung war der 8/9 PS mit 1,6 Liter Hubraum mit gleichem Schaltmechanismus.
Die enorme Typenvielfalt eigener und importierter Fahrzeuge in teils sehr ähnlicher Konfiguration führte konsequenterweise zu einer Lösung des Vertrages mit Darracq, die Ende 1906 in Kraft trat. Ab jetzt erfolgte eine stärkere Ausprägung der eigenen Konstruktionen, zumal man in Rüsselsheim über ausgezeichnete Ingenieure verfügte.
Die Einführung der neuen Hubraumsteuer veranlasste Opel Mitte 1906, ihren bis dahin als 20/24 bezeichneten großen Vierzylinder umzukonstruieren. Es entstand der 18/30 PS mit Baggerschmierung, die bald bei allen Opel-Modellen eingeführt wurde. Mit einem 18/30 PS beteiligte sich Opel noch 1906 an der Herkomer-Fahrt sowie an der Zuverlässigkeitsfahrt Paris-Monaco-Paris. 1906 erschien auch ein weiterer großer Opel-Wagen, der 45/50 PS.
Das Jahr 1907 hatte für die Firma Opel eine ganz besondere Bedeutung. Werksfahrer Carl Jörns wurde beim Kaiserpreis-Rennen im Taunus nach einem Fiat und eine Pipe Dritter, sein Kollege Michel Vierter. Aus der Hand Seiner Majestät empfing Jörns einen Pokal als bester deutscher Fahrer. Im gleichen Jahr wurde Heinrich Opel Dritter in der Gesamtwertung bei der Herkomer-Fahrt.

Spitzenklasse deutschen Automobilbaus. Aus dem Kaiserpreis-Wagen entwickelte man eine Reihe Tourenmodelle mit 40, 50 und 60 PS. Sie gehörten zur Spitzenklasse deutsche Automobilbaus und machten Opel zu einer Prestigemarke. Dennoch vernachlässigte man keineswegs das so wichtige Segment der kleinen und mittleren Klassen, für die ja eine rege Nachfrage bestand. Der Zweizylinder 8/14 PS nahm als preiswerter, robuster Gebrauchswagen hier eine besondere Rolle ein; er ging unter der Bezeichnung »Doktorwagen« in die Opel-Geschichte ein und wurde bis 1909 gebaut. Ebenso beliebt war der 10/18 PS Vierzylinder, den es bis 1910 gab.
1908 konnte man in Rüsselsheim die Herstellung des 1000. Opel-Motorwagens feiern. Die Produktion nahm stetig zu, Opel war in aller Welt ein Begriff geworden. Sporterfolge hatten daran einen erheblichen Anteil, denn in vielen Wettbewerben platzierten sich die Autos aus Rüsselsheim sehr weit vorn. Besonders bei Bergrennen schnitten sie stets gut ab. Wilhelm Opel bestritt zahlreiche Rennen selbst, so auch die

schwierige Prinz-Heinrich-Fahrt 1909, die er immerhin in Bestzeit absolvierte.
1910 und 1911 erschienen abermals zahlreiche neue Modelle, so auch ein 5/10 PS Vierzylinder, der das Erbe des Doktorwagens antrat und als Zweisitzer mit Lederverdeck nur 4480 Mark kostete – einschließlich Windschutzscheibe, wie es damals im Katalog ausdrücklich hieß.
1911 erschienen zwei neue große Modelle, der 24/50 und der 34/65 PS. Ihre Motoren wiesen jetzt vollständig gekapselte Ventile auf, die eleganten Torpedokarosserien hatten hinten Dreiviertelelliptikfedern sowie einen Kardankugelkopf zur Aufnahme der Hinterachskräfte. Beide Fahrzeuge wurden bis Mitte 1913 produziert.
Phoenix aus der Opel-Asche. Im August 1911 wurde das Opel-Werk von einem Großbrand weitgehend zerstört. Die Katastrophe war zugleich eine Chance, den Betrieb nach modensten Gesichtspunkten neu aufzubauen. Der 10.000. Opel-Wagen entstand 1912 bereits in der neuen Fabrik. Zugleich erschien eine Reihe neuer, leistungsfähiger Modelle wie der 10/24 und der 13/30 PS; der 16/35 PS wurde durch einen 18/40 PS ersetzt, fast identisch mit dem 24/50 PS, aber mit einer Gleitlager-Kurbelwelle. Spitzenmodell war der 40/100 PS mit obengesteuerten Einlassventile und je zwei seitlich stehenden Auslassventilen pro Zylinder. Der 40/100 PS wurde bis 1914 hergestellt und auch noch eine kurze Zeit nach dem Kriege. In den Jahren 1912 und 1913 hatte die Serienherstellung besonders der kleinen Modelle 5/14 »Puppchen« und 6/16 PS einen großen Umfang angenommen; sie und verliehen der Motorisierung in Deutschland starke Impulse. Das Puppchen war ein flotter Zweisitzer und kostete nur 3600 Mark. Neu waren auch die Modelle 14/38 und 29/70 PS, ferner ein sportlicher 8/30 PS mit ohv-Motor.
Während des Krieges wurden bei Opel vorwiegend Lastwagen und Flugmotoren angefertigt. Trotzdem gelang es 1916, die Entwicklung eines Sechszylindermodells abzuschließen, das man nach dem Kriege bauen wollte. Der 18/50 PS Sechszylinder bildete die Grundlage, auf der in den 1920er Jahren die großartigen 21/60 PS und 30/75 PS entstanden, doch den Anfang machten 1919 erst einmal der kleine 8/25 und der Mittelklassetyp 18/35 PS – Autos, die im wirtschaftlich geschwächten Nachkriegsdeutschland zunächst die besseren Absatzchancen hatten.
Die Typenvielfalt war bei Opel stets sehr groß und sicherte eine breite Marktpräsenz, die sich in den kommenden Jahrzehnten fortsetzte und stetigen Ausbau erfuhr – ein Prozess, der nach der Übernahme Opels durch General Motors im Jahre 1929 die Rüsselsheimer Marke zur größten in Deutschland machte.

Opel 4/12 PS »Laubfrosch«, mit dem bei Opel 1924 die Fließbandfertgung eingeführt wurde

STOEWER Die Automobilmarke Stoewer gehört zu denen mit einer großen Tradition. Die Firma Gebrüder Stoewer, Fabrik für Motorfahrzeuge, wurde im Jahre 1899 in Stettin gegründet, hervorgehend aus den dort seit 1895 bestehenden Eisenwerken Bernhard Stoewer, die Werkzeugmaschinen und Fahrradteile herstellten. Die Brüder Emil und Bernhard Stoewer experimentierten ab 1897 in der väterlichen Fabrik zunächst mit motorisierten Zwei- und Dreirädern, die eine gewisse Ähnlichkeit mit den Konstruktionen von De Dion-Bouton aufwiesen und die sie 1899 auch auf der Berliner Motorwagenausstellung zeigten. Noch im gleichen Jahr erschien der erste vierrädrige Stoewer-Wagen. Er hatte einen wassergekühlten Zweizylindermotor von 2,1 Liter Hubraum im Wagenheck; die Hinterräder wurden über ein Dreiganggetriebe mit Differenzial mittels Ketten angetrieben. Das Getriebe wurde über einen Handhebel unter dem Lenkrad geschaltet. Die Firma Stoewer bot den Wagen, wie es damals üblich war, sowohl mit Vollgummi- als auch mit Luftbereifung an.

Erster Stoewer 1899 mit wassergekühltem Zweizylndermotor im Heck

Modell- und Typenvielfalt aus Stettin. Schon kurz darauf kamen Fahrzeuge heraus, bei denen der Motor vorn installiert war; 1901 folgte auch ein Vierzylindermodell. Zur gleichen Zeit entstanden in Stettin Lastwagen, Omnibusse und Elektromobile. Das Stoewer-Programm zeichnete sich durch eine erstaunliche Vielfalt aus.

1903/04 umfasste das Angebot eine große Zahl von Fahrzeugen mit Zwei- und Vierzylindermotoren zwischen 10 und 40 PS. 1904 löste der Kardan- den Kettenantrieb bei den leichteren Fahrzeugen ab, so beim 8/10 PS und beim 11/22 PS. Nur der schwere 28/40 PS behielt den Kettenantrieb bei. Die Motoren hatten T-förmig angeordnete Seitenventile, Wasserpumpenkühlung und Abreißzündung. Alle Fahrzeuge wiesen seit 1902 Wabenkühler auf. Um die Qualität seiner Automobile unter Beweis zu stellen, begab sich Bernhard Stoewer mit einem 40-PS-Wagen auf die Reise von Stettin nach Paris und zurück; er absolvierte sie ohne nennenswerte Defekte.

1904 kam ein weiterer Vierzylinder hinzu, der 20/24 PS. Danach gab es eine Vereinheitlichung im Stoewer-Programm, die mit einem neukonstruierten 24/30 PS begann, ein Wagen, der 1905 auf den Ausstellungen von Berlin und Kopenhagen gezeigt wurde und auf der Herkomer-Fahrt im gleichen Jahr sein Debüt gegeben hatte. Das Modell wurde intern als P4-I bezeichnet und bis etwa 1910 gebaut. Die P4-Reihe umfasste weitere Typen, ab 1907 mit Kardanantrieb lieferbar. Der Zweizylinder 8/10 PS wurde 1905 durch das verbesserte Modell T2 mit 18 PS ersetzt, das weite Verbreitung fand, vor allem als Taxifahrzeug und als Lieferwagen.

Neue Sechs- und Vierzylinder. Besonderes Aufsehen erregte Stoewers neuer Sechszylinder, dessen Fabrikation 1906 aufgenommen wurde. Der Motor dieses Modells P6 besaß paarweise gegossene Zylinder mit seitlichen Ventilen in T-Anordnung, Druckumlaufschmierung per Zahnradpumpe und eine Hochspannungs-Magnetzündung von Bosch, kombiniert mit einer separaten Batterienzündanlage. Das Fahrgestell des P6 war hinten hochgekröpft, das Getriebe wies vier Gänge auf.

Inzwischen war ein kleiner Vierzylinder hinzugekommen, der Stoewer G4 mit 12 PS Leistung. Mit nur 650 kg war das Fahrzeug relativ leicht und mit 60 km/h auch schnell. Der G4 bildete die Grundlage für die Weiterentwicklung in dieser Fahrzeugkategorie, mit der Stoewer außerordentlich erfolgreich war. Das Auto blieb bis in die 1920er Jahre hinein aktuell. Ab 1909 betrug der Hubrum 1646 statt 1500 ccm, die Leistung 16 statt 12 PS. Parallel zum G4 wurde ein F4 vorgestellt, mit dem G4 fast identisch – bis auf das Friktionsgetriebe. Von anderen Konstruktionen dieser Bauart unterschied es sich dadurch, dass das Schwungrad eine konische Form besaß. an der die Gegenscheibe auf gleicher Ebene die Kraft durch eine mit einem Gelenk versehene Welle auf die Kardanwelle leitete. Der F4 blieb jedoch ein Prototyp, seine Fertigung wurde nicht aufgenommen.

Zubehör nur gegen Aufpreis Wer um 1909 ein Automobil erwarb, bekam es in der Regel ohne jegliches Zubehör geliefert, sofern dies nicht rechtzeitig mitbestellt worden war. Azetylen-Laternen kosteten bei Stoewer zwischen 88 und 160 Mark das Paar, der Gasentwickler dazu 68 Mark, eine Hupe 33 Mark, ein Rücklicht (Petroleum) 40 Mark. Auch die Windschutzscheibe wurde extra berechnet und schlug mit mindestens 160 Mark zu Buche, das Verdeck mit 250 Mark. Ein Reservereifen mit Schlauch kostete 145 Mark. Die Halterung hierfür wurde mit 24 Mark berechnet. Aufpreise für derlei Zubehör berechneten sämtliche Autohersteller, nicht nur Stoewer.

An den Herkomer-Fahrten der Jahre 1905, 1906 und 1907 – Maßstäbe für Zuverlässigkeit und Stehvermögen der teilnehmenden Fahrzeuge – beteiligten sich die Stoewer-Werke mit großem Erfolg. 1907 war Bernhard Stoewer mit einem Sechszylinder dabei, 1908 ebenfalls.

1910 brachte Stoewer den LT4 heraus, einen robusten, einfachen 18-PS-Vierzylinder, ferner einen B1 6/16 PS und einen B6 9/22 PS. Beide Fahrzeuge fertigte die Straßburger Firma Mathis in Lizenz. 1912 kam ein B5 hinzu, entstanden aus dem G4. Mit dem B5 wurden viele Sporterfolge errungen, auch im Ausland wie etwa auf der Brooklands-Rennstrecke in England, wo ein solcher Wagen 1912 auf beachtliche 109 km/h Höchstgeschwindigkeit kam.

Von 1911 bis 1914 stellte man bei Stoewer in geringer Zahl auch Fahrzeuge mit Schieberventilmotor System Knight her. Dieser 4,5 Liter-Motor leistete im B4a 45 PS. Doch die Nachfrage hielt sich in Grenzen.

1913 erschien die C-Serie. Der C1 und der C2 waren Vierzylinder, der C3 ein Sechszylinder. Statt der bisherigen Lederkonuskupplung wiesen diese Fahrzeuge eine Lamellenkupplung auf, außerdem hatten sie Rudge-Drahtspeichenräder.

Seit 1911 hatte man sich bei Stoewer auch mit der Herstellung von Flugmotoren beschäftigt. Ihre Konstruktion stammte von Boris Loutzky. Die hohe Leistung des Motors veranlasste die Brüder Stoewer, einen solchen Motor auch in einen Tourenwagen einzubauen. Es entstand 1913 der »Große Stoewer« Typ F4 33/100 PS, der mit seinen 120 km/h zu den schnellsten Automobilen deutscher Fertigung gehörte. Der Vierzylindermotor hatte paarweise gegossene Zylinder mit aufgeschweißten Kühlmänteln, hängende Ventile mit einer obenliegenden Nockenwelle (Königswellenantrieb) sowie einen elektrischen Anlasser. Der runde Kühler wurde 1914 durch einen Spitzkühler ersetzt.

Der Ausbruch des Weltkrieges setzte der Personenwagenherstellung bei Stoewer zunächst ein Ende. Lastwagen und Flugmotoren hatten jetzt Vorrang. Zwar wurde 1915 noch die Modelle C5 und C6 vorgestellt, doch in Serie gingen sie nicht mehr. Dafür kamen schon 1919 fünf neue Modelle auf den Markt, die D-Reihe mit zwei Vier- und drei Sechszylindern. Spitzenmodell war der D7 mit seinem 120 PS starken Flugmotor von 11,7 Liter Hubraum – ein Superlativ von einem Automobil, das in zahlreichen sportlichen Veranstaltungen auftauchte und großartige Leistungen absolvierte.

Zu einem großen Anteil wurden Stoewer Automobile exportiert, bis nach Südamerika, Indonesien, Australien. Die Zahl der in Übersee existierenden Stoewer-Veteranen aus jener frühen Autozeit ist größer als die der in Deutschland verbliebenen Fahrzeuge.

Stoewer 6/18 PS Doppelphaëton 1915

WARTBURG Die von dem Industriellen Heinrich Ehrhardt gegründete Fahrzeugfabrik Eisenach in Thüringen nahm 1896 ihre Geschäftstätigkeit auf. Hier entstanden zunächst Geschützlafetten, Feldküchen, Sanitätswagen und Fahrräder. Das Wartburg-Rad erfreute sich bester Reputation – nicht nur bei den Soldaten der Kaiserlichen Truppen.

Der allem Neuen gegenüber aufgeschlossene und investitionsfreudige Unternehmer Ehrhardt war auch an der Produktionsaufnahme eines Automobils interessiert. Um keine Zeit mit der Entwicklung einer neuen Konstruktion zu verlieren, ging er den von anderen schon mehrfach praktizierten Weg und bemühte sich um die Baulizenz eines bewährten Fabrikats. Er fand es bei der Société Voitures Automobiles Decauville in Frankreich, eine erst kürzlich gegründete Tochtergesellschaft einer Firma, die seit 1854 im Maschinenbau tätig war. Die von den Ingenieuren Guedon und Cornilleau entworfene »Voiturelle« wurde von einem 3,5-PS-Zweizylindermotor angetrieben. Eigentlich handelte es sich um zwei Einzylindereinheiten von De Dion, die auf einem gemeinsamen Kurbelgehäuse saßen. Das leichte Fahrzeug vermochte Ehrhardt zu überzeugen, und er erwarb eine Nachbaulizenz für Deutschland. Auch mit der Herstellung von Dampfwagen und Elektrofahrzeugen beschäftigte man sich in Eisenach zeitweilig, weil es damals en vogue war, verfolgte deren Einwicklung aber nicht sehr intensiv.

Kommt auch für Damen in Frage Ehrhardts »Kutschierwagen« oder auch »Wartburgwagen« fand auf der ersten internationalen Automobilausstellung 1899 in Berlin große Beachtung. Nicht weniger als zehn Fahrzeuge hatten die Eisenacher ausgestellt, zwei- und dreisitzig, mit wasser- wie mit luftgekühlten Motoren im Heck. Die Fachpresse schrieb: »Die Ausführung des Wartburgwagens ist eine sehr präzise. Er ist aus hervorragendem Material hergestellt. Die Motoren dieser Wagen sind stark genug, um alle Steigungen auf offenen Heerstraßen zu nehmen... Das Fahren ist leicht und angenehm, besonders ist der Wagen leicht zu lenken, so dass er auch für Damen in Frage kommt.«

Der Wartburg alias Decauville war ein Erfolg; die Fahrzeugfabrik Eisenach konnte hierauf ihre weitere Automobilproduktion aufbauen. Dem Modell 1 mit luftgekühltem 3- bis 4-PS-Zweizylindermotor folgte bald das Modell 2 mit wassergekühltem 5-PS-Motor und Zweiganggetriebe. Originell war die seitlich angebrachte Anlasskurbel, die gestattete, den Wagen zu starten, ohne dass man den Sitz verlassen musste.

Bei Decauville war man 1900 zur Frontmotorbauweise mit Kardanantrieb übergegangen; die Motoren hatten bis zu 10 PS Leistung. Auch in Eisenach baute man diese Fahrzeuge. 1902 entstand ein Vierzylindermodell mit Fünfganggetriebe, wohl das erste Auto mit einer solchen Zahl von Getriebeuntersetzungen überhaupt. Nur fünf oder sechs Exemplare dieses 22 PS Wartburg wurden gebaut, und ein 80 PS Rennwagen, der beim Flachrennen von Frankfurt auf die Geschwindigkeit von 95,7 km/h kam, blieb ein Einzelstück. Das Programm bestand Ende 1902 aus sechs verschiedenen Serienmodellen, alle von hoher Qualität. Doch diese Diversifikation, verbunden mit einem Auftragsrückgang seitens der Militärbehörden, brach-

Gegenüberliegende Seite: Links der erste verkaufte Wartburg-Wagen (Goldschmiedemeister Schneider, Eisenach). Rechts: 1899 gebauter Wartburg; am Steuer der Direktor eines Stahlwerkes in Russland

Links: Wartburg-Produktion um 1900 mit Fahrrädern, Motor-Zwei- und Dreirädern, Benzin- und Elektromotorwagen und einem Lastwagen (ganz links)

te hohe finanzielle Einbußen mit sich. Heinrich Ehrhardt wurde bedrängt, sich aus der Geschäftsleitung zurückzuziehen und den Chefsessel freizumachen.
Heinrich Ehrhardt und sein Sohn Gustav, der die Technische Leitung innegehabt hatte, verließen – um eine Million Goldmark ärmer – Eisenach und gründeten in Zella-Mehlis und St.Blasii eine neue Firma. Aber sie behielten Anteile an der Fahrzeugfabrik Eisenach, die Ehrhardt senior bis 1910 einen Platz im Aufsichtsrat sicherten, außerdem verfügte er persönlich über die Decauville-Lizenz. Mit ihr realisierte er in einer seiner Düsseldorfer Firmen die Konstruktion eines neuen Automobils. Vater und Sohn Ehrhardt verfügten über genügend Mittel, am Rhein und im Thüringer Hinterland dort weiterzumachen, woran man sie in Eisenach gehindert hatte.
In Eisenach verpflichtete man den Konstrukteur Willy Seck für die Entwicklung neuer Fahrzeuge, die Ende 1903 unter der neuen Markenbezeichnung Dixi erschienen. Der erste Auftritt vor großem Publikum erfolgte auf der Internationalen Automobilausstellung 1904 in Berlin, wo man die neuen Modelle S6 und S12 zeigte. Die Motoren hatten obenliegende Einlass- und seitlich stehende Auslassventile, das Chassis bestand aus Stahlrohren, der Antrieb auf die Hinterachse geschah per Kardanwelle. Und jetzt waren es die Eisenacher, die eine Baulizenz zu vergeben hatten: Die Pariser Firma l'Electrique war auf der Suche nach einer Alternative zu ihren Elektrofahrzeugen an Seck herangetreten und schloss mit ihm einen Vertrag für die Lizenzherstellung der in Eisenach gebauten Benzinmotorwagen, die in Frankreich als »Regina-Dixi« auf den Markt kamen.
Für die Ultramobile GmbH in Berlin übernahm Eisenach 1904 den Auftrag, eine Serie von Fahrzeugen in Oldsmobile-Lizenz zu bauen. Es entstanden 120 Exemplare dieses Cosmobile nach Vorbild des amerikanischen »Curved Dash« von Ransom E. Olds. Seck blieb nicht lange in Eisenach, er ging im Herbst 1904 zu den Bergmann Industriewerken nach Gaggenau. Sein Nachfolger wurde Georg Schwarz.
Größere und stärkere Modelle folgten; nur hochwertigstes Material kam zur Verwendung. Auch nahm man in Eisenach die Herstellung von Flugmotoren auf. Im April 1909 stellte Georg Schwarz der Öffentlichkeit eine besonders interessante Schöpfung vor, den R8. ein seitengesteuerter 1,6-Liter-Vierzylinder. Die R-Reihe wurde bis 1914 um eine Anzahl von Varianten ergänzt: R5, R9, R10, R12, R16. Die Besonderheit ihrer Motoren war die sogenannte L-Bauart: Die stehend angeordneten Ein- und Auslassventile lagen sich nicht mehr gegenüber (T-Bauart), sondern auf einer Seite. Der Bau einiger R-Modelle wurde nach dem Kriege noch bis 1922 fortgesetzt, ebenso gab es wieder den 1912 eingeführten S16 mit 3,4-Liter-Motor.
Vom Dixi zum BMW Ein großer, starker Dixi war der 1914-15 in geringer Zahl gebaute U20 (20/55 PS, 5,2 Liter), der 1919 als U1 wieder auftauchte. Von diesem Tourer hat man 90 Stück hergestellt, die meisten wurden exportiert. Sie waren außerordentlich teuer, aber auch von höchster Qualität. Bis auf Vergaser (Zenith) und Zündapparate wurden so gut wie sämtliche Fahrzeugteile in Eisenach selbst hergestellt. Auf Basis des starken Vierzylinders wurden in Eisenach auch Lastwagen gebaut. Doch dann begannen schwere Zeiten; die Absätze gingen stark zurück.
Ende 1928 wurden die tief verschuldeten Dixi-Werke von BMW übernommen. Damit avancierte der in München beheimatete Motorrad- und Flugmotorenproduzent zum Automobilhersteller. Eisenach bot für einen solchen Einstieg eine solide Grundlage. Heinrich Ehrhardt erlebte diese Entwicklung aus nächster Nähe; er verbrachte seine letzten Tage in St. Blasii, wo er nur eine Woche nach der Unterzeichnung des Vertrages zwischen Eisenach und München im 88. Lebensjahr verstarb.

ERFINDUNGEN UND ERSTANWENDUNGEN

Bauteil, Konzept, Erfindung	Jahr	Hersteller	Zweitanwender, Anmerkung
3-Zylinder-Sternmotor	1905	Adams-Farewell (USA)	
4-Zylinder-Reihenmotor	1895	Mors (F)	
5-Zylinder-Reihenmotor Diesel	1975	Mercedes-Benz 240D (D)	
5-Zylinder-Reihenmotor Otto	1976	Audi (D)	
5-Zylinder-Sternmotor	1906	Adams-Farewell (USA)	1918 Storey (GB)
6-Zylinder-Reihenmotor Benzin	1889	Brooke (GB)	1903 Spyker (NL)
6-Zylinder-Reihenmotor Diesel	1979	Volvo 244 (S)	
6-Zylinder-V-Motor	1911	Delahaye (F)	
8-Zylinder-Reihenmotor	1902	Charron (F)	1903 Winton (USA)
8-Zylinder-V-Motor	1902	Ader (F)	1905 Darracq (F)
10-Zylinder-V-Motor	1921	Voisin (F)	
12-Zylinder-V-Motor	1907	Haynes (USA)	1908 Scheibler (D)
16-Zylinder-V-Motor	1929	Cadillac (USA)	
4-Gang-Getriebe	1897	Daimler (GB)	
5-Gang-Getriebe	1902	Wartburg-Decauville (D)	1903 Crouan (F)
6-Gang-Getriebe	1906	Padus (I)	
7-Gang-Getriebe	1937	Maybach DS 8 (D)	
3 Ventle pro Brennraum	1900	Napier (GB)	
4 Ventle pro Brennraum	1908	Delage (F)	1910 Austro-Daimler (A)
5 Ventle pro Brennraum	1920	Peugeot (F)	1914 Daimler (D)
2 Nockenwellen	1905	Pipe (B)	
12-Volt-Anlage	1914	Dodge (USA)	1917 Hispano-Suiza (F), 1924 Opel (D)
abnehmbare Räder	1905	Riley GB)	System Rudge
abnehmbarer Dachaufsatz	1902	Gainsborough (GB)	
ABS, elektronisch	1970	Nissan President (J)	
ABS, mechanisch	1961	Jensen FF (GB)	
Allradantrieb	1903	Spyker (NL)	1903 Lohner (A)
Aluminium-Fahrgestell	1919	Lanchester (GB)	tragender Rahmen
Aluminium-Karosserie	1903	Napier (GB)	
Antrieb über Kardanwelle	1898	Renault (F)	1899 Horch (D)
asymetrisches Abblendicht	1957	Ford 17M (D)	
Außenspiegel von innen verstellbar	1958	Dodge (SA)	
automat. Getriebe mit hydrodyn. Wandler	1940	Oldsmobile 90 (USA)	1952 Borgward 2400 (D)
automat. Getriebe ohne hydrodyn. Wandler	1933	Reo (USA)	
automatische Antenne	1940	Pontiac (USA)	
Autoradio	1922	Cunningham (USA)	
Ballonreifen	1924	Bucciali (F)	
Benzineinspritzung 2-Takt (mechan.)	1951	Gutbrod Superior (D)	
Benzineinspritzung 4-Takt (elektron.)	1967	VW 1600 TLE (D)	
Benzineinspritzung 4-Takt (K-Jetronic)	1971	Porsche 911 (D)	
Benzineinspritzung 4-Takt (mechan.)	1948	Tucker Torpedo (USA)	1954 Mercedes-Benz 300 SL (D)
benzin-elektrischer Antrieb	1902	Lohner-Porsche (A)	Radnabenmotoren
Blinker als Richtungsanzeiger	1949	Borgward 1500 (D)	
Bordcomputer	1977	Cadillac Seville (USA)	
Boxermotor	1896	Benz (D)	sogen. Kontramotor
Choke, elektrisch	1917	Franklin (USA)	

Bauteil, Konzept, Erfindung	Jahr	Hersteller	Zweitanwender, Anmerkung
Cruise Control	1958	Cadillac (USA)	
Diebstahlsicherung	1919	Isotta-Fraschini (I)	Getriebeschloss
Dieselmotor im Pkw	1922	Peugeot (F)	1935 Hanomag Rekord (D)
Dieselmotor im Lkw	1928	Saurer (CH)	
digitale Motorelektronik	1976	Toyota Crown (J)	1979 BMW 732i (D)
dohc-Motor	1905	Vauxhall (GB)	1911 Delage (F)
Doppelscheinwerfer	1957	Cadillac Eldorado (USA)	1957 auch Lincoln Premier (USA)
Doppelzündung	1903	Germain 16/22 S (B)	
Drehstromgenerator	1960	Chrysler (USA)	
Einzelradaufhängung an Schraubenfedern	1920	Beck (F)	
Einzelradaufhängung vorn	1898	Decauville (F)	1905 Sizaire-Naudin (F)
elektrische Beleuchtung	1910	Peerless (USA)	1912 Germain (B), 1914 Mercedes (D)
elektrische Cabrio-Dachbetätigung	1937	Peugeot 402 (F)	
elektrischer Fensterheber	1938	Buick (USA)	1961 BMW 3200 CS (D)
elektrisch versenkbarer Dachaufsatz	1934	Peugeot (F)	Patent Paulin
elektrischer Anlasser	1896	Arnold-Benz (GB)	1902 Lohner-Porsche (A), 1912 Cadillac (USA)
Fahrgastzelle crash-absorbierend	1948	Tucker Torpdeo (USA)	1953 Mercedes-Benz 180 (D)
Fahrgastzelle, computerberechnet	1972	BMW 520 (D)	
Fahrzeug-Vollelektrik	1912	Cadillac (USA)	1912 Dixi (D), 1914 Mercedes (D)
Fallstromvergaser	1929	Chrysler (USA)	
Faltrad	1967	Pontiac (USA)	
Frontspoiler am Serienwagen	1970	Opel Commodore GSE (D)	
Ganzstahlkarosserie	1914	Dodge (USA)	1924 Citroën "Tout Acier"
Gasturbine	1949	Rover (GB)	
geschlossener Aufbau	1900	Renault	
gewölbte Windschutzscheibe	1934	Chrysler Imperial (USA)	
Gürtelreifen	1948	Citroën 11 CV (F)	Michelin X
halbautomatisches Getriebe	1920	Ford (USA)	
Heckscheibenheizung	1953	Bentley (GB))	
Heckspoiler am Serienwagen	1953	Pegaso Z 102 (SP)	
Heizung, thermostatgeregelt	1953	Volvo 444 (S)	
Hupe in der Lenkradnabe (elektrisch)	1906	Royal Tourist (USA)	
hydraulisch versenkbarer Dachaufsatz	1933	Lancia Augusta (I)	
hydraulische Bremse, selbstzentrierend	1933	Röhr F (D)	
hydraulische Bremse, vorn	1916	Duesenberg A (USA)	1923 Audi (D)
hydraulische Bremse, vorn und hinten	1912	Rolland-Pilain (F)	1919 Hispano-Suiza (F)
hydraulische Servobremse	1920	Voisin C2 (F)	
Innenlicht türbetätigt	1942	Plymouth (USA)	
Innenspiegel abblendbar	1955	Mercedes-Benz 190 SL (D)	
Katalysator	1976	Saab 99 (S)	
Klimaanlage	1938	Nash (USA)	
Kolben aus Leichtmetall	1914	Rolls-Royce (GB)	
Kombiwagen	1923	Kässbohrer (D)	
Kombiwagen auf Basis Limousine	1949	Kaiser Traveller (USA)	
Kompressor	1908	Chadwick (USA)	1912 Franklin (USA)
Kopfstützen	1965	Marcos 1800 (GB)	
Kreiskobenmotor	1964	Mazda Cosmos (J)	1964 NSU Wankel Spider (D)
Kühlwasserkreislauf, geschlossen	1961	Renault R4 (F)	
Kunststoff-Karosserie auf Chassis	1952	Kaiser (USA)	

Bauteil, Konzept, Erfindung	Jahr	Hersteller	Zweitanwender, Anmerkung
Kunststoff-Karosserie, selbsttragend	1957	Lotus Elite (GB)	
Leichtmetallfelgen	1924	Bugatti (F)	mit integrierter Bremstrommel
Lenkrad	1898	Panhard-Levassor (F)	
Lenkrad, stoßabsorbierend	1948	Tucker Torpedo (USA)	
Lenkradschloss	1936	BMW 326 (D)	
Lenkrollradius negativ	1965	Oldsmobile Toronado (USA)	
Lenksäule mit Pralltopf	1967	Mercedes-Benz (alle Mod.)	
Lenksäule teleskopisch	1959	Triumph Herald (GB)	
Lenksäule verstellbar	1911	Rambler (USA)	
Lenksäule, dreigeteilt	1953	Mercedes-Benz 180 (D)	
Lenksäule, kurz/abgewinkelt	1952	BMW 501 (D)	
Lichthupe	1955	Ford 15M de Luxe (D)	
Lichtmaschine	1895	Mors (F)	
Liegesitze	1921	Pan (USA)	1927 Volvo (S)
Limousine mit Durchlademöglichkeit	1967	NSU Ro 80 (D)	
Luftfederung	1915	Pneumobile (USA)	
Luftreifen	1895	Lanchester (GB)	Dunlop
Magnesiumräder	1964	Ferrari 250 GTL (I)	
McPherson-Federbeine	1950	Ford Zephyr (GB)	
Mittelschalthebel	1908	Fafnir (D)	
Motorblock aus Leichtmetall	1900	Napier (GB)	1901 Mercedes (D)
Niveauregulierung, hydropneumatisch	1953	Citroën 15-Six H (F)	
Niveauregulierung, elektrisch	1955	Packard (USA)	
Niveauregulierung, elektronisch	1979	Cadillac (USA)	
Nockenwellenantrieb per Zahnriemen	1961	Glas 1004 (D)	
ohc-Motor	1898	Popp (CH)	1902 Maudslay (GB)
Overdrive	1926	Hansa-Lloyd (D)	
Quermotor (Front)	1900	Brooke (GB)	1904 Christie (USA)
Reibradantrieb	1905	Bergmann (D)	
Reserverad im Kofferraum	1936	Austin (GB)	
Rückspiegel	1911	Marmon (USA)	
Scheibenbremse	1936	Crossley (USA)	1946 Chrysler (USA)
Scheibenbremse (auf Getriebe wirkend)	1898	Sperry (USA)	Elektrowagen
Scheibenbremse im Rennwagen	1951	Jaguar C-Type (GB)	
Scheibenbremse mit integr. Trommelbr.	1963	Porsche 356C (D)	
Scheibenbremse, innenbelüftet (vorn)	1965	Porsche 911 (D)	
Scheibenbremse, Vierrad	1948	Tucker Torpedo (USA)	1951 Pegaso Z 102 (SP)
Scheibenwaschanlage	1935	Standard (GB)	1937 Studebaker (USA)
Scheibenwascher, elektrisch	1955	Citroën DS 19 (F)	
Scheibenwisch/waschanlage	1957	Lancia Flaminia (I)	
Scheibenwischer (elektr.)	1924	Buick (USA)	
Scheibenwischer (mech.)	1908	Austro-Daimler (A)	
Scheibenwischer m. Intervallschaltung	1967	Fiat 125 (I)	
Scheibenwischer, versenkt	1967	Cadillac Eldorado (USA)	
Scheinwerferwascher	1968	Chevrolet Corvette (USA)	
schlauchlose Reifen	1924	Bugatti 35 C (F)	Rennwagen
Schnellganggetriebe (unter 1:1)	1907	Rolls-Royce (GB)	
Schräglenker-Hinterachse	1951	Lancia Aurelia (I)	1957 BMW 600 (D)
Schraubenfederung vorn	1899	Wartburg (D)	

Bauteil, Konzept, Erfindung	Jahr	Hersteller	Zweitanwender
Schraubenfederung vorn und hinten	1913	Stabilia (F)	
Schwimmervergaser	1893	Benz Viktoria (D)	
selbstnachstellende Bremse	1935	Mercedes-Benz 500 K (D)	
selbsttragende Karosserie	1903	Vauxhall Model XX (GB)	
Servobremse	1919	Hispano-Suiza (F)	
Servolenkung	1950	Chrysler (USA)	
Servolenkung, drehzahlrelevant	1968	Buick (USA)	1970 Citroën SM (F)
Sicherheitsglas-Frontscheibe	1925	Rickenbacker (USA)	
Sicherheitsgurte	1949	Nash (USA)	1959 Volvo (S)
Sitzheizung	1965	Cadillac (USA)	1968 Saab 99 (S)
Sperrdifferenzial mechanisch	1952	Pegaso Z 102 (SP)	
Sperrdifferenzial Viskose	1965	Jensen Interceptor (GB)	permanenter Vieradantrieb
Spritzdüsenvergaser	1893	Daimler (D)	
Spulen/Batteriezündung	1902	Daimler (D)	1908 Ford Model T (USA)
Stahl-Schiebedach	1931	Austin (D)	1934 Voisin C 25 (F)
Stoff-Schiebedach	1926	Minerva (B)	
Stoßdämpfer, doppelt wirkend	1929	Lancia Lambda (I)	
Stoßdämpfer, einstellbar	1933	Packard (USA)	
Stoßdämpfer, hydraulisch	1904	Renault (F)	
Stoßdämpfer, mechanisch	1907	Truffault (F)	
Stoßstange	1897	Nesselsdorf (A)	
stufenloses Getriebe	1904	Fouillaron (F)	1958 DAF (NL)
Synchrongetriebe	1929	Cadillac (USA)	
Tankschloss	1911	Rambler (USA)	
Tansistorzündung	1966	NSU Wankel Spider (D)	
Transaxle	1902	Cameron (USA)	1902 Wartburg (D)
Trommelbremse, Innenbacken	1902	Renault (F)	
Turbolader Benzin	1961	Oldsmobile Jetfire (USA)	
Turbolader Diesel	1978	Mercedes-Benz 240D (D)	
Unterdruck-Servobremse	1924	Isotta-Fraschini 8A (I)	1926 Horch 8 (D)
Ventilspielausgleich, hydraulisch	1930	Cadillac (USA)	1931 Horch V12 (D)
Verbundglas-Frontscheibe	1915	Ford Model T (1915)	1926 Rolls-Royce (GB)
Vergaser m. Beschleunigerpumpe	1929	Stoewer G 15 (D)	
Vierradbremse	1902	Spyker (NL)	1906 Mercedes (D)
Vierradlenkung, mechanisch	1927	Saba (I)	1937 BMW 325 4x4 (D)
von außen zugänglicher Kofferraum	1921	Lagonda (GB)	
Vorderradantrieb	1897	Gräf (A)	1905 Schwenke (D)
Vorgelege-Getriebe	1926	Maybach W5 SG (D)	
Wärmetauscher Öl/Wasser-Kreislauf	1953	BMW 501 (D)	
Warnblinkanlage	1965	Chevrolet (USA)	
wartungsfreies Fahrwerk	1961	Renault R4 (F)	
Ziertele aus Edelstahl	1960	Peugeot 404 (F)	
Zündverstellung automatisch	1899	Packard (USA)	
Zweikreisbremse, diagonal wirkend	1920	Excelsior (B)	1963 Saab (S)
Zweikreisbremse, hydraulisch	1929	Steyr Austria (A)	
Zweikreisbremse, kombiniert mech/hydr.	1922	Bugatti 30 (F)	
Zylinderabschaltung	1915	Schebler (USA)	
Zylinderkopf aus Leichtmetall	1917	Franklin (USA)	

GRAND-PRIX-RENNFORMELN 1906 - 1939

Die so genannte Königsformel, die heutige Formel 1, kann auf eine lange Geschichte zurück blicken. Und im Verlauf dieser Geschichte unterlagen die Grand-Prix-Formeln ständigen Veränderungen. Hier die wichtigsten bis 1939.

Jahr	Formel	Fabrikate
1906	Erste Grand-Prix-Formel der Geschichte. Maximalgewicht 1000 kg plus 7 kg für die Zündanlage. Zusätzl. erlaubt: Kotflügel, Laternen, Hupe, Sitzpolster, Werkzeug. Waagerecht verlaufende Auspuffrohre mit aufwärts gebogenen Enden. Maximalverbrauch 30 Liter auf 100 km. Maximal drei Wagen je Fabrikat; zwei Fahrer, die sich ablösen dürfen.	Brasier, Clément-Bayard, Darracq, de Dietrich, Fiat, Gobron-Brillié, Grégoire, Hotchkiss, Itala, Panhard-Levassor, Mercedes, Renault
1907	Nur Treibstoff-Vorschrift: Maximalverbrauch 30 Liter auf 100 km.	Brasier, Christie, Clément-Bayard, Corre, Darracq, de Dietrich, Dufaux, Fiat, Germain, Gobron-Brillié, Lorraine, Mercedes, Motobloc, Panhard-Levassor, Porthos, Renault, Weigel
1908	Minimalgewicht (ohne Wasser, Kraftstoff, Reserveräder) 1100 kg, 155 mm max. Bohrung bei 4-Zylinder-Motoren, bei anderen Motoren die Summe der 4-Zylinder-Motoren Kolbenfläche entsprechend verteilt.	Austin, Benz, Brasier, Clément-Bayard, Fiat, Germain, Itala, Lorraine-Dietrich, Mercedes, Mors, Motobloc, Opel, Panhard-Levassor, Porthos, Renault, Thomas, Weigel
1909- 1910		Es fanden keine Grand-Prix-Rennen statt.
1911	Freie Formel	Alcyon, Bugatti, Côte, Corre-La Licorne, Cottin-Desgouttes, Fiat, Excelsior, Lorraine-Dietrich, Porthos, Rolland-Pilain
1912	Freie Formel, lediglich 175 cm Fahrzeug-Maximalbreite.	Alcyon, Arrol-Johnston, Calthorpe, Côte, Excelsior, Fiat, Grégoire, Lorraine-Dietrich, Mathis, Peugeot, Rolland-Pilain. Schneider, Singer, Sizaire-Naudin, Sunbeam, Vauxhall, Vinot-Deguingand
1913	Minimal 800, maximal 1100 kg. Gewicht. Kraftstoffverbrauch max. 20 Liter auf 100 km. Stromlinienheckform verboten.	Delage, Excelsior, Itala, Mercedes, Opel, Mathis, Peugeot, Schneider, Sunbeam
1914	Maximalgewicht 1100 kg, Hubraum maximal 4,5 Liter, keine aufgeladenen Motoren.	Aquila Italiana, Delage, Fiat, Mercedes, Nazzaro, Opel, Peugeot, Pic-Pic, Schneider, Sunbeam, Vauxhall
1915-1920		Es fanden in Europa keine Grand-Prix-Rennen statt
1921	Minimalgewicht 800 kg, maximal 3 Liter Hubraum.	Ballot, Bugatti, Duesenberg, Fiat, Mathis, Talbot-Darracq
1922-1924	Minimalgewicht 650 kg, hinterste Fahrzeugkante nicht weiter als 150 cm von der Mittellinie der Hinterräder, max. 2 Liter Hubraum; 2 Fahrer mit mindestens 120 kg Gesamtgewicht.	Alfa Romeo (ab 1924), Aston Martin, Ballot, Benz (ab 1923), Bugatti, Delage, Diatto, Duesenberg, Fiat, Rolland-Pilain, Mercedes, Miller, Schmidt, Sunbeam, Voisin
1925	Minimalgewicht 650 kg, Karosseriebreite mindestens 80 cm, maximal 2 Liter Hubraum.	Alfa Romeo, Bugatti, Delage, Diatto, Duesenberg, Sunbeam
1926	Mindstgewicht 600 kg, wahlweise einsitzige Rennwagen.	Aston Martin, Bugatti, Delage, Halford, Talbot
1927	Minimalgewicht 700 kg, Karosseriebreite (ein- oder zweisitzig) mindestens 80 cm, maximal 1,5 Liter Hubraum.	Bugatti, Delage, Duesenberg, Halford, OM, Talbot

Jahr	Formel	Fabrikate
1928	Minimal 550, maximal 750 kg; Mindestdistanz 600 km.	Alfa Romeo, **Bugatti**, Delage, Maserati, Talbot
1929	Minimal 900 kg, Kraftstoff- und Schmiermittelverbrauch maximal 14 kg / 100 km.	Alfa Romeo, Ballot, **Bugatti**, Delage, La Licorne, Maserati, Mercedes-Benz, Peugeot
1930	Minimal 900 kg, Mindesthubraum 1100 ccm, Kraftstoff- und Schmiermittelverbrauch maximal 14 kg / 100 km + 30% Benzol.	Ariès, Bentley, **Bugatti**, Delage, La Perle, Maserati, Peugeot
1931	Freie Formel. Mindest-Renndauer 10 Stunden, Beifahrer zugelassen.	Alfa Romeo, **Bugatti**, Delage, Maserati, Mercedes-Benz, Peugeot, Sunbeam, Talbot
1932	Freie Formel. Mindestrenndauer 5, Höchstdauer 10 Stunden.	**Alfa Romeo**, Bugatti, Maserati
1933	Freie Formel. Mindestdistanz 500 km.	**Alfa Romeo**, Bugatti, Maserati
1934-1937	Maximalgewicht 750 kg ohne Wasser, Kraftstoff, Öl, Reifen; Karosseriemindestbreite 85 cm, Mindestdistanz 500 km.	Alfa Romeo, **Auto Union**, Bugatti, ERA, Maserati, **Mercedes-Benz**
1938-1939	Minimalgewicht 400 bis 850 kg je nach Hubraum, einschl. Getriebeöl und Reifen, nicht aber Motoröl, Kraftstoff und Wasser. Hubraum minimal 666 ccm mit oder 1000 ccm ohne Kompressor bis maximal 3 Liter mit bzw. 4,5 Liter ohne Kompressor.	Alfa Romeo, **Auto Union**, Bugatti, Delahaye, Maserati, **Mercedes-Benz**, Sefac, Talbot

*Anmerkung: Die Bezeichnung »Grand Prix« bezog sich bis 1914 nur auf den Großen Preis des Automobil-Club von Frankreich (Grand Prix de l'ACF). Die Auflistung der Marken umfasst all jene, die je während der Periode 1906-39 in einem Grand-Prix-Rennen an den Start gingen (Voiturette-Rennen ausgenommen), wobei das bzw. die **erfolgreichste(n) Fabrikat(e) fett** hervorgehoben sind. Von der Formel 1 spricht man erst seit 1947.*

Quelle: Adriano Cimarosti, Autorennsport, Bern 1973

TANKSTELLENNETZ IN DEUTSCHLAND 1935 - 1980

Marke	1935	1953	1958	1962	1967	1970	1975	1980
Esso/Standard	19 900	4 100	4 700	5 000	6 300	5 990	4 200	3 000
Shell	15 850	4 200	4 500	4 900	6 310	6 100	4 000	2 800
BP (inkl. Fanal)	7 000	2 200	2 900	3 800	4 800	4 790	3 750	3 500
Texaco (incl. Caltex)		200	500	4 380	5 400	3 690	2 680	
Chevron			190	500	900	1 000	580	500
Aral (B.V.)	7 950	4 250	4 680	5 800	7 200	7 400	8 500	5 900
Gasolin	1 950	2 200	2 900	3 100	3 400	3 400		
DEA			2 600	4 200				
Fanal		200	500	800	800	700	1 100	
Avia				1 200	1 300	1 300	1 580	1 300
Frisia				200	500	700		
VK			100	100	200	200		
Jet				500	500	500	400	400
Agip				390	400	590	590	580
Fina			300	800	980	1 000	900	800
Total			200	490	990	800	600	300
Elf							200	600
Sonstige und Freie	4 000	5 640	3 000	6 170	6 100	5 380	3 480	k.A.

AUTOMOBILE DER MITTELKLASSE 1908 - 1948

Modell	Motor	Leistung	Hubraum	Länge	Bauzeit
Benz 8/20 PS (D)	4-Zyl.	20 PS	2080 ccm	3900 mm	1912-21
Citroën B2 (F)	4-Zyl.	20 PS	1452 ccm	3400 mm	1921-24
Peugeot 163 (F)	4-Zyl.	20 PS	1437 ccm	3500 mm	1919-24
Adler 6/22 PS (D)	4-Zyl.	22 PS	1550 ccm	3800 mm	1922-25
Austin 12 hp (GB)	4-Zyl.	22 PS	1661 ccm	4400 mm	1921-27
Morris Cowley (GB)	4-Zyl.	22 PS	1548 ccm	3700 mm	1915-21
Fiat 501 (I)	4-Zyl.	23 PS	1640 ccm	3850 mm	1919-26
Dixi R10 (D)	4-Zyl.	24 PS	1815 ccm	3780 mm	1914-22
Brennabor 8/24 PS (D)	4-Zyl.	24 PS	2091 ccm	4400 mm	1919-25
Ford T-Modell (USA)	4-Zyl.	24 PS	2884 ccm	3500 mm	1908-28
NSU 8/24 PS (D)	4-Zyl.	24 PS	2100 ccm	3875 mm	1919-24
Wanderer W9 (D)	4-Zyl.	24 PS	1551 ccm	3850 mm	1921-23
Opel 8/25 PS (D)	4-Zyl.	25 PS	1986 ccm	4400 mm	1920-24
Chevrolet 490 (USA)	4 Zyl.	26 PS	2800 ccm	3750 mm	1911-22
Rover 12/14 hp (GB)	4-Zyl.	28 PS	2297 ccm	4270 mm	1912-25
NAG C4 (D)	4-Zyl.	30 PS	2553 ccm	4600 mm	1920-24
Dodge 30 (USA)	4-Zyl.	30 PS	3470 ccm	3900 mm	1916-21
Dürkopp P10 (D)	4-Zyl.	32 PS	2540 ccm	4490 mm	1914-22
Stoewer 8/32 PS (D)	4-Zyl.	32 PS	2290 ccm	4120 mm	1923-24
DKW Schwebeklassse (D)	4-Zyl.	26 PS	990 ccm	4300 mm	1934-37
Peugeot 202 (F)	4-Zyl.	30 PS	1133 ccm	4110 mm	1938-47
Ford Eifel/Taunus (D)	4-Zyl.	34 PS	1172 ccm	4000 mm	1935-39
Stoewer Greif (D)	4-Zyl.	34 PS	1484 ccm	4380 mm	1936-39
Hanomag Rekord (D)	4-Zyl.	35 PS	1504 ccm	4250 mm	1934-39
Riley 10.8 hp (GB)	4 Zyl.	35 PS	1498 ccm	3970 mm	1919-28
Hillman 14 (GB)	4 Zyl.	35 PS	1953 ccm	4120 mm	1926-28
Opel 6 (D)	6-Zyl.	36 PS	1932 ccm	4390 mm	1934-37
Opel Olympia (D)	4-Zyl.	37 PS	1488 ccm	4020 mm	1938-40
Adler Trumpf (D)	4-Zyl.	38 PS	1645 ccm	4500 mm	1937-38
Mercedes-Benz 170 V (D)	4-Zyl.	38 PS	1697 ccm	4270 mm	1936-42
Wanderer W 240/40 (D)	6-Zyl.	40 PS	1950 ccm	4500 mm	1935-38
Fiat 518 (I)	4 Zyl.	40 PS	1758 ccm	4040 mm	1933-38
Hansa 1700 (D)	6-Zyl.	40 PS	1634 ccm	4270 mm	1934-39
Audi Front UW (D)	6-Zyl.	40 PS	1950 ccm	4375 mm	1933-34
Rover Ten (GB)	4-Zyl.	44 PS	1389 ccm	3890 mm	1934-40
Fiat 1500 (I)	6-Zyl.	45 PS	1493 ccm	4465 mm	1935-48
Citroën 11 CV (F)	4-Zyl.	46 PS	1911 ccm	4680 mm	1934-39
Willys 77 (USA)	4 Zyl.	48 PS	2200 ccm	4100 mm	1933-39
Hanomag Sturm (D)	6-Zyl.	50 PS	2252 ccm	4450 mm	1934-37
Steyr 120/125 (A)	6-Zyl.	50 PS	1990 ccm	4570 mm	1935-37
BMW 326 (D)	6-Zyl.	50 PS	1971 ccm	4600 mm	1936-41
Austin 15.9 hp (GB)	6-Zyl.	52 PS	1711 ccm	4270 mm	1935-39
Lancia Artena (I)	4-Zyl.	55 PS	1925 ccm	4660 mm	1934-38
M.G. VA (GB)	4-Zyl.	55 PS	1548 ccm	4310 mm	1937-39

Die Aufstellung stellt eine Ausschnitt des internationalen Angebots der Fahrzeuge dar, die im Verständnis ihrer Zeit als Mittelklasse-Personenwagen rangierten, und erhebt keinen Anspruch auf Vollständigkeit. Eine festgeschriebene Definition des Mittelklassewagens hat es nie gegeben, wie es auch keine eindeutigen Abgrenzungen nach oben oder unten geben kann.

DIE ÄLTESTEN AUTOMOBIL- UND TOURINGCLUBS DER WELT

Gründung	Club	Bezeichnung	Land
1878	Cyclists' Touring Club	CTC	England
1882	Royale Ligue Vélocipédique Belge	RLVB	Belgien
1883	Koninklijke Nederlandse Toesristenbond	ANWB	Niederlande
1885	Svenska Turistföreningen	STF	Schweden
1887	Finnish Travel Association	FTA	Finnland
1894	Touring Club Italiano	TCI	Italien
1895	Automobile Club de France	ACF	Frankreich
1895	Automobil-Club der Schweiz	ACS	Schweiz
1895	Touring Club de Belgique	TCB	Belgien
1896	Österr. Automobil-, Motorrad- und Touringclub	ÖAMTC	Österreich
1896	Touring Club Suisse	TCS	Schweiz
1897	The Royal Automobile Club	RAC	Großbritannien
1898	Koninklijke Nederlandsche Automobiel-Club	KNAC	Niederlande
1897	Mitteleuropäischer Motorwagen Verein	MMV	Deutschland
1898	Automobile Club d'Italia	ACI	Italien
1898	Österreichischer Automobil-Club	ÖAC	Österreich
1899	Automobilclub der Schweiz	ACS	Schweiz
1899	Bayerischer Automobil-Club	BAC	Deutschland
1899	Rheinischer Automobil-Club	RAC	Deutschland
1899	Erster Automobil-Club Frankfurt	FAC	Deutschland
1899	Royal Scottish Automobile Club	RSAC	Schottland
1899	Süddeutscher Motorwagen-Verein	SMV	Deutschland
1899	Deutscher Automobil Club	DAC	Deutschland
1900	Allgemeiner Schnauferl Club	ASC	Deutschland
1900	Magyar Autoklub	MAK	Ungarn
1900	Bayerischer Motorwagen-Verein	BMV	Deutschland
1900	Deutscher Automobil-Verband	DAV	Deutschland
1901	Berliner Automobil-Verein	BAV	Deutschland
1902	American Automobile Association	AAA	USA
1902	Dansk Automobil Club	DAC	Dänemark
1902	New Zealand Automobile Association	NZAA	Neuseeland
1903	Russischer Automobil-Club	RAC	Russland
1903	Allgemeiner Deutscher Automobil Club	ADAC	Deutschland
1903	Real Automóvil Club de España	RACE	Spanien
1904	Automobile Association of Ceylon	AAC	Ceylon
1904	Böhmischer Automobil-Club	BAC	Österreich
1905	Kaiserlicher Automobil-Club	KAC	Deutschland
1905	The Automobile Association	AA	Großbritannien
1906	Itakan Motor Indonesia	IMI	Indonesien
1906	Hrvatski Autoklub	HAK	Kroatien
1906	Automobilistische Abteilung des Deutschen Touring-Clubs	DTC	Deutschland

Welchen Fabrikaten sind bestimmte Modell- und Typenbezeichnungen zuzuordnen? Die nachfolgende Übersicht vermittelt Hinweise auf einige der bekanntesten Namen der Automobilgeschichte. Viele von ihnen wurden in zeitlichem Abstand von einem Hersteller für unterschiedliche Modelle verwendet, und zufällige oder auch nicht zufällige Namensgleichheiten gab es wiederholt. Was zuweilen zu juristischen Auseinandersetzungen führte.
So bemerkenswert mitunter ihre Herkunft ist, so phantasievoll geben sich manche Bezeichnungen gerade im letzten Drittel des 20. Jahrhunderts – längst ohne Bemühung der Mythologie, wie es einst üblich war, und nur nach Wohlklang und (noch) ungeschützter Verfügbarkeit gewählt. Die Herkunft der Namen von Fahrzeugmarken ist teils bei den lexikalischen Eintragungen in diesem Buch vermerkt, aber auch die einiger populärer Modelle, in diesen Fällen erfolgte an dieser Stelle keine Wiederholung (z.B. Isetta/BMW; Topolino/Fiat).
Die Auflistung der Modellbezeichnungen kann natürlich keinen Anspruch auf Vollständigkeit erheben und erstreckt sich in der Hauptsache auf Personenwagen sowie, der Thematik eines Oldtimer-Lexikons entsprechend, auch nicht auf Fahrzeugnamen jüngster Zeit.

VON A-Z

Abbott
Diese von den englischen Herstellern Frazer Nash, Healey und Aston Martin verwendete Modellbezeichnung stand für Fahrzeuge, die man bei der Firma Abbott in Farnham, Surrey, einkleiden ließ. Die Hinzufügung des Namens einer bekannten Karosseriefirma war in der Ära des individuellen Karosseriebaus zugleich ein Prestigemerkmal. So schmückten sich z. B. Modelle von Daimler mit dem Namen und dem Wappen von Hooper und Vanden Plas, bei Rolls-Royce war es Park Ward, bei M.G. Tickford, bei vielen Italienern Pininfarina oder Bertone, bei Amerikanern Le Baron, Brewster oder Fleetwood.

Acadiane
Die von Citroën 1978 eingeführte Bezeichnung Acadiane für die Kombiversion des 2 CV (»Kasten-Ente«) bzw. Dyane war eine sprachliche Anpassung: Aus der ursprünglichen Bezeichnung AK350 bzw. AK400 entstand eine AK-Dyane, nur schrieb man sie anders.

Citroën Acadiane 1979

Ace
Vom britischen Hersteller A.C. verwendete Bezeichnung, die dem deutschen »Ass« (im Kartenspiel) entspricht. Verwendet wurden auch die Abwandlungen Aceca und Acedes.

Admiral
Von Opel Ende 1937 eingeführte Bezeichnung für das Topmodell mit 3,6-Liter-Sechszylindermotor oberhalb des erst danach präsentierten Kapitän mit 2,5 Liter Hubraum. Doch während dieser eine moderne, selbsttragende Karosserie aufwies, hatte der Admiral noch einen herkömmlichen Kastenrahmen.

Aero
Der als Willys Aero 1952 bis 1955 gebaute Wagen war einer der kleineren Amerikaner jener Zeit. Opel bezeichnete ein 1976 präsentiertes Kadett-Cabriolet ebenfalls Aero, nach 20 Jahren einen ersten Vertreter einer neuen Generation von Cabriolets.

Aigle
Das französische Wort für »Adler« schmückte von 1932 bis 1939 diverse Vier-, Sechs- und Achtzylinder der französischen Marke Chenard-Walcker.

Chenard-Walcker Aigle 1934

Airflow
Dieser Name drückte Chryslers Bekenntnis zur Stromlinienkarosserie (»Luftstrom«) aus, so wie es auch einen Airstream (dasselbe bedeutend) gab. Beide Bezeichnungen, 1935-37 verwendet, wurden auch bei der Tochtermarke DeSoto und einem engl. Elektrowagen-Hersteller geführt.

Airflyte
Bezeichnung für eine 1949 von Nash eingeführte Modellreihe, die bereits 1943 entwickelt worden war und eine

aerodynamische Karosserie mit einteiliger, gewölbter Frontscheibe aufwies.

Airline

Bezeichnung für eine Limousine (1,6 Liter 12 hp) mit eleganter Stromform-Karosserie, die S.S. in Coventry 1935-36 anbot. Sowohl die rasante Entwicklung des Flugwesens in den dreißiger Jahren als auch das Phänomen der populär gewordenen Stromlinie förderten eine solche Namenswahl.

Airstream

1935-36 verwendete Bezeichnung (»Luftstrom«) für ein Stromlinienmodell der Marken Chrysler und DeSoto (siehe auch Airflow). Um die gleiche Zeit bot Singer in England ein Modell Airstream an, und den gleiche Name steht für ein weit verbreitetes amerikanisches Wohnanhänger-Fabrikat.

Alexander

1957 brachte der Borgward-Konzern seinen Lloyd 600 in einer verbesserten Form heraus (Kurbelfenster, Sitzlehnenverstellung, von außen zugänglicher Kofferraum) und nannte ihn Alexander – warum, lässt sich nicht mehr ermitteln.

Lloyd Alexander 1958

Alfasud

Von Alfa Romeo Ende 1971 eingeführte Bezeichnung für eine eigene Modellreihe, deren Namen sich auf das im Süden Italiens gelegene Werk bezog: Um dem »mezzogiorno« wirtschaftlich zu unterstützen, war in Pomigliano d'Arco bei Neapel ein Zweigwerk entstanden. Auch die nachfolgende Alfetta wurde hier gefertigt. Nicht nur die Konstruktion des frontgetriebenen Alfasud war das Werk des österreichischen Ingenieurs Rudolf Hruska, sondern auch das Konzept seiner Vermarktung und nicht zuletzt die gesamte Fabrik, die er im Auftrage der Mailänder Firma Alfa Romeo in Süditalien gebaut hatte.

Alfetta

In Ableitung des Namens Alfa bei Alfa Romeo 1938-40 und auch nach dem Krieg noch für den Rennwagen vom Typ 158 gebrauchte Bezeichnung, die man 1972 für eine im süditalienischen Werk des Unternehmens produzierte Mittelklasse-Baureihe erneut aufgriff.

Allegro

1973 von Austin eingeführte Bezeichnung für ein Mittelklassemodell. Der Name bedeutet »fröhlich« auf Italienisch.

Alpine

Abgesehen davon, dass es eine französische Marke dieses Namens gab, bevorzugten britische Hersteller diese Modellbezeichnung, die auf motorsportliche Erfolge auf der klassischen Alpenrallye Bezug nahm. Bei Riley gab es einen Alpine 1931-33, bei Sunbeam von 1953 bis 1968. Rolls-Royce hatte die Sportversion des Silver Ghost bereits 1913/14 Alpine Eagle (Alpenadler) genannt, und in den neunziger Jahren taufte Renault eine Version des Modells 5 auf diesen Namen.

Sunbeam Alpine 1954

Ami

Dass l'ami im Französischen für »Freund« steht, machte ein weiteres Wortspiel des Citroën-Marketing sinnvoll. Der 1961 vorgestellte, etwas exzentrisch wirkende Ami 6 trug zunächst die Entwicklungs-Chiffre AM-1, doch die 1 konnte auch als i interpretiert werden. Vor allem aber ergab sich aus den Wörtern l'Ami Six die genau so ausgesprochene »la missis« – wobei die 6 für die Steuer-PS (6 CV) stand.

Anglia

Mit der Benennung eines Modells nach der ostenglischen Region konterte Ford UK gegen die Gepflogenheit der Firma Austin, ihre Modelle nach Grafschaften zu benennen (Cambridge, Devon, Hampshire, Somerset usw.). Ford-Nutzfahrzeuge erhielten den Modellnamen Thames nach dem gleichnamigen Fluss. Deutsche Ford-Lastwagen hießen 1950-56 »Ruhr« und »Rhein«.

Appia

Lancia verwendete den Namen der klassischen Fernstraße in der Antike (Via Appia) für ein Modell, wie auch die Via Flaminia und die Via Aurelia als Namenspaten dienten. Die Via Appia wurde 312 v. Chr. von Appius Claudius Caecus von Rom Richtung Südosten angelegt und diente wie alle großen Wege jener Ära vorrangig dem militärischen Nachschub. 37 Jahre später wurde die Straße bis Brundisium (das heutige Brindisi) verlängert.

Aprilia
Von Lancia von 1937 bis 1949 benutzte Bezeichnung für ein Modell der unteren Mittelklasse, als das Unternehmen Modellnamen mit A bevorzugte (Artena, Astura, Ardea, Aurelia, Appia).

Arabella
Warum der Unternehmer Borgward den 1959 vorgestellten Lloyd 900 »Arabella« taufte, blieb ebenso sein Geheimnis wie die Namenswahl »Isabella«. Die Arabella war eine Neukonstruktion, die sich formal von den bisherigen Lloyd-Typen stark unterschied. Sie hatte einen 4-Zylinder-Boxermotor und wies eine gefällige Optik auf. Die Arabella überlebte eine Weile den Borgward-Konkurs; erst 1963 lief das letzte von 47.000 Exemplaren – jetzt Borgward Arabella genannt – bei den Bremer Lloyd-Werken vom Band.

Lloyd Arabella 1960

Arkona
Stoewer bezog sich bei seinem Sechszylindermodell Arkona (1937-40) auf das Kap Arkona auf der Insel Rügen.

Aronde
Nach der Bezeichnung seiner Modelle nach französischen Steuer-PS (z. B. Six = 6 CV) ging Simca 1951 dazu über, klangvolle Namen einzuführen. Die ab 1951 gebaute Aronde (1,2 bzw. 1,3 Liter) – steuerlich ein 9 CV – wurde in Deutschland zunächst über das Fiat-Händlernetz verkauft. Weitere wohlklingende Simca-Namen waren Ariane, Châtelaine, Plein Ciel und Océane.

Ascona
Opel wählte den Namen der Stadt am Lago Maggiore für eine Ende 1970 vorgestellte neue Baureihe als Nachfolger des Olympia. 1975 bis 1981 gab es den Ascona B (das britische Vauxhall-Gegenstück war der Typ »Cavalier« mit der Front des Manta B), und von 1981 bis 1988 folgte der Ascona C.

Atalante
Der 1937er Bugatti T.57 Atalante hatte seinen Namen nach einer Jungfrau der griechischen Mythologie, der Tochter der Klymene, die ihr Kind in der Wildnis aussetzte (wo es von einer Bärin aufgezogen wurde).

Atlantic
Von Austin 1949-52 verwendete Bezeichnung für ein avantgardistisch gestyltes 2,7-Liter-Modell, das vor allem in den USA Käufer finden sollte. Austin war nicht der einzige Hersteller, der diesen Namen benutzte; Bugatti hatte bereits 1937 eine Fließheck-Spezialausführung seines Typ 57 mit Kompressor so genannt (nicht zu verwechseln mit dem Modell Atalante).

Atlas
Gutbrod in Plochingen brachte 1950 ein kleines Nutzfahrzeug mit Frontantrieb heraus, das den Namen »Atlas« trug. Er bezog sich nicht auf das von uns so bezeichnete Landkartenbuch, vielmehr war Atlas einer der Titanen der griechischen Mythologie (Sohn von Iapetos und Klymene), der als Strafe für die Teilnahme an einem Titanenkampf das Himmelsgebirge auf seinen Schultern tragen musste – und dann auch noch versteinert wurde.

Aurelia
Der Lancia Aurelia war ein außerordentlich sportliches Modell mit V6-Motor, vorgestellt 1950 und benannt nach der alten Heerstraße Via Aurelia, die von Rom der Küste folgend nach Pisa führte, gebaut im Auftrag des Konsuls Gaius Aurelius Cotta im Jahr 241 v. Chr.

Lancia Aurelia 1953

Avenger
Von Hillman 1970 eingeführte Bezeichnung (»der Rächer«) für den letzten kompakten Zwei- und Viertürer dieser Marke vor ihrer Übernahme durch Chrysler.

Bagheera
Von Matra für einen Mittelmotor-Dreisitzer (1973-80) verwendeter Name. Nachfolger des Bagheera war der Murena. In Rudyard Kiplings berühmten »Dschungelbuch« (1894) lautet der Name des Panthers Bagheera, der des Bären Baloo, und der von beiden behütete Dschungelknabe hieß Mowgli.

Bantam
Dieser Name war nicht nur der einer amerikanischen Automarke (etwa »Knirps« bedeutend), sondern auch eine

Modellbezeichnung bei Singer für einen 1935-40 dort produzierten Zweitürer mit 972-ccm-Motor.

Barracuda

Ein tropischer Raubfisch und ein britischer Torpedobomber hießen schon so, ehe die Chrysler-Tochter Plymouth 1967 ein »muscle car« dieses Namens präsentierte, der in den USA zum Kultauto wurde.

Beaufighter

Bristol wählte diesen Namen für den Nachfolger des Typs 412, gebaut von 1980 bis 1992. Der Name bezog sich auf ein Kampfflugzeug, das bei Bristol in den vierziger Jahren gebaut worden war. Auch die vom Bristol-Inhaber Tony Crook gewählten Modellbezeichnungen »Britannia« (1982-83) und »Brigand« (1983-93) sind die ehemaliger Bristol-Flieger.

Beetle

Anfangs nur von den Amerikanern verwendete Bezeichnung für den Volkswagen »Käfer«.

Bel Air

Von Chevrolet seit 1953 zunächst für ein zweitüriges Hardtop eingeführte Bezeichnung (Modellreihe 240); anschließend gab es alle Karosserieausführungen innerhalb dieser langlebigen und sehr beliebten Baureihe.

Bergmeister

In Bezug auf die Sporterfolge in Bergrennen gewählte Bezeichnung der Firma Austro-Daimler für ihr 1932-34 angebotenes, in geringer Stückzahl aufgelegtes 120-PS-Sportmodell. Gleichwohl war dieser 3,6 Liter 14/120 PS nicht das Spitzenfahrzeug, dies war vielmehr der Achtzylinder ADR8 1931-34 mit 4,6 Liter Hubraum, der ebenso sportliche Qualitäten aufwies.

Beta

Sich der Buchstaben des griechischen Alphabets zu bedienen, fiel den Direktoren bei Lancia – oder war es Vincenzo Lancia selbst? – bereits für ihr zweites, 1908 präsentiertes Modell ein. Das erste hätte Alpha oder Alfa heißen können, wurde aber als 12 HP bezeichnet. Der Lancia Beta bekam ein Schwestermodell namens Di-Beta, wie es später beim Lambda auch einen Di-Lambda (allerdings Dilambda geschrieben) gab, Lancias erster

Lancia Beta 1975

V8. Gamma, Delta, Kappa – die Liste der Bezeichnungen umfasste fast die Hälfte des griechischen Alphabets und wurde später durch Namen von alten Festungen und römischen Heerstraßen abgelöst. Erst 1972 gab es erneut einen Lancia Beta und nachfolgend weitere Benennungen dieser Art.

Bialbero

Diese durch Abarth bekannt gewordene Bezeichnung steht im Italienischen für »doppelte Nockenwelle«, also für einen dohc-Motor.

Biarritz

Der französische Luxus-Badeort war Namenspate eines ebenso luxuriösen Cadillac der Eldorado-Reihe, vorgestellt 1956.

Bijou

Bezeichnung (französisch: »Schmuckstück«) für eine in Großbritannien produzierte Lizenzversion des Citroën 2 CV (1959-64).

Blitz

1930 stellte Opel einen Lastwagen vor, der für 1,0 bis 3,5 t Nutzlast ausgelegt war und ab 1935 in einer neuen Fabrik in Brandenburg (und ab 1946 wieder in Rüsselsheim) produziert wurde. Kein Hersteller verkaufte in den 1930er Jahren in Deutschland mehr Lastwagen als Opel. Ein als Einheitslastwagen bei Opel (und baugleich bei Daimler-Benz) auf Anordnung der Regierung hergestellter 3,0 t Blitz war das am meisten verwendete Nutzfahrzeug der deutschen Truppen im Zweiten Weltkrieg. Es gab auch eine Version mit Allradantrieb.

Opel Blitz 1960

Bluebird

Ein bereits 1912 von Malcolm Campbell für seinen Brooklands-Rennwagen benutzter Name, den er in den 1920er und 1930er Jahren auch für etliche Rekordfahrzeuge benutzte; der letzte Bluebird wurde noch 1959 bis 1964 mehrmals eingesetzt. Datsun/Nissan nannte eines seiner Modelle ebenfalls Bluebird, mit welchem der japanischer Hersteller 1958 erstmals in den Export ging.

Bonneville

Pontiac verlieh den Namen jener Stadt, die im US-Bundesstaat Utah für die in ihrer Nähe gelegenen (ausgetrockneten) Salzseen bekannt ist. Auf ihren ebenen Flächen wurden zahlreiche Rekordfahrten ausgetragen, und der Pontiac Bonneville, 1957 präsentiert, war mit seinem 310 PS-V8-Motor ja auch immerhin 190 km/h schnell.

Bora

Mit diesem Wort bezeichnen die Adria-Anlieger einen kalten Fallwind, wobei die »Schwarze Bora« (zyklonale Bora) durch ein Tief über Oberitalien entsteht und »Weiße Bora« (antizklonale Bora) durch ein Hoch über der Ukraine ausgelöst wird. Der mit dem Namen Bora belegte, 1971 vorgestellte Maserati war ein Mittelmotorcoupé, mit welchem man dem Vorbild Ferraris und Lamborghinis folgte. Der längs hinter dem Cockpit installierte V8-Motor war der des Ghibli. Citroëns Einfluss – die Franzosen waren seit 1968 im Besitz Maseratis – machte sich bei der Bordhydraulik bemerkbar, die für das Bremssystem, die Pedal- und Sitzverstellung sowie den Scheinwerfer-Klappmechanismus zuständig war. Es gab auch einen Volkswagen namens Bora, wobei diese Stufenheck-Ausführung des Golf IV von 1998 in Europa, Südamerika und in Asien so hieß, während sie in Nordamerika weiterhin als »Jetta« angeboten wurde.

Boy

Von Vidal & Sohn (Tempo) für einen kleinen Dreiradtransporter mit Einzylindermotor 1950-56 verwendete Modellbezeichnung.

Brescia

Der Bugatti Brescia hieß, als er 1920 eingeführt wurde, zunächst Typ 13. Die Bezeichnung Brescia bekam er sowie die ihm technisch verwandten Typen 22 und 23 nach einem großartigen Vierfachsieg, den Bugatti-Automobile – damals noch ohne Vorderradbremsen – 1921 im Rennen um den Großen Preis von Brescia (Italien) errungen hatten. Der Brescia war nicht nur ein Werksrennwagen; ihn konnte jedermann erwerben, sofern der Interessent bei Herrn Bugatti in Molsheim vorstellig wurde.

Bugatti Brescia 1922

Brooklands

Nach Englands berühmter Rennstrecke, eingeweiht 1907, wurde ein besonders potenter Straßensportwagen der Marke Riley (1929-32) benannt, aber auch andere britische Hersteller bezeichneten – wenn auch nur inoffiziell – diverse Sportversionen ihrer Autos als Brooklands-Modelle. Bentley wählte den Namen 1992-97 für ein Modell, das den Bentley Mulsanne S und den Bentley Eight ersetzen sollte. Mit einer neuen, sportlich orientierten Marketingstrategie reagierte man bei Rolls-Royce auf den rezessionsbedingten Nachfrage-Rückgang jener Zeit.

Buckland

Von 1949 bis 1954 bot AC in England einen Buckland Tourer an. Seinen Namen hatte der offene Viersitzer nach der Karosseriefirma Buckland in Cambridgeshire erhalten, die den Aufbau herstellte. Er bestand wie bei der AC Limousine aus dem damals preisgünstig erhältlichen Aluminium (aus Kriegsbeständen der Flugzeugindustrie) auf einem Eschenholzrahmen.

Camaro

Die 1967 bis 1981 von Chevrolet geführte Baureihe dieses Namens leitete bei General Motors die Ära der »pony cars« ein, der etwas unterhalb der Straßenkreuzer angesiedelten, sportlich akzentuierten Coupés. Gleichwohl hatte der Camaro einen potenten V8-Motor und war dem Ford Mustang ebenbürtig. Das Wort Camaro ist eine kreolisch-luisianische Mischung und leitet sich vom französischen »camarade« (Genosse, Gefährte) ab.

Cambridge

Hatte Morris einen Oxford im Programm, so konterte Austin mit einem Cambridge (1954-69), wenngleich nicht nur diese berühmte Universitätsstadt, sondern auch andere Regionen Englands als Modellnamen verwendet wurden (Austin Devon, Hereford, Somerset usw). Aber auch einen Plymouth gab es mit Namen Cambridge (1951-53).

Capitol

Von Chevrolet in Bezug auf die amerikanische Bezeichnung eines Regierungssitzes (ein Capitol gibt es nicht nur in Washington D.C) gewählter Name für den Modelljahrgang 1927, Nachfolger des Superior.

Capri

Nicht Italiener waren es, die jene idyllische Insel im Golf von Neapel für eines ihrer Autos wählten, sondern Marketingleute in Detroit. Ford stellte 1950 einen Lincoln Capri vor, und mit der gleichen Italophilie benannte Ford in England 1961 bis 1964 eine Variante der Consul-Baureihe so, ehe 1969 jenes Familien-Sportcoupé ebenfalls die Bezeichnung Capri bekam, das mittlerweile zum populärsten Namensträger avanciert ist. Der Bekanntheitsgrad dieses bis 1987 hergestellten Ford ist vermutlich größer als der des Ferien-Eilands im Mittelmeer, dessen Namen er trägt.

Ford Capri II 1983

Caravan
Anfänglich Car-A-Van geschrieben, und damit doppelsinnig auf einen Van anspielend als auch auf das Wort »Karawane«, hatte Opel einen vorzüglich passenden Namen für die Kombiausführung seines Modells Rekord gefunden. Die Modellbezeichnung Caravan für einen Van benutzt seit 1983 aber auch Dodge.

Caravelle
Renault durfte sein sportliches Heckmotor-Coupé 1958 noch Caravelle (nach dem von Columbus benutzen Schiffstyp, mit dem er den Atlantik überquerte) nennen, VW seinen Luxus-Bus schon nicht mehr. Denn die Air France hatte etwas dagegen, nachdem sie einen ihrer erfolgreichsten Linien-Flieger bereits so genannt hatte.

Caribbean
Exotische Bezeichnungen waren auch in den 1950er Jahren schon sehr en vogue, und die Karibik stand bei den Amerikanern hoch im Kurs. Packard bot 1955-56 seinen luxuriösen Caribbean als Cabriolet und Hardtop an; die anderen Superwagen trugen Bezeichnungen wie Cavalier, Patrician und Clipper.

Carrera
Es gab zunächst einen Rennsport-Borgward und später einen Porsche, die den Namen Carrera erhielten, bezeichnet nach dem 1950 erstmals ausgetragenen Straßenrennen mit dem langen Namen Carrera Panamericana Mexico de Frontera a Frontera: Panamerikanisch-mexikanisches Straßenrennen von Grenze zu Grenze (nämlich USA-Guatemala). Die Amerikaner sprachen vom Mexican Road Race. Den ersten Porsche Carrera (Typ 356 A Speedster) gab es 1955.

Cavalier
Von dem Wort »cavallo« (für Pferd) herkommend, ist der Cavalier oder auch Kavalier ein Reiter, und dieses wohlklingende Wort stand u.a. für einen der letzten Luxuswagen von Packard, für einen Vauxhall von 1975-81 und für eine 1995 eingeführte Baureihe bei Chevrolet.

Celica
Dieser Name bezeichnet eine Baureihe sportlicher Fahrzeuge des japanischen Herstellers Toyota, von 1970 bis 2004 in sieben Generation produziert und ab 1971 auch in Deutschland angeboten. Der Name Celica kommt aus dem Spanischen und bedeutet »himmlisch«.

Challenger
Der »Herausforderer« war ein Essex in den Jahren 1929-30, dann ein Dodge. Die Chrysler Corporation hatte sich Zeit gelassen, um auf das Erscheinen des Ford Mustang, des Chevrolet Camaro und des Pontiac Firebird zu reagieren. Mit dem Ford Mustang ließ sich der 1970 präsentierte Challenger direkt vergleichen. Wie jenen konnte man den gut aussehenden Wagen als Coupé und als Cabriolet bekommen. Dodge bot den Challenger sowohl als Lustobjekt für den Enthusiasten an, der durch Feintuning aus dem Auto einen Rennwagen machen konnte, als auch in Form eines ganz normalen Straßenwagens für Leute, die nur ein wenig auffallen wollten. In den vier Jahren seiner Laufzeit gab es eine verwirrende Fülle von Motoroptionen.

Chamois
Singer verwendete den englischen Namen für »Gemse« (bezeichnet aber auch ein besonders geschmeidiges Ziegen- oder Schafs-Arbeitsleder heller Farbe, und die wiederum ein leicht getöntes Fotopapier) 1966 bis 1970, nachdem es 1956 bis 1963 bereits eine Singer Gazelle gegeben hatte – und vorweg den Feind beider: den Hunter (»Jäger«), 1954-56.

Champ
Der Austin Champ war kein Champion (im eigentlichen Sinn ein »Vorkämpfer«), denn als dieser Geländewagen 1952 erschien, hatte der Land-Rover 4x4 bereits einen großen Vorsprung. Besonderheit des bis 1955 gefertigten Champ: Ein von Rolls-Royce gelieferter Vierzylindermotor. Nachfolger des Champ war der Austin Gypsy.

Champion
Der »Vorkämpfer«, besser als die anderen, avancierte zur Namensfigur mehrerer Hersteller, so auch bei Studebaker, wo man diese Modellbezeichnung ab 1939 verwendete. Sie klang auch angenehmer als die zuvor verwendeten und durch gewisse Potentaten im alten Europa in Misskredit geratenen Namen wie Dictator oder Commander.

Charleston
siehe Spot

Cherry
Die »Kirsche« bezieht sich auf die in Japan als Symbol des Frühlings verehrte Kirschblüte und wurde von Datsun als Modellname erstmals 1972 für eine Baureihe kleiner Dreitürer, Fünftürer, Coupés und Kombiwagen verwendet.

Chief, Chieftain
Pontiacs als Chieftain bezeichnetes, 1941 eingeführtes und bis 1958 gebautes Auto vereinte in diesem Namen die Begriffe Chief (»Häuptling«) und Captain. Da auch der

Pontiac Star Chief 1956

Name Pontiac indianischen Ursprungs war und das Markensymbol einschließlich Kühlerfigur einen Indianerkopf samt Federschmuck zeigte, war die Namenswahl perfekt. Pontiac bot auch einen Star Chief und einen Super Chief an.

Cinquecento
Bezeichnet die Zahl 500 auf Italienisch und wird stets mit dem kleinen Fiat 500 in Verbindung gebracht (Nuova 500), der 1958 den Topolino 500 C ablöste.

Clipper
Sowohl von Packard (1953-56) als auch von Trident (1966-78) verwendete Bezeichnung, die später andere Hersteller ebenfalls verwendeten. »to clip« bedeutet schneiden, und unter einem Clipper verstand man im 19. Jahrhundert ein schnelles Segelschiff.

Cobra
Die gefürchtete Giftschlange hat Automobil-Karriere gemacht. Die Entstehungsgeschichte des AC Cobra ist eher undramatisch, doch sie stellt den Beginn einer Legende dar. Ein texanischer Hühnerzüchter (und Rennfahrer) namens Carroll Shelby besorgte sich einen AC Ace, idealisierte den Wagen gemäß seinen Vorstellungen und implantierte in das Rohrrahmenchassis einen V8-Motor von Ford. Sowohl AC als auch Ford profitierten von Shelbys Initiative in hohem Maße.

Comfortable
Eine erste Aussage über die Beschaffenheit eines Motorwagens im Modellnamen stellte diese Wortwahl dar – sie galt einem 1898 bis 1901 gebauten Benz mit gar nicht komfortablen Vollgummireifen (Luftreifen kosteten 15 % Aufpreis).

Commander
Im Rahmen seiner Potentaten-Autos verwendete Studebaker von 1927 bis 1955 den Begriff Commander, von 1927 bis 1937 Dictator, von 1928 bis 1942 President.

Commodore
Bevor Opel 1967 bis 1982 seinen Commodore als sportlichen Sechszylinder anbot (englisches Äquivalent: Vauxhall Viceroy), verwendete diesen Namen Hudson 1941-52 für eine Reihe von Sechs- und Achtzylindern.

Confederate
Von Chevrolet benutzte Modellbezeichnung im Modelljahr 1932, Nachfolger des Universal und Vorgänger des Master.

Conquest, Consort
Der in Coventry 1949-52 hergestellte Consort (»Geleitkreuzer«) war Daimlers Übergang vom Modell DB 18 zu einem modernen Wagen, der 1952 in Gestalt des Modells Conquest (»Eroberung«) anlässlich der Krönung Elisabeth II. zur Königin erschien.

Consul
Von Ford UK 1950 eingeführte Vierzylinder-Baureihe (1,5 und 1,7 Liter), ab 1972 auch in Deutschland.

Ford Consul 1972

Contessa
Die »Gräfin« war ein Modell des japanischen Herstellers Hino, 1961 nach Vorbild des Renault mit 900-ccm-Heckmotor entstanden. Gleichen Namens gab es einen Motorroller von Triumph/Nürnberg, gebaut 1955-57.

Continental
Sowohl Rolls-Royce als auch Bentley verwendeten diese Bezeichnung für Fahrzeuge, die speziell für das Reisen auf langen Strecken konzipiert waren. Offiziell führte man bei Bentley den Namen »Continental« 1952 ein. Ihn erhielt ein bei H.J. Mulliner in London karossiertes Fließheck-Coupé auf Basis des R-Type. Ihm folgte der ebenso exklusive S-Type Continental, den es ab 1959 mit einem 6,3-Liter-V8-Motor gab. Erst im Juli 1984 erschien wieder ein Bentley mit dem Namen Continental, und 1994 stellte Bentley den Continental S als neues Coupé der Spitzenkategorie vor. Die Bezeichnung Continental wählte auch Lincoln für seine V12-Modelle von 1941 bis 1948, deren Nachfolger mit Sechs- und Achtzylindern den Namen weiterhin führten.

Corniche
Obwohl man den Bentley T1 ab 1967 auch in einer zum Cabriolet umgebauten Ausführung kaufen konnte, dauerte es bis 1971, ehe ein eigens als Cabriolet konstruiertes Modell erschien, der bis 1984 angebotene Bentley Corniche. Einen Corniche gab es ab 1971 natürlich auch als Rolls-Royce. Ebenfalls unter dem Namen Corniche bot man ein zweitüriges, viersitziges Coupé an, dieses trug jedoch mit nur wenigen Ausnahmen den Rolls-Royce-Kühler. Die Bezeichnung bezog sich auf eine berühmte Küstenstraße an der französischen Riviera.

Corona
Das lateinische und auch spanische Wort für »Krone« verwendete Toyota von 1957 bis 1972 für eine kompakte Mittelklassen-Baureihe (siehe auch Crown). Aber es gab auch ein deutsches Auto- und Motorradfabrikat dieses

Namens vor dem Ersten Weltkrieg in Brandenburg bei Berlin.

Coronet

Den ersten Coronet genannten Dodge gab es 1949. Der Name bezeichnet eine (kleine) Adelskrone. 1959 wurde die Coronet-Baureihe eingestellt, 1965 indessen wiederbelebt. Jetzt trugen die »midsize cars« der Marke Dodge diesen Namen, also im europäischen Autoverständnis Straßenkreuzer der unteren Oberklasse.

Corsa

Nicht allein Opel entschied sich für diesen Namen (der im Italienischen »Rennen« bedeutet) 1982 für sein neues Einsteigermodell, sondern schon Chevrolet für eine Variante des Heckmotor-Modells Corvair, gebaut 1965-66, und jeder Wagen von Fiat oder Alfa Romeo, der als Rennfahrzeug auf die Straße kam, wurde in Italien schließlich ebenfalls als Corsa bezeichnet (z.B. Fiat 803 Corsa, 1,5 Liter, 1922).

Corsair

Der Corsair ist ein »Korsar«, also ein Pirat. In einer Untersuchung hatte man bei Ford in England herausgefunden, dass der Markt einen Zwei- und Viertürer zwischen dem Modell Cortina und dem Zephyr vertragen würde – das Ergebnis war eine konventionelle Limousine mit einer scharf betonten Bügelfalte an den Flanken. In einigen Details glich der 1963-70 produzierte Wagen dem deutschen Taunus. Ein Modell Corsair gab es auch unter der amerikanischen Marke Henry J 1952-54.

Cortina

Die Olympischen Winterfestspiele in Cortina d'Ampezzo im Jahre 1956 veranlassten zehn Jahre später Ford in Großbritannien, einen Wagen nach diesem Ort in den italienischen Alpen (Dolomiten) zu benennen. In seiner Ausführung als Lotus Cortina (1966-70) erlangte dieser Vierzylinder großen sportlichen Ruhm.

Ford Lotus Cortina 1965

Corvette

Im 17. Jahrhundert verstand man unter einer Korvette ein schnelles, bewaffnetes Segelschiff mit drei Masten; der Begriff hat sich auf moderne Kreigsschiffe unserer Zeit übertragen und ist in englischer Schreibweise (identisch mit der französischen) von General Motors 1953 für eine neue Sportwagen-Generation gewählt worden.

Cosmo, Cosmopolitan

Das Kosmos als Weltall – und die Bewohner desselben, ergo Weltbürger – waren Namensgeber für verschiedene Automodelle. Mazda brachte den ersten mit Wankelmotor bestückten Cosmo 1967 heraus, und unter Cosmopolitan gab es z.B. einen Lincoln, der 1949 als V8-Modell die Nachfolge des Continental V12 antrat.

Cougar

Mit Cougar bezeichnet man eine Raubkatze, beheimatet im nördlichen Südamerika. Das 1967 von Mercury vorgestellte Sportcoupé Cougar erlebte 1998 bei Ford in Köln und Ford UK in Dunton eine Neuauflage, entstanden in Zusammenarbeit mit Mazda auf der Basis des Ford Mondeo. In Europa wurde der Cougar unter der Marke Ford vertrieben, in den USA verkaufte man ihn als Mercury.

Countach

Der Legende nach bekam der 1973 bis 1990 gebaute Mittelmotor-Lamborghini diesen Namen durch den überraschten Ausruf eines Ingenieurs in Sant'Agata, als er des ungewöhnlichen Coupés zum ersten Mal ansichtig wurde. »Countach!« ist ein im Piemont gebräuchliches Kompliment der etwas derberen Art, meist auf attraktive Frauen angewendet.

Courier

Ein Kurier, also ein eilender Bote, war der so von Elva genannte Sportwagen (1958-67) allemal. Mit Motorisierungen zwischen 1,5 und 2,0 Liter (Ford, MGB) lief der Elva Courier 160 bis 190 km/h.

Cowley

Morris nannte sein 1915 herausgebrachtes 1,6-Liter-Modell nach dem Standort der Fabrik, in der er gebaut wurde. Cowley war ein Vorort von Oxford.

Cresta

Von Vauxhall 1954 eingeführte Baureihe, auf dem 6-Zylinder Velox basierend. Die Benennung erfolgte nach dem berühmten Cresta Run in St. Moritz, ausgetragen auf flachen Skeletonschlitten.

Crown

Der Toyota Crown (»Krone«) wird in Japan seit 1955 fabriziert und hat es mittlerweile auf zwölf Modellgenerationen gebracht. Ab 1971 bot man den Wagen auch in Deutschland an und versuchte ihn in der Oberklasse zu etablieren; er fand hier jedoch nur wenig Käufer. Er war die erste japanische Limousine mit einem Sechszylinder-Benzin-Einspritzmotor in Deutschland.

Cutlass

Als die Autos in den USA im Verlauf der 1950er Jahre immer größer und schwerer wurden, war dies die Chance der Importfabrikate aus Europa, Amerikanern Wünsche nach Fahrzeugen in vernünftigerer Dimension zu erfüllen. Es dauerte eine geraume Weile, ehe auch Detroit begriffen hatte, dass »think small« mehr als nur ein Schlagwort war. So erschien 1961 im Oldsmobile-Segment (wie auch bei Buick und Pontiac) eine neue Reihe, genannt F-85. Eine reizvolle Version war der F-85 Cutlass Supreme (»cutlass« bezeichnet ein kurzes Schwert, »supreme« die Befehlsgewalt) als Stufenheck- oder Fließheckcoupé.

Daffodil

Der DAF aus Eindhoven galt als das niederländische Gegenstück zum britischen Mini oder dem deutschen VW Käfer. Der 1959 vorgestellte erste DAF-Pkw bekam den Beinamen Daffodil (»Tulpe«) und wies ein raffiniertes, stufenloses Antriebssystem auf; es funktionierte über Treibriemen, die auf konischen Zylindern liefen und von deren kleinstem zum größten Durchmesser verschiebbar waren.

Darling

Diese nette Bezeichnung (»Liebling«) verpasste NAG 1911 einem 1,6-Liter-Vierzylindermodell.

Dart

Das englisch Wort für »Pfeil« verwendete sowohl Daimler in Coventry 1959-64 für einen Sportzweisitzer mit V8-Motor als auch Dodge. Daher kam es, dass der Daimler den Namen Dart außerhalb Großbritanniens nicht führen durfte, weil Dodge ihn etwas früher angemeldet hatte. Mit dem von 1960 bis 1976 produzierten Modell Dart leistete die Marke Dodge ihren ersten Beitrag zu der so genannten Kompaktklasse Amerikas.

Daytona

Eine der beiden großen Rennstrecken in Florida, nach der Ferrari (Maserati hatte den Namen der anderen Strecke, nämlich Sebring, bereits verwendet) 1968 ein Fahrzeug benannte. Den zunächst inoffiziellen Beinamen Daytona hatte der Typ 365 wegen des großartigen Erfolges 1967 erhalten, nachdem es Ferrari beim 24-Stunden-Rennen von Daytona gelungen war, die ersten drei Plätze zu belegen. Daytona – das war nicht nur für Rennfans ein feststehender Begriff in den Vereinigten Staaten, und dort, so hoffte Ferrari, würde der 365 die meisten Käufer finden.

Dauphine

Dieser Name ist die weibliche Form des französischen Wortes »Dauphin«, ein Titel, den in der Monarchie der Thronfolger trug. Bei Berliet gab es ein Modell Dauphine von 1935 bis 1939, und Renault verwendete den Namen für eine gedrungene Heckmotor-Limousine, die 1956 den erfolgreichen 4CV ablöste und bis 1963 hergestellt wurde. Es gab auch ein Modell Dauphinoise (1956-60), das war die Lieferwagen-Version des Renault Juvaquatre.

Renault Dauphine 1957

Deauville

Wie das Modell Longchamp ist auch der De Tomaso Deauville nach einem berühmten Platz in Frankreich benannt, an dem die Gesellschaft sich anlässlich großer Pferderennen trifft. Es gab den Luxuswagen mit 5,8-Liter-V8-Motor von 1971 bis 1988.

Diplomat

Der berühmte Opel Diplomat, gebaut von 1969 bis 1977 als das Topmodell im Rüsselsheimer Programm, war nicht der erste Wagen, den es unter diesem Namen gab. Adler bot ein Diplomat genanntes Modell bereits 1934-38 an. Bitter übertrug den Namen 1974 für seinen veredelten Opel Diplomat CD, und 1981 präsentierte Dodge ebenfalls eine Baureihe namens Diplomat.

Dolly

siehe Spot

Dolomite

Wie im Falle »Alpine« stand die Bezeichnung der italienischen Alpen, der Dolomiten, in Beziehung zur Internationalen Alpenfahrt, so beim Triumph Dolomite, den es 1934-35 und dann wieder 1972-80 gab.

Duetto

Der nur 1966-67 produzierte Alfa Romeo Duetto war der Nachfolger des Giulietta Spider und überzeugte durch seine attraktive Formgebung und seine kraftvolle dohc-Maschine. Seinen treffenden Namen hatte dieser Zweisitzer durch einen international ausgeschriebenen Wettbewerb erhalten; als Preis erhielt der Gewinner das zu benennende Auto. Intern sprach man vom »coda lunga«, was »langes Heck« bedeutet.

Double Six

Als Daimler in Coventry 1926 den ersten serienmäßig in Großbritannien hergestellten Zwölfzylinder vorstellte, kündigte man den Wagen ganz einfach als Doppelsechszylinder an. Die Bezeichnung griff Daimler für seinen Jaguar-V12-Zwilling, eine 1972 präsentierte Luxuslimousine, wieder auf. In den USA hatte es bei Packard vorher einen Twin Six gegeben, vorgestellt im Frühjahr 1915.

Dresden

Die Hauptstadt Sachsens lieh einem Audi 1931-32 ihren Namen. Der Wagen hatte einen Sechszylinder-Reihenmotor von 3,8 Liter Hubraum, dessen Konstruktion Audi-Chef Rasmussen von dem Amerikaner Eddie Rickenbakker erworben hatte. Amtlich rangierte dieser Audi unter dem Kürzel 15/75 PS.

DS

Die 1955 von Citroën eingeführte Limousine, die ein interessantes Kapitel Automobilgeschichte schrieb, erhielt die Bezeichnung DS aus dem Projektnamen D ergänzt um die Sportmotorisierung S. Daraus entstand das phonetische Kürzel für »Déesse«: Göttin. Anfangs war dieser Name nicht bewusst gewählt, sondern ergab sich aus der Abkürzung der ersten Arbeits-Chiffre VGD: voiture de grande diffusion (»Fahrzeug großer Verbreitung«).

Dyane

Der Modellname für eine von Citroën 1967 eingeführte Baureihe auf 2CV-Basis, die es bis 1983 gab, ist weniger eine modifizierte Schreibweise der griechischen Jagdgöttin Diana, sondern eine Variante der Dyna-Bezeichnungen aus dem Hause Panhard. Denn die Dyane wurde von einem Panhard-Team entwickelt nach der Übernahme der Traditionsmarke durch Citroën 1955.

Citroën Dyane 1973

Dyna

Verkürzte Form des dynamischen Wortes »Dynamic«, die 1937 bis 1939 ein Modell des Fabrikats Panhard-Levassor bezeichnete. Die Kurzform Dyna stand für ein (ebenfalls kurzes) Auto mit Frontantrieb, mit dem Panhard 1947 die Automobilproduktion wieder aufnahm (Vorgänger der Reihe PL-17).

Dynamic

Bezeichnung für einen Panhard-Levassor 1937-39 und auch für eine Version des Oldsmobile 88, angeboten 1958-62.

Dynavia

Bezeichnung eines Prototyps von Panhard 1949 mit Stromlinienkarosserie.

Eagle

Chevrolet bezeichnete seine Modelle des Jahrgangs 1933 als Master Eagle (»Meister-Adler«). Den Namen gab es auch, mit und ohne Zusätze, bei anderen Fabrikaten, wie z.B. Alvis (Silver Eagle, 1930-36) oder AMC (erster amerikanischer Allrad-Pkw, 1980-87).

Eifel

Von Ford in Köln verwendete Bezeichnung für ein 1,2-Liter-Modell, gebaut 1935 bis 1939 in Nachfolge des Modells Köln. Es handelte sich um eine britische Konstruktion (in England: Ford Ten). Der eine Zeitlang parallel gebaute 3,3-Liter trug den Namen »Rheinland«.

Elan

Seit dem 1956 vorgestellten Lotus 11 oder auch Eleven bemühte man sich in jener Firma um Modellnamen, die mit dem Buchstaben E beginnen. So erschien 1957 der Lotus Elite, 1963 der Elan, 1966 der Europa, 1974 der Eclat, 1976 der Esprit, 1982 der Excel, 1995 der oder die Elise.

Eldorado

Die Bezeichnung für das Land des Goldes (genauer: »der Vergoldete«), womit man einige Teile Kaliforniens meinte, verwendete Cadillac 1952 für ein Show Car der Luxusklasse. Ein Jahr später begann man den Cadillac Eldorado in Serie herzustellen, und als erstes amerikanisches Auto wies der Wagen eine Klimaanlage auf, für die man keinen Aufpreis zu bezahlen hatte.

Cadillac Eldorado 1958

Elite

Eine Lotus-Modellbezeichnung; siehe Elan. Im April 1974 stellte aber auch Ford in den USA einen Elite vor. Es handelte sich um eine sportlich-elegante Coupévariante des Ford Torino, sie trat gegen den Pontiac Grand Prix und den Chevrolet Monte Carlo an.

Lotus Elite 1959

Electra

Name der Tochter des Agamemnon, einem Herrscher in der griechische Antike, schon von Sophokles und Euripides (später von Gerhart Hauptmann und anderen) zur

Dramengestalt erkoren, bevor Buick 1959 einen seiner letzten, gewaltigen Heckflossen-Wagen so nannte.

Ensign

Der britische Hersteller Standard-Triumph benutzte diesen Begriff 1957-63, der auch für die Flagge der britischen Marine verwendet wird.

Equipe

Der Name des von 1963 bis 1970 gebauten Bond Equipe bedeutet nichts weiteres als Mannschaft oder Team.

Escort

Ein weiterer Begriff aus dem Militärischen: bedeutet »(berittene) Begleitung« und wurde von Ford (UK) 1968 für eine Baureihe eingeführt, die gegen VW antreten sollte.

Ford Escort 1974

Espada

Lamborghini präsentierte 1968 einen bei Bertone karossierten Viersitzer mit V12-Frontmotor, der diesen Namen trug. Er bezeichnet den Säbel des spanischen Matadors.

Esprit

Im Rahmen seiner Modellbezeichnungen, die traditionsgemäß mit E beginnen, führte Lotus von 1976 bis 1987 diesen Namen, der keiner Interpretation bedarf.

Europa

1967 bis 1969 bot Bizzarrini ein 2,0 Liter Coupé namens Europa an – zufällig genau im gleichen Jahr, in welchem die Firma Lotus ein Modell namens Europa auf den Markt brachte. Mit seiner eleganten, gestreckten Karosserielinie wirkte der Bizzarrini Europa wie ein verkleinerter 5,5 Liter GT Strada. Das Auto geriet durch seine aufwändige Bauweise letztlich aber fast ebenso teuer wie dieser, so dass er nur wenige Käufer fand.

Executive

Dieser von Jaguar in den neunziger Jahren mit Sonderaustattung für den »Leitenden Direktor« angebotene Wagen teilte sich die Modellbezeichnung mit einem Pontiac Star Chief, den es aber schon 1967-70 gegeben hatte, sowie einem Lancia Beta in Nobelversion 1981-84.

Fairlady

Der japanische Hersteller Datsun verwendete diese Namen der »lieblichen Dame« 1962-69 für einen attraktiven Roadster, der dem MGB ähnlich sah. Ob die Bezeichnung etwas mit der einer Figur gleichen Namens in George Bernhard Shaws Komödie »Pygmalion« oder dem danach entstandenen Musical von 1956 zu tun hat, sei dahingestellt.

Falcon

Mehrere Hersteller benutzten das englische Wort für »Falke« als Modellnamen, so z.B. Frazer Nash 1931-32 für einen zweisitzigen Sportwagen, Riley 1936-39 oder Ford (USA) für eine 1960 eingeführte Sechszylinder-Reihe. Ein in Deutschland gebautes Autofabrikat dieses Namens (1921-26) gab es ebenfalls, dazu vier amerikanische und ein britisches.

Felicia

Lateinisch für »die Treue«, 1959 von Skoda eingeführt für ein sportliches Modell, das vorher die Bezeichnung 450 trug.

Fiesta

Bevor Ford im Sommer 1976 einen kleinen Wagen dieses Namens präsentierte, gab es bereits bei General Motors einen Fiesta, und zwar 1953 unter der Marke Oldsmobile (Baureihe 98, gemeinsam mit den Versionen Starfire, Classic, Super). Für Amerikaner hat der Name einen besonders reizvollen Klang, denn im Nachbarstaat Mexiko steht das spanische Wort »fiesta« für ein Fest mit Musik, Tanz und Ausgelassenheit. Eigentlich hatte der in den USA über einen Zeitraum von viereinhalb Jahren entwickelte Ford Fiesta »Bobcat« heißen sollen. Mit seinem Frontantrieb und Quermotor sowie einer Schrägheck-Karosserie entsprach dieses Fahrzeug (bis Ende 2006 12 Mio. mal gebaut) dem jüngsten Konstruktionstrend.

Fire...

Dem militärischen Wortschatz entnommene Begriffe verwendeten einige amerikanische die Hersteller wie Chrysler in den USA ab den 1950er Jahren gern für ihre leistungsstärkeren Motoren oder auch Fahrzeugmodelle. So gab es einen DeSoto Firedome (»Feuerkuppel«) von 1952 bis 1959, einen Fireflite (= Fireflight: »Feuerhagel«) von 1956 bis 1960, einen Firesweep (»volle Feuerbreite«) 1958-59. Pontiac konnte 1967 mit einem »Firebird« aufwarten, ein Name, den Alvis 1934-36 ebenfalls verwendet hatte. In jüngster Zeit ließ Chrysler einen Crossfire (»Kreuzfeuer«) vom Stapel, und auch der von Triumph 1962-81 gebaute Spitfire (»Maschinengewehrfeuer«, aber auch »feuerspeiende Drache«) gehört in diese Kategorie.

Firenza

Bei Vauxhall 1971-75 verwendete Bezeichnung einer Coupé-Baureihe mit verschiedenen Motoren, basierend auf dem Viva. Die eigenwillige Frontpartie gab dem Wagen denn Spitznamen »dropsnoot« (etwa: Hängenase).

Flaminia

Lancia verwendete den Namen der klassischen Fernstraße in der Antike (Via Flaminia) für ein 1957 bis 1969 gebautes Sechszylinder-Modell, wie auch die Via Appia und die Via Aurelia als Namenspaten dienten. Die Via Flaminia führte von Rom nach Ariminum (heute: Rimini) und war eine wichtige Verbindung in den Norden. Entstanden war sie im Auftrag des Gaius Flaminius ca. 220 v. Chr.

Flavia
Name einer Straße in der römischen Provinz Venetien, gebaut 78-79 n.Chr. im Auftrage des Kaisers Vespasian (der ihre Fertigstellung nicht mehr erlebte). Der Name Fulvia war in der Antike ein weiblicher Vorname, und Flavia Domitilla hieß die Gemahlin des Kaisers Vespasian. Der Autohersteller Lancia verwendete die Bezeichnung für ein 1960 bis 1971 fabriziertes Auto, das es als viertürige Stufenhecklimousine und als Coupé gab. Seine Besonderheit war ein Vierzylinder-Boxermotor mit zwei zentralen Nockenwellen.

Fleetline
Von Chevrolet verwendete Bezeichnung für eine Variante der Baureihe 210 (1946-48) parallel zum Fleetmaster. Das Wort »Fleet« bezog sich auf die amerikanische Flotte, die besonders in der frühen Nachkriegsära in den USA eine ebenso große Verehrung genoss wie die US Air Force. Begriffe, die sich in Verbindung mit dem Heldentum zur See und in der Luft verknüpfen ließen, wurden bevorzugt angenommen.

Fleetmaster
siehe Fleetline

Fleetwood
Ab 1946 trugen die Langversionen der Cadillac-Modelle 60 und 75 diesen Beinamen: Es war der einer in den USA sehr bekannten Karosseriefirma, den Cadillac bis 1992 beibehielt.

Floride
So bezeichnen die Franzosen den amerikanischen Bundesstaat Florida. Nach diesem erhielt ein Heckmotor-Cabriolet von Renault seinen Namen, das 1959 bis 1963 als offene Version der Dauphine angeboten wurde.

Freccia d'Oro
Italienisch für »goldener Pfeil«; dies war der Name eines 1946-51 angebotenen Alfa Romeo 6C2500 mit zweitürigem Aufbau.

Fuego
Der spanische Ausdruck für »Feuer« zierte ein 1980 bis 1987 von Renault angebotenes Coupé (Nachfolger der Modelle Renault 15 und 17).

Fulvia
Der 1963 bis 1976 gebaute Lancia Fulvia war wie der Flavia ein Wagen mit Vorderradantrieb und Scheibenbremsen an allen Rädern. Der V4 mit nur 13 Grad Gabelwinkel und je einer obenliegenden Nockenwelle war ein typisches Lancia-Bauwerk. Fulvia hieß die Gattin des Marcus Antonius, womit Lancia ein weiters Mal die römische Antike für die Namensfindung bemüht hatte.

Lancia Fulvia 1972

Gamecock
Englische Bezeichnung für einen Kampfhahn, verwendet von Riley 1932-33 für ein 1,7 Liter Cabriolet.

Garant
Von Hanomag 1935 bis 1938 verwendete Bezeichnung für einen 1,1-Liter-Vierzylinder-Typ. Nach dem Kriege kennzeichnete dieser Name eine 1959 bis 1967 produzierte Nutzfahrzeug-Baureihe. Robur in Zittau/Sachsen (Nachfolger der Phänomen-Werke) stellte ab 1961 ebenfalls einen leichten Lastwagen namens Garant her.

Gazelle
Nach einer afrikanischen Steppenziege bei Singer benannte Baureihe (1956-67). Die Fahrzeuge waren mit dem Hillman Minx identisch, jedoch etwas attraktiver und wiesen alle klassischen Stilelemente jener Ära in gekonnter Zusammensetzung auf. »Gazelle« ist auch eine der berühmtesten Fahrradmarken in den Niederlanden.

Ghibli
Einer der Wüstenwinde, die man bei Maserati wie den Khamsin oder Bora für Modellbezeichnungen rasanter Sportwagen wählte. Omen est nomen: die Aerodynamik dieses Coupés war erstmals im Windkanal ermittelt worden und entsprach dem Anspruch des Wagens als schnelles Sport- und Reisefahrzeug.

Giardiniera
Die italienische »Gärtnerin« war eine Kombiversion des Fiat 500 C alias Topolino, doch auch den nachfolgenden Fiat 500 gab es mit diesem Namen.

Gigant
Von Stoewer in Stettin verwendete Bezeichnung für einen 1928-33 gebauten Achtzylinderwagen.

Giulia, Giulietta
Von Alfa Romeo unter Bezug auf Shakespeares »Romeo und Julia« gewählte Modellbezeichnungen von großer Einprägsamkeit. Die Giulietta (»Julchen«) wurde 1954 bis 1964 gebaut und erlebte 1977 ein Revival, die Giulia gab es von 1962 bis 1978.

Gloria
Triumph führte 1933-37 diese Bezeichnung für eine Reihe sportlicher Vier- und Sechszylindermodelle. Einen japanischen Prince Gloria (Hommage an den Thronfolger) gab es ferner 1961-66, bevor die Prince Motors Ltd. in Tokio von Nissan übernommen wurde, die den 2,0-Liter-Sechszylinder Gloria noch ein knappes Jahr unter eigenem Markennamen weiterbaute.

Granada
Der Name dieser spanischen Stadt (und Provinz) mit großer Tradition stand für ein gemeinsam von Deutschen und Briten Anfang der 1970er Jahre bei Ford entwickeltes Modell der oberen Mittelklasse, das auch in beiden Ländern produziert werden sollte. Die sich äußerlich gleichenden Fahrzeuge – Viertürer, zweitürige Fastbacks und Kombiwagen – unterschieden sich nur unwesentlich. Die von Uwe Bahnsen gestaltete neue Reihe brachte Ford in BMW- und Mercedes-Nähe.

Grantura
Der von TVR 1957 eingeführte Name Grantura war eine Verbiegung des Namens »Grand Tourer«, bedeutete also GT.

Greif
Stoewer benutzte diesen Namen 1934-39 sowohl für einen Achtzylinder (Greif V8) als für ein Vierzylindermodell (Greif Junior) – der Raubvogel aus der Sagenwelt findet sich auch in den Namen Grifo (Iso) und Griffith (TVR) wieder.

Gremlin
Englisch für Kobold (ähnlich »sprite«) und als Modellbezeichnung bei AMC. Nicht nur weil er am 1. April vorgestellt wurde, sondern weil er einfach skurril aussah, witzelte die amerikanische Nation über diesen Wagen anstatt ihn zu kaufen. Gebaut von 1970 bis 1978, war er für US-Verhältnisse – obwohl einige Zentimeter länger als der VW-Käfer – ein winziges Auto. 1976 gab es den Gremlin auch mit einem Audi-Motor.

Greyhound
Englische Bezeichnung für Windhund, die nicht nur eine berühmte Spezies amerikanischer Überland-Omnibusse bezeichnet, sondern auch ein hochwertiges Coupé des britischen Herstellers AC (1959-63), das es mit Bristol- oder Ford-Motor gab.

Griffin
siehe Greif

Grifo
siehe Greif

GS
Der 1970 vorgestellte Citroën GS bezog seine Modellbezeichnung aus der Formel »voiture de grande série«: ein Wagen, der für die Großserienfertigung konzipiert war. Aus dem VGS wurde dann GS.

GTB
Gran Turismo Berlinetta (ein viersitziges Coupé); siehe auch GTO (Ferrari).

GTI
Wie das übliche Kürzel GT für Gran Turismo (italienisch) oder Grand Tourisme (französisch) hat sich bei einigen Fabrikaten auch der Begriff GTI geprägt (Gran Turismo Internazionale), oder GTi (injection, iniezione).

VW Golf GTI 1983

GTO
Eine von Ferrari beanspruchte (und nur beim Pontiac 1964 ausnahmsweise geduldeter) Modellbezeichnung, bei welcher der letzte Buchstabe für »homologato« (homologiert für den Rennsport) steht. Der Pontiac GTO beschleunigte übrigens wie der Ferrari von Null auf 100 km/h in knapp sechs Sekunden, letzterer brauchte dafür aber 50 PS weniger als der Amerikaner, und mit 275 PS war er auch erheblich schneller als jener. In den USA hieß es scherzhaft, GTO stünde für »Gas, Tires, Oil« (Benzin, Reifen, Öl) – in Bezug auf die hohen Verbrauchswerte des Wagens.

Gullwing
Im Englischen übliche Bezeichnung für »Flügeltürer«. Autos mit so genannten Mövenflügeln waren neben dem berühmten Mercedes-Benz 300 SL (1954-57) auch der Thurner RS auf Basis NSU (1970-73) oder der kanadische Bricklin (1974-76).

Gypsy
Englische Bezeichnung für »Zigeuner«, benutzt für einen kleinen 4x4-Geländewagen, den Austin – nicht besonders erfolgreich – von 1958 bis 1968 anbot, um dem Land-Rover Konkurrenz zu machen. Doch die Qualität des Austin war nicht die des Rivalen, dem er sehr ähnelte und den auch die Army bevorzugte.

Hai
Das von Peter Monteverdi in der Schweiz unter dem signifikanten Namen Hai angebotene Hochleistungscoupé 450 GTS wurde nur drei Mal gebaut und avancierte dennoch zum berühmtesten Modell dieses Schweizer Fabrikats.

Hanseat
Von dem Nutzfahrzeughersteller Vidal & Sohn (Tempo) von 1949 bis 1956 produzierter Dreiradlieferwagen mit 400-ccm-Zweizylindermotor.

Hawk
Das englische Wort für Habicht diente verschiedenen Autoherstellern als Modelbezeichnung, so z.B. Humber (1945 bis 1968 für Vierzylinder) oder Studebaker (1956 bis 1964 für V8-Coupés: Golden Hawk, Silver Hawk, Sky Hawk, Power Hawk).

Herald
Der Herold, der (mit einer Trompete) vorweg reitet und die Botschaft der nahenden Equipage des Herrschers oder auch andere News verbreitet, diente Triumph als Namensgeber für eine Vierzylinderbaureihe, die von 1959 bis 1971 bestand und sehr erfolgreich war.

High Speed
Von Monterverdi 1969 gewählte Bezeichnung für ein von Fissore karossiertes Coupé, 250 bis 260 km/h schnell.

Monteverdi 375 High Speed 1969

Hornet
Wolseley wurde 1927 von Morris übernommen, und das erste neue Modell nach der Übernahme war der Hornet, vorgestellt 1930. Die Besonderheit der »Hornisse« waren ein kleiner Sechszylindermotor mit nur 1271 ccm Hubraum sowie hydraulische Bremsen und Stoßdämpfer. Innerhalb von sechs Jahren wurden mehr als 30.000 Stück verkauft. Auch bei Hudson in den USA gab es einen Wagen dieses Namens; Hudson hatte nach Kriegsende mit einem ganz neuen Konzept wieder mit dem Autobau begonnen. Der 1951 eingeführte Hudson Hornet besaß kein separates Fahrgestell mehr und wies eine extrem glattflächige Pontonform auf, die Hinterräder umschließend.

ID
Von Citroën gewählte Kurzform für das Wort »Idée«, verwendet für eine ab 1957 angebotene und sparsamer ausgestattete Version der DS.

Imp
Wie Sprite bedeutet im Englisch auch Imp so etwas wie »Kobold«. Riley benutzte diese Bezeichnung erstmals 1935 für einen attraktiven 1,1-Liter-Sportwagen.

Impala
Der Begriff Impala (eine afrikanische Antilope mit großem Geweih), verwendet 1964-80, ist untrennbar mit Chevrolet verbunden. Mit dem Impala entstand Chevrolets erstes »muscle car«. Dieses Modell verkörperte in den 1960er Jahren ein Höchstmaß an Power und bildete den Anfang der Chevrolet-Supersport-Linie SS. Die Baureihe umfasse Limousinen, Cabriolets, Hardtops, sämtlich versehen mit einem 5,4-Liter-V8-Triebwerk.

Imperator
Dem Anspruch in seinem Namen (»der Kaiser«) wurde dieser 1930-1932 gebaute Audi mit 4,9-Liter-Achtzylindermotor zwar nicht gerecht, doch in jenen Jahren war Großartiges in der Branche gefragt, man übertrumpfte einander in Hubraum, Leistung und kolossalen Namen.

Imperial
Das »Kaiserliche« imponierte auch den Amerikanern: Chrysler führte diese Modellbezeichnung 1928 für einen neuen Achtzylinder ein. 1957 wurde dieser Name sogar zur Markenbezeichnung für einen Chrysler der Spitzenklasse, der gegen den Cadillac von General Motors und den Lincoln der Ford Motor Company antreten sollte.

Interceptor
Dieses Wort entspricht dem deutschen »Abfangjäger« (Luftwaffe) und wurde 1949, als berühmte Maschinen der Royal Air Force in mehreren Fällen Paten für Autonamen abgaben, von Jensen benutzt. Der Interceptor wurde von 1949 bis in die siebziger Jahre gebaut und war vor allem in seiner Allradversion mit V8-Motor ein ungewöhnliches Auto.

Invader
Im Englischen steht der Name für »Angreifer« und bezeichnete einen 1969-74 angebotenen Sportwagen – auch als Sportkombi gebaut – von Gilbern. Das in nur geringer Auflage hergestellte Auto hatte einen V6-Motor von Ford.

Isabella
Es blieb Carl F. W. Borgwards Geheimnis, warum

Borgward Isabella 1960

sein1954 eingeführter 1,5-Liter-Wagen Isabella genannt wurde. Angeblich war dies der Name einer Tänzerin, die der Konzernchef verehrte. Eine offizielle Stellungnahme gab es hierzu jedoch nie, vielmehr erzählt man sich in Bremen, die Versuchsabteilung habe den Chef gefragt, wie sie den Erlkönig des neuen 1,5-Liter nennen sollte, und seine Antwort habe gelautet: »Ist mir schietegal, meinetwegen schreibt Isabella dran.«

Isar

Die Isaria Werke in Dingolfing produzierten das »größere Goggomobil« namens Isar – bekanntlich Name eines Flusses in Bayern, an welchem nicht nur München liegt – 1958 bis 1965, wobei die Modellbezeichnung erst 1959 eingeführt wurde (vorher: T600, T700). Nach Frankreich exportierte Modelle bekamen dem französischen Sprachverständnis entsprechend den Namen Isard – das spricht sich genauso aus.

Glas Isar 1961

Isis

Der Name einer ägyptischen Fruchtbarkeitsgöttin zierte 1931-33 einen 2,5-Liter-ohc-Sechszylinder bei Morris, größer als die Modelle Major und Oxford Six. 1955-58 gab es noch einmal eine Sechszylinder-Reihe unter dieser Bezeichnung.

Islero

Der 1968-70 gebaute Lamborghini 2+2 mit V12-Motor erhielt seinen Namen nach einem in Spanien berühmten Kampfstier, der 1948 einen Matador getötet hatte.

Jagst

Wie für den NSU-Fiat Neckar, vorgestellt im Herbst 1955, musste auch das idyllische Flüsschen Jagst herhalten, als NSU-Fiat 1956 das Äquivalent zum italienischen 600 herausbrachte und nach deutschen Namen suchte. Den Typ Jagst gab es in verschiedenen Baureihen bis Ende 1969, als in Turin auch die Produktion des Fiat 600 eingestellt wurde. Die Produktionswerkzeuge für den Jagst 600 bzw. 770 übernahm Seat in Spanien.

Jalpa

Der Lamborghini Jalpa, gebaut 1981-91, war ein Achtzylindermodell, und sein Name war analog zu Islero der eines spanischen Kampfstiers.

Jarama

Der Name der Rennstrecke 26 Kilometer nördlich von Madrid, eingeweiht im Juli 1967, diente Lamborghini 1970-78 als Bezeichnung für ein 2+2-Coupé.

Janus

Die griechische Gott mit den zwei Gesichtern gab die passende Bezeichnung für einen von Zündapp 1957-58 angebotenen Viersitzer, bei dem die Passagiere auf zwei Sitzbänken Rücken an Rücken saßen. Der Wagen hatte in der Tat zwei Gesichter; Font und Heck unterschieden sich äußerlich nur durch die Scheinwerfer.

Javelin

Dieses Wort bedeutet »Speer« und wurde 1946 bis 1954 für eine Limousine von Jowett verwendet, von 1967 bis 1974 auch für einen AMC (American Motors), der gegen den Ford Mustang antrat.

Jet, Jetta

Diese Namen leiten sich vom Begriff »Jetstream« ab, einem starken Luftstrom in der Tropo- oder Stratosphäre. Der ab August 1979 produzierte VW Jetta stellte eine Stufenheckausführung des Golf dar (in einigen Regionen wurden für den VW Jetta die Namen Bora und Vento verwendet). Die Kurzbezeichnung Jet, die man im Englischen für »Düse« verwendet, benutzte Hudson 1953-54 sowie die kurzlebige Firma Muntz 1950-54 für einen extravaganten Sportwagen, und beim Matra Djet ist der Begriff ebenfalls gemeint.

Junior

Diese Bezeichnung wurde von zahlreichen Herstellern für ihre kleineren Modellreihen verwendet, so von Röhr (1933-35), bei Adler (Trumpf Junior, 1934-40) oder DKW (1959-63).

Jupiter

Von Jowett von 1952 bis 1954 für einen flotten Sportzweisitzer benutzter Name nach dem Planeten oder auch der römischen Bezeichnung des Gottes Zeus. Die Karosseriefirma Ambi-Budd gab in den 1930er Jahren auch einem Karosserietyp in Ganzstahlbauweise diesen Namen.

Juvaquatre

Im Namen dieses Renault-Modells, gebaut von 1938 bis 1940 und dann wieder von 1946 bis 1948, vereinen sich zwei Begriffe: »Juva« für jung (lateinisch: juventu) und »quatre« für die Zahl Vier, der Anzahl der Zylinder entsprechend. Andere Vierzylinder hatten z.B. Primaquatre, Nervaquatre, Celtaquatre geheißen.

Kadett

Opel gab seinem nach modernen Gesichtspunkten konstruierten neuen 1,0-Liter-Modell von 1936 diesen Namen, der einen Schüler einer militärischen Ausbildungsanstalt (»Offizierskadett«) bezeichnet. Möglicherweise gab der Cadet der britischen Opel-Schwestermarke

Vauxhall die Inspiration: dieses – mit 2,1 Liter Hubraum und 42 PS allerdings gut doppelt so stark motorisierte – Modell gab es von 1931 bis 1933.

Kapitän

Mit dem Modell Kapitän, 1938 als neues Oberklassemodell (Nachfolger des Super 6) vorgestellt, erreichte Opel eine Zielgruppe, die eine Alternative zum Mercedes-Benz suchte. Nomen est omen: Gerade die oberen Ränge der Marine favorisierten den Opel Kapitän. Es gab den Wagen bis November 1968, zuletzt auch mit V8-Motor.

Opel Kapitän 1954

Kégresse

Nach dem Ingenieur Adolphe Kégresse benannte Ausführung eines Citroën B2 als Halbkettenfahrzeug (Autochenille) für die Tropen, zu dessen Einführung eine Expedition vom 17. Dezember 1922 bis 7. Januar 1923 die Sahara von Algier bis Timbuktu (3200 km) durchquerte. 1924-25 folgte eine weitere Citroën-Kégresse-Expedition (Croisière Noire) durch ganz Afrika sowie eine dritte 1931-32 durch Asien (Croisière Jaune). Ein C4F Kégresse erklomm einen Pass in 4208 m ü/M und stellte damit einen Weltrekord auf. Streckenweise waren die Wege unbefahrbar, die Autos wurden zerlegt und getragen. Am 12. Februar 1932 erreichte die Expedition Peking.

Kestrel

Dieses Wort bedeutet »Turmfalke« und wurde 1929 bis 1939 für verschiedene Riley Vier- und Sechszylindermodelle benutzt.

Khamsin

Maserati bemühte den heißen Wüstenwind für ein 1972 vorgestelltes 2+2-Coupé, entworfen von Bertone. Seine V8-Mechanik entsprach der des Modells Ghibli. Bis 1982 wurde der Khamsin in 425 Exemplaren gebaut.

Klausen

Ein sensationeller Sieg auf der Bergstrecke hinauf zum Klausenpass in der Schweiz war für die österreichische Marke Steyr der Anlass, 1923 das Modell Steyr IV 19/145 PS mit dem Namen Klausen-Sport zu versehen. Der 4,9-Liter-dohc-Sechszylinder war einer der schnellsten und zunächst nur für einige Sportfahrer gebauter Wagen dieser Marke, ehe es 1928 zum Bau von 60 Fahrzeugen in Serie kam.

Knipperdolling

Diese lustige Modellbezeichnung verwendete Dürkopp 1909-12 für einen kleinen Vierzylinderwagen, was immer der Name im Westfälischen bedeuten mag (es gab einen Religionseiferer dieses Namens in Münster im 16. Jahrhundert).

Köln

Als die deutschen Ford-Werke von ihrem ersten Standort in Berlin nach Köln zogen, erhielt der erste im neuen Werk am Rhein gebaute Serienwagen (1933-26) die Bezeichnung Köln – in England gab es das identische Fahrzeug unter der nüchternen Bezeichnung Ford Y. Die nächste Kreation bekam den Namen Rheinland (1934-36), gefolgt vom Ford Eifel (1935-39) und Taunus (ab 1939)

Ford Köln 1933

Konsul

Von der Autofirma Hansa in Varel 1930-32 verwendete Bezeichnung für einen Vier- bzw. Sechszylinderwagen, letzterer hatte einen Motor der amerikanischen Firma Continental.

Kurier

Diesen Namen trug ein Hanomag-Modell, gebaut 1934-38, mit 1,1-Liter-Vierzylindermotor und vorderer Einzelradaufhängung. 1958-67 trug eine ebenfalls von Hanomag gefertigte Nutzfahrzeug-Baureihe (Benziner und Diesel) diesen Namen.

Kyalami

Ein viersitziger Maserati, vorgestellt im März 1976, dessen Name auf den Formel-1-Sieg von Pedro Rodriguez auf Cooper-Maserati im Grand-Prix von Südafrika Bezug nahm – der allerdings bereits neun Jahre zurück lag. Das Design des nach der Rennstrecke Kyalami bei Johannesburg benannten Wagens stammte von Pietro Frua.

Lafayette
Nicht nur als eigene Marke ist dieser Name verzeichnet, sondern auch als Baureihe der Marke Nash 1934-40, nachdem die Lafayette Motors Corp. bereits 1924 von Nash übernommen worden war. Der Name bezieht sich auf einen französischen Offizier, der 1777 in der Armee George Washingtons gegen die Briten kämpfte und in den USA als großer Staatsmann in die Geschichte einging.

Laguna
Bevor Renault eine Modellreihe dieses Namens (der Laguna I wurde 1994 als Nachfolger des Renault 21/ Nevada vorgestellt) einführte, hatte es bei Chevrolet in den Jahren 1973-75 ein Modell namens Laguna gegeben.

Lambda
Bezeichnung des Buchstabens L im griechischen Alphabet. Nicht nur die berühmte Katalysatorsonde (zur Ermittlung des Schadstoffanteils im Abgas) trägt diesen Namen, sondern er kennzeichnete auch ein Modell von Lancia, das sich 1922 durch besonders fortschrittliche Konstruktion (selbsttragende Bauweise, V4-Motor, vordere Einzelradfederung) akzentuierte.

Lancaster
Auch dieser von Armstrong-Siddeley 1945-52 benutzte Name für eine viertürige Limousine bezog sich wie die Bezeichnung »Whitley« auf einen Bomber der britischen Streitkräfte im Zweiten Weltkrieg.

Laubfrosch
Scherzhafte Bezeichnung für den 1924 herausgekommenen Opel 4/12 PS, der zunächst nur in grüner Lackierung geliefert wurde. Der Zweisitzer war eine Kopie das kleinen 5 HP von Citroën (»Trèfle«), der wiederum vorwiegend in Gelb (mit schwarzen Kotflügeln) verkauft wurde.

Laurel
Der Datsun Laurel (»Lorbeer«) war der erste Sechszylinder dieser Marke, eingeführt 1979.

Le Mans
Der Name dieser nordfranzösischen Stadt, zugleich der Frankreichs berühmtester Rennstrecke, hielt für zahlreiche Sportwagen her, für den Nash-Healey (1950-54) ebenso wie für eine Baureihe bei Pontiac (1962-69), für Ferrari als Kürzel LM (1953-55) wie beim kleinen Singer (1934-36) und etlichen anderen. Bei Renault gab es 1990-91 einen (für die Straße zugelassenen) V8 Turbo Le Mans.

Aston Martin Le Mans 1934

LN
Da sich die beiden Buchstaben im Französischen wie »Hélène« aussprechen, passte diese Bezeichnung für den 1976 vorgestellten Citroën Kleinwagen gut zu den anderen Göttinnen wie DS und Pallas Athene.

Longchamp
Wie das Modell Deauville sollte parallel zu jenem ein viersitziges Coupé die hochkarätige Klientel in einem interessanten Marktsegment ansprechen. Das Auto entstand auf der verkürzten Bodengruppe des Deauville, traditionsgemäß bei Ghia in Turin karossiert und in Modena aufgebaut. Als Motor erhielt er den bewährten V8 von Ford. Von 1974 bis 1993 war de Tomaso auch Besitzer der Firma Maserati, und dort ließ er 1977 ein dem Longchamp gleichendes Fahrzeug herstellen, bekannt geworden unter der Bezeichnung Kyalami. Das Hippodrom von Longchamp, nach welchem der Wagen benannt wurde, befindet sich im Pariser Bois de Boulogne, angelegt 1857.

Lynx
Im Englischen bezeichnet dieses Wort einen Luchs. Diese kleine Raubkatze lieh ihren Namen 1934 einer Baureihe im Riley-Programm.

Magna, Magnette
Das Große und Großartige stand 1931 bis 1935 für eine Reihe von M.G. Sechszylindermodellen; 1953 bis 1968 wurde der Name Magnette auch weiterhin für jetzt als Vierzylinder angebotene Limousinen dieser Marke verwendet.

Majestic
Prunkvolle Namen liebte man bei Daimler in Coventry sehr, zumal man ja Hoflieferant der britischen Krone war. Den Daimler Majestic gab es nach Regina und Regency 1958-59, als Majestic Major sogar mit einem 5,6-Liter-V8-Motor.

Mangusta
Italienische Bezeichnung für ein kleines, in Asien lebendes Dschungeltier namens Mungo (Gattung: Herpestes). Stand 1966-72 für ein Mittelmotor-Coupé von De Tomaso; er war der erste in größeren Stückzahlen (ca. 400) gebaute Wagen dieser Marke.

Manhattan
Das Geschäftsviertel der Metropole New York wählte Henry J. Kaiser für einen 1950 eingeführten Viertürer, der bis 1955 gefertigt wurde und sich durch eine nied-

rige Gürtellinie, große Seitenscheiben und ein Fließheck auszeichnete. Als eines der ersten Autos wies der Kaiser Manhattan eine hintere Seitenscheibe auf, deren rückwärtige Kante am unteren Ende stark einwärts geknickt war, ein Stilelement, das anschließend bei einigen Bertone-Kreationen sowie bei Alfa Romeo Eingang fand (Alfasud, Alfetta), bevor der BMW-Designer Wilhelm Hofmeister dieses Detail adaptierte und es für weitere 50 Jahre zu einem Design-Spezifikum werden ließ (»Hofmeister-Knick«).

Mannheim

1929 von Daimler-Benz eingeführte Bezeichnung für eine Modellreihe der gehobenen Mittelklasse mit 3,5- bzw. 3,7-Liter-Sechszylindermotor (siehe Stuttgart).

Mercedes-Benz Mannheim 1929

Manta

Der Rochen mit der signifikanten Form seiner Flügelflossen war Namensgeber (und seine Gestalt so etwas wie ein Markenzeichen) für eine sportliche, von 1970 bis 1981 fabrizierte Baureihe von Opel. Vielleicht trug der griffige Name dazu bei, dass der Opel Manta zu einem Kultfahrzeug avancierte.

Marathon

Der amerikanische Autohersteller Checker gab seinen fast ausschließlich als Taxi gebauten Viertürern ab 1962 diesen Beinamen. Der Name war gut gewählt, denn wie ein Marathonläufer absolvierten die Fahrzeuge enorme Laufleistungen. Der Marathonlauf (so benannt nach dem Läufers Pheidippides, der 490 v.Chr. sich zu Tode rannte) ist berühmter als die kleine, noch heute existierende Stadt in Griechenland, nach der er benannt ist.

Marina

Als es auch in England Mode wurde, italienische Lebensart zu goutieren, gaben die Autohersteller ihren Fahrzeugen italienisch klingende Modellnamen. Cowley und Oxford waren bei Morris in die Biederkeit gedrängt worden, als 1971 die Reihe Marina als Gegenstück zum Austin Allegro erschien.

Master

Von Chevrolet 1933 verwendete Modellbezeichnung im Zusammenhang mit Eagle (»Adler«).

Matador

Der Held des spanischen Stierkampfes debütierte als Modellbezeichnung nicht nur beim deutschen Nutzfahrzeughersteller Vidal & Sohn (Tempo 1949-67), sondern es gab 1960 auch einen viertürigen Pkw bei Dodge, der diesen Namen trug. 1930-31 hatte es auch beim deutschen Hersteller Hansa einen Matador gegeben, der wie das Modell Konsul einen amerikanischen Sechszylindermotor von Continental aufwies.

Maxi

Wenn es einen Mini gab, musste auch ein Maxi her: Austin produzierte in der Tat einen Riesen-Mini mit vier Türen, der mit knapp einer halben Million verkaufter Einheiten kein schlechter Erfolg war. Die von 1969 bis 1981 angebotene große Schräghecklimousine ließ sich sogar in ein Schlafauto mit breiter Liegefläche verwandeln, wenn man die Fondrückenlehne umlegte. Die Campingwelle jener Jahre veranlasste British Leyland, in der Werbung auf diese Option ausdrücklich hinzuweisen.

Mayfair

Das kleine Goggomobil Coupé gab es in England von 1957 bis 1969 unter der anspruchsvollen Bezeichnung Mayfair – ein Name, der eines der vornehmsten Cityviertel in London bezeichnet.

Mayflower

Von Triumph 1949-53 benutzte Bezeichnung für eine 1,3-Liter Limousine kantiger Bauart. Der Name dürfte sich auf das berühmte Schiff der englischen Pilger bezogen haben, die im November 1620 nach Amerika segelten.

Méhari

Citroën wählte den Namen eines Renn-Dromedars der Sahara für eine Offroad-Version der Dyane, produziert von 1968 bis 1983.

Meisterklasse

Die Auto Union wählte diese Bezeichnung für eine Aus-

DKW Meisterklasse 1938

führung ihres Frontantrieb-Zweitaktwagens, gebaut von 1932 bis 1942 (Typ F2 bis F7), nach dem Kriege (1952-54) ebenfalls verwendet, bevor der Typ Sonderklasse als Dreizylinder den Zweizylinder ablöste.

Meisterstück
Ausgeschriebene und nicht im vollen Wortlaut verwendete Bezeichnung für den Nachfolger des Ford Taunus von 1952 – nur der Buchstabe M blieb in der Nomenklatur erhalten: 12M, 15M, 17M, 20M, 26M.

Mexico
Der von Michelotti gestaltete Maserati Mexico rückte 1965 an die Stelle des nur in geringer Zahl gebauten 5000GT, an dessen Power und Ausstrahlung er jedoch nicht ganz heran kam. Einen mit dem gleichen Namen versehener Ford Escort hieß so, weil ein Wagen dieses Typs – im Rallyesport außerordentlich erfolgreich – den Marathon London-Mexiko im Jahre 1974 gewonnen hatte.

Midget
Ein Zwerg – und nichts anderes bedeutet diese englische Wort – war der kleine M.G., der vom ersten M-Type an (1928) so hieß und dessen letzte Version der Mk.IV von 1970 war.

Millecento
Italienisch für die Zahl 1100, ein Begriff in der Fiat-Nomenklatur.

Minor
Der »Geringere«, nämlich in Hubraum und Abmessungen kleinere Morris, erschien unter diesem Namen 1928 und wurde auch in seiner Gestalt als Mini (ab 1959) so genannt.

Minx
Hillman brachte 1932 erstmals einen 1,2-Liter-Wagen namens Minx heraus, und die Bezeichnung wurde für Vierzylinder-Mittelklassewagen bis 1966 verwendet. Ab 1961 gab es auch einen Super Minx. Das Wort Minx bezeichnet im Englischen ein freches Mädchen, eine »Range«.

Mirafiori
Industrievorort von Turin und Standort einer Fiat-Fabrik, nach welchem ein Modell benannt wurde (auch eine Lizenzversion von Tofas, 1971 in der Türkei entstanden, trug diesen Modellnamen). Der Fiat 131 Mirafiori wurde von 1974 bis 1982 produziert und stellte das einzige Modell von Fiat dar, das gleichzeitig eine Zahl und zusätzlich einen Namen in der Modellbezeichnung trug. Nachfolgemodell des 131 Mirafiori war der Regata.

Mistral
Jener starke Wind im Rhônetal, der nicht nur den Weinbauern ein Feind ist, wurde 1963-69 für einen Maserati verwendet, der eine Variante des 3500GT darstellte.

Mobbel
Gar nicht moppelig gab sich der originellerweise so getaufte Piccolo des Herstellers Apollo aus Apolda in Thüringen mit 624-ccm-Einzylindermotor.

Monaco
Lange bevor Dodge 1965 ein Modell dieses Namens präsentierte, wurde dieser für eine sehr erfolgreiche Baureihe der britischen Marke Riley verwendet. Der Riley Monaco 9 HP wurde von 1929 bis 1935 gebaut und war eine kleine Vierzylinder-Limousine mit Weymann-Aufbau.

Monaquatre
Ein von Renault 1933 bis 1935 verwendeter Name für ein Vierzylindermodell.

Monterey
Diese Stadt (und Region) in Kalifornien, die spätestens durch Werke des Schriftstellers John Steinbeck weltberühmt wurde, verfügt auch über eine Rennstrecke, und nach dieser wurde 1950-63 eine Mercury-Modellreihe benannt.

Montreal
Die kanadische Hauptstadt war 1967 Platz der Weltausstellung, und Alfa Romeo präsentierte dort des Prototyp eines eigenwilligen Zweisitzers mit einem 2,6-Liter-V8-Motor; das Auto war von Nuccio Bertone als Fastback karossiert. 1970 setzte die Serienfertigung ein, wobei der Wagen gegenüber dem Ausstellungsstück nicht mehr ganz so schlank und sportlich aussah.

Monza
Der Chevrolet Monza (1965-69) war eine Sportversion des dem Volkswagen nachempfundenen Heckmotor-Modells Corvair und leitete seinen Namen von der italienischen Stadt mit der Rennstrecke ebenso ab wie dies beim DKW Monza mit Kunststoffkarosserie der Fall war. Doch trotz ihrer schnellen Namen waren beide Autos keine Rennwagen – im Gegensatz zu einem ebenfalls als Monza bezeichneten Alfa Romeo 8C2300 von 1931, der ebendort seinen ersten Rennsieg verbuchen konnte. Einen als Monza bezeichneten Opel gab es ebenfalls, von 1977 bis 1987 als luxuriöses Coupé gefertigt und technisch identisch mit dem Opel Senator.

MPV
Dieses in den USA übliche Kürzel (»multi purpose vehicle«) entspricht der ebenfalls verwendeten Bezeichnung R/T und gilt einem Mehrzweckwagen. Darunter versteht man ein Auto, das sich für die Teilnahme an verschiedenen Art von Wettbewerben herrichten lässt. Also für Rundstrecken- oder für Dragster-Rennen, aber auch für die Straße, denn die Buchstaben R und T stehen für »road« und »track«.

Mulsanne
1980 erschien ein Bentley-Modell namens Mulsanne. Dieser Name ist der eines Ortes an der Rennstrecke

von Le Mans sowie der langen Geraden, die daran vorbeiführt und von den legendären Bentley Boys in den 1920er Jahren mit Höchsttempo durcheilt worden war. Die technische Basis des Wagens stellte der Rolls-Royce Silver Spirit dar.

Multipla

Mit »viel Platz« ließe sich sehr frei die Bezeichnung übersetzen, die Fiat für eine sechssitzige Kleinbus-Version des Fiat 600 verwendete, vorgestellt 1956.

Munga

Als die Auto Union 1958 einen Namen für ihren Geländewagen suchte, entstand MUNGA als Abkürzung für Mehrzeck-Universal-Geländewagen mit Allradantrieb (vgl. UNIMOG: Universal-Motorgerät).

DKW Munga 1959

Murena

Matra-Talbot hat den Nachfolger des Bagheera 1981 Murena genannt. Im Unterschied zu der vom Rost bedrohten Karosserie des Bagheera war die des Murena vollständig feuerverzinkt. Murena bedeutet auf Deutsch »Muräne«.

Mustang

Das nordamerikanische Wildpferd war es Ford wert, als Bezeichnung für einen sportlichen Wagen als Gegenstück zum Chevrolet Corvette zu dienen. In Deutschland war es Ford nicht gestattet, das Auto so zu nennen (hier hieß es schlicht T5), denn der Nutzfahrzeughersteller Krupp-Südwerke hatte sich den Namen bei uns schützen lassen.

Ford Mustang 1966

New Yorker

Chrysler verwendete den Namen der ostamerikanischen Metropole für ein neues, kurz nach dem Zweiten Weltkrieg herausgekommenes Modell gehobenen Zuschnitts und behielt ihn bis in die 1980er Jahre bei.

Nixe

Den anmutigen Namen Nixe wählte der Autohersteller Feldmann in Soest, Westfalen, für einen Kleinwagen, den es von 1910 bis 1922 gab.

Nova

Ob Novaquatre (Renault 1937-39), oder Chevi Nova (Chevrolet 1968-72) oder Lada Nova (ab 1970): diese Bezeichnung steht für »neu«.

Nürburg

Ein Frazer-Nash-Modell der frühen 1950er Jahre trug diesen Namen, der sich mehr auf die Eifelrennstrecke als auf die Burg in ihrer Mitte bezog, doch einen Mercedes-Benz mit diesem Namen – allerdings kein Sportwagen, sondern eher ein behäbiges Reisefahrzeug – hat es von 1928 bis 1933 ebenfalls gegeben.

Nürburgring

Treffend gewählter Name für einen unmittelbar an der Nürburgring-Rennstrecke gebauten Sportwagen von Veritas (1951-52).

Nuova

Italienisches Wort für »neu«; es wurde z.B. beim Fiat Nouva 500 verwendet, was die neue Version des kleinen, 1958 vorgestellten und 105 km/h schnellen Wagens kennzeichnen sollte. Eine Flotte von vier Nuova Cinquecento belegte gleich nach Erscheinen die ersten vier Plätze ihrer Klasse bei den 12 Stunden von Hockenheim. Einen Nouva 1100 alias Fiat 103 hatte es bereits vorher gegeben, gebaut 1953-69.

Octavia

Warum Skoda 1959 den Nachfolger des Modells 440 1,1 Liter (auch »Spartak« genannt) »die Achte« nannte, bleibt unerfindlich. Der bis 1964 gebaute Wagen trug die interne Konstruktionsnummer 958 und basierte technisch auf dem 440.

Olympia

In Anspielung auf die Olympischen Spiele 1936 in Ber-

Olympia 1952

lin gab Opel seinem neuen, mit selbsttragendem Aufbau versehenen Mittelklassewagen die Modellbezeichnung Olympia, und ein Diskuswerfer zierte auch das Emblem im Kühlergrill. Indes kam der Opel Olympia bereits ein Jahr vor der Olympiade heraus, nämlich im Februar 1935. Nach dem Kriege wurde die Modellreihe fortgesetzt, bis sie vom Rekord 1955 abgelöst wurde. Als Übergangsmodell fungierte der Olympia-Rekord.

Olympic
Der britische Hersteller Rochdale (in der gleichnamigen Stadt in Yorkshire) benutzte diesen olympischen Namen für ein 1959 bis 1968 gebautes Coupé mit Riley- bzw. Ford-Motor und Kunststoff-Karosserie. Nach Lotus war Rochdale der zweitgrößte Hersteller von GFK-Aufbauten in England.

Olympier
Die Autofirma Röhr stellte 1934 einen Wagen mit Achtzylinder-Reihenmotor vor, der diesen Namen trug, aber kaum Käufer fand.

Osi
Die Zusatzbezeichnung Osi für ein schnittiges Coupe vom Ford 20M (1967-68) bezog sich auf den Turiner Karosseriehersteller gleichen Namens, bei dem etwa 2000 Exemplare dieses attraktiven 2+2 angefertigt wurden. Das Wort bedeutet im Italienischen übrigens »du wagst es«.

Oxford
Morris bekannte sich mit Namen wie Oxford (ab 1913) oder Cowley (ab 1915) zu seinen Produktionsstandorten, mehr sagten die Bezeichnungen nicht aus.

Morris Oxford 1920

Pacemaker
Der »Schrittmacher« war in seiner ersten Erscheinungsform ein 1932 angebotener Essex, bevor Hudson 1933 ihn ebenfalls anbot.

Palm Beach
1952 bis 1960 gebauter Luxussportwagen der Marke Allard, dessen Name sich auf einen mondänen Badeort an der Küste Floridas bezieht. Eine von Chapron karossierte Version des DS 19 Cabriolets trug diese Bezeichnung.

Pallas
Die 1964 eingeführte Luxusversion der »göttlichen« DS aus dem Hause Citroën erhielt den adäquaten Namen Pallas nach dem Beinamen der Göttin Athene in der griechischen Mythologie. Sie galt nicht nur als Namenspatronin der Metropole Athen, sondern auch als Göttin der Weisheit und Schirmherrin der Künste und Wissenschaften. Später tauchte der Ausstattungsname Pallas auch bei den Citroën-Modellen GS, CX und XM auf, einen CX Athéna gab es ebenfalls.

Citroën DS 21 Pallas 1968

Pantera
Die Bezeichnung dieses von 1970 bis 1990 gebauten Nachfolgers des de Tomaso Mangusta steht für Italienisch »Panther«.

Parsifal
Benz in Mannheim gehörte zu den ersten Autoherstellern, die ihren Modellen Namen gaben. Neben Ideal, Velo, Comfortable gab es 1902-03 einen Parsifal, ein 1,6-Liter-10-PS-Wagen, dessen Bezeichnung auf die Richard-Wagner-Oper dieses Namens Bezug nahm.

Passat
Die Namen der Winde benutzte nicht nur Maserati zur Kennzeichnung einiger Modellreihen (Mistral, Bora), sondern auch Volkswagen mit Scirocco (1974) oder Passat (1973), der sich auf die Windströmungen in der Äquatorzone bezieht.

Pennant
Englische Bezeichnung für einen Siegeswimpel, benutzt für eine kleine 1,0-Liter-Baureihe (1955-59) von der Firma Standard in Coventry.

Phantom
Nach dem Silver Ghost erschien bei Rolls-Royce 1925 ein weiterer Geist, jetzt als Phantom einschwebend. Zunächst als New Phantom bezeichnet, später in verschiedenen Bauausführungen durchnummeriert, griff BMW, ab 1998 Inhaber der RR-Markenrechte, den Namen für das neue, 2003 eingeführte Rolls-Royce-Modell wieder auf.

Pionier
Von Borgward für einen kleinen Dreiradwagen mit Einzy-

lindermotor hinter dem Sitz (200 bzw. 250 ccm) gewählter Name. Das Fahrzeug erschien 1931 als Goliath Pionier, während eine Variante mit vier Rädern und 400 bzw. 500 ccm unter dem Namen Hansa verkauft wurde.

Goliath Pionier 1933

Plein Air
Wörtlich: »frische Luft« und von Renault für eine offene Variante des R4 verwendet, die 1969 vorgestellt wurde. Citroëns offener Visa hieß später genau so.

Plein Ciel
Von Simca für eine Cabrioversion des Modells Aronde 1956-63 verwendet; der Begriff steht für »freier Himmel«.

Popular
Den »populären« Ford aus britischer Produktion gab es von 1953 bis 1959, einen Skoda gleichen Namens von 1950 bis 1952.

Primus
Lateinisch: Der Erste. Adler verwendete diese Bezeichnung für ein 1937-38 gebautes Modell mit 1,7-Liter-Vierzylindermotor.

Prefect
Unter Prefect (Präfekt) versteht man einen Aufseher oder Polizeichef. Ford in England verwendete diesen Namen 1945 bis 1961 für ein Modell der unteren Mittelklasse.

Primaquatre
Der Renault Primaquatre war ein 2,4-Liter-Vierzylinder, gebaut von 1936 bis 1939. Der »erste« Vierzylinder hieß er wohl, weil er der hubraumgrößte war, denn die anderen Vierzylinder der Marke Renault rangierten darunter.

Princess
Die »Prinzessin« war ein Austin-Modell mit Vandenplas-Karosserie. Die erste Ausführung war ein aufwändig gebautes Prestigefahrzeug, gebaut von 1947 bis 1959, bevor Vanden Plas (neue Schreibweise) im BMC-Konzern eine eigene Marke wurde und unterschiedliche Modelle mit dem Namen Princess versah.

Prinz
»...denn wer Prinz fährt, ist ein König!« lautete einer der Werbesprüche für den kleinen NSU, der unter dem Modellnamen Prinz 1958 das Comeback der Automarke NSU auf dem deutschen Markt einläutete.

NSU Prinz 1000 1

Privat
Bezeichnung für einen großen Sechszylinderwagen der Marke Hansa, gebaut 1936-39, Topmodell des Borgward-Programms. Sein Nachfolger hieß schlicht 2300 und trug bereits den Markennamen Borgward.

Puppchen
Von Wanderer nur inoffiziell, im Volksmund umso häufiger benutzte Bezeichnung für einen kleinen 5/12 PS Zweisitzer, als Verniedlichungen noch keine Abwertung bedeuteten. Das Wanderer Puppchen gab es von 1912 bis 1922, zunächst in Tandem-Sitzanordnung, ab 1919 mit Sitzen nebeneinander. Aber auch Opel konnte mit einem Puppchen aufwarten; dies war das Modell 5/14 PS von 1912-14 mit sogar vier Plätzen.

Quadrifoglio verde
Bedeutet »grünes vierblättriges Kleeblatt«, das Glückssymbol der Renn- und Sportwagen von Alfa Romeo, und wurde u.a. für eine Sonderausführung Alfa Romeo 75 als Zusatzbezeichnung verwendet. Der Alfa 75 wurde von 1985 bis 1992 gebaut (die Bezeichnung 75 bezog sich auf das 75-jährige Jubiläum der Marke Alfa; die eigentliche Typenbezeichnung war 162B). Da Alfa Romeo ein Jahr später durch Fiat übernommen wurde, gilt der Alfa 75 als der letzte »echte« Alfa, und er war auch das letzte nach dem Transaxle-Prinzip gebaute Modell. Erst 1994 wurde die Topversion des Alfa Romeo 145 wieder Quadrifoglio genannt.

quattro
Audi wählte diesen griffigen Namen für ein 1980 erstmals eingesetztes, mit Allradantrieb versehenes Coupé. Der Ur-quattro basierte auf dem Audi 80.

Quattroporte
Die italienische Bezeichnung für »vier Türen«, seit 1963 als Modellbezeichnung von Maserati für eine luxuriöse Limousine gebraucht.

Quattrovalvole

Italienisch für »vier Ventile«, auch mit QV abgekürzt, und Anhängsel an die Typenbezeichnungen einiger Hochleistungswagen (z. B. Ferrari Mondial 3.0 QV ab 1982).

Ram

Dieser bei amerikanischen Hochleistungswagen gelegentlich der Modellbezeichnung angehängte Zusatz (Dodge, Pontiac) ging meist mit einer auffälliger Lufthutze für den »Ram Charger«-Effekt einher. Die als Street Scoops bezeichneten Einlässe sorgten für eine direkte, filterlose Zufuhr der Ansaugluft zum Mischrohr der Vergaser.

Rambler

Die ursprünglich als Automarke eingeführte Bezeichnung (wörtlich: »Bummler, Wanderer«) wurde von Nash 1950 als Modellname aufgegriffen und vom Nachfolgekonzern AMC für eine Reihe unterschiedlicher Modelle benutzt, so gab es einen Rambler American (besonders attraktiv als zweitüriges Hardtop-Coupé), einen Rambler Classic und einen Rambler Ambassador. Mit dem Fastback-Coupé Rambler Marlin versuchte AMC ab 1966 Nischen zu besetzen, die der Ford Thunderbird ließ. Die Grundversion aller AMC-Modelle hieß ab 1969 nur noch Rambler und bewährte sich als Longseller. Autos unter diesem Namen brachten es von 1950 bis 1969 auf insgesamt 4,2 Millionen Exemplare.

Rebel

Von AMC (American Motors) von 1970 an benutzte Modellbezeichnung.

Record

Die Bezeichnung Record verwendeten zahlreiche Hersteller; einer der ersten war wohl die deutsche Firma Apollo, die 1912 einen 2,0-Liter-Vierzylinder so nannte. Einen französischen Record gab es 1946-52 bei Talbot-Lago, dessen Sportversion Grand Sport hieß.

Reichsklasse

Von der Auto Union 1933 eingeführte Bezeichnung für eine Baureihe ihrer Zweitakt-Frontantriebsmodelle, mit 600 ccm unter der Meisterklasse mit 700 ccm angesiedelt. Als Patriotismus, aber auch die berühmten Reichsfahrten jener Zeit (2000-km-Fernfahrten durch ganz Deutschland als harter Prüfungswettbewerb) auf den Automobilismus breiten Einfluss ausübten, hatten solche Vokabeln hohen Stellenwert.

Red Wing

Von Riley 1923-26 für einen 1,5-Liter Sportwagen benutzte Bezeichnung, der eine polierte Aluminiumkarosserie mit rot lackierten Kotflügeln (»wings«) aufwies.

Rekord

1955 löste der Opel Rekord den Olympia-Rekord ab. Eine geschickte Namenswahl, um das sportliche Wort-Erbe fortzusetzen. Die Bezeichnung Rekord hatte Hanomag 1934-40 ebenfalls verwendet, und zwar für einen modernen Wagen mit vorderer Einzelradaufhängung und ab 1936 mit Dieselmotor – dem einzigen neben dem 260D von Mercedes-Benz im deutschen Pkw-Angebot.

Renown

Berühmt oder anerkannt: So lässt sich dieser Begriff aus dem Englischen übersetzen. Ihn benutzte Standard-Triumph für eine Limousine, die es von 1949 bis 1955 gab.

Roadmaster

Der »Straßenmeister« oder besser wohl: »Meister der Straße« bezeichnete eine in den USA sehr populäre Modellreihe von Buick, die es von 1936 bis 1958 gab.

Rosalie

Die Fahrzeuge der 1932 vorgestellten und parallel zu den 1934 eingeführten Citroën-Frontantriebswagen produzierten Baureihe 8, 10 und 15 CV wurden in Frankreich allgemein »Rosalie« genannt, nachdem ein Rekordfahrzeug so getauft worden war. Am 15. März 1933 startete diese spezialkarossierte »Rosalie« 8 CV zu einer 300.000-km-Fahrt im Autodrom von Montlhéry, die 134 Tage dauerte und durch die Aufmerksamkeit, die der Operation zuteil wurde, die Öffentlichkeit von Citroëns wirtschaftlichen Problemen ablenkte.

Citroën 10 CV Rosalie 1933

Royale

1926 entstand der Prototyp des Bugatti Royale, jenes königlichen 12,8-Liter-Wagens, von dem bis 1932 dann nur ein halbes Dutzend gebaut (aber keines an Monarchen verkauft) wurden. Aber auch die amerikanische Marke REO war mit einem Achtzylinder-Modell namens Royale auf dem Markt, gebaut von 1930 bis 1934.

R/T

Dieses in den USA übliche Kürzel entspricht der ebenfalls verwendeten Bezeichnung MPV (»multi purpose vehicle«), gilt also einem Mehrzweckwagen. Darunter versteht man ein Auto, das sich für die Teilnahme an verschiedenen Arten von Wettbewerben herrichten lässt. Also für Rundstrecken- oder für Dragster-Rennen, aber auch für die Straße, denn die Buchstaben R und T stehen für »road« und »track«.

Safari
Der in Afrika für eine Jagdexpedition stehende Name wurde 1958 von Pontiac für eine Kombiversion (station wagon) des Chieftain gewählt, aber auch von Citroën für die sonst Break getauften Kombis in englischsprachigen Ländern. Der 1970-79 produzierte VW 181 hieß in der Exportversion ebenfalls Safari, ferner ein Geländewagen von Monteverdi (Basis IHC Scout), vorgestellt 1976 sowie ein Lancia Coupé (Baureihe Fulvia) von 1974.

Sapphire
Von dem britischen Hersteller Armstrong-Siddeley 1953 bis 1960 benutzter Modellname, einen Saphir (Mineral) bezeichnend.

Schwebeklasse
Von 1934 bis 1937 verwendete Bezeichnung für einen DKW mit Stromform-Karosserie und Einzelradaufhängung an Querblattfedern vorn und hinten, eine Konstruktion, die »Schwebeachse« genannt wurde.

Scimitar
Auf deutsch würde »Krummsäbel« zu einem Sportwagen nicht gut passen, auf Englisch klingt es besser. Verwendet von Reliant von 1964 bis 1986.

Scirocco
Bezeichnung für einen heißen afrikanischen Wüstenwind, den Volkswagen für die Coupéausführung des Golf (und damit Nachfolger des Karmann-Ghia) 1974 einführte.

Sebring
Von Maserati 1962 eingeführter Sportwagen, der sich vom Modell 3500 GT ableitete; seine Karosserie stellte Vignale her. Zunächst sollte dieses Auto 3500 GTI heißen, doch man entschied sich für die Bezeichnung Sebring in Erinnerung an Maseratis Erfolge auf jener Rennstrecke in Florida, zumal man das Auto vorrangig in den USA anbieten wollte. Ein Modell Sebring gab es auch bei Frazer Nash (1951-56), dessen Name sich gleichfalls auf die Rennstrecke in Amerika bezog.

Sedina
Der Name Sedina ist die wendische Bezeichnung für die Stadt Stettin, in der die Firma Stoewer ihren Sitz hatte. Der Stoewer Sedina war ein 1937-40 gebauter Vierzylinder.

Senator
Sicher ist der Opel Senator (1977-93) als Nachfolger des Kapitän/Admiral der bekanntere Namensträger, doch einen noblen 3,3 Liter Senator gab es auch schon 1932-33 bei Hansa.

Seville
Von Cadillac erstmals 1956 verwendete Modellbezeichnung (Eldorado Seville). Bezieht sich auf die spanische Stadt Sevilla und assoziiert zugleich De Ville, eine ebenfalls gern verwendete Bezeichnung für Luxusversionen verschiedener Modelle.

Sheerline
Von Austin 1947 bis 1957 verwendete Modellbezeichnung für einen repräsentativen 4,0-Liter-Sechszylinder (Baureihe A110, A125, die Zahlen standen für PS). Eine elegantere Ausführung avancierte zum Austin Princess. Sheerline ist nicht wörtlich übersetzbar und bedeutet so viel wie »aus der Reihe scheren, aus einem Flottenverband ausscheren«, also einen eigenen Kurs einschlagen.

Sierra
Bevor Ford die spanische Bezeichnung für ein Gebirge (z. B. Sierra Nevada) 1982 als Modellnamen für den Taunus-Nachfolger einführte, gab es beim Konkurrenten Chrysler ebenfalls einen Sierra, verwendet für einen 1957-59 angebotenen Dodge Kombiwagen.

Silver Arrow
Dieser »Silberpfeil« hat nichts mit einem Rennwagen von Mercedes-Benz gemeinsam. Pierce Arrow verwendete diesen Namen für einen teuren, stromlinienförmigen Luxuswagen, der 1933 den Abgesang des prominenten Autoherstellers darstellte (der anschließend im Wohnwagengeschäft reüssierte).

Silver Cloud, Silver Dawn, Silver Ghost, Silver Shadow, Silver Spirit, Silver Spur, Silver Wraith
Ob Wolken, Dämmerstimmung, Geister, Schatten, Sporn oder biblischer Zorn: Die Silbernamen kennzeichnen in den meisten Fällen Modelle der britischen Traditionsmarke Rolls-Royce. Letzter Vertreter war der Silver Seraph (»Engel der Verzückung«), ehe dieser 2003 von einem neuen Phantom abgelöst wurde.

Rolls-Royce Silver Wraith 1949

Silver Eagle
Nicht alle silbernen Namen haben etwas mit Rolls-Royce zu tun: 1930 bis 1936 gab es bei Alvis einen Silver Eagle (»Silberadler«).

Silverstone
Von Healey benutzte Bezeichnung für einen Straßensportwagen (1949-40) unter Bezug auf die berühmte Rennstrecke in Northamptonshire, England. die während des Zweiten Weltkriegs ein Militärflugplatz gewesen war.

Simplex
Die Einfachkeit (lat.) sollte den Automobilkäufer der Frühzeit ansprechen – gemeint war die Fahrzeugbedienung. Nicht nur als Marke verwendeten einige Hersteller diesen Namen (auch in Abwandlungen und Kombinationen wie Simplex-Perfecta, Simplic, Simplo und Simplicity), sondern ebenso als Modellbezeichnung: Rex Simplex (1902 bis 1914) und Mercedes Simplex (1902 bis 1906).

Skylark
Von Buick verwendete Bezeichnung (Feldlerche) für ein 1953 eingeführtes Cabriolet.

Snipe
Die »Schnepfe« wäre in Deutschland kein gängiger Name für ein Automodell gewesen, im Lande der passionierten Sumpfjäger gab es einen Humber mit diesem Modellnamen bereits 1930. Die Sechszylindermodelle Snipe und Super Snipe blieben bis 1967 im Programm, der als Vierzylinder gebaute Humber Hawk (Habicht) flog von 1945 bis 1948 durch die britische Autolandschaft.

Sonderklasse
Im Herbst 1932 von der Auto Union eingeführte Bezeichnung für eine DKW-Baureihe mit Vierzylinder-Zweitaktmotor (vorher 4=8 genannt). 1953 bis 1955 gab es erneut einen DKW Sonderklasse (Dreizylinder).

Sonett
Saab verwendete diesen Begriff aus der Musikwelt für seine in kleinen Serien 1966-74 hergestellten Sportcoupés.

Sovereign
Der »unumschränkte Herrscher«, dem alle untertan sind, passte gut ins Repertoire der britischen Firma Daimler, die ja auch einen »Majestic« und einen »Conquest«, einen »Regina« und einen »Regency« im Programm führte. Der erste Daimler Sovereign kam 1966 heraus und war ein 4,3 Liter Sechszylinder; der Name wurde in Jaguar-Regie für Modelle der Spitzenkategorie weitergeführt.

Speed
Dieses für Geschwindigkeit stehende englische Wort (vergleichbar dem »vitesse« im Französischen und sehr viel besser klingend als das entsprechende deutsche Wort) verwendeten zahlreiche britische Hersteller. Bentley brachte 1926 einen Speed Six als Sportmodell des normalen Six – bezogen auf die Zahl der Zylinder – heraus, Alvis führte 1932 einen Speed 20 ein, wobei die Zahl sich auf die britischen Steuer-PS (20 hp) bezog.

Spitfire
Triumph in Coventry wählte diese Bezeichnung, einen feuerspeienden Drachen oder im übertragenden Sinne

DKW Sonderklasse (r); Großer DKW (l) 1954

einen »Feuerkopf« bezeichnend, für ihre Sportwagen-Baureihe, die es von 1962 bis 1981 gab. Der Name war aber auch der eines Abfangjägers der Royal Air Force im Zweiten Weltkrieg und bezeichnet nicht zuletzt eine Maschinengewehrsalve.

Spot
Warum gerade das englische Wort für »Fleck« von Citroën gewählt wurde, um 1976 das erste Sondermodell des 2 CV so zu benennen, ist schwer nachvollziehbar. Angeblich soll es »Spéciale Orange Tenéré« nach der auffälligen Orangefarbe des Autos bedeuten, doch ein Spot ist im Französischen auch ein auffälliger Lichteffekt (Spotlight). Weitere 2CV-Sondermodelle trugen originellere Namen wie Charleston (1980), 007 (1981, nach James Bond) oder Dolly (1985). Nicht alle Modelle wurden auch in Deutschland angeboten. Die Franzosen haben ein gespaltenes Verhältnis zu Begriffen aus dem Englischen, die sie einerseits strikt zu meiden trachten, andererseits in ihren eigenen Wortschatz integrieren, so dass 1963 auch der Name für ein Modell Week-End (eine Kombiversion AKL des 2 CV mit Campingausstattung) als französisch interpretiert wurde (diese in Belgien gebaute Variante wurde in Frankreich jedoch nicht angeboten).

Sprite
Das englische Wort für Kobold oder Teufelchen benutzte man erst bei Riley, dann bei Austin-Healey von 1958 bis 1971 für die kleinen Vierzylinder-Sportwagen, deren erste Ausführung (Mk.I) im Volksmund auch »Frogeye« (Froschauge) genannt wurde.

Stag
Das englische Wort für »Hirsch« kennzeichnet einen von Triumph 1977-80 angebotenen Sportwagen mit V8-Motor.

Stelvio
Von Bugatti verwendete Bezeichnung für ein viersitziges Cabriolet des Achtzylindermodells 57 (1937-39). Sie nahm auf die Stelvio-Passstraße Bezug, so wie es auch ein Modell Galibier und eins mit Namen Ventoux gab.

Stiletto
Von Sunbeam 1967-72 verwendeter Name für ein Vierzylinder-Coupé. Die Bezeichnung für einen Dolch im Italienischen passte gut zum Modellnamen Venezia (1964-65), andererseits zum Rapier, dem englischen Wort für Stiletto. Im Zuge der Italien-Affinität der Engländer jener Zeit entstand bei Vauxhall der Firenza, bei Morris der Marina und bei Austin der Allegro.

Strada
Bedeutet im Italienischen Straße und wurde beispielsweise beim Bizzarrini 5,3 Liter GT (1965-69), beim Ford Escort (1974) und beim Fiat Ritmo Strada 130 TC (1984-87) verwendet.

Stradale
Italienisch: »der für die Straße« – im Unterschied zum Wagen für die Rennstrecke. 1967-69 für einen Straßensportwagen von Alfa Romeo (2.0 Liter V8) verwendete Bezeichnung; das Auto wurde in nur 18 Exemplaren ge-

Austin-Healey Sprite 1959

baut. Auch der Lancia 037 Stradale (Basis Lancia Montecarlo) von 1982-83 war ein solcher Wettbewerbswagen.

Straight Eight

Zahlreiche amerikanische Hersteller (z. B. Buick) wählten diesen Ausdruck für die Kennzeichnung des Reihen-Achtzylinders des betreffenden Modells, zur Unterscheidung zu einem V8 (»vee eight«). Auch beim britischen Railton (1933-40) und beim Daimler (1936-40) gab es einen Straight-8.

Sturm

Von Hanomag 1934 bis 1939 verwendete Bezeichnung für einen großen, meist sehr elegant karossierten Sechszylinderwagen.

Stuttgart

Als die Firmen Daimler und Benz 1926 zur Daimler-Benz AG verschmolzen, wurden – wenn auch nicht sofort – verschiedene Modellreihen mit Namen statt Chiffren versehen. Eine 2,0- bzw. 2,6-Liter-Reihe wurde »Stuttgart« genannt, eine andere mit 3,5- bzw. 3,7-Liter-Motor »Mannheim« nach dem Sitz der Firma Benz.

Mercedes-Benz Stuttgart 1931

Sulmobil

Einer der ersten Motorwagen, ein Dreirad mit Einzylindermotor über dem vorderen Einzelrad, den NSU nach dem 1900 aufgenommenen Motorradbau anbot, trug die Bezeichnung Sulmobil, denn die Sulm ist jener kleine Fluss, der dort in den Neckar fließt, wo NSU zu Hause war.

Super

Ein sehr häufig verwendeter Modellname oder auch Zusatz (Abwandlungen: Superb, Superba, Superior, Supra). Bei Porsche gab es 1951-59 die Modelle 1300, 1500 und 1600 als Super (mit höherer Verdichtung und Leistung), Audi bot 1966-72 einen Super 90 an, in den USA war der Buick Super 1940 bis 1958 eines der Basismodelle. Pontiac offerierte 1957-58 ein Modell Super Chief, Lotus wurde mit seinem Super Seven 1961-63 berühmt, Humber produzierte 1945-67 einen Super Snipe, Singer 1948 einen Super Ten, Rosengart 1939 einen Supertraction.

Superior

Der »Übergeordnete« oder »Vorgesetzte« ist in der Automobil-Nomenklatur mehrfach vertreten. Als Beispiele seien der von 1923 bis 1926 produzierte Chevrolet Superior und Wilhelm Gutbrods Kleinwagen Standard Superior (1933-35) sowie der ebenfalls von Gutbrod gebaute Superior (1950-54) angeführt.

Supra

Das lateinische Wort für »überlegen« oder »übergeordnet« benutzte Simson in Suhl von 1924 bis 1934 für seine sportlichen Autos, die teils einen von Paul Henze konstruierten Vierventil-ohc- oder ohv-Motor hatten.

Targa Florio

Das seit 1907 veranstaltete jährliche Rennen um den Preis des Grafen Vincenzo Florio auf einem Straßenrundkurs in Sizilien verlieh einigen Fahrzeugen, die dort gesiegt hatten, im Nachhinein diesen Beinamen. So gab es ein Auto dieser Bezeichnung – analog etwa zu den von einigen Herstellern ebenfalls verwendeten Begriffen »Le Mans« oder »Tour de France« – bei Fiat (28-40 HP, Sieger: Felice Nazzaro 1907), Mercedes (Graf Masettti, 1922) oder Frazer Nash (1951, Franco Cortese).

Taunus

Erst war es der Typ Eifel, den Ford 1935 als neuen Wagen in der 1,1-Liter-Klasse einführte, dann gab man dem Nachfolger, vorgestellt 1939, den Namen eines anderen deutschen Landschaftsgebiets: Taunus. Man behielt diesen Namen über Jahrzehnte für verschiedene Baureihen bei.

Ford Taunus 15M 1955

Testarossa

Die italienische Bezeichnung für »Rotkopf« erlangte nicht erst 1984 für einen Supersportwagen von Ferrari mit 12-Zyl.-Boxermotor Berühmtheit, sondern war vom gleichen Hersteller bereits von 1956 bis 1961 für Rennwagen verwendet worden, deren Motor rot lackierte Ventildeckel – also rote Köpfe – aufgewiesen hatten. Versionen jener nur 34 mal gebauten 250 TR gewannen u.a. 1958 1960, und 1961 das 24-Stunden-Rennen von Le Mans.

Thunderbird

Ein Donnervogel, nämlich ein riesiger Adler mit Zauberkräften, war eine mythische Figur bei den nordamerikanischen Indianern und diente Ford als Namenspate für einen 1955 eingeführten Sportwagen – eine Antwort auf die von General Motors mit viel Trommelwirbel präsentierte Corvette, zugleich Reaktion auf die zunehmende Beliebtheit britischer Sportwagen à la Jaguar. Der Name Thunderbird ergab sich aus einem Preisausschreiben.

Thunderbolt

Der von der britischen Tornado Cars Ltd. 1958-61 angebotene »Donnerbolzen« war ein Sportcoupé mit Kunststoffkarosserie und Motoren von 1,2 bis 2,0 Liter Hubraum.

Tiger

Der Messerschmitt Tiger – ein zweisitziger Kabinenroller mit vier Rädern (1958-62) – und der Sunbeam Tiger V8 (1964-68) hatten bis auf den Namen nichts gemeinsam. 1930-32 gab es auch einen M.G. Rennsportwagen namens Tiger, ferner bot Panhard seinen PL17 in leistungsgesteigerter Version 1959 bis 1963 unter dem Namen Tigre an, Opel wandelte das Wort für ein kleines, 1994 eingeführtes Sportcoupé in Tigra ab.

Tigresse

Nicht nur der Tiger selbst, sondern auch seine Frau – oder Schwiegermutter? – gaben ihre aggressiv klingenden Namen einem M.G. Rennsportwagen vom Typ 18/100 hp, in geringer Zahl 1930-32 gebaut.

Torino

Die Stadt Turin in ihrer italienischen Schreibweise wurde u.a. von Ford als Namensgeberin ab 1962 für einige Modelle verwendet, als die Bindungen zu dieser Auto-Metropole Europas enger wurden – 1967 schaltete sich Ford z.B. über eine Verbindung zu De Tomaso bei Ghia ein – und man in den USA italienisches Styling zunehmend zu schätzen begann. Der Name Torino wird in jüngster Zeit auch von Fiat für einige Modelle verwendet.

Ford Torino 1970

Toronado

Der Name des tropischen Wirbelsturms in spanischer Schreibweise kennzeichnet ein Modell der Marke Oldsmobile, das 1965 als erster V8-»Straßenkreuzer« Frontantrieb aufwies. Der 7,5-Liter-Motor entwickelte 385 PS – was dem Käufer weitaus wichtiger war als die Innovation des Frontantriebs.

Torpedo

Den aus der Kriegsmarine im Karosseriebau übernommenen Ausdruck (er steht für ein Unterwassergeschoss) verwendete der Amerikaner Preston Tucker auch als Modellbezeichnung für seinen avantgardistischen Heckmotorwagen von 1948, ebenso gab es einen Pontiac dieses Namens (1941-48).

Touring

Als Modellname von BMW 1971 erstmals für ein Kombicoupé (1600) verwendet, später für alle Kombiausführungen der 3er und 5er Baureihen. Die Bezeichnung geht auf eine Verbindung mit der Carrozzeria Touring in Mailand zurück, die in den dreißiger Jahren für BMW Rennsportwagen (Typ 328) karossierte.

Town and Country

»Stadt und Land« – eine sehr eingängige Bezeichnung für eine Modellreihe, die Chrysler unmittelbar nach dem Zweiten Weltkrieg herausbrachte und als Besonderheit eine Karosserie in Gemischtbauweise (Stahl und Holzpaneele) aufwies. Auch als der Holzeffekt (das Ersatzmaterial wurde zunächst wegen Stahlblech-Knappheit verwendet) nur noch als auflackiertes Imitat oder als Klebefolie zur Anwendung kam, blieben diese »Woodies« en vogue, und Chrysler reaktivierte den Namen »Town & Country« sogar im 21. Jahrhundert.

Traction, Traction Avant

Bezeichnung für »Frontantrieb« auf Französisch, von Citroën 1934 als zusätzliche Kennzeichnung der neuen Baureihe (7 CV, 11 CV) gewählt, wobei sich »la traction« glücklicherweise genau so ausspricht wie l'attraction und das Aufsehen kennzeichnete, das der Wagen bei seinem Erscheinen erregte. Eigentlich stellt »traction avant« einen Pleonasmus (unsinnige Dopplung) dar, denn »traction« (Ge-ziehung, Zug) allein bedeutet bereits Frontantrieb; das Gegenteil ist »propulsion« (Schub), ein Begriff, der niemals durch »arrière« erweitert wird.

TransAm

Die Abkürzung für die Rennserie Trans-American (Amerikanische Meisterschaft der Amateurfahrer) animierte einige Hersteller teilnehmender Fahrzeuge, ihre Modelle so zu nennen. Klassische TransAm Sedans waren der Ford Mustang, der Plymouth Barracuda und der Chevrolet Camaro, bei den Sportwagen der Porsche 911 und der BMW 3.0 CSL. Der Pontiac TransAm von 1969-73 war indes ein Straßen- und kein Rennwagen (wie die Modelle GTO, Le Mans, Grand Prix) und hatte mit den stark modifizierten Wettbewerbswagen nur einen gemeinsamen Image-Nenner.

Transit
Von Ford ab Januar 1961 benutzte Bezeichnung für die Transporter FK 1000 und 1250, anschließend auch verwendet für eine neue, Ende 1965 vorgestellte Kleinlaster-Baureihe, den FK-Typen nachfolgend. Der neue Transit (Kurzbezeichnung FT) war in England entwickelt worden und wurde dort auch unter gleichem Namen vermarktet.

Trèfle
Französische Bezeichnung für Kleeblatt, verwendet für den 1923 von Citroën eingeführten Kleinwagen 5HP in dessen dreisitziger Ausführung mit zwei Plätzen vorn, einem mittig hinten.

Trumpf, Trumpf Junior
Einen Trumpf Ass genannten Wagen gab es bei Hansa 1926-27 als großen 4,7-Liter-Achtzylinder. Adler führte sein Modell Trumpf mit Vierzylindermotor 1936 ein, ein Trumpf Junior – mit seinem Vorderradantrieb mit dem DKW konkurrierend – baute die Frankfurter Firma 1934 bis 1940.

TT
Die in Großbritannien übliche Abkürzung für »Tourist Trophy« (ein erstmals 1905 auf der Isle of Man ausgetragenes Straßenrennen), auch T.T. geschrieben, kennzeichnete eine Versionen von Frazer Nash (1933-39), ehe NSU 1965 den 1000 TT – ebenfalls ein sportlich akzentuieres Fahrzeug – herausbrachte, möglicherweise auf den britischen Urbegriff Bezug nehmend. Ob man auch bei Audi an die Tourist Trophy dachte, als dort 1998 ein TT Coupé erschien, bleibe dahingestellt.

Turnier
Von Ford in Köln ab 1960 verwendete Bezeichnung für Kombiwagen.

Twin Six
Einen »Sechser-Zwilling« führte Packard im Mai 1915 ein: Es handelte sich um den ersten serienmäßig hergestellten Zwölfzylinder, der in der Luxusklasse für neue Maßstäbe sorgte.

Tycoon
Das Wort für einen »Konzernchef« oder auch »Industriekapitän« verwendete 1969-70 die Trident Cars Ltd. für einen Sportwagen mit der Technik des Triumph TR6.

Typhoon
Mit Typhoon bezeichnet man in England den Wirbelsturm, den wir »Taifun« schreiben. Auch ein RAF-Kampfflugzeug der 1940 Jahre hieß so, und Armstrong-Siddeley griff den Namen für ein Sechszylinder-Coupé (1946-48) auf, auch gab es 1958-61 ein von der Firma Tornado in England angebotenes Typhoon Coupé.

Ulster
Bezeichnung für den britischen Teil der irischen Insel, auf der 1928-36 (Ards Circuit) das TT-Rennen ausgetragen wurde. Aston Martin benannte einen seiner Rennsportwagen nach der nordirischen Provinz.

Urraco
Der gut proportionierte Lamborghini Urraco (spanische Bezeichnung für »junger Bulle«) wies einen V8-Mittelmotor auf und war als Einsteigermodell konzipiert. Mit diesem Fahrzeug gedachte Lamborghini dem Ferrari Dino Konkurrenz zu machen.

Valiant
Chrysler und die Chrysler-Tochter Plymouth verwendeten die Bezeichnung Valiant (wörtlich: »heldenhaft«) ab 1960 in den USA und auf verschiedenen Exportmärkten für unterschiedliche Modellreihen, teils sogar mit eigenem Markenstatus.

Vallelunga
Der 1965-67 gebaute De Tomaso Vallelunga erhielt seinen Namen nach einer 3,2 km langen Rennstrecke (Campagnano, Provinz Rom).

Vanguard
Das Wort bedeutet »Vorhut« (analog: Avantgarde) im militärischen Sinne und stand für eine Baureihe (1948-63) der britischen Marke Standard.

Standard Vanguard 1961

Vantage
Name eines von Aston Martin im Februar 1977 vorgestellten Coupés. Der Name kommt aus dem Militärjargon und bezeichnet so etwas wie einen vorteilhaften Angriffspunkt.

Vedette
Das Wort für einen Kavallerie-Vorposten verwendete Ford France 1954 für eine viertürige Limousine mit V8-Motor; der Wagen erschien gleichzeitig mit der Übernahme der französischen Ford-Werke durch Simca.

Velo, Veloce, Velox
Das lateinische Wort »velocitas« (und Ableitungen davon) für Geschwindigkeit bot sich geradezu für Modellbe-

zeichnungen an: Benz brachte ein Modell namens Velo bereits 1894 heraus, bei Alfa Romeo trugen verschiedene Version des Spider zwischen 1956 und 1982 die Zusatzbezeichnung Veloce, und als Velox gab es eine Reihe von Mittelklassemodellen bei Vauxhall. Das Velo (von Velociped = velocitas per pedes, also etwa »schneller Fuß«) für Fahrrad hat sich im Schweizerdeutschen von Anfang an durchgesetzt. Vergl. auch Velox (Automarke GB 1904-06), Velocette (Motorradmarke GB 1904-68), Velosolex (frz. Motorfahrrad, seit 1940), Velodrom (Fahrrad-Rennbahn), Velorex (Kleinwagen CS 1950-74).

Victor, Victoria
Der »Sieger« auf Lateinisch wurde von mehreren Automobilherstellern als Modellbezeichnung verwendet, wobei der Vauxhall Victor (1957) der prominenteste Namensträger ist. Vauxhall bevorzugte Modellnamen mit V: zum Beispiel Velox (1948), Viva (1963), Viscount (1966), Ventora (1968). Victoria, die Siegerin, findet sich im gleichen Konsens (Benz 1893, zugleich eine Hommage an Auguste Viktoria, Gemahlin Kaisers Wilhelm II und damit der Kaiserin von Deutschland und Königin von Preußen).

Viper
Namen diverser Giftschlangen finden sich zuweilen in der Modellgeschichte einiger Hersteller. Die Viper hielt 1931 bei Hillman für einen 2,1-Liter-Achtzylinder her, bevor auch Dodge einen Sportwagen 1989 so benannte.

Volante
Einfach nur »fliegend« bedeutet dieses italienische Wort, das Aston Martin seinem Repertoire an V-Modellen mit einem 1970 vorgestellten Cabriomodell Basis DB6 hinzufügte. Im Sommer 1978 aktivierten die Briten den Namen erneut, diesmal für ein V8-Coupé.

Viscount
Britischer Adelstitel unterhalb des Earl. Vauxhall führte ein Modell Viscount von 1966 bis 1972 – einen 3,3 Liter Sechszylinder mit 123 PS.

Vitesse
1962 bis 1971 angebotene Limousinen und Cabriolets der Marke Triumph trugen diesen Namen, der die französische Bezeichnung für Geschwindigkeit darstellt. Schneller als 150 km/h ging aber auch der 2.0 Liter Vitesse Mk. II nicht.

Vogue
Der Singer Vogue (1961-70) war zwar nicht sehr en vogue, doch die Absicht, sich der Suggestion dieses Wortes – nämlich dass er in Mode sei – zu bedienen, war geschickt umgesetzt worden.

Volante
Eine weitere Modellbezeichnung mit V, die Aston Martin verwendete. Das italienische Wort für »fliegend« findet sich auch beim »Disco volante« wieder – Versuchsfahrzeuge, die Alfa Romeo 1952-53 anfertigen ließ, aber trotz aller Glattflächigkeit keinerlei Ähnlichkeit mit einer Fliegenden Untertasse hatten, sondern den Namen nur zeitnaher Umstände wegen erhielten.

Voran
Als NAG mit DKW und Stoewer in den frühen 1930er Jahren in der Konstruktion eines kleinen Frontantriebswagens konkurrierte, war das Wort »Front« bereits von DKW belegt, aber »Voran« klang auch gut. Doch der NAG dieses Namens wurde seiner Bestimmung nicht gerecht: Der 1933 präsentierte Wagen kam über das Versuchsstadium nicht hinaus.

Wasp
Die britische Firma Wolseley brachte einen Wasp (Wespe) erstmals 1935 heraus, einen kleinen sportlichen Vierzylinder (es gab auch einen Hornet = »Hornisse« als Sechszylinder). Der ohc-Motor der Wespe galt als recht leistungsstark und wurde auch im M.G. installiert.

Weekend, Week-End
Bezeichnung eines auf der Aronde basierenden Cabriolets von Simca (1955-56); später auch von Citroën für eine 1963 in Belgien produzierte »Kastenente« mit Luxusausstattung (Week-End geschrieben) verwendet.

Westminster
Austin verwendete von den spätvierziger Jahren an eine Reihe von Namen, die sich auf berühmte Städte, Grafschaften oder anderweitig Nobles bezogen, was vor allem konservativen Käufern gefiel. Westminster heißt der historische Stadtkern Londons. Der erste Austin Westminster erschien 1954.

Whitley
Der Name bezeichnet einen Industrie-Vorort der Autostadt Coventry, aber auch einen Bomber, der dort während des zweiten Weltkrieges hergestellt wurde. Armstrong-Siddeley bediente sich (wie auch Bristol) einiger Namen – wie z.B. Hurricane, Typhoon – berühmter Flugzeugmodelle der Royal Air Force.

Wiking
1953-63 vom Nutzfahrzeughersteller Vidal & Sohn (Tempo) benutzte Bezeichnung für einen kleinen Vierrad-Lieferwagen.

Wizard
1932-33 von Hillman verwendeter Name für ein 2,1- bzw. 2,9-Liter-Sechszylindermodell. Das Wort steht für »Hexenmeister«.

Zephyr
Mit dem Zephyr (der Name bezeichnet einen Westwind in den Tropen) präsentierte Lincoln Ende 1935 eine neue Stromlinien-Baureihe – dieses Luxusauto verkörperte das moderne Amerika, zudem war der Wagen sehr preisgün-

stig. Aus dem Zephyr entstand später der von Edsel Ford initiierte Lincoln Continental. Ford England verwendete den Namen ab 1950 für einen neuen Vierzylinder mit selbsttragender Karosserie (Adaptionen des Lincoln-Zephyr-Stylings fanden sich beim 1939 vorgestellten deutschen Ford Taunus wieder).

Ford Zephyr 1953

Zeppelin

Der hohe Bekanntheitsgrad des Grafen Zeppelin für seine Luftschiffe und seine enge persönliche wie geschäftliche Verbundenheit zum Auto- und Motorenfabrikanten Maybach am gleichen Ort – Friedrichshafen am Bodensee – veranlasste letzteren, seinem Zwölfzylinder-Spitzenmodell den Beinamen Zeppelin zu geben. Es handelte sich um die Modelle DS7 mit 7,0 Liter und DS8 mit 8,0 Liter Hubraum, neben dem 7,7 Liter Mercedes-Benz die wohl eindrucksvollsten Repräsentationswagen Deutschlands Mitte der dreißiger Jahre.

Zodiac

Diese Bezeichnung für den Tierzeichenkreis in der Astrologie steht nicht nur für einen weltbekannten Schlauchboothersteller, sondern auch für ein großes Modell von Ford UK. 1950 wurden in England die Baureihen Consul und Zephyr eingeführt; der Zephyr wies für seinen Sechszylindermotor einen etwas längeren Radstand und einen anderen Kühlergrill auf. Eine aufgewertete Version des Zephyr stellte ab 1953 der Zodiac dar. Mit dem Zodiac Executive von 1965 schließlich ließ Ford erkennen, dass man es auf Anteile im Luxusmarktsegment abgesehen hatte.

Zwickau

Die Stadt, in der er gebaut wurde, lieh einem Audi 1929-1932 ihren Namen. Der Wagen hatte einen Achtzylinder-Reihenmotor, dessen Konstruktion Audi-Chef Rasmussen von dem Amerikaner Eddie Rickenbacker erworben hatte. Der Name Zwickau wurde zu DDR-Zeiten von AWZ (ehemalige Audi-Fabrik) für das dort gebaute Modell P70 verwendet, eine Art Trabant-Vorgänger, den es von 1955 bis 1959 gab (bzw. für viele DDR-Bürger leider nicht gab).

Maybach Zeppelin 1938

Zahlen, Ziffern, Buchstaben

Einige Hersteller haben von frühester Zeit an Zahlen- und/oder Ziffernbezeichnungen als Nomenklatur für ihre Modellreihen eingeführt, die ersten standen für die Motorleistung wie z.B. 12 PS, 20 CV oder 25 HP. Da diese Bezeichnungen sich aber nicht markenspezifisch zuordnen ließen, nannte man das Fabrikat nicht dazu, gingen einige Firmen dazu über, signifikante Ziffern- und Letternkombinationen zu wählen, die markentypisch wurden. So führte Peugeot 1930 mit dem Modell 201 die Gepflogenheit ein, alle Modelle mit einer dreistelligen Zahl – mit einer Null in der Mitte – zu benennen (die erste Ziffer gibt die Baureihe an, die letzte die Modellgeneration), wobei aber nicht immer konsequent verfahren wurde, denn die Zahlen 501, 502 und 503 überließ man z.B. BMW (dort hatte es in den dreißiger Jahren bereits einen 303 und einen 309 gegeben) und begann beim 504; nur als Porsche im Herbst 1963 einen 901 bringen wollte, erhoben die Franzosen Einspruch und veranlassten, dass der 356-Nachfolger 911 genannt wurde. Die 9 avancierte dann zum porschetypischen Prefix. Doch auch Bristol verwendete Dreierzahlen mit einer Null in der Mitte, ebenso Pegaso.
Briten wie etwa Jaguar bevorzugten das Kürzel Mk. (Mark) mit einer römisch oder lateinisch geschriebenen Zahl zur Kennzeichnung einer Modellgeneration (»Jaguar Mk. 2«) oder den Zusatz »Type« an einen Buchstaben (»S-Type«). Doch auch Vauxhall brachte 1951 – als Variante des Sechszylinder Velox – einen »E-Type« heraus. Die Mk.-Bezeichnung verwendeten viele andere Hersteller ebenfalls, etwa Humber, Jensen, Lea-Francis, Sunbeam, Triumph. Das Alphabet durchzuarbeiten, um Modellreihen und -generationen zu kennzeichnen, praktizierte beispielsweise M.G. (MGA, MGB).
Aus der jüngeren Automobilgeschichte stammen Kombinationen wie die einer Buchstabenfolge mit dem Wort »Klasse« bei Mercedes-Benz (S-Klasse, E-Klasse) oder zweistellige Bezeichnungen wie A4, A6 oder A8 bzw. R und S bei Audi. Die einer Modellbezeichnung vorangestellten Buchstaben DB standen bei Aston Martin für den seinerzeitigen Firmeninhaber David Brown wie man PV bei Volvo nur das Wort Personer-Vagn abkürzte. Das F kennzeichnete bei DKW einst die Modelle mit Frontantrieb (F2, F5, F7, F 89), während ein angehängtes H (170 H) bei Mercedes-Benz für die Heckmotorfahrzeuge und das V für bestimmte Modelle mit dem Motor vorne (170 V) stand. Das FK bei Ford-Kleinlastern (1953-65) stand für Ford-Köln. Das QV bei einigen Italienern bezeichnet einen Vierventilmotor (»quatro valvole«), das Ro stand beim NSU Ro 80 für Rotationsmotor, das E bei fast allen deutschen Herstellern für elektronische Einspritzung, als diese in den 1970er Jahren aktuell wurde, wobei einige auch ein kleines i an den Modellnamen anhängten, für »injection« oder »iniezione« stehend, wie es bei den ausländischen Fabrikaten üblich wurde (Ferrari 400i).
Den Buchstaben M für Motorsport verwendete BMW erstmals 1978 beim M1 (und stellte ihn 1980 zum ersten Mal auch einem getunten Serienwagen vor, nämlich dem 535i), und wie das T-Modell zum Synonym für Ford wurde, hat es Jaguar verstanden, aus dem Provisorium eines anfänglich nur intern verwendeten Buchstaben-Kürzels einen Weltbegriff zu machen. Denn das X stand zunächst für nichts anderes als »experimental«, kennzeichnete also Versuchsfahrzeuge, die – als sie Serienreife erlangt hatten – durch Hinzufügen weiterer Suffixe als Modellbezeichnungen weiterlebten (XK, XJ). Die Buchstaben EX und EXP wurden auch bei anderen Herstellern zur (meist nur internen) Kennzeichnung von Versuchsfahrzeugen verwendet. Der nachgestellte Buchstabe Z hingegen dient seit Vorstellung des rasanten 240Z 1969 zur Kennzeichnung sportlicher Datsun- bzw. Nissan-Coupés. In den 1970er Jahren war der Datsun 240Z der meistverkaufte Sportwagen der Welt.

Jaguar XJ 4.2 1972

Peugeot 203 Commerciale 1954

OLDTIMER UND DEUVET

Was bedeutet DEUVET?
Der DEUVET ist der Bundesverband der Deutschen Motorveteranen-Clubs e.V.; er wird von den deutschen, ihm angeschlossenen Oldtimerclubs getragen und vertritt die Interessen der gesamten Oldtimerszene gegenüber der Politik, dem Gesetzgeber, den Behörden, allen sonstigen Institutionen sowie gegenüber den Medien und der Öffentlichkeit. Den DEUVET gibt es seit 1976. Er ist als Interessenvertretung beim Deutschen Bundestag registriert und kümmert sich um die Anliegen aller Besitzer von Oldtimern, sei es ein Mofa aus den 1950er Jahren, ein historisches Motorrad oder Auto, Traktor, Campingfahrzeug, Omnibus oder Lastwagen.

Für die unterschiedlichen, speziellen Aufgabenbereiche setzt der DEUVET Beiräte, Projektgruppen und Kommissionen ein.

Der DEUVET ist die einzige clubübergreifende deutsche Oldie-Institution, in der sich mehr als 140 der bedeutendsten deutschen Marken- und Oldtimer-Clubs zusammengeschlossen haben, um gemeinsam ihre politischen Ziele zur Pflege und zum Erhalt von klassischen Automobilen und Motorrädern durchzusetzen. Auf seiner Internetseite www.deuvet.de stellt der Bundesverband seine Ziele und Aufgaben ausführlich dar. Hier die wichtigsten Punkte:

- Der DEUVET vertritt politische Interessen der Oldtimerszene bei Bundesregierung und Landesregierungen, bei Verbänden und Institutionen;
- er nimmt auf die Gesetzgebung im Sinne der Oldtimerbesitzer Einfluss, überprüft und kontrolliert Gesetzentwürfe;
- er vertritt die Interessen der Oldtimerszene bei Behörden und Ämtern sowie gegenüber Presse, Rundfunk und Fernsehen;
- er reagiert bei Problemen im Umgang mit Behörden und Organisationen;
- er berät und unterstützt Clubs bei der Clubführung;
- er unterstützt den Erfahrungsaustausch zwischen Clubs;
- er vertritt Deutschland beim Weltverband FIVA (Fédération Internationale des Véhicules Anciens)
- er berät und unterstützt einzelne Oldtimerbesitzer seiner Mitgliederclubs;
- er stellt Fahrzeugpässe gemäß den international gültigen Richtlinien der FIVA aus.

Der DEUVET ist eine demokratische Institution. Auf der Generalversammlung wählen die Delegierten der Clubs den Vorstand und geben diesem die Aufgaben mit auf den Weg, die ihrer Überzeugung nach mit DEUVET-Kompetenz erledigt werden müssen. Der Vorstand setzt seinerseits zu den verschiedenen Aufgaben Kommissionen ein, in denen Clubdelegierte zur Mitarbeit aufgefordert sind. Zu jedem Problemkreis wird aufgabenorientierte, effiziente Arbeit geleistet.

Zur Erledigung der täglichen Arbeit, als Anlaufstelle für Oldtimerbesitzer und zur Koordination der verschiedenen Aufgaben unterhält der DEUVET eine Geschäftsstelle. Die DEUVET-Arbeit wird ehrenamtlich geleistet. Es erfolgt lediglich eine Auslagenerstattung sowie eine Aufwandsentschädigung für die Arbeit in der Geschäftsstelle, die von mehreren Personen in Teamarbeit umschichtig in ihrer Freizeit geleistet wird.

Der DEUVET finanziert sich im Wesentlichen durch die Mitgliedsbeiträge der Clubmitglieder. Er bekommt für jedes Mitglied eines ihm angeschlossenen Clubs einen Betrag von 5 Euro pro Jahr, die über den jeweiligen Club an ihn weitergeleitet werden. In Anbetracht dieses geringen Betrages ist eine Mitgliedschaft einzelner Personen im DEUVET nicht möglich. Wer Mitglied in einem der DEUVET-angeschlossenen Clubs ist, besitzt automatisch die DEUVET-Mitgliedschaft.

Der DEUVET vertritt die Belange der ihm angeschlossenen Clubs bei der FIVA, und beim Europäischen Parlament wird die FIVA durch den Lobbyisten Neil Turns repräsentiert, der monatliche Berichte über oldtimerrelevante Gesetzesentwürfe verfasst und dort die Interessen der Oldtimerbesitzer und deren Verbände vertritt. Gesetzentwürfe auf europäischer Ebene gelangen über die FIVA unmittelbar an den DEUVET, der dann wiederum bei deutschen Europaparlamentariern Gespräche aufnimmt und die Weichen im Sinne der deutschen Oldtimerbesitzer stellt. Altautoverordnung, Verbot von bleihaltigem Benzins, Fahrverbot bei Ozonbelastungen, Steuerbefreiung für historische Fahrzeuge sind beispielsweise Themen, mit denen sich die Europaabgeordneten beschäftigen. Ziel der FIVA ist es auch, eine europaweite Vereinheitlichung der Anerkennung von historischen Fahrzeugen zu erreichen, denn derzeit ist in jedem europäischen Land der Oldtimer anders definiert.

Auf dem Gebiet des Motorsports betreut die FIVA den Bereich der Touristischen Oldtimerfahrten und Gleichmäßigkeitsfahrten.

Der DEUVET ist in Deutschland verantwortlich für die Ausstellung von FIVA-Fahrzeugpässen, den so genannten FIVA Identity Cards. Diese FIVA Identity Card ist Voraussetzung für die Teilnahme an einer FIVA-A- (international) oder FIVA-B-Veranstaltung (national).

Was der DEUVET bisher geleistet hat

Der DEUVET schuf zunächst eine anerkannte Definition des Begriffs »Oldtimer« in Zusammenarbeit mit Clubs, Behörden und der FIVA. Er übernahm die Ausgabe von Fahrzeugpässen für historische Fahrzeuge als Authentizitätsnachweis.

Der DEUVET erreichte eine Ausnahme von der Abgasuntersuchung (AU) für Fahrzeuge vor Baujahr 1969.

Der DEUVET initiierte die Einführung des H-Kennzeichens für historische Fahrzeuge von 30 Jahren aufwärts.

Der DEUVET setzte die Herausnahme aus der abgasorientierten Kfz-Steuer für Fahrzeuge mit H-Kennzeichen durch.

Der DEUVET schuf einheitliche Richtlinien zur Begutachtung der Oldtimer nach §21c der StVZO (Straßen Verkehrs Zulassungs Ordnung).

Der DEUVET erreichte die Einführung des roten Oldtimerkennzeichens (07-Nummer) für Fahrzeuge mit einem Mindestalter von 20 (ab 2007: 30) Jahren.

Der DEUVET kämpfte erfolgreich für die Einführung des Saisonkennzeichens.

Der DEUVET ermöglichte die private Zulassung für ehemalige Behörden- und Militärfahrzeuge.

Der DEUVET ist im Internet mit aktuellen Informationen präsent.

Der DEUVET führt Gespräche mit Regierungsfachleuten auf Länderebene.

Der DEUVET hat Oldtimer-Lobbyisten in Berlin, Brüssel und Straßburg.

Der DEUVET veranstaltet Foren zum Meinungsaustausch auf verschiedenen Sachgebieten, z.B. mit Prüfinstitutionen (TÜV, Dekra), Versicherungen, Sachverständigen und mit der Industrie.

Oldtimerrallyes mit einem Aufgebot – wie groß auch immer – interessanter Fahrzeuge aus zurückliegenden Epochen sind stets eine Attrakton fürs Publikum. Technikgeschichte fasziniert, und der Oldtimer-Bazillus ist ansteckend!

Wer Mitglied in einem dem DEUVET angeschlossenen Club ist, gehört automatisch dem DEUVET an und kann sich bei Fragen und Problemen rund um den Oldtimer an die DEUVET-Geschäftsstelle wenden.

Rund 525.000 Motorräder und rund 777.000 Personenwagen mit einem Alter von über 20 Jahren gibt es in Deutschland. Man darf davon ausgehen, dass fast alle dieser Motorräder und etwa die Hälfte der Autos von ihren Besitzern als Liebhaber-Fahrzeuge und Oldtimer betrachtet werden. Zählt man die Personen hinzu, die dem Hobby nahe stehen, ohne selbst ein Fahrzeug zu besitzen, so ergibt dies eine Zahl von weit über einer Million Bundesbürgern, die sich dem Oldtimer verbunden fühlen.

Doch nicht mehr als knapp 45.000 Personen sind durch Mitgliedschaft in einem Oldtimerclub bis jetzt im DEUVET organisiert. Dennoch: Trotz der relativ geringen Mitgliederzahl und seiner bescheidenen Mittel im Vergleich zur großen Zahl der Oldtimer in Deutschland hat der DEUVET Erstaunliches geleistet.

Als Oldtimerbesitzer Mitglied in einem DEUVET-Club zu sein, bedeutet nicht zuletzt, die nützliche Arbeit des Verbandes zu unterstützen. Aktuelle Infos finden Sie bei einem Besuch im Internet unter:
http://www.deuvet.de

Weitere Aufgaben des DEUVET

Die Arbeit des DEUVET umfasst noch sehr viel mehr als die vortanstehend aufgeführten Tätigkeiten und Serviceleistungen, so zum Beispiel die

- Herausgabe von regelmäßige Mitteilungen an die Clubs zu relevanten Oldtimerthemen
- Schaffung eines Oldtimer-Archivs und einer Datensammlung
- Anerkennung der Beurteilung der historischen Authentizität von Fahrzeugen

Historische Rennwagen vor dem alten Clubhaus an der Brooklands-Rennstrecke. Maserati, Riley, Alfa Romeo, Bentley, Bugatti, Aston Martin und jede Menge »Hill-climb Specials« – die britische Szene ist reichhaltig bestückt

- Erstellung und Bearbeitung statistischer Erhebungen
- Unterstützung von Studien- und Forschungsarbeiten

Zusammenarbeit mit der FIVA

Für die Teilnahme an einigen nationalen und an sämtlichen internationalen Oldtimer-Veranstaltungen benötigt man die FIVA Identity-Card, kurz FIVA-Pass genannt. In Deutschland wird dieser Pass zusammen mit dem deutschen Pendant, dem DEUVET-Pass, vom DEUVET als deutsche Vertretung der FIVA ausgestellt. Die FIVA (Fédération Internationale des Vehicules Anciens) ist die Internationale Organisation aller Oldtimer-Besitzer mit Sitz in Paris.

Man konnte den FIVA-Pass bisher für Fahrzeuge mit einem Mindestalter von 20 Jahren erhalten. Voraussetzung war, dass der Besitzer des Fahrzeugs Mitglied in einem DEUVET-Club ist, dass sich das Fahrzeug in einem guten Originalzustand befindet (oder, falls teil- oder vollrestauriert, in einem dem Original entsprechenden Zustand) und dass das Fahrzeug nicht regelmäßig im Alltagsverkehr eingesetzt wird. Im Grunde hat sich daran nichts geändert, nur hob die FIVA das Mindestalter für den Fahrzeugpass kürzlich in Stufen auf 25 Jahre an:

Für im Jahr 2004 beantragte Pässe muss das Mindestalter des Fahrzeugs 22 Jahre betragen.

Für im Jahr 2005 beantragte Pässe muss das Mindestalter 23 Jahre betragen.

Für im Jahr 2006 beantragte Pässe muss das Mindestalter 24 Jahre betragen.

Für im Jahr 2007 beantragte Pässe muss das Mindestalter 25 Jahre betragen. Ab dem Jahr 2008 bleibt das Mindestalter dann weiter bei 25 Jahren bestehen.

Den DEUVET-Pass hingegen gibt es weiterhin ab einem Fahrzeugalter von 20 Jahren. Er dient in Deutschland vorwiegend bei Zulassungsstellen und Prüforganisationen zum Nachweis der historischen Authentizität. So verlangen zunehmend Zulassungsstellen bei der Beantragung der roten 07-Kennzeichen einen Nachweis eines Oldtimer-Clubs oder -Verbandes darüber, dass es sich bei dem einzutragenden Fahrzeug (es können auch mehrere sein) um Oldtimer handelt – der DEUVET-Pass ist ein solcher Nachweis. In ihm ist das Fahrzeug abgebildet und beschrieben, etwaige Änderungen werden festgehalten. Auch bei der Beantragung einer Oldtimer-Versicherung und beim Ausstellen eines Oldtimer-Wertgutachtens ist der DEUVET-Pass ein anerkanntes Dokument. Unterlagen zum Beantragen von DEUVET- und FIVA-Pass erhalten Clubmitglieder in der Geschäftsstelle des DEUVET oder beim Fahrzeugpassprüfer ihres Clubs.

BUNDESVERBAND DEUTSCHER MOTORVETERANEN-CLUBS e.V.
Meilenwerk Berlin
Wiebestraße 36-37, 10553 Berlin
http://www.deuvet.de

KAUF, ZOLL, TÜV, ZULASSUNG

Kauf eines Oldtimers außerhalb der Europäischen Union

Über den Erwerb eines Oldtimers im Inland oder in einem anderen Staat der EU sind nicht viele Worte zu verlieren; der gemeinsame Markt ohne Zollschranken hat früher bestehende Einfuhrprobleme verschwinden lassen. Die Europäische Union besteht zur Zeit (Stand 2003) aus Belgien, Dänemark, Deutschland, Finnland, Frankreich, Griechenland, Großbritannien, Irland, Italien, Luxemburg, Niederlande, Österreich, Portugal, Schweden und Spanien. Wenn man aber einen Oldtimer zum Beispiel aus Polen, aus der Schweiz oder aus den USA erwerben und in ein EU-Land einführen möchte, ist der Fiskus involviert.

Wie beantragt man eine Zollabfertigung?

Üblicherweise wird die Zollabfertigung bei dem Zollamt vorgenommen, bei dem das Fahrzeug tatsächlich in die EU eingeführt wird. Erfolgt die Abfertigung bei einem anderen Zollamt, so ist ein Zollversandverfahren (T1) notwendig, das sich im Normalfall ein Spediteur teuer bezahlen lässt.

Die Abfertigung kann entweder mit Antrag auf dem Formblatt »Einheitspapier« erfolgen oder – bei Zollstellen in Deutschland – mittels IT-Verfahren ATLAS. Bei einem Zollwert ab 5000 Euro ist zusätzlich die gesonderte Anmeldung des Zollwertes auf dem Vordruck D.V.1 erforderlich. Bei Nutzung des IT-Verfahrens ATLAS ist diese Anmeldung in den Eingabefeldern entsprechend integriert.

Zusätzlich zur Zollabfertigung ist eine »Unbedenklichkeitsbescheinigung für Zollzwecke« zu beantragen. Sie dient bei der Zulassungsstelle als Nachweis einer ordnungsgemäß vollzogenen Zollabfertigung.

Pkw oder Sammlungsstück? Dieser Rennwagen könnte ein Sonderfall sein, denn er ist ein Eigenbau made in England: Chassis Aston Martin, Motor Triumph, Karosserie Johnny Mackintosh...

Der Zollbescheid kann dafür zwar ebenfalls dienen, darf jedoch wegen des Steuergeheimnisses nicht von der Zulassungsstelle gefordert werden. Die entstandenen Eingangsabgaben sind bei der Abfertigung bar zu bezahlen.

Zollrechtliche Klassifizierung

Ein zu importierendes Kraftfahrzeug ist gemäß dem Zolltarif wie folgt zu klassifizieren:

- als gebrauchtes Fahrzeug des Kapitel 8703 (Pkw)
- als gebrauchtes Fahrzeug des Kapitel 8704 (Lkw)
- als gebrauchtes Kraftfahrzeug zu besonderen Zwecken des Kapitel 8705
- als gebrauchtes Kraftfahrzeug des Kapitel 8711 (Motorrad)
- als Sammlungsstück des Kapitels 9705

Dies sind wichtige Unterschiede, denn von dieser Einreihung sind die so genannten Eingangsabgaben abhängig.

Zollabwicklung

Diese betrifft die Importabwicklung in Ländern der EU; etwa bestehende Exportformalitäten im Verkaufsland müssen natürlich ebenfalls beachtet werden.

Der Ablauf gilt entsprechend für die Einfuhr von Kraftfahrzeugen und Kraftfahrzeugteilen. Bei Teilen sind die jeweils geltenden Zollsätze und Warennummern zu beachten. Es können zusätzliche Verbrauchssteuern anfallen.

Auf welcher Grundlage werden Zoll und EUSt berechnet?

Grundlage für die Berechnung der Zollabgabe ist der Wert der Ware an der EU-Grenze. Das bedeutet: Kaufpreis, Frachtkosten, Versicherung und andere außerhalb der EU anfallenden Kosten ergeben zusammen den Zollwert.

Grundlage für die Berechnung der Einfuhrumsatzsteuer (EUSt) ist der Zollwert plus die Zollabgaben und der in der Gemeinschaft anfallenden Transport- und sonstigen Kosten, sofern diese nicht (bereits versteuert) von dritter Seite, etwa von einer Speditionsfirma, berechnet wurden.

Beispiel:		
Kaufpreis	1.000,00	EUR
Frachtkosten	100,00	EUR
Handlingskosten	10,00	EUR
Versicherung	2,00	EUR
Zollsatz	10	%
Zollwert	1.112,00	EUR
Zoll	111,20	EUR
EU-Frachtkosten	50,00	EUR
EUSt-Wert	1.273,20	EUR
EUSt-Satz	19	%
EUSt	241,91	EUR
Eingangsabgaben insgesamt	**353,11**	**EUR**

Kraftfahrzeug oder Sammlungsstück?

Diese Frage hat eine gewisse Auswirkung auf die Eingangsabgaben, die beim Import eines historischen Fahrzeugs fällig werden, daher ist eine genaue Prüfung zu empfehlen. Der Europäische Gerichtshof (EUGH) hat in einem Urteil festgelegt, wie diese Frage zu beantworten ist. Denn für so genannte »Sammlungsstücke« im Sinne der Zolltarifnummer 9705 0000 003 besteht Zollfreiheit, auch wird nur der ermäßigte Einfuhrumsatzsteuersatz von zur Zeit 7% erhoben.

Unter Sammlungsstücken sind Gegenstände zu verstehen, die

- Seltenheitswert haben,
- normalerweise nicht ihrem ursprünglichen Verwendungszweck gemäß benutzt werden,
- Gegenstand eines Spezialhandels außerhalb des üblichen Handels mit ähnlichen Gebrauchsgegenständen sind und
- einen hohen Wert besitzen.

Ferner dokumentieren sie einen charakteristischen Schritt in der Entwicklung der menschlichen Errungenschaften oder veranschaulichen einen Abschnitt dieser Entwicklung.

Im Hinblick darauf, dass es sich bei einem Kraftfahrzeug grundsätzlich um einen relativ kurzlebigen Gebrauchsgegenstand handelt, welcher der ständig fortschreitenden technischen Entwicklung unterliegt, können – soweit nicht offensichtliche Tatsachen dagegen sprechen – die vorstehenden Voraussetzungen als gegeben unterstellt werden für Kraftfahrzeuge (hier: Oldtimer) in ihrem Originalzustand – ohne wesentliche Änderung des Fahrgestells, des Steuer- oder Bremssystems, des Motors. Vor allem, wenn sie 30 Jahre oder älter sind und einem nicht mehr hergestellten Modell oder Typ entsprechen; sowie generell alle Kraftfahrzeuge, die vor dem Jahr 1950 hergestellt wurden, auch wenn sie sich in einem derzeit nicht fahrbereitem Zustand befinden.

Auskunft vom Kraftfahrt-Bundesamt

Wer früher einen importierten, vor der Einfuhr nach Deutschland hier noch nie registrierten Oldtimer zulassen wollte, gleich aus welchem Land, benötigte vom Kraftfahrt-Bundesamt in Flensburg (KBA) eine Bestätigung, dass das Fahrzeug bisher noch nicht erfasst war (unter anderem ist das eine Kontrolle darü-

Lassen wir den außer Landes, Herr Kollege...? Panhard-Levassor 1937 Modell 3,8 Liter Dynamic. Beim Kauf in Frankreich und Verbringung nach Deutschland fällt kein Zoll an, wohl aber Einfuhrumsatzsteuer

Kein TÜV, aber eine Scheinwerferkontrolle durch den Deutschen Automobil-Club 1933. Wer heute einen Oldie mit rotem 07-Kennzeichen fährt, muss nicht einmal dies durchziehen...

ber, ob im Zentralen Fahrzeugregister nicht eine Diebstahl- oder Verlustmeldung vorliegt). Selbst wenn der Wagen in Deutschland hergestellt (fabrikneu oder bereits einmal zugelassen) und zu einem früheren Zeitpunkt einmal exportiert wurde und jetzt wieder zurück kommt, ist dies in Flensburg registriert, und eine Bestätigung hierüber kann seitens der Zulassungsstelle eingefordert werden.

Inzwischen ist eine KBA-Auskunft aus Flensburg bei der erstmaligen Beantragung eines Fahrzeugbriefes jedoch nicht mehr zwingend vorgeschrieben (gemäß §23 StVZO Abs. 1, Satz 4), wenn auf Grund der vom Antragsteller vorgelegten Unterlagen davon auszugehen ist, dass das Fahrzeug im Zentralen Fahrzeugregister des KBA weder eingetragen ist noch dass es als gesucht gemeldet ist.

Dies ist beispielsweise dann gegeben, wenn ein importiertes Fahrzeug noch auf ausländische Kennzeichen zugelassen ist und die Besitzverhältnisse über einen Kaufvertrag klar nachweisbar sind.

Auch wenn ein Brief durch eine zurückliegende, endgültige Stilllegung verfallen sein sollte, die Besitzverhältnisse aber klar dazulegen sind, dürfte sich eine KBA-Anfrage erübrigen. Die Entscheidung darüber trifft jedoch die Zulassungsstelle.

Die Zulassungsprozedur

Bislang reichte es aus, bei einer Wiederzulassung oder Umschreibung den Fahrzeugbrief und die Abmeldebescheinigung oder den Fahrzeugschein vorzulegen. Aus diesen Dokumenten geht hervor, ob das Fahrzeug noch eine gültige Hauptuntersuchung (HU) besitzt.

Ab sofort müssen bei Zulassungen und Umschreibungen auch die HU- und die AU (falls notwendig)-Bescheinigungen vorgelegt werden (§ 27 StVZO, Abs. 1, Satz 3).

Zur Zulassung Ihres Oldtimers benötigen Sie also:

- den Fahrzeugbrief
- den Fahrzeugschein oder eine Abmeldebescheinigung

- eine Versicherungsbestätigung
- Ihren Personalausweis (ggf. Vollmacht, wenn die Anmeldung für einen anderen Halter erfolgt sowie dessen Ausweis)
- den HU-Prüfbericht
- den AU-Prüfbericht (falls das Fahrzeug AU-pflichtig ist)

Versicherungsbestätigung

Bei der Zulassung eines Kraftfahrzeuges ist der Nachweis über das Bestehen einer Haftpflichtversicherung obligatorisch. Die bisher üblichen Nachweise (auch Doppelkarten genannt) können weiterhin verwendet werden. Die neuen Bestätigungen erhalten jedoch nur noch Angaben, die für die Zulassungsbehörden und die Versicherer wichtig sind. Für die Fahrzeugbesitzer ändert sich kaum etwas – mit einer Ausnahme: Die neuen Versicherungsbestätigungen sind auch für (gelbe) Kurzzeitkennzeichen und für rote Kennzeichen (06- und 07-Kennzeichen) gültig, Bei der Beantragung eines roten 07-Kennzeichens bracht man also keine gesonderte Versicherungsbestätigung mehr.

Eine Aufstellung der Versicherungsgesellschaften, mit denen der DEUVET zusammenarbeit, finden Sie auf Seite 328 dieses Buches.

Vollabnahme bei Importfahrzeugen

Für die Abnahme nach §21 StVZO (Vollabnahme) für Fahrzeuge, die nach Deutschland eingeführt werden und nicht in allen Vorschriften der StVZO entsprechen, gelten Ausnahmen nach §70 StVZO. Über die Vorgehensweise bei der Abnahme solcher Fahrzeuge gibt es ein Merkblatt des Verkehrsministeriums, veröffentlicht u. a. im Verkehrsblatt Heft 23/98, Seite 1315 ff.

Strittig ist oft, wann die sogenannte »Etwa-Wirkung« als gegeben betrachtet werden darf. Dies ist generell möglich bei Verglasungen, Sicherheitsgurten und lichttechnischen Einrichtungen mit Ausnahme der Scheinwerfer. Nicht möglich sind Ausnahmen von umweltrelevanten Vorschriften.

Von anderen Vorschriften sind in der Regel Ausnahmen zu erteilen, wenn die Abweichungen von den Vorschriften sicherheitstechnisch unbedenklich sind und eine Umrüstung entsprechend der StVZO technisch nicht möglich oder unzumutbar ist. Hinsichtlich der Zumutbarkeit müssen die Umrüstkosten in einem vernünftigen Verhältnis zum Fahrzeugwert stehen. Bei Oldtimern ist auf Umrüstungen zu verzichten, die das historische Erscheinungsbild verändern, sofern keine Verkehrsgefährdung gegeben ist. Ausnahmen gelten auch bei Umzugsgut. Hier sind auch Ausnahmen von den Abgas- und Geräuschvorschriften möglich. Umzugsgut ist ein Fahrzeug dann, wenn der Antragsteller zukünftiger Halter des Fahrzeugs ist, welches vorher mindestens sechs volle Monate auf seinen Namen im Ausland zugelassen war.

Ausnahmen werden in der Regel bundesweit erteilt. Die für die Erteilung von Ausnahmen zuständigen Länderbehörden können in begründeten Einzelfällen auch weitergehende Auflagen und Bedingungen festlegen.

Für Scheinwerfer gilt: Es ist zwar nicht grundsätzlich unmöglich, andere Scheinwerfersysteme in Deutschland zugelassen zu bekommen, jedoch müssen diese zuvor eine Prüfung durch einen akkreditierten Technischen Dienst (TD-Lichttechnik) durchlaufen. Bei Fahrzeugen aus der Zeit nach 1954 stehen hierbei die Kosten dieser Prüfung jedoch in keinem Verhältnis zur Umrüstung durch genehmigungskonforme Scheinwerfereinsätze.

Die Besteuerung von Kraftfahrzeugen

Einen Oldtimer-Pkw als Lastwagen zulassen – warum das? Lastkraftwagen werden gemäß §9 Kraftfahrzeugsteuergesetz (KraftStG) als »andere« Fahrzeuge angesehen und nicht nach ihrem Hubraum, sondern nach dem Gewicht besteuert. Und das ist bei leichten Fahrzeugen wesentlich günstiger als die emissionsabhängige Pkw-Steuer. Zwar sind Lkw in der Versicherung teurer; wird ein Lkw jedoch von der Versicherung als Oldtimer eingestuft, ergeben sich zu den Steuervorteilen auch niedrige Versicherungsprämien.

Ein Golf der ersten Serie, mehr als drei Jahrzehnte alt. Auch für diese Autos gibt es Liebhaber, und vielleicht erreicht der erste VW-Frontriebler dereinst den gleichen Sammlerstatus wie sein Vorgänger mit Heckmotor.

Viele Personenwagen erleben aus diesem Grund eine Metamorphose hin zum Lkw.

Beispiel: Ein Chevrolet Pick-up mit 6,5-Liter-Dieselmotor wird als Lastwagen mit nur 269 Euro Kfz-Steuer im Jahr besteuert, als Pkw aber mit 1233 Euro. Es verwundert nicht, dass Finanzbeamte versuchen, Pick-ups als Pkw zu besteuern, obwohl sie vom Kraftfahrtbundesamt als Lastkraftwagen einstuft werden. Das Finanzgericht Nürnberg (Az. VI 174/96) hat in einem Urteil den Chevrolet Pick-up entgegen der Auffassung des Finanzamtes entsprechend der Einordnung des Kraftfahrtbundesamtes als Lastkraftwagen eingestuft und den Steuerbescheid über 1233 Euro aufgehoben.

Die Finanzämter handeln in eigener Regie

Gesetzlich sind die steuerrechtlichen Unterschiede zwischen Lkw und Pkw nicht festgelegt. Seitdem die Finanzbehörden durch ein Gerichtsurteil des Bundes-finanzhofs nicht mehr an Einstufungen der Zulassungsstellen gebunden sind, ist es für die Festsetzung der Steuer unerheblich, ob das Auto im Fahrzeugschein als Lkw oder als Pkw aufgeführt ist. Die Finanzämter haben ihre eigenen Kriterien, die sie den Urteilen des Bundesfinanzhofs entnehmen. In Deutschland gibt es insgesamt über 1,3 Millionen »kleine« Lkw unter 2,8 Tonnen zulässigem Gesamtgewicht.

Gesetzliche Regelung zur Zulassung

Gemäß §23 Abs. 6 a Straßenverkehrs-Zulassungs-Ordnung (StVZO) sind als Personenkraftwagen auch Kraftfahrzeuge mit einem zulässigen Gesamtgewicht von nicht mehr als 2,8 Tonnen zu bezeichnen, die nach ihrer Bauart und Einrichtung geeignet und bestimmt sind, wahlweise vorwiegend der Beförderung von Personen oder vorwiegend der Beförderung von Gütern zu dienen und die außer dem Führersitz Plätze für nicht mehr als acht Personen haben. An diese schematische Einordnung ist das Finanzamt jedoch nicht gebunden.

Kombiwagen: eine Frage des Gewichts

Fahrzeuge über 2,8 Tonnen zulässigem Gesamtgewicht, die nicht ausschließlich für den Personentransport geeignet sind, können als sogenannte Kombinationskraftwagen versteuert werden. Kombinationskraftwagen werden ebenfalls nach Gewicht (wie Lkw) besteuert.

Pkw oder Lkw?

Fraglich ist die steuerrechtliche Einstufung »kleinerer und leichterer« Autos (unter 2,8 Tonnen) wie Geländewagen, Pick-ups oder auch Kastenwagen. Es gibt mehrere Kriterien, die bei solchen Fahrzeugen zur Lkw-Einstufung führen können:

- Ladefläche deutlich mehr als 50 Prozent der Gesamtfläche
- Nutzlast mindestens 40 Prozent des zulässigen Gesamtgewichts
- Ladefläche und Fahrerzelle voneinander getrennt
- hinten weder Sitze noch Sicherheitsgurte, Anbringung von beidem auf Dauer unmöglich
- hinten keine Fenster
- eine eindeutig für die Personenbeförderung unzureichende Federung oder Motorisierung
- das Fehlen jeder Komfortausstattung

Konzeption des Herstellers

Wesentliches Gewicht wird bei Serienfahrzeugen der Konzeption des Herstellers beigemessen. Eine von der Herstellerkonzeption abweichende Fahrzeugart kann sich nur aufgrund von Umbauten ergeben, die auf Dauer angelegt sind und das äußere Erscheinungsbild des Fahrzeugs wesentlich verändern. Dabei kommt es für das äußere Erscheinungsbild nicht nur auf die Außengestalt des Fahrzeugs (Form der Karosserie, Zahl und Anordnung der Fenster), sondern auch auf von außen nicht erkennbare Merkmale wie das Fehlen von Befestigungspunkten für Sitze und Sicherheitsgurte im Fahrzeugfond an.

Zulassung als Oldtimer-Omnibus

Auch Oldtimer-Busse können auch eine Eintragung als Lkw im Fahrzeugbrief erhalten – was relevant bezüglich der neuen Führerscheinklassen ist. So sie denn eine Erhöhung der Höchstgeschwindigkeit auf 100 km/ eingetragen bekommen können, dürfen sie, werden sie als Lkw genutzt, auch auf Autobahnen lediglich mit 80 km/h gefahren werden.

Hinweis: das Finanzamt fragen!

Erkundigen Sie sich bei Ihrem Finanzamt nach den ausschlaggebenden Kriterien für die Einstufung als Lkw, bevor Sie ein Fahrzeug umbauen. Oder vereinbaren Sie einen Vorführtermin beziehungsweise schicken Sie eine Kopie des Fahrzeugscheins an das zuständige Finanzamt. Sollte ihr Fahrzeug trotz hinreichender Kriterien im Steuerbescheid als Pkw eingestuft werden, sollten Sie Einspruch gegen den Steuerbescheid einlegen und Ihre Argumente erneut vortragen, damit die Finanzbehörde ihre Entscheidung gegebenenfalls revidiert. Ansonsten bleibt Ihnen nur der Weg zu den Finanzgerichten.

Das H-Kennzeichen für Oldtimer

Der DEUVET hat ermöglicht, dass Oldtimer als Historische Fahrzeuge (Auto wie Motorrad) mit »H-Kennzeichen« zum pauschalen Steuersatz von 192 Euro pro Jahr zugelassen werden können. Am

4. Juli 1997 wurde im Bundesrat die 20. Verordnung zur Änderung straßenverkehrsrechtlicher Vorschriften verabschiedet. Sie trat zum 27. Juli 1997 in Kraft und war für Oldtimerbesitzer von großer Bedeutung.

Da der originale Text der Verordnung in seiner Gesamtheit für den Laien schwer überschaubar ist, hat der DEUVET die wichtigsten Passagen herausgezogen und erläutert.

Nach §21b der StVZO wurde ein §21c eingefügt: Für die Erstellung von Gutachten zur Erteilung einer Betriebserlaubnis als Oldtimer gelten §§ 20 und 21. Zusätzlich ist das Gutachten eines amtlich anerkannten Sachverständigen erforderlich. Dieses Gutachten muss mindestens folgende Angaben enthalten:

- die Feststellung, dass dem überprüften Fahrzeug ein Oldtimerkennzeichen nach §23 Abs. 1c zugeteilt werden kann,
- den Hersteller des Fahrzeuges einschließlich seiner Schlüsselnummer,
- die Fahrzeugidentifizierungsnummer (Fahrgestellnummer),
- das Jahr der Erstzulassung,
- das Datum der Eingangsuntersuchung,
- den Ort und das Datum des Gutachtens,
- die Unterschrift mit Stempel und Kenn-Nummer des amtlich anerkannten Sachverständigen.

Die Begutachtung ist nach einer im Verkehrsblatt nach Zustimmung der zuständigen obersten Landesbehörden bekannt gemachten Richtlinie durchzuführen und das Gutachten nach einem in der Richtlinie festgelegten Muster auszufertigen. Im Rahmen der Begutachtung ist auch eine Untersuchung im Umfang einer Hauptuntersuchung nach §29 durchzuführen, es sei denn, dass mit der Begutachtung gleichzeitig ein Gutachten nach §21erstellt wird.

Erläuterung:
Das Oldtimerkennzeichen wird nur auf Antrag zugeteilt. Dazu muss das Fahrzeug, für das ein Oldtimerkennzeichen beantragt wird, eine Eingangsuntersuchung durchlaufen. Diese wird von einem amtlich anerkannten Sachverständigen des TÜV (alte Bundesländer) oder der Dekra (neue Bundesländer) durchgeführt. Im Brief wird die neue Schlüsselnummer 98 eingetragen, das Fahrzeug gilt dann offiziell als Oldtimer und kann auch nur noch ein Oldtimer-Kennzeichen erhalten. Die Begutachtung enthält eine Hauptuntersuchung (das ist der allgemein bekannte »2-Jahres-TÜV«) oder kann im Rahmen einer »Vollabnahme« erstellt werden.

In den §23 wurde nach Absatz 1b folgender Absatz 1c eingefügt:

(1c) Auf Antrag wird für ein Fahrzeug, das vor 30 Jahren oder eher erstmals in den Verkehr gekommen ist und vornehmlich zur Pflege des kraftfahrzeugtechnischen Kulturgutes eingesetzt wird und gemäß §21c eine Betriebserlaubnis als Oldtimer erhalten hat, ein amtliches Kennzeichen nach Anlage Vc zugeteilt (Oldtimerkennzeichen).

Erläuterung: Die Eingangsuntersuchung kann nur an Fahrzeugen durchgeführt werden, die mindestens vor 30 Jahren erstmals in den Verkehr gekommen sind und die vornehmlich zur Pflege kraftfahrzeugtechnischen Kulturgutes dienen. Diese Untersuchung dient verständlicherweise zur Abgrenzung von einfach nur »alten« Fahrzeugen, die im normalen Alltagsverkehr oder gar zu gewerblichen Zwecken eingesetzt werden. Ist die Eingangsuntersuchung erfolgt, kann ein spezielles Oldtimerkennzeichen zugeteilt werden.

Ein Oldtimerfahrzeug zeichnet dadurch aus, dass es als historisches Sammlerstück in der Regel nur noch zur Pflege des kraftfahrzeugtechnischen Kulturgutes dient und nicht als übliches Beförderungsmittel eingesetzt wird.

In §60 wird nach Absatz 1c folgender Absatz 1d eingefügt:

Oldtimerkennzeichen (§23 Abs. 1c) müssen reflektierend sein und nach Maßgabe der Anlage Vc dem Normblatt DIN 74069, Ausgabe Juli 1996, entsprechen sowie der Vorderseite das DIN-Prüf- und Überwachungszeichen mit der zugehörigen Registernummer tragen.

Erläuterung: Oldtimerkennzeichen dürfen demnach nur als Euro-Kennzeichen (mit dem blauen Feld) ausgegeben werden. Dies ist bei allen neu eingeführten Kennzeichen üblich und auf europäischer Ebene abgesprochen.

In Anlage Vb wurden in Abschnitt 2.2 nach den Fußnoten folgende Sätze angefügt:

Bei dreistelligen Unterscheidungszeichen dürfen die Plaketten entsprechend unter dem Euro-Feld angebracht werden. Zur Herstellung eines kürzeren Kennzeichens kann bei ein- oder zweistelligen Unterscheidungszeichen ebenso verfahren werden.

Erläuterung: Entgegen der Meinung mancher Mitarbeiter der Zulassungsstellen ist es jetzt geregelt: Man kann die Plaketten(n) bei zweizeiligen Kennzeichen sowohl neben den/die Kreis-Kennbuchstaben als auch unter das blaue Euro-Feld setzen, je nachdem,

STEUERERSPARNIS DURCH H-KENNZEICHEN

BENZINMOTOR

	regulärer-Steuersatz	H-Kenn-zeichen	Steuer-ersparnis
800 ccm	EUR 203,-	EUR 192,–	EUR 11,-
1000 ccm	EUR 253,-	EUR 192,–	EUR 61,-
1200 ccm	EUR 304,-	EUR 192,–	EUR 112,-
1400 ccm	EUR 355,-	EUR 192,–	EUR 163,-
1600 ccm	EUR 406,-	EUR 192,–	EUR 214,-
1800 ccm	EUR 456,-	EUR 192,–	EUR 264,-
2000 ccm	EUR 507,-	EUR 192,–	EUR 315,-
2200 ccm	EUR 558,-	EUR 192,–	EUR 366,-
2400 ccm	EUR 607,-	EUR 192,–	EUR 417,-
2600 ccm	EUR 659,-	EUR 192,–	EUR 467,-
2800 ccm	EUR 710,-	EUR 192,–	EUR 518,-
3000 ccm	EUR 761,-	EUR 192,–	EUR 569,-
4000 ccm	EUR 1014,-	EUR 192,–	EUR 822,-

DIESELMOTOR

	regulärer-Steuersatz	H-Kenn-zeichen	Steuer ersparnis
2000 ccm	EUR 752,-	EUR 192,-	EUR 560,-
2500 ccm	EUR 939,-	EUR 192,-	EUR 747,-
2800 ccm	EUR 1052,-	EUR 192,-	EUR 860,-

was zur Erlangung eines möglichst schmalen Kennzeichens (wie es meist gewünscht wird) sinnvoll ist. Aus der Tabelle ergibt sich die Steuerersparnis, die bei Fahrzeugen von 800 ccm an zu Buche schlägt.

Erstzulassungsdatum bei H-Kennzeichen

Mit froher Erwartung blickt der Oldtimerbesitzer dem Datum entgegen, an welchem sein Fahrzeug das dreißigste Lebensjahr erreicht hat und er ein H-Kennzeichen beantragen kann. Unklarheit besteht oft, ob das Jahr oder der Tag der Erstzulassung ausschlaggebend sind oder das tatsächliche Alter, das aus Produktionslisten der Hersteller ersichtlich ist.

§21c StVZO Abs. 1 fordert bezüglich der Begutachtung eines Fahrzeugs für die Zuteilung H-Kennzeichen, dass das Jahr der Erstzulassung festgestellt wird. Demnach kann die Zulassungsbehörde vom Fahrzeugbesitzer nicht verlangen, dass das exakte Erstzulassungsdatum als ausschlaggebend anzusehen ist.

In dem Jahr, in dem das Erstzulassungsdatum eines Oldtimers 30 Jahre zurückliegt, kann also das H-Kennzeichen beantragt werden – und zwar vom 1. Januar des bereffenden Jahres an.

Auch in den Voraussetzungen des vom DEUVET in Zusammenarbeit mit dem TÜV verfassten Anforderungskatalog, der im August 2000 in die StVZO übernommen wurde, wird auf die bestehenden unterschiedlichen Sichtweisen hingewiesen.

So ist – egal ob Tag oder Jahr der Erstzulassung – es auch nicht von Belang, in welchem Land die Erstzulassung stattgefunden hat. Auch eine Erstzulassung in Asien oder in den USA ist ein geltendes Datum nach deutschem Recht – soweit diese Zulassung nachgewiesen werden kann. Hier können sich jedoch Schwierigkeiten ergeben. Vor allem bei Importen, die schon einige Jahre zurückliegen.

Die Originalpapiere werden von den Zulassungsbehörden beim Umschreiben in aller Regel einbehalten, Kopien existieren meist nicht mehr, und im ungünstigsten Falle wurde im Fahrzeugbrief auch noch das Datum des Imports (der ersten deutschen Zulassung) als Erstzulassungsdatum eingetragen.

In solchen Fällen gebietet es die Logik, dass diese Fahrzeuge schon zuvor in einem anderen Land erstmals zugelassen waren, und dies zeitnah zur Herstellung. Da sich bei den meisten Nachkriegsfahrzeugen anhand bekannter Daten (Markenclubs, historische Abteilungen der Hersteller) das Herstellungsdatum ermitteln lässt (bei der Ermittlung von Herstellungsdaten kann der DEUVET in den meisten Fällen helfen), bietet es sich hier an, den 1. Juli des Herstellungsjahres als Tag der Erstzulassung im Fahrzeugbrief einzutragen, um das Erteilen eines H-Kennzeichens ab Januar dieses Jahres zu ermöglichen. Problematisch wird es nur bei Fahrzeugen, die nach der Produktion nachweislich nicht sofort zugelassen wurden und möglicherweise erst Jahre später in den Verkehr kamen. Hier zählt das Erstzulassungsjahr entsprechend dem Erstzulassungsdatum im Fahrzeugbrief, wenn eine frühere Zulassung nicht nachgewiesen werden kann.

Rechtlich besteht indessen kein Anspruch darauf, das Erstzulassungsjahr auf das Herstellungsjahr zurückzuverlegen, was bei aktuellen Fahrzeugen hinsichtlich der sich wandelnden Abgasbestimmungen auch sinnvoll ist.

Nach DEUVET-Empfehlung sollte man sich seitens der Zulassungsbehörden gerade bei alten Fahrzeugen eher an den nachweislichen Herstellungsdaten orientieren als an Erstzulassungsdaten, die oft genug durch ein Versehen (z.B. Importdaten statt Zulassungsdaten) falsch eingetragen wurden. Die Zulassungsbehörden können einen belegten Herstellungsnachweis akzeptieren.

Rotes 07-Kennzeichen

Wie bereits ausgeführt, werden rote Kennzeichen (Nummernkreise 07) auf Antrag für Fahrzeuge abgegeben, die 30 Jahre oder älter sind. Nur: Wer ein solches Kennzeichen an seinem Fahrzeug führt, muss gewisse Regeln beachten und darf nicht nach Belieben damit in der Weltgeschichte umher fahren.

Das rote Oldtimer-Kennzeichen ist für Fahrzeuge gedacht, mit denen man an bestimmten Veranstaltungen teilnimmt, die der »Pflege des kraftfahrzeugtechnischen Kulturgutes dienen« – so steht es in der 49. Ausnahmeverordnung der StVZO. Prüfungs- und Überführungsfahrten gelten als eingeschlossen. Vor allem: Für ein und dasselbe Dauerkennzeichen kann man auch mehrere Fahrzeuge eintragen lassen. Eine Art Oldtimrr-Wechselnummer war da! Alle Fahrten sind aber in einem Fahrtenbuch zu vermerken, das auf »zuständigen Personen« vorzulegen ist.

Der Gesetzgeber schreibt nicht vor, dass Oldtimer mit rotem 07-Kennzeichen zum TÜV müssen, weder bei der Zuteilung des Kennzeichens noch zu anderen Zeitpunkten.

07-Kennzeichen ohne Nachweis der Verkehrssicherheit

Hierüber hatte zu Anfang nicht eindeutig Klarheit bestanden. Doch für die sorgte ein Präzedenzfall: Oldtimer müssen nach Aussage des Verwaltungsgerichts Minden auch ohne Nachweis der Verkehrssicherheit ein rotes Überführungskennzeichen bekommen können. Nach geltendem Recht wird nämlich kein entsprechendes Gutachten bei der Beantragung eines roten 07-Kennzeichens entsprechend der 49. Ausnahmeverordnung zur StVZO verlangt. Geklagt hatte im Einvernehmen mit dem DEUVET ein Clubmitglied des 1. Internationalen VW-K70-Clubs und Besitzer eines VW Käfers von 1963, der für das Fahrzeug ein rotes 07-Kennzeichen beantragt hatte. Die Kreisbehörden von Paderborn hatten die Aushändigung eines 07-Kennzeichens mit der Begründung abgelehnt, es gäbe keinen Nachweis über die Verkehrssicherheit des Autos. In der veröffentlichten Entscheidung gab das Gericht dem Autobesitzer jedoch Recht (VG Minden AZ. 3 K 2213/01).

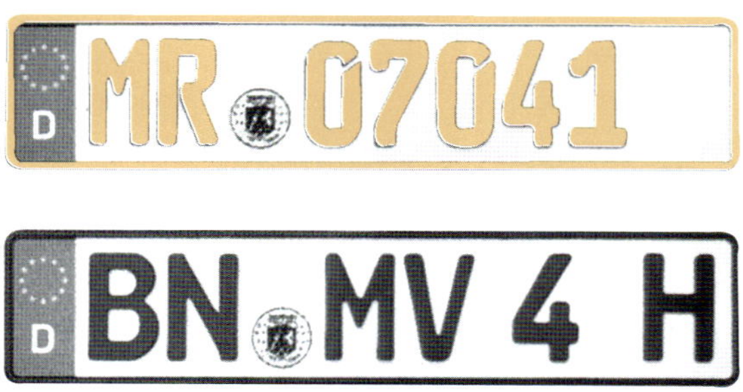

Rotes Oldtimer-Kennzeichen oder schwarze H-Nummer? Sie haben beide ihre spezifischen Vorteile, die es abzuwägen gilt. Ein Mindestalter von 30 Jahren muss das Fahrzeug ab 2007 im ersten Fall haben, 30 müssen es beim Antrag auf ein H-Kennzeichen ebenfalls sein.

Die Kreisverwaltung berief sich auf einen Erlass des nordrhein-westfälischen Verkehrsministers aus dem Jahr 1994, wonach der Nachweis der Verkehrssicherheit zwingend vorgeschrieben sei. Nach Auffassung des Gerichts verstößt dieser Erlass aber gegen die Straßenverkehrszulassungsordnung; dort werde eine technische Überprüfung von Oldtimern auf ihre Verkehrstauglichkeit *nicht* gefordert. Der Gesetzgeber sei davon ausgegangen, dass Oldtimer mit besonderer Sorgfalt gewartet und gepflegt würden und die wichtigsten heutigen Standards der Verkehrssicherheit gegeben seien, so argumentierten die Richter. Das Urteil erlangte im Oktober des Jahres 2002 Rechtskraft.

Der DEUVET betrachtete diese Entscheidung als einen wichtigen Schritt insoweit, als daraus erhellt, dass sich Erlasse am Gesetz orientieren müssen. Bislang brachte nahezu jedes Bundesland eine eigene Auslegung der 49. Ausnahmeverordnung der StVZO in einem Erlass heraus, was leider unterschiedliche Antragsverfahren zur Folge hatte.

Das Urteil befreit Oldtimerbesitzer natürlich nicht von der Pflicht, nur ein verkehrssicheres Fahrzeug auf die Straße zu bringen, denn dieser Punkt ist ebenfalls in der StVZO geregelt. Ferner darf eine Straßenverkehrsbehörde auch weiterhin den Nachweis der Verkehrssicherheit einfordern, wenn begründeter Verdacht besteht, dass diese nicht gegeben ist. Der DEUVET empfiehlt daher eine regelmäßige Überprüfung der Fahrzeuge durch eine anerkannte Prüforganisation.

Auch Auslandsfahrten sind möglich

Die H-Nummer kann man für 30 Jahre und ältere Fahrzeuge beantragen; für das rote Oldtimer-Kennzeichen gild ab 2007 ebenfalls ein Mindestalter von 30 Jahren. Grundsätzlich hat das Bundesverkehrsministerium dem DEUVET bestätigt, dass – vorausgesetzt, das Fahrzeug ist ordnungsgemäß für Auslandsfahrten versichert (grüner Versicherungsschein) – seitens des Ministeriums keine Bedenken bestehen, mit roten 07-Kennzeichen auch ins Ausland zu fahren. Bedingung ist jedoch, dass die Eintragung der Fahrzeugdaten im roten Fahrzeugschein und insbesondere im roten Fahrzeugscheinheft für jedes Fahrzeug einzeln abgesiegelt (gestempelt) sind. Damit entsprechen die roten Kennzeichen der Wiener Konvention vom 8.11.1968.

Österreich, Italien, Schweiz und Niederlande erkennen rote Kennzeichen dank bilateraler Absprachen problemlos an. Keine Fälle der Ablehnung bekannt sind zumindest aus Luxemburg, England und Spanien. Die skandinavischen Länder haben sich der Anerkennung durch Dänemark angeschlossen. Vereinzelt wurde jedoch von Schwierigkeiten bei Belgien- und Frankreichfahrten berichtet (siehe untenstehende Liste).

Grundsätzlich gilt:

- Das Fahrzeug muss verkehrssicher sein;
- es darf sich nicht um eine Urlaubsfahrt handeln, sondern um die Anfahrt zu einer Teilnahme an einer Oldtimerveranstaltung (daher sollte man die Ausschreibung oder Einladung mitführen);
- die Fahrzeugdaten im roten Schein oder im roten Heft müssen von der Zulassungsstelle abgestempelt sein (»gesiegelt«);
- die Versicherung muss informiert sein (ggf. Angabe des Reiseziels), und es muss ein grüner Versicherungsschein mitgeführt werden.

Info-Blätter (je Sprache ein Blatt DIN A 4) hält der DEUVET in Englisch, Französisch, Italienisch, Spanisch, Dänisch, Polnisch, Tschechisch, Türkisch, Griechisch und Niederländisch bereit, die Mitglieder gegen Einsendung eines frankierten Rückumschlages erhalten können.

Klebekennzeichen

Durch die Einführung des Euro-Kennzeichens verschärfte sich die Situation für die Besitzer von Sport-

Mit dem roten 07-Kennzeichen unterwegs

Nicht nur in der Bundesrepublik Deutschland ist das rote 07-Kennzeichen gültig. Aufgrund Internationaler Abkommen mit verschiedenen Staaten dürfen Kraftfahrzeuge mit rotem 07-Kennzeichen auch ins Ausland einreisen, denn das rote 07-Kennzeichen gilt wie jedes andere deutsche Kennzeichen auch in den folgend aufgeführten Vertragsstaaten:

Andorra	Guyana	Mazedonien	Seychellen
Bahrain	Iran	Monaco	Simbabwe
Belarus (Weißrussland)	Irland	Niederlande	Slowakei
Belgien	Israel	Niger	Slowenien
Bosnien-Herzegowina	Italien	Norwegen	Spanien
Brasilien	Kasachstan	Österreich	Südafrika
Bulgarien	Kongo	Pakistan	Tadschikistan
Elfenbeinküste	Kroatien	Philippinen	Turkmenistan
Dänemark	Kuba	Polen	Ukraine
Estland	Kuwait	Portugal	Ungarn
Finnland	Lettland	Rumänien	Uruguay
Frankreich	Liechtenstein	San Marino	Usbekistan
Georgien	Litauen	Schweden	
Griechenland	Luxemburg	Schweiz	
Großbritannien	Marokko	Senegal	

Nur wird zwar kaum ein Oldtimerbesitzer aus Deutschland eine Probefahrt im fernen Tadschikistan oder Brasilien absolvieren oder an einer Rallye auf den Philippinen teilnehmen, doch der Vollständigkeit halber sind sämtliche Staaten aufgeführt, mit denen es eine gegenseitige Anerkennung der Kraftfahrzeug-Kennzeichen (auch Überführungs-Kennzeichen) gibt.

Es ist indessen nicht auszuschließen, dass gelegentlich Probleme vor Ort auftreten, die sich eventuell seitens der Ordnungskräfte in den einzelnen Staaten durch Unkenntnis der Rechtslage ergeben. Es empfiehlt sich daher, bei Touren ins Ausland ein Info-Blatt (siehe oben) mitzuführen, das der DEUVET in einer Reihe von Landessprachen zur Verfügung stellt.

wagen, bei denen es schon immer Probleme bei der Anbringung eines vorderen Kennzeichens gab, etwa beim Jaguar E-Type. Die neuen Normen schreiben nämlich vor, dass die Kennzeichen dem Normblatt DIN 74 069 zu entsprechen haben, sie also entweder aus Aluminium, Stahl oder PVC (1,25 mm stark) angefertigt sein müssen. Etwaige bisher verwendete Folienkennzeichen entsprechen diesen Anforderungen nicht. Deswegen ist es nicht mehr möglich, dass sie »einfach so« bei der Zulassungsstelle abgestempelt werden.

Die Straßenverkehrszulassungsordnung lässt E-Type-Besitzer aber dennoch nicht im Regen stehen: Die Erläuterung 8 zu §60 StVZO besagt nämlich, dass Klebekennzeichen dann verwendet werden dürfen, wenn von der zuständigen Verwaltungsbehörde aufgrund §70 StVZO eine Ausnahme genehmigt wird. Dies kann die Zulassungsbehörde des Landkreises selbst entscheiden; meist wird jedoch das zuständige Regierungspräsidium die Entscheidung fällen. In der Erläuterung wird darauf hin gewiesen, dass »strenge Maßstäbe« anzulegen sind...

Galt das Klebekennzeichen bei vielen Sportwagen bislang als ein gerne genutztes Statussymbol, so war es technisch aber häufig nicht notwendig. Anders beim bereits erwähnten Jaguar E-Type: Vor der Kühleröffnung kann das Kennzeichen aus verständlichen Gründen nicht angebracht werden – der Motor ist thermisch nicht auf den heutigen Verkehr ausgelegt. Vermindert man die Luftzufuhr auch nur wenig, überhitzt die Maschine. Unter der Kühleröffnung kann das Kennzeichen aber auch nicht angebracht werden. Nicht nur, weil es mit §60 Abs. 2 kollidieren könnte, der besagt, dass es mit seiner Unterkante mindestens 200 mm über dem Boden angebracht werden muss, sondern weil die Motorhaube des Jaguar aus der gesamten Fahrzeugfront besteht, die insgesamt nach vorne hochgeklappt wird. Das funktioniert nicht, wenn sich ein Kennzeichen unterhalb des Lufteinlasses befindet.

Beim Jaguar E-Type darf es daher schon aus diesen Gründen kein Problem sein, eine Ausnahmegenehmigung zu erhalten. Um dies zu untermauern, ist ein Gutachten eines Sachverständigen, beispielsweise des TÜV, hilfreich.

Denn was bei vorderen Kennzeichen außerdem beachtet werden muss, erfüllt der Jaguar durchaus: Das Kennzeichen muss beidseitig in einem Winkelbereich von 30 Grad zur Fahrzeuglängsachse lesbar sein. Und die Neigung des Kennzeichens spielt vorne keine Rolle, so lange die Lesbarkeit gegeben ist.
Interessant ist in diesem Zusammenhang die Erläuterung 3 zu §60 StVZO: Sind die oben erwähnten Vorschriften zur DIN 74 069 gegeben und entspricht das Kennzeichen in Größe und Beschriftungen der Anlage V, spricht nichts gegen das Ankleben auf der Haube. Mit anderen Worten: Ein flexibles Aluminium- oder PVC-Kennzeichen kann ganz legal auf die Haube geklebt werden. Entsprechendes doppelseitiges Klebeband für stark belastetem Einsatz an Fahrzeugen gibt es im Fachhandel zu kaufen.

Erhalt alter Kennzeichen

Nur für regulär zugelassene Fahrzeuge (also nicht für Fahrzeuge mit Saison- oder Oldtimerkennzeichen) bleiben schon vor dem Stichtag 1. November 2000 ausgegebene Kennzeichenschilder ohne das blaue Euro-Feld gültig.

Dies gilt auch, wenn das Fahrzeug vorübergehend abgemeldet wird und sich das Kennzeichen nicht ändert. Der Gesetzestext sagt:

> »§ 60 Abs. 1 Satz 5 erster Halbsatz (Form, Größe und Ausgestaltung einschließlich Beschriftung der Euro-Kennzeichen) ist spätestens ab dem 1. November 2000 auf Kraftfahrzeuge und Anhänger anzuwenden, die von diesem Tag ab erstmals in den Verkehr kommen oder aus anderem Anlass mit einem neuen Kennzeichen ausgerüstet werden. Kennzeichen, die vor dem 1. November 2000 zugeteilt worden sind und in Form, Größe und Ausgestaltung § 60 Abs. 1 Satz 5 erster Halbsatz und Anlage V in der vor diesem Termin geltenden Fassung entsprechen, gelten weiter.« (§ 72 StVZO).

Begründung hierzu (Bundesrats-Drucksache 184/00):

> »...es wird klarstellend geregelt, dass sich die obligatorische Zuteilung von Euro-Kennzeichen nur auf Erstzulassungen und auf die Ausrüstung mit neuen Kennzeichen aus anderem Anlass bezieht. Es besteht keine Verpflichtung zur Umkennzeichnung vorhandener Kennzeichen. In den Fällen, in denen kein neues Kennzeichen angebracht werden muss, besteht somit keine Pflicht zur Umrüstung... Das bedeutet, dass bei Wiederzulassung eines vorübergehend stillgelegten Fahrzeugs mit einem entstempelten Kennzeichenschild gemäß Anlage V dieses Fahrzeug durch Abstempelung wieder zum Verkehr zugelassen werden kann.«

Somit besteht keine Ermächtigungsgrundlage, auf Grund der vorübergehenden Stilllegung eine Fahrzeuges eine Neuanfertigung und Anbringung von Euro-Kennzeichen zu fordern.

Neuanfertigungen und damit eine Umstellung auf Euro-Kennzeichen ist unumgänglich bei

- Umschreibung aus einem anderen Kreis
- Beschädigung oder schlechter Lesbarkeit der Kennzeichen
- Zulassung nach endgültiger Stilllegung (mehr als 18 Monate)
- Umkennzeichnung auf Saison- oder H-Kennzeichen

Sollte in der Vergangenheit unrechtmäßig eine Umstellung auf Euro-Kennzeichen gefordert worden sein, so kann man die in diesem Zusammenhang entstandenen Kosten von der Straßenverkehrsbehörde zurückverlangen.

Ebenso können natürlich noch gültige Kennzeichen mit alten Kreisbuchstaben von »ausgestorbenen Landkreisen« beibehalten werden. Diese Kennzeichen verlieren auch bei einer vorübergehenden Stillegung ihre Gültigkeit nicht.

Probefahrten mit roter Nummer

An Fahrzeugen, denen gemäß §23 Abs. 1b ein Saisonkennzeichen zugeteilt ist, dürfen für Probe-, Prüfungs- und Überführungsfahrten rote Kennzeichen angebracht werden, wenn diese Fahrten außerhalb des Zulassungszeitraums erfolgen sollen. Die angebrachten Saisonkennzeichen müssen vollständig abgedeckt sein. So sagt es ein Vorordnungstext.

Haben Sie ein Fahrzeug mit einem Saisonkennzeichen zugelassen, so dürfen Sie dieses Fahrzeug außerhalb des Zulassungszeitraumes mit roten Kennzeichen fahren, wenn Sie damit Probe-, Überführungs- und Prüfungsfahrten durchführen. Das Saisonkennzeichen darf dann nicht mehr sichtbar sein.

Was ist an meinem Fahrzeug erlaubt, was nicht?

Wie vorstehend bereits ausgeführt, ist für die Anwendung der StVZO in Bezug auf Oldtimer der Tag der Erstzulassung (EZ) maßgebend. Er ist relevant als Stichtag für die Beantragung eines roten 07-Kennzeichens (Mindestalter des Fahrzeugs 20 Jahre) oder eines H-Kennzeichens (30 Jahre).

Aber auch die Verwendung von Fahrzeugteilen ist meist an ein Datum geknüpft. Die für Oldtimer-Besitzer wichtigen Übergangsvorschriften und deren Stichtagsdaten enthält die Tabelle auf Seite 291.

Sicherheitsgurte im Oldtimer

Es gibt eine große Zahl von Fragen im Zusammenhang mit dem Betrieb eines Oldtimerfahrzeugs, mit denen der DEUVET sich außerdem beschäftigt: Kindersitze im Oldie, Maut für historische Lastwagen auf deutschen Autobahnen, Wertgutachten bei Versicherungsfragen – und dann wäre da zum Beispiel auch die Frage nach der Gurtpflicht. Hierzu folgende Angaben: Nach der Straßenverkehrszulassungsordnung (StVZO) besteht eine grundsätzliche Ausrüstungspflicht für

- Gurte vorne: bei Pkw ab Erstzulassung 01. 04. 70
- Gurte hinten: bei Pkw serienmäßig spätestens ab Erstzulassung 01. 05. 79
- Kopfstützen vorne: ab Erstzulassung 01.01.99

Grundsätzlich gilt: Wenn Gurte vorhanden sind, müssen sie angelegt werden, auch bei Fahrzeugen, die mit Gurten ausgestattet bereits vor den genannten Stichtagen in den Verkehr kamen oder nachgerüstet wurden.

In Pkw und Lkw unter 2,8 t zulässigem Gesamtgewicht, die vor dem 01.04.1970 erstmals in den Verkehr gekommen sind, müssen keine Sicherheitsgurte vorhanden sein. Wenn sie zwischen dem 01.04.1970 und 31.12.1973 erstmals in den Verkehr kamen, benötigen sie nur dann Sicherheitsgurte, wenn sie mit Gurtbefestigungspunkten für die vorderen Außensitze ausgerüstet waren. Mittelsitze unterliegen nicht der Ausrüstpflicht.

Für Pkw und Lkw unter 2,8 t mit Erstzulassung ab 01.01.1974 besteht Ausrüstpflicht mit 3-Punkt-Sicherheitsgurten auf den vorderen Außensitzen. Die restlichen Sitzplätze müssen zumindest Befestigungspunkte für 2-Punkt-Gurte haben. Bei Fahrzeugen mit offenen Aufbau (z. B. Cabriolets) genügen 2-Punkt-Gurte.

Ab 01.01.1976 besteht die Anschnallpflicht für Fahrer und Beifahrer auf den Vordersitzen für alle seit dem 01.04.1970 zugelassenen Pkw, sofern hierfür Gurte vorgeschrieben bzw. eingebaut sind. Der 01.01.1978 war der späteste Nachrüstungstermin für Gurte vorne außen in Pkw und Lkw unter 2,8 t, die ab 01.04.1970 erstmals in den Verkehr gekommen und mit Verankerungen zur Aufnahme von Sicherheitsgurten ausgerüstet sind. Falls keine Verankerungen vorhanden waren, wurde eine Ausnahmegenehmigung erteilt.

Gurtverankerungen vorne waren ab Erstzulassung 01.01.74 vorgeschrieben, wurden von vielen Fahrzeugherstellern aber schon früher eingebaut. Diese sind also meist – abhängig vom Fahrzeugtyp – vorhanden.

Mit dem 01.05.1979 begann für die Industrie die Ausrüstungspflicht mit Sicherheitsgurten für alle von diesem Tag an erstmals in den Verkehr gekommenen Fahrzeuge, und zwar auf allen Sitzen, jetzt also auch auf den Rücksitzen. Für die vorderen Außensitze sind 3-Punkt-Gurte vorgeschrieben, für die übrigen Sitze mindestens Beckengurte. Grundsätzlich besteht keine Nachrüstpflicht für Sicherheitsgurte auf den Rücksitzen bei älteren Fahrzeugen. Vom 01.08.1984 an besteht die Gurtanlegepflicht auch auf den Rücksitzen für Fahrzeuge, die ab 01.05.1979 erstmalig in den Verkehr gekommen sind. Die Beförderung von Kindern unter 12 Jahren auf dem Beifahrersitz ist zulässig, auch wenn die Rücksitze nicht von Kindern besetzt sind. Voraussetzung: Benutzung eines nach ECE R 44 amtlich genehmigten Kinderrückhaltesystems.

WICHTIGE ÜBERGANGSVORSCHRIFTEN FÜR OLDTIMERBESITZER

Lage des Tanks beliebig	(§45)	nur bei EZ vor 1.4.1952
Glühlampen ohne Prüfzeichen	(§22a)	nur bei EZ vor 1.10.1974
PKW ohne Sicherheitsgurte vorn	(§35a)	nur bei EZ vor 1.4.1970
PKW ohne Sicherheitsgurte hinten	(35a)	nur bei EZ vor 1.5.1979
Dreipunktgurte hinten	(§35a)	ab EZ 1.1.1988
Nichtselbständige Verriegelung von Fahrer- und Beifahrersitz		nur bei EZ vor 1.7.1961
Fz. ohne feste Diebstahlsicherung	(38a)	nur bei EZ vor 1.7.1962
Fz. ohne Abschleppöse	(§43)	nur bei EZ vor 1.10.1974
Fehlende Prüfzeichen an Fahrzeugteilen		nur bei EZ vor 1.1.1954
Betriebserlaubnis für Motorrad-Beiwagen		nur vom 1.1.1954 bis 1.1.1990
Innenraumheizung von geschl. PKW	(§35c)	ab EZ 1.1.1956
Hinten angeschlagene Türen	(§35e	nur bei EZ vor 1.7.1963
Fahrzeuge. über 400kg ohne Rückwärtsgang	(§39)	nur bei EZ vor 1.7.1961
Bauartgenehmigtes Sicherheitsglas	(§22a)	Pflicht ab EZ 1.4.1957
(Sicherheitsglas ist aber grundsätzlich Pflicht!)		
Anhängerkupplung ohne Prüfzeichen		nur bei EZ vor 1.1.1954
Befreiung von der Abgasuntersuchung (AU)	(§47a)	nur bei EZ vor 1.7.1969
Befreiung von der AU (Dieselmotoren)	(§47a)	nur bei EZ vor 1.7.1977
Generell befreit von der AU sind Fahrzeuge mit einem zul. Gesamtgewicht unter 400 kg sowie Zugmaschinen aus der Land- und Forstwirtschaft.		
Fz. ohne Rückfahrscheinwerfer	(§52a)	nur bei EZ vor 1.1.1987
Bremsleuchte an Krafträdern	(§53)	Pflicht ab EZ 1.1.1988
Nur eine Bremsleuchte an Kfz.	(§53)	nur bei EZ vor 1.7.1961
Einkammer-Schlussleuchten	(§53)	nur bei EZ vor 1.1.1983
Doppelfunktion Blinker/Bremslicht	(§53)	nur bei EZ vor 1.1.1983
Bremslicht gelb	(§53	nur bei EZ vor 1.1.1983
Blinker an Krafträdern	(§54)	Pflicht ab 1.1.1962
Winker mit gelbem Blinklicht	(§54)	nur bei EZ vor 1.4.1974
Gelbe Pendelwinker	(§54)	nur bei EZ vor 1.4.1974
Blinker hinten rot	(§54)	nur bei EZ vor 1.1.1970
Winker/Blinker ohne Bauartgenehmigung	(§22a)	nur bei EZ vor 1.4.1957
Spiegel nur links bei Krafträdern	(§56)	nur bei EZ vor 1.1.1990
Fahrgestellnummerposition vorne rechts	(§59)	ab EZ 1.10.1969
Fahrgestellnummer auf eigenem Schild	(§59	nur bei EZ vor 1.10.1969
Leichtkraftradkennz. an Motorrädern	(§60)	nur bei EZ vor 1.7.1958
(bei H-Kennzeichen bei EZ vor 1.1.1959 - §21c)		
Warnblinkanlage:	generelle Nachrüstpflicht, eingeführt am 1.1.1970, bei EZ vor 1.4.1970 ggf. Ausnahme von der Blinkerfarbe hinten (rot statt gelb)	
Erste-Hilfe-Material	(§35h)	muss mitgeführt werden
Warndreieck	(§53a)	muss mitgeführt werden

Ausrüstungsvorschriften regelt der §35a StVZO, die Anschnallpflicht der §21a der StVO).

Zoll bei Auslandsreparaturen

Es wird als »Geheimtipp« betrachtet, dass eine Oldtimerrestaurierung oder auch nur Reparatur in den östlichen Nachbarländern (Slowenien, Kroatien, Tschechien, Polen, Ungarn) besonders preisgünstig sei. Es wird auch behauptet, dort beherrsche man noch die »alten Techniken« besser als in westlichen Ländeern. Darüber kann man geteilter Meinung sein – zu beachten aber ist, dass auf jede Reparatur, die in Nicht-EU-Ländern durchgeführt wird, bei der Einreise in die Bundesrepublik Zoll und Mehrwertsteuer entrichtet werden muss.

Auf die Reparaturrechnung fallen zunächst einmal grundsätzlich 10% Zoll an. Sowohl auf die Reparaturrechnung als auch auf den Zollbetrag sind dann 16% Mehrwertsteuer zu entrichten.

Beläuft sich also eine Reparaturrechnung auf 1000 Euro, so sind 100 Euro Zoll zu entrichten und auf diese Summe 176 Euro Mehrwertsteuer. Insgesamt kostet den Oldtimerbesitzer die Reparatur, bis er wieder zu Hause ist, 1276 Euro – und dabei sind noch nicht die Fahrt- und eventuellen Übernachtungskosten berücksichtigt.

Noch teurer kann es werden, wenn man »vergisst«, die Reparatur bei der Einreise nach Deutschland beim Zoll anzumelden oder gar erst auf misstrauisches Nachfragen der Grenzbeamten mit der Rechnung rausrückt: Der Zoll ist nämlich berechtigt, sich bei den fälligen Abgaben nicht nach der Reparaturrechnung zu orientieren, sondern nach dem Zeitwert des Fahrzeuges – und den zu ermitteln behält sich die Behörde nach eigenem Ermessen vor. Ein Rechtsstreit zu diesem Punkt kann äußerst zeitaufwändig und kostenintensiv sein...

Nicht nur unter diesen Gesichtspunkten sollte eine Reparatur außerhalb der EU gut kalkuliert und abgewogen werden.

Abstellen von abgemeldeten Oldtimern

Das Abstellen eines abgemeldeten Oldtimers wird immer wieder lebhaft diskutiert. Ein Verstoß gegen das Abfallgesetz (§§1 I, 4 I 1, 18 I Nr. 1 AbfG bzw. §326 I Nr. 4 a StGB) setzt voraus, dass von den abgestellten Fahrzeugen eine konkrete Gefahr für die Umwelt aus-

Fundsachen. Irgendwo in Frankreich... Ein Abstellen solcher Fahrzeuge im Garten zöge bei uns sicher Probleme mit der Umweltschutzbehörde nach sich. Auf ihre Reinkarnation wartende Oldtimer gehören besser in eine Garage.

geht. Dies bedeutet, dass allein der schlechte Zustand der Karosserie nicht zur reinen Annahme einer Umweltgefährdung führen darf. Vielmehr muss der konkrete Zustand der Flüssigkeitsbehälter und/oder -leitungen die Gefahr des Auslaufens von Flüssigkeiten nahe legen (BayObLG, 27.101994 - 3 ObOWi 91/94). Allein eine Vermutung reicht also nicht, es muss schon eine konkret begründbare Befürchtung vorliegen.

Will also eine Behörde gegen abgemeldete, abgestellte Fahrzeuge vorgehen, muss sie den Zustand der Flüssigkeitsbehälter und -leitungen untersuchen. Sie muss auch berücksichtigen, ob andere Vorkehrungen zum Schutze des Bodens getroffen wurden (z. B. säurefeste Planen oder Auffangwannen auf dem Boden). Ein massiver Betonboden ist in der Regel ausreichend. Aus dem Umstand, dass der wirtschaftliche Aufwand zur Widerherstellung eines Fahrzeuges dessen anschließenden Wert übersteigt, kann die Behörde nicht den Schluss ziehen, das es sich um Abfall im Sinne des Kreislaufwirtschafts- und Abfallgesetzes handelt (OLG Celle 24.1.1997 - 3 Ss 8/97)

Gültigkeit des Fahrzeugbriefs

Die Gültigkeit des Fahrzeugbriefs eines abgemeldeten Kraftfahrzeugs erlischt im Regelfall nach 18 Monaten, vom Zeitpunkt des Abmeldetages an gerechnet. Das bedeutet, dass bei der Wiederinbetriebnahme ein neues Vollgutachten notwendig wird – mit den entsprechenden Kosten. Für Oldtimer hat der DEUVET beim Bundesministerium für Verkehr erreichen können, diese Frist auf volle sieben Jahre auszudehnen. Das bedeutet, dass langwierige Restaurierungsprojekte, die sich bekanntlich auch länger als anderthalb Jahre hinziehen können, ohne eine erneute Vollabnahme des Fahrzeugs bei dessen Wiederzulassung in Angriff genommen werden können. Bei der Abmeldung muss der Oldtimerstatus jedoch bereits gegeben sein – die sieben Jahre sind nicht als eine Phase der Anwartschaft auf einen künftigen Oldtimerstatus zu verstehen.

Dennoch gibt der DEUVET die Empfehlung, es nicht erst zu solchen Situationen kommen zu lassen und abgemeldete Fahrzeuge eindeutig und vor allem nicht im Freien abzustellen.

Altautoverordnung: Kein Nachweis über den Verbleib nötig

Nicht zuletzt auf das Betreiben des DEUVET und auf das Betreiben der FIVA auf europäischer Ebene hin wurde der so genannte Verbleibsnachweis aus der StVZO gestrichen. Dies wurde in der Neufassung des §27a StVZO umgesetzt. Somit unterliegen Oldtimerfahrzeuge nur noch dann der Altautoverordnung, wenn sie vom Besitzer als Abfall erklärt werden.
Der §27a StVZO besagt: Ist ein Fahrzeug der Klasse M oder N (PKW, PKW-Kombi und Lieferwagen bis 3,5 Tonnen) ...

1. einem anerkannten Demontagebetrieb zur Verwertung überlassen worden, hat der Halter oder Eigentümer dieses Fahrzeug unter Vorlage eines Verwertungsnachweises nach Muster 12 bei der Zulassungsbehörde endgültig aus dem Verkehr ziehen zu lassen.

2. nicht als Abfall zu entsorgen oder verbleibt es zum Zwecke der Entsorgung im Ausland, hat der Halter oder Eigentümer des Fahrzeuges dies gegenüber der Zulassungsstelle zu erklären und das Fahrzeug endgültig aus dem Verkehr ziehen zu lassen.

Diese Pflichten gelten bei der endgültigen Zurückziehung aus dem Verkehr auf Antrag.

Wenn ein Fahrzeug also verschrottet werden soll, muss es auch bei der Zulassungsstelle endgültig abgemeldet werden. Einen Verbleibsnachweis gibt es nicht mehr. Wenn aber der Halter das Fahrzeug endgültig stilllegen, aber nicht verschrotten will, muss er der Zulassungsstelle angeben, dass er das Fahrzeug nicht als Abfall entsorgen wird. Bei einer vorübergehenden Abmeldung, bei welcher der Brief noch 18 Monate gültig bleibt, muss er dies nicht.

Das entbindet aber nicht von der Pflicht, alte und nicht in Gebrauch befindliche Fahrzeuge umweltgerecht aufzubewahren. Es darf auch nicht der Eindruck entstehen können, der Besitzer wolle sich des Fahrzeuges entledigen. Das dauerhafte Abstellen im Garten ist also weiterhin nicht zulässig. Auch ist es kein Freibrief dafür, alte Fahrzeuge auszuschlachten, also zu verwerten. Hier greifen die gültigen Abfallgesetze.

Bleifreies Benzin für Oldtimermotoren

Grundsätzlich: Oldtimermotoren können mit bleifreiem Benzin betrieben werden. Probleme bereitet bleifreier Kraftstoff allenfalls an Ventilsitzen, die nicht ausreichend gehärtet sind. Hier fallen Schmier- und Dämpfeigenschaften weg.

Seit Beginn der 1980er Jahre werden bei allen bekannten Fabrikaten ausreichend gehärtete Ventilsitze eingebaut, bei vielen war dies schon früher der Fall.

Bei älteren Motoren spricht die Fachwelt von einem so genannten »Memory-Effekt«. Für ihn gibt es zwei Auslegungen: Einmal versteht man darunter die aufgrund der langen Laufleistung vorhandene Ablagerung von ausreichend Blei im Ventilsitz, die auch in Zukunft die Schmierung gewährleistet, und zum anderen die Verdichtung, die durch das langjährige Hämmern der Ventile auf den Sitz eingetreten ist und einer zusätzlichen Härtung vergleichbar ist.

Für beides liegen jedoch keine gesicherten wissenschaftlichen Erkenntnisse vor, wie der DEUVET ermittelt hat.

Die langjährige Praxis zeigt jedoch, dass Oldtimermotoren keine Schwierigkeiten mit bleifreiem Kraftstoff haben. Alte Motoren, deren Ventilsitze früher schon im Rahmen regelmäßiger Intervalle nachgearbeitet werden mussten, müssen auch heute diesbezüglich im Auge behalten werden. Moderne Motoren zeigen offensichtlich kein geändertes Verschleißverhalten. Die gleichen Beobachtungen wurden auch in Australien und den USA gemacht, wo bleifreier Sprit schon viel früher eingeführt wurde. Auch 1960er- und 1970er-Jahre Fahrzeuge, die über lange Jahre mit Autogas betrieben wurden (was z. B. in Holland weit verbreitet ist), zeigen keinen auffälligen Verschleiß. Und Autogas (LPG) ist ja bekanntermaßen bleifrei.

Ist man sich trotzdem unsicher, so sollte man das Ventilspiel beim Bleifreibetrieb öfters prüfen (halbe Intervalle), dadurch kann man rechtzeitig erkennen, ob sich das Ventilspiel ungebührlich verringert, d.h. ob sich die Ventile in einen zu »weichen« Sitz einarbeiten. Ist der Motor für eine höhere Oktanzahl vorgesehen (was nur bei sehr sportlichen Fahrzeugen der Fall sein dürfte), beispielsweise für 98 anstelle von 95 ROZ, so kann man eventuell auftretendes Klopfen oder Klingeln in aller Regel dadurch ausgleichen, indem man die Frühzündung etwas zurücknimmt (meist um 1 Grad). Hat man einen Kat nachgerüstet, muss auf jeden Fall bleifreier Kraftstoff getankt werden – Blei zerstört nämlich den Katalysator!

Von einigen Automobilherstellern ergingen Warnungen vor Sekundäradditiven und Bleiersatzstoffen. Das Beimengen zum Kraftstoff kann negative Auswirkungen auf den Motor haben.

Unbestreitbar ist auch, dass moderne Kraftstoffe schneller ihre Zündwilligkeit verlieren und zudem bei langen Standzeiten für unliebsame Ablagerungen und Auflösungserscheinungen vor allem im Vergaser und insbesondere in Einspritzanlagen, aber auch in Tanks, sorgen. Steht ein Fahrzeug länger als ein halbes Jahr, sollte man zumindest aus Vergaser und Einspritzanlage den Sprit ablassen. Alternativ gibt es Zusätze, die diese Erscheinungen verhindern sollen. Und das Reinigen eines Kraftstofftanks von Ablagerungen ist nicht ganz unkompliziert. Doch es gibt Spezialfirmen, die sich dieser Probleme annehmen.

Zusammenfassend lässt sich jedenfalls sagen, dass sich die anfänglich vorhandenen Vorbehalte vieler Oldtimerbesitzer gegenüber bleifreiem Kraftstoff als unbegründet erwiesen haben.

FIVA und IHVO – vereinigt zur größten Oldtimer-Lobby der Welt

2004 wurde die FIVA (nähere Hinweise auf den internationalen, schon im Jahre 1966 gegründeten Verband s. Seite 12-13) wieder so mächtig, wie sie vordem bei ihrer Gründung war. Denn sie hat sich mit der International Historic Vehicle Organisation (IHVO) zusammen getan, um ihre Aktivitäten und Maßnahmen für historische Fahrzeuge zum Nutzen und Wohl der weltweiten Oldtimer-Fahrzeuggemeinde noch effizienter zu bündeln. Die Zusammenlegung wurde von den Präsidenten Michel de Thomasson (FIVA) und Horst Brüning (IHVO) am 5. Mai 2004 unterzeichnet. Die IHVO, die sich aus einzelnen nationalen Mitgliedsverbänden der FIVA herausgelöst und verselbständigt hatte, brachte die Mitglieder aus Schweden und Finnland sowie Clubs aus Norwegen, Großbritannien, Slowenien, Tschechien und Griechenland in das Bündnis mit ein. Damit war die FIVA in 50 Ländern mit mehr als 750.000 Mitgliedern als deren alleiniger Sprecher kompetent.

Eine der wichtigsten Aufgaben beider Organisationen war und ist, unterstützend auf Gesetzgebungen, von der auch historische Fahrzeuge betroffen sind, einzuwirken und ggf. Änderungsvorschläge auszuarbeiten.

Die knapp 150.000 Mitglieder der IHVO wurden mit dieser Vereinbarung in die FIVA eingebunden und die IHVO gab ihre Existenz als eigenständige Organisation auf.

Parkplatz neben dem Messegelände Frankfurt/Main, aufgenommen 1964. Die Autos der Wirtschaftswunderzeit sind vollständig angetreten. Die noch existierenden dürften eine Kommastelle im untersten Promillebereich ausmachen. Doch gerade die sich daraus ergebende Rarität macht sie wertvoll, ideell wie materiell.

WAS IST MEIN OLDTIMER WERT ?

Marktwert

Der Marktwert beziffert den gegenwärtigen Wert eines Fahrzeuges am Markt, das heißt: für dieses Fahrzeug würde zum gegenwärtigen Zeitpunkt ein als Marktwert ermittelter Betrag beim Kauf bzw. Verkauf bezahlt bzw. erzielt werden. Dieser Betrag drückt in der Regel einen Durchschnittspreis am Privatmarkt aus und ist somit Mehrwertsteuer-neutral und als Endpreis zu verstehen.
Bei seltener gehandelten Fahrzeugmodellen und bei Fahrzeugen, die schwerpunktmäßig gewerblich vertrieben werden, fließen auch ermittelte Daten aus dem Handel (als Nettobeträg)e, die internationalen Auktionsergebnisse (ohne Merhwertsteuer) sowie die internationale Marktsituation in den Marktwert ein. Der Marktwert ist die Basis der Versicherungseinstufung (Kaskobedingungen) bei Oldtimer-Sondertarifen. Er gilt als »Taxe« (festgesetzter Preis) im Sinne des §57 VVG (Versicherungsvertragsgesetz). Der Markt-wert ist Mehrwertsteuer-neutral.

Wiederbeschaffungswert

Der Wiederbeschaffungswert stellt eine Größe aus dem Haftungsrecht (§249 BGB) dar. Er bestimmt sich nach der Summe, die der Geschädigte im Falle eines eingetretenen Schadens (Unfall) aufwenden muss, um ein gleichartiges und gleichwertiges Ersatzfahrzeug zu beschaffen. Dabei ist der Wiederbeschaffungswert zum Zeitpunkt des Schadens bzw. Unfalls am freien Markt in Ansatz zu bringen.
Hierbei sind nicht eventuell bisher aufgebrachte Restaurierungskosten maßgeblich, sondern allein der Betrag, der – auch unter Berücksichtigung des seriösen gewerblichen Handels (einschließlich Mehrwertsteuer) – für eine Wiederbeschaffung aufgewendet werden muss. Der Wiederbeschaffungswert ist insbesondere die Grundlage für die Abwicklung eines Haftpflichtschadens.

Wiederherstellungswert

Der Wiederherstellungswert beziffert den Preis, den das Fahrzeug an Aufwendungen gekostet hat, um es in den jetzigen Zustand zu bringen (Restaurierungskosten), zuzüglich Fahrzeuggrundpreis (Anschaffung). Die sicht- oder belegbaren Investitionen für die Restaurierung ergeben die Differenz zum Marktwert.
Der Wiederherstellungswert spielt eine wichtige Rolle, wenn eine aufwändige und langwierige Restaurierung belegt werden soll. Der ermittelte Wert entspricht nicht unbedingt der Marktsituation, denn bei einem Verkauf lassen sich die erbrachten Aufwendungen erfahrungsgemäß nur selten erzielen. Nur für den Fall einer absolut gleichwertigen Wiederbeschaffung im identischen Zustand (also ohne Ansatz für zwischenzeitliche Nutzung) würde der Wiederherstellungswert relevant sein.

Oben: Jaguar E-Type V12 1970-71 mit Klebekennzeichen, das leider nicht alle Zulassungsstellen auszugeben bereit sind.

Rechts: Citroën 2 CV Spot, extrem seltenes Sondermodell von 1976.
Unten: Alfa Romeo GT 1300 Junior von 1967 – längst auch in Italien von den Straßen verschwunden.

Zustandsnoten

Original oder nicht? Oder nur beinahe? Sehr guter Zustand? Mäßiger Zustand? Gerade noch fahrbereiter Zustand? Von vielen Faktoren hängt es ab, meist auch von subjektiver Einschätzung, wie ein Oldtimer eine Bewertung erfährt. Es existiert jedoch eine international (FIVA) anerkannte Bewertung nach den Noten 1 bis 5; kompetente Sachverständige legen da strenge Maßstäbe an.

Note1 = makelloser Zustand

Keine Mängel an Technik, Optik und Historie (Originalität).

Fahrzeug der absoluten Spitzenklasse.

Unbenutztes Original (Museumsauto) oder mit Neuteilen komplett restauriertes Spitzenfahrzeug.

Zustand wie neu (oder besser). Sehr selten.

Note 2 = guter Zustand

Mängelfrei, aber mit geringen Gebrauchsspuren. Original oder fachgerecht und aufwändig restauriert.

Keine fehlenden oder zusätzlich montierten Teile (Ausnahme: wo es die StVZO verlangt).

Note 3 = Gebrauchter Zustand

Normale Gebrauchsspuren durch die Benutzung des Fahrzeugs.

Kleinere Mängel, aber ohne weiteres fahrbereit.

Keine Durchrostungsschäden.

Keine sofortigen Arbeiten fällig.

Nicht unbedingt schön, aber gebrauchsfertig.

Note 4 = Verbrauchter Zustand

Nur bedingt fahrbereit;

sofortige Arbeiten notwendig.

Leichtere bis mittlere Durchrostungsschäden.

Einige Teile fehlen oder sind defekt.

Teilrestauriert, leicht zu reparieren (bzw. zu restaurieren).

Note 5 = restaurierungsbedürftiger Zustand.

Nicht fahrbereit.

Unbefriedigend restauriert bzw. teil- oder komplett zerlegt.

Größere Investitionen nötig, aber noch restaurierbar.

Fehlende Teile.

Zustand wie neu, oder fast noch ein bisschen besser. Dieser Sarchmont Baujahr 1902 ist Zustandsklasse 1!

OLDTIMER-VERSICHERUNGEN

Die besten Versicherungen sind die, deren Leistungen man nie in Anspruch nehmen muss. Aber es ist doch ein sehr beruhigendes Gefühl zu wissen, dass man in guten Händen ist, wenn der berühmte Fall aller Fälle eintritt. Und bei einem Oldtimerschaden – egal, ob an einer Isetta 250 oder an einem Maserati Quattroporte – kommt es in ganz besonderem Maße darauf an, mit einem Versicherer ein gutes Vertrauensverhältnis zu haben.
Bei den nachstehend aufgeführten Gesellschaften handelt es sich um solche, die dem DEUVET als Oldtimer-Versicherer bekannt sind. Ihre Nennung stellt wohlgemerkt keine Empfehlung dar, weder von Seiten des Autors noch des Verlages; und der Eintrag wurde weder gewünscht noch bezahlt noch abgesprochen. Diese Unternehmen sind nur einige von vielen, die ihre Dienste in Deutschland anbieten. Bitte haben Sie deshalb Verständnis, falls die Gesellschaft Ihrer persönlichen Präferenz nicht aufgeführt sein sollte.

Axa Colonia Versicherungen*	Colonia-Allee 10-20, 5106, Köln, Tel 018 03-55 66 22
Mannheimer Versicherungen*	Augustaanlage 66, 68165 Mannheim, Tel 06 21-457 48 78
Oldie Car Cover*	Wielandstraße 14 B, 23558 Lübeck, Tel 04 51-87 18 40
Württembergische*	Postfach, 70163 Stuttgart, Tel 0180-112 29 00
Aggripina/Zürich	Riehler Straße 90, 50668 Köln, Tel 02 21-711 50
Alte Leipziger	Alte Leipziger-Platz 1, 61440 Oberursel, Tel 06 171-66 00
AvD Versicherungsdienst	Lyoner Straße 16, 60528 Frankfurt, Tel 069-660 65 00
Brooklands	Waldbrede 14A, 33649 Bielefeld, Tel 05 21-136 94 44
Generali Lloyd Versicherung AG	Postfach, 80223 München. Tel 089-512 11 251 oder 512 15 344
Gerling-Konzern	Von-Wert-Straße 4-14, 50597 Köln, Tel 02 21-14 41
Gothaer Versicherungen	Gothaer Allee 1, 50969 Köln, Tel 02 21-308-00
HDI	Riethorst 2, 30659 Hannover, Tel 0511-64 50
Hiscox	Kunstblock/Ottostraße 3-5, 80333 München, Tel 089-545 80 10
Iduna Nova-Gruppe	Neue Rabenstr. 15-19, 20351 Hamburg, Tel 040-412 40
OVD Hofmann	Im Eichgarten 15 A, 67167 Erpolzheim, Tel 063 53-72 27

*mit * gekennzeichnete Gesellschaften unterstützen den DEUVET als Fördermitglieder. Stand: August 2006*

Zu weiteren Fragen wenden Sie sich an den
BUNDESVERBAND DEUTSCHER MOTORVETERANEN-CLUBS e.V.
Meilenwerk Berlin, Wiebestraße 36-37, 10553 Berlin
http://www.deuvet.de

VERTRAUEN GEGEN VERTRAUEN

Wie bei jedem Business, basiert auch das Verhältnis vom Versicherungsnehmer zum Versicherer auf Vertrauen, Durchblick und Aufrichtigkeit. Eine Oldtimer-Versicherung abzuschließen ist etwas anderes als das Unterzeichnen einer Police über Hausrat- oder Glasbruchschäden. Hier kommt es daraf an, dass die Geschäftspartner die gleiche Sprache sprechen, sich der gleichen Terminologie bedienen und das Vertrauen besitzen, eine gute Basis für einen langfristigen Vertrag schaffen zu können. Billigtarife allein tun's nicht.

Die Prämien für Oldtimerversicherungen – Haftpflicht wie Kasko – sind heute vergleichsweise niedrig. Die Erkenntns, dass Oldtimerbesitzer mit ihren Fahrzeugen besonders sorgsam umgehen und daher ein relativ geringes Risiko darstellen, hat sich allgemein eingestellt. Um so höher können aber die Beträge sein, die im Falle einer Schadensregulierung anfallen. Das wissen die Versicherer sehr gut, und aus diesem Grunde sind sie in aller Regel auch bestens über Werte, Preise und Tendezen auf dem nationalen oder auch internationalen Oldtimermarkt orientert. Durch die langjährig etablierten Dienste von InterClassic (Eurotax) oder Classic Data zum Beispiel.

Auch wenn ein Fahrzeug nicht auf der Straße bewegt wird, weil es beispielsweise einem langwierigen Restaurierungsprozess unterzogen wird, kann man es versichern lassen. Einstellversicherungen kosten wenig, decken aber Risiken ab, die es in der Werkstatt nun einmal gibt. Es muss ja nicht gleich die ganze Halle abbrennen, aber Ärger, Frust und Geldverlust sind ja auch schon programmiert, wenn unbekannte Eindringlinge Ihnen die frisch verchromten Stoßstangen von der 1959er Isabella stehlen.

Sprechen Sie mit dem Vertreter Ihrer Oldtimer-Versicherung über alles, was es zu besprechen gibt – vorher natürlich. Vermeiden Sie es, erst durch Schaden klug zu werden. Das Lehrgeld, das andere schon gezahlt haben, können Sie sich sparen. Und lassen Sie sich Angebote von mehr als nur einer Gesellschaft unterbreiten; es könnte sich lohnen.

Das Oldtimerhobby ist eine Liebhaberei, und die Aufwendungen für diese Leidenschaft können Sie nicht von der Steuer absetzen. Also auch nicht die Versicherungsprämien oder Reparaturkosten. Es sei denn, das Fahrzeug wird überwiegend zu Werbe- oder anderen gewerblichen Zwecken benutzt. Dagegen wäre nichts einzuweden, nur können Sie dann das rote 07-Kennzeichen oder die H-Nummer nicht in Anspruch nehmen. Es gibt, wie stets im Leben, zwar auch hier eine gewisse Grauzone, aber wenn sich diese nicht verfinstern soll, ist es ratsam, sich bei Leuten zu informieren, deren Auskunft Sie für bare Münze nehmen dürfen.

Dass sich zwei Oldtimer gegenseitig die Notwendigkeit einer Teil- oder gar Vollrestaurierung bescheren, ist eher unwahrscheinlich. Es ist auch schon 70 Jahre her, dass diese zwei Nash auf einer Straße in Zürich karambolierten.

DEUVET CLUBVERZEICHNIS

1. Deutscher Saab-Club e.V.	www.saab-club.de
1. IG der Audi 50 Freunde	www.audi50.de
1. Internationaler K 70 Club e.V.	www.K70-Club.de
1. Monteverdi, Kellison & Astra Register	a.dziedzic@online.de
1. Oldtimerclub Regensburg e.V.	georg.waldhier@t-online.de
1. Spitfire Club Deutschland	www.triumph-spitfire.de
Adler-Motor Veteranen-Club	www.adler-veteranen.de
Aero IG	www.aero-ig.de
Alfa Classic Club e.V.	www.alfa-classic-club.de
Alfa Club e.V. - Scuderia Autovetture Classice	www.alfaclub.de
Allgemeiner Spargel-Club	www.spargelclub.de
Alpine A 110 Club Dreiländereck	www.alpine-club.de
Alt-Ford-Freunde e.V.	www.alt-ford-freunde.de
Alt Opel Interessengemeinschaft e.V.	www.alt-opel.org
American Car Club Reutlingen	www.acc-reutlingen.de
American Car Friends Berlin	www.amicarfriends.online.cx
Amphicar Club Berlin e.V.	www.amphicar.net/Germany
Aston Martin Owners Club	www.amoc-germany.de
Audi Club der Mitteldruckmotoren	www.acdm-online.de
Austin Healey Club von Deutschland e.V.	www.ahcg.de
Austin Seven Club Deutschland	www.austin-seven-club.de
Auto- und Motorradclub Alzenau e.V.	www.amc-alzenau.de
Auto-Veteranen-Freunde Baunatal-Kassel	0561-59754
Automobil-Club Maikammer e.V. Im ADAC	www.ac-maikammer.de
Berlin-Brandenburger Sport u. Saloon Car Club e.V.	drschoenherr@mvsberlin.de

Oldtimer-Ausfahrt durch Böhmen. Idyllische Routen, romantische Ziele: Erfahrene Clubleute wissen, wie man so etwas organisiert. Und auch ohne großes Publikum – oder gerade deshalb – macht es allen Spaß.

BMW E 23 Club	www.bmw-e23-club.de
Bonner Oldtimer Club	0228-347942
Borgward-Club Frankfurt-Würzburg	www.borgward-cfw.de
Brezelfenstervereinigung e.V.	www.brezelfenstervereinigung.de
British Classic Cars Konstanz e.V.	ntroendl@cilch.jnj.com
Buckelvolvo Club	www.volvoniacs.org/bvc
Bugatti-Club Deutschland	www.bugatti-club-deutschland.de
Buick Club Of Germany	www.buickclub.de
Bulldog-Club Nordhessen e.V.	www.bc-nh.de
Bulldog-Club Calden e.V.	
Bulldog-Club Dörnberg	
Bulli Kartei e. V.	www.bullikartei.de
C.A.A.R. Deutschland e.V.	caar-ev.de
Camping-Oldie-Club e.V.	www.cocev.de
Caracho Interessengemeinschaft	
Carl F.W.Borgward-IG	www.borgward-ig.de
Chauffeur-Verein Darmstadt	06151-61754
Citroën-SM-Club Deutschland e.V.	www.citroensmclub.de
Classic Cadillac Club Deutschland e.V.	www.cadillac-club.de
Classic Car Club Montabaur	www.classic-car-club.de
Clever Oldtimer Club	02821-9525
Club klassischer Alfa-Romeo-Fahrzeuge e.V.	www.club-klassischer-alfa.de
Corvette Club Hessen e.V.	www.corvette-club-hessen.de
Corvette Owners Club Germany e.V.	www.corvette-owners-club-germany.de
Corvette-Club Hamburg e.V.	www.corvette-club-hamburg.de
D.U.S. Dachverband US-Fahrzeug Clubs e.V.	www.dus-dachverband.de
DAF Club Deutschland e.V.	www.dafclub.de
DAVC	www.davc.de
Deutsche IG Schwimm-u.Geländewagen e.V.	0201-8405114
Deutscher DKW-Club e.V.	www.dkw-club.com
Deutscher Maserati Club e.V.	www.deutschermaseraticlub.de
Eicherfreunde Nordhessen	www.eicherfreunde-nordhessen.de
Fahrzeugveteranenverein Dreieich e.V.	www.fvvd.de
Ferrari Club Deutschland e.V. Klassiker Sektion	www.ferrari-club-deutschland.de
FIAT 124 Spider Club Deutschland e.V.	www.fiat-spider.de
FIAT 600 Freunde Deutschland	www.fiat600freunde.de
Fiat Raritäten Club e.V.	www.fiatclub.de
FKA Freunde klassischer Automobile	
Ford Club Hannover e.V.	www.ford-club-hannover.de
Freunde historischer Fahrzeuge Würzburg e.V.	g.wiechert@t-online.de
Fuego Freunde Club Renault e.V.	www.fuego-freunde.de
Glas Club International e.V.	www.glasclub.de
Hanomag-Schlepper-Verein Breuna	armin.guthardt@t-online.de
Heinkel-Club Deutschland e.V.	www.heinkel-club.de
Historische VWs Braunschweig	www.historische-vws.de
Horch Club e.V.	0234-234948
IG MAN 630 L2A / L2AE	man630.jein-design.de

IG Renault 15/17 Deutschland e.V.	www.r15r17.de
Inntaler-Veteranen-Fahrzeug-Club e.V.	www.ivc-rosenheim.de
Internationaler Kreis der Tatra-Freunde e.V.	c.moeser@mtm-gmbh.com
Interessensgemeinschaft Klass. Fzge. Scheeßel	www.ikf-scheessel.de
Jaguar Association Germany e.V.	www.jaguar-association.de
Jaguar Freunde Süd-West	www.jaguar-freunde.org
Jochpass Oldtimer Memorial e.V.	www.jochpass.com
Kadett B & Olympia A-Stammtisch Saar-Pfalz	beatejost@t-online.de
Käfer-Club Osnabrück e.V.	www.kcos.de
Karmann-Ghia Club Kassel e.V.	www.kgck.de
Lancia Club Deutschland e.V.	www.lanciaclubdeutschland.de
Maybach-Club	www.maybach.de
Mazda RX-7 Rotary-Drive Club Europa e.V.	www.rx7-club-europe.de
MB/8 Club Deutschland e.V.	www.strichachtclub.de
MC Spremberg e.V.	www.mc-spremberg.net
Mercedes-Benz 190 SL Club e.V.	www.mercedes-benz190sl-club.de
Mercedes-Benz 300 SL Club e.V.	www.mercedesbenz300sl-club.de
Mercedes-Benz Kompressor-Club e.V.	www.kompressor-club.de
Mercedes-Benz R/C 107 SL-Club Deutschland e.V	www.107sl-club.de
Mercedes-Benz SL-Club Pagode e.V.	www.sl-club-pagode.de
Mercedes-Benz Veteranen Club von Deutschland e.V.	www.mvconline.de
MG Car Club Deutschland e.V.	www.mgcc.de
MG Club Berlin e.V.	www.mg-club-berlin.de
MG Drivers Club Deutschland e.V.	www.mgdc.de
Military Vehicle Museum e.V., Beirat Milit.-Fzge.	www.mv-museum.de
Mini Register von Deutschland	www.miniregister.org
Mini u. Mini Cooper Klassik Deutschland	stellwag@davinum.de
Mitteleuropäischer-Motorwagen-Verein	pinecki@t-online.de
Mittelrheinischer Automobil Club Köln e.V. von 1904	www.mac-1904.de
Morris Minor Register Deutschland	www.morris-minor.de
Motor Sport Club Scuderia Roda Herzogenrath e.V.	
Motorsport Racing-Team Freiamt e.V.	www.msrt-freiamt.de
Motor-Veteranen Club Hameln e.V.	05151-42033
MSC Adenau	www.mscadenau.de
Museum für Historische Militärfahrzeuge	
NSU Prinz Club Schwaben	www.nsu-prinz-club-schwaben.de
NVG - Nutzfahrzeug Veteranen Gemeinschaft	www.n-v-g.de
Odenwälder Oldtimerfreunde e.V.	hhildebrand@web.de
OFG - Oldtimerfreunde Goch	k.h.schmink@t-online.de
Oldie-IG Garbsen	mohhoff@freenet.de
Oldtimer Club Augsburg e.V.	pe.frey@t-online.de
Oldtimer Club Süd-Holstein	www.ocsh.de
Oldtimer -Fahrzeug-Freunde im Bergwinkel e.V.	j-bug@t-online.de
Oldtimer-Freunde Baden e.V.	www.historik-baden.de
Oldtimer Interessengemeinschaft Varel	
Oldtimer Schlepper Freunde Dörnhagen	
Oldtimer Stammtisch Kulmbach	www.osk-kulmbach.de
Oldtimerclub Klassische Fahrzeuge Pforzheim e.V.	www.oldtimerclub-pforzheim.de

Oldtimerclub ws14	www.ws14.de
Oldtimerfreunde Besengrund	oldtimerfreunde.info
Oldtimerfreunde Freising e.V.	www.oldtimerfreunde-freising.de
Oldtimerfreunde Emsland e. V.	www.oldtimerfreunde-emsland.de
Oldtimerfreunde Essen	0201-401474
Oldtimerfreunde Hildesheim IG	www.oldtimerfreunde-hildesheim.de
Oldtimer-Freunde Homberg/Ohm e.V.	
Oldtimerfreunde Langenau	www.oldtimerfreunde-langenau.de
Oldtimerfreunde Langenfeld	
Oldtimerfreunde Mühldorf e.V.	www.oldtimerfreunde-muehldorf.de
Oldtimerfreunde Werne e.V.	jan.hicking@web.de
Oldtimerstammtisch Bamberg	www.oldtimer-stammtisch-bamberg.de
Opel 400 Club	www.opel400club.de
Porsche 356 Club Deutschland e.V.	ludwig@funk-fritsch.de
Porsche 356 IG Deutschland e.V	www.porsche356IG.de
Praga-Club-International	praga.club.inrternational@gmx.de
Pre`50 American Auto Club Germany	scooter01@t-online.de
Queerlenker, Deutschlands 1. schwuler Oldtimerclub	www.queerlenker.de
Rolls-Royce Enthusiasts Club Section Germany e. V.	www.rrec.de
RSG Küppelstein	www.rsg-kueppelstein.de
Saab Team Nordelbe	www.saab-team.de
Schlepperfreunde Reilos e.V.	
Scirocco Original IG	www.ig53.de
Scuderia Schwaben Storcio	www.scuderia-schwaben.de
Simca Heckmotor I.G.	www.simca-heckmotor-ig.de
Team SMS Historic	sms.historic@gmx.de
Thunderbird Club Deutschland	069-506400
Topolino Club Deutschland e.V.	www.topolino-club.de
Traktorenclub Körbecke	www.traktorenclub-koerbecke.de
Trecker Club Müllenbach e.V.	
Triumph TR IG Südwest e.V.	www.triumph-ig.de
TR-Register Deutschland e.V.	www.tr-register.de
Verband der deutschen Museen für Auto, Motor und Technik	www.deutsche-museumsstrasse.de
Vereinigung der VW 411/412 Besitzer	www.vw411-412besitzer.de
Veteranen-Club e.V. im Heidekreis Soltau e.V.	www.vc-soltau.de
Veteranen-Club Nord e.V.	04606-692
Veteranen-Club-Holstein	0431-331100
VFV - Veteranen-Fahrzeug-Verband e.V.	www.veteranen-fahrzeug-verband.de
VHL Reichensachsen	www.vhl-reichensachsen.de
Volvo 164/140 Club e.V.	www.164-140club.de
Volvo Club e.V. Deutschland	www.volvoclubs.de
Warsteiner Oldtimer Team e. V.	www.warsteiner-oldtimer-team.de
Z & ZX Club	www.z-zx-club.de

Für Irrtümer, Fehler oder Inhalt der Angaben übernehmen DEUVET, Verlag und Autor keine Gewähr. Stand: März 2007.
Das Register der Clubs unterliegt naturgemäß permanenten Veränderungen.
Den aktuellen Stand erfahren Sie unter http://www.deuvet.de

BILDQUELLEN

ADAC Seite 87 ru. Sonja Anderle 296, 108 lu. Applegate & Applegate 41, 50ru, 52, 55-u, 69, 71 m, 94 lu, 101, 130 lu, 134 ro, 201 u, 215, 225. Archiv Verlag GmbH 98. Auto Union GmbH 30 lo, 195 l, 254 ro, 255 u. Bertone SpA 37 lo. BMW Group Mobile Tradition 21 lu, 24 lu, 229 lo, 264. British Leyland Archives 58, 127, 142 ro, 168 rm. H.P. Bröhl 102 lo. DaimlerChrysler Classic (Archiv Daimler-Benz AG) 27 lu, 34 ro, 39 lo, 40 lu, 48 ro, 48 lu, 49m, 61 lo, 61 lu, 69 rm, 69 ru, 89 ru, 95 lo, 102 lm, 102 lu, 111 ro, 116 ru, 115 rm, 118 lo, 125 lm, 126 ro, 129 ro, 130 ru, 130 lu, 150 lu, 156 lo, 157 o, 159 ru, 161 ru, 163 ro, 167 ru, 179 lo, 186 o, 193 ru, 200 ru, 206 ol, 206 ru, 212, 214 lm, 217 rm, 220, 227 lu, 242, 244, 245, 249, 250 u, 251 u. Deutsches Museum München 95 ro, 158 lu, 252, 257. Archiv FGV 54, 62. Fiat SpA 187 ro. Ford-Werke Köln 83 ru, 84. Ford UK 83 ru, 84. Paul Foulkes-Halbard 246 l, 287. General Motors 47 m, 88 lu, 102 ru. Armin Hornburg 303. Jaguar Cars plc 65 ru, 72, 109 ro, 110, 207 lu, 223. Michael Krone 7. Archiv Peter Kurze 26, 198. Margus H. Kuuse 88r. Reinhard Lintelmann 10, 12 o, 12 u, 15 lm, 15 rm, 40 lm, 67 ro. Jürgen Lüttgen 203 l. National Motor Museum Beaulieu 60 rm, 70, 93, 124, 163, 145, 182, 214 lo. Archiv Jan P. Norbye 69 lo. Archiv Hagen Nyncke 36, 140 lu. Adam Opel AG 9, 16 rm, 153 m, 153 u, 259, 261. Peugeot SA 159 lo, 159 ro, 160, 168 ro, 175, 224 rm. James Pollock 295. Dr.-Ing. E.h. F. Porsche KG 163 ru, 165 lu, 165 ru, 178 lo, 211u. Renault 20, 168 ru, 171 u, 172, 173, 227 ru, 229 lo. Rolls-Royce & Bentley Motor Cars 56, 158 o, 179 lu, 179 ru, 180, 183 lo. Adolph Saurer AG 186 lu, 186 ru. David Scott-Moncrieff & Son 194 ro. Schröder & Weise Classics GmbH 30 ru, 141, 155. Dr. Eberhard Seifert 32 lu, 95 rm, 99 ro, 107 ru, 117 lo, 120 ru, 128 lo, 240 lo. Archiv Rainer Simons 177 u. Sotheby's 44. Verkehrshaus der Schweiz 35 u, 74 ro, 62 r. Volkswagen AG 46 m, 228 rm, 228 ro. Volvo Cars 230 o. Manfred Winkler 69 ro. Archiv Walter Zeichner 86, 91, 224 u. J.F. Mirbach 253.

Alle nicht näher bezeichneten Bilder stammen aus dem Archiv des Autors.

Die Brüder Adolf und Willi Schrader in ihrem Mathis, aufgenommen in Platendorf um 1925. Am Steuer Landwirt Willi Schrader

Nichts als Klassiker!

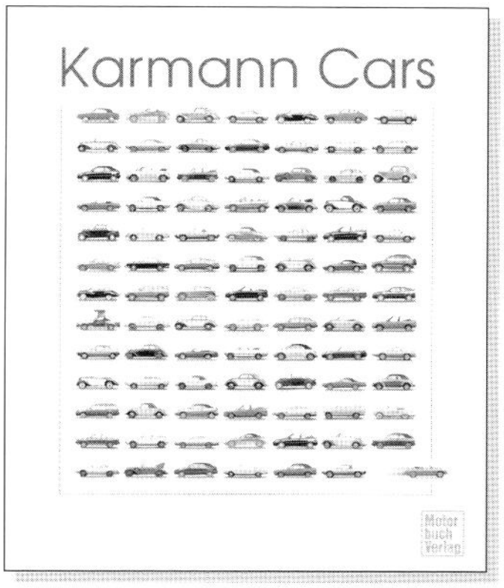

Karmann Cars
Wer in der Automobilszene etwas auf sich hält, arbeitet mit Karmann in Rheine zusammen. Auch im Bereich Entwicklung gilt »Made by Karmann« mittlerweile als Gütesiegel. Dieses Buch präsentiert sämtliche Fahrzeuge und Entwicklungen und bereitet damit ein bislang nur Insidern bekanntes Kapitel der Automobilhistorie auf.
160 Seiten, 488 Bilder, davon 316 in Farbe
Bestell-Nr. 02612 **€ 24,90**

Hans-Jörg Götzl/Hans Peter Seufert
Mille Miglia
Die Mille Miglia wurde zum Kult. Dort, wo Italien am schönsten ist, fahren im Mai die Fahrzeuge, die bei der ursprünglichen Mille Miglia an den Start gingen. In dieser aktualisierten und erweiterten Ausgabe werden die wichtigsten Rennwagen porträtiert.
204 Seiten, 216 Bilder, davon 197 in Farbe, 4 Zeichnungen
Bestell-Nr. 02562 **€ 29,90**

Daniel Denis
Citroen DS
Die Geschichte der Citroën DS/ID-Modelle und die Technik und Entwicklung jener Fahrzeuge, deren Präsentation 1955 einer Revolution glich. Mit hervorragendem Bildmaterial ausgestattet, schafft es ein komplettes Bild des Klassikers, der die Konkurrenz damals in Technik und Design überrollte.
176 Seiten, 284 Farbbilder
Bestell-Nr. 02750 **€ 29,90**

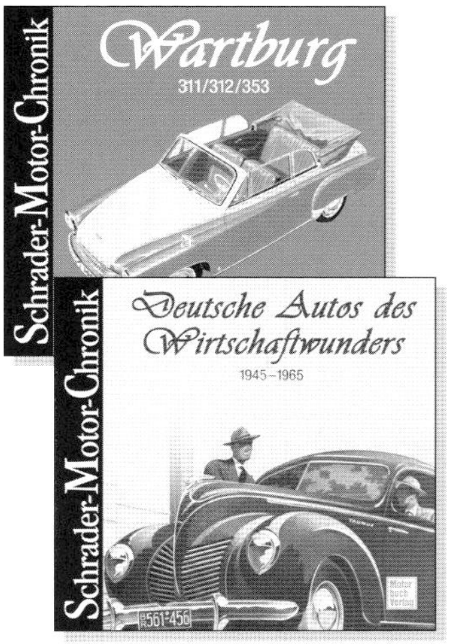

Horst Ihling
Wartburg 311/312/353 – 1955–1991
Dieser handliche Band (170x158 mm) dokumentiert anhand der schönsten und attraktivsten Prospekte und Export-Kataloge die Geschichte des traditionsreichen Unternehmens im Zeichen der Wartbrg.
188 Seiten, 255 Bilder, davon 25 in Farbe
Bestell-Nr. 02754 **€ 7,95**

Halwart Schrader
Deutsche Autos des Wirtschaftswunders 1945–1965
Im Deutschland der 50er Jahre gab es Autos in jeder Größe, für jeden Geschmack und in allen Preisklassen. Dieser kompakte Band im neuen Format (170x158 mm) präsentiert die Autoträume von gestern und vorgestern mit Hilfe von Anzeigen und Prospekten.
180 Seiten, 244 Bilder, davon 61 in Farbe
Bestell-Nr. 02756 **€ 7,95**

Eberhard Kittler
DDR Automobil-Klassiker Band 1
Die Automobilhersteller der DDR produzierten bis in die 60er-Jahre trotz Mangelwirtschaft und staatlicher Einschränkungen eine Reihe attraktiver Fahrzeuge, die keinen Vergleich mit der Westware scheuen mussten. Eberhard Kittler setzt diese Automobilklassiker vor möglichst authentischer Kulisse in Szene.
160 Seiten, 165 Farbbilder
Bestell-Nr. 02256 **€ 26,–**

Eberhard Kittler
DDR Automobil-Klassiker Band 2
Was der Autor im geradezu euphorisch besprochenen ersten Band nicht zeigen konnte, ist jetzt endlich hier zu sehen: Ein Wiedersehen mit Wartburg, Trabi und Co., exzellent mit der Kamera eingefangen von den besten Fotografen. Zu den stimmig inszenierten Bildern kommen entsprechend passende Texte.
160 Seiten, 170 Farbbilder
Bestell-Nr. 02344 **€ 26,–**

IHR VERLAG FÜR AUTO-BÜCHER

Postfach 10 37 43 · 70032 Stuttgart
Tel. (07 11) 2108065 · Fax (07 11) 2108070
www.paul-pietsch-verlage.de

Motor buch Verlag

Stand Mai 2007 – Änderungen in Preis und Lieferfähigkeit vorbehalten